Handbuch Lithium-Ionen-Batterien

Mit freundlicher Unterstützung von:

Batterien sind ein Schlüsselelement bei der Lösung drängender globaler Fragen zur Energiewende, zum Beispiel im Bereich der Elektromobilität oder für dezentrale Energiespeicher für Solar- und Windenergie. Die deutschen Batteriehersteller unternehmen erhebliche Anstrengungen, um die vorhandenen Technologien weiterzuentwickeln.

www.energievollerleben.de

Der ZVEI - Zentralverband Elektrotechnik- und Elektronikindustrie e. V. vertritt die Interessen von 1.600 Unternehmen der Elektroindustrie und zugehöriger Dienstleistungsunternehmen in Deutschland. Jede dritte Neuerung im Verarbeitenden Gewerbe in Deutschland erfährt ihren originären Anstoß aus der Elektroindustrie. Die Branche beschäftigt über 840.000 Arbeitnehmer im Inland und weitere 665.000 weltweit.

www.zvei.org

Reiner Korthauer

Herausgeber

Handbuch Lithium-Ionen-Batterien

Herausgeber
Reiner Korthauer
Fachverband Transformatoren und
 Stromversorgungen im ZVEI
ZVEI
Frankfurt, Deutschland

ISBN 978-3-642-30652-5   ISBN 978-3-642-30653-2   (eBook)
DOI 10.1007/978-3-642-30653-2

Die Deutsche Nationalbibliothek verzeichnet diese Publikation in der Deutschen Nationalbibliografie;
detaillierte bibliografische Daten sind im Internet über http://dnb.d-nb.de abrufbar.

Springer Vieweg

Gedruckt auf säurefreiem und chlorfrei gebleichtem Papier

Springer Vieweg ist eine Marke von Springer DE. Springer DE ist Teil der Fachverlagsgruppe
Springer Science+Business Media
www.springer-vieweg.de

Geleitwort

Es ist das Jahr 1780, als der italienische Physiker Alessandro Volta erstmals Strom mit Hilfe der Voltaschen Säule erzeugt – einer Batterie, die aus den Metallen Kupfer und Zink und einem Elektrolyt besteht. Damit ist es ihm erstmals gelungen, Strom nicht über Reibungsphänomene, sondern aus der gespeicherten elektrochemischen Energie des Elektrolyts zu erzeugen. Bereits 1802 erfand William Cruickshank die Trog-Batterie, und damit die erste in Massen produzierte Batterie. Seitdem ist die Nutzung von Elektrizität untrennbar mit der Entwicklung und Nutzung elektrochemischer Energiespeicher verbunden. Mittlerweile haben wir uns daran gewöhnt, dass Batterien nahezu überall in verschiedensten Bauarten vorzufinden sind – in elektronischen Kleingeräten ebenso wie in großtechnischen Anwendungen.

Dennoch rücken Speichertechnologien seit kurzem in ganz besonderer Weise in den Mittelpunkt des öffentlichen Interesses. Weltweit gewinnt die Umstellung der Energieversorgung auf Erneuerbare Energien an Bedeutung. Spätestens seitdem wir in Deutschland beschlossen haben, aus der Nutzung der Atomenergie bis zum Jahr 2022 auszusteigen und im Gegenzug große Mengen Erneuerbare Energien in unser Energienetz einzuspeisen, ist auch klar, dass wir diese großen fluktuierenden Mengen an Energie nur effizient nutzen können, wenn uns gleichzeitig ausreichende Kapazitäten zur Zwischenspeicherung von Energie zur Verfügung stehen. Integrierte Energiespeichersysteme und deren Integration in dezentrale, intelligente Netze spielen eine Schlüsselrolle. Bis 2030 wird daher ein weltweiter Investitionsbedarf von deutlich über 300 Mrd. € erwartet.

Dieses Handbuch geht mit den Lithium-Ionen-Batterien auf einen in diesem Zusammenhang sehr wichtigen Speichertyp ein und beleuchtet ihn in allen seinen Facetten. Aufgrund ihrer schnellen Reaktionsfähigkeit, dezentralen Installierbarkeit, guten Skalierbarkeit und des breiten Einsatzgebietes sowohl im mobilen als auch im stationären Betrieb kommt den Lithium-Ionen-Batterien in mehrfacher Hinsicht eine wichtige Rolle zu.

Lithium-Ionen-Batterien werden als der wichtigste Türöffner für die Zukunft batterieelektrischer Fahrzeuge angesehen. Nur sie scheinen – vor allem aufgrund ihrer hohen Energiedichte – das Potenzial zu haben, ausreichend große Reichweiten für Elektrofahrzeuge realisieren zu können. Dieser Umstand und die Tatsache, dass ihr Wertschöpfungsanteil am Gesamtfahrzeug bei bis zu 40 Prozent liegt, sind bereits Grund genug, sich intensiv mit den Lithium-Ionen-Batterien zu beschäftigen. Schließlich sichert große Wertschöpfung im eigenen Land Arbeitsplätze. Die Experten der Nationalen Plattform Elektromobilität waren sich 2011 in ihrem Bericht an die Bundeskanzlerin zwar darin einig, dass Deutschland großen Nachholbedarf bei der Batterietechnologie hat. Sie kamen aber auch zu dem Schluss, dass Technologieführerschaft bei Zellen und Batterien sowie der Aufbau von Wertschöpfung entlang der Batterie-Wirkkette am Standort Deutschland oder durch deutsche Unternehmen erreichbar ist. Empfohlen wurde eine duale Strategie: Optimierung heutiger Lösungen und parallel dazu Forschung an Folgegenerationen.

Elektrofahrzeuge jeder Art sind ein wichtiger Meilenstein auf dem Weg zur emissionsfreien Mobilität. Sie können „grünen Strom" nämlich nicht nur verbrauchen, sondern auch selbst dazu beitragen, dass „grüner Strom" überhaupt ins Netz eingespeist werden kann, indem Regelenergie durch die Fahrzeugbatterie bereitgestellt wird. Im mobilen Betrieb dienen sie demnach der Fortbewegung. Im stationären Betrieb – bidirektional betrieben – können sie einen Teil der dringend benötigten Regelenergie für das Energienetz bereitstellen.

Auch vollstationäre Lithium-Ionen-Batterien sind eine Schlüsselkomponente für den erfolgreichen Umbau unseres Energienetzes. Es muss das vorrangige Ziel von Forschung und Entwicklung sein, dass Deutschland führender Forschungsstandort für Elektrochemie wird und ebenso führend bei der Massenproduktion sicherer und bezahlbarer Batteriesysteme.

Hier nun ein Handbuch vorliegen zu haben, welches nicht nur alle technischen Aspekte von Lithium-Ionen-Batterien detailliert darstellt, sondern auch auf die ebenso wichtigen Themen Produktion, Recycling, Normung sowie die elektrische und chemische Sicherheit eingeht, ist ein wichtiger Schritt auf dem herausfordernden, aber durchaus lohnenden Weg in ein neues Energiesystem.

Henning Kagermann
Industrie-Vorsitzender des Lenkungskreises der
Nationalen Plattform Elektromobilität

Autorenverzeichnis

Dr. Philipp Adelhelm Justus-Liebig-Universität Giessen, Heinrich-Buff-Ring 58, 35392 Gießen, Deutschland, e-mail: philipp.adelhelm@uni-giessen.de

Matthias Baumann TÜV Rheinland LGA Products GmbH, Tillystraße 2, 90431 Nürnberg, Deutschland, e-mail: matthias.baumann@de.tuv.com

Dr. Ralf Bindel Robert Bosch GmbH [M], Wernerstraße 51, 70469 Stuttgart, Deutschland, e-mail: ralf.bindel@de.bosch.com

Dr. Klaus Brandt Clariant Produkte (Deutschland) GmbH, Lenbachplatz 6, 80333 München, Deutschland, e-mail: klaus.brandt@clariant.com

Frank Dallinger Robert Bosch GmbH, Wernerstraße 51, 70469 Stuttgart, Deutschland, e-mail: Frank.Dallinger@de.bosch.com

Dipl.-Ing. Christoph Deutskens Werkzeugmaschinenlabor WZL der RWTH Aachen, Steinbachstraße 19, 52056 Aachen, Deutschland, e-mail: c.deutskens@wzl.rwth-aachen.de

Roland Dorn Texas Instruments Deutschland GmbH, Haggertystr. 1, 85356 Freising, Deutschland, e-mail: Roland.Dorn@ti.com

Dr. rer. nat. Harry Döring ZSW, Helmholtzstraße 8, 89081 Ulm, Deutschland, e-mail: harry.doering@zsw-bw.de

Markus Eckel Tyco Electronics AMP GmbH, Ampèrestraße 12-14, 64625 Bensheim, Deutschland, e-mail: meckel@te.com

Dr. Frank Edler elbon GmbH, Freibadstraße 30, 81543 München, Deutschland, e-mail: frank.edler@elbon.de

Hans-Joachim Faul Tyco Electronics AMP GmbH, Tempelhofer Weg 62, 12347 Berlin, Deutschland, e-mail: joachim.faul@te.com

Meike Fleischhammer ZSW, Lise-Meitner-Str. 24, 89081 Ulm, Deutschland, e-mail: meike.fleischhammer@zsw-bw.de

Dr. Christian Graf Chemische Fabrik Budenheim KG, Rheinstraße 27, 55257 Budenheim, Deutschland, e-mail: c_graf@gmx.net; batteries@budenheim.com

Dr. Christoph Hartnig Rockwood Lithium GmbH, Trakehner Straße 3, 60487 Frankfurt am Main, Deutschland, e-mail: christoph.hartnig@rockwoodlithium.com

Heiner Hans Heimes Werkzeugmaschinenlabor WZL der RWTH Aachen, Steinbachstraße 19, 52056 Aachen, Deutschland, e-mail: H.Heimes@wzl.rwth-aachen.de

Dr.-Ing. Claus-Rupert Hohenthanner Li-Tec Battery GmbH, Am Wiesengrund 7, 01917 Kamenz, Deutschland, e-mail: claus-rupert.hohenthanner@li-tec.de

Prof. Dr. Jürgen Janek Justus-Liebig-Universität Giessen, Heinrich-Buff-Ring 58, 35392 Gießen, Deutschland, e-mail: juergen.janek@phys.chemie.uni-giessen.de

Prof. Dr. Dr. h.c. Henning Kagermann acatech, Hofgartenstraße 2, 80539 München, Deutschland, e-mail: winter@acatech.de

Prof. Dr.-Ing. Achim Kampker Werkzeugmaschinenlabor WZL der RWTH Aachen, Steinbachstraße 19, 52056 Aachen, Deutschland, e-mail: A.Kampker@wzl.rwth-aachen.de

Dr. Uwe Köhler Johnson Controls – Advanced Power Solutions GmbH, Am Leineufer 51, 30419 Hannover, Deutschland, e-mail: uwe.koehler@jci.com

Dr. Reiner Korthauer ZVEI e. V., Lyoner Straße 9, 60528 Frankfurt am Main, Deutschland, e-mail: korthauer@zvei.org

Dr. rer. nat. Peter Kritzer Freudenberg Sealing Technologies GmbH & Co. KG, 69465 Weinheim, Deutschland, e-mail: peter.kritzer@fst.com

Dr. Peter Lamp BMW AG, 80788 München, Deutschland, e-mail: peter.lamp@bmw.de

Dr.-Ing. Stephan Leuthner Robert Bosch Battery Systems GmbH, Kruppstraße 20, 70469 Stuttgart, Deutschland, e-mail: stephan.leuthner@bosch-battery.de

Dr. Jan Marien Isabellenhütte Heusler GmbH & Co. KG, Postfach 14 53, 35664 Dillenburg, Deutschland, e-mail: jan.marien@isabellenhuette.de

Dr. Ludger Michels fortu PowerCell GmbH, Chempark Geb. F29 Nord, 41538 Dormagen, Deutschland, e-mail: ludgermichels@aol.com

Dr. Kai-Christian Möller Projektgruppe Elektrochemische Speicher, Fraunhofer Institut für Chemische Technologie, Parkring 6, 85748 Garching, Deutschland, e-mail: kai-christian.moeller@ict.fraunhofer.de

Dipl.-Wirtsch.-Ing. Karlheinz Müller Berufsbildungsausschuss, ZVEI – Zentralverband Elektrotechnik- und Elektronikindustrie e.V., Im Lucken 9 a, 64673 Zwingenberg, Deutschland, e-mail: mueller.zwingenberg@t-online.de

Olaf Nahrwold Freudenberg Sealing Technologies GmbH & Co. KG, 69465 Weinheim, Deutschland, e-mail: olaf.nahrwold@fst.com

Dr. Oswin Öttinger SGL Carbon GmbH, Werner-von-Siemens-Straße 18, 86405 Meitingen, Deutschland, e-mail: oswin.oettinger@sglcarbon.de

Prof. Dr. Karl-Heinz Pettinger Technologiezentrum Energie, Hochschule Landshut, Am Lurzenhof 1, 84036 Landshut, Deutschland, e-mail: karl-heinz.pettinger@fh-landshut.de

Dipl.-Ing. (Univ.) Simon Ramer LEONI Silitherm S.r.l., S.S 10 - Via Breda, 29010 Monticelli d'Ongina (PC), Italien, e-mail: simon.ramer@leoni.com

Dr. rer. nat. Bernhard Riegel HOPPECKE Batterien GmbH & Co. KG, Bontkirchener Straße 1, 59929 Brilon, Deutschland, e-mail: bernhard.riegel@hoppecke.com

Dr. Michael Roth Freudenberg Forschungsdienste KG, Höhnerweg 2-4, 69465 Weinheim, Deutschland, e-mail: michael.roth@freudenberg.de

Heiko Sattler VDE-Prüf- und Zertifizierungsinstitut, Merianstr. 28, 63069 Offenbach, Deutschland, e-mail: heiko.sattler@vde.com

Peter Schmid Robert Bosch GmbH, Wernerstraße 51, 70469 Stuttgart, Deutschland, e-mail: PeterK.Schmid@de.bosch.com

Dr. Michael Schmidt BASF SE, GCN/EE – M311, 67056 Ludwigshafen, Deutschland, e-mail: michael.e.schmidt@basf.com

Dipl.-Ing. Timo Schuff ITK Engineering AG, Im Speyerer Tal 6, 76761 Rülzheim, Deutschland, e-mail: timo.schuff@itk-engineering.de

Reiner Schwartz STMicroelectronics Application GmbH, Bahnhofstr. 18, 85609 Aschheim-Dornach, Deutschland, e-mail: reiner.schwartz@st.com

Christian Sesterheim Werkzeugmaschinenlabor WZL der RWTH Aachen, Steinbachstraße 19, 52056 Aachen, Deutschland, e-mail: c.sesterheim@wzl.rwth-aachen.de

Dr. Rudolf Simon M+W Germany GmbH, Lotterbergstraße 30, 70499 Stuttgart, Deutschland, e-mail: rudolf.simon@mwgroup.net

Dipl.-Ing. Harald Stäb Seuffer GmbH & Co. KG, Bärental 26, 75365 Calw, Deutschland, e-mail: harald.staeb@seuffer.de

Bjoern Steurich Infineon Technologies AG, Am Campeon 1-12, 85579 Neubiberg, Deutschland, e-mail: bjoern.steurich@infineon.com

Frank Treffer Umicore AG & Co. KG, Rodenbacher Chaussee 4, 63457 Hanau-Wolfgang, Deutschland, e-mail: frank.treffer@eu.umicore.com

Dipl.-Ing. Michael Vogt SGS-TÜV GmbH, Hofmannstraße 51, 81379 München, Deutschland, e-mail: michael.vogt@sgs.com

Dipl.-Ing. Hermann von Schönau Schönau-Consulting, Hauptstraße 1 a (Schlosshof), 79739 Schwörstadt, Deutschland, e-mail: Hermann.Schoenau@t-online.de

Dr. Kai Vuorilehto Universität Helsinki, Kemistintie 1, 02150 Espoo, Finnland, e-mail: kai.vuorilehto@helsinki.fi

Dr. Christoph J. Weber Freudenberg Vliesstoffe KG, Höhnerweg 2-4, 69465 Weinheim, Deutschland, e-mail: christoph.weber@freudenberg-nw.com

Dr.-Ing. Achim Wiebelt Behr GmbH & Co. KG, Heilbronner Str. 393, 70469 Stuttgart, Deutschland, e-mail: achim.wiebelt@behrgroup.com

Stephan Wittkämper GOULD Electronics GmbH, Hauptstraße 3, 79354 Eichstetten, Deutschland, e-mail: swittkaemper@gould.de

Dr. Thomas Wöhrle Robert Bosch Battery Solutions GmbH, Postfach 30 02 20, 70442 Stuttgart, Deutschland, e-mail: twoehrle@t-online.de

Dr. Calin Wurm Robert Bosch Battery Systems GmbH, Heilbronner Straße 358-360, 70469 Stuttgart, Deutschland, e-mail: calin.wurm@de.bosch.com

Dr.-Ing. Robert Zauter Wieland-Werke AG, Graf-Arco-Straße 36, 89079 Ulm, Deutschland, e-mail: robert.zauter@wieland.de

Dipl.-Ing. Michael Günther Zeyen vancom GmbH & Co. KG, Marie-Curie-Straße 5a, 76829 Landau, Deutschland, e-mail: m.zeyen@vancom.de

Vorwort

Ein Leben ohne Batterien: unvorstellbar. Gespeicherte Energie ist aus dem Alltag nicht mehr wegzudenken. Die Erfolgsgeschichte von Laptop, iPhone und iPad wäre ohne diese über 100 Jahre alte Technologie nicht möglich geworden. Es gibt diverse Möglichkeiten, Energie zu speichern, aber nur ein System zeigt die Funktionen, die der Verbraucher von einem Speichermedium erwartet, eben die wiederaufladbare Batterie. Entladen und Aufladen auf Knopfdruck. Im eigentlichen Sinne ist die Batterie kein Speicher für elektrische Energie, eher ist sie ein elektrochemischer Energiewandler. Und ihre Entwicklung ist in den letzten Jahrzehnten viele verschlungene Pfade gegangen.

Die Geschichte der Batterie, ob als Primär- oder Sekundärelement, ist auch heute noch nicht bis ins Letzte geklärt. Sicher ist, dass die Volta'schen Säulen um 1800 von A. Volta (1745–1827) vorgestellt wurden. Rund 65 Jahre später – um 1866 – erhielt G. Leclanché (1839–1882) ein Patent auf ein Primärelement, das sogenannte Leclanché-Element. Das Element hatte eine Zink-Anode, eine Graphit-Kathode und einen Elektrolyten aus Ammoniumchlorid, wobei die Kathode an den Grenzflächen zum Elektrolyten eine Mangandioxid-Beschichtung aufwies. C. Gassner (1855–1942) entwickelte dieses System weiter und 1901 konnte P. Schmidt (1868–1948) das erste galvanische Trockenelement – auf Zink-Kohle-Basis – präsentieren.

Die weitere Entwicklung der Batterien – sowohl des Primär- als auch des Sekundärelements – kann als zaghaft bezeichnet werden. Große Durchbrüche in Richtung einer Zunahme der spezifischen Energie wie der spezifischen Leistung gab es nicht. Allerdings wurden die Elemente in ihrer technischen und chemischen Eigenschaft stetig weiterentwickelt: Hohe Zyklenfestigkeit, große Sicherheit, vollständige Wartungsfreiheit sind Begriffe, die heute für nahezu alle Batteriesysteme gelten.

Erst zu Anfang der 70er Jahre des letzten Jahrhunderts begann eine neue Ära. Erste Ideen eines neuen Systems entstanden an der TU München, Lithiumbatterien mit reversibler Alkali-Metall-Ionen-Interkalation in der Kohlenstoffanode und einer oxidischen Kathode. Es dauerte noch einige Jahre, bis der erste kommerzielle Lithium-Akku 1991 von Sony in Verkehr gebracht wurde. Stete Weiterentwicklung – auch mit neuen Materialien – sorgten für einen einmaligen Siegeszug.

Heute stehen wir vor neuen Herausforderungen: Der Paradigmenwechsel in der Mobilität und in der Energieversorgung (Energiewende) fordert neue Energiespeicher, die kostengünstig, sicher, wartungsarm und leichtgewichtig sein sollen. Forderungen, die sich teilweise widersprechen und somit in Gänze unerfüllbar sind. Dies hat zur Folge, dass auf Forschungs- und Entwicklungsseite wie auch auf dem Industriebereich ein enormer Druck lastet, durch neue Entwicklungen diesem Ziel näherzukommen. Die Aktivitäten im F + E-Sektor haben zwar in den letzten Jahren – unter anderem durch Einrichtung neuer Institute an Hochschulen und Forschungseinrichtungen – zugenommen: ob sie aber ausreichend sind, wird erst die Zukunft zeigen.

Das hier vorgelegte *Handbuch Lithium-Ionen-Batterien* soll einen kleinen Beitrag leisten, den anstehenden Paradigmenwechsel erfolgreich zu gestalten. Die 33 Beiträge der 54 Autoren geben – in einer weiten Abdeckung – erstmals eine Übersicht über alle relevanten Felder der Lithium-Ionen-Batterie: Chemie und Aufbau der Batteriezelle, Fertigung der Batterie, Einsatz des Batteriesystems in seinen beiden wichtigsten Anwendungsfeldern nebst Fragen der Sicherheit, des Transports sowie des Recyclings.

Das Handbuch gliedert sich in fünf Teile. Zu Beginn steht ein Überblick über die verschiedenen Speichersysteme, die sich die elektrochemische Umwandlung von Energie zunutze machen. Der zweite Teil widmet sich in vollständiger Breite der Lithium-Ionen-Batterie. Wichtige Materialien und Komponenten der Zelle werden ausführlich dargestellt. Zu diesen Komponenten zählen die chemischen Materialien von Kathode und Anode sowie die Leitsalze und der Elektrolyt. Dem Aufbau des Batteriesystems aus einzelnen Modulen, die wiederum aus einer Vielzahl von Zellen und den notwendigen mechanischen Komponenten bestehen, sind mehrere Kapitel gewidmet, bevor die elektrischen Komponenten beschrieben werden. Das thermische Management und das Batterie-Management-System nebst einem Ausblick beschließen diesen Teil.

Die Produktionsmittel bei der Herstellung einer Batterie sind Thema des dritten Teils, das mit den notwendigen Prüfverfahren endet. Bevor die Batterie zu ihrem Einsatz kommen kann, sind eine Reihe von Fragen zum Transport, zur Sicherheit, zum Recycling – nur um einige zu nennen – zu klären. Der vierte Teil beschäftigt sich mit diesen Themen. Last but not least: Die Anwendungen – die Bereiche Elektromobilität und der stationäre Einsatz – bilden den letzten und fünften Teil.

Das Handbuch soll allen, die sich mit moderner Batterietechnologie auseinandersetzen wollen oder müssen, eine Hilfestellung bieten. Es behandelt die Lithium-Ionen-Batterie in großer Ausführlichkeit, um die Schwierigkeiten – mit denen auch heute noch nach über 20 Jahren Erfahrung gerungen wird – aufzuzeigen und den Anwendern, aber auch Neueinsteigern im Entwicklungs- und Forschungsbereich, das große Potenzial dieser Technologie und die in ihr steckenden Möglichkeiten vor Augen zu führen. Das Handbuch geht aber nicht in die Tiefe, die ein Fachaufsatz zu einer der vielen Fragestellungen rund um die Lithium-Ionen-Batterie aufweisen würde; es hat eher den Charakter eines Nachschlagewerkes auf hohem technischen Niveau.

Danksagen möchte ich allen, die zum Gelingen dieses Buches beigetragen haben. Dies sind zu allererst die Autoren der einzelnen Kapitel, meine beiden Sekretärinnen Frau Diederich und Frau Di Bella sowie – last but not least – auf Seiten des Springer Verlages Frau Hestermann-Beyerle, Frau Kollmar-Thoni und Frau Stegner.

Mögen alle, die das *Handbuch Lithium-Ionen-Batterien* nutzen, wichtige Informationen für ihre alltägliche Arbeit erhalten und viel Freude bei der Lektüre erfahren.

Frankfurt am Main, Oktober 2013   Reiner Korthauer

Inhaltsverzeichnis

Teil I   Übersicht über die Speichersysteme/Batteriesysteme

1   Übersicht über die Speichersysteme/Batteriesysteme.................... 3
Kai-Christian Möller

Teil II   Lithium-Ionen-Batterien

2   Übersicht zu Lithium-Ionen-Batterien 13
Stephan Leuthner

3   Materialien und Funktion.. 21
Kai Vuorilehto

4   Kathodenmaterialien für Lithium-Ionen-Batterien 31
Christian Graf

5   Anodenmaterialien für Lithium-Ionen-Batterien....................... 45
Călin Wurm, Oswin Öttinger, Stephan Wittkämper, Robert Zauter
und Kai Vuorilehto

6   Elektrolyte und Leitsalze 61
Christoph Hartnig und Michael Schmidt

7   Separatoren 79
Christoph J. Weber und Michael Roth

8   Aufbau von Lithium-Ionen-Batteriesystemen 95
Uwe Köhler

9   Lithium-Ionen-Zelle.. 107
Thomas Wöhrle

10 Dichtungs- und Elastomerkomponenten für Lithium-Batteriesysteme..... 119
Peter Kritzer und Olaf Nahrwold

11 Sensorik/Messtechnik 131
Jan Marien und Harald Stäb

12 Relais, Kontaktoren, Kabel und Steckverbinder 141
    Hans- Joachim Faul, Simon Ramer und Markus Eckel

13 Thermisches Management der Batterie 165
    Michael Günther Zeyen und Achim Wiebelt

14 Batteriemanagementsystem 177
    Roland Dorn, Reiner Schwartz und Bjoern Steurich

15 Software 189
    Timo Schuff

16 Zukunftstechnologien 199
    Jürgen Janek und Philipp Adelhelm

Teil III   Batterieproduktion

17 Fertigungsprozesse von Lithium-Ionen-Zellen 221
    Karl-Heinz Pettinger

18 Fertigungsverfahren von Lithium-Ionen-Zellen und -Batterien 237
    Achim Kampker, Claus-Rupert Hohenthanner, Christoph Deutskens,
    Heiner Hans Heimes und Christian Sesterheim

19 Aufbau einer Fabrik zur Zellfertigung 249
    Rudolf Simon

20 Prüfverfahren in der Fertigung 259
    Karl-Heinz Pettinger

Teil IV   Querschnittsthemen

21 Randbereiche in Entwicklung, Fertigung und Recycling von
    Lithium-Ionen-Batterien 271
    Reiner Korthauer

22 Arbeitssicherheit bei Entwicklung und Anwendung von
    Lithium-Ionen-Batterien 275
    Frank Edler

23 Chemische Sicherheit 285
    Meike Fleischhammer und Harry Döring

24 Elektrische Sicherheit 299
    Heiko Sattler

25 Funktionale Sicherheit von Fahrzeugen 307
    Michael Vogt

26 Funktions- und Sicherheitstests an Lithium-Ionen-Batterien 321
Frank Dallinger, Peter Schmid und Ralf Bindel

27 Transport von Lithium- und Lithium-Ionen-Batterien 335
Ludger Michels

28 Lithium-Ionen-Batterie-Recycling 345
Frank Treffer

29 Aus- und Fortbildung von Fachkräften für die Herstellung
von Batteriesystemen 357
Karlheinz Müller

30 Normung für die Sicherheit und Performance von
Lithium-Ionen-Batterien 371
Hermann von Schönau und Matthias Baumann

Teil V   Batterieanwendungen

31 Einsatzfelder für Lithium-Ionen-Batterien 383
Klaus Brandt

32 Anforderungen an Batterien für die Elektromobilität 393
Peter Lamp

33 Anforderungen an Batterien für den stationären Einsatz 417
Bernhard Riegel

Sachverzeichnis 429

Teil I

Übersicht über die Speichersysteme/Batteriesysteme

Übersicht über die Speichersysteme/Batteriesysteme

Kai-Christian Möller

1.1 Einleitung

Elektrochemische Speichersysteme werden in Zukunft immer größere Bedeutung gewinnen, ob für die mobile Energieversorgung von immer anspruchsvoller und kleiner werdenden Mobiltelefonen oder Computern, von Elektrowerkzeugen und Elektroautos oder gar in noch größerer Dimension für die stationäre Speicherung von erneuerbaren Energien. Dieses Kapitel soll einen Überblick geben über die heute gebräuchlichsten elektrochemischen Speichersysteme. Zwei primäre, also im Allgemeinen nicht oder nur bedingt wiederaufladbare Systeme dienen der Einführung: am Beispiel der Anodenmaterialien Zink für die Verwendung in wässrigen und Lithium in nichtwässrigen Elektrolyten werden dabei u.a. die Probleme der Wiederaufladbarkeit angesprochen. Bei den wiederaufladbaren Systemen geht der Bogen vom Bleiakku über die Nickel- und Natrium-basierten Akkus bis zu einer kurzen Hinführung zu den Lithium-Ionen-Batterien. Zusammen mit den ebenfalls angesprochenen Redox-Flow-Batterien und Doppelschichtkondensatoren soll der Leser einen Überblick bekommen über die konkurrierenden und komplementären Technologien zur Lithium-Ionen-Technologie, die in den weiteren Kapiteln dieses Buches detailliert vorgestellt wird.

1.2 Primäre Systeme

1.2.1 Zellen mit Zink als Anode

Zu den ersten Zellen mit technischer Bedeutung zählte das Leclanché-Element von 1866, das Eisenbahntelegraphen und Hausklingeln mit Strom versorgte. Ebenso wie bei den

K.-C. Möller (✉)
Projektgruppe Elektrochemische Speicher, Fraunhofer Institut für Chemische Technologie, Parkring 6, 85748 Garching, Deutschland
e-mail: kai-christian.moeller@ict.fraunhofer.de

R. Korthauer (Hrsg.), *Handbuch Lithium-Ionen-Batterien*,
DOI: 10.1007/978-3-642-30653-2_1, © Springer-Verlag Berlin Heidelberg 2013

jetzt verfügbaren Weiterentwicklungen Zink-Kohle- und Alkali-Mangan-Zellen wurde als Anodenmaterial metallisches Zink eingesetzt. Ein Grund für den Einsatz von Zink ist dessen hohe spezifische Ladung von 820 Ah/kg und die für den Einsatz in wässrigen Elektrolyten hohe negative Spannung von $-0,76$ V vs. SHE (gegenüber der Standardwasserstoffelektrode). Die Kombination mit einer Kathode aus Braunstein (Mangandioxid, MnO_2) erzeugt eine Zellspannung von 1,5 V. Wegen des hohen Innenwiderstandes sind diese jetzt vornehmlich im Bereich der Gerätebatterien eingesetzten Zellen wenig strombelastbar.

Auch die heute in Hörgeräten hauptsächlich verwendeten Zink-Luft-Zellen nutzen die hohe spezifische Ladung der Zinks, um in Kombination mit eindiffundierendem Luftsauerstoff Zellen mit hohen Energiedichten von über 450 Wh/kg zu realisieren.

Leider ist die elektrochemische Wiederaufladbarkeit aufgrund der morphologisch schlechten Abscheidbarkeit des Zinks nur bedingt möglich. Trotz langjähriger Forschungsanstrengungen ist es nicht gelungen, die dendritischen Abscheidungen von Zink zu verbessern. Einen Ansatz, die verbrauchten Anoden stattdessen mechanisch durch Wechseln auszutauschen, verfolgte die Electric Fuel Corp., deren Zellen Ende der neunziger Jahre in einem Flottenversuch der Deutschen Post getestet wurden.

1.2.2   Zellen mit Lithium als Anode

Lithium ist ein ideales Material für Anoden; es besitzt als sehr leichtes Element eine spezifische Ladung von 3862 Ah/kg, dazu kommt das extrem negativ liegende Redoxpotential von $-3,05$ V vs. SHE. Damit lassen sich spezifische Energien von über 600 Wh/kg erreichen. Wegen des hohen Reduktionsvermögens des Lithiums sind wässrige Elektrolyte nicht nutzbar, es müssen Elektrolyte auf Basis organischer Lösemittel eingesetzt werden. Der größte Anteil der kommerziellen Lithiummetall-Batterien nutzt Braunstein als Kathodenmaterial, mit dem sich Spannungen von gut 3 V erzielen lassen; solche Zellen finden Verwendung z. B. in Kameras und Uhren. Zellen mit speziellen Kathoden, wie z. B. Thionylchlorid oder Schwefeldioxid werden für elektronische Energiezähler und Heizkostenverteiler und im medizinischen und militärischen Bereich eingesetzt. Ein neuartiges System mit einer Kathode aus Eisensulfid (FeS_2) und damit einer zu Gerätebatterien kompatiblen Spannung von 1,5 V findet seit einigen Jahren Anwendung im Fotobereich als hochwertiger und leistungsstarker Ersatz für Alkali-Mangan-Zellen.

Zellen mit metallischem Lithium zählen allgemein zu den nicht wiederaufladbaren Zellen, da ähnlich wie bei Zink die Morphologie des elektrochemisch abgeschiedenen Lithiums ungeeignet ist für weitere Lade-/Entladevorgänge. Es kann durch dendritisches Wachstum der Lithiumabscheidungen durch den Separator sogar zu Kurzschlüssen mit der Kathode und in der Folge zu Bränden kommen. Ende der 80er Jahre führten derartige Probleme von wiederaufgeladenen Lithiummetall-Batterien der Firma Moli Energy zu Rückrufaktionen der betreffenden Akkus; seitdem ist die Fachwelt skeptisch gegenüber dieser Technologie eingestellt. Dennoch nutzt die französische Firma Bolloré erfolgreich in ca. 2000 verkauften

Fahrzeugen Lithiummetall-Polymer-Akkus einer Größe von 30 kWh mit metallischer Lithiumanode in Kombination mit einem Polymerelektrolyten aus Polyethylenoxid (PEO), der das dendritische Wachstum verhindert (Lithium-Metall-Polymer-Batterien).

1.3   Sekundäre Systeme

1.3.1   Bleiakkumulator

Der Bleiakkumulator ist unter den heute technisch relevanten Systemen das älteste wiederaufladbare Speichersystem. Mitte des 19. Jahrhunderts zuerst untersucht, hat er bis heute eine stetige Entwicklung bis zu den geschlossenen Bleiakkus (Valve regulated lead acid batteries, VRLA) durchgemacht. Der Bleiakku verwendet als Aktivmaterialien Blei und Bleioxid (PbO_2) auf parallelen Gitterplatten mit wässriger Schwefelsäure als Elektrolyt, er erreicht eine für wässrige System recht hohe Zellspannung von gut 2 V. Die neuesten Entwicklungen verwenden in geschlossenen, wartungsfreien Akkus einen festgelegten Elektrolyten: bei den Blei-Gel-Akkus wird der Elektrolyt durch Zusatz von Kieselsäure (SiO_2) geliert, bei den AGM-Akkus (Absorbent Glass Mat) mit Glasvliesmatten fixiert.

Aufgrund des hohen Gewichtes von Blei (entsprechend 259 Ah/kg) werden nur 30 bis 40 Wh/kg erreicht. Wenn auch die Zyklenstabilität bei Vollzyklen (0 bis 100 % Ladezustand) gering ist, ist der Bleiakku kurzzeitig gut mit hohen Strömen belastbar, was man sich bei der Starterbatterie im Automobil zunutze macht. Zur Alterung durch Erhöhung des Innenwiderstandes trägt insbesondere die Sulfatierung des Bleis zu elektrisch nichtleitendem, großpartikulärem Bleisulfat ($PbSO_4$) bei, das Reaktionsprodukt sowohl auf der Kathode als auch der Anode ist. Aufgrund der niedrigen Herstellungskosten (Materialpreis, Technik) und der guten Recyclierbarkeit verteidigt der Bleiakku einen Anteil von über 50 % des Batteriemarktes.

1.3.2   Nickel-Cadmium- und Nickel-Metallhydrid-Akkumulatoren

Die Entwicklung von Nickel-basierten Akkus startete um 1900 mit dem Nickel-Eisen- (T. Edison) und dem Nickel-Cadmium-Akkumulator (W. Jungner). Beide Akkumulatortypen verwenden als Kathodenmaterial Nickeloxidhydroxid $NiO(OH)$ und 20%-ige Kalilauge als Elektrolyt. Während der Nickel-Eisen-Akku eine Nischenanwendung blieb, wurde der Nickel-Cadmium-Akkumulator zu einem extrem leistungsfähigen System weiterentwickelt. Cadmium besitzt eine hohe spezifische Ladung von 477 Ah/kg, mit der Zellspannung von 1,2 V lassen sich spezifische Energien von 60 Wh/kg erreichen. Moderne Akkumulatoren werden nach der Wickeltechnologie mit Aktivmaterialien auf dünnen Stromableiterfolien oder -netzen gefertigt und zeichnen sich durch sehr hohe Strombelastbarkeiten sowie hervorragendes Tieftemperaturverhalten sogar bis −40 °C aus. Durch EU-weite Einschränkungen für die Verwendung von Cadmium ist die

Verwendung nur noch in medizinischen und sicherheitsrelevanten Bereichen erlaubt sowie für Elektrowerkzeuge, die sich durch einen hohen Strombedarf auszeichnen.

1990 wurden die Nickel-Metallhydrid-Akkumulatoren von Sanyo kommerzialisiert: in ihnen ist das Cadmium ersetzt durch eine Wasserstoffspeicherlegierung aus Nickel und Seltenen Erden. Seit der Einführung hat man die spezifische Energie der Zellen verdreifachen können, sie erreicht heute 80 Wh/kg. Beide Nickel-basierten Batteriesysteme besitzen einen internen chemischen Überlade- und Überentladeschutz und sind damit geeignet für die Zusammenstellung von Akkupacks ohne aufwändige Elektronik. Seit in der Consumerelektronik die Nickel-Metallhydrid-Akkus durch die Lithium-Ionen-Batterien verdrängt wurden, wird heute der größte Anteil der Nickel-Metallhydrid-Akkus in Hybridfahrzeugen eingesetzt.

1.3.3 Natrium-Schwefel- und Natrium-Nickelchlorid-Batterien

Die beiden genannten Natrium-Batterien sind Batteriesysteme, die bei hohen Temperaturen von 250–300 °C betrieben werden. Natrium hat eine sehr hohe spezifische Ladung von 1168 Ah/kg sowie eine für Anoden ideale Spannungslage weit im negativen Bereich ($-2{,}71$ V vs. SHE).

Bei der Natrium-Schwefel-Batterie wird Schwefel als Kathodenmaterial verwendet, damit sind bei den Betriebstemperaturen beide Elektrodenmaterialien flüssig. Der Separator ist dabei eine feste Keramik aus Natriumionen-leitendem Aluminiumoxid (Natrium-β-Aluminat), die bei 300 °C eine ähnlich gute Leitfähigkeit für Natriumionen besitzt wie wässrige Elektrolyte. Die nominale Spannung der Zellen beträgt aufgrund der Bildung verschiedener Natriumsulfide als Reaktionsprodukte je nach Ladezustand 1,78 bis 2,08 V, die spezifische Energie erreicht dabei 200 Wh/kg. Die Herstellung der Batterie zeichnet sich durch kostengünstige Materialien aus. Die hohen Betriebstemperaturen und die damit verbundenen thermischen Verluste entsprechen einer Selbstentladung, weshalb die Batterien idealerweise als große stationäre Energiespeicher im MW-Bereich eingesetzt werden. Einen Einsatz im Automobil fand die Technologie z. B. im BMW E1 oder dem Ford Ecostar EV in den 90 er Jahren.

Die Natrium-Nickelchlorid-Batterie, auch ZEBRA-Batterie genannt, gilt als sichere Variante der Natrium-Batterien, da sie u. a. eine (begrenzte) Toleranz gegenüber Überladung- und Überentladung besitzt. Der Aufbau ist ähnlich der Natrium-Schwefel-Batterie mit einer Natriumionen-leitendem Aluminiumoxid-Keramik. Die Kathode besteht hingegen aus einer poröse Nickelmatrix als Stromableiter mit Nickelchlorid ($NiCl_2$), das mit Natriumaluminiumchlorid ($NaAlCl_4$) imprägniert wird, das bei 250 °C als geschmolzenes Salz als zweiter Elektrolyt fungiert. Die spezifische Energie der Zellen beträgt ca. 120 Wh/kg bei einer nominalen Spannung von 2,3 bis 2,6 V. Vorteilhaft gegenüber der Natrium-Schwefel-Batterie sind der inverse Aufbau mit flüssigem Natrium außen, der die Verwendung von preiswerten rechteckigen Stahlgehäusen anstelle von Nickelbehältern ermöglicht. Die Assemblierung ist dadurch vereinfacht, dass die Batteriematerialien in ungeladenem Zustand als Natriumchlorid und Nickel eingesetzt werden können, und die geladenen Aktivmaterialien erst im ersten Ladezyklus generiert werden. Verwendung findet die Natrium-Nickelchlorid-Batterie in Kleinserien von Elektrofahrzeugen und in Spezialanwendungen. So waren z. B. die ersten Exemplare des Smart ForTwo electric drive mit Batterien von FIAMM SoNick ausgestattet.

1.3.4   Redox-Flow-Batterien

Redox-Flow-Batterien sind mit den Brennstoffzellen insofern verwandt, als dass beide elektroaktiven Komponenten (für die Anoden- und die Kathodenreaktion) aus zwei Vorratstanks von außen einem elektrochemischen Reaktor (Zellstack) zur Reaktion zugeführt werden. Damit ergibt sich als einzigartiger Vorteil der Redox-Flow-Batterien, dass Energieinhalt (Größe der Tanks) und Leistung (Größe des Reaktors) unabhängig voneinander skalierbar sind. Von praktischer Anwendung sind Vanadium-Redox-Batterien (VRB), die als Aktivmaterialien gelöste Salze des Vanadiums in unterschiedlichen Oxidationsstufen einsetzen. Ein Elektrolyt-undurchlässiger Separator aus protonenleitender Kunststofffolie wie z. B. Nafion® trennt dabei Anoden- und Kathodenraum voneinander. Im Gegensatz zur Brennstoffzelle können aber die „verbrauchten" Aktivmateriallösungen wieder im Reaktor elektrochemisch regeneriert werden. Wegen der wässrigen, verdünnten Lösungen der Vanadium-Salze und der aufwändigen Systemtechnik sind die spezifischen Energien von ca. 10 Wh/kg recht gering. Die Einsatzgebiete sind deswegen zurzeit im Bereich der stationären Energiespeicherung zu finden.

1.3.5   Doppelschichtkondensatoren

Elektrochemische Doppelschichtkondensatoren, auch nach dem Markennamen der Firma NEC Supercaps genannt, sind vom Aufbau her ähnlich wie klassische Batterien: Die Elektroden bestehen aus mit Partikeln beschichteten metallischen Stromableiterfolien, die durch einen dünnen, elektrolytgetränkten Separator getrennt sind. Die Ladungsspeicherung erfolgt aber nicht durch chemische Redoxreaktionen wie bei Batterien, sondern durch elektrostatische Ladungstrennung an der elektrochemischen Doppelschicht zwischen den Partikeln und dem Elektrolyten. Zur Oberflächenvergrößerung werden hochporöse Aktivkohlenstoffe mit hoher spezifischer Oberfläche eingesetzt. Organische Elektrolyte wie Acetonitril mit geeigneten Leitsalzen ermöglichen durch höhere Spannungen größere spezifische Energien als wässrige Elektrolyte bis in den Bereich von 5 Wh/kg. Hauptvorteil der Doppelschichtkondensatoren sind ihrer Speicherweise entsprechend die hohen Zyklenzahlen von ca. 1 Millionen Zyklen und die sehr hohen Leistungsdichten, die über 20 kW/kg erreichen können: damit können Lade-/Entladezeiten von typischerweise unter 20 Sekunden erreicht werden. Anwendungen sind beispielsweise in Windkraftanlagen die netzunabhängige Steuerung des Anstellwinkels der Rotorblätter oder auch das Boosten/Rekuperieren bei Schienenfahrzeugen, das zu ca. 30 % Energieeinsparung führt.

1.3.6 Lithium-Ionen-Batterien

Um die schon erwähnte kritische Abscheidung von metallischem Lithium zu umgehen, wurden in den 80er Jahren Einlagerungsverbindungen von Lithium als Anodenmaterialien entwickelt. Damit sollten diese Zellen kein metallisches Lithium mehr enthalten, sondern nur noch Lithiumionen, die als Ladungsträger im Elektrolyten als Gegenionen den elektrischen Stromfluss über den Verbraucher kompensieren. Da das Lithiumion sehr klein ist, gibt es eine Vielzahl von möglichen Einlagerungsverbindungen, deren elektrochemische Potentiale den Bereich von fast -3 V bis über 2 V vs. SHE abdecken. Einlagerungsverbindungen im unteren Spannungsbereich sind dabei für Anoden geeignet, wie z. B. Grafit oder Legierungen des Lithiums mit z. B. Silizium oder Zinn. Verbindungen von Lithium mit Kohlenstoff, idealisiert als Lithiumgrafit (LiC_6), besitzen eine spezifische Ladung von 372 Ah/kg bei einer Spannung von $-2{,}9$ V vs. SHE. Da diese aber unlithiiert eingesetzt werden (die Lithium-Ionen-Batterie wird im Gegensatz zur Lithium-Metall-Batterie ungeladen assembliert), war die Herausforderung, ein Kathodenmaterial zu finden, das schon das notwendige Lithium enthielt: $LiCoO_2$ mit 137 Ah/kg und 0,8 V vs. SHE. Zusammen mit einem kompatiblen Elektrolyten aus organischen Carbonaten und Lithiumhexafluorophosphat ($LiPF_6$) standen damit die Komponenten für die erste Lithium-Ionen-Batterie mit einer durchschnittlichen Spannung von etwa 3,6 V fest. Mit der Kommerzialisierung 1991 durch SONY startete nun der Siegeszug der Lithium-Ionen-Batterie im Consumerbereich der Mobiltelefone und portablen PCs, wo sie innerhalb eines Jahrzehnts die bis dahin dominierende Nickel-Metallhydrid-Technologie verdrängte. Mit ihrer Energiedichte bis 250 Wh/kg in Hochenergie-Consumerzellen und Zyklenzahlen von mehreren hundert Zyklen ist die Lithium-Ionen-Batterie unangefochtener Spitzenreiter, die die Verbreitung von Smartphones und Tablet-PCs in heutigem Ausmaß erst ermöglicht hat. Die Leistungsdichte dieser Hochenergiezellen fiel zu Beginn der Entwicklung deutlich gegenüber insbesondere Nickel-Cadmium-Zellen ab, so dass der Einsatz im Hochleistungsbereich wie Elektrowerkzeugen erst ab dem Jahr 2005 Fahrt aufnahm. Auch die Anwendung in Hybridfahrzeugen, speziell Plug-In-Hybridfahrzeugen, nimmt inzwischen deutlich zu. Inzwischen werden Prototypen entwickelt, die als stationäre Energiespeicher die Netzspannung stabilisieren oder die fluktuierenden erneuerbaren Energien speichern können.

1.4   Zusammenfassung

Die Übersicht über die verschiedenen heute technisch relevanten Speichersysteme hat die verschiedenen Charakteristika von Blei-, Nickel- und Natrium-basierten Akkus sowie Redox-Flow-Batterien und den Doppelschichtkondensatoren gezeigt und eine kurze Einführung in die Lithium-Ionen-Batterien gegeben. Die Lithium-Ionen-Batterien werden aufgrund ihrer Vielseitigkeit vielfältigen Anforderungen genügen können und teilweise einige der etablierten Batteriesysteme ablösen. Abgesehen von evolutionären

Verbesserungen werden insbesondere neue Entwicklungen wie Lithium-Schwefel- und – in fernerer Zukunft – vielleicht sogar Lithium-Luft-Batterien mit sehr hohen Energiedichten die steigenden Ansprüche der Verbraucher befriedigen können.

Allgemeine Literatur

1. Daniel C, Besenhard JO (Hrsg) (2011) Handbook of battery materials, 2. Aufl. Wiley-VCH
2. Reddy TB (2010) Linden's handbook of batteries, 4. Aufl. McGraw-Hill Professional
3. Yoshio M, Brodd RJ, Kozawa A (Hrsg) (2009) Lithium-ion batteries science and technologies, 1. Aufl. Springer
4. Huggins RA (2009) Advanced batteries: materials science aspects, 1. Aufl. Springer
5. Nazri G-A, Balaya P, Manthiram A, Yang Y (Hrsg) (2014) Advanced lithium-ion batteries. New materials for sustainable energy and development, 1. Aufl. Wiley-VCH
6. Park J-K (Hrsg) (2012) Principles and applications of lithium secondary batteries, 1. Aufl. Wiley-VCH

Teil II

Lithium-Ionen-Batterien

Übersicht zu Lithium-Ionen-Batterien

2

Stephan Leuthner

2.1 Einleitung

Die Geschichte der Lithium-Ionen-Batterien hat 1962 ihren Anfang genommen. Es handelte sich zunächst um eine Batterie, die nach einmaliger Entladung nicht mehr aufgeladen werden konnte (Primärbatterie). Das Material der negativen Elektrode war Lithium, das Material der positiven Elektrode war Mangandioxid. Diese Batterie wurde 1972 durch das Unternehmen Sanyo auf den Markt gebracht. Die Firma Moli Energy entwickelte 1985 die erste wiederaufladbare Batterie (Sekundärbatterie) auf Basis von Lithium (negative Elektrode) und Molybdänsulfid (positive Elektrode); diese Bauart hatte jedoch Sicherheitsprobleme bedingt durch das Lithium auf der negativen Elektrode.

Der nächste Schritt in Richtung Lithium-Ionen-Batterien gelang durch die Nutzung von Materialien auf beiden Seiten der Elektroden, die eine Ein- und Auslagerung von Lithium ermöglichten und ein großes Spannungspotenzial besaßen. Das Unternehmen Sony entwickelte die erste wiederaufladbare Lithium-Ionen-Batterie und brachte diese 1991 auf den Markt. Das Aktivmaterial der negativen Elektrode war Kohlenstoff, das der positiven Elektrode war Lithium-Kobaltdioxid [1]. Danach wurden die Lithium-Ionen-Batterien insbesondere in Ländern wie Südkorea und Japan weiterentwickelt und fanden Eingang in viele Anwendungen.

2.2 Anwendungen

Lithium-Ionen-Batterien wurden bereits seit 1991 in mobilen Consumer-Geräten in großer Zahl eingesetzt. Dies ist auf ihr geringes Gewicht und die hohe Energie zurückzuführen. Das größte Einsatzgebiet von Lithium-Ionen-Batterien sind mobile Telefone, gefolgt

S. Leuthner (✉)
Robert Bosch Battery Systems GmbH, Kruppstraße 20, 70469 Stuttgart, Deutschland
e-mail: stephan.leuthner@bosch-battery.de

R. Korthauer (Hrsg.), *Handbuch Lithium-Ionen-Batterien*,
DOI: 10.1007/978-3-642-30653-2_2, © Springer-Verlag Berlin Heidelberg 2013

13

von Notebooks. So waren bereits im Jahr 2000 nahezu alle Notebooks mit Lithium-Ionen-Batterien ausgestattet [2]. In diesen Geräten bestehen die Batteriepacks meist aus 3–12 Zellen, die entsprechend in Reihe bzw. parallel geschaltet sind. Auch viele Werkzeugmaschinen mit Akku werden zwischenzeitlich mit Lithium-Ionen- Batterien betrieben, wobei die Spannung je nach Einsatzgebiet von 3,6 bis 36 V variiert.

Lithium-Ionen-Batterien spielen eine immer größere Rolle im Themengebiet Elektromobilität. So werden die Batterien für Pedelecs (Fahrrad mit Trethilfe durch einen Elektroantrieb), Elektrofahrräder und Elektroroller eingesetzt. Für Automotive Anwendungen werden für verschiedene Arten von Hybrid-Fahrzeugen und sogenannte Plug-in-Hybridfahrzeugen und Elektrofahrzeuge Lithium-Ionen-Batterien verwendet. In Hybridbussen und Lkw mit Hybridantrieb sind auch Lithium-Ionen-Batterien in Anwendung. Für stationäre Anwendungen werden Lithium-Ionen-Batterien als Kleinpuffer von ca.2 kWh bis hin zu Großanlagen von 5 MWh angeboten.

2.3   Bestandteile, Funktionsweise und Vorteile von Lithium-Ionen-Batterien

In Abb. 2.1 ist der prinzipielle Aufbau und die Funktionsweise einer wiederaufladbaren Lithium-Ionen-Batterie gezeigt. Zwischen den beiden Elektroden befindet sich der ionenleitfähige Elektrolyt (in dem ein dissoziiertes Lithium-Leitsalz enthalten ist) und ein Separator, eine poröse Membran, die die beiden Elektroden voneinander isoliert. In Lithium-Ionen-Batterien wandern einzelne Lithium-Ionen beim Entladen und Laden zwischen den Elektroden hin und her und werden in den Aktivmaterialien eingelagert. Beispielsweise werden beim Entladen, also während des Vorgangs der Auslagerung von Lithium aus der negativen Elektrode (Kupfer als Stromableiter), Elektronen abgegeben. Die Aktivmaterialien der positiven Elektrode bestehen beispielsweise aus Mischoxiden, währenddessen für die positive Elektrode meist Graphite oder amorphe Kohlenstoffverbindungen eingesetzt werden. In diesen Materialien wird das Lithium eingelagert. Beim Entladen wandern, wie in Abb. 2.1 gezeigt, Lithium-Ionen von der negativ geladenen Elektrode durch einen Elektrolyten und einen Separator zur positiv geladenen Elektrode. Gleichzeitig fließen die Elektronen als der Träger der Elektrizität von der negativ geladenen Elektrode über eine äußere elektrische Verbindung (Kabelverbindung) zur positiv geladenen Elektrode (Aluminium als Stromableiter). Beim Laden wird dieser Prozess umgekehrt, so dass in diesem Fall Lithium-Ionen von der positiv geladenen Elektrode durch den Elektrolyten und den Separator zur negativ geladenen Elektrode wandern.

Aus den einzelnen Zellmaterialien werden zylindrische, prismatische und laminierte Zellformen hergestellt, deren Aufbau in Kap. 9 detailliert beschrieben wird.

Je nach Anwendung wird eine Batteriezelle oder es werden mehrere Zellen verwendet, die in Serie in einem Modul verschaltet werden. Entsprechend der geforderten Kapazität können hierbei mehrere Batteriezellen parallel verschaltet werden. Mehrere Module verschaltet ergeben, wie in Abb. 2.2 beispielhaft für eine Automotive-Anwendung gezeigt, ein

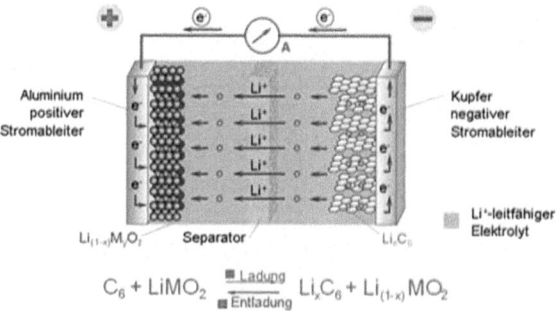

$$C_6 + LiMO_2 \xrightleftharpoons[\blacksquare\,Entladung]{\blacksquare\,Ladung} Li_xC_6 + Li_{(1-x)}MO_2$$

Abb. 2.1 Aufbau einer Lithium-Ionen-Batterie (dargestellt ist der Entladevorgang)

Abb. 2.2 Aufbau eines Batteriesystems für die Automotive-Anwendung (von *links* nach *rechts*: Batteriemodul, Batteriesystem) [3]

Batteriesystem. Automotive Batteriesysteme besitzen zur Steuerung ein Batteriemanagementsystem, das neben Zellüberwachungseinheiten und Sensorik zur Bestimmung der Zellspannungen und Temperaturen den Strom überwacht und das Zu- und Abschalten des Batteriesystems ermöglicht. Des Weiteren wird das Batteriemanagementsystem eingesetzt, um das Thermomanagement des Batteriesystems (zum Kühlen oder Heizen) zu steuern.

Vorteile von Lithium-Ionen-Batterien und der daraus abgeleiteten Systeme sind eine große spezifische Energie, große spezifische Leistung, hoher Wirkungsgrad beim Laden und Entladen und eine geringe Selbstentladung.

2.4 Ladeverfahren

Lithium-Ionen-Batterien werden in der Regel CC-CV (constant current–constant voltage) geladen, das heißt zunächst wird die Batterie mit einem konstanten Strom (constant current) bis zu einer bestimmten maximal zulässigen Spannungsgrenze geladen und dann weiter bei konstanter Spannung (constant voltage) mit abnehmendem Strom. Der Ladeprozess wird hierbei entweder nach einer fest definierten Zeit beendet oder nach Erreichen einer bestimmten Stromgrenze. Lithium-Ionen-Batterien können abhängig von den eingesetzten Materialien bis zu einer bestimmten erlaubten maximalen

Spannung geladen werden, nicht jedoch darüber hinaus. Werden die Batterien überladen, kommt es ab bestimmten Spannungen zu Zerfallsreaktionen. Je nach eingebauten Sicherheitsmaßnahmen können die nachgelagerten Zersetzungsreaktionen unterschiedlich stark sein. Auch die Ladeströme, mit denen eine Batterie maximal geladen werden kann, sind je nach Bauart limitiert und von der Temperatur abhängig.

2.5   Definitionen (Kapazität, elektrische Energie, Leistung und Wirkungsgrad)

Für Batterien sind die Kenngrößen wie nominale Kapazität, elektrische Energie und Leistung gebräuchliche Kenngrößen. Sie werden zur Charakterisierung einer Batteriezelle oder eines Batteriesystems herangezogen und werden daher an dieser Stelle erläutert.

Die Kapazität ist diejenige Menge an elektrischer Ladung, die von einer Leistungsquelle unter spezifischen Entladebedingungen geliefert wird. Die Kapazität ist abhängig vom Entladestrom, der Entladeschlussspannung, der Temperatur und der Art und Menge der Aktivmaterialien. Die Einheit ist Ah.

Die Energie einer Batterie oder eines Akkus berechnet sich nach dem Produkt aus Kapazität und mittlerer Entladespannung. Die Einheit ist Wh. Die spezifische Energie bezieht sich auf die Masse des Akkus und hat die Einheit Wh/kg, die Energiedichte bezieht sich auf das Volumen des Akkus und hat die Einheit Wh/l.

Die Leistung ist das Produkt aus Strom und der Spannung beispielsweise während der Entladung. Die Leistung hat die Einheit W.

Der Wirkungsgrad von Lithium-Ionen-Batterien ist sehr hoch, meistens oberhalb 95 %. Der Wirkungsgrad ist definiert als diejenige Energie, die bei einer Entladung frei wird, dividiert durch die Energie, die während einer Ladung eingespeichert wird.

2.6   Sicherheit von Lithium-Ionen-Batterien

In Abb. 2.3 ist am Beispiel eines Automotive Lithium-Ionen-Batteriesystems gezeigt, dass hinsichtlich der Produktsicherheit die chemische, elektrische, mechanische und funktionale Sicherheit zu beachten sind. Die chemische Sicherheit wird durch die Auslegung einer Batteriezelle vorgegeben, beispielsweise durch die Auswahl der entsprechenden Aktivmaterialien und den Aufbau an sich. Die elektrische Sicherheit wird durch die Isolierung der Kabel eines Batteriesystems und der entsprechenden Gehäuse und Teilkomponenten erreicht. Die mechanische Sicherheit wird durch entsprechende Konstruktion, beispielsweise durch eine spezielle Crash-Box, bewerkstelligt. Die funktionelle Sicherheit wird durch Überwachung der Zellen über entsprechende Sensoren, die Batteriesteuerungseinheit, Aktuatoren, wie den Relais zum Zu- und Abschalten des Batteriesystems und entsprechenden Kommunikationsschnittstellen erzielt.

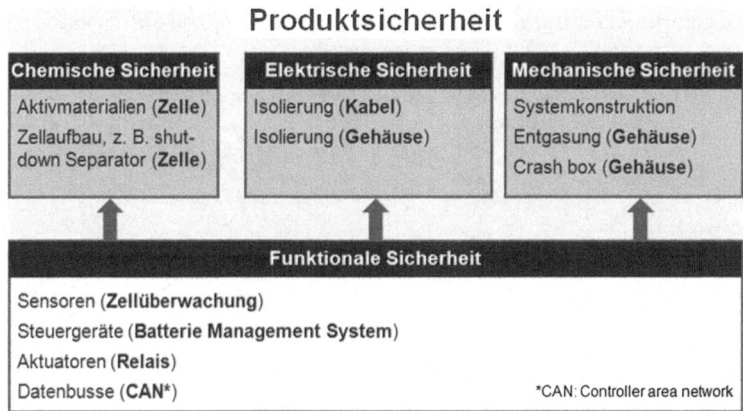

Abb. 2.3 Produktsicherheit von Lithium-Ionen-Batterien am Beispiel von Automotive Lithium-Ionen-Batteriesystemen [4]

2.7 Lebensdauer

Im Laufe der Zeit können sich die Eigenschaften eines Batteriesystems ändern. Nachfolgend werden drei Alterungseffekte, die in Lithium-Ionen-Batteriezellen beobachtet werden können, anschaulich erläutert. Die Batteriezellen bestehen aus verschiedenen Materialien, die miteinander in Kontakt sind und miteinander reagieren können. Bei hohen Temperaturen laufen diese Reaktionen beschleunigt ab. Die Kapazität der Batteriezelle nimmt daher mit der Zeit ab, außerdem kommt es zu einem Anstieg des Innenwiderstands einer Batteriezelle, so dass die Leistung ebenfalls mit der Zeit abnimmt. Batteriezellen werden so ausgelegt, dass die spezifizierte Kapazität beziehungsweise der spezifizierte Innenwiderstand der Zelle bis zum Ende der Lebensdauer garantiert werden kann.

Auf dem Aktivmaterial der negativen Elektrode wird bei der Herstellung durch geeignete Herstellprozesse eine beständige Schicht aufgebaut, die als „Solid Electrolyte Interface" (SEI) bezeichnet wird. Diese Schicht schützt das Aktivmaterial vor dem direkten Kontakt mit dem Elektrolyten. Käme dieser in direkten Kontakt mit dem Aktivmaterial, würden sich Teile des Elektrolyten zersetzen. Durch chemische Prozesse werden im Laufe der Lebensdauer auf dieser bereits vorhanden SEI weitere Deckschichten aufgebaut. Dies führt zur Abnahme der Kapazität der Batterie, da ein Teil der in Lösung befindlichen Lithium-Ionen im Elektrolyten in Verbindungen überführt werden, die sich dann nicht mehr an den elektrochemischen Reaktionen beteiligen können. Außerdem nimmt die Dicke der Schicht zu, die Lithium-Ionen im Elektrolyten durchwandern müssen, so dass es durch einen Anstieg des Stofftransportwiderstandes zu einem Anstieg des ohmschen Widerstands kommt.

Alterungsmechanismen können weiterhin durch mechanische Belastungen hervorgerufen werden. Mechanische Spannungen entstehen, wenn die Lithium-Ionen in die

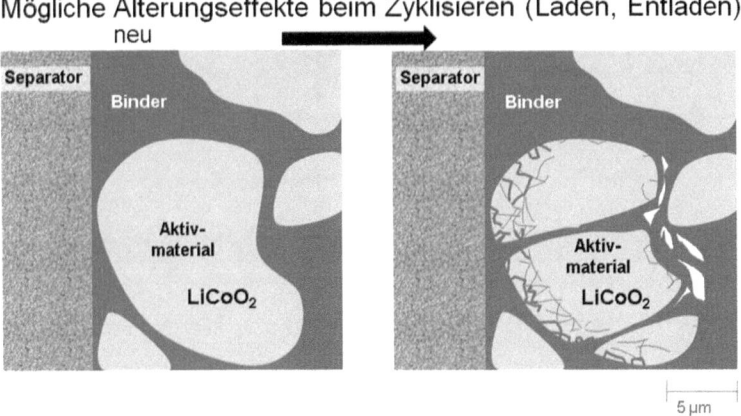

Abb. 2.4 Alterungsvorgänge beim Zyklisieren im Aktivmaterial an der positiven Elektrode [7]

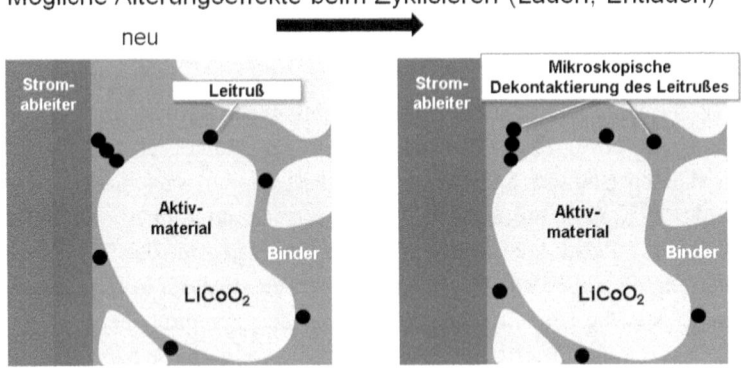

Abb. 2.5 Alterungsvorgänge beim Zyklisieren im Aktivmaterial an der positiven Elektrode. Auftrennung von elektrischen Leitpfaden [7]

Aktivmaterialien eingelagert werden. Dabei können, wie in Abb. 2.4 gezeigt, mechanische Spannungen innerhalb der Partikel der Aktivmaterialien auftreten, die zur Rissbildung innerhalb der Partikel und zu deren Auseinanderbrechen führen. Somit sind einzelne Partikel des Aktivmaterials nicht mehr elektrisch angebunden. Diese Art der Belastung und die Auswirkungen sind detailliert in [5] beschrieben.

Ein weiterer Alterungsvorgang resultiert aus Dehnvorgängen der Aktivmaterialien beim Einlagern der Lithium-Ionen und führt zu einer Volumenänderung der Partikel. Diese Belastung kann, wie in Abb. 2.5 gezeigt, zur Auftrennung der elektrischen Leitpfade (mittels Leitruß, einem speziellen Kohlenstoffleiter werden gezielt elektrische Leitpfade zwischen den Partikeln und dem Stromableiter bereitgestellt) führen, so dass die Partikel des Aktivmaterials nicht mehr elektrisch mit den Stromableitern verbunden sind. Dieser Alterungsvorgang kann prinzipiell an der positiv und an der negativ geladenen Elektrode stattfinden. Weitere Alterungsmechanismen sind in [6] ausführlich beschrieben. Die Lebensdauer von den Batteriezellen ist von den Betriebsbedingungen, den eingesetzten Materialien, der Zusammensetzung des Elektrolyten und der Qualität des Herstellungsprozesses abhängig. Je nach Anwendungsfall, Auslegung der Lithium-Ionen-Batteriezelle und Betriebsbedingung wird die Lebensdauer unterschiedlich sein.

Literatur

1. Ozawa K (2009) Lithium ion rechargeable batteries – materials, technology, and new applications. Wiley-VCH Verlag GmbH & Co. KGaA, Weinheim
2. Garche J (2009) Encyclopedia of electrochemical power sources, Bd 6. Elsevier B. V.
3. Robert Bosch Battery Systems GmbH, Stuttgart
4. Reitzle A, Fetzer J, Fink H, Kern R (2011) Safety of lithium-ion batteries for automotive applications. AABC Europe, Mainz
5. Aifantis KE, Hackney SA, Kumar RV (2010) High energy density lithium batteries. Wiley-VCH Verlag GmbH & Co. KGaA, Weinheim
6. Garche J (2009) Encyclopedia of electrochemical power sources. Secondary batteries – lithium rechargeable systems – lithium-ion: aging mechanisms, Bd 5. Elsevier B. V.
7. Leuthner S, Kern R, Fetzer J, Klausner M (2011) Influence of automotive requirements on test methods for lithium-ion batteries. Battery testing for electric mobility, Berlin

Materialien und Funktion

3

Kai Vuorilehto

3.1 Einleitung

Lithium-Ionen-Akkus stellen High-Tech-Systeme aus komplexen hochreinen Chemikalien und einer Reihe weiterer Rohstoffe dar. Die folgenden Kapitel sollen ein umfassendes Bild von diesen Werkstoffen und deren jeweiligen Funktion vermitteln. Man sollte meinen, dass der Akku besonders leicht ist aufgrund der geringen Atommasse seiner Hauptkomponente, des Lithiums. Tatsächlich jedoch bestehen gerade einmal 2 % des Akkus aus Lithium, den Rest seiner Masse machen Elektrodenmaterialien, Elektrolyt und inaktive strukturelle Bestandteile aus.

3.2 Konventionelle Elektrodenmaterialien

Seitdem im Jahre 1991 Sony die erste Ausführung auf den Markt brachte, hat sich am grundlegenden Aufbau des Lithium-Ionen-Akkus wenig geändert. Die Hauptkomponenten des Lithium-Ionen-Akkus sind in Abb. 3.1 dargestellt.

Die positive Elektrode wird häufig als „Kathode", die negative als „Anode" bezeichnet. Diese Bezeichnungen spiegeln die Realität indes nur beim Entladen des Akkus wieder. Beim Ladevorgang verhält es sich umgekehrt: Dort fungiert die positive Elektrode als Anode und die negative als Kathode. Diese irreführende Namensgebung hat ihren Ursprung im Bereich der Lithium-Primärzellen, die sich nicht laden lassen.

Beim konventionellen positiven Elektrodenmaterial handelt es sich um Lithium-Kobaltoxid ($LiCoO_2$). Es weist eine Schichtstruktur auf, in der sich Lagen aus Kobalt-,

K. Vuorilehto (✉)
Universität Helsinki, Kemistintie 1, 02150 Espoo, Finnland
e-mail: kai.vuorilehto@helsinki.fi

R. Korthauer (Hrsg.), *Handbuch Lithium-Ionen-Batterien*,
DOI: 10.1007/978-3-642-30653-2_3, © Springer-Verlag Berlin Heidelberg 2013

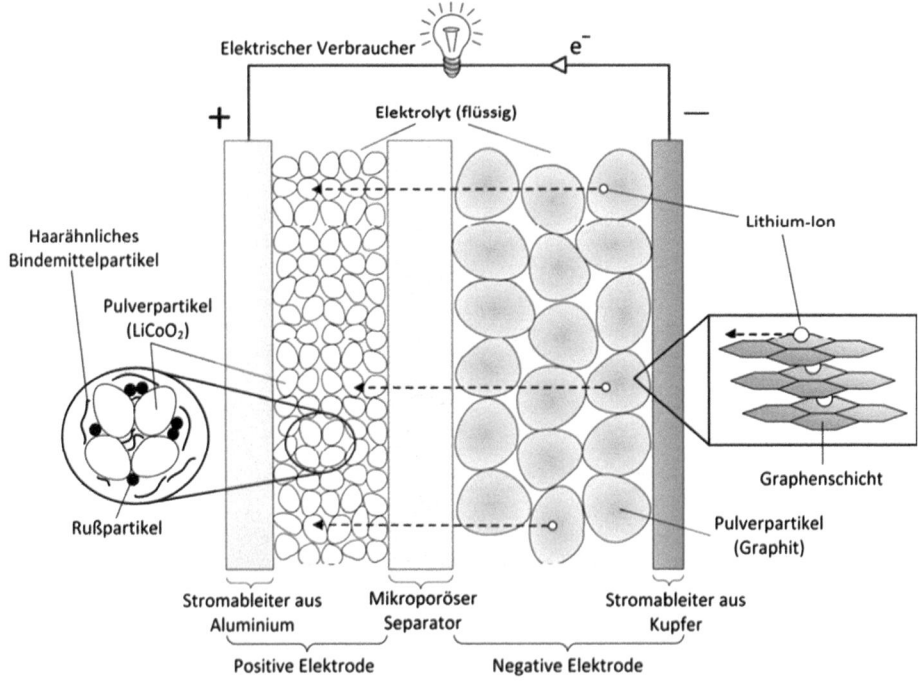

Abb. 3.1 Komponenten eines konventionellen Lithium-Ionen-Akkus beim Entladevorgang. (Verwendet mit freundlicher Genehmigung durch Antti Rautiainen, Technische Universität Tampere)

Sauerstoff- und Lithium-Ionen abwechseln. Beim Ladevorgang verlässt Lithium den Kristall (Deinterkalation); beim Entladevorgang kehrt es dorthin zurück (Interkalation). Dabei lassen sich indes nur 50 % des Lithiums nutzen, denn sobald mehr als die Hälfte des Lithiums den Kristall verlässt, wird die Struktur instabil und kann Sauerstoff freisetzen [1]. Dies kann dann eine heftige Oxidation des Elektrolyten und ein thermisches Durchgehen (Thermal Runaway) zur Folge haben.

Für einen vollständigen Entladevorgang lässt sich die Reaktion an der positiven Elektrode wie folgt formulieren:

$$2\,\mathrm{Li_{0.5}CoO_2} + \mathrm{Li^+} + \mathrm{e^-} \rightarrow 2\,\mathrm{LiCoO_2}$$

Somit werden für 1 Mol (7 g) aktives Lithium 2 Mol (189 g) $\mathrm{Li_{0,5}CoO_2}$ zu dessen Aufnahme beim Entladevorgang benötigt.

Das bei weitem gebräuchlichste negative Elektrodenmaterial stellt graphitischer Kohlenstoff dar. In diesem sind Kohlenstoffatome zu parallelen Schichten angeordnet (Abb. 3.1, Einfügung auf der rechten Seite). Beim Ladevorgang werden die Lithium-Ionen zwischen den Graphitschichten eingelagert. Beim Entladevorgang verlassen sie diese Schichten wieder. Im Unterschied zu Kobaltoxid bewahrt der Graphit seine

Stabilität auch in Abwesenheit von Lithium, was einen annähernd vollständigen Entladevorgang zulässt.

Für einen vollständigen Entladevorgang lässt sich die Reaktion an der negativen
Elektrode wie folgt formulieren:

$$LiC_6 \rightarrow Li^+ + e^- + 6C$$

Somit werden für 1 Mol (7 g) aktives Lithium 6 Mol (72 g) Kohlenstoff zu dessen Aufnahme
beim Ladevorgang benötigt.

3.3   Konventionelle inaktive Materialien

Die Werkstoffe für die positive und die negative Elektrode liegen als Pulver vor, die
schichtförmig auf Stromableiter aufgetragen werden, was Verbundelektroden entstehen lässt. Beim positiven Stromableiter handelt es sich um Aluminiumfolie von in der
Regel 20–25 µm Dicke. Aluminium zeichnet sich durch eine hohe Leitfähigkeit aus und
erweist sich selbst beim hohen Potential der positiven Elektrode als recht stabil. Als negativer Stromableiter dient Kupferfolie von in der Regel 8–18 µm Dicke. Aluminium wäre
zwar leichter und billiger, lässt sich jedoch aufgrund der parasitischen Ausbildung von
Lithium-Aluminium-Legierungen beim niedrigen Potential der negativen Elektrode
nicht verwenden.

Für den Beschichtungsvorgang wird ein Gemisch aus Elektrodenmaterial, Bindemittel, Leitzusatz und Lösungsmittel bereitet. Das Bindemittel wird zur Erzielung einer
guten Kohäsion zwischen den Elektrodenpartikeln und einer hinreichenden Adhäsion
am Stromableiter benötigt. Üblicherweise gelangt als Bindemittel Polyvinylidendifluorid (PVDF) zum Einsatz. PVDF bildet haarähnliche Strukturen, welche die Beschichtung wirksam zusammenhalten (Abb. 3.1, Einfügung auf der linken Seite). Da PVDF
in Wasser unlöslich ist, wird als Lösungsmittel N-Methylpyrrolidon (NMP) verwendet. Dieses verdampft beim Trocknen der Verbundelektrode, sodass die fertige Zelle
kein NMP mehr enthält. Als die Leitfähigkeit steigernder Zusatz dient Ruß. Die Menge
an Zusatzstoffen stellt gemeinhin ein Geschäftsgeheimnis dar. Die Größenordnungen
betragen 1–5 % für Ruß und 2–8 % für PVDF. In energieoptimierten Zellen ist die
Menge an Zusatzstoffen minimiert, da letztere keine Energie zu speichern vermögen.
In leistungsoptimierten Zellen wird dagegen größerer Wert auf guten Kontakt und
hohe Leitfähigkeit gelegt, sodass hier Zusatzstoffe in größerem Umfang Einsatz finden können. In zu Forschungszwecken geschaffenen Zellen kann der Anteil an Additiven bis zu 10 % betragen, da hierbei zusätzliche Masse und Mehrvolumen keine Rolle
spielen.

Der Leerraum zwischen der positiven und der negativen Elektrode sowie die Poren
der Elektrode werden mit Elektrolyt aufgefüllt. Dabei handelt es sich um eine Lithium-
salzlösung in einem Gemisch aus organischen Lösungsmitteln. In handelsüblichen Zellen wird als Li-Salz Lithium-Hexafluorophosphat, $LiPF_6$, verwendet. Ethylencarbonat

(EC), Dimethylcarbonat (DMC), Ethylmethylcarbonat (EMC) und Diethylcarbonat (DEC) sind die am häufigsten eingesetzten organischen Lösungsmittel. Unter diesen ist EC für die Zellstabilität unverzichtbar, da es die Graphitoberfläche schützt [2]. Bei Raumtemperatur allerdings liegt es als Feststoff vor und lässt sich daher nicht in reiner Form verwenden. Üblicherweise wird ein ternäres Gemisch aus EC mit zwei der anderen Carbonate bevorzugt.

Um einen direkten Kontakt und damit Kurzschluss zwischen der positiven und der negativen Elektrode zu vermeiden, dient eine mikroporöse Membran als Separator. Da organischen Elektrolyten eine geringe Leitfähigkeit von lediglich ca. 10 mS/cm zu eigen ist, müssen die Elektroden dicht zueinander angeordnet sein, weshalb die üblichen Separatoren eine Dicke von gerade einmal 15–30 μm aufweisen. Besonders dünne Separatoren minimieren den Widerstand; dickere wiederum sorgen für mehr Sicherheit. In handelsüblichen Zellen finden aufgrund ihrer chemischen Stabilität und ihres günstigen Preises bevorzugt Separatoren aus Polyethen und Polypropen Verwendung.

Eine Lithium-Ionen-Zelle muss hermetisch abgedichtet sein. Insbesondere der Elektrolyt und der lithiierte Graphit werden bereits durch geringste Mengen an Feuchte beschädigt. Da Wasser durch Kunststoffmaterialien zu diffundieren vermag, wird ein Metallgehäuse verwendet. Hierbei wird das leichte Aluminium bevorzugt; schwereren Stahl findet man bei billigeren Zellen.

3.4   Alternative zu den konventionellen Elektrodenmaterialien

Die größten Herausforderungen, die ein herkömmlicher Lithium-Ionen-Akku stellt, stellen Sicherheit, Kosten und Größe dar. Da der Trend in Richtung der Konstruktion größerer Akkus für Elektrofahrzeuge und andere Anwendungen im großtechnischen Maßstab geht, wird der Sicherheitsaspekt immer wichtiger. Ein in Brand geratendes Mobiltelefon mag gerade noch hinnehmbar sein, ein brennendes Fahrzeug dagegen kann für die Insassen den Tod bedeuten. Mit der Kostenfrage verhält es sich ähnlich. Kleine Akkus für den Verbraucherbereich sind überaus erschwinglich, die Akkueinheit eines Fahrzeugs mit alleinigem Elektroantrieb dagegen ist zu teuer, als dass sie mit dem Benzintank konkurrieren könnte. Auch wäre eine höhere spezifische Energie (Wh/kg) wünschenswert. Allerdings reicht der derzeitige Wert von bis zu 230 Wh/kg für die meisten Anwendungen bereits aus [3].

Der Einsatz von Kobaltoxid als positives Elektrodenmaterial ist nicht unbedenklich. Wird er „vollständig" geladen in Form von $Li_{0.5}CoO_2$ gehalten, reagiert er langsam mit dem Elektrolyten und büßt so an Leistungsfähigkeit ein. Wird er geringfügig überladen, so verliert er deutlich an Kapazität und Lebensdauer. Im Falle einer starken Überladung wiederum bricht der Kobaltoxid-Kristall zusammen, was ein thermisches Durchgehen und einen Brand zur Folge haben kann. Zu einer Überladung kann es leicht kommen, da zwischen normaler Ladung und Überladung eine nur geringe Spannungsdifferenz besteht.

Tab. 3.1 Kommerzielle Alternativen für Kobaltoxid

Verbindung	Abkürzung	Strukturformel
Manganoxid	LMO	$LiMn_2O_4$
Nickel-Mangan-Kobaltoxid	NMC	$LiNi_{1/3}Mn_{1/3}Co_{1/3}O_2$
Nickel-Kobalt-Aluminiumoxid	NCA	$LiNi_{0.8}Co_{0.15}Al_{0.05}O_2$
Eisenphosphat	LFP	$LiFePO_4$

Kobaltoxid ist teuer, da Kobalt-Erz eine knappe Ressource darstellt. Die wachsende Nachfrage verschärft dieses Problem noch. Skalenerträge lassen sich hier nicht erzielen. Und nicht zuletzt stellt Kobalt auch einen toxischen Gefahrstoff dar.

Die wichtigsten kommerziellen Alternativen für Kobaltoxid sind in Tab. 3.1 aufgeführt. Zwar löst jeder dieser Alternativstoffe das eine oder andere Problem, alle jedoch stellen sie Kompromisse dar. LMO ist sicherer und überaus preisgünstig, zugleich allerdings von begrenzter Lebensdauer. NMC ist sicherer und preisgünstiger, zeigt jedoch eine abfallende Entladespannung. NCA ist preisgünstiger und leichter (von höherer spezifischer Kapazität mAh/g), indes kaum sicherer. LFP ist sehr sicher und etwas preisgünstiger, gibt allerdings gegenüber Kobaltoxid eine um 0,5 V geringere Spannung ab. Gegenwärtig scheinen sich am ehesten NMC und LFP für Anwendungen im großtechnischen Maßstab zu empfehlen. Materialien für die positive Elektrode werden eingehend in Kap. 4 betrachtet.

Graphit als negative Elektrode ist ebenfalls nicht sicher. Bei Graphit ist das Lithium-Einlagerungspotential gerade einmal 80 mV positiver als das Abscheidepotential für metallisches Lithium. Bereits ein geringfügiger Design- oder Ladefehler kann somit die Abscheidung von metallischem Lithium auf der Elektrodenoberfläche zur Folge haben. Geringe Mengen von metallischem Lithium steigern die Reaktivität der Graphit-Oberfläche, sodass der Elektrolyt durch Nebenreaktionen aufgezehrt wird. Abgeschiedenes Lithiummetall kann lange metallische Nadeln (Dendrite) ausbilden, welche die Elektroden kurzschließen, was wiederum eine Überhitzung und Entzündung des Elektrolyten zur Folge haben kann.

Das Potential von lithiiertem Graphit befindet sich weit außerhalb des Stabilitätsfensters der gängigen Elektrolyte [4], wie sich aus Abb. 3.2 ersehen lässt. Beim erstmaligen Laden des Akkus reagiert Graphit mit dem Elektrolyt und bildet dabei auf der Graphit-Oberfläche eine Schutzschicht aus. Diese SEI-Schicht (solid electrolyte interface) sollte eigentlich weitere Nebenreaktionen verhindern. Dennoch finden über die gesamte Lebensdauer des Akkus solche Nebenreaktionen statt, was deren sowohl zyklische als auch kalendarische Lebensdauer verkürzt.

Es gibt durchaus ein paar großtechnische Alternativen für Graphit. Amorphe Kohlenstoffformen finden aufgrund ihrer geringfügig positiveren Einlagerungspotentiale Verwendung. Dies bedeutet eine geringere Gefahr einer Abscheidung von metallischem Lithium und ermöglicht zugleich einen beschleunigten Ladevorgang.

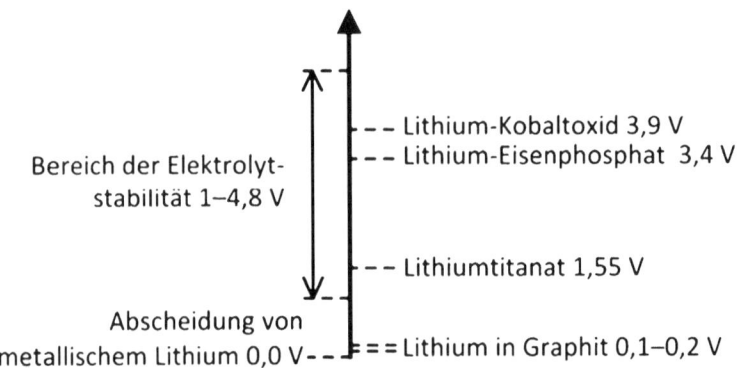

Abb. 3.2 Der Potentialbereich, innerhalb dessen der Elektrolyt stabil ist, gegenüber den Potentialen gängiger Elektrodenmaterialien (Verwendet mit freundlicher Genehmigung durch Antti Rautiainen, Technische Universität Tampere)

Im Gegenzug ist bei diesen Materialien die Energiedichte deutlich niedriger. Lithiumtitanat stellt ein überaus sicheres negatives Elektrodenmaterial von erstaunlich langer Lebensdauer dar. Die 1,4 V niedrigere Zellspannung allerdings beschränkt den Einsatzbereich auf wenige Anwendungen. Die neueste großtechnische Alternative in Form von Zinnkompositen zeichnet sich durch beeindruckende Energiedichten aus, die indes mit einer begrenzten Lebensdauer infolge ihrer geringen Stabilität erkauft werden.

Graphit ist preisgünstig und leicht, besonders im direkten Vergleich mit Kobaltoxid. Daher kann davon ausgegangen werden, dass Graphit seine Stellung als Standardmaterial für negative Elektroden noch mehrere Jahre wird behaupten können. Materialien für die negative Elektrode werden eingehend in Kap. 5 betrachtet.

3.5   Alternative zu den konventionellen inaktiven Materialien

Die Beschichtung mit PVDF-Bindemittel macht die Verwendung eines organischen Lösungsmittels – zumeist NMP – erforderlich. Frisches Lösungsmittel muss zum Werk transportiert werden, und das verdampfte Lösungsmittel muss verbrannt oder aufgearbeitet werden. Zudem gehen von organischen Lösungsmitteln Bedrohungen für die Sicherheit und Gesundheit aus. Ein wasserverträgliches Bindemittelsystem in Gestalt von Carboxymethylcellulose (CMC) in Kombination mit Styrol-Butadien-Kautschuk (SBR) bietet für diese Probleme eine Lösung. CMC + SBR stellen den „Stand der Technik" bei Graphitelektroden dar. Wie aus Abb. 3.3 hervorgeht, bildet das SBR-Bindemittel im Unterschied zu den haarähnlichen Strukturen von PVDF Kontaktstellen zwischen Graphitpartikeln aus. Im Falle positiver Elektroden und Lithiumtitanat stellt sich die Lösungsmittelwahl schwieriger dar, da Wasser bei der Verarbeitung dazu neigt, mit

Abb. 3.3 REM-Aufnahme einer negativen Graphitelektrode. Bei den großen Partikeln (20 μm) handelt es sich um Graphit, bei den Agglomeraten (0,1–1 μm) an der Oberfläche um Ruß. Zwischen den großen Partikeln bestehen Kontaktstellen aus SBR und Ruß (Verwendet mit freundlicher Genehmigung durch Juha Karppinen, Aalto-Universität, Helsinki)

diesen Materialien zu reagieren. Manche Hersteller beschichten positive Eisenphosphat-Elektroden unter Verwendung von Acryl-Bindemittel und Wasser.

Das Leitsalz des Elektrolyten, Lithium-Hexafluorophosphat (LiPF$_6$), wird bereits durch geringste Mengen an Feuchtigkeit in einer Reaktion zersetzt, bei der Fluorwasserstoffsäure (HF) entsteht. Die Säure beeinträchtigt die Funktion der Zelle erheblich. Die organischen Lösungsmittel des Elektrolyten sind entzündlich, was Sicherheitsprobleme verursacht, und sie reagieren mit dem lithiierten Graphit, was die Zelllebensdauer verkürzt. Aller intensiv betriebenen Forschung zum Trotz wurde bislang keine bessere Alternative zu diesem konventionellen Flüssigelektrolyt entdeckt. Gel-Polymer-Elektrolyte von „Lithium-Polymer-Akkus" stellen eine Möglichkeit zur Lösung des Entzündlichkeitsproblems dar, da der gelierte Elektrolyt sich durch geringere Flüchtigkeit auszeichnet. Allerdings erhöht der Geliervorgang die Kosten, und die Probleme im Hinblick auf das Salz bestehen fort. In der Batterieproduktion versucht man die elektrolytseitigen Probleme mit dem Einsatz von Elektrolytzusätzen zu umgehen [5]. Es gibt Zusätze die HF einfangen oder eine stärkere SEI-Schicht auf dem Graphit ausbilden; selbst flammhemmende Zusätze finden sich auf dem Markt. Dessen ungeachtet bleibt das Erfordernis offensichtlich, LiPF$_6$ zu ersetzen. Elektrolyte werden eingehend in Kap. 6 betrachtet.

Separatoren aus Polyethen und Polypropen können schmelzen, sobald die Temperatur in der Zelle auf über ca. 150 °C ansteigt. Dies kann einen „völligen Kurzschluss" und damit die plötzliche Freisetzung sämtlicher im Akku gespeicherten Energie zur Folge haben. In kleinen Zellen lässt sich das Problem durch die Verwendung von dreilagigen Separatoren lösen, bei denen zuerst die mittlere Lage schmilzt und damit den Stromfluss unterbricht, noch ehe die äußeren Schichten ihre Festigkeit einbüßen und schließlich schmelzen können. In größeren Zellen geht der Trend hin zu einer Beschichtung des Separators mit einer nichtschmelzenden keramischen Schicht, bei der es sich in der Regel um Aluminiumoxid handelt [6]. Andererseits sollten die Separatoren eine in hohem Maße kontrollierte und gleichmäßige Porenstruktur aufweisen, bei der keinerlei Defekte toleriert werden können, da solche Kurzschlüsse verursachen könnten. Dies macht den Separator teuer. Dreilagige Strukturen wie auch keramische Beschichtungen treiben die Kosten tendenziell weiter in die Höhe. Ein preisgünstigerer und dabei sicherer Separator wäre bei den Akkuherstellern hochwillkommen. Separatoren werden eingehend in Kap. 7 betrachtet.

Ein festes Gehäuse aus Aluminium oder Stahl für den Akku stellt eine ausgezeichnete Lösung im Fall zylindrischer Bauformen dar, da diese auch unter Druck Formstabilität beweisen. Allerdings wird in großen Akkus der Abstand von der Mitte des Zylinders zur Außenfläche für eine wirksame Wärmeabfuhr zu groß, weshalb dort die flache Bauform bevorzugt wird. Letztere schafft wiederum das Problem des Stapeldrucks: Bei steigendem Druck im Innern des Akkus verformt sich das Metallgehäuse. Diesem Problem lässt sich durch die Verwendung eines Gehäuses aus dünnem Aluminiumlaminat begegnen. Bei der Herstellung wird im Innern der Zelle ein Unterdruck aufgebaut, sodass die Elektroden durch den Atmosphärendruck fest zusammengepresst werden. Das für eine Verwendung in Akkus vorgesehene Laminat besteht aus einer dünnen Aluminiumfolie (40–80 μm), die beidseitig mit besonderen, hochstabilen Kunststofflagen beschichtet ist. Eine „pouch cell" mit Laminatgehäuse ist leicht, benötigt jedoch zur Schaffung der nötigen Stabilität ein äußeres Gehäuse, welches die Gesamtmasse geringfügig erhöht.

3.6   Ausblick

Die Erfindung von Lithium-Ionen-Akkus hat die Landschaft netzunabhängiger Spannungsversorgungen revolutioniert, und die fortwährende Entwicklung von Materialien hat uns eine Akkuleistung beschert, von denen man zu Zeiten von Bleiakkus und Nickel-Cadmium-Zellen kaum zu träumen wagte. Für die meisten Anwendungen im kleinen bis mittleren technischen Maßstab stellen Lithium-Ionen-Akkus die passende Lösung dar.

Falls die Werkstoffentwicklung im Bereich der Lithium-Ionen-Technologie weiterhin erfolgreich verläuft, werden die meisten Autos in Zukunft möglicherweise mit Akkus dieses Typs fahren und überschüssige elektrische Energie in den Versorgungsnetzen wird sich dann in Lithium-Ionen-Akkus speichern lassen. Diese werden wahrscheinlich Kupfer- und Aluminiumfolien als Stromableiter enthalten. Allerdings wird die Mehrzahl der übrigen Materialien bis dahin sicherer, preisgünstiger oder leichter werden müssen als jene, die heute zum Einsatz gelangen.

Literatur

1. John B (2002) Goodenough: oxide cathodes. In: Walter A, van Schalkwijk, Scrosati B (Hrsg) Advances in lithium-ion batteries. Kluwer Academic
2. Tarascon J-M, Armand M (2001) Issues and challenges facing rechargeable lithium batteries. Nature 414:359–367
3. Dahn J, Grant M (2011) Ehrlich: lithium-ion batteries. In: Reddy TB (Hrsg)   Linden's handbook of batteries, Mc Graw Hill
4. Scrosati B, Garche J (2010) Lithium batteries: status, prospects and future. J Power Sources 195:2419–2430
5. Ue M (2009) Role-assigned electrolytes: additives. In: Yoshio M, Brodd RJ, Kozawa A (Hrsg) Lithium-ion batteries, Springer
6. Zhang SS (2007) An overview of the development of Li-ion batteries. In: Zhang SS (Hrsg) Advanced materials and methods for lithium-ion batteries, Transworld research network

Kathodenmaterialien für Lithium-Ionen-Batterien

4

Christian Graf

4.1 Einleitung

Als Kathodenmaterialien kommen Lithium-Übergangsmetall-Verbindungen zum Einsatz, die Mischkristalle über einen großen Zusammensetzungsbereich ausbilden und beim Laden der Batterie Lithium-Ionen aus der Struktur deinterkalieren können. Bei diesem Vorgang werden aus Gründen der Ladungsneutralität die Übergangsmetallionen oxidiert und somit der Oxidationszustand des Übergangsmetallkations angehoben; beim Entladen der Batterie kommt es zu einer Re-Interkalation von Lithium, was zur Reduktion der Übergangsmetallionen und einer Erniedrigung der Oxidationszahl führt.

Im Folgenden sollen von den wichtigsten Vertretern der Kathodenmaterialien (Aktivmaterialien) der Aufbau, die elektrochemische Leistungsfähigkeit sowie die Vor- und Nachteile vorgestellt werden. Die Materialien wurden dazu anhand ihrer Kristallstruktur in drei Klassen (Layered Oxides, Spinelle und Phosphate) unterteilt.

4.2 Oxide mit schichtartigem Aufbau (Layered Oxides, LiMO$_2$, M = Co, Ni, Mn, Al)

Das meist untersuchte System für Kathodenmaterialien sind Layered Oxides mit einer chemischen Formel von LiMO$_2$ (M = Co und/oder Ni und/oder Mn). Aus diesem System werden die Randphasen, die wichtigen binären Verbindungen des Systems und die bekannteste ternäre Phase Li$_{1-x}$(Ni$_{0,33}$Mn$_{0,33}$Co$_{0,33}$)O$_2$ (NMC) vorgestellt.

C. Graf (✉)
Chemische Fabrik Budenheim KG, Rheinstraße 27, 55257 Budenheim, Deutschland
e-mail: c_graf@gmx.net; batteries@budenheim.com

R. Korthauer (Hrsg.), *Handbuch Lithium-Ionen-Batterien*,
DOI: 10.1007/978-3-642-30653-2_4, © Springer-Verlag Berlin Heidelberg 2013

Abb. 4.1 Kristallstruktur
von $Li_{(1-x)}CoO_2$ (LCO) mit
eingezeichneter hexagonaler
Elementarzelle (*schwarz* Co;
grau O; *hellgrau* Li)

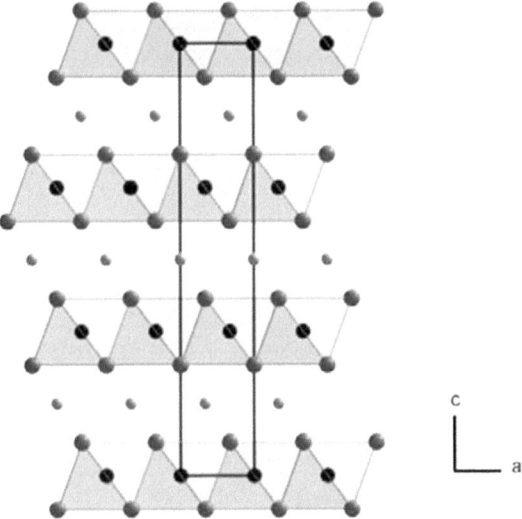

Das wahrscheinlich seit der Markteinführung der ersten wiederaufladbaren Lithium-Ionen-Batterie von Sony 1991 am weitesten verbreitete Kathodenmaterial ist Lithiumkobaltoxid ($Li_{1-x}CoO_2$, LCO). $Li_{1-x}CoO_2$ bildet eine α-NaFeO$_2$-Struktur (R-3m), bei der Kobalt die 3a- und Lithium die 3b-Lagen besetzt. Beide sind von Sauerstoff auf den 6c Lagen jeweils oktaedrisch umgeben. Die beiden Oktaederschichtpakete sind abwechselnd entlang der c-Achse gestapelt (in der hexagonalen Aufstellung; entlang [111] in der rhomboedrischen Zelle). Die Lithium-Ionen können sich in dieser Struktur in einer Ebene (2D) senkrecht zur Stapelrichtung zwischen den Kobalt-Oktaederschichten bewegen, und somit in die Struktur interkalieren und deinterkalieren (Abb. 4.1) [1].

Bei einer Deinterkalation von Lithium aus der LCO-Struktur bildet sich das Redoxpaar Co^{4+}/Co^{3+} aus, das ein Potential von etwa 4,0 V gegen Li/Li$^+$ hervorruft. Elektrochemisch können fast alle Lithium-Ionen aus der Struktur extrahiert werden, woraus sich eine theoretische Kapazität von 274 mAh/g ergibt. Aufgrund der Instabilität der lithiumarmen Phase ($Li_{1-x}CoO_2$ x < 0,7) ist man im nutzbaren Spannungsbereich beim Laden auf $\leq$4,2 V gegen Li/Li$^+$ begrenzt und kann daher nur etwas mehr als die Hälfte des vorhanden Lithiums aus der Struktur nutzen. Dies führt zu einer maximalen reversiblen Kapazität von 140−150 mAh/g [2, 3]. $Li_{1-x}CoO_2$ besitzt eine flache Lade-/Entladecharakteristik mit einem Arbeitsniveau von 3,9 V und dem kleinsten bekannten Arbeitsspannungsfenster von 0,1 V bei bekannten Lithiuminterkalationsverbindungen [4]. Aufgrund einer hohen Arbeitsspannung, einer hohen spezifischen Dichte (5,1 g/cm^3) sowie Schüttdichte (>2,2 g/cm^3) wird die Energiedichte von LCO von anderen Kathodenmaterialien selten erreicht [3, 5]. Für Anwendungen, bei denen der Platzbedarf keine Einschränkung darstellt, z. B. der stationären Speicherung von Energie, treten diese Gesichtspunkte in den Hintergrund und Kriterien wie Stabilität und Sicherheit werden entscheidend.

Gerade bei Kriterien wie Sicherheit und Stabilität weist LCO trotz seines Erfolgs als Kathodenmaterial Schwächen auf. Aufgrund der Bandstruktur von $Li_{1-x}CoO_2$ und der durch die Ladung über 4,6 V gegen Li/Li^+ [6] bedingten Absenkung des Fermi-Levels können 2p- Zustände des Sauerstoffs depopuliert werden, was zu einer Sauerstofffreisetzung führt. Der Sauerstoff kann aus den Zellen nicht entweichen und kann mit dem organischen Elektrolyten heftig unter Flammenbildung oder sogar explosionsartig reagieren [7]. Ebenso kann die nachgewiesene Löslichkeit von Kobalt in den gebräuchlichen Elektrolyten zu einem Herauslösen der Co-Ionen aus der LCO-Struktur führen und somit einen Kapazitätsverlust bedeuten und letztendlich in einem Versagen der Zelle enden [8]. Kobaltverbindungen sind relativ teuer, da Kobalt nur zu 30 ppm in der Erdkruste vorkommt [9].

Die gezeigten Schwächen von LCO in Bezug auf Sicherheit und Kosten haben zu Entwicklungen und Modifikationen des Materials geführt, um die diesbezüglichen Probleme zu beseitigen und das Material zu verbessern.

Durch eine Komplettsubstitution von Kobalt in der Struktur durch das kostengünstigere Nickel erhält man Lithiumnickeloxid ($Li_{1-x}NiO_2$, Lithium Nickel Oxide, LNO). LNO weist bei gleicher Struktur eine höhere reversible Kapazität von etwa 200 mA/g auf [10]. Da es schon bei der Herstellung dieser Verbindung zu einer Mischbesetzung von etwa 12 % auf den Lithiumpositionen kommt, ist die Struktur von LNO mit $Li_{1-x-y}Ni_{1+y}O_2$ genauer beschrieben [11]. Diese Mischbesetzung ist durch ähnliche Ionenradien von Li^+ und Ni^{2+} sowie eine Instabilität von Ni^{3+} und der damit eingehende Bevorzugung von Ni^{2+} im lithiierten Material bedingt. Durch die Mischbesetzung von Ni^{2+}- auf Li^+-Lagen verringert sich beim Entladen die verfügbare Menge von Lithium in der Struktur, was einen irreversiblen Kapazitätsverlust des Materials mit sich bringt [12, 13]. Um diese Fehlordnung zu minimieren, ist die Synthese und die Kontrolle der Syntheseparameter extrem wichtig.

Wie bereits für LCO erwähnt, kann auch für LNO aufgrund der Lage des Redox-Paares Ni^{4+}/Ni^{3+} in der Bandstruktur im Vergleich zu den 2p-Zuständen des O^{2-} eine Oxidation der Oxidionen nicht ausgeschlossen werden. Dies kann zu den schon angesprochenen Stabilitäts- und Sicherheitsproblemen durch Sauerstofffreisetzung führen.

Um die negativen Effekte der Nickelverbindung zu beseitigen, ohne gleichzeitig die positiven Eigenschaften zu verlieren, wurde Ni partiell bis zu einem Substitutionsgrad von <20 % mit Co ersetzt. Die resultierenden Verbindungen bilden in der lithiierten Form stets eine α-$NaFeO_2$ analoge Struktur aus. Eine Kobaltsubstitution führt zu weniger Mischbesetzungen auf der Lithiumlage und somit einer höheren reversiblen Kapazität [14]. Die Ladungsträgerkonzentration, die daraus resultierende elektrische Leitfähigkeit, wie auch die Lithium-Ionen-Leitfähigkeit werden durch einen Cobalteinbau zusätzlich erhöht [3].

Weitere Modifikationen zur Verbesserung der Stabilität erfolgten mit dem Ziel, die 2p-Sauerstoff Bänder in der Bandstruktur aus dem Bereich des Fermi-Levels abzusenken, um eine Sauerstofffreisetzung zu minimieren. Dies kann unter anderem durch den Einbau von Aluminium in die Struktur erreicht werden. Die Verbindung $LiNi_{0,8}Co_{0,15}Al_{0,05}O_2$ (Nickel Cobalt Aluminium; NCA) ist kommerziell erhältlich und weist im Vergleich zu

LNO eine bessere Stabilität und Zyklisierbarkeit auf. Durch partielle Substitution der O^{2-}-Lage durch F^- bzw. S^{2-} kann, aufgrund der Verhinderung der Migration von Ni^{2+} auf die Li^+-Position, die Zyklenstabilität weiter verbessert werden [15, 16].

Aus ökonomischer und ökologischer Sicht wäre ein $Li_{1-x}MnO_2$ höchst interessant. Für diese Zusammensetzung existieren zwei mögliche Phasen, die sich in Ihrer elektrochemischen Aktivität stark unterscheiden. So hat die thermodynamisch stabile, orthorhombische Form sehr schlechte elektrochemische Eigenschaften [17]; die elektrochemisch aktive Form (α-$NaFeO_2$-Typ) ist nur schwer darstellbar, da sie thermodynamisch nicht bevorzugt ist [18]. Bei der Delithiierung zeigt $Li_{1-x}MnO_2$ einen Phasenübergang bei einer Zusammensetzung von etwa $Li_{0.5}MnO_2$. In diesem Bereich transformiert sich die α-$NaFeO_2$-Struktur in die stabilere Spinellphase $LiMn_2O_4$. Dieser Phasenübergang geht mit einem Abfall im Spannungsprofil einher [19].

Das Konzept der Mischkristallbildung bei den Layered Metall Oxides, bei dem die negativen Eigenschaften des einen Ions mit positiven Effekten eines anderen kompensiert werden, führte zur Entwicklung der Lithium-Nickel-Manganoxide $Li_{1-x}(Ni_{0.5}Mn_{0.5})O_2$. Lithium-Nickel-Manganoxid zeigt von allen Oxiden, mit bis zu 200 mAh/g, die höchste Kapazität der LCO-analogen Materialien, bei allerdings auch nur geringen Stromdichten [20]. Nickel hat in dieser Verbindung einen Oxidationszustand von +2 und Mangan einen von +4. Da die Spannung nur durch die Redoxpaare Ni^{3+}/Ni^{2+} und Ni^{4+}/Ni^{3+} hervorgerufen werden kann, ist das 2p- Sauerstoff-Band nicht mehr im Bereich des Fermi-Niveaus, was im Vergleich zu NCA zu einer stabileren Verbindung mit weniger Sauerstoffentwicklung beim Laden führt. Die Nickelionen stabilisieren die α-$NaFeO_2$-Struktur, wodurch für Lithium-Nickel-Manganoxid weder eine strukturelle Jahn-Teller-Verzerrung noch ein Phasenübergang in eine Spinellstruktur während der Entladung beobachtet werden kann [24]. Wie in den anderen Nickelverbindungen kommt es jedoch auch zu einer Mischbesetzung von Nickel auf der Lithiumposition (3b-Lage). Diese bewegt sich bei dieser Verbindung etwa in einer Größenordnung von etwa 8 bis 10 %. Die Mischbesetzung behindert die Lithiumdiffusion und reduziert somit die reversible Kapazität. Durch einen Kobalteinbau auf den 3a-Lagen kann die Mischbesetzung der Lithiumpositionen zwar nicht ganz ausgeschlossen, aber minimiert werden.

Ein kommerziell sehr erfolgreiches Kathodenmaterial mit schichtartigem Aufbau ist $Li_{1-x}(Ni_{0.33}Mn_{0.33}Co_{0.33})O_2$ (Nickel Manganese Cobalt, NMC). Die Verbindung bildet wie alle anderen Layered Oxides eine Struktur im α-$NaFeO_2$-Typ aus. Die Metalle tragen im lithiierten Zustand eine Ladung von Ni^{2+}, Mn^{4+} und Co^{3+} [21]. Bei NMC, wie auch schon bei anderen Verbindungen dieser Klasse, kann aus Gründen der Strukturstabilität nicht das gesamte Lithium aus der Struktur deinterkaliert werden. NMC (theoretische Kapazität 274 mAh g^{-1}) nutzt nur etwa 66 % des in der Struktur vorhandenen Lithiums und hat somit eine gravimetrische Kapazität von bis zu 160 mAh g^{-1} (Abb. 4.2).

In einem Bereich von $0 \leq x \leq 1/3$ wird die Spannungskurve vom Redoxpaar Ni^{3+}/Ni^{2+}, im Bereich von $1/3 \leq x \leq 2/3$ von Ni^{4+}/Ni^{3+} und von $2/3 \leq x \leq 1$ von Co^{4+}/Co^{3+} bestimmt [22]. Das NMC hat verglichen mit $Li_{1-x}(Ni_yMn_{1-y})O_2$, durch den Kobalteinbau hervorgerufen, eine geringere Lithium-Nickel-Fehlordnung. Ferner

Abb. 4.2 Typische Lade-
/Entladekurve von
$Li_{1-x}(Ni_{0,33}Mn_{0,33}Co_{0,33})O_2$
(NMC) gegen Li/Li^+

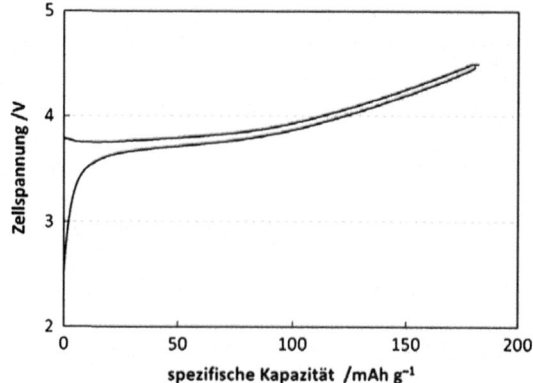

trägt Kobalt zur guten elektrischen Leitfähigkeit und somit zur elektrochemischen Performance bei. Mangan wirkt sich aufgrund seines Oxidationszustandes von +4 negativ auf die Ladungsträgerkonzentration und somit auf die Leitfähigkeit aus, bewirkt aber eine Stabilisierung der Struktur und führt somit zu einer besseren Zyklenstabilität. Das Zusammenspiel der gewählten Metallionen und das Ausbalancieren Ihrer Vor- und Nachteile macht NMC zu einem Material mit höherer reversibler Kapazität und besserer Zyklenstabilität verglichen mit den Randphasen des Systems (LCO, LMO und LNO).

Dennoch zeigt NMC Schwächen, die nicht gelöst sind und noch Raum für kleine Verbesserungen geben. So weisen NMC-Materialien trotz Jahrzehnten intensiver Forschung noch immer Probleme mit einer zu hohen irreversiblen Kapazität aufgrund von Mischbesetzung auf der Lithiumposition auf. Des Weiteren kann es im delithiierten Material zu Phasenumwandlungen kommen. NMC zeigt eine Sauerstoffentwicklung beim Laden, die durch den Einbau von Aluminium in die Struktur für NCA gelöst werden konnte. Zum anderen ist die Entladespannung (bei NMC 3,7 V gegen Li/Li^+) gemessen an LCO (3,9 V gegen Li/Li^+) immer noch niedrig. Diese Schwächen sind je nach Anwendung und Gewichtung unterschiedlich zu werten.

Aktuelle Ansätze gehen in die Richtung kobaltarmer Verbindungen mit einem Kobaltgehalt von kleiner 25 % und/oder auch einem Mangangehalt kleiner 25 % [23 und darin zitierte]. Durch den Gebrauch preiswerterer Metalle sollen zum einen die Kosten gesenkt und zum anderen die Kapazität erhöht werden. Untersuchungen zeigen, dass sich ein hoher Nickelgehalt positiv auf die Kapazität auswirkt und Werte von bis zum 190 mAh g^{-1} (vgl. NMC 160 mAh/g) erreicht werden können [24].

4.3   Spinelle (LiM_2O_4, M = Mn, Ni)

Die Verbindungen $Li_{1-x}Mn_2O_4$ (Lithium Manganese Oxide, LMO-Spinell) kristallisieren im Spinelltyp (Raumgruppe: Fd-3 m), in dem die Sauerstoffatome auf den 32e-Lagen eine kubisch dichteste Kugelpackung (ccp) bilden. Die Manganatome besetzen die

Abb. 4.3 Kristallstruktur
eines LMO-Spinells mit
eingezeichneter Elementarzelle
(*schwarz* Mn; *grau* O; *hellgrau* Li)

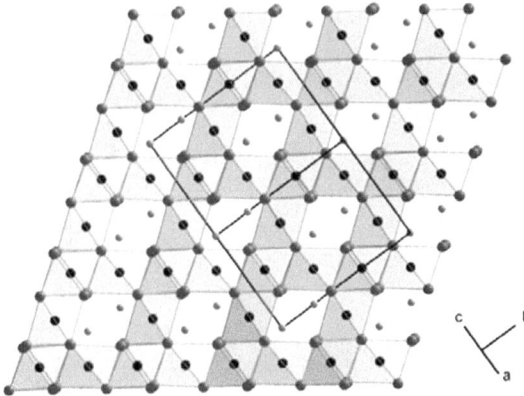

Abb. 4.4 Typische Lade-
/Entladekurven eines LMO-
Spinells ($Li_{1-x}Mn_2O_4$ gegen
Li/Li^+)

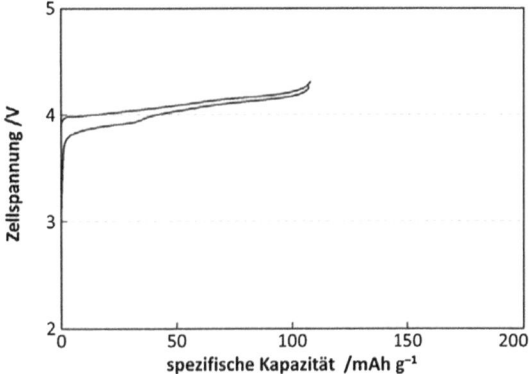

16d-Lagen und sind somit von sechs Sauerstoffionen tetraedrisch koordiniert. Die Lithium-Ionen sind auf den 8a-Lagen zu finden und tetraedrisch von Sauerstoff umgeben. Die $MnO_{6/3}$-Oktaeder sind miteinander kantenverknüpft und bilden ein dreidimensionales Netzwerk aus (Abb. 4.3). Die von Sauerstoff oktaedrisch umgebenen 16c-Lagen bleiben unbesetzt und bilden mit den durch Lithium besetzten 8a-Lagen ein dreidimensionales Netzwerk, durch welches die Lithium-Ionen diffundieren können. Bei lithium-reichen Zusammensetzungen wie $Li_{1+x}Mn_{2-y}O_4$ können sich Lithium-Ionen in diese Oktaeder einbauen [25].

Mangan nimmt in der lithiierten Form Oxidationszustände von sowohl +3 als auch +4 an. Bei der Delithiierung wird das dreiwertige Mangan oxidiert und das Mn^{3+}/Mn^{4+}-Redoxpaar ist für eine Arbeitsspannung von 4,1 V gegen Li/Li^+ verantwortlich (Abb. 4.4).

Ähnlich wie LCO und NMC ist $Li_{1-x}Mn_2O_4$ und seine Dotierungsvarianten als kommerzielles Kathodenmaterial etabliert. Die Etablierung und Implementierung als Kathodenmaterial der ersten Generation für automobile Anwendungen ist ein Resultat langjähriger Forschung und Entwicklung, die eine Verbesserung der elektrochemischen Eigenschaften von LMO-Spinell zum Ziel hatten. So waren unter anderem die Morphologiekontrolle und die Oberflächenchemie von $Li_{1-x}Mn_2O_4$-Kristalliten jahrzehntelang im Focus der Forscher.

LMO zeigt als Kathodenmaterial ein sehr schlechtes Zyklisierverhalten, was sich in einer stetigen Abnahme der reversiblen Kapazität zeigt [26 und darin zitiert]. Dieses Verhalten wird bei Temperaturen von über 50 °C, die bei automobilen und stationären Anwendungen durchaus auftreten können, noch verstärkt. Es gibt mannigfaltige Ursachen die zu diesem Verhalten beitragen. Der wohl wichtigste Grund ist die Instabilität von $Li_{1-x}Mn_2O_4$ gegenüber Säuren. So können Spuren von Wasser mit dem Leitsalz gemäß den angegeben Reaktionsgleichungen (4.2−4.5) zu Fluorwasserstoff reagieren [27, 28].

$$LiPF_6 \rightleftharpoons LiF + PF_5 \tag{4.1}$$

$$PF_5 + H_2O \rightarrow POF_3 + 2HF \tag{4.2}$$

$$POF_3 + H_2O \rightarrow HPO_2F_2 + HF \tag{4.3}$$

$$HPO_2F_2 + H_2O \rightarrow H_2PO_3F + HF \tag{4.4}$$

$$H_2PO_3F + H_2O \rightarrow H_3PO_4 + HF \tag{4.5}$$

Der so entstandene Fluorwasserstoff reagiert mit dem LMO-Spinell gemäß (4.6) [29].

$$2LiMn_2O_4 + 4HF \rightarrow 3MnO_2 + Mn^{2+} + 4F^- + 2Li^+ + 2H_2O \tag{4.6}$$

Die durch diese Reaktion im Elektrolyten gelösten Mn^{2+}-Ionen können sich auf der Kathode als MnO oder MnF_2 abscheiden, gleichzeitig wandelt sich der Spinell des Kathodenmaterials in einen defizitären Mn^{4+}-reichen Spinell (Li_2MnO_4 bzw. $Li_4Mn_5O_{12}$) um. Bei Abscheidungen von MnO auf der Anode kommt es zu negativen Einflüssen auf die Solid Electrolyte Interface (SEI) (s. Kap. 5) [30, 31].

Die Jahn-Teller-Instabilität des Mn^{3+}, die zu einer Verzerrung der $MnO_{6/3}$-Oktaeder führt und zu Verzerrungen in der Struktur führen kann, ist ein weiterer Grund für einen Performanceverlust während der Zyklisierung von LMO-Spinell [32]. Es wurde während verschiedener Lade-/Entladezyklen die Ausbildung zwei unterschiedlicher kubischer Phasen beobachtet, deren Kristallstrukturen sehr unterschiedlich sind und die zur Ausbildung von Mikrospannungen in den Kristalliten führen [33]. Wie bei fast allen anderen oxidischen Kathodenmaterialien kann es auch bei LMO-Spinell zur Freisetzung von Sauerstoff beim Ladevorgang kommen. Die Folge ist ein Kapazitätsverlust und möglicherweise ein Brand oder eine Explosion der Zelle [34].

Ein Lithiumdoping und die Ausbildung von Phasen mit einer Zusammensetzung von $Li_{1+x}Mn_{2-y}O_4$ sind Ansätze, die Löslichkeit von Mn^{3+} zu minimieren. Dabei wird Mn^{3+} teilweise auf die Oxidationsstufe +4 oxidiert. Da Mn^{3+} jedoch für die elektrochemischen

Eigenschaften der Zelle verantwortlich ist, führt dies zu einer Kapazitätsminderung. Des Weiteren sind aluminiumdotierte LMO-Spinelle sowie Substitutionsvarianten mit F^- anstelle von O^{2-} bekannt, die eine verringerte Manganlöslichkeit zeigen [35]. Durch ein Beschichten der Oberfläche mit Übergangsmetalloxiden wurde versucht, Säurefänger in das Kathodenmaterial einzubauen. Außerdem wurde auf Zellebene versucht, die Manganlöslichkeit mit Hilfe von Additiven zu senken [35].

LMO-Spinelle können mit hohen Strömen (>5 C) entladen werden. Aufgrund des durch die Verbindung beim Laden vorgegebenen kleinen Spannungsfensters (0,3 V) ist ein Hochstromladen bei LMO jedoch nur eingeschränkt möglich [25].

Von großem Forschungsinteresse sind in letzter Zeit auch nanopartikuläre und/oder nanostrukturierte LMO-Spinelle. Diese Morphologien zeigen eine weiter verbesserte Entladefähigkeit bei hohen Strömen [36]. Nanostrukturierte Materialien haben große Oberflächen, so dass bei diesen Materialien die Mn^{3+}-Löslichkeit ein kritischer Parameter ist. Nano-LMO-Spinelle sind daher meist beschichtete Materialien.

Von hohem Interesse für zukünftige Anwendungen sind Materialien mit höherer Arbeitsspannung (>4,0 V). Zu diesen Materialien zählen auch die Hochvoltspinelle wie $Li_{1-x}(Ni_{0,5}Mn_{1,5})O_4$. Mit einer Spannung von 4,7 V (gegen Li/Li^+) besitzen diese Hochvoltspinelle eine Energiedichte, die 12 % größer ist als die ihrer bisher kommerziell erhältlichen Vertreter. Weitere Hochvoltspinelle ($Li_{1-x}(M_{0,5}Mn_{1,5})O_4$) mit M = Cr, Co, Fe und Cu sind denkbar. Diese Verbindungen haben verglichen mit LMO ein größeres Spannungsfenster beim Laden und Entladen und maximale Arbeitsspannungen von bis zu 5,1 V gegen Li/Li^+ [37]. Die größte Hürde für die Hochvoltmaterialien ist heutzutage die Stabilität des Elektrolyten. Die aktuell verfügbaren Elektrolyten sind bis etwa 4,3 V gegen Li/Li^+ stabil, oberhalb dieser Spannung werden sie selbst elektrolysiert und minimieren die Zyklenfestigkeit der Zelle.

4.4   Phosphate (LiMPO$_4$; M = Fe, Mn, Co, Ni)

Das im Jahr 1997 als Kathodenmaterial vorgestellte LiFePO4 (Lithium Ferrous Phosphate; LFP) kristallisiert wie das natürlich vorkommende Mineral Lithiophylit im Olivin-Typ in der Raumgruppe Pnma (Abb. 4.4) [38]. Die Sauerstoff-Atome bilden eine fast ideale hexagonal-dichteste Kugelpackung (hcp) in deren Oktaederlücken sich Lithium- (4a-Lage) und Eisenatome (4c-Lage) geordnet befinden. In den Tetraederlücken befinden sich die Phosphoratome (4c-Lage), die aufgrund der Ausbildung von kovalenten Bindungen zu vier benachbarten Sauerstoffatomen ein Phosphation bilden und die Struktur verzerren (Abb. 4.5).

Die verzerrten oktaedrischen Lithiumkoordinationspolyeder sind miteinander entlang [010] kantenverknüpft und bilden einen eindimensionalen Diffusionspfad für die Lithium-Ionen parallel zur b-Achse [39].

Aufgrund des induktiven Effekts der Phosphoratome werden die Außenelektronen der Sauerstoffionen in stark kovalenten P-O Bindungen polarisiert und somit wird die

Abb. 4.5 Kristallstruktur
von LFP mit eingezeichneter
Elementarzelle (*schwarz* Fe;
grau O; *grau* P; *dunkelgrau und
klein* Li)

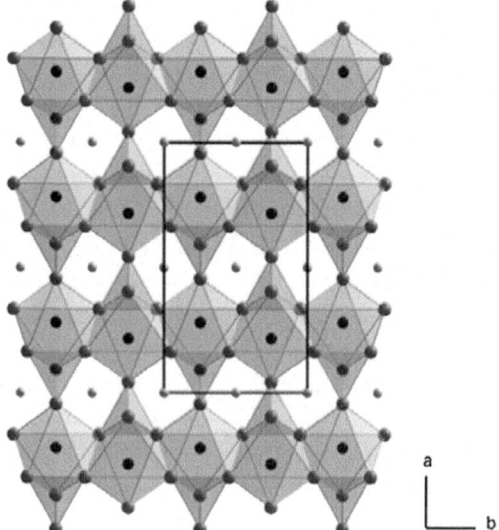

Abb. 4.6 Typische Lade-
/Entladekurven von LFP
($Li_{1-x}FePO_4$ gegen Li/Li^+)

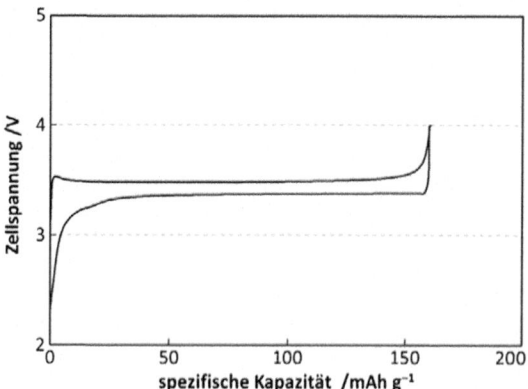

Kovalenz der Fe-O Bindung geschwächt. Dies führt zu einer Absenkung der Redoxenergie des Fe^{3+}/Fe^{2+}-Redoxpaares und einer höheren Leerlaufspannung gegen Li/Li^+ (Voc)
[38]. Dieser Effekt wurde auch bei anderen polyanionischen Lithium-Eisen-Verbindungen
beobachtet, verstärkt sich aber beim LFP durch die Olivin-Struktur.

Eine weitere Besonderheit, welche das LFP aufweist, ist sein extrem flaches Lade- und
Entladeplateau (Abb. 4.6), welches durch die Existenz zweier strukturell sehr ähnlicher
Randphasen und deren diffusionsgetriebener Ausbreitung hervorgerufen wird. Diese
Randphasen unterscheiden sich nur unwesentlich in ihrer Kristallstruktur. Die lithiumarme Phase ist nur 6,81 % kleiner in Bezug auf das Volumen und hat eine 2,59 %
kleinere Dichte als die lithiumreiche Phase. Es kommt somit nicht zur Ausbildung von

strukturellen Verwerfungen bzw. Spannungen, die das Material beschädigen und somit die Zyklenstabilität verschlechtern können. Die Stabilität der delithiierten Phase (FePO$_4$) trägt zur überragenden Zyklenstabilität des Lithiumeisenphosphates bei. Die diffusionsgetriebenen Ausbreitung der Phasen wird erst bei extrem hohen Strömen (>20 °C) eigenschaftsbestimmend [38], jedoch zeigt LFP aufgrund der diffusionsgetriebene Phasenausbreitung bessere Lade-Entlade-Eigenschaften bei hoher Temperatur (>50 °C) als bei anderen bekannten Materialien.

Dennoch stellen die schlechte elektrische und die Lithium-Ionen-Leitfähigkeit die größte Herausforderung für Li$_{1-x}$FePO$_4$ dar. Durch verkleinerte Kristallitgrößen soll zum einen die Weglänge für die Lithium-Ionen-Diffusion minimiert, zum anderen auch die Strecke, die die Elektronen im Material zurücklegen, verkleinert werden. Aus diesem Grund wurde eine Vielzahl von Methoden entwickelt, um LFP-Partikel im Submikronoder sogar im Nanometer-Bereich herzustellen. Üblicherweise bestehen Lithiumeisenphosphate meist aus ~200 nm großen Primärpartikeln, die zu Sekundärpartikeln mit einem Durchmesser von 5 bis 10 µm agglomerieren. Mit diesen Nanopartikeln können Kapazitäten von >100 mAh/g bei hohen C-Raten (>20 °C) realisiert werden [40, 41].

Mit der Verkleinerung der Partikel kann die Lithium-Ionen-Leitfähigkeit kompensiert werden, die elektrische Leitfähigkeit wird damit aber nicht wesentlich verbessert. Da eine schlechte elektrische Leitfähigkeit eines Kathodenmaterials zu einer schlechten Zellperformance führt, ist die Verbesserung der elektrischen Leitfähigkeit einer der Forschungsschwerpunkte der LFP-Entwicklung. So kann durch eine Kohlenstoffbeschichtung die Leitfähigkeit von LFP signifikant gesteigert werden. Damit ist es möglich, eine Kapazität von bis zu 165 mAh/g (97 % der theoretischen Kapazität) zu erreichen und ebenfalls das Lade-/Entladeverhalten bei hohen Strömen zu verbessern [42]. Da die elektrochemischen Eigenschaften von der elektrischen Leitfähigkeit abhängig sind, ist die Qualität der Kohlenstoffbeschichtung wichtig und mitbestimmend für die Eigenschaften des Kathodenmaterials.

Die Beschichtung verhindert bei der Herstellung auch die Aggregation von Partikeln und schützt das Kathodenmaterial vor ungewollter Oxidation und Zersetzung [13].

LFP zeigt im Vergleich zu den oxidischen Materialien keinerlei Anzeichen von Sauerstoffentwicklung, was auf die starken kovalenten Bindungen im Phosphatmolekül zurückzuführen ist [43]. Dies bewirkt auch, dass LFP eine ausgezeichnete thermische Stabilität aufweist und mit allen üblichen Elektrolyten kompatibel ist [44].

Schon in der ersten Veröffentlichung im Jahr 1997 [38] konnte gezeigt werden, dass die Olivin-Struktur auch für andere Lithium-Übergangsmetallphosphate stabil ist. So können durch den Einbau von Mangan, Cobalt oder Nickel höhere Arbeitsspannungen erreicht und die Energiedichte erhöht werden. Lithium Manganese Phosphate (LMP) Li$_{1-x}$MnPO$_4$ weist eine Arbeitsspannung von 4,1 V gegen Li/Li$^+$ auf [38] und würde somit bei gleicher theoretischer Kapazität wie LFP eine Energiedichte von 656 mAh/g besitzen. LMP zeigt ähnlich wie LFP ein flaches Plateau. Die manganhaltigen Olivine weisen nicht, wie die Spinelle (LiMn$_2$O$_4$), die Jahn-Teller-Instabilität des delithiierten Materials auf und sind extrem gut zyklisierbar [45]. Jedoch besitzt Li$_{1-x}$MnPO$_4$ eine schlechtere elektrische Leitfähigkeit als das Eisenanalogon, was die Anforderungen an die Partikelgröße (<80 nm) stark erhöht [46]. Aktuelle Entwicklungen bei phosphatba-sierten Kathodenmaterialien gehen in Richtung gemischter Eisen-Mangan-Phosphate mit einem Mangananteil von >60 % [47].

Die Spannungsplateaus von Co^{3+}/Co^{2+} und Ni^{3+}/Ni^{2+} liegen bei den Olivinen bei etwa 4,8 V gegen Li/Li$^+$ [48] bzw. 5,1 V gegen Li/Li$^+$ [49]. Wie bereits bei den Hochvolt-Spinel-len erwähnt, zersetzen sich die meisten kommerziell erhältlichen Elektrolyte ab etwa 4,3 V. Aus diesem Grund müssen neue Elektrolyte gefunden werden, um die 5 V-Olivine in Zel-len mit Graphitanode zum Einsatz zu bringen. Die Schwermetallionen stellen jedoch ein Gesundheitsrisiko dar, welches bei LFP nicht existiert.

4.5   Vergleich der verschiedenen Kathodenmaterialien

Aufgrund ihrer jeweiligen Charakteristika sind die Kathodenmaterialien für verschie-dene Anwendungen mit unterschiedlichen Anforderungen interessant. Die Entschei-dung welches Kathodenmaterial eingesetzt werden soll, hängt jedoch nicht nur von den elektrochemischen Daten (Tab. 4.1) ab, sondern auch von den Kosten, der Lebensdauer und der Sicherheit (Abb. 4.7).

Bezüglich der Energiedichte sind die schichtartigen Oxide klar im Vorteil. Die hohen Arbeitsspannungen und die damit eingehenden Energiedichten sind auf das Redoxver-halten der Nickel-, Kobalt- und Manganionen zurückzuführen. Diese Metalle sind in der Lithosphäre höchst selten und deshalb auf dem Weltmarkt sehr teuer (Co: 38 € kg^{-1}, Ni: 21 € kg^{-1}, Mn: 4 € kg^{-1}, Stand Mai 2012). Eisen ist das zweithäufigste Element auf der Erde und selbst verglichen mit Mangan extrem preiswert (0,45 € kg^{-1}). Für LFP bedeutet dies die Kostenführerschaft bei der Herstellung von 1 kg Kathodenmaterial. Bezogen auf den Preis pro kWh ist der Vorsprung aufgrund der geringeren Energiedichte im Ver-gleich zu NMC und NCA weniger deutlich.

In Bezug auf die Sicherheit kann es bei den Oxiden zur Entwicklung von Sauerstoff und damit zu Bränden oder gar zur Explosion der Zelle kommen. Aufgrund intrinsischer Materialeigenschaften ist dies bei LFP nahezu unmöglich. So zeigt LFP im Gegensatz zu anderen Kathodenmaterialien bis 300C keinerlei thermische Effekte, wohingegen fast alle oxidischen Kathodenmaterialien starke exotherme Effekte aufweisen. Des Weiteren sind LFP und LFMP genauso wie LMO ungiftig und ökologisch unbedenklich, was für die schwermetallhaltigen oxidischen Verbindungen nicht zutrifft.

Die Lithiumdiffusion bei LFP ist in eine Richtung möglich, die anderen Materialien haben Lithiumdiffusionspfade in mindestens zwei, wenn nicht sogar in drei Dimensio-nen. Dennoch ist LFP das einzige Kathodenmaterial, das sowohl schnellentlade- als auch schnellladefähig ist. Die hohen Energie- (Wh/kg) und Leistungsdichten (W/kg) der oxi-dischen Kathodenmaterialien hat LFP noch nicht erreicht. Durch die Verwendung von Mangan (LFMP) können diese Werte um 20 % im Vergleich zu LFP gesteigert werden. Dennoch ist LFP schon heute ein sicheres und ausdauerndes Kathodenmaterial, das bei stationären Anwendungen wie auch im (Plug-in)-HEV-Bereich Anwendung finden wird.

Tab. 4.1 Kapazität, Arbeitsspannung und Energiedichte der beschriebenen Kathodenmaterialien (typische Werte)

Material	Kapazität/Ah kg^{-1}	Arbeitsspannung/V	Energiedichte/Wh kg^{-1}
NCA (LiCo$_{0.85}$Al$_{0.15}$)$_2$	200	3,7	740
LCO (LiCoO$_2$)	160	3,9	624
NMC (LiNi$_{0.33}$Mn$_{0.33}$ Co$_{0.33}$O$_2$)	160	3,7	592
LMO (LiMn$_2$O$_4$)	100	4,1	410
LFP (LiFePO$_4$)	160	3,4	544
LFMP (LiFe$_{0.15}$Mn$_{0.85}$PO$_4$)	150	4,0/3,4	590

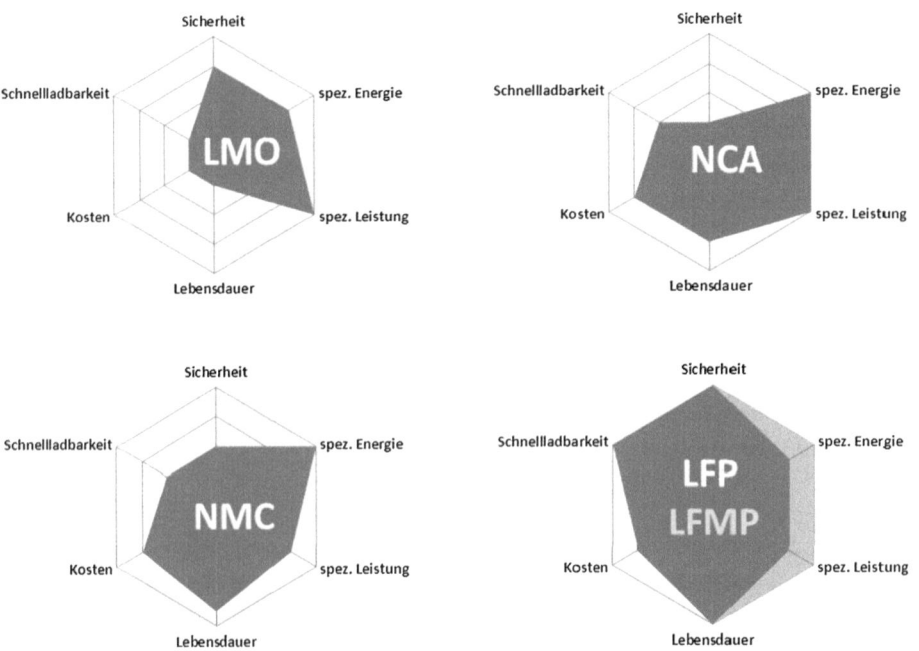

Abb. 4.7 Vergleich unterschiedlicher Kathodenmaterialien in Bezug auf Sicherheit, spezifische Energie, spezifische Leistung, Lebensdauer, Kosten und Schnellladbarkeit (basierend auf [50])

Die Oxide sind seit den achtziger Jahren Gegenstand der Forschung und Entwicklung. An diesen Materialien wurden eine Vielzahl von Modifikationen vorgenommen und so großtechnisch herstellbare und am Markt erfolgreiche Materialen entwickelt. Bei den relativ „jungen" phosphatbasierten Kathodenmaterialien steht man erst am Anfang dieser Entwicklungen. So können durch die Substitution von Eisen durch Mangan, Kobalt oder Nickel höhere Arbeitsspannungen und somit höhere Energiedichten erreicht werden. Die phosphatbasierten Kathodenmaterialien sind aus diesen Gründen sehr aussichtreiche Kathodenmaterialien für zukünftige Anwendungen im Hochvoltbereich.

Literatur

1. Akimoto J, Gotoh Y, Oosawa Y (1998) J Solid State Chem 141:298
2. Wang HF, Yang YI, Huang BY, Sadoway DR, Chiang YT (1999) J Electrochem Soc 146:473
3. Ohzuku T, Brodd RJ (2007) J Power Sources 174:449
4. Ohzuku T, Ueda A (1994) Solid State Ionics 69:201
5. Yuan LX et al (2011) Goodenough. Energy Environ Sci 4:269
6. Wang GX et al (2001) J Power Sources 97–98:298
7. Molenda J, Marzec J (2009) Funct Mater Lett 3:1
8. Amatucci GG, Tarascon JM, Klein LC (1996) Solid State Ionics 83:167
9. Breuer H (2000) dtv-Atlas Chemie, Bd 1, 9. Aufl. dtv, München
10. Dahn JR, Vonsacken U, Michal CA (1990) Solid State Ionics 44:87
11. Molenda J, Wilk P, Marzec J (2003) Solid State Ionics 115:115
12. Rougier A, Gravereau P, Delmas C (1996) J Electrochem Soc 143:1168
13. Pouilliere C, Croguennec L, Biensan P, Willmann P, Delmas C (2000) J Electrochem Soc 147:2061
14. Zu ZH, Macneil DD, Dahn JR (2004) Electrochem Solid-State Lett 14:A191
15. Naghash AR, Lee JY (2001) Electrochim Acta 45:2293
16. Park SH, Sun YK, Park KS, Nahm KS, Lee YS, Yoshio M (2002) Electrochim Acta 41:1721
17. Mishra SK, Ceder G (1999) Phys Rev B 59:6120
18. Armstrong AR, Bruce PG (1996) Nature 381:499
19. Ceder G, Van der Ven A (1999) Electrochim Acta 45:131
20. Makimura Y, Ohzuku T (2003) J Power Sources 119:156
21. Koyama Y, Tanaka I, Adahi H, Makimura Y, Ohzuku T (2003) J Power Sources 119:644
22. Hwang BJ, Tsai YW, Carlier D, Ceder G (2003) Chem Mater 15:3676
23. Wang L, Li J, He X, Pu W, Wan C, Jiang C (2009) J Solid State Electrochem 13:1157
24. Yoon WS, Paik Y, Yang XQ, Balasubramanian M, McBreen J, Grey CP (2002) Elektrochem Solid-State Lett 5:A263
25. Park OK, Cho Y, Lee S, Yoo H-C, Song H-K, Cho J (2011) Energy Environ Sci 4:1621
26. Ellis BL, Lee KT, Nazar LF (2010) Chem Mater 22:691
27. Gnanaraj JS, Pol VG, Gedanken A, Aurbach D (2003) Electrochem Commun 5:940
28. Thackeray MM, Dekock A, Rossouw MH, Liles D, Bittuhn R, Hoge D (1992) J Electrochem Soc 139:363
29. Benedek R, Thackeray MM (2006) Eectrochem Solid-State Lett 9:A265
30. Cho J, Thackeray MM (1999) J Electrochem Soc 146:3577
31. Cho J (2008) J Mater Chem 18:2257
32. Thackeray MM, Shao-Horn Y, Kahaian AJ, Kepler KD, Vaughey JT, Hackney SA (1998) Electrochem Solid-State Lett 1:7
33. Shin YJ, Manthiram A (2994) J Electrochem Soc 151:A208
34. Deng BH, Nakamura H, Yoshio M (2008) J Power Sources 180:864
35. Xia YG, Zhang Q, Wang HY, Nakamura H, Noguchi H, Yoshio M (2007) Electrochim Acta 52:4708

36. Kim DK, Muralidharan P, Lee HW, Ruffo R, Yang Y, Chan CK, Peng H, Huggins RA, Cui Y (2008) Nano Lett 8:3948
37. Liu GQ, Wen L, Liu YM (2010) J Solid-State Electrochem 14:2191
38. Padhi AK, Nanjundaswamy KS, Goddenough JB (1997) J Electrochem Soc 144:1188
39. Morgan D, Van der Ven A, Ceder G (2004) Electrochem Solid-State Lett 7:A30
40. Wang YG, Wang YR, Hosono EJ, Wang KX, Zhou HS (2008) Angew Chem Int Ed 47:7461
41. Kang B, Ceder G (2009) Nature 458:190
42. Ravet N, Chouinard Y, Magnan JF, Besner S, Gauthier M, Armand M (2001) J Power Sources 19:503
43. Koltypin M, Aurbach D, Nazar L, Ellis B (2007) Electrochem Solid-State Lett 10:A40
44. MacNeil DD, Lu ZH, Chen ZH, Dahn JR (2002) J Power Sources 108:8
45. Wang DY et al (2009) J Power Sources 189:624
46. Drezen T, Kwon NH, Miners JH, Poletto L, Graetzel M (2007) J Power Sources 174:949
47. Yamada A, Takei Y, Koizumi H, Sonoyama N, Kanno R (2006) Chem Mater 18:804
48. Amine K, Yasuda H, Yamachi M (2000) Electrochem Solid State Lett 3:178
49. Zhou F, Cococcioni M, Kang K, Ceder G (2004) 6:1144
50. Geoffroy D (2012) Phosphates

Anodenmaterialien für Lithium-Ionen-Batterien

5

Călin Wurm, Oswin Öttinger, Stephan Wittkämper, Robert Zauter und Kai Vuorilehto

5.1 Einleitung Aktivmaterialien Anode

Die ersten sekundären Lithium-Zellen hatten eine metallische Lithium-Folie als Anode (negative Elektrode) [1]. Reines Lithium besitzt eine sehr große spezifische Kapazität (3860 mAh/g) sowie ein sehr negatives Potential, das in einer sehr hohen Zellspannung resultiert. Die Zyklisierungseffizienz sinkt jedoch während der mehrmaligen Lithium-Auflösung beim Entladen sowie der Li-Ablage beim Ladevorgang derart drastisch, so dass die 2-3-fache Menge an Lithium eingesetzt werden muss. Zusätzlich scheidet sich Lithium zum Teil sowohl schaumförmig als auch als Dendriten ab, die wiederum durch den Separator wachsen können [2, 3]. Diese Dendriten können lokale Kurzschlüsse verursachen und folglich eine vollständige Selbstentladung der Zelle oder im schlimmsten Fall eine innere thermische Kettenreaktion bis hin zum Brand oder eine Explosion auslösen. Heutzutage werden lediglich kleine

C. Wurm (✉)
Robert Bosch Battery Systems GmbH, Heilbronner Straße 358-360, 70469 Stuttgart, Deutschland
e-mail: calin.wurm@de.bosch.com

O. Öttinger
SGL Carbon GmbH, Werner-von-Siemens-Straße 18, 86405 Meitingen, Deutschland
e-mail: oswin.oettinger@sglgroup.com

S. Wittkämper
GOULD Electronics GmbH, Hauptstraße 3, 79356 Eichstetten, Deutschland
e-mail: swittkaemper@gould.de

R. Zauter
Wieland-Werke AG, Graf-Arco-Straße 36, 89079 Ulm, Deutschland
e-mail: robert.zauter@wieland.de

K. Vuorilehto
Universität Helsinki, Kemistintie 1, 02150 Espoo, Finnland
e-mail: kai.vuorilehto@helsinki.fi

R. Korthauer (Hrsg.), *Handbuch Lithium-Ionen-Batterien*,
DOI: 10.1007/978-3-642-30653-2_5, © Springer-Verlag Berlin Heidelberg 2013

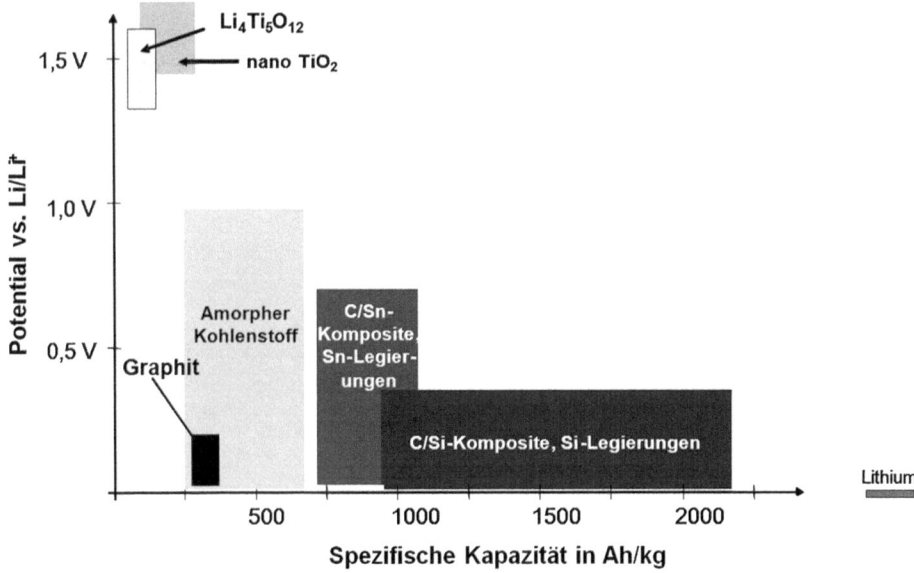

Abb. 5.1 Spezifische Speicherkapazität und Potential gegenüber Li/Li$^+$ der wichtigsten Anoden-materialien [in Anlehnung an 11]

Zellen, insbesondere Knopfzellen, mit niedrigeren Anforderungen an Zyklenstabilität und Schnellladefähigkeit mit Lithium-Metallanoden in Serie produziert. In jüngster Vergangenheit werden allerdings erneut Versuche mit hochkapazitiven Zellen unter Verwendung spezieller Separatoren, wie z. B. bei Bolloré [4] getestet. Die Aspekte Sicherheit und Zyklenstabilität dieser LMP-Zellen (Lithium Metal Polymer) stehen weiterhin im Vordergrund.

Um sichere Zellen mit guter Zyklisierungseffizienz herzustellen, wird das metallische Lithium durch ein sogenanntes Lithium-Interkalationsmaterial ersetzt [5–8]. In der Regel ist der Interkalationprozess, z. B. in Kohlenstoff, nahezu verlustfrei reversibel und es tritt keine Lithium-Plattierung auf [9, 10]. Als Anodenmaterial in der Lithium-Ionen-Zelle des klassischen 3C-Marktes (portable Konsumer-anwendungen) ist Graphit das Material der Wahl. Für neue Anwendungen mit höherer Leistungs- und Energiedichte sowie verbesserter Sicherheit treten zunehmend amorphe Kohlenstoffe (Hard Carbons und Soft Carbons) in den Fokus. Diese weisen teilweise eine bessere Strombelastbarkeit auf und sind stabiler sowie sicherer in Verbindung mit neuartigen Elektrolyten und Kathodenmaterialien.

Eine deutliche Steigerung der Lithiumspeicherkapazität über jene von Graphit hinaus, ist durch die Verwendung von Metallen und Legierungen (intermetallischen Verbindungen) möglich, die reversibel mit Lithium reagieren können. Trotz intensiver Anstrengungen haben metallbasierte Systeme bislang keinen Eingang in die Großserie gefunden. Es besteht somit ein erheblicher Forschungsbedarf. Erfolgskritisch ist zurzeit die noch mangelhafte Zyklenstabilität. Eine Verbesserung ist hier durch die Mischung mit Kohlenstoffen (z. B. C/Si-Komposite, C/Sn-Komposite) möglich. Für die Verbesserung der Zyklenstabilität und für besonders hohe Leistungs- und Sicherheitsanforderungen ist Lithiumtitanat sowie Titanoxid als Anodenaktivmaterial eine interessante Alternative. Die Speicherkapazitäten dieser Materialien sind jedoch sehr gering und das Potential gegenüber Lithium sehr hoch (Abb. 5.1).

Zusätzlich zu den elektrochemischen Eigenschaften dieser Materialien ist eine gute Verarbeitbarkeit (gute Rheologieeigenschaften, Haftung an Metallfolien etc.) während der Elektrodenherstellung erforderlich. Abbildung 5.1 gibt einen Überblick über die spezifische Speicherkapazität und das Potential für die wichtigsten Anodenmaterialien [11]. In den nachfolgenden Abschnitten wird näher auf die verschiedenen Anodenmaterialien eingegangen.

5.2 Herstellung und Struktur von amorphen Kohlenstoffen und Graphit

Amorpher Kohlenstoff (Hard und Soft Carbons) und Graphit können sowohl natürlich vorkommen als auch synthetisch hergestellt werden. Ein klassischer Vertreter des natürlich vorkommenden amorphen Kohlenstoffes ist z. B. der Anthrazit, wobei natürlich vorkommender Graphit Naturgraphit genannt wird. Die größten Lagerstätten von Naturgraphit liegen dabei in Asien und hier vor allem in China und in deutlich geringerem Umfang in Indien und Nordkorea. In der westlichen Welt wird vor allem in Brasilien und Kanada Naturgraphit bergmännisch abgebaut. Da derzeit davon ausgegangen wird, dass ca. 70–80 % der Naturgraphitreserven sich in China befinden, hat die Rohstoffinitiative der Europäischen Union im Jahr 2010 Naturgraphit in die Gruppe der 14 kritischen Rohstoffe aufgenommen. Um Naturgraphit für die Batterieanwendung nutzbar zu machen, muss dieser im ersten Schritt jedoch von der Gangart abgetrennt sowie chemisch, thermisch bzw. chemisch-thermisch gereinigt werden.

Wird amorpher Kohlenstoff oder Graphit synthetisch hergestellt, so sind die Ausgangsstoffe in der Regel Beiprodukte der Erdöl- oder Kohleindustrie. Die wichtigsten Vertreter seitens der Erdölindustrie sind Petrolkokse oder auch Harze mit hohem Aromatenanteil, wie z. B. Phenolharze. Seitens der Kohleindustrie sind Steinkohlenteerpeche oder hoch-isotrope Kokse die wichtigsten Rohstoffe. Beim Karbonisieren bzw. Kalzinieren der Ausgangsstoffe bei niedrigeren Temperaturen (800 °C bis 1200 °C) entsteht zunächst amorpher Kohlenstoff. Sofern der karbonisierte Ausgangsstoff (z. B. Furan- oder Phenolharz) bei einer weiteren Temperaturbehandlung bis zu 3000 °C weiterhin amorph bleibt, bezeichnet man diesen als nicht-graphitierbaren Kohlenstoff oder Hard Carbon. Falls der karbonisierte Ausgangsstoff (z. B. Kokse oder Peche) sich bei Temperaturen über 2500 °C in Graphit umwandelt, liegt ein sog. graphitierbarer Kohlenstoff oder Soft Carbon vor.

Abbildung 5.2 gibt einen Überblick über den klassischen Herstellungsprozess von synthetischem Graphit. Die Hauptrohstoffe sind kalzinierter Koks als fester Rezepturbestandteil sowie Steinkohlenteerpech als Bindemittel. Nach der Aufbereitung der Festbestandteile durch Mahlen, Sieben, Sichten und Klassifizieren wird in Verbindung mit erschmolzenem, flüssigem Bindepech eine plastifizierte „grüne" Masse gemischt, die anschließend, z. B. durch Extrusion oder Pressen in Form gebracht wird. Der erstarrte grüne Formkörper wird

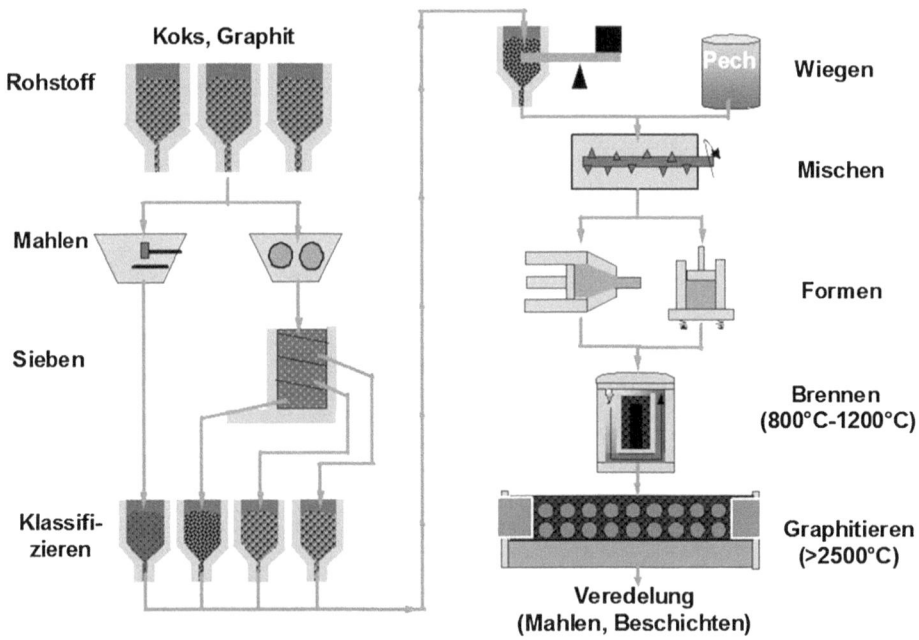

Abb. 5.2 Schematische Darstellung der Herstellung von synthetischem Graphit

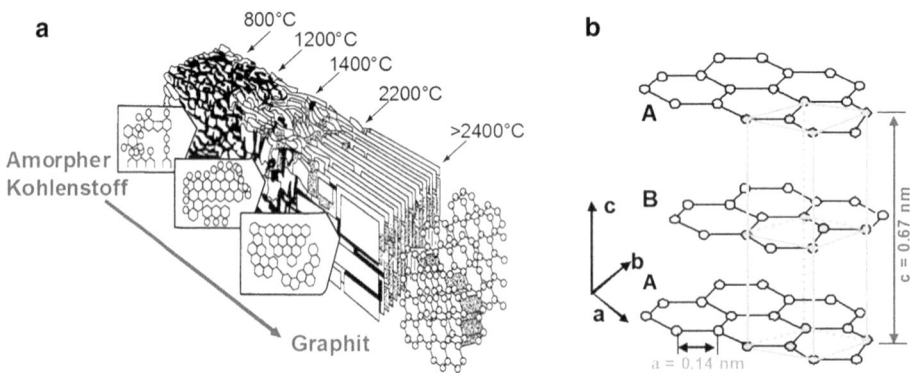

Abb. 5.3 a Entwicklung der Graphitschichtstruktur aus amorphem, graphitierbarem Kohlenstoff nach Marsh [14], **b** Hexagonale Graphitstruktur

anschließend unter Ausschluss von Luftsauerstoff bei 800 °C bis 1200 °C gebrannt. Beim Brand verkohlt das Pech und es entsteht ein amorpher Kohlenstoff als Bindephase. Zur Überführung des amorphen Kohlenstoffes in synthetischen Graphit wird der Formkörper in sog. Packmasse eingebracht und bei >2500 °C Temperatur behandelt. Die heutigen Graphitierungstechniken gehen dabei auf Acheson oder Castner [12, 13] zurück und wurden Ende des 19. Jahrhunderts erfunden. Im Acheson-Ofen werden typischerweise 3 bis 4 kWh Strom für 1 kg Graphit und eine Ofenfahrt von ca. drei Wochen benötigt. Durch die hohen Temperaturen entweichen die Verunreinigungen aus dem Graphit und es stellt sich die typische Graphitschichtstruktur ein, wie sie in Abb. 5.3a und b dargestellt ist.

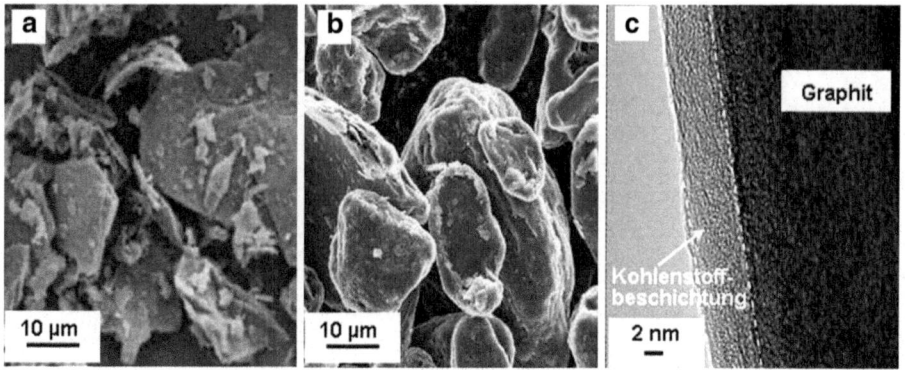

Abb. 5.4 a Graphitpartikel ohne Rundung, **b** gerundete Graphitpartikel, **c** Graphitpartikel mit amorpher Kohlenstoffbeschichtung

Graphit ist eine der bekanntesten allotropischen Formen von Kohlenstoff. Er konstituiert sich aus parallel gestapelten Graphenschichten. Das Graphen ist ein hexagonales Netz von sp^2-hybridisierten Kohlenstoffatomen. Die weit verbreitete hexagonale Form des Graphits besitzt eine Stapelabfolge ABABAB (Abb. 5.3b). Der Abstand zwischen die Graphenschichten beträgt 0,3354 nm. Die rhombohedrische Form mit der ABCABC-Stapelfolge ist von untergeordneter Bedeutung. Der Anteil dieser Form steigt bis zu 20 % mit Verformungsprozessen, wie z. B. dem Mahlen von Graphit. Dieser rhombohedrische Anteil kann durch eine Hochtemperaturbehandlung wiederum reduziert werden [15]. Die kristallographische Dichte beider Graphitformen beträgt 2,26 g/cm³.

Um Graphit optimal anwendungsspezifisch als Aktivmaterial einsetzen zu können, werden häufig zusätzliche Veredelungsschritte durchgeführt (Abb. 5.4). Nach dem Mahlen des Graphits (Abb. 5.4a) wird die finale Korngröße und Kornform derart modifiziert, dass die spezifische Oberfläche möglichst gering und die Oberflächenmorphologie möglichst glatt ist (kartoffelförmiges Partikeldesign, Abb. 5.4b). Ein besonderer Fall sind dabei Graphite oder Soft Carbons basierend auf Mesophasenpechen, die von Hause aus bereits in ihrer Herstellung nahezu als runde Kugeln vorliegen und daher als Pulver nach der Karbonisierung oder Graphitierung keinen Kornformungsprozessschritt mehr benötigen. Ein weiterer möglicher Veredelungsschritt für Graphitpulver ist, das Pulver oberflächlich mit einer amorphen oder graphitischen Kohlenstoffschicht auszurüsten (Abb. 5.4c). Die Gründe für alle diese Pulververedelungsmaßnahmen (Runden und Beschichten) sind von elektrochemischer Natur und werden im nachfolgenden Kapitel erläutert.

5.3 Lithium-Interkalation in Graphit und amorphen Kohlenstoffen

Die erste kommerzielle Lithium-Ionen-Zelle, die von Sony Energytec Inc. 1991 [1, 15, 16] vermarktet wurde, hatte einen nicht graphitierbaren Kohlenstoff als negative Elektrode. Dieser wurde durch Karbonisierung von Polyfurfurylalkohol-Harz (PFA) hergestellt.

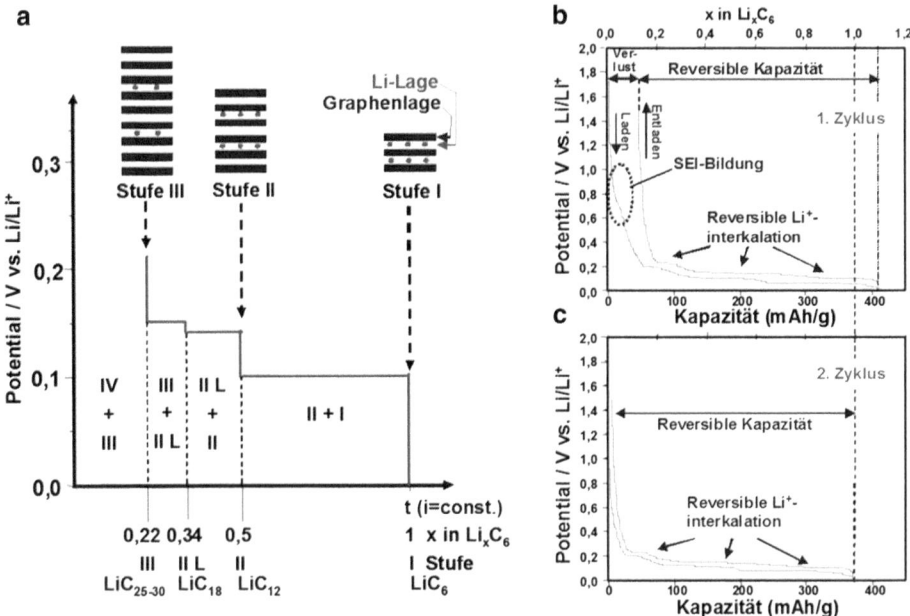

Abb. 5.5 a Thermodynamische Lithium-Interkalationsstufen in Graphit [17] mit Phasen: I-LiC$_6$, II-LiC$_{12}$.II L-LiC$_{18}$, III-LiC$_{25-30}$, IV–LiC$_{36-50}$ Galvanostatische Lade-/Entladekurve von Graphit mit Li-Metall als Gegenelektrode und Referenz für den ersten (**b**) und zweiten (**c**) Zyklus

Dieser Erfolg führte zu intensiven Forschungs- und Entwicklungsaktivitäten auf dem Gebiet der elektrochemischen Charakterisierung sowie von Interkalationsprozessen von amorphem Kohlenstoff und Graphit.

Die elektrochemische Interkalation von nicht solvatiertem Lithium in Graphit findet in einem Potentialfenster von 0 bis 0,25 V gegenüber Li/Li$^+$ statt. Die Interkalation folgt verschiedenen, gut definierten 2 Phasen-Plateaus mit ebenfalls gut definierten chemischen Verbindungen am Anfang und Ende dieser Plateaus (Abb. 5.5a). Entlang des Plateaus existieren beide Phasen gleichzeitig. Auch in experimentellen Versuchen sind die Interkalationsstufen gut messbar (Abb. 5.5b und c) und farblich gut sichtbar (Abb. 5.6). Während der Interkalation wandelt sich die hexagonale (ABABAB) bzw. rhombohedrische (ABCABC) Graphitstruktur in eine AAAAAA-Stapelabfolge mit interkaliertem Lithium um. Das Lithium ist dabei in die Mitte der C$_6$-Ringe zwischen zwei Graphenschichten platziert. Die Kapazität von Graphit hängt damit von der Anzahl der verfügbaren Graphenschichten ab. Für sehr gut strukturierte Graphite (z. B. Naturgraphite) ist bei langsamer Ladegeschwindigkeit (niedrige Ströme) nahezu die theoretische reversible spezifische Kapazität von 372 mAh/g in der Praxis erreichbar.

Abbildung 5.5b zeigt, dass ein Unterschied zwischen der geladenen und entladenen Kapazität im ersten Zyklus bemerkbar ist. Dieser Kapazitätsverlust folgt aus der elektrochemischen Reaktion zwischen Lithium-Ionen aus der Kathode, den Elektrolytkomponenten

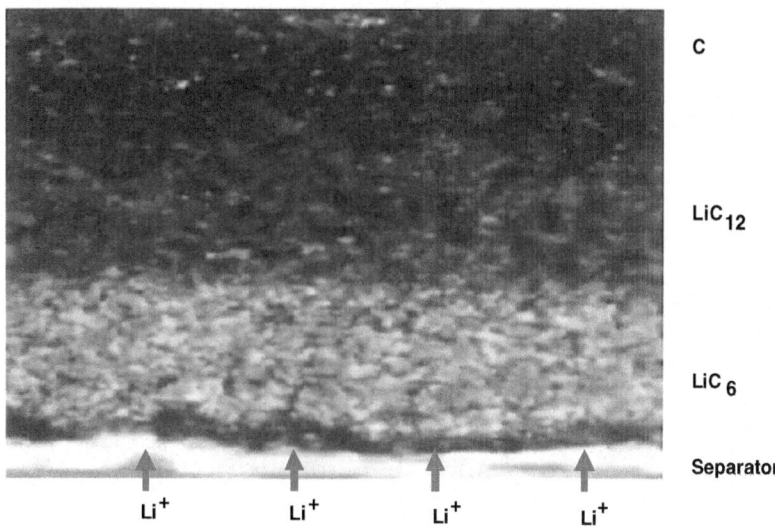

Abb. 5.6 Aufnahme einer partiell geladenen Anodenelektrode [18]

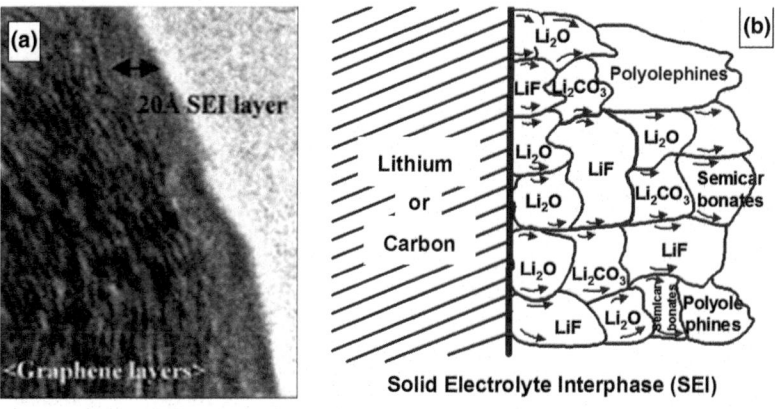

Abb. 5.7 a TEM Aufnahme [20] und **b** schematische Darstellung einer chemischen Zusammensetzung einer SEI [21]

(organische Karbonate, Additive etc.) und der Anodenoberfläche. Das Ergebnis dieser elektrochemischen Reaktion ist eine Passivierungsschicht zwischen Elektrolyt und den Graphitpartikeln. Diese Schicht (Abb. 5.7a, b) wird SEI (solid electrolyte interphase) bezeichnet [19]. Die SEI-Qualität beeinflusst maßgeblich Zyklenstabilität, Lebensdauer, Leistung und Sicherheit der Lithium-Ionen-Zellen. Um z. B. eine möglichst niedrige Überspannung zu erreichen, muss die SEI über eine möglichst gute Lithium-Ionen-Leitfähigkeit verfügen. Gleichzeitig muss die SEI als Filter für die Solvathülle der Lithium-Ionen fungieren, so dass

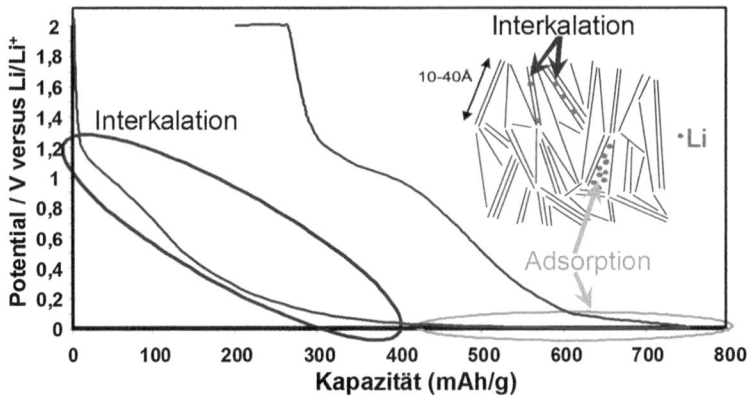

Abb. 5.8 Galvanostatische Kurve für den ersten Lade- und Entladezyklus für amorphe Kohlenstoffe mit Li-Metall als Gegenelektrode und Referenz

es zu keiner Ko-Interkalation von Lösungsmittel kommt, welche ansonsten zur Zerstörung des Graphitgitters führt. Um keine weiteren Zyklisierungsverluste auszulösen, muss die SEI eine gute Adhäsion zum Anodenpartikel besitzen und bis zu einem gewissen Grad dehnbar sein, um die Volumenzunahme der Anodenpartikel während der Interkalierung ohne Rissbildung zu ermöglichen.

Die Dicke und die chemische Zusammensetzung der SEI ist stark abhängig von der Chemie des Elektrolyten sowie von der physikalischen und chemischen Anodenoberfläche. Die wichtigsten Eigenschaften der Anodenoberfläche sind die spezifische Oberfläche, die abhängig von der Partikelform und der Partikelgröße als auch von Porosität ist, sowie die Oberflächenchemie, wie z. B. –COOH, –CO, –OH Gruppen. Des Weiteren haben die Partikelform, die Partikelgröße sowie die Oberflächenchemie einen Einfluss auf die Stabilität und Qualität des Beschichtungsschlickers, der bei der Elektrodenherstellung in Form der Beschichtung des Stromableiters (Kupferfolie) verwendet wird. Runde Partikel zeigen eine bessere Fließfähigkeit während des Misch- und Beschichtungsprozesses und haben zusätzlich eine niedrigere spezifische Oberfläche. Dadurch werden weniger Binder in der Elektrodenrezeptur benötigt und weniger Lithium-Ionen/Elektrolyt für SEI Formierung im ersten Ladezyklus verbraucht. Durch die Änderung der chemischen Oberfläche bei Oxidation/Reduktion oder durch Prozessschritte, wie z. B. der Partikelbeschichtung des Graphitanodenmaterials, ändern sich die SEI Qualität als auch die Adhäsionen zur Kupferfolie sowie zur SEI selbst.

Im Gegensatz zu Graphit haben die amorphen Kohlenstoffe (Hard und Soft Carbons, Abb. 5.8 und 5.9) keine wirklich durchgehende Fernordnung. Die geordneten Bereiche sind extrem klein und die lokalen Schichtebenenabstände variieren stark. Es gibt ausgeprägte Bereiche von Leerstellenclustern sowie Heteroatomen als auch funktionellen Gruppen (z. B. –COOH, –OH etc.) im Inneren des Materials. All dies führt zu einem deutlich veränderten elektrochemischen Verhalten, welches beispielhaft in Abb. 5.8

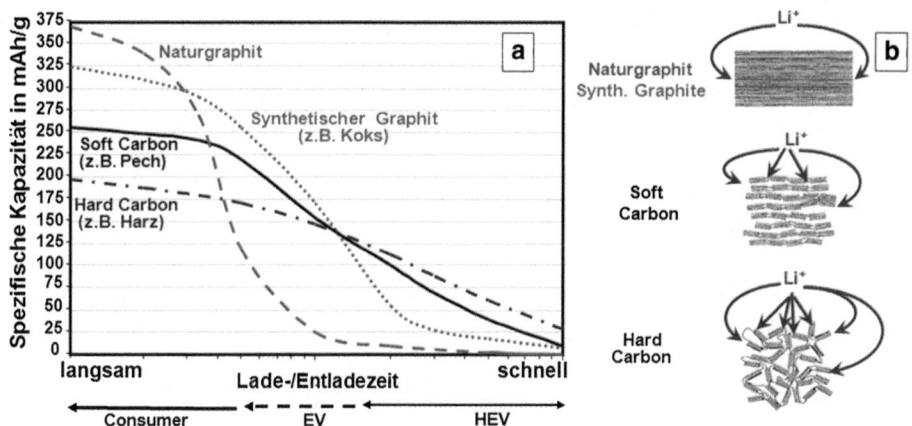

Abb. 5.9 **a** Schematische Darstellung von Kapazität versus Ladegeschwindigkeit sowie **b** Strukturmodelle der Interkalation von verschiedenen kohlenstoffbasierenden Anodenmaterialien. In Klammern sind die typischen Rohstoffe angegeben

dargestellt wird. Alle amorphen Kohlenstoffe zeigen das gleiche Muster und haben folgende elektrochemische Eigenschaften:

- hohe spezifische Kapazität bei extrem langsamen Ladegeschwindigkeiten trotz geringerem Ordnungsgrad
- hoher Kapazitätsverlust im ersten Zyklus trotz einer niedrigeren spezifischen BET-Oberfläche
- große Hysterese der galvanostatischen Kurve für Li-Interkalation und Li-Deinterkalation.

Die Interkalation von Lithium in den Bereichen mit ausgeprägter Nahordnung findet im Gegensatz zu Graphit nicht auf definierten Etappen sondern mehr oder wenig kontinuierlich (Abb. 5.8) statt. Die zusätzliche Kapazität, die nahe dem Potential Null Volt gegenüber Li/Li$^+$ ermittelt wird, kommt nicht mehr durch die Einlagerung von Lithium zwischen den Graphenschichten sondern durch Li-Adsorption in der inneren Nano-Porosität [22–24] zustande. In den größeren Poren ist auch die Abscheidung von Lithium-Metallclustern möglich. Diese zusätzliche Kapazität ist jedoch nur bei sehr geringen Ladegeschwindigkeiten (C-Raten) verfügbar, da Lithium bis in die Poren diffundieren muss. Bei den industriell relevanten hohen Ladegeschwindigkeiten ist normalerweise nur der Interkalationsteil nutzbar. Üblicherweise ist die spezifische BET-Oberfläche von amorphem Kohlenstoffen kleiner oder graphitähnlich und folglich wäre ein ähnlicher Kapazitätsverlust aufgrund SEI Bildung im ersten Ladezyklus zu erwarten. Wie jedoch Abb. 5.8 verdeutlicht, ist der Unterschied zwischen der Lade- und Entladekapazität extrem hoch (hier ca 200 mAh/g). Der besonders hohe Kapazitätsverlust im ersten Zyklus ist auf eine ausgeprägte Lithiumreaktion mit Oberflächendefekten (C-sp^3),

Heteroatomen sowie funktionellen Gruppen an den inneren und äußeren Oberflächen zurückzuführen.

Da für die industrielle Anwendung mit entsprechenden Ladegeschwindigkeiten nur der Interkalationsteil betrachtet wird, ist die nutzbare Kapazität von amorphem Kohlenstoffe kleiner als die von Graphit. Bei sehr hohen Ladegeschwindigkeiten nehmen die amorphen Kohlenstoffe schneller das Lithium auf als Graphite, wie in Abb. 5.9a dargestellt. Diese Eigenschaft wird auch durch den Strukturvergleich von Graphit versus amorphen Kohlenstoff in Abb. 5.9b verdeutlicht. Im Fall von Graphit kann Lithium an nur wenigen „Angriffspunkten" – an den Stirnkanten der ausgedehnten Schichtbereiche – ins Kristallgitter eintreten und muss anschließend in den ausgedehnten kristallinen Domänen bis zur Mitte diffundieren. Die amorphen Kohlenstoffe bieten dagegen mehr Eintrittspunkte. Die Verteilung des Lithiums innerhalb der geordneteren Schichtpakete erfolgt ebenfalls sehr rasch, da die Diffusionswege vergleichsweise sehr klein sind. Zusätzlich sind diese Domänen mit Nahordnung miteinander verbunden, was der Delaminationsneigung positiv entgegenwirkt. Elektrochemisch weisen daher amorphe Kohlenstoffe eine bessere Zyklisierungsstabilität insbesondere bei höheren Ladegeschwindigkeiten (C-Raten) auf.

5.4   Herstellung und elektrochemische Eigenschaften von C/Si- oder C/Sn-Kompositen

Lithiumeinlagerung in Silizium erfolgt wie bei Graphiten über verschiedene, gut definierte 2 Phasen- Plateaus mit gut definierten chemischen Verbindungen am Anfang und Ende dieser Plateaus (Abb. 5.10). Die Zusammensetzungen und die zugehörigen Potentialniveaus versus Lithium sind dabei wie folgt [25]: $Si/Li_{12}Si_7$ (332 mV); $Li_{12}Si_7/Li_7Si_3$ (288 mV); $Li_7Si_3/Li_{13}Si_4$ (158 mV); $Li_{13}Si_4/Li_{21}Si_5$ (44 mV). Die theoretische spezifische Kapazität für die maximal eingelagerte Menge Lithium in Silizium ist 4212 mAh/g [26]. Dies ist die größtmögliche Kapazität einer Legierung, die bis heute bekannt ist. Lithium-Einlagerung in Zinn (Sn) hat ebenso wie Silizium mehrere Stufen. Diese sind größtenteils bei Raumtemperatur im ersten Zyklus gut detektierbar, wie Abb. 5.10b verdeutlicht. Die theoretische maximale spezifische Kapazität für $Li_{4,4}Sn$ beträgt dabei 993 mAh/g.

Die große Menge an Lithium, die mit Silizium oder Zinn legiert, bedingt eine große Volumenänderung während der Interkalation/Deinterkalation. Dies führt während der Zyklisierung zum Verlust der gut definierten Einlagerungsstufen und zur Amorphisierung des Materials [27]. Die Zerstörung der kristallinen Struktur kommt einer „inneren" Mahlung gleich, wodurch die Zyklenstabilität erheblich abnimmt. Um diesen Effekt zu reduzieren, wird mit extrem kleiner Partikelgröße bis in den Nanobereich gearbeitet (Abb. 5.11a). Eine weitere Verbesserung der Zyklenstabilität wird dadurch erreicht, dass bevorzugt mit Kohlenstoffkompositen gearbeitet wird, d. h. es werden Nanopartikel z. B in eine Kohlenstoff- oder Graphitmatrix einbettet. Dies ist allerdings mit der Absenkung

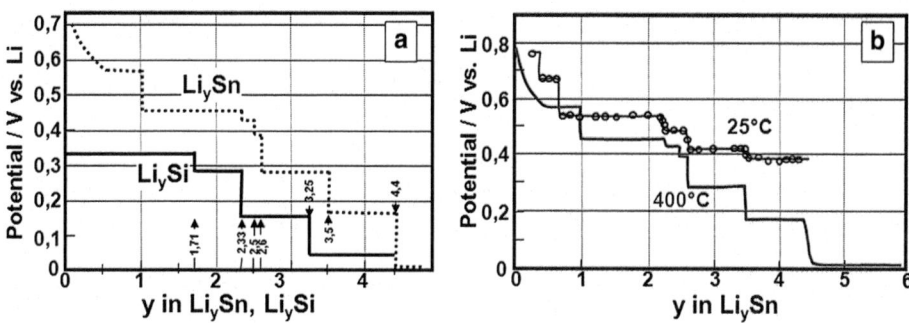

Abb. 5.10 a Lithiumeinlagerung in Silizium bzw. Zinn (Sn), **b** die Lithiumeinlagerung in Sn gemessen bei zwei verschiedenen Temperaturen [28]

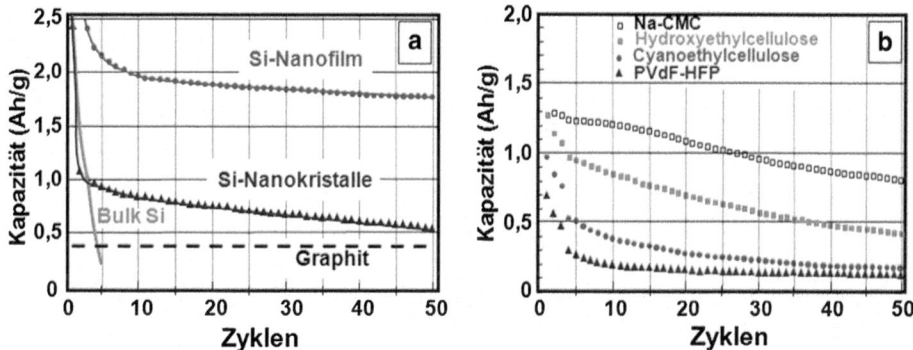

Abb. 5.11 a Einfluss der Siliziumpartikelgröße auf die Zyklisierung in Vergleich mit der theoretischen Kapazität für Graphit [29], **b** Einfluss des Binders auf die Zyklenstabilität von C/Si basierenden Anoden [30]

der spezifischen Kapazität verbunden. Ein weiterer Ansatz zur Verbesserung der Zyklenstabilität, ist die Verwendung von reaktiven Bindern, um eine zusätzliche Stabilisierung der Komposite-Anode zu bewirken (Abb. 5.11b).

5.5 Lithiumtitanat als Anodenmaterial

Das Lithiumtitanat (LTO), welches in Spinellform kristallisiert ($Li_4Ti_5O_{12}$), lagert Lithium reversibel bei 1.55 V (Abb. 5.12a) ein und erreicht eine reversible Kapazität von etwa 160 mAh/g ($Li_7Ti_5O_{12}$). Die Interkalation/Deinterkalation von Lithium geht dabei praktisch ohne Volumenänderung des Partikels von statten. Der ganze Prozess ist zweiphasig mit einem ausgeprägten flachen Plateau innerhalb des Stabilitätsfensters des Elektrolyten. Es formiert sich keine SEI und die Zellenimpedanz ist sehr niedrig. Alle diese Eigenschaften haben eine sehr gute Zyklisierung (Abb. 5.12b) und Sicherheit der Zelle

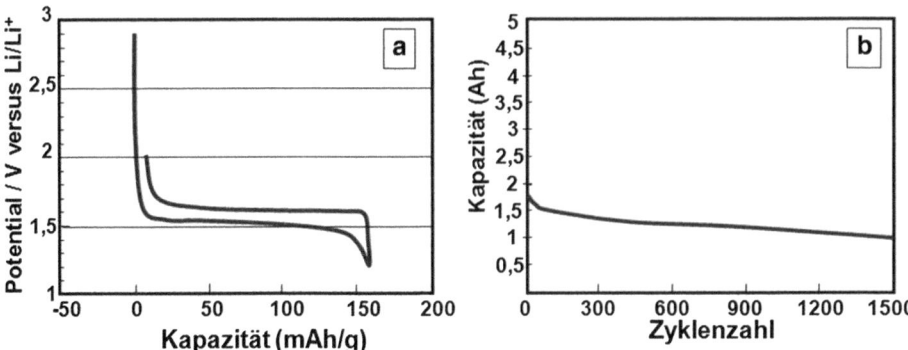

Abb. 5.12 a Galvanostatische Kurve von Lithiumtitanat (LTO) mit Li-Metall als Gegenelektrode und **b** Zyklisierung von Lithiumtitanat bei 60 °C [31]

zur Folge. Der Nachteil dieses Materials ist jedoch die sehr niedrigere elektrische Leitfähigkeit und die damit verbundenen relativ schlechten Leistungseigenschaften. Dies wird dadurch umgangen, die Partikel möglichst klein, am bestem in Nanometerbereich, zu halten und sie zusätzlich mit Kohlenstoff zu beschichten. Diese Maßnahmen verbessern die Leistung und die Lebensdauer von Lithiumtitanat. Die Energiedichte bleibt jedoch aufgrund der kleinen spezifischen Kapazität und der hohen Potentiallage gegenüber Li/Li$^+$ (siehe Abb. 5.1) gering. Dadurch eignet sich Lithiumtitanat insbesondere für große Zellen in stationären Bereich oder für Zellen mit sehr hoher Leistungsanforderung (z. B. für Hybridfahrzeuge).

5.6   Zusammenfassung und Ausblick Aktivmaterialien Anode

Tabelle 5.1 stellt die wichtigsten Anodenaktivmaterialien hinsichtlich der wesentlichsten Eigenschaften wie Energie, Leistung, Lebensdauer und Sicherheit qualitativ gegenüber. Die Bewertung spiegelt dabei den aktuellen Kenntnisstand der Autoren wieder und soll lediglich zur groben Orientierung und Klassifizierung dienen.

Betrachtet man die zuvor dargestellten Eigenschaftsprofile, so kommen gegenwärtig je nach Anwendung vor allem synthetischem Graphit, Naturgraphit, amorphem Kohlenstoff (Hard und Soft Carbons) und Lithiumtitanat die größte Bedeutung als Anodenaktivmaterial zu. Graphit hat dabei das ausgewogenste Profil und repräsentiert mit Abstand damit den größten Marktanteil. In Zukunft könnten jedoch in Abhängigkeit des Entwicklungsfortschritts Komposite (hier vor allem C/Si), Siliziumlegierungen, Nicht-Siliziumlegierungen, wie z. B. Zinn basierende Legierungen sowie metallisches Lithium, langfristig an Bedeutung gewinnen. Diese zukunftsorientierten Aussagen werden in Abb. 5.13, der derzeitigen Rohstoff-Roadmap der Lithium-Ionen-Batterien, anschaulich darstellt [32].

Tab. 5.1 Qualitative Betrachtung der Eigenschaftsprofile der wichtigsten Anodenaktivmaterialien (Da an Aktivmaterialien und an dem Gesamtsystem Lithium-Ionen-Batterie derzeit intensive Forschungsarbeiten weltweit laufen, handelt es sich lediglich um eine Momentaufnahme, die je nach Entwicklungsfortschritt angepasst werden muss.)

Eigenschaft	Energie	Leistung	Lebensdauer	Sicherheit
Aktivmaterial				
Synthetischer Graphit	++	+	+	+
Naturgraphit	++	+	0	0
Amorpher Kohlenstoff	0	++	++	++
Lithiumtitanat (LTO)	−−	+++	+++	++++
C/Si- oder C/Sn- Komposite	+++	+	−	0
Silizumlegierungen	++++	+	−−	−
Lithium	++++	−	−	−−

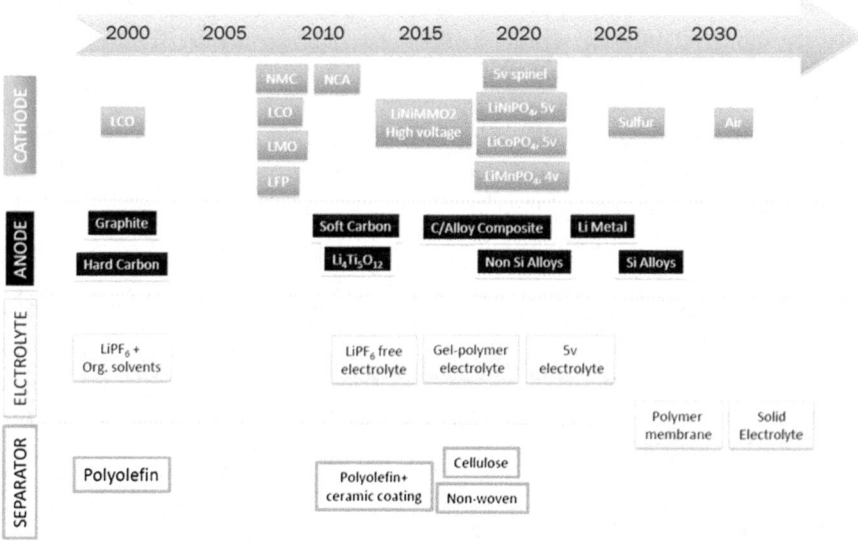

Abb. 5.13 Rohstoff-Roadmap der Lithium-Ionen-Batterien [32]. *Quelle* Avicenne Compilation, Kai-Christian Möller, Fraunhofer ISC

5.7 Kupfer als Ableiter an der negativen Elektrode

Üblicherweise befinden sich in einer Lithium-Ionen-Zelle zwei verschiedene Metallfolien, die für die Ableitung des Stroms zuständig sind. Die negative Elektrode setzt sich zusammen aus Kupfer und Graphit, für die positive Elektrode wird mit Kathodenmaterial beschichtetes Aluminium eingesetzt. Ein wesentlicher Grund für den Einsatz von Kupfer sind seine elektrochemischen Eigenschaften.

5.7.1 Anforderungen an die Kupferfolie

Die wesentliche Eigenschaft der Kupferableiters besteht darin, Elektronen abzuleiten und dabei elektrochemisch stabil zu bleiben. Diese Anforderungen werden von Reinkupfer sehr gut erfüllt, da es (nach Silber) die höchste elektrische Leitfähigkeit eines metallischen Materials in Höhe von 58 MS/m aufweist. Das positive elektrochemische Potential ergibt eine gute Korrosionsbeständigkeit.

Des Weiteren muss die Oberfläche eine gute Haftung des chemisch aktiven Anodenmaterials (Slurry) gewährleisten. Die Festigkeit muss ausreichend sein, damit die Folie den Herstellungsprozess der Zelle sicher übersteht. Um hochvolumige Lithium-Ionen-Batterien zukünftig als bezahlbare Massenprodukte für Elektrofahrzeuge einsetzen zu können, ist es notwendig Gewicht und Preis niedrig zu halten. Dies wird durch die Herstellung möglichst dünner Folien mit dem dafür kostengünstigsten Herstellverfahren sichergestellt.

Die momentan am häufigsten eingesetzte Kupferdicke ist 10 μm. Dies ergibt sich sowohl aus den Prozessanforderungen als auch aus der Fähigkeit, die Elektronen mit möglichst geringem Spannungsverlust zu transportieren. Da Kupfer in etwa 10 % der Batteriemasse ausmacht, ist es nicht erstrebenswert, dickeres Kupfer zu benutzen. In einigen High Power Zellen befindet sich allerdings Folie mit einer Dicke bis zu 18 μm, während umgekehrt High Energy Zellen bereits mit 8 μm Kupfer produziert werden.

Während der Lagerung von Kupfer bildet sich eine leichte Oxidschicht, die die Oberfläche dunkler und weniger glänzend erscheinen last. Raues Kupfer hat durch die größere Oberfläche mehr Berührungspunkte mit Sauerstoff und oxidiert daher stärker. Für eine gute Beschichtung wird Kupferfolie mit geringer Oxidation bevorzugt.

Obwohl eine rauere Kupferoberfläche mehr Kontaktfläche für das Graphit und den Binder bietet und damit ein schnelleres Laden und Entladen der Batterie ermöglicht, befindet sich hauptsächlich flaches Kupfer in typischen High Power Zellen. Die Größe der Kohlenstoff Partikel mag ein Grund dafür sein, denn bei einer typischen Größe von 20 μm und einer Folienrauigkeit von 1 bis 2 μm sollte die Haftung nicht wesentlich beeinflusst werden.

Unreinheiten im Kupfer wirken sich negativ auf die Lebensdauer der Lithium-Ionen-Batterie aus. Rückstände aus dem Herstellungsprozess, wie z. B. Öle und Fette beim Walzkupfer, sind nicht akzeptabel.

Ein kritischer Prozessschritt ist die Beschichtung der Folie mit Graphit. Hier kommt es darauf an, möglichst lange Rollen frei von Klebestellen einsetzen zu können. Jedes Stoppen und Wiederanfahren erhöht die Ausschussrate. Des Weiteren sollte das Kupfer stabile mechanische Eigenschaften besitzen und keine großen Schwankungen im Flächengewicht aufweisen.

5.7.2 Vergleich Walzkupfer zu elektrolytisch hergestellter Kupferfolie

Grundsätzlich gibt es zwei unterschiedliche Fertigungsverfahren zur Herstellung von Kupferfolien, nämlich Walzen und elektrolytische Abscheidung.

Beim Walzkupfer wird ein alternierender Walz- und Erhitzungsprozess ausgehend von einem großtechnisch hergestellten Kupfergussblock so lange wiederholt, bis die entsprechende Folienstärke erreicht ist. Das Material liegt dann als gut durchgekneteter Werkstoff mit einer feinkörnigen, in Walzrichtung gelängten Kornstruktur vor. Die Oberflächen sind glänzend und haben auf beiden Seiten die gleiche typische Walzstruktur.

Beim Elektrolytkupfer werden aus einer Kupfersulfatlösung heraus Kupfer-Ionen elektrolytisch auf Stahl- oder Titantrommeln abgeschieden und zu Kupferfolie aufgewickelt. Dieser Prozess folgt dem Faraday'schen Gesetz, wonach Zeit und Stromstärke die Dicke des abgeschiedenen Kupfers bestimmen. Das Wachstum des Kupfers erfolgt dendritisch, wobei diese klassische Struktur durch Inhibitoren in der Lösung modifiziert werden kann. Die Folie weist danach unterschiedlich Oberflächen auf. Die der Trommel zugewandte Seite ist glatt und glänzend, die der Trommel abgewandte Seite ist rauer. Unter dem Mikroskop betrachtet sind die Dendriten erkennbar.

Sowohl Walz- als auch Elektrolytkupfer werden für die Herstellung von Zellen für Lithium-Ionen-Batterien eingesetzt. Verfügbarkeit und Kosten insbesondere der besonders dünnen 10 µm Folien, welche momentan den Großteil der Nachfrage ausmachen, sind entscheidende Gründe dafür, dass bevorzugt Elektrolytkupfer eingesetzt wird.

5.7.3 Ersatz von Kupfer durch Aluminium?

In einer Lithium-Ionen-Zelle erfolgt während des Ladevorgangs eine Einlagerung (Interkalation) der Lithium-Ionen in der negativen Elektrode (Anode). Das Elektrodenmaterial, typischerweise Graphit, dehnt sich bei diesem Vorgang um 10 % seines Volumens aus. Während der „Auslagerung" der Lithium-Ionen erlangt das Graphit sein ursprüngliches Volumen zurück.

Beim Aluminium würden sich die Lithium-Ionen nicht nur im Graphit festsetzen, sondern auch in den Ableiter eindringen. Das Aluminium würde legieren. Während des Entladevorgangs erfolgt dieser Vorgang in umgekehrter Weise. Nach ein paar wenigen Zyklen wäre das Aluminium zersetzt und als Stromableiter unbrauchbar geworden.

Sollte die negative Elektrode allerdings nicht aus Graphit sondern aus Lithiumtitanat bestehen, ergibt sich ein anderes Bild. Das Elektrodenpotential von $Li_4Ti_5O_{12}$ liegt um etwa 1,4 V über dem von Graphit (bei um etwas 1,4 V reduzierter Zellspannung). Bei diesem Potential können Lithium-Ionen nicht in das Aluminium eindringen. Aus Kosten- und Gewichtsgründen wird deshalb Aluminium gegenüber Kupfer bevorzugt. Aufgrund der geringeren Zellspannung wird $Li_4Ti_5O_{12}$ insbesondere im stationären Bereich zum Einsatz kommen.

Literatur

1. Abraham KM (1993) Electrochimical Acta 38:1233
2. Matsuda Y (1989) Nihon Kagaku Kaishi 110:1
3. Peled E (1979) J Electrochem Soc India 126:2047

4. Bolloré (www.bluecar.fr/de/pages-innovation/batterie-lmp.aspx)
5. Armand M (1980) In: Broadhead J, Steele BCH (Hrsg) Materials for advanced batteries. Plenum Press, New York, S 145–150
6. Nishi Y (1998) In: Wakihara M, Yamamoto O (Hrsg) Lithium ion batteries. Wiley-VCH, New York, S 181
7. Megahead S, Scrosati B (1994) J Power Sources 51:79
8. Dahn JR et al. (1994) In: Pistoia G (Hrgs) Lithium batteries–new materials, developments, and perspectives, industrial chemistry library. Elsevier, Amsterdam, S 1–47
9. Broussely M, Biensan P, Simon B (1999) Electrochim Acta 45:3
10. von Sacken U, Nodwell E, Sundher A, Dahn JR (1994) Solid State Ionics 69:284
11. Jossen A, Wohlfahrt-Mehrens M (2007) Overview on current status of lithium-ion batteries. In: 2nd International renewable energy storage conference, Bonn, 19–21 Nov 2007
12. Castner JH (1893) GB 19089
13. Acheson EG (1895) US 568 323, 1895
14. Marsh H, Griffiths JA (1982) A high, resolution electron microscopy study of grapitization of graphitizable carbon. International Symposium on Carbon, Toyohashi, S 81
15. Omaru A, Azuma H, Nishi Y (1992) Sony Corp., Japan Patent Application: WO 92-JP238 9216026
16. Sekai K, Azuma H, Omaru A, Fujita S, Imoto H, Endo T, Yamaura K, Nishi Y, Mashiko S, Yokogawa M (1993) J Power Sources 43:241
17. Winter M, Besenhard JO, Spahr ME, Novák P (1998) Adv Mater 10:725
18. Harris SJ (LithiumBatteryResearch.com) (2009) auf YouTube; S.J. Harris, A. Timmons, D.R. Baker, C. Monroe. Chem Phys Letters 2010 485:265
19. Peled E (1979) J Electrochem Soc., 126, S 2047
20. Orsini F, Dupont L, Beaudoin B, Grugeon S, Tarascon J-M (2000) Int J Inorg Mater 2:701
21. Peled E, Golodnitsky D, Ardel G (1997) J Electrochem Soc 144:208
22. Dahn JR, Zheng T, Liu Y, Xue JS (1995) Science 270:590
23. Liu Y, Xue Js, Zheng T, Dahn JR (1996) Carbon, 34:193
24. Dahn JR (1997) Carbon 1997, 35:825
25. Wen CJ, Huggins RA (1981) J Solid State Chem 37:271
26. Weydanz WJ, Wohlfahrt-Mehrens M, Huggins RA (1999) J Power Sources 81−82:237
27. Limthongkul Pimpa, Jang Young-Il, Dudney Nancy J, Chiang Yet-Ming (2003) J Power Sources 119–121:604–609
28. Huggins RA (1999) J Power Sources 81–82:13–19
29. Graetz J, Ahn CC, Yazami R, Fultz B (2003) Electrochem Solid-State Lett 6(9):A194–A197
30. Hochgatterer NS et al (2008) Electrochemical and solid-state letters 11(5):A76−A80
31. Zaghib K, Simoneau M, Armand M, Gauthier M (1999) J Power Sources 81–82:90
32. Pillot C (2011) The rechargeable battery market past and future. Batteries 2011, 28–30 Sept 2011. Cannes

Elektrolyte und Leitsalze

6

Christoph Hartnig und Michael Schmidt

6.1 Einleitung

„Die Chemie macht's". Heutige und insbesondere zukünftige hochleistungsfähige Lithium-Ionen-Batterien sind ohne Fortschritte in der Materialentwicklung nicht denkbar. Der Chemie kommt dabei eine Schlüsselrolle zu. Sie ist gefordert, mit innovativen Materialkonzepten die Batterietechnologie hinsichtlich Energiedichte, Leistungsdichte und Lebensdauer weiter zu optimieren und so die Tür zur Elektromobilität und zur stationären Speicherung regenerativer Energien weit aufzustoßen.

Neben der Entwicklung neuer Elektrodenmaterialien und Separatoren kommt der Entwicklung neuer Elektrolytsysteme für Lithium-Ionen-Batterien eine entscheidende Rolle zu. Lithium-Ionen-Batterie-Elektrolyte sind dabei mehr als nur farblose Flüssigkeiten, die lediglich den Ionentransport zwischen den Elektroden aufrechterhalten. Heutige Elektrolyte sind hochreine Multikomponentensysteme mit einer Vielzahl von Anforderungen und Aufgaben.

Das Anforderungsprofil an den optimalen Elektrolyten ist vielfältig und umfasst unter anderem:

- Funktion
  - hohe Leitfähigkeit über einen weiten Temperaturbereich (von $-40\,°C$ bis $+80\,°C$)
  - Zyklenfestigkeit über mehrere tausend Zyklen

C. Hartnig (✉)
Rockwood Lithium GmbH, Trakehner Straße 3, 60487 Frankfurt, Deutschland
e-mail: christoph.hartnig@rockwoodlithium.com

M. Schmidt
BASF SE, GCN/EE - M311, 67056 Ludwigshafen, Deutschland
e-mail: michael.e.schmidt@basf.com

R. Korthauer (Hrsg.), *Handbuch Lithium-Ionen-Batterien*,
DOI: 10.1007/978-3-642-30653-2_6, © Springer-Verlag Berlin Heidelberg 2013

– chemische und elektrochemische Kompatibilität mit den Elektroden- und
  Inaktivmaterialien

- Sicherheit
- Ökologie
- Ökonomie.

Die gleichzeitige Erfüllung all dieser Anforderungen schafft Zielkonflikte, deren Über-
windung nur durch Innovationen möglich ist. Bereits an dieser Stelle ist zu betonen, dass
es „den Elektrolyten", der alles kann, noch nicht gibt.

Ziel dieses Kapitels ist es, einen Überblick über moderne, funktionale Elektrolyte zu
geben, die unterschiedlichen Elektrolytkomponenten vorzustellen und, anhand ausgewählter
Beispiele, die Rolle von Additiven – der „Meisterspucke" des Elektrolyten – herauszustellen.

6.2   Elektrolytbestandteile

Drei Substanzklassen – Leitsalze, organische aprotische Lösungsmittel (oder zum Teil
Polymere) und Additive – bilden den Baukasten, aus denen jeder Elektrolyt für Lithium-
Ionen-Batterien aufgebaut ist. Die Kombination der einzelnen Komponenten bestimmt
in hohem Maße die physikalisch-chemischen und elektrochemischen Eigenschaften des
Elektrolyten und trägt dazu bei, die eingangs erwähnten Ziele zu erfüllen.

6.2.1   Lösungsmittel

In Einklang mit dem grundlegenden Anforderungsprofil eines Elektrolyten lassen sich
die minimalen Kriterien an ein geeignetes Lösungsmittel wie folgt festhalten [1]:

1. Das Lösungsmittel muss Lithium-Salze in einer ausreichend hohen Konzentration
   lösen. Das heißt, es sollte eine hohe Permittivität (ε) aufweisen, um eine entsprechende Solvatation der Ionen zu gewährleisten.
2. Für einen ungehinderten Ionentransport ist gleichzeitig eine niedrige Viskosität (η)
   erforderlich; diese Größe spielt eine besondere Rolle bei niedrigen Temperaturen
   sowie Hochleistungsanwendungen, in denen (mikroskopisch gesprochen) eine ausreichende Wanderungsgeschwindigkeit der Lithium-Ionen benötigt wird.
3. Das Lösungsmittel muss unter allen Betriebszuständen inert gegenüber allen weiteren
   Zellkomponenten, insbesondere gegenüber den geladenen Elektrodenmaterialien und
   den Stromableitern sein. Da heutige Lithium-Ionen-Batterien im Regelfall ein Lade-
   potential von rund 4 V, in Zukunft wahrscheinlich nahe 5 V, aufweisen, kommt der
   elektrochemischen Stabilität des Lösungsmittels eine entscheidende Rolle zu.
4. Ein weiter Flüssigkeitsbereich ist erstrebenswert. Ein geeignetes Lösungsmittel sollte daher
   einen niedrigen Schmelzpunkt (T_m) und möglichst hohen Siedepunkt (T_b) aufweisen.

Solvenz	Struktur	Schmelzpunkt / °C	Siedepunkt / °C	Viskosität (25°C) / cP	Dielektrizitätszahl (25°C)	Flammpunkt / °C
Carbonate						
EC	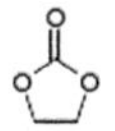	36	247-249	1,9 (40°C)	90 (40°C)	160
PC	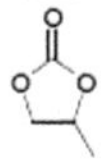	-48	242	2,53	65	135
DMC	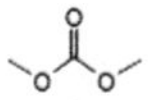	2-4	90	0,59	3,1	15
DEC	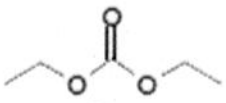	-43	125-129	0,75	2,8	33
EMC	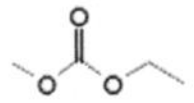	-55	108	0,65	3,0	23
Ester						
EA	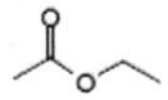	-83	77	0,45	6,0	-4
MP	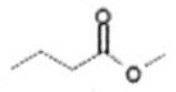	-84	102	0,60	5,6	11
Ether						
DME		-58	84	0,46	7,2	0
THF		-108	65-66	0,46	7,4	-17

Abb. 6.1 Physikalisch chemische Eigenschaften ausgewählter Batterielösungsmittel

5. Ferner sind Anforderungen hinsichtlich Sicherheit (Toxizität, Flammpunkt (T_i)) und Ökonomie zu beachten.

Da in Lithium-Ionen-Batterien stark reduzierende Materialien (typischerweise lithierte Kohlenstoffe oder Graphite) als negative Elektrode und stark oxidierende Komponenten (typischerweise Lithium-Metalloxide oder -Metallphosphate) als positive Elektrode eingesetzt werden, können Lösungsmittel mit einem aktiven, sauren Proton nicht verwendet werden. Dies würde unmittelbar zu einer Wasserstoff-Entwicklung führen. Aus dem gleichen Grund scheidet Wasser als Lösungsmittel aus.

Zwei organische Lösungsmittelklassen, die gleichzeitig aprotisch und hochpolar sind, haben sich als geeignete Materialien für Lithium-Ionen-Batterien durchgesetzt: Ether und Ester, inklusive organischer Carbonate. Zwar werden in der Literatur auch alternative Lösungsmittel wie Nitrile, funktionalisierte Silane, Sulfone und Sulfite diskutiert, jedoch sind diese bisher lediglich von akademischem Interesse. Abbildung 6.1 zeigt die physikalisch chemischen Eigenschaften ausgewählter Batterielösungsmittel.

Ether-haltige Elektrolyte weisen aufgrund der niedrigen Viskosität meist eine sehr hohe Leitfähigkeit auf. Allerdings zeigen sie eine begrenzte elektrochemische Stabilität und werden bereits bei Potentialen um 4 V gegen Li/Li$^+$ oxidiert. Mit der Einführung von 4 V Übergangsmetalloxiden als positives Elektrodenmaterial verschwanden Ether daher als Lösungsmittel für Hochenergie-Lithium-Ionen-Batterien zunehmend vom Markt.

Ester und insbesondere organische Diester der Carbonsäure (sog. Carbonate) sind heute Stand der Technik. Im Allgemeinen werden Mischungen aus zyklischen

Carbonaten Ethylencarbonat (EC) und teilweise Propylencarbonat (PC), die eine hohes Dipolmoment bei moderater Viskosität aufweisen, und offenkettigen Carbonaten Dimethylcarbonat (DMC), Diethylcarbonat (DEC) und Ethylmethylcarbonat (EMC), die ein moderates Dipolmoment bei niedriger Viskosität besitzen, verwendet.

Teilweise werden zudem offenkettige Ester wie Ethylacetat (EA) oder Metylbutyrat (MB) als Cosolvenz beigemischt, um die Tieftemperatureigenschaften des Elektrolyten weiter zu verbessern.

6.2.2 Leitsalze

Der Elektrolyt garantiert den Lithium-Ionen-Transport zwischen den Elektroden. Folglich muss ein geeignetes Lithiumsalz wesentliche Grundvoraussetzungen erfüllen:

- Eine möglichst hohe Löslichkeit und vollständige Dissoziation in aprotischen Lösungsmitteln, um eine hohe Lithium-Ionen-Mobilität zu gewährleisten
- Eine sehr hohe elektrochemische Stabilität des Anions, insbesondere gegenüber Oxidation, gepaart mit einer hohen chemischen Stabilität gegenüber dem Lösungsmittel
- Eine gute Kompatibilität gegenüber allen Zellkomponenten, insbesondere gegenüber den Stromableitern und dem Separator

Übersetzt in chemischen Strukturen führt das Anforderungsprofil zu meist komplex aufgebauten Anionen, in denen die negative Ladung größtmöglich über das Anion verteilt ist; diese verringerte Ladungsdichte führt zu einer schwachen Anziehung zwischen dem Anion und dem Lithium-Kation, die für eine freie Beweglichkeit des Kations und damit eine hohe Mobilität nötig ist.

Elektronenziehende Gruppen – im einfachsten Fall Fluor, im komplexen Fall hochfluorierte organische Reste, Carboxyl- oder Sulfonylgruppen – führen dazu, dass die Wechselwirkungen zwischen Anion und dem Lithium-Kation auf ein Minimum reduziert werden. Obwohl in der Chemie prinzipiell eine Vielzahl unterschiedlicher schwachkoordinierender Anionen denkbar ist, reduziert sich in der „Batteriepraxis" aufgrund von Stabilitäts-, Preis- und Verarbeitungsgründen die Anzahl schnell auf wenige Strukturen.

Lithium-Hexafluorophosphat Unter den prinzipiell möglichen Kandidaten gebührt Lithium-Hexafluorophosphat (LiPF$_6$) eine Sonderstellung. So verwenden kommerzielle Lithium-Ionen-Batterien heute fast ausschließlich LiPF$_6$. Der Siegeszug von LiPF$_6$ beruht dabei nicht auf einer einzelnen herausragenden Eigenschaft, sondern vielmehr auf einer bisher einzigartigen Kombination an Eigenschaften – mit der Bereitschaft, einzelne Nachteile zu akzeptieren (Abb. 6.2).

Mit einer Leitfähigkeit von 8–12 mS/cm (Raumtemperatur, 1 M/dm^3) bildet LiPF$_6$ in Mischungen organischer Carbonate hochleitfähige Elektrolyte, die zudem elektrochemisch bis knapp 5 V gegen Li/Li$^+$ stabil sind. Des Weiteren verhindert LiPF$_6$ als eines

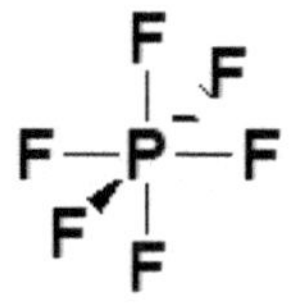

	Vorteile:
F F | F—P—F | | F F	☐ Hoch leitfähig >10 mS/cm @ RT in EC:DMC 1:1 ☐ Elektrochemisch stabil >4,8 V vs.Li/Li$^+$ ☐ Gute Verträglichkeit mit übrigen Zellkomponenten Aluminiumkorrosion wird effektiv unterdrückt
	Nachteile:
	☐ Thermisch instabil Zersetzung im Elektrolyten ab ca. 70°C ☐ Sehr Hydrolyse empfindlich Reaktion mit Spuren von Wasser unter Bildung von Flusssäure

Abb. 6.2 Eigenschaftsprofil LiPF$_6$

der wenigen Leitsalze sehr effektiv die Korrosion des Aluminium-Stromableiters der positiven Elektrode bei Potentialen oberhalb von 3 V gegen Li/Li$^+$.

LiPF$_6$ wird bereits seit den späten 60er Jahren in Lithium-Batterien als Leitsalz verwendet. Herstellprozess, Qualität und Reinheit, entscheidend für die Performance der Batterie, wurden über die Jahrzehnte kontinuierlich verbessert bzw. gesteigert. So ist hochreines LiPF$_6$ erst seit Ende der 80er Jahre industriell verfügbar. Die Lithium-Ionen-Technologie, so wie wir sie heute kennen, ist um dieses Leitsalz herum entwickelt worden.

Bereits zu Beginn seines Einsatzes war bekannt, dass LiPF$_6$ nur eine limitierte chemische und thermische Stabilität besitzt: So zersetzt sich das reine Leitsalz bereits bei Raumtemperatur sehr langsam unter Gleichgewichtsbildung in Spuren zu Lithiumfluorid (LiF) und Phosphorpentafluorid (PF$_5$).

$$LiPF_6(s) \rightleftharpoons LiF(s) + PF_5(g)$$

Dieser Prozess wird durch hohe Temperaturen noch begünstigt.

In organischen Lösungen, z. B. in typischen Batterieelektrolyten auf Basis von organischen Carbonaten, verhält sich LiPF$_6$ etwas stabiler, zersetzt sich dennoch ab Temperaturen oberhalb 70 °C. Im weiteren Verlauf initiiert die starke Lewis-Säure (PF$_5$) eine Reihe weiterer Reaktionen. So wird insbesondere in Kombination mit zyklischen organischen Lösungsmitteln eine langsame Polymerisation beobachtet, erkennbar an einer leichten Gelbfärbung des Elektrolyten (Hazen >50 APHA). Zudem gilt die P-F-Bindung nicht als besonders hydrolysestabil und reagiert bereits mit Spuren von Wasser unter Bildung von Flusssäure (HF).

$$LiPF_6 + H_2O \longrightarrow LiF + 2HF + POF_3$$

Lithium bis(trifluormethyl)sulfonylimid, -(fluorsulfonyl)imid und Derivate In den letzten Jahren wurden in verstärktem Maße neue Formulierungen in den Markt eingeführt, um das sehr Hydrolyse empfindliche Lithium-Hexafluorophosphat zu ersetzen; vielversprechende Ansätze sind dabei Verbindungen, die auf Sulfonylimiden basieren,

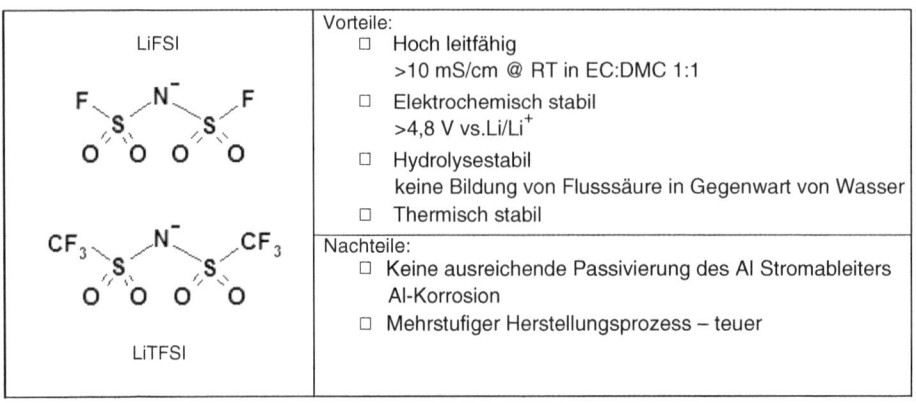

LiFSI	Vorteile:
	☐ Hoch leitfähig >10 mS/cm @ RT in EC:DMC 1:1
	☐ Elektrochemisch stabil >4,8 V vs.Li/Li$^+$
	☐ Hydrolysestabil keine Bildung von Flusssäure in Gegenwart von Wasser
	☐ Thermisch stabil
	Nachteile:
	☐ Keine ausreichende Passivierung des Al Stromableiters Al-Korrosion
LiTFSI	☐ Mehrstufiger Herstellungsprozess – teuer

Abb. 6.3 Eigenschaftsprofil Lithium-bis(trifluormethylsulfonyl)imid, Lithium-bis(fluorsulfonyl)imid

wie beispielsweise Lithium-bis(trifluormethylsulfonyl)imid (LiTFSI) und Lithium-bis(fluorsulfonyl)imid (LiFSI). Die Vorteile dieser neuen Leitsalze sind Leitfähigkeiten, die mit der von LiPF$_6$ vergleichbar sind und somit den Anforderungen für hohe Strombelastungen genügen. Dabei weist LiFSI mit 12 mS/cm (0,85 M, 25 °C, EC/DMC) eine über der von LiPF$_6$ liegende Leitfähigkeit auf, die diesen Vertreter für Hochstrom-Anwendungen besonders geeignet macht. Die Leitfähigkeit von LiTFSI liegt – verglichen mit LiPF$_6$ – etwas niedriger (Abb. 6.3). An dieser Stelle spielt die Dissoziation in standardmäßig eingesetzten Carbonaten eine wichtige Rolle. Diese hohe Dissoziation stellt gleichzeitig sicher, dass auch bei niedrigen Temperaturen eine ausreichende Leitfähigkeit und damit Leistungscharakteristik der Batterie erreicht wird.

LiFSI und LiTFSI zeichnen sich beide durch eine hohe thermische Stabilität aus; LiFSI ist mit einer Zersetzungstemperatur jenseits von 200 °C signifikant stabiler als das bereits mehrfach erwähnte Hexafluorophosphat und stellt somit eine deutliche Verbesserung in sicherheitstechnischen Aspekten dar. Ein weiteres Einsatzgebiet von LiFSI und LiTFSI sind ionische Flüssigkeiten, die meist ähnliche Anionen beinhalten und damit höhere Löslichkeit der Leitsalze bewirken. Anfang 2013 hat Nippon Shokubai in Japan die erste großtechnische Anlage für LiFSI in Betrieb genommen, die eine Jahresproduktion von 200–300 Tonnen vorhält.

Signifikante Probleme werden bei diesen beiden Verbindungen jedoch dahingehend beobachtet, dass auf der Kathode eine verstärkte Korrosion an den Aluminium-Ableitern auftritt. Diese lokal auftretenden Substratschäden sind auf eine unvollständige und nicht potential-stabile Ausbildung einer Passivierungsschicht zurückzuführen. Im Fall von LiTFSI beginnt die Korrosion bereits bei etwa 3,7 V; im Fall von LiFSI werden in der Literatur unterschiedliche Startpotentiale für die Oxidation des Trägermaterials angegeben: bei leichten Verunreinigungen durch Chlorid-Ionen sind erste Zersetzungsströme bereits bei 3,3 V zu messen, bei höheren Reinheiten (geringeren Chlorid-Verunreinigungen) werden Werte oberhalb von 3,8 V beschrieben.

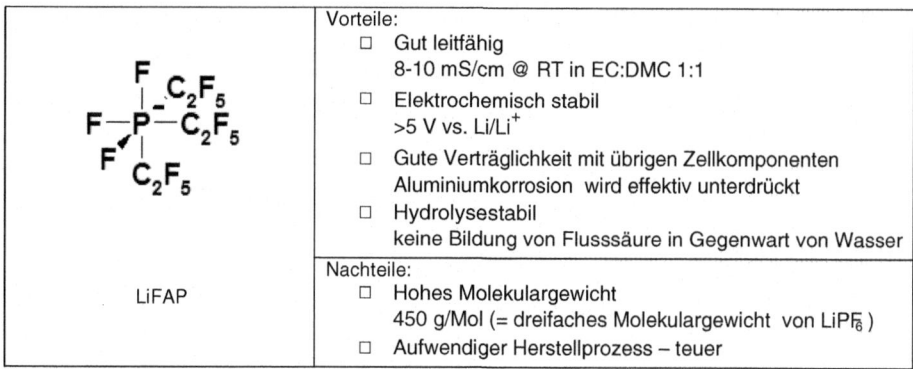

Abb. 6.4 Eigenschaftsprofil Lithium[tris(pentafluorethyl)trifluorphosphat], LiFAP

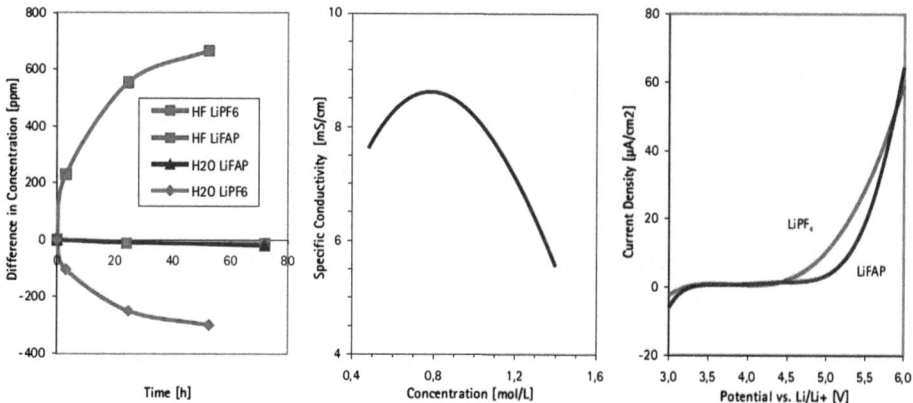

Abb. 6.5 Auswahl physikalisch-chemischer Eigenschaften von Li[(C$_2$F$_5$)$_3$PF$_3$], LiFAP (*links* Hydrolysestabilität bei Zugabe von 1000 ppm Wasser, *mitte* Leitfähigkeit in EC:DMC (1:1) bei 20 °C, *rechts* elektrochemische Stabilität im Vergleich zu LiPF$_6$

Neue Leitsalzkonzepte

a) Lithium Fluoralkylphosphate Ende der 90ziger Jahre wurde mit den Lithium Fluoralkylphosphaten eine neue Klasse von Leitsalzen für Lithium-Ionen-Batterie-Elektrolyte vorgestellt [2]. Schon die Struktur lässt die Verwandtschaft zum LiPF$_6$ erkennen. Formal ergibt sich Li[PF$_3$(C$_2$F$_5$)], LiFAP, aus LiPF$_6$ durch den Austausch von drei Fluorid-Gruppen durch Perfluorethyl-Gruppen (allgemein: Perfluoralkylgruppen) (Abb. 6.4).

Die sehr hohe Delokalisation der negativen Ladung durch die drei Perfluoralkylgruppen ermöglicht trotz der Größe des FAP Anions in typischen Batterielösungsmitteln hoch leitfähige Elektrolyte. Zudem bewirkt die Einbringung elektronenziehender Gruppen eine geringfüge Erhöhung der elektrochemischen Stabilität. Ob LiFAP daher mit aktuellen 5 V Elektrodenmaterialien Vorteile bringt, ist Bestandteil aktueller Forschung.

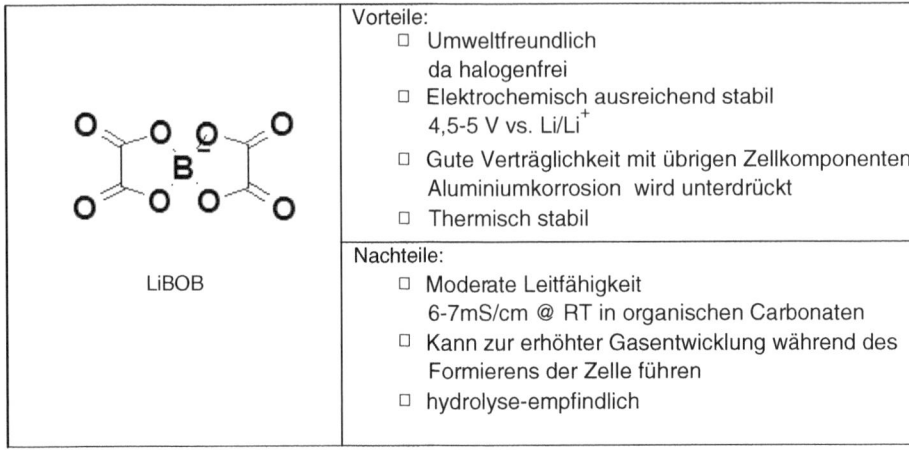

	Vorteile:
	☐ Umweltfreundlich da halogenfrei
	☐ Elektrochemisch ausreichend stabil 4,5-5 V vs. Li/Li$^+$
	☐ Gute Verträglichkeit mit übrigen Zellkomponenten Aluminiumkorrosion wird unterdrückt
	☐ Thermisch stabil
LiBOB	**Nachteile:**
	☐ Moderate Leitfähigkeit 6-7mS/cm @ RT in organischen Carbonaten
	☐ Kann zur erhöhter Gasentwicklung während des Formierens der Zelle führen
	☐ hydrolyse-empfindlich

Abb. 6.6 Eigenschaftsprofil Lithium-bis(oxalato)borat, LiBOB

Anders als LiPF$_6$ haltige Elektrolyte reagiert LiFAP bei Zugabe von Spuren von Wasser nicht unter Bildung von Flusssäure (Abb. 6.5, links: keine HF Entwicklung bei Zugabe von 1000 ppm Wasser). Bedingt durch das hohe Molekulargewicht (für 1 L Elektrolyt wird dreimal mehr LiFAP als LiPF$_6$ benötigt) und den aufwendigen, kostenintensiven Herstellprozess, hat diese Leitsalzklasse allerdings noch nicht ihren Weg in die industrielle Vermarktung gefunden. Alternative LiFAPs mit einer geringeren Anzahl an Perfluoralkylgruppen und damit geringeren Molekulargewicht sind das avisierte Ziel aktueller Forschung.

b) Lithium-bis(oxalato)borat Mit Hinblick auf umweltfreundliche Alternativen zu bestehenden Leitsalzen wurden Chelato-Borate mit Bor als Zentralatom entwickelt; die erfolgreichste Variante dabei ist Lithium-bis(oxalato)borat (LiBOB), das sowohl als funktionelles Additiv mit herausragenden Filmbildungseigenschaften wie auch als ungiftiges, nicht-korrosives Leitsalz für ausgewählte Anwendungen eingesetzt werden kann.

Die optimierten Filmbildungseigenschaften können genutzt werden, um beispielsweise in Carbonat-basierten Elektrolytkompositionen den Anteil an Ethylen-Carbonat (EC) zu reduzieren; EC wird gerade bei Graphit basierten Anoden eingesetzt, um eine stabile SEI Grenzfläche aufzubauen, die wiederum ein Auffächern der Graphit-Lagen durch interkalierte Lösungsmittelmoleküle verhindert (Abb. 6.6).

Die Filmbildungseigenschaften sind nicht auf die Aktivmaterialien der Anode beschränkt, sondern sind auch auf der kathodischen Stromableiter-Folie zu beobachten: die typischen Zersetzungsprodukte von LiBOB führen zu einer Oberflächenpassivierung durch AlBO$_3$ – die Schicht ist stabil genug, um Potentialen bis zu 5 V zu widerstehen. Gerade bei Leitsalzen wie LiFSI und LiTFSI, die wie oben beschrieben zu einer lokalen Korrosion der Aluminium-Oberfläche tendieren, sind Additive wie LiBOB extrem hilfreich, um eine Passivierung und damit eine signifikante Verlängerung der Lebensdauer zu erreichen.

Abb. 6.7 Auflösungsrate
von Mangan aus Li-Mangan-
Spinell nach Lagerung in den
entsprechenden Elektrolyten
bei erhöhter Temperatur
(EC/DEC 7:8)

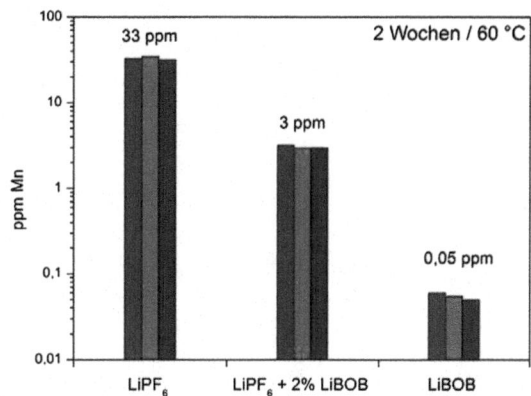

Bei Mangan-basierten Elektroden-Materialien kommt ein weiterer positiver Aspekt des Einsatzes von LiBOB als Additiv in $LiPF_6$-Elektrolyten zum Tragen: durch seine Eigenschaften als ‚Anziehungspunkt' für verbleibende Wasserspuren im fertigen Elektrolyten wird die Dissoziation von $LiPF_6$, bei der im Laufe der Reaktion Fluorwasserstoff (HF) entsteht, weitgehend zurückgedrängt. HF wiederum führt zu einer starken Auswaschung von Mangan aus beispielsweise Mangan-Spinellen ($LiMn_2O_4$), das wiederum auf die Anode diffundieren kann und dort auch in kleinsten Mengen katalytisch aktiv ist und insgesamt betrachtet zu einer Verkürzung der Lebensdauer führen kann.

In Abb. 6.7 ist der Effekt von LiBOB in $LiPF_6$-basierten Elektrolyten deutlich zu sehen: bei der Auslagerung von Lithium-Mangan-Spinell in einem reinen $LiPF_6$-Elektrolyten, einem LiBOB- additivierten und einem reinen LiBOB-Elektrolyten ist deutlich der Einfluss des Additivs zu erkennen: bereits der Zusatz von 2 % LiBOB führt zu einer Reduktion der Mangan-Auswaschung um etwa eine Größenordnung. In reinen LiBOB-Elektrolyten ist die Auflösungsrate besonders stark reduziert.

6.3   Funktionale Elektrolyte

Neben dem Lithium-Ionen-Transport kommen dem Elektrolyten weitere sicherheitsrelevante und leistungssteigernde Aufgaben zu.

Mit steigenden Anforderungen an die Lithium-Ionen-Batterien, wie sie mit den neuen Applikationsfeldern Elektromobilität und stationäre Speicherung regenerativer Energien einhergeht, spielen Additive dabei die entscheidende Rolle.

6.3.1   Lebensdauer und Zyklenfestigkeit

SEI-Filmbildung auf der negativen Elektrode Das Haupteinsatzgebiet für Additive ist die Optimierung der sogenannten „Solid Electrolyte Interface" (SEI), also der

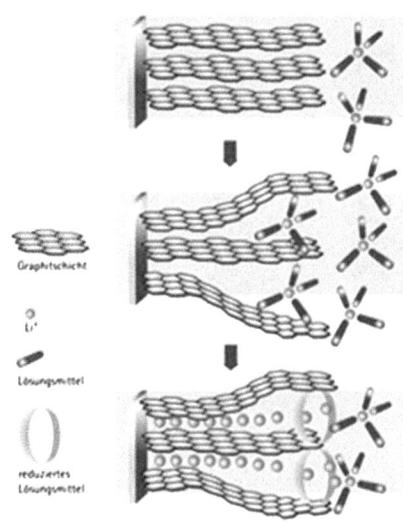

SEI-Film-Bildung:

1. Migration solvatisierter Li⁺-Ionen an
   die Elektrode
2. Interkalation solvatisierter Li⁺-Ionen in
   die äußeren Graphitschichten
3. Zersetzung des Lösungsmittels unter
   Bildung eines Li⁺ permeablen,
   desolvatisierenden Films

SEI Anforderungen:

- Effektive elektronische Passivierung –
  minimale irreversible Kapazitätsverluste
- Hohe Li⁺ Leitfähigkeit – hohe Lade- und
  Entladegeschwindigkeiten
- Äußerst geringe Löslichkeit in der
  Elektrolytlösung – exzellente mechanische
  und thermische Stabilität

Abb. 6.8 SEI Filmbildung

Grenzfläche zwischen der negativen Elektrode und dem Elektrolyten. Die SEI beeinflusst signifikant Lebensdauer und Leistungsfähigkeit der Lithium-Ionen-Zelle.

In organischen polaren Lösungsmitteln liegen Lithium-Ionen nicht als „nackte" Kationen vor, sondern als komplexe Kation-Lösungsmittel-Adukte. Dieser sogenannte Solvat-Komplex weist ein Vielfaches der Größe des nackten Lithium-Ions auf.

Beim Laden der Lithium-Ionen-Zelle dringen solvatisierte Lithium-Ionen in die äußeren Strukturen der Graphit-Anode ein (Abb. 6.8). Aufgrund der extrem reduzierenden Bedingungen zersetzen sich die Lösungsmittel (und zum Teil auch das Anion des Lithiumsalzes) unter Bildung schwer löslicher Niederschläge. Im Allgemeinen entstehen in organischen Carbonaten schwerlösliche Lithium-Alkylcarbonate $Li[OC(O)OR]$ und $Li_2[OC(O)O\text{-}(CHR)n\text{-}O(O)CO]$ [3], die sich auf der Elektrode und in den äußeren Strukturen des Graphits ablagern und dort jene Schicht bilden, die als SEI bezeichnet wird.

Diese für Lithium-Ionen durchlässige aber gleichzeitig elektrisch isolierende Schicht verhindert den direkten Kontakt zwischen Elektrode und Lösungsmittel. Eine weitere Zersetzung des Lösungsmittels wird somit verhindert. Zudem wirkt die SEI desolvatisierend, das heißt, das Lithium-Ion streift beim Durchgang die Lösungsmittel-Moleküle ab und wandert als nacktes Kation in die Elektrode.

Ohne die SEI käme es zu einer signifikanten Aufweitung der Graphitschichten beim Laden und einer Kontraktion beim Entladen der Zelle. Das sogenannte „Atmen" würde mit zunehmenden Laden-/Entladezyklen zu einem „Zerbröseln" der Elektrode und somit zu einem schnellen Lebensende der Batterie führen.

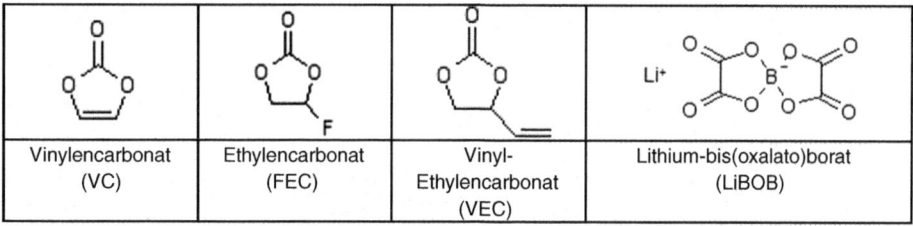

| Vinylencarbonat (VC) | Ethylencarbonat (FEC) | Vinyl-Ethylencarbonat (VEC) | Lithium-bis(oxalato)borat (LiBOB) |

Abb. 6.9 Auswahl SEI filmbildender Additive

Alle heute in Lithium-Ionen-Batterien eingesetzten Carbonate bilden eine SEI. Allerdings sind Qualität und Zusammensetzung der Schicht stark vor der gewählten Lösungsmittelkombination abhängig. Die Qualität der SEI Schicht fällt in der Reihenfolge der Reduktionspotentiale der Lösungsmittel EC ≫ DMC > EMC > DEC ≫ PC.

Hierbei kommt EC eine Sonderrolle zu: Aufgrund der gebildeten zweiwertigen Lithium-Alkylcarbonate $Li_2[OC(O)O-(CH_2)_n-O(O)CO]$ bildet EC eine sehr gute, d. h. elektronisch passivierende und gleichzeitig Li^+ durchlässige SEI. EC wird daher in fast jedem heute eingesetzten Batterieelektrolyten zwischen 20 und 50 % beigemischt.

Auf der anderen Seite bildet PC keine geeignete SEI. Aufgrund des induktiven Effekts der Methylgruppe ist PC etwas reduktionsstabiler. Diese ca. 200 mV bessere Stabilität führt gerade dazu, dass PC, bzw. das Li^+-PC Solvat tief in den Graphit interkaliert und sich erst dort unter Bildung von CO_2 zersetzt. Die Graphitstruktur wird dadurch aufgeweitet und zerstört.

Aufbau und Eigenschaften der SEI können signifikant durch Additive beeinflusst werden. Der Grundgedanke zur SEI-Additiventwicklung ist hierbei einfach. Das SEI-Additiv muss elektrochemisch reaktiver sein als alle anderen Elektrolytbestandteile. Anders ausgedrückt: Es muss im ersten Ladezyklus der Lithium-Ionen-Zelle eher reduziert werden als die verwendeten Lösungsmittel und so bereits eine SEI bilden, bevor die Lösungsmittel reagieren können.

Der bekannteste Vertreter dieser Additivklasse ist Vinylencarbonat. Dieses Additiv wird in fast jeder kommerziellen Lithium-Ionen-Zelle eingesetzt und führt zu einer signifikanten Verbesserung der Zyklenfestigkeit. Seine Wirkung entfaltet das Additiv während der ersten Lade-/Entladezyklen der Lithium-Ionen-Zelle. Vinylencarbonat wird bei Potentialen von ca. 1–1,1 V gegen Li/Li^+ knapp oberhalb der Li^+-Einlagerung in den Kohlenstoff reduziert. Hierdurch entsteht ein sehr dünner, polymerartiger (und damit flexibler) Film auf der Elektrode.

Die Alternativen zu Vinylencarbonat sind vielfältig. So werden heute – meist noch auf Entwicklungsniveau – verschiedene funktionalisierte organische Carbonate wie Fluor-Ethylencarbonat (FEC), Vinyl-Ethylencarbonat (VEC), aber auch SEI-bildende Leitsalze wie das oben vorgestellte Lithium-bis(oxalato)borat (LiBOB) eingesetzt (Abb. 6.9).

Ein Beispiel für eine gezielt beeinflusste Änderung des SEI-Aufbaus ist die Verwendung von LiBOB als Additiv: in Gegenwart unterschiedlicher Lösungsmittel, die naturgemäß

Abb. 6.10 Beeinflussung der
SEI Filmbildung durch LiBOB

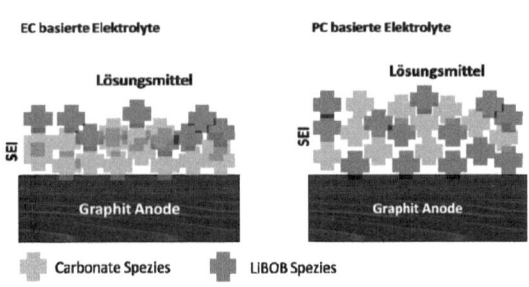

unterschiedliche Reaktivität an der Elektrodenoberfläche zeigen, ist ein unterschiedlicher Aufbau zu beobachten. Bei EC-basierten Elektrolyten ist aufgrund der höheren Reaktivität und der daraus resultierenden dichteren Struktur die Grenzfläche durch EC-Abbauprodukte dominiert (Abb. 6.10 links). Auch bei einem Einsatz von LiBOB ist die Grenzfläche weitgehend aus EC aufgebaut. Anders sieht der Fall in EC-freien Lösungen aus (Abb. 6.10 rechts): die Grenzflächenschicht ist aus beiden Komponenten aufgebaut, die Filmbildung kann in Abhängigkeit vom Formier-Protokoll gezielt gesteuert werden.

Filmbildung auf der positiven Elektrode In den letzten 20 Jahren stand die Grenzflächenchemie an der negativen Elektrode, insbesondere an Kohlenstoffelektroden, im Fokus der Entwicklung neuer Elektrolyte für Lithium-Ionen-Batterien.

Mit dem Ziel verbesserte Lithium-Ionen-Batterien mit weiter erhöhter Energiedichte bereitzustellen und der Entwicklung von 5 V Elektrodenmaterialien tritt nunmehr die Grenzfläche zwischen Elektrolyt und positiver 5 V Elektrode (z. B. Hochvolt-Spinelle oder $LiCoPO_4$) in das Zentrum des Interesses. Es ist davon auszugehen, dass es keinen Elektrolyten gibt, der bei 5 V gegen Li/Li^+ thermodynamisch stabil sein wird. Ansätze, die der SEI Filmbildung auf der negativen Elektroden nicht unähnlich sind, also die Passivierung der positive Elektrode durch oxidative Zersetzung spezieller Additive, scheinen am vielversprechendsten zu sein.

Die Forschung auf dem Gebiet steckt allerdings noch in den Anfängen. So werden in ersten Veröffentlichungen spezielle Borsäureester und Boroxinate als potentielle Filmbildner vorgestellt. Andere Autoren propagieren Additive, wie zum Beispiel Biphenyl (BP) und Derivate, die dem Elektrolyten in auffällig geringen Konzentrationen (< 0,1 %) beigesetzt werden und bei Potentialen um 4,5 V gegen Li/Li^+ auf der Elektrode elektropolymerisieren. Solche Additive können in hohen Konzentrationen (2 % und mehr) auch als Überladeschutz eingesetzt werden.

6.3.2 Sicherheit und Überladeschutz

Nicht zuletzt durch abbrennende Notebooks oder Unfällen mit E-Bikes sind Fragen zur Zukunft der Lithium Ionen-Batterie direkt mit dem Thema Sicherheit verbunden. Ein

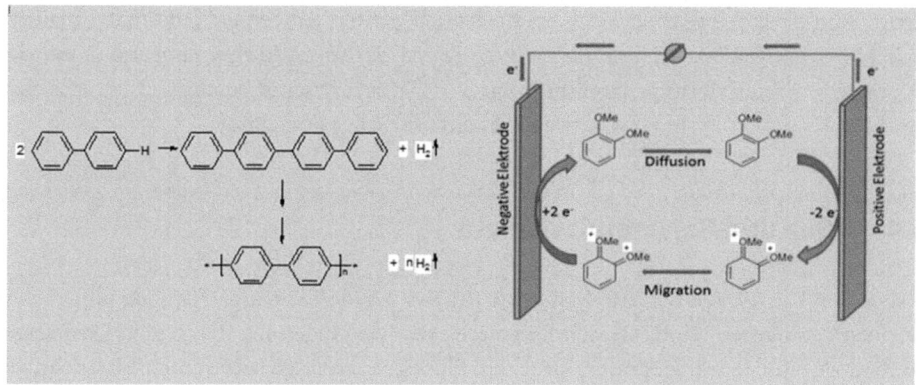

Abb. 6.11 „shut-down"-Mechanismus (*links*) vs. „redox shuttles" (*rechts*)

wesentlicher Aspekt ist das Verhalten der Batterie bei Überladung. So kann die Überladung von Lithium-Ionen-Batterien zu einer nicht kontrollierbaren Erhitzung der Zellen führen. Im ungünstigsten Fall endet dieser sogenannte „thermal runaway" im Bersten und Zünden der Zelle.

Dieses sicherheitsrelevante Ereignis ist unter allen Umständen zu verhindern. Neben einer Vielzahl von konstruktiven Maßnahmen (Sicherheitsventile, aktive Kühlung etc.) werden den Elektrolyten heute oft Additive wie Biphenyl oder Cyclohexylbenzen zugegeben. Diese Additive sind unter den normalen Betriebszuständen der Lithium-Ionen-Zellen inert. Erreicht die Zellspannung allerdings ein kritisches Niveau, so werden diese Additive elektrochemisch aktiviert.

Zum Beispiel elektropolymerisiert Biphenyl ab 4,5 V. Hierdurch bildet sich eine isolierende Schicht auf der positiven Elektrode. Zudem wird gleichzeitig kontrolliert eine größere Menge an Gas freigesetzt. Dies führt zum Öffnen des Sicherheitsventils (Abb. 6.11 links). Damit ist eine weitere, unkontrollierte Überladung der Zelle ausgeschlossen. Nachteil dieser sogenannten „shut-down"-Additive: Die Batterie ist danach nicht mehr einsatzfähig.

Alternativ wird heute intensiv an Konzepten geforscht, die den Nachteil der „shut-down"-Additive nicht aufweisen. Großes Interesse besteht an sogenannten „redox shuttles" (Abb. 6.11 rechts). Ähnlich wie „shut-down"-Additive wird diese Additiv-Klasse bei Spannungen, die oberhalb der Ladespannung der Lithium-Ionen-Zelle liegen, aktiviert.

Der Name „redox shuttle" beschreibt die Funktionsweise: Das Additiv wird an der positiven Elektrode oxidiert und wandert dann im elektrischen Feld zur negativen Elektrode. Hier wird es wieder reduziert. Aufgrund von Diffusion wandert es danach zur positiven Elektrode und der Prozess wiederholt sich beliebig oft. Wie ein Shuttle transportiert das Additiv also mit Hilfe einer Redox-Reaktion Ladung durch die Lithium-Ionen-Zelle. Die Funktion von „redox shuttles" wie halogenierten Dimethoxybenzenen ist belegt, allerdings besteht noch erheblicher Entwicklungsbedarf. Heutige

Redox-Shuttle-Systeme sind noch nicht schnell genug, um einen „thermal runaway"
sicher zu unterbinden. Zudem sind heutige Redox-Shuttle-Additive aufgrund ihrer relativ niedrigen „Aktivierungsspannung" auf 3 V-Batteriesysteme beschränkt. Shuttle-Sys-
teme für 4 V-Systeme sind ein wichtiges Thema aktueller Forschung.

6.4   Gel- und Polymerelektrolyte

Neben den klassischen Batterie-Systemen, die aus Anode/Separator/Kathode plus Flüssigelektrolyt aufgebaut sind, werden Polymerelektrolyte eingesetzt, die in dem klassischen
Aufbau die Rolle des Separators und des Flüssigelektrolyten zusammen übernehmen.
Wichtigste Anforderungen an diese Klasse von Elektrolyten sind neben einer Leitfähigkeit, die mit flüssigen Elektrolyten vergleichbar ist, eine mechanische sowie elektrochemische Stabilität. Generell unterscheidet man dabei klassische Polymerelektrolyte, die in
vergleichbarer Art und Weise in Brennstoffzellen eingesetzt werden sowie Hybridmateri-
alien, die zusätzliche Lösungsmittel oder Gelifizierungsadditive enthalten.

Die gegenwärtig am weitesten verbreiteten Materialien basieren auf Poly-Ethylenoxid
(PEO), die mit einer entsprechenden Lithiumquelle ausgerüstet werden. Bei den klassischen, lösungsmittelfreien Systemen werden die Ladungsträger als Salz zu dem Polymer
gemischt; die Bindungsstärke zwischen dem Anion und dem Kation muss hinreichend
schwach sein, um eine ausreichende Leitfähigkeit zu gewährleisten. Zielgerichtete Anionen mit entsprechend niedriger Ladungsdichte sind beispielsweise die bereits oben
erwähnten Leitsalze LiTFSI und LiFSI [4].

Die Koordination des Lithium-Ions erfolgt in diesen Elektrolyten über die Ether-Brü-
cken des Polymergerüsts. Naturgemäß steigt die Leitfähigkeit dieser Polymer-Elektrolyte
sprunghaft an, sobald die Glas-Temperatur T_g erreicht ist.

Gelpolymer-Elektrolyte unterscheiden sich von den klassischen Polymerelektrolyten
durch den Zusatz von Additiven, die durch Absenkung von T_g eine niedrigere Betriebstemperatur erlauben. Die Polymermatrix dient hier als inertes Grundgerüst für den Elektrolyten, der in diesem Grundgerüst immobilisiert vorliegt (Abb. 6.12). Durch geeignet
gewählte Lösungsmittel-Additive erreichen diese Elektrolyte bereits bei Temperaturen
um 30 °C eine Leitfähigkeit, die für Hoch-Energie-Anwendungen ausreichend ist.

Hauptanwendungsgebiet für Polymerelektrolyte sind Systeme, die Lithium-Metall als
Anode beinhalten. Ein interessantes Beispiel ist die Anwendung im ‚Bluecar' der franzö-
sischen Bolloré-Gruppe: die Lithium-Metall-Polymer-Batterie (LMP) ist aus einer Anode
aus Lithium-Metall, einem Gel-Polymer-Elektrolyten sowie einer Standard-Kathode
aufgebaut.

Diese Anwendung macht deutlich, welche Anforderungen ein Polymerelektrolyt
erfüllen muss: die Sicherheit dieser Zellen wird durch eine Vielzahl von Einflussfaktoren gesteigert. Zum einen kann eine weiche Polymerschicht Stöße und Vibrationen
besser abfedern als ein vergleichsweise harter Separator, zum anderen werden auch die

Abb. 6.12 Gel-Polymerelektrolyt mit solvatisierten Kationen und Lösungsmittel-Domänen

🔅 solvatiertes Li-Ion

⬤ Lösungsmittel

⋀ Polymer-Gerüst

Volumenänderungen bei den Lade- und Entlade-Zyklen besser aufgefangen und üben insgesamt weniger Stress auf die beteiligten Komponenten aus.

Letztlich sind in dieser Klasse von Membranen aufgrund der Polymerstruktur so gut wie keine durchgehenden Pfade für die Elektrolytlösung vorhanden, in denen sich Dendriten ausbilden können.

Mit diesem Ansatz kann somit eine Reihe sicherheitsrelevanter Aspekte beantwortet werden und das bei Metallsystemen kritische Problem der Dendritenbildung stark zurückgedrängt werden.

6.5 Elektrolytformulierungen – kundenspezifisch und individuell

Typischerweise gibt es nicht den besten Elektrolyten. Verbesserungen auf der einen Seite bewirken leider zu oft eine Verschlechterung anderer Perfomancedaten. Elektrolytlösungen müssen daher immer individuell auf die Kundenbedürfnisse bzw. auf die Anforderungen des zu zugrunde liegenden Applikationsfeldes angepasst werden. So besitzt eine Lithium-Ionen-Batterie für ein Mobiltelefon ganz andere Anforderungen hinsichtlich Lebensdauer als eine Traktionsbatterie in einem Elektrofahrzeug. Die Auswahl erfolgt in der Regel in Hinblick auf Vorgaben hinsichtlich Zyklenlebensdauer, kalendarischer

Alterung, Hochstromfestigkeit und Tief- bzw. Hochtemperatureigenschaften der Lithium-Ionen-Batterie.

So bestehen heutige Elektrolyte für Lithium-Ionen-Batterien typischerweise aus zwei bis vier unterschiedlichen Lösungsmitteln. Durch diesen „mixed solvent" Ansatz gelingt es meist, die doch sehr unterschiedlichen Anforderungen, z. B. hinsichtlich geringer Viskosität bei gleichzeitig hoher Permittivität, durch Mischen von Lösungsmittel mit stark unterschiedlichen physikalisch-chemischen Eigenschaften zu befriedigen [5]. Mischungen unterschiedlicher Leitsalze hingegen finden nur begrenzt Anwendungen. Zum einen ist die Auswahl geeigneter Anionen sehr begrenzt, zum anderen konnte bisher der Vorteil einer Salzmischung noch nicht nachgewiesen werden [1].

Ethylencarbonat findet sich heute als Lösungsmittelkomponente in fast jedem kommerziell eingesetztem Elektrolyten für Lithium-Ionen-Batterien mit Kohlenstoff basierter negativer Elektrode. Das Lösungsmittel besitzt sehr gute SEI-Filmbildungseigenschaften und führt zu einer sehr effektiven Passivierung der Graphitelektrode. Zudem ermöglicht es aufgrund seiner hohen Permittivität Elektrolyte mit hoher Leitfähigkeit. Auf der anderen Seite besitzt EC mit 36 °C einen sehr hohen Schmelzpunkt. Elektrolyte, die ausschließlich auf 1 M $LiPF_6$ und EC beruhen, sind daher bei Raumtemperatur fest.

Typischerweise werden heute Mischungen bestehend aus 20 bis max. 50 % EC in Kombination mit offen-kettigen Carbonaten (DMC, DEC oder EMC) oder Estern (EA oder MB) eingesetzt. Diese zeigen je nach Mischungsverhältnis über den gesamten Temperaturbereich von –30 – +80 °C attraktive Leitfähigkeiten, elektrochemische Stabilitäten und Filmbildungseigenschaften. Ähnliche Richtwerte hinsichtlich der Auswahl und Konzentration von Additiven bestehen nicht. Diese Auswahl erfolgt immer sehr individuell – Elektrolythersteller und Zellproduzent müssen sehr eng zusammenarbeiten.

Die Wahl geeigneter Additive und insbesondere die Festlegung der besten Additivkonzentration kann oft nur über „Trial and Error" und nur kundenspezifisch festgelegt werden. Zu unterschiedlich sind die einzelnen Zellhersteller in Bezug auf ihr Anforderungsprofil, zu unterschiedlich sind aber auch die einzelnen Zellen (zylindrisch, prismatisch, pouch oder hardcase) hinsichtlich Verhältnis Elektrolyt/Elektrodenfläche. In diesem Fall stimmt der Spruch „Viel hilft viel" nicht. Im Gegenteil, ein Zuviel an Additiven ist meist kontraproduktiv.

6.6   Zusammenfassung und Blick in die Zukunft

Elektrolyte stellen eine zentrale Komponente einer Lithium-Ionen-Batterie dar; das Zusammenspiel von Lösungsmittel, Leitsalz und den entsprechenden Additiven stellt ein komplexes System dar, das sorgfältig ausgewählt und dessen jeweilige Eigenschaften ausgewogen kombiniert werden müssen. Gleichzeitig ist der Elektrolyt keine unabhängige Komponente, sondern muss im Hinblick auf die gewählten Materialien auf der Anoden- wie Kathodenseite sorgfältig ‚komponiert' werden, was wiederum eine enge Zusammenarbeit des Elektrolytherstellers mit den Zell- und Batterie-Entwicklern bedingt.

Weitere Herausforderungen erwachsen aus den neuen Materialien der nächsten Batterie-Generationen, Beispiele sind Hochvoltkathoden, die entsprechend stabile Elektrolyte verlangen, die auch in diesen Potentiallagen keinerlei Tendenz zu Zersetzungsreaktionen zeigen. Gleichzeitig sollten diese Elektrolyte eine Passivierung der Stromableiter gewährleisten; dies stellt auf der Kathode bei erhöhten Potentialen eine herausfordernde Aufgabe dar.

Neben all diesen technologischen Anforderungen muss für eine Realisierung der zukünftigen Anwendungen im Bereich der Elektromobilität sowie der stationären Energiespeicherung sichergestellt werden, dass die benötigten Volumina nachhaltig produziert werden können.

Literatur

1. Kang Xu (2004) Nonaqueous liquid electrolytes for lithium-based rechargeable batteries. Chem Rev 104:4303–4417
2. Schmidt M et al (2001) Lithium fluoralkylphospahtes: a new class of conducting salts for electrolytes for high energy lithium-ion batteries. J Power Sources 97–98:557–560
3. Aurbach D et al (1995) The study of electrolyte solutions based on ethylene and diethyl carbonates for rechargeable Li batteries. J Electrochem Soc 142:2882–2890
4. Song JY, Wang YY, Wan CC (1999) Review of gel-type polymer electrolytes for lithium-ion batteries. J Power Sources 77:183–197
5. Ue M (2009) Electrolytes: nonaqueous in encyclopedia of electrochemical power sources.In: J. Garche (Hrsg) Elsevier B.V 71–84-

Separatoren

7

Christoph J. Weber und Michael Roth

7.1 Einleitung

Batterieseparatoren sind flächige Materialien, die zwischen den positiv und negativ geladenen Elektroden einer Batteriezelle angeordnet sind, um einen physikalischen Kontakt und damit einen elektrischen Kurzschluss zu vermeiden. Gleichzeitig müssen sie einen möglichst freien Ionentransport innerhalb des Elektrolyten zwischen den Elektroden gewährleisten, so dass ein Ladungsausgleich stattfinden und eine elektrochemische Zelle funktionieren kann. Um dies zu ermöglichen, sind Separatoren in der Regel mit einem Elektrolyten gefüllte poröse Flächengebilde. Im Folgenden werden zunächst grundlegende Separatoreigenschaften erläutert und der aktuelle Stand der konventionellen Separatorentechnik beschrieben. Danach wird auf neue Separatorenkonzepte eingegangen und eine am Markt verfügbare Separatortechnologie mit ihren Eigenschaften vorgestellt.

7.2 Eigenschaften der Separatoren

Der Separator muss eine Vielzahl von mechanischen, physikalischen und chemischen Eigenschaften aufweisen [7, 22]:

Dicke: Die Separatoren in Lithium-Ionen-Zellen für Consumer-Anwendungen sind relativ dünn mit einer Dicke von weniger als 25 μm. Für die Entwicklung von großformatigen

C. J. Weber (✉)
Freudenberg Vliesstoffe KG, Höhnerweg 2-4, 69465 Weinheim, Deutschland
e-mail: christoph.weber@freudenberg-nw.com

M. Roth
Freudenberg Forschungsdienste KG , Höhnerweg 2-4, 69465 Weinheim, Deutschland
e-mail: michael.roth@freudenberg.de

R. Korthauer (Hrsg.), *Handbuch Lithium-Ionen-Batterien*,
DOI: 10.1007/978-3-642-30653-2_7, © Springer-Verlag Berlin Heidelberg 2013

Lithium-Ionen-Zellen werden indes dickere Separatoren (bis zu 40 μm) benötigt, die eine wesentlich höhere mechanische Festigkeit und Durchstoßfestigkeit aufweisen.

Porosität: Typische Separatoren für Lithium-Ionen-Zellen haben eine Porosität von ca. 40 %. Die Kontrolle der Porosität ist ein wesentlicher Aspekt der Separatortechnologie und beeinflusst sehr stark die Durchlässigkeit eines Separators; zudem gewährleistet eine hohe Porosität ein größeres Elektrolytreservoir. Eine ungleichmäßige Porosität führt zu ungleichmäßigen Stromdichten und somit zu einer beschleunigten Alterung von Elektroden. Die Standardtestmethode ist in den Regularien ASTM D-2873 der American Society for Testing and Materials (ASTM) beschrieben.

Porengröße und Porengrößenverteilung: Die Kontrolle der Porengrößen ist wichtig für Lithium-Ionen-Separatoren. Die Poren müssen klein genug sein, um einen elektrischen Kontakt durch lose Elektrodenpartikel sowie das Dendritenwachstum in einer Lithium-Ionen-Zelle erfolgreich zu unterbinden. Für Separatoren mit einer Dicke <25 μm geht man von einer durchschnittlichen Porengröße im Submikronbereich aus. Analog zu den Betrachtungen der Porosität muss die Porengrößenverteilung in Batterieseparatoren möglichst homogen sein, um eine einheitliche Stromdichte und somit eine einheitliche Alterung der Zelle zu gewährleisten. Die Porengrößen und Verteilungen können mit Quecksilberporosimetrie bzw. einem Capillar Flow Porosimeter [15] bestimmt werden.

Gurley (Luftdurchlässigkeit): Die Luftdurchlässigkeit von Membranen ist für eine gegebene Morphologie proportional zu dem elektrischen Widerstand. Wenn der Zusammenhang zwischen Gurley und Widerstand einmal erarbeitet worden ist, kann sie anstelle von elektrischen Widerstandsmessungen durchgeführt werden. Die Standard Testmethode ist in ASTM-726 (b) beschrieben. Die Luftdurchlässigkeit nach Gurley ist definiert als die Zeit, die eine bestimmte Menge Luft braucht, um unter konstantem Druck durch eine bestimmte Fläche gepresst zu werden. Sie wird in der Einheit [s/100 ml] ausgedrückt. Ein niedriger Gurley Wert bedeutet eine höhere Luftdurchlässigkeit, eine niedrigere Tortuosität und somit einen niedrigeren elektrischen Widerstand.

Dimensionsstabilität/Schrumpf: Der Schrumpf eines Separators ist eine außerordentlich kritische Materialgröße, die die Sicherheit, insbesondere von großformatigen Lithium-Ionen-Zellen, stark beeinflusst. Ein Schrumpftest wird durchgeführt, indem die Abmessungen eines Separators bestimmt werden und im Anschluss daran ein Separator für eine definierte Zeit bei einer bestimmten Temperatur gelagert wird. Der Schrumpf wird daraufhin durch die Veränderungen der Dimensionen wie folgt berechnet:

$$Schrumpf[\%] = \frac{L_v - L_n}{L_v} \times 100$$

Hierbei ist L_v die Länge des Separators vor und L_n die Länge des Separators nach der Temperaturlagerung.

Zugfestigkeit und Elastizitätsmodul: Die Zugfestigkeit kann durch eine Reihe von Standardtestmethoden bestimmt werden. Diese Tests werden in Maschinenlaufrichtung (MD) und in Richtung Querlage (CD) durchgeführt. Eine mögliche Testprozedur erfolgt gemäß ASTM D88-00. Die Zugfestigkeit wird in der Einheit $[N/mm^2]$ angegeben. Ein Separator sollte ausreichend zugfest sein sowie nicht einschnüren, um die mechanischen Anforderungen während eines Wickelprozess zu erfüllen. Daher ist auch der Elastizitätsmodul bei gegebener Zugspannung ein wichtiges mechanisches Kriterium.

Chemische Stabilität: Die Separatoren müssen chemisch und elektrochemisch stabil in der Batterie und deren Batterieelektrolyt sein. Insbesondere durch die Entwicklung von Hochvoltmaterialien werden neue Anforderungen auch an Separatoren gestellt. Diese Eigenschaften lassen sich letztlich nur durch eine Post-Mortem-Analyse zuverlässig bestimmen, da sowohl die eingesetzten Batteriematerialien, die Batterieproduktionsprozesse als auch die Lebensdauerbedingungen entscheidend sind.

Benetzbarkeit und Elektrolytaufnahme: Die Benetzbarkeit, die Elektrolytaufnahmemenge und das dauerhafte Speicherungsvermögen des Separators sind eine wichtige physikalische Eigenschaft von Separatoren. Eine mangelhafte Benetzung kann die Lebensdauer und Leistungsfähigkeit einer Zelle beeinträchtigen, da dadurch der Zellinnenwiderstand und die Gefahr der Dendritenbildung ansteigen. Eine gute Benetzbarkeit beeinflusst darüber hinaus die Produktionszeiten während der Zellbefüllung positiv. Die Benetzbarkeit eines Separators wird u. a. durch die verwendeten Materialien (Oberflächenenergie) und die Porenstruktur eines Separators bestimmt. Für die quantitative Bestimmung der Separatorbenetzbarkeit gibt es keinen standardisierten Test – die einfache Ablage eines Elektrolyttropfen auf einen Separator und die Beobachtung, ob dieser schnell aufgenommen wird, ist ein sehr guter Indikator für die Benetzbarkeit.

Mix Penetration Strength: Eine sehr wichtige Eigenschaft von Batterieseparatoren ist deren Anfälligkeit für einen Partikeldurchstoß (i.d.R. Elektrodenpartikel) durch den Separator, der während der Zellherstellung, aber vor allem während des Zyklierens einer Zelle stattfinden kann. Im schlimmsten Falle führt er zu einer unkontrollierten gefährlichen Entladung der Zelle. Diese Eigenschaft kann durch die Mix Penetration Strength bestimmt werden. Ein Aufbau für diesen Test wird in [19] beschrieben. Hierbei wird ein Separator zwischen zwei kommerziell gefertigte Elektroden einer Lithium-Ionen-Zelle gelegt und dieser Materialverbund auf einer polierten und gehärteten Edelstahlplatte positioniert. Daraufhin wird mit einem definierten abgerundeten Stempel kontinuierlich die Anpresskraft auf den Aufbau erhöht und zeitgleich der elektrische Widerstand des Verbundes bestimmt. Bei einem dann materialabhängigen Druck entsteht ein Kurzschluss, so dass der Widerstand schlagartig sinkt. Dieser Wert wird als Mix Penetration Strength bezeichnet.

Durchstoßfestigkeit: Die Durchstoßfestigkeit ist eine weitere physikalische Größe, mit der die mechanische Stabilität, analog zur Mix Penetration Strength, von Separatoren

Abb. 7.1 Herstellungsprozess von Trockenmembranen

bestimmt werden kann. Bei diesem Test wird die Kraft gemessen, mit der eine Membran „frei schwebend" von einer definierten Nadel durchstoßen wird. Da dieser Test bei einer frei schwebenden Membran durchgeführt wird, korrelieren die erhaltenen Werte mehr mit der Elastizität der Materialien als mit der realen Durchstoßfestigkeit gegenüber Elektrodenpartikeln. Nach [22] ist der Mix Penetration Test der aussagekräftigere Test zur Beurteilung der Sicherheitseigenschaften des Separators in einer Batterie.

7.3   Separatortechnologien

Im Falle von Lithium-Ionen-Zellen sind Batterieseparatoren zumeist Membranen auf Polyolefinbasis, in die durch einen physikalischen Prozess submikrometergroße Öffnungen eingebracht werden. Diese Batterieseparatoren können gemäß ihres Herstellungsprozesses in zwei Klassen unterteilt werden: die der Trockenmembranen und die der Nassmembranen.

Diese zwei Separatorklassen weisen, resultierend aus ihrer chemischen Zusammensetzung und der physikalischen Struktur, zum Teil stark unterschiedliche Eigenschaften auf. Im Folgenden werden die Herstellungsverfahren und die Eigenschaften der Membranen vorgestellt.

Trockenmembranen Abbildung 7.1 zeigt die einzelnen Schritte der Trockenmembranherstellung in ihrer Prozessreihenfolge [2, 22]: Bei dem Trockenprozess wird ein Polymergranulat, in der Regel Polypropylen (PP) oder Polyethylen (PE), aufgeschmolzen und anschließend zu einer uniaxial orientierten Folie schmelzextrudiert. Die Morphologie und Orientierung der resultierenden Folie, der sogenannte Precursor Film, hängt von den Prozessbedingungen und den Eigenschaften der Polymerschmelze ab. Der hergestellte Precursor Film benötigt eine hochkristalline Struktur mit in Reihen angeordneten Lamellen, wobei die Längsachse der Lamellen senkrecht zur Maschinenrichtung (MD) der Extrusion ist. Eine solche Struktur ist essentiell für die Herstellung von Mikroporen, denn nur gestapelte Lamellen können in einem Reckprozess geöffnet werden.

Um die Kristallinität der Filme weiter zu erhöhen, werden diese in einem weiteren Prozessschritt bei einer Temperatur knapp unter dem Schmelzpunkt der eingesetzten Polymere getempert. Im nächsten Prozessschritt werden die Filme zunächst kalt und anschließend warm gereckt – dadurch wird die benötigte Porenstruktur und Porosität der Membranen erzeugt. Zum Teil werden diese Membranen anschließend ein weiteres Mal getempert, um unerwünschte Materialspannungen zumindest teilweise zu reduzieren. Die Porosität der Membranen hängt somit von der Morphologie des Precursor Films, aber auch von den Temper- und den Reckbedingungen ab. In einem letzten Schritt werden die Trockenmembranen gelegentlich an der Oberfläche mit Tensiden

Abb. 7.2 Rasterelektronenmikroskopische Aufnahme einer Trockenmembran. Das Muster wurde mit Gold bedampft, um eine bessere Auflösung zu erhalten

ausgerüstet, um die Benetzung der sehr unpolaren Polyolefinmembranen mit dem polaren Elektrolyten zu verbessern. Abbildung 7.2 zeigt eine REM Aufnahme einer nach dem Trockenprozess hergestellten Membran. Sehr deutlich sind die anisotropen schlitzartigen Poren zu erkennen, die typisch für den Trockenprozess sind.

Trockenmembranen besitzen Materialstärken von 12 bis 40 μm, eine maximale Porengröße <0,5 μm und eine hohe Zugfestigkeit. Die geringe Materialstärke beeinflusst die Energiedichte der Batterie positiv, die Porenverteilung sorgt für einen recht guten Schutz gegen Dendritenwachstum. Die Zugfestigkeit ist vorteilhaft für die Herstellung von Wickelzellen [19]. Nachteile dieser Membranen sind eine geringe Porosität (ca. 40 %), der niedrige Schmelzpunkt (ca. 160 °C für PP) und der sehr hohe Schrumpf (20 % @ 120 °C/10 min) bei erhöhten Temperaturen.

Die geringe Porosität limitiert die Ionenleitfähigkeit des Elektrolyten durch den Separator, begrenzt dadurch die Leistungsdichte der Batterie und erhöht die ohmschen Verluste, die letztlich zur Eigenerwärmung der Batterie führen. Eine hinreichende (elektro-) chemische Stabilität der Materialien und kontrolliert geringe maximale Porengrößen vorausgesetzt, stellen der maximale Schmelzpunkt und der Schrumpf die wesentlichen sicherheitsrelevanten Faktoren von Separatoren dar. Dies gilt in zunehmendem Maße für große Zellen, da diese die Wärme schlecht abgeben können. Wenn der Separator seine Struktur verliert, kommt es zu einem Kontakt der Elektroden und damit zu einer Reaktion der Elektrodenmaterialien. Dies kann zu einer Explosion der Batterie führen. Der hohe Schrumpf dieser Materialien ist schwerlich zu reduzieren. Diese mehrfach gereckten und damit anisotropen und hochorientierten Membranen haben inhärent durch den Herstellungsprozess einen hohen Schrumpf, da die Materialien bei Erwärmung relaxieren, die anisotrope Morphologie verlieren und schlussendlich schrumpfen. Der maximale Schmelzpunkt – und damit der Melt-Down des Separators – ist begrenzt durch die Schmelztemperatur von hoch isotaktischen Polypropylen – und somit limitiert auf ca. 160 °C.

Shutdown Separator Mehrere dieser Trockenmembranen können für die Herstellung von Shutdown Separatoren zu einem Mehrschichtaufbau laminiert (zumeist PP/PE/PP)

Abb. 7.3 Herstellungsprozess von Nassmembranen

werden [21]. Für den Shutdown Effekt nutzt man die Unterschiede der Schmelztempera-turen der PP- und PE-Schichten. PE weist einen niedrigeren Schmelzpunkt (130–135 °C) als PP (165 °C) auf, so dass die PE-Membran nach einem Aufschmelzen die Poren in der PP Membran verschließt (der sogenannte Shutdown), die PP-Membran aber nach wie vor die mechanische Integrität gewährleistet. Die Temperaturdifferenz zwischen den eingesetzten Membranen beträgt ca. 30 °C, so dass die Shutdown Funktion nur bei einer sehr langsamen Temperaturerhöhung innerhalb einer Lithium-Ionen-Zelle funktionieren kann, da die mechanische Integrität der PP-Schicht bestehen bleiben muss.

Nassmembranen Eine weitere Herstellungstechnologie für Lithium-Ionen-Separatoren stellen Nassmembranen dar; Abb. 7.3 zeigt die wesentlichen Prozessschritte der Nassmem-brantechnologie. Beim Nassprozess wird überwiegend aus hochmolekularen und ultra-hochmolekularen Polyethylen (HDPE und UHMWPE), niedermolekularen Wachsen und einigen Verarbeitungsadditiven ein Polymercompound hergestellt und dieser analog zum Trockenprozess zu einer Folie extrudiert. Die Verwendung von UHMWPE ist vorteilhaft, um eine ausreichende mechanische Stabilität zu erhalten. In einem folgenden Prozessschritt wird die Folie bidirektional gereckt und orientiert. Im Anschluss werden die niedermole-kularen Wachse durch Extraktion mit leichtflüchtigen Lösungsmitteln (zumeist Dichlor-methan) entfernt, um die gewünschte poröse Struktur zu erhalten. Um die Befüllung mit Batterieelektrolyt zu verbessern und somit die Produktionszeit der Lithium-Ionen-Zellen zu reduzieren, wird in einem weiteren Prozessschritt der hydrophobe Separator an der Oberfläche ausgerüstet. Diese Hydrophilierung steigert auch die Benetzbarkeit des Separa-tors im Batteriebetrieb. Der Nassprozess kann sowohl mit kristallinen als auch mit nicht-kristallinen Materialien durchgeführt werden, die resultierenden Membranen weisen eine geringere Anisotropie der Porenstruktur und weiterer mechanischen Eigenschaften auf – im Vergleich zu den Trockenmembranen. Abbildung 7.4 zeigt eine REM Aufnahme einer Nassmembran. Sehr deutlich ist die Porenstruktur der Membranen zu erkennen.

Nassmembranen haben eine Materialstärke von bis zu 25 μm, eine einheitliche und kleine Porenverteilung (<1 μm) und eine hohe Zugfestigkeit. Die geringe Materialstärke beeinflusst die Energiedichte der Batterie positiv, die kleine Porenverteilung sorgt wiede-rum für einen guten Schutz gegen Dendritenwachstum. Analog zu den Trockenmemb-ranen ist die Zugfestigkeit vorteilhaft für die Herstellung von Wickelzellen. Die Nachteile dieser Membranen sind der niedrige Schmelzpunkt (ca. 135 °C für PE) und der sehr hohe Schrumpf (7–30 % @ 120 °C/10 min).

Separatoren für Lithium-Ionen-Batterien werden bevorzugt nach den beiden vorge-stellten Verfahren produziert und dominieren den bisherigen Markt für Konsumenten-anwendungen. 2010 hatte dieser Markt ein Materialvolumen von 411 Mio. m^2 [8]. Etwa

Abb. 7.4 Rasterelektronenmikroskopische Aufnahme einer Nassmembran. Die Muster wurden mit Gold bedampft, um eine bessere Auflösung zu erhalten

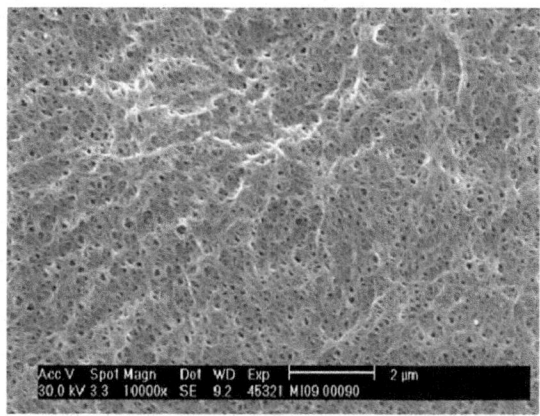

zwei Drittel dieses Volumens werden im Nassverfahren hergestellt, das restliche Drittel wird im Trockenverfahren produziert. Die großen Hersteller kommen aus dem asiatischen Bereich, in Deutschland bzw. Europa werden derzeit keine nennenswerten Separatormengen nach dieser Technologie hergestellt.

7.4 Anforderungsprofil für Separatoren durch die Elektromobilität

In Consumer-Anwendungen werden vergleichsweise kleine Batterien (wenige Ah), in geringer Anzahl (wenige Einzelstücke) mit geringer Lebensdauererwartung (wenige Jahre) eingesetzt. Im Gegensatz hierzu verlangt die Elektromobilität Zellen mit deutlich mehr als 10 Ah, die auf engstem Raum verbaut werden. Zellen für Mobilfunk-Batterien enthalten ca. 0,05 m² Separatorfläche (Einzelzelle), während für Zellen in Elektrofahrzeugen etwa 200 m² notwendig sind. Aufgrund der sehr hohen Qualitätsanforderungen der Automobilindustrie erfordert die Elektromobilität eine Neubetrachtung des Anforderungsprofils der Batterie und auch des Separators. Sicherheit und Zuverlässigkeit stellen für die zukünftige Entwicklung von HEV/EV Lithium-Ionen-Batterien die wichtigsten Aspekte dar, es folgen Lebensdauer, Kosten und die technische Performance [1].

Eine Risikoanalyse für Lithium-Ionen-Batterien für die Elektromobilität [9] zeigte hierbei, dass eine der Hauptursachen, die zu internen Kurzschlüssen geführt hatte, die zufällige Einführung metallischer Partikel im Laufe des Herstellungsprozesses gewesen ist. Während der Zyklierung der Batterie kommt es zu Dimensionsänderungen der Elektroden und einer Veränderung ihrer Mikrostruktur. Temperaturwechsel führen zu weiteren mechanischen Belastungen der Zelle. Liegt ein leitfähiger Partikel im Zellwickel vor, kann er im Laufe der Zeit Dünnstellen in der Polyolefinmembran ausbilden, letztlich die Membran penetrieren und einen Kurzschluss bewirken. Hierdurch entsteht innerhalb der Zelle eine lokale Temperaturspitze, die innerhalb von Sekunden zu

Temperaturen von 200–300 °C führen kann [3]. Hinsichtlich der neuen Anwendungen großformatiger Zellen wird der Wärmeabtransport mit steigender Größe der Batteriezelle zunehmend schwieriger. Separatoren aus Polyethylen (Schmelzpunkt ~ 135 °C) und/oder Polypropylen (Schmelzpunkt ~ 160 °C) schmelzen unter diesen Bedingungen großflächig auf und lassen eine gänzlich unkontrollierte Entladung der beiden sich nun flächig berührenden Elektroden zu.

Dieses interne Kurzschlussrisiko hat schon zu sehr kostspieligen und medienträchtigen Rückrufaktionen bei tragbaren Rechnerbatterien geführt und kann sich zu jedem Zeitpunkt im Lebenszyklus einer Batterie zeigen (zufällige Überhitzung, Feuerentwicklung, sogar Explosionen) [9]. Durch sorgsames Arbeiten unter Nutzung von Reinraumtechniken, lokalen Absaugungen und strikter Anwendung von Schleusensystemen lassen sich die Kontaminationsmöglichkeiten reduzieren. Leitfähige Partikel können jedoch in einer Fertigungsumgebung mit leitfähigen Pulvern sowie Schneid- und Wickelprozessen in der Zellfertigung letztlich nicht vollkommen ausgeschlossen werden.

Im Zusammenhang mit dem Kurschlussrisiko wird oft auch die zuvor schon beschriebene Shut Down Funktion diskutiert. Kommt es zu einer äußeren, schnellen Entladung der Batteriezelle oder starken Erwärmung, kann sich die Batteriezelle im Inneren langsam erhitzen. Ähnliches kann bei einer Dendritenbildung auf der Anode eintreten. Wächst ein Dendrit, ist eine lokale Erhöhung der Ionenströme und eine dabei freiwerdende Joule'sche Wärme zu erwarten. Bei ausreichend sanftem Temperaturanstieg kommt es zu einem Aufschmelzen der Polyethylenschicht und somit zu dem gewünschten Kollaps der Porenstruktur im Polyethylen, ohne dass die beiden äußeren Polypropylenschichten aufschmelzen. In diesem Falle funktioniert der Shut Down Mechanismus. Liegt jedoch ein Kurzschluss aufgrund von leitfähigen Partikeln vor, wird es nach dem anfänglichen Schrumpf des Separator zu einem kompletten Aufschmelzen und somit einer schlagartigen Entladung durch den unmittelbaren Kontakt zwischen den Elektroden kommen [17]. Es ist daher zumindest fraglich, ob die oben beschriebene „Shut Down" Funktion gegenüber der Hauptursache von Batterieausfällen durch leitfähige Fremdpartikel zusätzliche Sicherheit generiert.

Abbildung 7.5 zeigt das typische Versagensszenario eines Lithium-Ionen-Separators im Falle eines Partikeldurchstoßes. Um eine maximale Sicherheitsfunktion im kritischsten Fall durch leitfähige Fremdpartikel zu übernehmen, ist ein idealer Separator somit penetrationsbeständig und zeigt weder Schrumpf noch ein Aufschmelzen.

7.5   Alternative Separatorkonzepte

Die besonderen Anforderungen an Lithium-Ionen-Batterien für die Elektromobilität haben zu intensiven Entwicklungsinitiativen bei bestehenden Membranproduzenten geführt. Die unmittelbar notwendigen Verbesserungen hinsichtlich der Sicherheitseigenschaften dürfen natürlich den heutigen technischen Stand des Separators in punkto Batterieeigenschaften und -lebensdauer in keiner Weise beeinflussen.

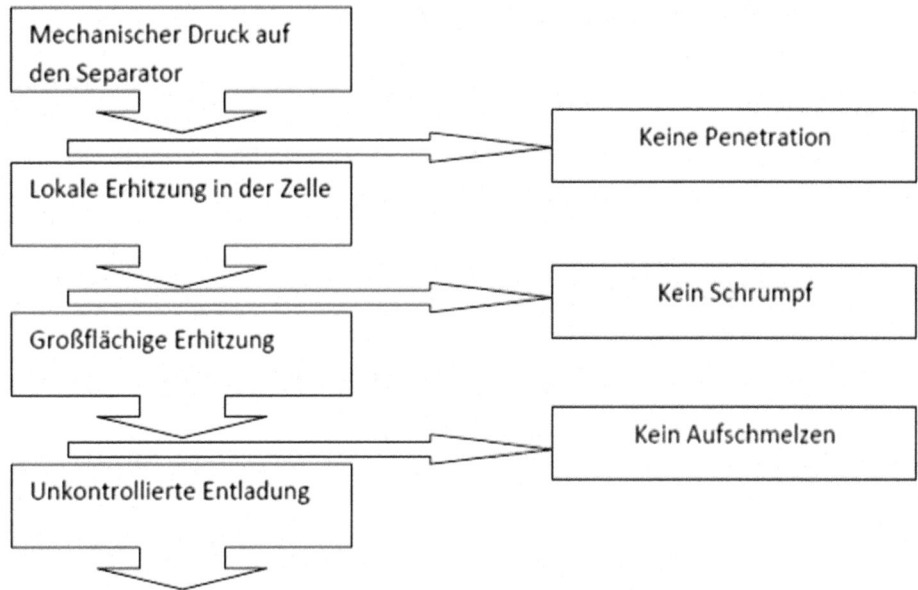

Abb. 7.5 Notwendige Eigenschaften des idealen Separators, um maximale Sicherheit gegen interne Kurzschlüsse zu gewährleisten

Für das neue Anwendungsprofil im Bereich der Elektromobilität arbeitet die Batterieindustrie derzeit an Verbesserungen der bestehenden Membranen bzw. an komplett neuen Ansätzen. Die freie Verfügbarkeit neuer Materialien und unabhängiger Bewertungen ist bis heute eingeschränkt. In nächster Zeit wird eine Reihe von neuen Marktteilnehmern erwartet, die sich deutlich von den bestehenden Technologien abgrenzen. Im Folgenden wird auf wesentliche Konstruktionsmerkmale neuartiger Separatortechnologien eingegangen.

Beschichtete Membranen bzw. Elektroden Eine Variante der neuartigen Separatoren besteht in der Beschichtung bestehender Membranen durch anorganische Partikel, die mit fluorierten Polymeren auf der Oberfläche von Membranen fixiert werden. Die Technologie ist unter der Bezeichnung Safety reinforced separator (SRS) bekannt [11]. SRS-Separatoren werden in kommerziell erhältlichen Fahrzeugen bereits eingesetzt [12].

Im Grundansatz ähnlich ist ein weiteres Verfahren: Um die Ausbildung eines inneren Kurzschlusses durch leitfähige Partikel zu vermeiden, wird die Anode mit einer sehr dünnen Schicht anorganischer Partikel überzogen, die mit einem organischen Binder fixiert werden. Mit Hilfe dieser zusätzlichen Schicht soll verhindert werden, dass ein Schrumpfen des PO-Separators zu einem mechanischen Kurzschluss führt. Der Separator bleibt bei diesem Verfahren unverändert [6].

Integrierte anorganische Partikel in Membranen Vorteile durch anorganische Partikel verspricht ein Nassprozess, der anorganische Partikel in den bestehenden Prozess integrieren will. Das Material wird unter der Bezeichnung „inorganic blended separator" vermarktet. Die möglichen Vorteile umfassen die Batterie-Sicherheit durch verminderten Schrumpf und ein nur teilweises Aufschmelzen. Darüber hinaus wird eine Erhöhung der Lebensdauer durch dauerhafte Benetzbarkeit sowie eine Erhöhung der Leistung durch verringerte Porosität erwartet [13].

Nanofaser Vliesstoff Separatoren Eine weitere Variante von neuartigen Separatoren stellen Nanofaserhaltige Vliesstoffe dar. Sie enthalten 200–1000 nm dicke hochschmelzende Polyimid-Fasern, die die Sicherheit sowie die Leistungs- und Energiedichte von Batterien positiv beeinflussen sollen [5].

Vliesstoff Kompositseparatoren Eine weitere Technologie für die Herstellung von Batterieseparatoren beruht auf der Kombination der Eigenschaften von flexiblen Polymerseparatoren und der thermischen und chemischen Stabilität von anorganischen Partikeln wie z. B. Aluminiumoxid (Al_2O_3). Bei diesem Verfahren wird ein Vliesstoff mit anorganischen Partikeln beschichtet. Im Gegensatz zu den beschichteten Membranen weisen die beschichteten Vliesstoffe eine sehr hohe Porosität und einen sehr niedrigen Schrumpf auf [10, 20]. In Abb. 7.6 ist das Prozessdiagramm für die Herstellung von beschichteten Vliesstoffen dargestellt. Dieses Verfahren ist sowohl für die Herstellung von rein anorganischen als auch organisch-anorganischen Beschichtungen gültig.

Analog zu den Membranverfahren beginnt dieser Prozess auch mit dem Schmelzen eines Polymergranulates, aus dem die Fasern gesponnen und geschnitten werden. Im zweiten Schritt wird ein extrem dünner und homogener Vliesstoff durch ein Nasslegeverfahren der Fasern mit anschließender thermischer Bindung derselben hergestellt. Die Bindung der Fasern durch Thermofusion hat den Vorteil, dass auf jegliche Bindemittel verzichtet werden kann. In einem weiteren Prozessschritt wird der Vliesstoff mit hochschmelzenden anorganischen Partikeln und einem Bindemittel als „Kleber" beschichtet. Der Vliesstoff besteht zumeist aus temperaturstabilen Polyesterfasern (PET), das Adhäsiv kann aus anorganischen Bindemitteln, wie z. B. Silan-basierten Precursoren, aber auch aus organischen Materialien bestehen. Als anorganische Partikel können beispielsweise Aluminiumoxid, Siliciumdioxid oder auch Zirkoniumdioxid eingesetzt werden. Durch die Verwendung von Silan-Precursoren als Bindemittel erhält man eine rein anorganische Beschichtung.

Ein solches Produkt wird in den ersten serienmäßigen Elektrofahrzeugen aus deutscher Produktion ab dem Jahr 2012 zu finden sein [14]. Die Herstellung von Separatoren unter Nutzung organischer Bindemittel mit dem Ziel, sehr flexible und mechanisch stabile „anorganisch-organische" Kompositseparatoren auf Vliesstoffbasis anzubieten, wird ebenfalls vorangetrieben [18]. Abbildung 7.7 zeigt eine REM Aufnahme eines solchen beschichteten Separators.

In Bezug auf die in Abb. 7.5 gezeigten kritischen Sicherheitseigenschaften werden diese Separatoren den entsprechenden Tests unterworfen und ihre Eigenschaften werden mit kommerziell verfügbaren Polyolefinmembranen verglichen [16]. Es wurden sowohl

Abb. 7.6 Herstellungsprozess von anorganischen Kompositmembranen auf Vliesstoffbasis

Abb. 7.7 Rasterelektronenmikroskopische Aufnahmen von beschichteten Vliesstoffen. Die Muster wurden mit Gold bedampft

Trocken- als auch Nassmembranen getestet. Um den in Abb. 7.5 gezeigten mechanischen Druck auf einen Separator experimentell nachzustellen, wurden bei dem Mix Penetration Test Separatoren zwischen kommerziell produzierten Elektroden (Kathode: NMC/PVDF; Anode: Graphit/PVDF) eingelegt. Der aufdrückende Stift hat eine Rockwell Härte von 65 HRC, während die Stützplatte eine Rockwell Härte von 63 HRC aufweist. Abbildung 7.8 zeigt, dass beide Membranen bei einem Druck von ca. 420 N einen Kurzschluss nicht mehr verhindern können. Im Gegensatz hierzu führen die Freudenberg Vliesstoff Kompositseparatoren zu einer drastischen Erhöhung der Penetrationsbeständigkeit, erst ab einem Druck von 650 N bzw. 730 N tritt ein Kurzschluss in dem Verbund auf.

Kann der Separator den mechanischen Druck eines leitfähigen Partikels nicht standhalten, kommt es zu einem internen Kurzschluss und einer lokalen Erhitzung der Zelle. Um diese Erhitzung nachzustellen, wurden zur Beurteilung des Schrumpfverhaltens Formprüflinge der Separatoren ausgestanzt und bei 120 °C für 10 min bzw. bei 160 °C für 1 Stunde gelagert. Abbildung 7.9 zeigt die Prüfmuster nach Lagerung bei 120 °C für 10 Minuten. Deutlich zu sehen ist der Schrumpfeffekt der bidirektional gereckten Membran 1 und der unidirektional gereckten Trockenmembranen 2 und 3. In beiden Fällen wird die bei Raumtemperatur eingefrorene Spannung zunehmend freigesetzt.

Besonders ausgeprägt ist dieser Effekt bei Begutachtung der Ergebnisse nach der 160 °C Lagerung. Die PE Nassmembran ist verständlicherweise komplett zusammengeschmolzen, die PP haltigen Trockenmembranen zeigen noch ihre Flächenform,

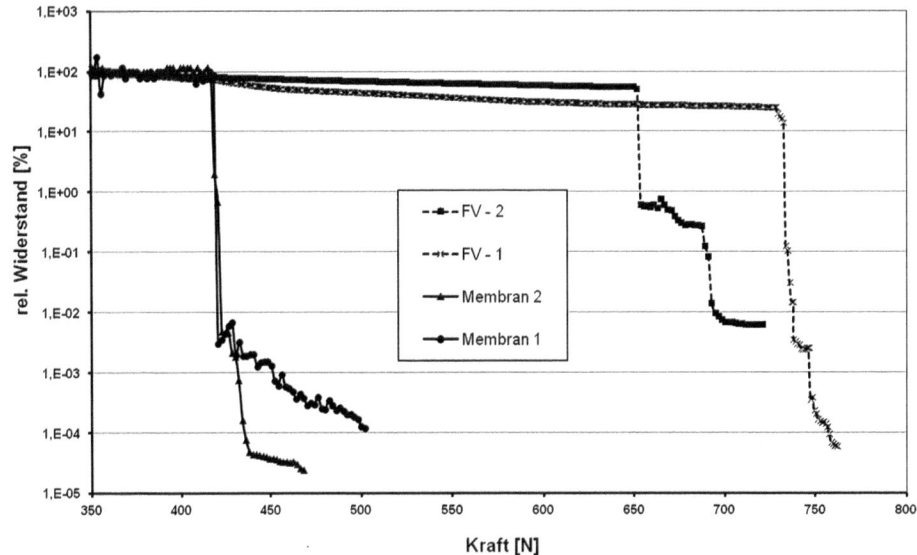

Abb. 7.8 Vergleich der Durchstoßfestigkeiten verschiedener Separatoren beim Mixed Penetration Test

Abb. 7.9 Vergleich des thermischen Schrumpfes verschiedener Lithium-Ionen-Separatoren nach der Lagerung für 10 Minuten bei 120 °C. Membran 1 ist eine PE Nassmembran, 2 eine PP Trockenmembran und Membran 3 eine mehrlagige PE/PP Membran

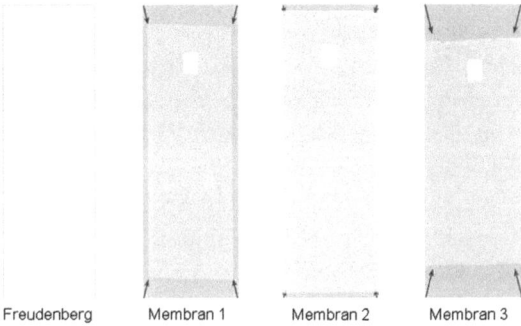

allerdings wurden mehr als 40 % der ursprünglich bedeckten Fläche freigesetzt. Die Freudenberg Separatoren zeigen keinen Schrumpf unter diesen Bedingung. Auch bei Temperaturen über 200 °C bleibt diese Beobachtung erhalten (Abb. 7.10).

Um das Aufschmelzen des Separators in einer Lithium-Ionen-Zelle gemäß Abb. 7.6 nachzustellen, wurden die Separatoren in einem besonders anspruchsvollen Test [4] für 10 Sekunden mit einer 420 °C heißen Lötkolbenspitze auf einer Fläche von 0,126 cm^2 belastet. Alle Membranen zeigten hier aufgrund ihrer Schmelztemperaturen das zu erwartende Verhalten: In die berührten Flächen wurden nicht nur Löcher geschmolzen, welcher der Größe der Lötkolbenspitze entsprachen, sondern in unmittelbarer Umgebung zog sich

Abb. 7.10 Vergleich des thermischen Schrumpfes verschiedener Lithium-Ionen-Separatoren nach der Lagerung für 60 Minuten bei 160 °C. Membran 1 ist eine PE Nassmembran, 2 eine PP Trockenmembran und 3 eine mehrlagige PE/PP Membran

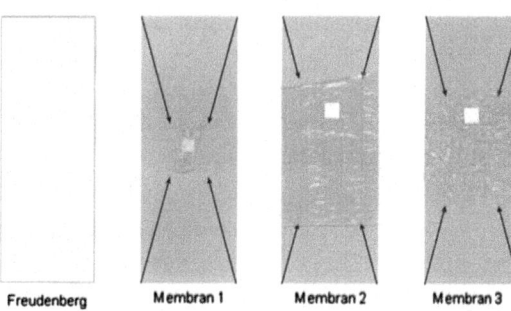

Abb. 7.11 Vergleich des thermischen Verhaltens verschiedener Lithium-Ionen-Separatoren im Lötkolbentest

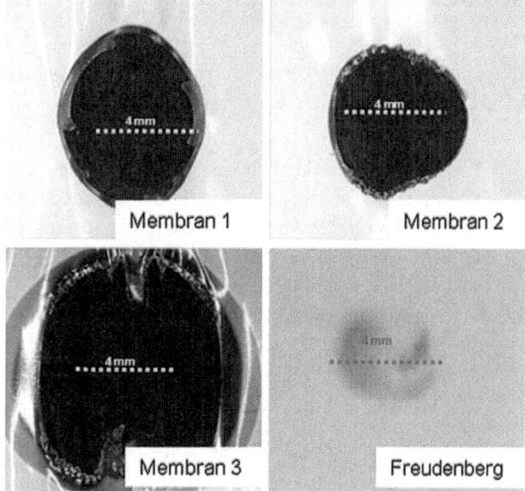

das Material durch Schrumpf deutlich zurück. Die Freudenberg Separatoren zeigten aufgrund der unter diesen Bedingungen unschmelzbaren anorganischen Kompositbestandteile keine Löcher und somit kein Aufschmelzen des Separators (Abb. 7.11).

7.6 Zusammenfassung

Klassische Separatoren für Lithium-Ionen-Batterien sind Polyolefinmembranen, die den Consumer-Markt fast vollständig bedienen. Für ihre Herstellung werden zwei Verfahren angewendet. Zum einen das Trocken-, zum anderen das Nass-Verfahren, welches einen Extraktionsschritt mit einem organischen Lösungsmittel beinhaltet. Beide Verfahren haben einen Reckschritt gemeinsam, durch den Porosität und Porenstruktur gezielt eingestellt werden können.

Polyolefinmembranen zeigen aufgrund ihrer Materialauswahl (Polyethylen, Polypropylen) und ihres Herstellprozesses (Reckverfahren) Performance Einschränkungen hinsichtlich ihrer Penetrationsbeständigkeit, Schrumpf und des Schmelzverhaltens. Zumindest teilweise können die Sicherheitsfunktionen mittels anorganisch/organischer Beschichtungen verbessert werden.

Weltweit finden in einer größeren Anzahl von Firmen intensive Entwicklungsaktivitäten statt, um mit neuartigen Technologieansätzen den Sicherheitsanforderungen von Verbünden großformatiger Lithium-Ionen-Zellen zu entsprechen, ohne hierbei andere Designkriterien sowie die Materialkosten zu vernachlässigen. Auf Polyester-Vliesstoff basierende Kompositseparatoren mit herausragenden thermisch-mechanischen Alleinstellungsmerkmalen werden bei Freudenberg entwickelt. Sie lassen eine Erhöhung der intrinsischen Sicherheit von Lithium-Ionen-Batterien ohne konstruktiven Mehraufwand erwarten.

Literatur

1. Anderman M (2011) Status of Li-ion battery technology for automotive applications. SAE international vehicle battery summit. Advanced Automotive Batteries, Shanghai
2. Baldwin RS (2009) A review of state-of-the-art separator materials for advanced lithium-based batteries for future aerospace missions. NASA/TM, S 215590
3. Barnett B, Sriramaulu S, Stringfellow R, Singh S, Ofer D, Oh B (2008) 25th International battery seminar and exhibit. Fort Lauderdale, Florida
4. Choi S, LG Chem (2009) AABC
5. DuPont. Dupont energain separators for high performance lithium ion batteries. http://www2.dupont.com/Energy_Storage/en_US/products/products_energain.html. Zugegriffen: 27. März 2012
6. Fujikawa M, Suzuki K, Inoue K, Shimada M (2006) Patentnr. US 11396646
7. Ganesh Venugopal JM (1999) Characterization of microporous separators for lithium-ion batteries. J Power Sources 77:34–41
8. Inagaki S (2011) SAE international 2011 vehicle battery summit. Lithium-ion battery materials trends, Shanghai
9. INERIS – L'Institut National de l'EnviRonnement industriel et des RisqueS (2011) Approche de la maîtrise des risques spécifiques de la filière véhicules électriques – Analyse préliminaire des risques
10. Kritzer P (2006) Nonwoven support material for improved separators in Li-polymer batteries. J Power Sources 161:1335–1340
11. Lee S-Y, Park P-K, Kim J-H (2009) Patentnr. WO 2009/066916 A2
12. Opel. Maximaler Einsatz für Ihre Sicherheit. http://www.opel-ampera.com/index.php/aut/ampera/how_use/safety. Zugegriffen: 27. März 2012
13. Orendorff CJ (2012) The role of separators in Li-ion cell safety. In: The electrochemical society interface summer 2012, S 61–65
14. Penth B, Hying C, Hörpel G, Schmidt F G (1998) Patentnr. EP 0946270B1
15. Porous Materials. Von Porous Materials. http://www.pmiapp.com/products/capillary_flow_porometer.html
16. Roth M, Weber C, Berg M, Geiger S, Hirn K, Waschinski C, et al (2010) Patentnr 2012/019626 WO

17. Roth PE (2009) The 26th international battery seminar and exhibit. Abuse Response of HEV and PHEV materials and cells. Fort Lauderdale, Florida
18. Roth M, Moertel R, Geiger S (2013) A new type of nonwoven separator. In: 5. internationale Fachtagung Kraftwerk batterie – Lösungen für automobil und energieversorgung
19. Schell W, Zhang Z (1999) Celgard separators for lithium batteries. In: IEEE (Hrsg) The 14th annual battery conference. Long Beach, California, S 161–169
20. Weber C, Roth M, Kritzer P, Wagner R, Scharfenberger G (2008) Patentnr. EP 2 235 766 B1
21. Yu W-C, Geiger M W (1999) Patentnr. EP 0715364B1
22. Zhang PA (2004) Battery separators. Chem Rev 104:4419–4462

Aufbau von Lithium-Ionen-Batteriesystemen

8

Uwe Köhler

8.1 Einleitung

Der Aufbau eines Batteriesystems soll den effizienten, zuverlässigen und sicheren Betrieb des Energiespeichersystems über einen sehr langen Zeitraum im Fahrzeugeinsatz gewährleisten. Lithium-Ionen-Zellen als die Basiskomponenten eines Lithium-Ionen-Batteriesystems stellen an den Batteriebau dabei besondere Anforderungen. Das Batteriesystem besteht neben den elektrochemischen Speicherzellen aus einer Vielzahl mechanischer, elektrischer und elektronischer Komponenten, die in ihrer Funktion eng aufeinander abgestimmt sein müssen. Neben seiner Funktion als Überwachungs- und Steuerungseinheit für die Batterie übernimmt ein elektronisches Batteriemanagementsystem (BMS) auch die Aufgabe der Daten-Kommunikation zur Fahrzeugseite.

Auslegung und Ausgestaltung des Batteriesystems berücksichtigen die spezifischen technischen Eigenschaften der Lithium-Ionen-Zellen, in denen die Energie gespeichert wird. Durch ein angemessenes elektrisches und thermisches Management wird sichergestellt, dass die Speicherzellen dauerhaft sicher und zuverlässig betrieben werden können. Wegen ihrer Sensibilität gegenüber Fehlbehandlungen stellen Lithium-Ionen-Zellen sehr hohe Anforderungen an die Zuverlässigkeit eines Batteriemanagementsystems.

U. Köhler (✉)
Johnson Controls - Advanced Power Solutions GmbH, Am Leineufer 51,
30419 Hannover, Deutschland
e-mail: uwe.koehler@jci.com

R. Korthauer (Hrsg.), *Handbuch Lithium-Ionen-Batterien*,
DOI: 10.1007/978-3-642-30653-2_8, © Springer-Verlag Berlin Heidelberg 2013

8.2   Aufbau von Batteriesystemen

8.2.1   Blockaufbau und modularer Aufbau

Beim mechanischen Aufbau der Batterien unterscheidet man zwischen einem Blockaufbau und einem modularen Aufbau. Beim Blockaufbau werden alle einzelnen Spei-
cherelemente zu einem einzigen Block mit elektrischer Kollektorstruktur, Sensoren und
sonstigen Komponenten verbaut, der dann mit der notwendigen Beschaltung und den
peripheren Komponenten in ein Batteriegehäuse eingebracht wird.

Beim modularen Aufbau wird dagegen eine bestimmte Zahl von einzelnen Zellen zu
einem Modul als Untereinheit zusammengeschaltet. Aus diesen Untereinheiten können
dann wiederum größere Batterieverbände aufgebaut werden. Der Vorteil des modularen
Aufbaus besteht in der leichteren Handhabbarkeit der Komponenten bei der Montage
und bei einer möglichen Wartung des Gesamtsystems (Austauschbarkeit).

Ein typisches Beispiel für einen Blockaufbau ist die Lithium-Ionen-Batterie des Daimler
S-Klasse Hybrid-Fahrzeugs, die in Abb. 8.1 zu sehen ist. Die zylindrischen Lithium-Ionen-
Zellen sind dabei zu einem 35zelligen Block verbunden, der den Kern des Batteriesystems
bildet. Als Beispiel für einen modularen Aufbau steht die in Abb. 8.2 gezeigte Batterie des
Ford-E-Transit-Connect. Dieses System besteht aus 18 einzelnen Modulen, von denen
jedes jeweils 12 Lithium-Ionen-Zellen enthält. Ein Blockaufbau wird in der Regel nur für
relativ kleine Batteriesysteme verwandt. Bei größeren Batterien wird aus den o.g. Gründen
normalerweise ein modularer Aufbau gewählt.

8.2.2   Serien- und Parallelschaltungen

In ihrer einfachsten Anordnung stellen Batteriesysteme eine bestimmte Anzahl von in Serie
geschalteten Zellen dar. Die Spannungslage der Batterie ergibt sich aus der Summe der Einzelspannungen der Zellen. Die Einzelspannungen sind dabei abhängig von den spezifischen
elektrochemischen Eigenschaften des verwandten Systems bzw. seiner Elektrodenkombina-
tion. Sie reichen bei den heute üblichen Systemen von 2.2 V bis zu 4.2 V pro Zelle. Da bei
allen Lithium-Ionen-Zellen das Einhalten der oberen und unteren Zellspannungsgrenzen
sichergestellt werden muss, ergibt sich insbesondere bei den elektrochemischen Systemen mit
niedriger Zellspannung und damit hoher Anzahl von Einzelzellen ein mitunter hoher Sys-
temaufwand. Spannungscharakteristik und Systemeigenschaften ermöglichen bei Lithium-
Ionen-Zellen auch eine Parallelschaltung. Serien- und Parallelschaltung von Zellen eröffnen
verschiedene Möglichkeiten beim Aufbau eines Batteriesystems.

Parallelschaltung von in Serie geschalteten Zellen Dabei werden zwei oder mehrere
Stränge von in Serie geschalteten Zellen parallel geschaltet. Da jede einzelne Zelle bezüg-
lich ihrer Spannung überwacht werden muss, bedeutet dies aber bei einer Vielzahl von
Strängen einen relativ hohen Aufwand. Zusätzlicher Aufwand entsteht noch durch die

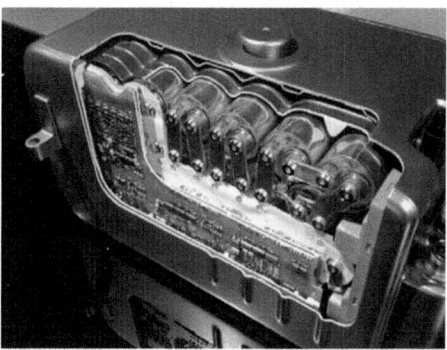

Abb. 8.1 Blockförmiger Aufbau eines Lithium-Ionen-Batteriesystems Daimler S400 Hybrid (mit Genehmigung der Daimler AG)

Abb. 8.2 Modularer Aufbau eines Lithium-Ionen-Batteriesystems (Ford E-Transit-Connect)

Verschaltung der einzelnen Stränge zu einem Gesamtverband, der zusätzlich ein übergeordnetes Batteriemanagementsystem notwendig macht, das die Funktion der Einzelstränge koordiniert.

Serielle Verschaltung von parallel geschalteten Zellen Bei dieser Anordnung werden Zellen gleicher Ausführung zunächst parallel geschaltet, so dass sich bei gleicher Spannungslage eine entsprechend der Zellenzahl erhöhte Kapazität ergibt. Die derart erzeugten Zellpakete werden dann in Serie geschaltet. Da die Zellen bei dieser Form der elektrischen Verschaltung elektrisch dauerhaft verbunden sind, genügt es, ihre Spannungslage gemeinsam zu überwachen. Sollte sich im Betrieb oder in der Ruhephase eine abweichende Spannung ergeben, findet ein automatischer Ladungsaustausch zwischen den Zellen statt, der dafür sorgt, dass sich eine gleiche Spannungslage und somit ein gleicher Ladezustand einstellen.

Wegen des geringeren Aufwandes an Überwachungselektronik ist die Variante der seriellen Verschaltung parallel geschalteter Zellen normalerweise deutlich einfacher und kostengünstiger. Sie wird jedoch nur bei Zellen mit relativ niedriger Kapazität angewandt.

8.3   Funktionale Ebenen eines Batteriesystems

Die grundsätzlichen Anforderungen an das Batteriesystem und sein Management betreffen vier funktionale Ebenen.

Mechanische Integration: Hierunter versteht man die mechanisch zweckmäßige Integration der einzelnen Komponenten zu einem Batterieverband. Durch entsprechende Gestaltung der Einzelkomponenten und ihre Verbindung wird sichergestellt, dass der Batterieverband die mechanischen Anforderungen während eines gesamten Fahrzeuglebens besteht, ohne an Funktionalität und Sicherheit einzubüßen.

Elektrisches Management: Das elektrische Management stellt die elektrische Funktionalität des Batteriesystem in allen während des Fahrzeugbetriebes auftretenden Betriebssituationen sicher. Neben der Bereitstellung der geforderten elektrischen Leistung für den Antrieb des Fahrzeuges während des Fahrbetriebes umfasst dies auch den Ladevorgang beim externen Laden bzw. den Vorgang des regenerativen Rückladens während des Fahrbetriebes. Die Anzeige von sicherheitskritischen Zuständen, wie z. B. bei Isolationsfehler, Kurzschluss, Überhitzung, Überladung, Tiefentladung und die Auslösung einer angemessenen Reaktion hierauf gehören ebenfalls zu den Basisfunktionen des elektrischen Batteriemanagements.

Thermisches Management: Als elektrochemisch basierte Komponenten sind Lithium-Ionen-Zellen in ihrem Leistungsverhalten und in ihrer Lebensdauer stark von der Umgebungstemperatur abhängig. Die Einschränkungen bei der Strombelastbarkeit gelten sowohl für das Entlade- wie auch für das Ladeverhalten. Bei niedrigen Temperaturen wird durch die spezifische elektrochemische Zellkinetik die Entladeleistung deutlich herabgesetzt, was sich vor allem in einem erhöhten Innenwiderstand der Zelle, aber auch in einer verminderten Entladekapazität vor allem bei hohen Strömen äußert. Bei niedrigen Temperaturen muss die Höhe der Ladeströme begrenzt werden. Grund hierfür sind zum einen der ansteigende elektrische Innenwiderstand, zum anderen Beschränkungen bei der Ladungsaufnahme der negativen Elektrode. Beim Überschreiten des zulässigen maximalen Ladestroms kann es zum Abscheiden metallischen Lithiums auf der negativen Elektrodenoberfläche kommen. Da sich dieses „Lithium-Plating" direkt schädigend auf Zellkapazität und Leistungsverhalten auswirkt, ist eine zuverlässige Kontrolle von Temperatur und Ladeströmen sehr wichtig.

Die Alterung von Lithium-Ionen-Zellen ist generell stark von der Temperatur abhängig. Deshalb muss die Batterie immer in einem angemessenem Temperaturbereich gehalten werden. Bei der Auslegung des thermischen Managementsystems ist daher dafür zu sorgen, dass die entstehende Verlustwärme effizient abgeführt werden kann.

Kommunikation zur Fahrzeugseite: Als eine der wichtigsten Systemkomponenten eines Elektrofahrzeuges ist die Batterie in die elektrische Fahrzeugumgebung direkt eingebunden. Dies erfordert zwischen Batteriesystem und Fahrzeugseite den stetigen Austausch von Daten, die für den Betrieb von Fahrzeug und Batterie wesentlich sind. Der Informationsaustausch betrifft dabei aktuelle Daten wie Ladezustand, elektrische Leistungsfähigkeit, Strom-Aufnahmefähigkeit, Innenwiderstand. Wichtig sind aber auch sicherheitsrelevante Signale, die bei eventuellen Störungen dafür sorgen, dass für das Gesamtsystem immer ein sicherer Zustand gewährleistet ist.

8.4 Systemarchitektur

Die grundlegende Systemarchitektur eines Lithium-Ionen-Batteriesystems wird in Abb. 8.3 veranschaulicht. Die wichtigsten Systemkomponenten und ihre Funktion werden im Einzelnen beschrieben.

Zellblock mit elektrochemischen Speicherelementen Zum Zellblock gehören die elektrochemischen Speicherzellen als Kernkomponenten des Batteriesystems. Der Batteriesystemaufbau hat die Aufgabe, ihre Funktion in optimaler Weise zu ermöglichen. Die Zellen werden durch das elektrische Kollektorsystem miteinander verschaltet. In den Zellblocks sind normalerweise die Komponenten für das thermische Management integriert. Bei luftgekühlten Systemen sind dies den Erfordernissen entsprechend gestaltete Luftführungskanäle. Einströmende Luft wird dabei an den Zelloberflächen vorbeigeführt, sie nimmt dabei Wärme auf, die dann über die Abluftkanäle abgeführt wird.

Bei flüssiggekühlten Systemen werden Wärmetauscher in engem mechanischen Kontakt zu den Zellen angeordnet, die von einer Flüssigkeit durchströmt werden. Die im Kreislauf geführte Flüssigkeit nimmt die Wärme von den Zellen auf und gibt sie über einen externen Wärmetauscher an die Umgebung ab. Üblicherweise wird als Flüssigkeit ein Wasser-Glykol-Gemisch verwendet. Bei anspruchsvolleren Anwendungen werden aber auch Wärmetauschersysteme angewandt, die ein technisches Kältemittel verwenden, das vom Kompressor der Klimaanlage zur Verfügung gestellt wird.

Überwachungskomponenten Das Batterieüberwachungssystem umfasst diejenigen Komponenten, die zur Überwachung der Batterie und ihrer Untereinheiten und Komponenten im Fahrzeug notwendig sind. Zu den Überwachungskomponenten zählen die Spannungsfühler, die die Spannungen von Zellen und Modulen messen, die Temperatursensoren, die die Temperaturen an charakteristischen Stellen des Moduls sowie des

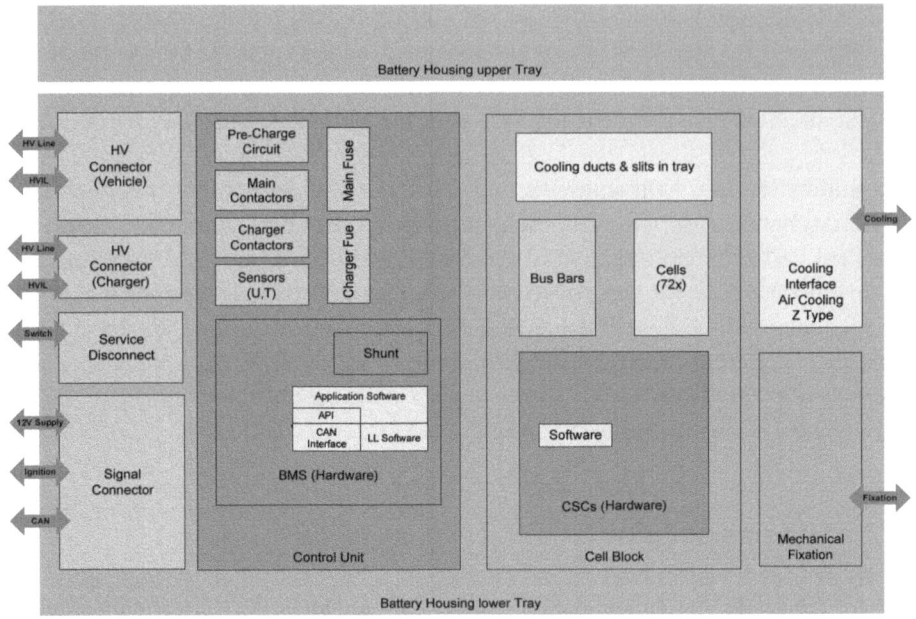

Abb. 8.3 System-Architektur eines Lithium-Ionen-Batteriesystems

Abb. 8.4 Lithium-Ionen-
Hochleistungs-Modul aus
zylindrischen Zellen mit integrierter
Zellüberwachungselektronik und
Kühlsystem (Johnson Controls)

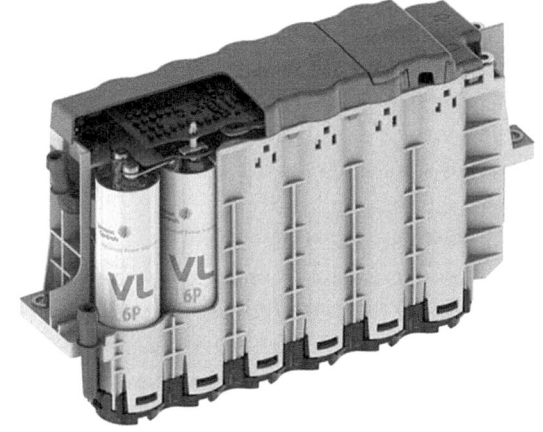

Kühlsystems messen und der Stromsensor, der die Höhe des durch die Batterie fließenden Stromes registriert.

Zellspannungen und Temperaturen werden von der Zellüberwachungselektronik (CSC: Cell Supervisory Circuits) erfasst. Design, Unterbringungsort und Funktionalität dieser Komponente sind – abhängig vom Hersteller – sehr unterschiedlich gestaltet. Abbildung 8.4 und 8.5 zeigen Lithium-Ionen-Module von Johnson Controls, bei denen die Zellüberwachungselektronik direkt in das Einzelmodul integriert ist.

Abb. 8.5 Lithium-Ionen-Hochenergie-Modul aus prismatischen Zellen mit integrierter Zellüberwachungselektronik und Kühlsystem (Prototyp von Johnson Controls)

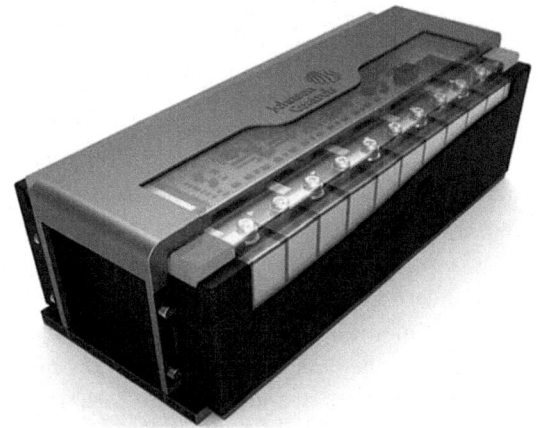

Das Lithium-Ionen-System erfordert die Überwachung jeder einzelnen Zellspannung, da Über- und Unterspannungen sicherheitskritisch sind bzw. sich verkürzend auf die Lebensdauer auswirken können. Von der Zellüberwachungselektronik (CSC) werden die Messdaten über einen systeminternen Daten-Bus an das Batteriemanagementsystem (BMU: Battery Monitoring Unit) weitergeleitet, wo sie als Messgrößen zur Leistungscharakterisierung des aktuellen Batteriezustandes herangezogen werden.

Die elektrische Stromstärke ist eine wichtige Messgröße. Die Registrierung des Ladungsflusses mittels Strom-Zeit-Integration ermöglicht die Bestimmung des aktuellen Batterieladezustandes. Gebräuchlichste Methode zur Bestimmung der aktuellen Stromstärke ist die indirekte Messung über den Spannungsabfall an einem in den Strompfad integrierten Präzisionswiderstand (Shunt). Abhängig vom jeweiligen Anwendungsfall können noch weitere Sensoren in der Batterie eingesetzt werden. Bei Batteriesystemen mit Flüssigkühlung ist z. B. die Verwendung eines Feuchtigkeitssensors üblich.

Steuerungskomponenten Kernkomponente der aktiven Steuerung ist das Batteriemanagementsystem (BMU: Battery Monitoring Unit), in dem die von den Zellüberwachungseinheiten (CSC) eingehenden Signale verarbeitet werden. Aus diesen Daten werden die für den Betrieb wichtigen elektrischen Kennwerte, wie z. B. aktueller Ladezustand, maximale elektrische Entladeleistung und maximale Ladungsaufnahme-Fähigkeit bestimmt. Vom Batteriemanagementsystem werden auch die batterieseitig in den Stromkreislauf geschalteten Leistungsrelais (Main Contactors) gesteuert.

Als passive Steuerungskomponente ist die Überstromsicherung zu betrachten. Batteriesysteme sind mit einer oder mehreren Sicherungen ausgestattet, die bei Grenzwertüberschreitung eines vom Batteriemanagementsystem nicht kontrollierbaren Stroms den Stromkreis unterbrechen können.

Schnittstellen Schnittstellen zur Fahrzeugseite sind die Einrichtungen und Komponenten, über die die Übertragung der elektrischen Leistung, der Datentransfer und die Anbindung an das Kühlmittelversorgungssystem des Fahrzeuges erfolgen. Zum elektrischen System gehören die Hochvoltstecker, über die Ladung und Entladung erfolgen sowie die dazugehörigen Datenübertragungseinrichtungen. Als zusätzliche Sicherheitsmaßnahme – vor allem zu Servicezwecken – wird oft ein von außen zu bedienender elektrischer Steckerkontakt (Service Disconnect) verwandt. Dieser erlaubt es, die Batterie auf einfache Weise von außen spannungsfrei zu schalten.

Besondere Bedeutung haben die Schnittstellen für die Datenübertragung. Über sie läuft die Kommunikation des Batteriesystems mit dem elektrischen Steuersystem auf der Fahrzeugseite. Art und Umfang der Daten sind abhängig vom jeweiligen Fahrzeug. Typische Informationen, die von der Batterie an die Fahrzeugseite übermittelt werden, sind Ladezustand, Leistungsvermögen, Betriebstemperatur. Dazu kommen noch Daten, die aus Sicherheitsgründen benötigt werden, wie z. B. der elektrische Isolationswiderstand. Umgekehrt empfängt das Batteriesystem auch von der Fahrzeugseite Informationen, die für seine Funktion wichtig sind. Dazu gehören die Signale für die Ein- und Ausschaltroutinen der Batterie und Signale, die im Notfall für eine sofortige Betriebsunterbrechung sorgen. Ein solcher Notfall ist wird z. B. durch den Crash-Sensor angezeigt, auf dessen Aktion die Batterie durch sofortiges Abschalten reagiert.

Der Kühlmittelanschluss am Gehäuse der Batterie stellt als mechanische Schnittstelle die Verbindung zum Kühlmittelversorgungssystem des Fahrzeuges her.

Batteriegehäuse und Befestigungssystem Das Batteriegehäuse als Unterbringungsort der aktiven und passiven Komponenten eines Batteriesystems spielt eine entscheidende Rolle für Funktionsfähigkeit, Sicherheit und Lebensdauer des Energiespeichers. Es schirmt die zum Teil empfindlichen Komponenten von schädlichen Einflüssen der Umwelt wie Wasser, Feuchtigkeit und Staub ab und ist so für den langfristig sicheren und zuverlässigen Betrieb entscheidend. Da Traktionsbatterien normalerweise außerhalb der Fahrzeugkabine, meist im Bodenbereich, untergebracht sind, ist das Gehäuse extremen Umwelteinflüssen wie Temperatur, Feuchtigkeit, Spritzwasser, Salznebel, Staub, Steinschlag direkt ausgesetzt. Entscheidend sind daher hohe mechanische Stabilität und Korrosionsbeständigkeit selbst unter aggressiven äußeren Bedingungen.

Neben den Umwelteinflüssen, die im Wesentlichen die Gehäuseoberfläche bzw. die Dichtigkeit des Gehäuse betreffen, sind unter den Bedingungen des Fahrzeugeinsatzes besonders die internen und externen Befestigungssysteme hohen mechanischen und thermischen Belastungen ausgesetzt. Bei Konzeption und Auslegung des Gesamtsystems muss daher sichergestellt werden, dass das Batteriesystem über seine gesamte Lebensdauer hinweg ohne Funktionseinschränkungen und sicher betrieben werden kann. Dazu wird die mechanische Beschaffenheit des Systems auf das vom Fahrzeughersteller vorgegebene mechanische Lastprofil (Vibration, Schock) hin ausgelegt und in umfangreichen Tests überprüft.

8.5   Elektrische Steuerungsarchitektur

Das Grundprinzip der elektrischen Steuerungsarchitektur eines auf Modulbasis aufgebauten Lithium-Ionen-Systems ist in Abb. 8.6 dargestellt. Der Zellblock besteht, wie bereits oben geschildert, aus den Zellen und den dazu gehörigen elektronischen Überwachungskomponenten. Die Module sind elektrisch über die Leistungsrelais mit dem Leistungsstecker-System verbunden. Durch das Schließen der Leistungsrelais (Main Relays) wird die Verbindung zum elektrischen Antriebssystem des Fahrzeugs hergestellt.

Die interne Datenkommunikation der Module und ihrer Mess- und Steuerkomponenten mit dem Batteriemanagementsystem (BMU: Battery Monitoring Unit) erfolgt über einen internen Daten-Bus (Private Network). Die elektrische Versorgung der Batteriesteuerelektronik übernimmt das 12 V- Bordnetzsystem des Fahrzeugs, das unabhängig von der Lithium-Ionen-Traktionsbatterie arbeitet.

Vom Batteriemanagementsystem werden folgende Subsysteme in der Batterie aktiv gesteuert:

Leistungsrelais: Das BMS schaltet die Leistungsrelais, die die Verbindung zum Hochspannungsstecker herstellen. Aus Sicherheitsgründen wird eine Hochspannungsbatterie mit zwei Leistungsrelais ausgestattet. Diese befinden sich zum einen zwischen dem positiven Pol des Zellverbandes und dem positiven Außenstecker und zum anderen zwischen dem negativen Pol des Batteriepacks und dem negativen Batteriepol. Beim Zuschalten der Batteriespannung auf den Leistungsstecker wird zunächst nur ein Relais geschaltet, während an dem anderen zunächst eine Vorladung auf das Betriebsspannungsniveau erfolgt. Hierdurch wird vermieden, dass Leistungsrelais unter voller Systemspannung schließen. Dies würde ihrer Langzeitbeständigkeit schaden.

Die Ein- und Ausschalte-Routine selbst erfolgt nach den technischen Notwendigkeiten, die sich aus den Anforderungen seitens des Fahrzeuges und den Möglichkeiten des Batteriesystems ergeben. Das Batteriesystem wird nur dann zugeschaltet, wenn es sich in technisch einwandfreiem Zustand befindet und keine Störung vorliegt. Im Falle einer Störung (Isolationsdefekt, Kurzschluss, defekte Zelle etc.) wird die Zuschaltung blockiert. Abhängig vom Grad einer möglichen Störung kann auch aus dem Betrieb heraus eine sofortige oder zeitlich geregelte Abschaltung erfolgen.

Die Anwendung einer HVIL-Schaltung (High Voltage Interlock) ist eine Sicherheitsmaßnahme, die sowohl für das Batteriesystem als auch das gesamte übrige Fahrzeugsystem von großer Bedeutung ist. Sie sorgt für ein sofortiges automatisches Öffnen der Leistungsrelais und damit für eine Spannungsfreischaltung der Batteriepole, wenn an irgendeiner Stelle das Hochspannungssystem in der Batterie oder im Fahrzeug unterbrochen wird (z. B. durch Lösung einer Verbindung, Kabelbruch).

Thermisches Managementsystem: Die vom Batteriemanagement erfassten Temperaturdaten werden zur Steuerung des Kühlsystems genutzt. Bei einem auf einer Flüssigkeit als Kühlmedium basierenden System betrifft dies die Regelung der Durchflussleistung

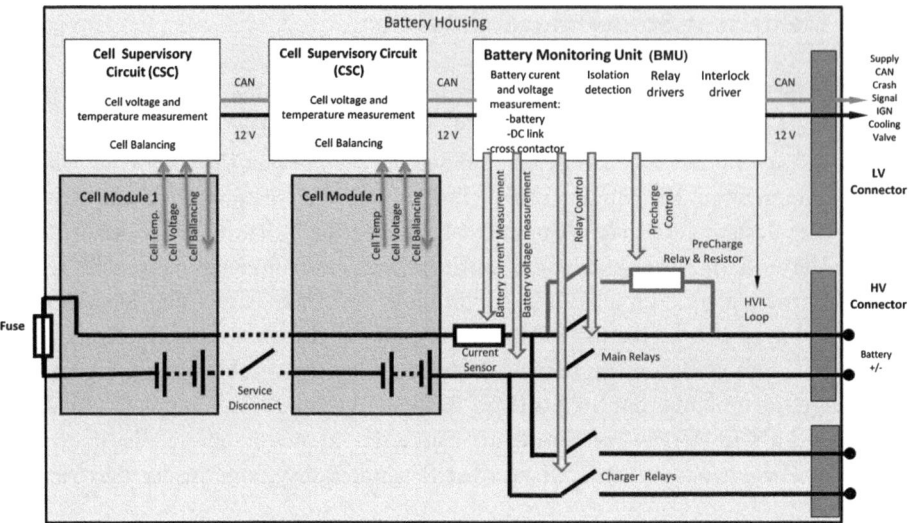

Abb. 8.6 Elektrische Architektur eines auf Modulbauweise basierenden Lithium-Ionen-Batteriesystems

und der Temperatur der Kühlflüssigkeit. Bei einem mit Luft gekühlten System kann über die Leistung des Kühlgebläses und des Luftdurchsatz die Temperatur beeinflusst werden. Die Abgabe der Wärme erfolgt bei einem Flüssigkühlsystem über einen außerhalb der Batterie gelegenen Wärmetauscher bzw. bei einem auf der Verwendung eines technischen Kältemittels basierendem System über den Kompressor der Klimaanlage.

Bei entsprechender Auslegung und Gestaltung kann der Flüssigkeitskreislauf auch zum Aufheizen der Batterie genutzt werden. Dies ist insbesondere bei niedrigen Umgebungstemperaturen vorteilhaft, da auf diese Weise die Batterie schneller in den optimalen Betriebsbereich gelangen kann.

Ladeausgleichselektronik: Neben der messtechnischen Funktion hat die Zellüberwachungselektronik (Cell Supervisory Circuit: CSC), die bereits in Abschn. 8.4 unter „Überwachungskomponenten" beschrieben wurde, noch eine zusätzliche aktive Funktion. Gesteuert vom Batteriemanagementsystem (BMU: Battery Monitoring Unit) wird durch eine spezielle Beschaltung dafür gesorgt, dass die Zellen im Batterieverband auf einen einheitlichen Ladezustand gebracht werden können. Dies geschieht im einfachsten Falle durch eine gezielte Entladung der Zellen auf den Ladezustand derjenigen Zelle, die den geringsten Ladezustand aufweist. Durch Einsatz einer aufwendigeren Technik kann aber auch Ladung zwischen den Zellen solange umverteilt werden, bis sich ein gleichmäßiger Ladezustand eingestellt hat. Unterschiedliche Ladezustände der Einzelzellen sind in der Regel durch eine unterschiedlich hohe Selbstentladung über die Zeit bedingt. Da diese bei Lithium-Ionen-Zellen aber i. A. sehr gering ist, verwenden die meisten Hersteller aber die Methode der gezielten Entladung, um den für den optimalen Betrieb wichtigen gleichmäßigen Ladezustand herzustellen.

Abb. 8.7 Lithium-Ionen-
Batteriesystem des Opel
Ampera (mit Genehmigung der
Adam Opel AG)

8.6   Geometrischer Einbau und Betrieb im Elektrofahrzeug

Der Aufbau und die Gestalt eines kompletten Batteriesystems werden neben den konkreten technischen Anforderungen durch die einzelnen Komponenten vor allem von den Gegebenheiten im Fahrzeug selbst bestimmt. Dabei spielt besonders der zur Verfügung stehende Bauraum eine entscheidende Rolle. Beim Batteriedesign gilt es, die räumlichen Optionen in optimaler Weise auszunutzen und die Batterie so in das Fahrzeug zu integrieren, dass sie möglichst wenig Platz einnimmt und sich gleichzeitig problemlos in die Sicherheitsarchitektur des Fahrzeuges einfügt.

Wie so etwas geschehen kann, zeigt das in Abb. 8.7 aufgeführte Beispiel des Batteriesystems des Opel Ampera. Beim Design der Batterie wurden konsequent alle im Fahrzeug zur Verfügung stehenden räumlichen Möglichkeiten ausgeschöpft. Es wird dabei eine Modulbauweise angewandt, bei der eine gewisse Anzahl von prismatischen Lithium-Ionen-Zellen (Pouch-Typ) zu Modulen verschaltet werden. Diese Untereinheiten sind die Basis für den Aufbau des gezeigten Gesamtsystems, das schließlich zusammen mit den anderen Komponenten in die Fahrzeugumgebung eingebaut wird.

Weiterführende Literatur

1. Westbrook MH (2001) The Electric Car, IEE Power and Energy Series No. 38. London
2. Naunin D (Hrsg) (2004) Hybrid-, Batterie- und Brennstoffzellen-Elektrofahrzeuge. Expert-Verlag, Renningen
3. Park J-K (Hrsg) (2012) Principles and applications of lithium secondary batteries. Wiley VCH, Weinheim
4. Aurbach D (Hrsg) (1999) Nonaqueous electrochemistry. Marcel Dekker Inc., New York
5. Wakihara M, Yamamoto O (Hrsg) (1998) Lithium–ion batteries – fundamentals and performance. Wiley-VCH, Weinheim

6. van Schalkwijk WA, Scrosati B (2002) Advances in lithium-ion batteries, Kluwer Academic/ Plenum Publisher, New York
7. Bergvald HJ, Kruijt WS, Notten PHL (2002) Battery management systems – design by modelling, Bd 1. Kluwer Academic Publishers, Dordrecht
8. Jefferson CM Barnard RH (2002) WIT-Press, Southampton

Lithium-Ionen-Zelle

9

Thomas Wöhrle

9.1 Einleitung

Die Lithium-Ionen-Technologie ist aus dem täglichen Leben nicht mehr wegzudenken. Sehr viele Geräte werden heute mit Lithium-Ionen-Zellen betrieben. In den folgenden Unterkapiteln werden Historie, Zell-Materialien, -Elektroden und -Designs, Marktübersicht, Anwendungen, Technologie, Anforderungen und zukünftige Trends besprochen.

Die Entwicklung der Lithium-Ionen-Technologie ist komplex und interdisziplinär. Auf dem Gebiet der Zellentwicklung stehen nicht nur die Elektrochemie und die Materialwissenschaften im Vordergrund. Um eine Lithium-Ionen-Zelle zu entwickeln und mit konstanten Produktionsprozessen als Serienprodukt in den Markt zu bringen, benötigt man Kenntnisse in der Festkörperchemie (Struktur und Wirkungsprinzip der aktiven Materialien) und auch der metallorganischen Chemie (lithiierte Kohlenstoffe und Graphite) sowie in der Technischen Chemie (Misch-Prozesse und Up-Scales sowie Rheologie).

9.2 Historie der Batteriesysteme

Um das Jahr 1800 hatte der italienische Wissenschaftler Volta zum ersten Mal eine Batterie beschrieben. Um 1860 wurde die Blei-Säure Batterie erfunden und 1880 in einer weiterentwickelten Form auf den Markt gebracht. Abbildung 9.1 zeigt die Entwicklung der verschiedenen Batterien, die heute noch im Markt sind. Dagegen ist die Lithium-Technologie immer noch eine verhältnismäßig junge Technologie. Ab Mitte

T. Wöhrle (✉)
Robert Bosch Battery Solutions GmbH, Postfach 300 220, 70442 Stuttgart, Deutschland
e-mail: twoehrle@t-online.de

R. Korthauer (Hrsg.), *Handbuch Lithium-Ionen-Batterien*,
DOI: 10.1007/978-3-642-30653-2_9, © Springer-Verlag Berlin Heidelberg 2013

des Jahres 1960 wurden die ersten primären Lithium-Batterien als Massenprodukt eingeführt. In den 1970er Jahren beschäftigten sich renommierte Wissenschaftler mit Interkalations-Elektroden auf Basis von Lithium-Ionen. Diese hatten eine Paarung von Lithium mit Titansulfid (TiS_2) als Interkalations-Elektrode vorgeschlagen. Unter Interkalation versteht man eine Einlagerung von Ionen oder kleineren Molekülen in Schicht- oder Kanalstrukturen. Nachdem im Jahr 1990 die Markteinführung von wiederaufladbaren Lithium-Metall-Batterien wegen Sicherheitsproblemen fehlgeschlagen war, brachte Sony 1991 die sogenannte Lithium-Ionen-Zelle mit Interkalations-Konzept auf den Markt. Der Name Lithium-Ion wurde bewusst gewählt, da als Anode kein metallisches Lithium verwendet wird. Dabei griff Sony auf das Patent von J. Goodenough auf der Kathodenseite [1] und eigenen Arbeiten für die Kohlenstoffelektrode zurück. Für die damalige Sony Lithium-Ionen-Zelle wurde auf der Kathoden-Seite Lithiumkobaltoxid ($LiCoO_2$) und auf der Anodenseite amorpher Kohlenstoff eingesetzt. Diese Zelle wurde für typische Consumer-Anwendungen (Camcorder etc.) verwendet.

In Abb. 9.1 sind weitere Meilensteine aufgeführt, die in der Geschichte der Batterieentwicklungen wichtig waren. Viele der aufgeführten Batteriesysteme waren lange am Markt oder sind bis heute im Einsatz: Blei-Säure-Starterbatterien, primäre Zink-Kohle-Batterien (z. B. als zylindrische AA- und AAA- Bauform in Taschenlampen), alkalische Mangan-Rundzellen (Fotoapparate, Fernbedienung) und Nickel-Metallhydrid-Batterien (Rasierapparate, Festnetz-Telefone).

Basis der Lithium-Ionen-Technologie ist das Interkalations-Prinzip, welches in Abb. 9.2 gezeigt wird. Dabei nimmt der Elektrolyt nicht wie beispielsweise im Falle der Blei-Säure-Batterie an einer chemischen Reaktion teil, sondern die Lithium-Ionen interkalieren und deinterkalieren reversibel in und aus den jeweiligen Wirtsgittern. Dies wird auch als „Rocking-Chair" Prinzip bezeichnet. Gemäß dieser Definition besitzen Lithium-Ionen-Zellen sowohl auf der Kathoden- als auch auf der Anodenseite Interkalations-Materialien.

Abbildung 9.2 zeigt das Lithium-Interkalations-Prinzip für die Ladung bzw. Entladung der Zelle am Beispiel von Graphit auf der Anode und Lithiumkobaltoxid ($LiCoO_2$) auf der Kathodenseite. Als sogenanntes Lithium-Leitsalz wird Lithium-hexa-Fluoro-Phosphat ($LiPF_6$) verwendet, welches in organischen Carbonaten gelöst ist. Bei der Ladung der Zelle wandern die Lithium-Ionen aus dem Lithium-Kobalt-Oxid durch den mit Elektrolyten benetzten Separator und dann in die Graphitschicht. Bei der Entladung spielt sich der umgekehrte Prozess ab.

Es gibt verschiede Gründe für den Erfolg der Lithium-Ionen-Technologie. Gegenüber Natrium- oder Kalium-Ionen besitzt das kleine Lithium-Ion eine signifikant schnellere Kinetik in den verschieden oxidischen Kathoden-Materialien. Zudem können sich Lithium-Ionen im Unterschied zu den anderen Alkali-Metallen reversibel in Graphit oder Silizium ein- und auslagern. Ein weiterer Grund sind die mit einer lithiierten Graphitelektrode erreichbaren sehr hohen Spannungen.

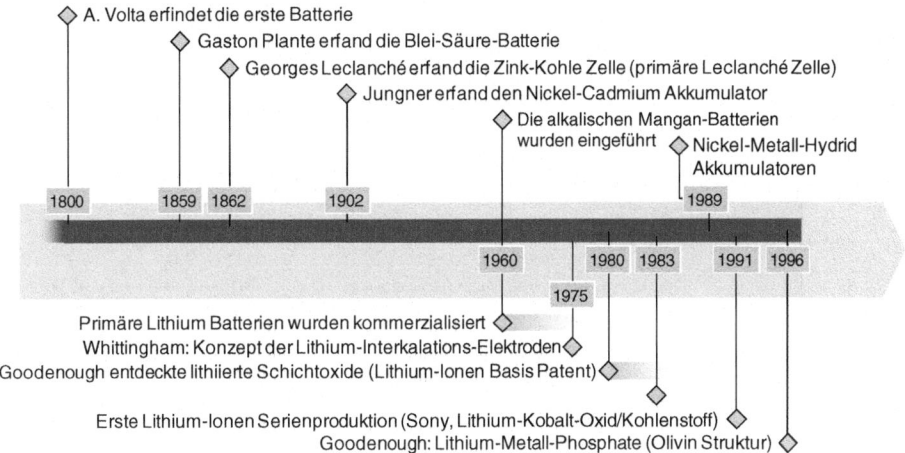

Abb. 9.1 Übersicht der Meilensteine in der Batterieentwicklung

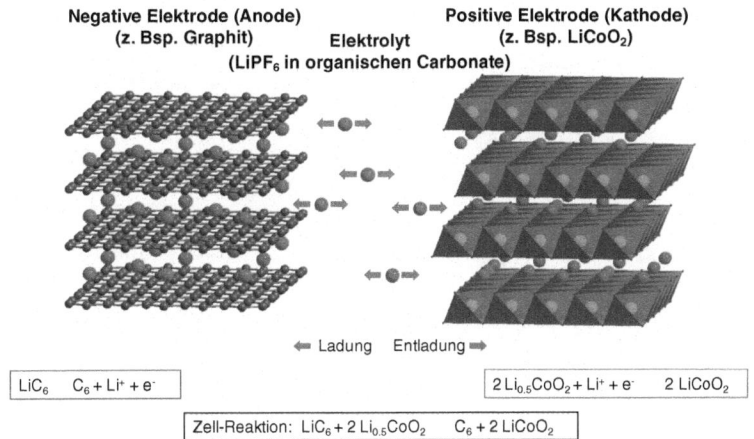

Abb. 9.2 Interkalations-Konzept mit reversibler Lithium-Ionen-Wanderung für eine Lithium-Ionen-Zelle

9.3   Aktive Zellmaterialien für Lithium-Ionen-Zellen

Die äußere Zell-Spannung einer Lithium-Ionen-Zelle ergibt sich aus der Differenz des Potentials der positiven Elektrode und der negativen Elektrode. Neben dem bereits erwähnten System $LiCoO_2$/Kohlenstoff gibt es eine Fülle von weiteren Kombinationen von positiven und negativen Aktiv- Materialien.

Abbildung 9.3 zeigt eine Übersicht der Referenzpotentiale (gegen Li/Li^+) auf der Ordinate. Die spezifischen Kapazitäten sind auf der Abszisse in [Ah/kg] angegeben [2].

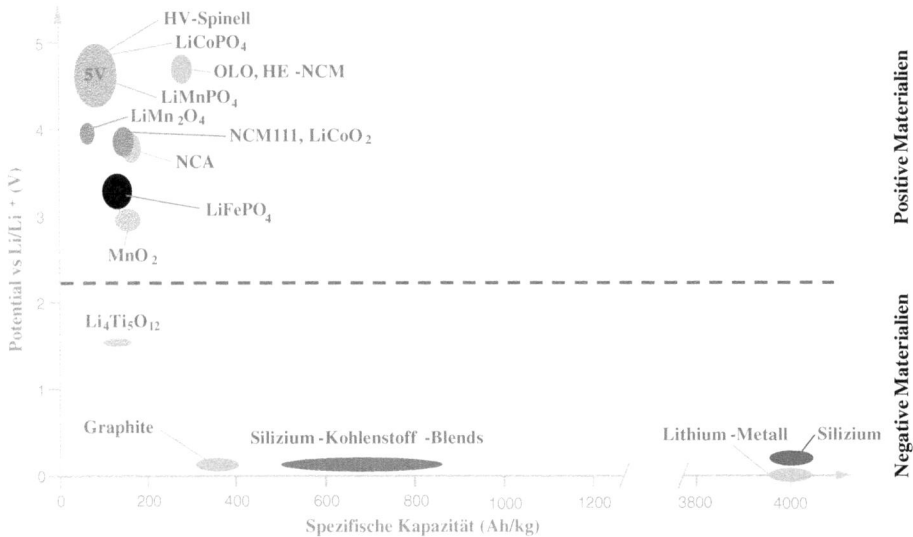

Abb. 9.3 Potentiale und spezifische Kapazitäten verschiedener positiver und negativer aktiven Materialien für Lithium-Ionen-Zellen (Legende der Abkürzungen: HV-Spinell (Hochvolt-Spinell); LiCoPO$_4$ (Lithiumkobaltphosphat); OLO (Overlithiated oxide); HE-NCM (High-energy NCM); LiMnPO$_4$ (Lithiummanganphosphat); LiMn$_2$O$_4$ (Lithium-Mangan-Spinell); LiFePO$_4$ (Lithiumeisenphosphat); NCM111 (LiNi$_{0,33}$Co$_{0,33}$Mn$_{0,33}$O$_2$); NCA (LiNi$_{0,8}$Co$_{0,15}$Al$_{0,05}$O$_2$); MnO$_2$ (Manganoxid, Braunstein))

Bei Lithium-Ionen-Zellen können im Unterschied zu den konventionellen Akku-Systemen wie Blei-Säure, Nickel/Cadmium oder Nickel-Metall-Hydrid, die alle nur auf einem festen chemischen System basieren, verschiedene aktive Materialien eingesetzt werden.

Mit verschiedenen Aktivmaterialien ergeben sich für die Zellen die jeweiligen Spannungen. So erzielt man zum Beispiel mit Lithiumkobaltoxid gegen Kohlenstoff höhere Spannungen als mit Lithiumeisenphosphat (LiFePO$_4$) gegen Lithiumtitanat (Li$_4$Ti$_5$O$_{12}$).

Näherungsweise wird eine Lithium-Ionen-Zelle so ausbalanciert, dass die reversiblen Kapazitäten der positiven und negativen Elektroden gleich sind.

Die Energie einer Zelle berechnet sich aus dem Produkt von nominaler Kapazität und der mittleren Entladespannung (nominale Spannung); sie hat die Einheit [Wh]. Die spezifische Energie und die Energiedichte sind wichtige Kenngrößen für Batterien und sie sind ein Maß für die nutzbare elektrische Energie bezogen auf die Masse [Wh/kg] bzw. das Volumen [Wh/l]. Aus Abb. 9.3 ist ersichtlich, dass man prinzipiell die Energiedichte erhöhen kann, indem man Materialien einsetzt, die höhere Zellspannungen realisieren oder höhere spezifische Kapazitäten besitzen.

Eine Lithium-Ionen-Zelle besteht aus lithiiertem Metalloxid (bspw. LiCoO$_2$) und einem Graphit. Der Vorteil ist dabei, dass alle Aktivmaterialien im stabilen Zustand zu Elektroden verarbeitet werden. Zunächst ist diese Zelle nach der Herstellung jedoch im ungeladenen Zustand (0 V) und muss erst in einen gebrauchsfertigen Zustand gebracht

Tab. 9.1 Beispiele für passive Materialien in einer Lithium-Ionen-Zelle

Material	Funktion
Leitruß (Carbon Black)	Elektrisches Leitadditiv in den Elektroden
Leitgraphit	Elektrisches Leitadditiv in den Elektroden
Elektrodenbinder (in organischen Lösemitteln oder in Wasser löslich)	Bindet Aktivmaterial an Leitadditive und die Elektrode an den metallischen Kollektor
Separator	Trennung der Elektroden mittels poröser Membran
Lithium-Leitsalz	Der eigentliche Elektrolyt: durch Dissoziation des Salzes im organischen Lösemittel wird eine Lithium-Ionen-Leitfähigkeit erreicht. Es wird fast ausschließlich Lithium-hexa-Fluoro-Phosphat ($LiPF_6$) eingesetzt
Elektrolyt-Lösemittel	Löst bzw. dissoziiert das Lithium-Leitsalz. Zumeist werden organische Carbonate wie Ethylencarbonat (EC) oder Diethylcarbonat (DEC) eingesetzt
Aluminium-Kollektor	Leitet die Elektroden von der Kathode (positive Elektrode) ab
Kupfer-Kollektor	Leitet die Elektroden von der Anode (negative Elektrode) ab
Gehäuse- bzw. Verpackungsmaterial	Verhindert Feuchteintritt in Zelle und Lösemittelaustritt aus Zelle

werden. Dies erfolgt durch die sogenannte Formation, in der die Lithium-Ionen-Zelle erstmalig geladen wird. Eine Besonderheit gibt es dabei bei Graphiten und Kohlenstoffen. Bei der ersten Ladung bildet sich eine Schutzschicht (SEI Solid Electrolyte Interface) um die Partikeloberfläche. Hierbei wird Lithium „verbraucht", das dann nicht mehr für die Zyklisierung zur Verfügung steht [3].

9.4   Passive Zellmaterialien für Lithium-Ionen-Zellen

Für die volle Funktion einer Lithium-Ionen-Batterie ist der Einsatz von sogenannten passiven Materialien („Totmaterial") notwendig. Tabelle 9.1 gibt eine Aufstellung dieser Materialien mit kurzer Beschreibung ihrer Funktion.

9.5   Gehäuse und Verpackungstypen

Die heute am Markt eingesetzten Lithium-Ionen-Zellen besitzen ausnahmslos Gehäuse bzw. Verpackungsmaterial, welches Metall-basiert ist. Hierdurch wird der Eintritt von Feuchte in die Zelle, welche eine Hydrolyse des Leitsalzes $LiPF_6$ zu Fluorwasserstoff

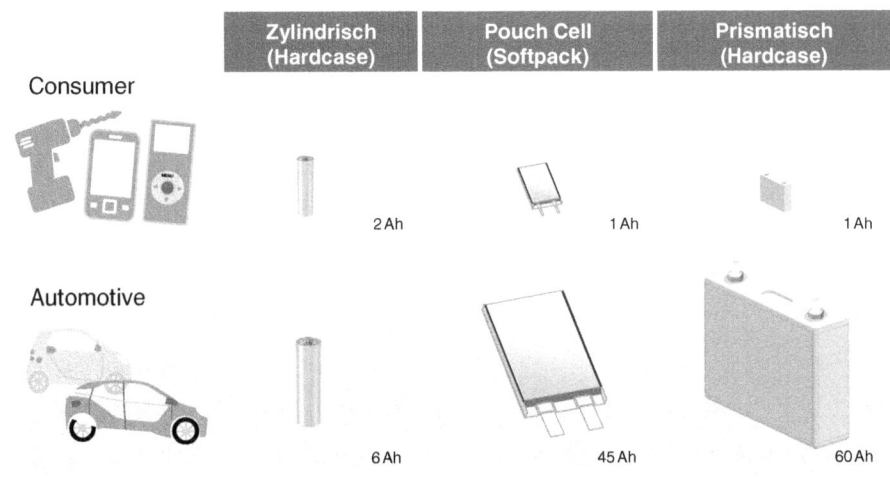

Abb. 9.4 zeigt die verschiedenen Gehäuse und Verpackungstypen gemäß Stand der Technik für Lithium-Ionen-Zellen

(HF) initiiert, verhindert. Ferner wird der Austritt von Lösemitteln aus der Zelle durch Diffusion prohibiert. Nur Metall kann diese Funktion bewerkstelligen. Ein reines Kunststoff-basiertes Gehäuse ist nicht einsetzbar, da jeder Kunststoff (auch Polypropylen) feuchtedurchlässig ist und auch gegen bestimmte organische Lösemittel nicht diffusionsfest ist. Die derzeitigen am Markt üblichen Gehäuse- und Verpackungstypen für Lithium-Ionen-Zellen sind in Abb. 9.4 aufgeführt.

Die metallischen festen Gehäuse (Hardcase) gibt es in der Regel in Aluminium und Edelstahl-Ausführung. Die hochveredelten Aluminium-Verbundfolien für die Pouch-Verpackung sind mehrlagig aufgebaut; eine gängige Film-Sequenz für Consumer-Zellen ist beispielsweise: Polyamid (25 μm)/Walzaluminium (40 μm)/Polypropylen (50 μm). Die einzelnen Lagen sind laminiert.

1991 erfolgte die Markteinführung einer zylindrischen Rundzelle für Consumer-Anwendungen in Edelstahlgehäuse durch Sony. Die 18650-Rundzelle ist eine Standardtype und die weitverbreitetste Zelle am Markt. Daher wird sie günstiger hergestellt als andere Zell-Typen. Anwendung findet sie insbesondere bei Laptops und Powertools. Abbildung 9.5 zeigt ihre zylindrische Form und die Außenmaße.

9.6 Globale Marktanteile der Lithium-Ionen-Zellhersteller

Lithium-Ionen-Zellen werden bis heute praktisch ausschließlich in Asien produziert. Etwa die Hälfte aller Zellen wird immer noch in Japan produziert. In Abb. 9.6 sind die weltweiten Marktanteile der wichtigsten Lithium-Ionen-Zellhersteller veranschaulicht.

Abb. 9.5 Zylindrische 18650
Rundzelle (18 entspricht dem
Durchmesser in mm; 650
entspricht der Länge in 0,1 mm
Einheiten, also 65 mm)

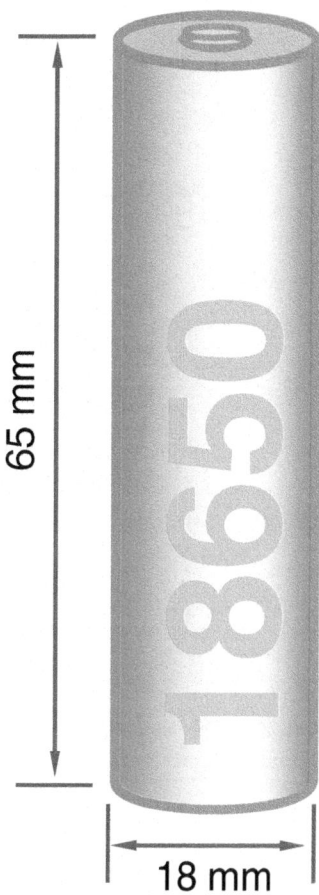

Dabei sind die zylindrischen und prismatischen Zellen mit festem Gehäuse (Hardcase)
und die Softpacks (Pouch) zusammengefasst.

9.7   Innerer Aufbau der Lithium-Ionen-Zellen

Es gibt zylindrische Wickel, prismatische Flachwickel und ein gestapeltes Zell-Design
(Abb. 9.7).

Mitte der 1990er Jahre wurden von der Firma Sanyo prismatische Gehäuse basierend auf tiefgezogenem Aluminium produziert, welche einen prismatischen Flachwickel
enthielten. Um das Jahr 2000 wurden die Pouch-Zellen (Softpacks) für Consumer-
Anwendungen auf den Markt gebracht; diese gab es mit Flachwickel und in gestackter
Variante (Tab. 9.2 und 9.3).

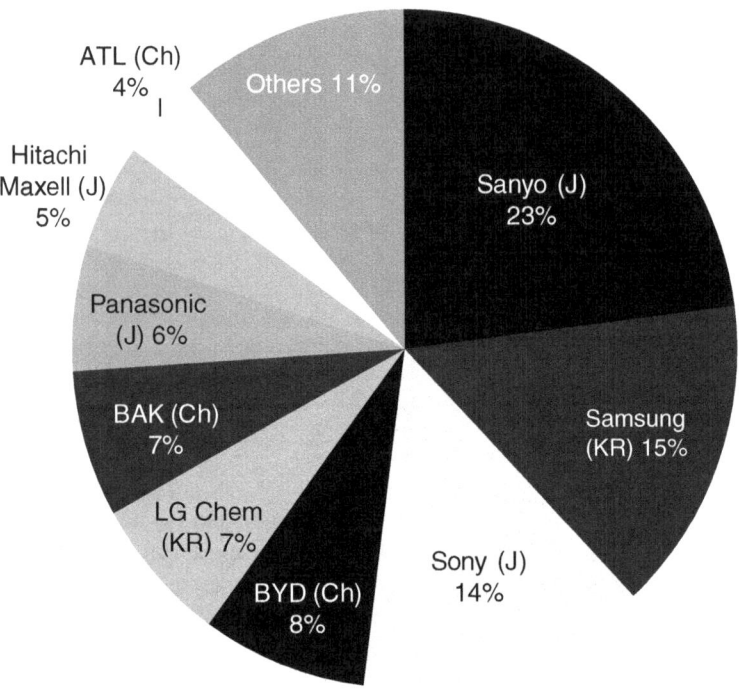

Abb. 9.6 Die Aufteilung des weltweiten Marktes von wiederaufladbaren Lithium-Ionen-Zellen (Stand 2010, [4])

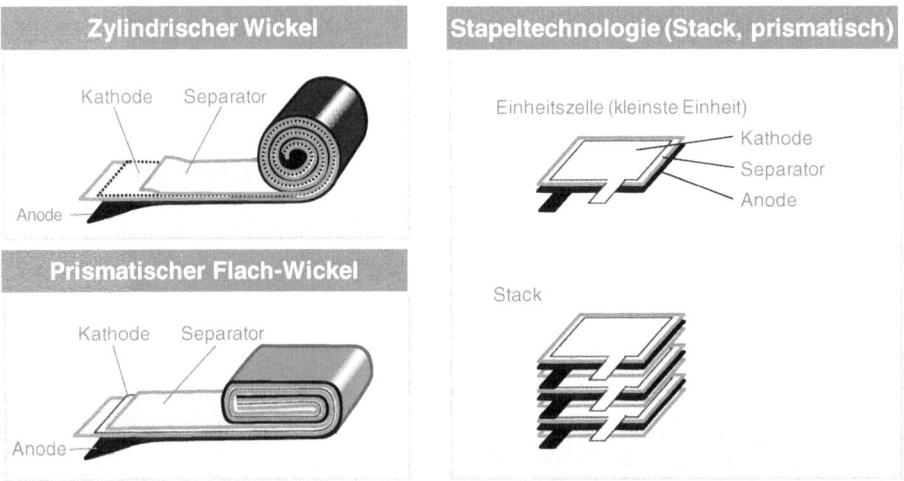

Abb. 9.7 zeigt einen zylindrischen Wickel (oben links), einen prismatischen Flachwickel (unten links) und einen gestapelten („gestackten") Aufbau

Tab. 9.2 Beispiele verschiedener Kombinationen von Gehäusen und innerem Zell-Aufbau für Consumer-Lithium-Ionen-Zellen

Zellengehäuse	Design	Typische Applikationen	Auswahl an Herstellern
Rundzelle (Hardcase)	Rundwickel	Laptop, Powertools	Samsung SDI, Sony, Sanyo
Prismatisch (Hardcase)	Flachwickel	Mobil-Telefon	Samsung SDI, Sanyo
Pouch (Softpack)	Flachwickel	Mobil-Telefon, iBook, dünne Laptops iPad	Sony, Samsung SDI
Pouch (Softpack)	Stapel-Zelle	MP3-Player, Smartphone	Varta, ATL China

Tab. 9.3 Beispiele verschiedener Kombinationen von Gehäusen und innerem Zell-Aufbau für Automotive Lithium-Ionen-Zellen

Zellengehäuse	Design	Beispiele für Applikationen	Auswahl an Herstellern
Rundzelle (Hardcase)	Rundwickel	Hybridfahrzeug (HEV für Hybride- Electrical-Vehicle), beispielsweise im Mercedes S400.	Johnson Controls SAFT
Prismatisch (Hardcase)	Flachwickel	Plug-in Hybrid (PHEV)	SB LiMotive GS Yuasa Japan
Prismatisch (Hardcase)	Flachwickel	Elektrofahrzeug (EV, electric vehicle)	SB LiMotive GS Yuasa Japan Panasonic
Pouch (Softpack)	Stapel-Zelle	Elektrofahrzeug (EV, electric vehicle)	LG Chem, SK Innovation Korea NEC/AESC

Ein Nischenprodukt sind Lithium-Ionen-Knopfzellen. Diese werden in kleineren Stückzahlen, beispielsweise für Bluetooth-Anwendungen, produziert.

9.8   Produktion von Lithium-Ionen-Zellen

Der Herstellungsprozess umfasst die Schritte der Massezubereitung für die Elektroden-beschichtung, das Schneiden der beschichteten Mutterrollen, das Konfektionieren der Zelle mit positiver und negativer Elektrode und dem Separator, das Elektrolyt-Befüllen und die Formation. Abbildung 9.8 zeigt schematisch die Herstellungssequenz einer pris-matischen Wickelzelle in einem Hardcase-Gehäuse [5].

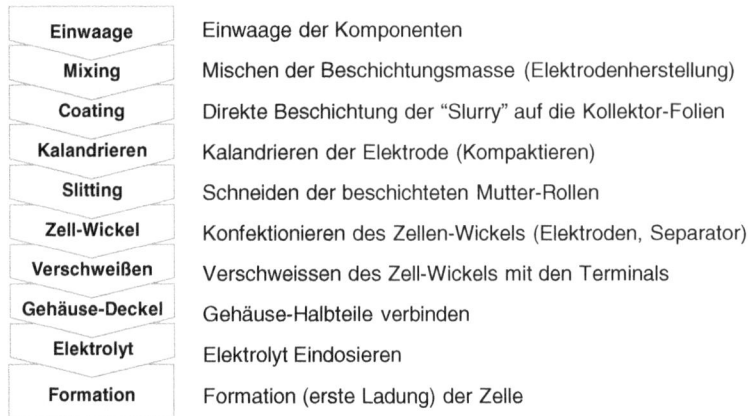

Einwaage	Einwaage der Komponenten
Mixing	Mischen der Beschichtungsmasse (Elektrodenherstellung)
Coating	Direkte Beschichtung der "Slurry" auf die Kollektor-Folien
Kalandrieren	Kalandrieren der Elektrode (Kompaktieren)
Slitting	Schneiden der beschichteten Mutter-Rollen
Zell-Wickel	Konfektionieren des Zellen-Wickels (Elektroden, Separator)
Verschweißen	Verschweissen des Zell-Wickels mit den Terminals
Gehäuse-Deckel	Gehäuse-Halbteile verbinden
Elektrolyt	Elektrolyt Eindosieren
Formation	Formation (erste Ladung) der Zelle

Abb. 9.8 Überblick über den Herstellungsprozess einer Lithium-Ionen-Zelle [5]

Bei der Variante mit dem Zellenstack wird anstelle des Wickels ein Stack, bestehend aus Elektroden und Separatoren, hergestellt; die übrigen Produktionsschritte sind gleich oder zumindest sehr ähnlich.

9.9   Anforderungen an die Lithium-Ionen-Zelle

An die Lithium-Ionen-Zelle werden verschiedene Anforderungen gestellt. Diese können u. a. sein: Energiedichte, Kosten, Sicherheitseigenschaften, Dimensionen, Gewicht, maximale Spannung, Schnellladefähigkeit, Leistung bei Ladung bzw. Entladung. In aller Regel wird die Zelle gemäß den Anforderungen entwickelt.

Soll eine Lithium-Ionen-Zelle für Consumer-Anwendungen entwickelt werden, die an der USB-Schnittstelle innerhalb von fünf Stunden vollständig geladen wird, können dickere Elektroden – im Vergleich zu einer Zelle in einem Mobiltelefon mit einstündiger Ladezeit – bei gleicher Zellchemie eingesetzt werden.

Bei automotiven Applikationen ist die Produktentwicklung noch komplexer. Hier müssen eine Vielzahl von Anforderungen, wie beispielsweise das Kaltstartverhalten, maximale Geschwindigkeit, notwendige Leistung, erforderliche Reichweite, günstige Kosten und die Erfüllung von Sicherheitstest, gleichzeitig erfüllt werden. Dies bedarf einer sehr sorgfältigen Auswahl aller Zellmaterialien sowie des Elektroden- und Zelldesigns. Oft sind noch zusätzliche Sicherheitselemente auf Zellebene (wie Berstventil, Überladeschutz-Bauteil und Schmelzsicherung) notwendig. Zudem werden in automotiven Zellen oft dünne keramische Schichten auf die Elektroden oder den Kunststoff-Separator appliziert, um eine zusätzliche Schutzfunktion, etwa bei einem Ausfall des Separators, auszuüben. Eine oft angekündigte Konkurrenz von Brennstoff-Zellen zu der Lithium-Ionen-Technologie auf dem Markt hat sich nicht eingestellt. In [6] wird die Technologie der Brennstoff-Zelle der Lithium-Ionen-Technologie gegenübergestellt.

9.10 Ausblick

Durch die Anforderungen im Automotiven Bereich wird die Lithium-Ionen-Technologie weitere Verbesserungsschübe auf der Material- und Designseite sowie in der Produktionstechnologie erfahren. Dadurch werden auch Kosten-Senkungen erreicht.

Die Energiedichten auf Zellebene mit den heute etablierten Materialien und den Gehäuseformen (Hardcase, Softpack) für Consumer-Zellen ist praktisch ausgereizt. Eine Erhöhung der Energiedichte kann hier nur mit dem Einsatz von Aktivmaterialien mit höherer spezifischen Kapazität oder höheren Spannungen erzielt werden. Es ist anzunehmen, dass bei Consumer-Zellen bereits in den nächsten Jahren Kohlenstoff-Silizium-Blends auf der Anodenseite eingesetzt werden. Diese besitzen bereits bei 10 % Silizium-Anteil (bezogen auf das Gewicht) eine spezifische Kapazität von ca. 700 mAh/g, also rund doppelt so viel wie beim Interkalations-Graphit.

Auf der Kathodenseite sind derzeit die High-Energy NCM, auch als OLO (Overlithiated oxides) bezeichnet, Gegenstand der Entwicklung. Dieses Aktivmaterial besitzt eine spezifische Kapazität von ca. 280 mAh/g bei einer mittleren Entladespannung von ca. 3,5 V gegen Graphit. Alternativ werden Hochvoltspinelle entwickelt, die eine spezifische Kapazität von ca. 130 mAh/g besitzen und eine ungefähre mittlere Entladespannung von 4,6 V aufweisen. Für beide genannten Materialien müssen aber noch elektrochemisch stabilere Elektrolytformulierungen entwickelt werden.

Um dem Sicherheitsaspekt weiter Rechnung zu tragen, werden Separatoren entwickelt, die mechanisch, thermisch und elektrochemisch stabiler sind als die derzeitig verwendeten Polyolefin-Separatoren. Dazu zählen zum Beispiel Entwicklungen mit Polyimid-basierter Membran. Eine Alternative zu den Polyolefin-Separatoren könnten auch Polyester-basierte Membrane mit besserer thermischer und mechanischer Stabilität sein. Andere Konzepte sehen mit Keramik beschichtete Separatoren vor und zielen damit ebenso auf Verbesserung der thermischen und mechanischen Eigenschaften.

Literatur

1. Goodenough JB, Mizushina K, Wiseman JP EP0017400B1
2. Tarascon JM, Armand M (2001) Issues and challenges facing rechargeable lithium batteries. Nature 414:359–367
3. Winter M, Besenhard JO (2011) Lithiated carbons. In: Daniel C, Besenhard JO (Hrsg) Handbook of battery materials, Kap. 15, 2. Aufl. Wiley-VCH, Weinheim
4. CGGC (2010) basierend auf (METI, 2010; NEDO, 2009)
5. Fink H, Fetzer J, Wöhrle T (2010) Production of automotive Li-ion batteries. In: WGP-Tagung, Erfurt, 06 Mai 2010
6. Ilic D, Holl K, Birke P, Wöhrle T, Birke-Salam F, Perner A, Haug P (2006) Fuel cells and batteries: competition or separate paths? J Power Sources 155:72–76

Dichtungs- und Elastomerkomponenten für Lithium-Batteriesysteme

10

Peter Kritzer und Olaf Nahrwold

10.1 Einleitung

Lithium-Batterien dominieren den Markt für Consumer-Anwendungen wie Mobiltelefone, Computer, Digitalkameras oder MP3-Player. Für diese Geräte werden jährlich weit mehr als eine Milliarde Lithium-Zellen hergestellt. Die erste serienmäßige Verwendung von Lithium-basierten Batteriesystemen im Auto startete im Jahr 2009 im S400 Hybrid der Firma Daimler AG. Die ersten reinen Elektrofahrzeuge mit Lithium-Batterien gingen 2011/2012 in Serie. Die wesentlichen Unterschiede zwischen Lithium-Batterien für Consumer-Anwendungen sowie und für automobile Anwendungen stellt Tab. 10.1 gegenüber.

Aufgrund der wesentlich größeren Energiemengen und Stromstärken, der erheblich anspruchsvolleren Umgebungsbedingen sowie der deutlich höheren Anforderungen hinsichtlich Lebensdauer und Ausfallrate müssen Automobil-Batterien deutlich „hochwertiger" ausgestattet werden. Dichtungen können – und müssen – erheblich dazu beitragen, diese hohen Anforderungen zu erfüllen.

Im Folgenden wird auf die wesentlichen Dichtungskomponenten der Zellen und des Batterie-Systems eingegangen.

10.2 Dichtungskomponenten der Zelle

Aufgabe der Dichtungen der Zelle ist es, neben der eigentlichen Abdichtung des Zellinneren auch die elektrische Isolation zwischen den beiden Polen sicherzustellen. Demnach müssen Dichtungskomponenten elektrisch isolierend wirken.

P. Kritzer (✉) · O. Nahrwold
Freudenberg Sealing Technologies GmbH & Co. KG, 69465 Weinheim, Deutschland
e-mail: peter.kritzer@fst.com

O. Nahrwold
e-mail: olaf.nahrwold@fst.com

R. Korthauer (Hrsg.), *Handbuch Lithium-Ionen-Batterien*,
DOI: 10.1007/978-3-642-30653-2_10, © Springer-Verlag Berlin Heidelberg 2013

Tab. 10.1 Gegenüberstellung der typischen Unterschiede von Lithium-Batterien in Consumer- und Automobil-Applikationen (jeweils typische Werte)

	Batterien in Consumer-Applikationen	Batterien in Automobil-Applikationen
Masse Batteriesystem	<0.1 kg	>100 kg
Zellkapazität	1 Ah	>20 Ah
Energie des Batteriesystems	0.002 … 0.02 kWh	HEV: 1 kWh; EV: >15 kWh
Systemspannung	3.6 … 11 V	$\gg$100 V
Max. Entladeströme	<1 A	>100 A
Max. Ladeströme	<1A	50 A
Einsatztemperatur	0…40 °C	$-40 … + 85\,°C$
Umgebungsbedingungen	Staub; ggf. Spritzwasser	Schmutz, Öl, Wasser, Vibrationen
Typische geforderte Lebensdauer	3 Jahre	>10–15 Jahre
Typische tolerierte Ausfallrate (Zellen)	0.1 %	$\ll$1 ppm

Die verwendeten Dichtungskomponenten müssen zudem chemisch stabil gegenüber den organischen Elektrolyten sein. Darüber hinaus darf über die Lebensdauer hinweg keine Freisetzung von Dichtungskomponenten in den Batterieelektrolyten erfolgen. Dies könnte gegebenenfalls langfristig die Elektrochemie der Zelle negativ beeinflussen.

Derzeit werden als Dichtungskomponenten für Zellen mit festen Gehäusen in der Regel thermoplastische Werkstoffe aus Polypropylen, Polyamid (PA 12) oder Perfluoralkoxy-Polymer (PFA) eingesetzt. Ein möglicher Schwachpunkt dieser nicht-elastischen Werkstoffe ist deren Setzverhalten. Über die hohe Lebensdauer der Zellen hinweg –verbunden mit den Auto-typischen Vibrationen – kann dies zu Undichtigkeiten führen. Es gibt daher Ansätze, speziell entwickelte, elastomere polyolefinische Ethylen-Propylen-Dien-Monomere (EPDM) Werkstoffe zur Zellendichtung einzusetzen, die auch unter den gegebenen Einsatzbedingungen die Poldurchführung lebenslang verlässlich abdichten.

10.3 Dichtungskomponenten des Batteriesystems

Generelle Anmerkungen In der Regel bestehen großformatige Batteriesysteme, wie sie zum Beispiel in Elektrofahrzeugen eingesetzt werden, aus zirka 50 bis 1.000 Einzelzellen. Diese werden zumeist zu Modulen von zirka 10 bis 20 Zellen zusammengefasst und in einem Batteriegehäuse platziert.

Die wesentlichen Dichtungskomponenten des Systems sind die Gehäusedichtungen, die Dichtungen für elektronische Komponenten (Steckerdichtungen; Durchführungen) sowie die Dichtungen für den Kühlkreislauf (Durchführungen; Verbindungssteckstücke). Darüber hinaus gibt es eine Reihe „dichtungsnaher" Komponenten wie Druckausgleichselemente mit und ohne Stoffaustausch, System- Überdruckventile, Fixierelemente für Zellen und Batterie-Lagersysteme.

Für alle Dichtungen des Gehäusesystems gilt: Sie müssen den Innenraum der Batterie über die Lebensdauer des Systems hinweg wirkungsvoll sowohl gegen Ölspritzer als auch gegenüber Spritz- beziehungsweise Watwasser abdichten. In der Regel ist für Batteriegehäusedichtungen für Automobilapplikationen mindestens eine Schutzklasse IP 67 (ISO 20653: 2006–08) gefordert. Demnach muss das Batteriegehäuse staubdicht sein sowie mindestens 30 Minuten einem von außen anstehenden Wasserdruck von 0,1 bar standhalten. Darüber hinaus sind das Batteriegehäuse und dessen Komponenten – wie alle automobilen Bauteile – Ölkontaminationen ausgesetzt.

Des Weiteren müssen Komponenten, die in Kontakt mit austretendem Elektrolyt stehen können, zumindest kurzfristig resistent gegen solche Medien sein. Eine weitere relevante Anforderung ist eine Produktion gemäß automobilen Standards, zum Beispiel der Richtlinie ISO/TS 16949 der International Automotive Task Force (IATF).

Gehäusedichtungen Das Batteriegehäuse muss in der Regel wiederzuöffnen sein, sodass kleinere Defekte – zum Beispiel lose elektrische Kontakte oder undichte Kühlleitungen – einfach behoben werden können. Je nach Platzierung des Gehäuses im Fahrzeug definieren sich dessen Anforderungen hinsichtlich mechanischer Stabilität, Dichtigkeit und Temperaturbeständigkeit. Darüber hinaus müssen bei der Dichtungsauslegung Faktoren wie Gehäusewerkstoff, eventuelle Verwindungen des Gehäuses sowie die Oberflächenbeschaffenheit berücksichtigt werden. Unterschiedliche Anforderungen ergeben sich zusätzlich durch die geplanten Stückzahlen.

Serienproduktionen erfordern optimierte und profilierte Dichtungen, die die Parameter Material, Oberflächenbeschaffenheit und Toleranzausgleich optimal berücksichtigen. In diesem Zusammenhang ist es beispielsweise wichtig, die Anzahl der Schrauben so gering wie möglich zu halten, ohne Kompromisse bei der Dichtfunktion einzugehen. In die Dichtung können spezielle Nuten oder Stifte als Montagehilfen integriert werden. Solche optimierten Dichtungen sind aufgrund der notwendigen großen Werkzeuge besonders für Serienproduktionen (größer zirka 5.000 Stück) geeignet. Kleinere Serien können zunächst mit kostengünstigeren Musterwerkzeugen geringerer Standzeit produziert werden. In Abb. 10.1 (links) ist eine solche optimierte Serien-Gehäusedichtung für Batterien von Elektrofahrzeugen dargestellt.

Für die Kleinserien- und Prototypenfertigung werden derzeit meist entweder aus Plattenmaterial hergestellte Dichtungen oder aufgespritzte Dichtungen verwendet. Beide Typen weisen jedoch wesentliche technische Nachteile auf. Dichtungen, die aus Voll- oder Schaummaterial in Form von Platten gestanzt werden, können nicht profiliert gefertigt werden. Deshalb ermöglichen sie nur einen beschränkten Toleranzausgleich. Darüber hinaus werden die Dichteigenschaften wesentlich von den in der Regel weiten

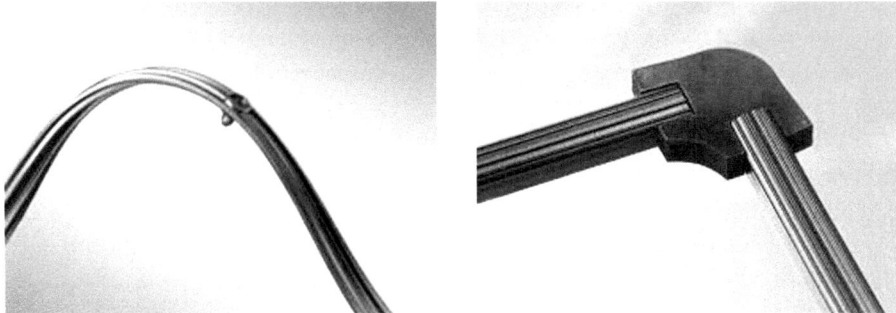

Abb. 10.1 Dichtungslösungen für Batteriegehäuse, *links* Sektion einer optimierten Flachdichtung mit Arretierungsstiften und einem Umfang von zirka zwei Metern für die Serienproduktion, *rechts* eine modulare Dichtung, bestehend aus Profil und Eckverbinder, für den Prototypenbau

Toleranzen der Dicke des Plattenmaterials bestimmt. Bei Verwendung von Schäumen („Moosgummi") kann über die Lebensdauer hinweg ein unerwünschtes Setzverhalten auftreten; Leckagen sind dann nicht mehr auszuschließen. Darüber hinaus entstehen bei der Herstellung solcher ausgestanzten Dichtungen für großformatige Gehäuseabmessungen große Mengen an Abfall.

Aufgespritzte Dichtungen erfordern in der Regel vor dem Aufbringen eine chemische beziehungsweise physikalische Vorbehandlung der Oberfläche, das sogenannte „Primern". Außerdem ist mit solchen Dichtungen keine der örtlichen Belastung angepasste Profilierung möglich. Schließlich wird beim Öffnen des Gehäuses die Dichtung in der Regel zerstört, da sie unspezifisch am Deckel beziehungsweise Gehäuse haftet. Dies führt vor allem bei der Instandhaltung der Batterien zu Problemen, da zur abermaligen Abdichtung ein neuer Deckel mit aufgespritzer Dichtung notwendig ist. Demnach ist derzeit nicht zu erwarten, dass sich diese Technologie für Dichtungen großformatiger Batteriegehäuse durchsetzen wird.

Ein neuer Ansatz einer Batteriegehäusedichtung bei Prototypen und Kleinserien beruht auf einem modularen System [1]. Hierbei wird ein speziell entwickeltes Profil mit einem auf das Profil abgestimmten Eckverbinder kombiniert [Abb. 10.1 (rechts)]. Beim Verpressen interagieren beide Komponenten derart miteinander, dass das Gesamtsystem die Anforderungen der Schutzklasse IP 67 erfüllt. Der modulare Aufbau erlaubt den Batterieherstellern eine schnelle Reaktion auf Dimensionsänderungen; trotzdem stellt das Profil eine optimale Dichtwirkung, einen Toleranzausgleich sowie eine hohe Toleranz bei Montagefehlern sicher.

Steckerisolierungen/Kabeldurchführungen Dichtungen zur Anbindung der Leistungselektronik werden zumeist direkt an den Stecker integriert. Hierbei werden in der Regel kostengünstige Silikon-Komponenten genutzt. Sie weisen eine erhöhte Beständigkeit gegenüber hohen elektrischen Spannungen auf. Eine bei Kohlenstoff-basierten Polymeren mögliche Oberflächen-Carbonisierung ist bei Silikon-Elastomeren ausgeschlossen; die hohen Spannungen führen bei ihnen zu keiner Leitfähigkeit, das vermeidet Kurzschlüsse. Silikon-Dichtungskomponenten werden – auch in Form von Mehrkomponentenbauteilen – zum Beispiel in Steckern, aber auch in anderen Hochspannungsbauteilen eingesetzt.

Einfache Kabeldurchführungen, beispielsweise Kabeltüllen für die abgedichtete Ein- und Ausführung ummantelter Kabel und Rohre bei Gehäusen, können hingegen aus Kohlenstoff-basierten Elastomeren – zum Beispiel EPDM – gefertigt werden. Wichtig bei diesen Komponenten ist, dass sie auch bei Vibrationen der durchgeführten Bauteile verlässlich abdichten.

Dichtungen für den Kühlkreislauf Großformatige Batteriesysteme erfordern ein intelligentes Thermo-Management. Dieses hat zwei Aufgaben. Erstens: Wärme aus den Zellen abzuführen und sie somit vorm Überhitzen zu schützen. Zweitens: Kalte Zellen zu temperieren. Prinzipiell werden zum Kühlen von Batterien drei Verfahren angewandt: Zum einen die Luftkühlung, zum anderen die direkte Flüssigkeitskühlung mittels Wasser-Glykol-Mischung und schließlich die direkte Temperierung mittels einer Klimaanlage und Kältemittel-Kühlung (teilfluorierte Kohlenwasserstoffe; Kohlendioxid). Wesentlich hierbei ist eine exakte Homogenität der Kühlung der einzelnen Zellen, wodurch langfristig eine unterschiedliche Alterung der Zellen ausgeschlossen werden kann.

In Elektrofahrzeugen kommen vor allem die Flüssigkeitskühlung und die direkte oder indirekte Kühlung mittels Klimaanlagen zum Einsatz. Besonders effizient kann hierbei eine CO_2-basierte Klimaanlage sein. Sie erlaubt auch eine effektive Heizung sowohl der Batterie als auch des Elektrofahrzeugs, ihr Medium ist inert gegenüber der Batterie-Chemie und unbrennbar. Es ist sogar denkbar, das Kühlmittel für Notkühl-Applikationen unkontrolliert sich erhitzender Zellen zu nutzen [2].

Der modulare Aufbau großer Batterien erfordert in der Regel auch ein modulares Kühlsystem mit einer Vielzahl an Dichtstellen. Feste Verrohrungen erlauben keinen Austausch einzelner Module; zudem ist deren starres Verhalten nachteilig, da dadurch mechanische Spannungen in den Modulen entstehen können.

Bei einem modularen Aufbau haben sich Steckstücke mit Metall- beziehungsweise Thermoplast-Träger und aufgebrachtem Elastomer bewährt, wie sie zum Beispiel unter dem Namen „Plug & Seal" verfügbar sind [3]. Diese Komponenten sind in Abb. 10.2 dargestellt. Sie bestehen aus einem Metall- oder Kunststoffrohr, das von einer Elastomerdichtung umgeben ist. Die Dichtung ist so ausgeformt, dass sie Fertigungstoleranzen und thermische Ausdehnungsphänomene ausgleicht. Zudem sind Plug & Seal-Steckstücke im verbauten Zustand resistent gegenüber mechanischen Vibrationen und Stößen.

Die Komponenten erlauben einen einfachen und verlässlichen Zusammenbau der Module und bieten die Möglichkeit, Module zu tauschen. Solche Komponenten sind mit Innendurchmessern von 10–32 mm erhältlich. Maximale Arbeitsdrücke liegen im Bereich von 10 bar; der Einsatztemperaturbereich liegt zwischen −40 und +140 °C. Plug & Seal-Komponenten sind bei PKW-Motorkühlungen sowie bei Kühlmodulen von Hybrid- und Elektrofahrzeug-Batterien im Serieneinsatz.

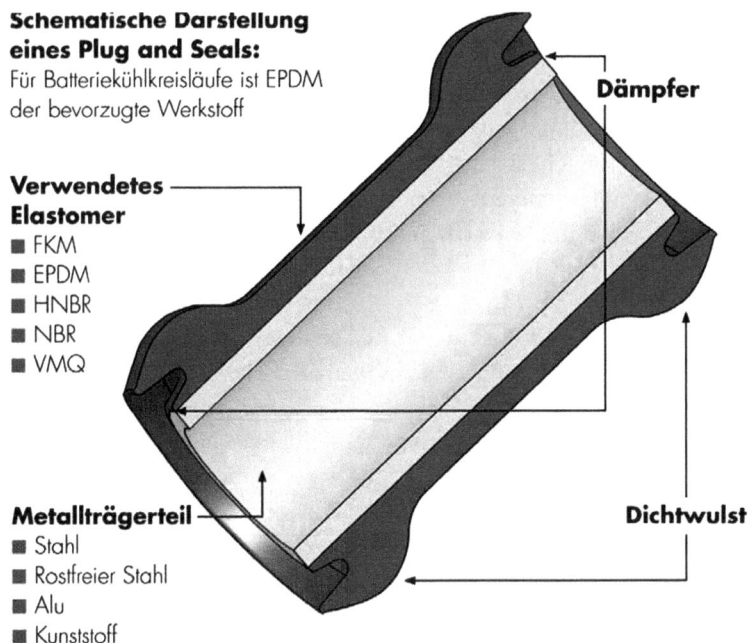

Schematische Darstellung eines Plug and Seals:
Für Batteriekühlkreisläufe ist EPDM der bevorzugte Werkstoff

Dämpfer

Verwendetes Elastomer
- FKM
- EPDM
- HNBR
- NBR
- VMQ

Metallträgerteil
- Stahl
- Rostfreier Stahl
- Alu
- Kunststoff

Dichtwulst

Abb. 10.2 Plug & Seal-Steckstücke für wasserbasierte Kühlmodule [3]. Sie verfügen über einen hohen Toleranzausgleich und weisen eine exzellente Resistenz gegenüber Vibrationen auf

Bei Kühlkreislauf-Dichtungen ist eine geringst mögliche Kühlmittel-Permeation durch die Dichtung hindurch ins Batteriegehäuse wichtig. Dies erfordert eine optimierte Dichtungsgeometrie und spezielle EPDM-Werkstoffe. Des Weiteren können diese Komponenten mit integrierten Temperatursensoren ausgestattet werden, die zum Beispiel die Temperaturen am Ein- und Ausgang des Batteriesystems überwachen [Abb. 10.3 (links)]. Diese Elemente reduzieren die Anzahl der notwendigen Komponenten und der zu dichtenden Durchführungen. Solche Steckstücke können mit Drucksensoren ausgestattet werden, dies ermöglicht die Erkennung einer Leckage des Kühlkreislaufes [Abb. 10.3 (rechts)].

Druckausgleichselemente mit und ohne Stoffaustausch Systembedingt unterliegen Batteriesysteme für automobile Anwendungen Druckschwankungen. Diese werden im Wesentlichen durch atmosphärische Prozesse, Erwärmungs- und Abkühlprozesse, Berg- und Talfahrten, Ein- und Ausfahrten in Tunnel sowie gegebenenfalls durch den Flugtransport hervorgerufen. Die Druckschwankungen werden in der Regel durch „Druckausgleichselemente" kompensiert, die einen Gasaustausch zwischen dem Gehäuseinneren und der Umgebung zulassen. Dennoch sind kurzfristige Druckspitzen von maximal 0,25 bar möglich. Für solche Druckausgleichselemente werden vor allem zwei Ansätze verfolgt:

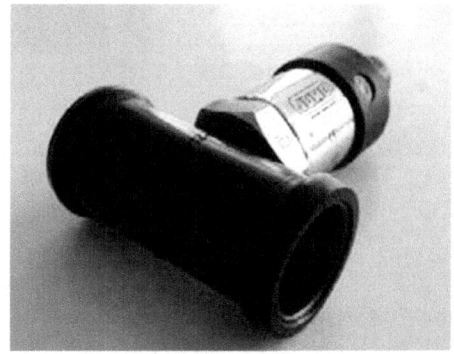

Abb. 10.3 Plug & Seal-Steckstück mit integrierten Sensoren, *links* Integrierter Temperatur-Sensor, *rechts* Integrierter Druck-Sensor

- Mikroporöse Folien haben den wesentlichen Vorteil einer Wasserdichtigkeit von bis zu 1 bar Überdruck (korrespondierend einer Wassersäule von rd. 10.000 mm).
- Vliesstoff-basierte Druckausgleichselemente kommen mit deutlich weniger Querschnittsfläche aus, sind wesentlich unanfälliger gegenüber partikulärer und besonders Öl-Kontamination, und sie sind mechanisch robust. Allerdings können diese Bauteile gegenwärtig nur bis zu Wassersäulen von 300 mm eingesetzt werden.

Beide Bauteilgruppen weisen den systembedingten Nachteil auf, dass Wasserdampf durch sie hindurchgelangen kann. Der Dampf kann im Inneren kondensieren und muss dann entweder durch Trockenmittel gebunden oder über spezielle Kondensatabfuhr-Elemente aus dem Gehäuse abgeführt werden.

Neue Ansätze bestehen in sogenannten „Druck-Kompensations-Elementen", die sich mit dem Batteriegehäuse im stofflichen Austausch befinden [4]. Diese Elemente stellen ein variables Volumen zur Verfügung, so dass Druckunterschiede zwischen Gehäuseinnerem und -äußerem kompensiert werden können. Möglich sind federunterstützte Kolbenspeicher mit Integration eines Überdruckventils. Dieser Ansatz ist in Abb. 10.4 dargestellt. Eine Platzierung innerhalb des Batteriegehäuses reduziert zum einen dessen Totvolumen, zum anderen das zusätzlich benötigte Volumen des Elements. Der wesentliche Vorteil solcher Systeme ist ihre komplette Wartungsfreiheit über die Lebensdauer hinweg. Hinzu kommt die Vermeidung jeglicher Kontamination und Kondenswasserbildung im Gehäuseinneren. Technisch nachteilig ist vor allem das zusätzliche Volumen, das ein solcher Speicher benötigt.

System-Überdruckventile In seltenen Fällen besteht die Gefahr, dass eine Zelle im Batteriegehäuse durch chemische oder elektrochemische Prozesse zerstört wird. In diesem Fall können aus einer 40 Ah-Zelle Gasvolumina (Elektrolyt beziehungsweise Abbauprodukte) von zirka 100 Litern freigesetzt werden. Diese Freisetzung erfolgt bei Zellen mit festem Zellgehäuse relativ plötzlich, da hier zunächst in der Zelle ein Überdruck von mehr als

Abb. 10.4 Konzept eines Druck-Kompensations-Elements in Form eines Kolbenspeichers. Der Speicher steht mit dem Gehäuse im stofflichen Austausch. Bei Überschreitung eines Überdrucks kann der Druck durch ein Ventil abgeführt werden. Eine Platzierung innerhalb des Batteriegehäuses reduziert zum einen dessen Totvolumen, zum anderen das zusätzlich benötigte Volumen des Elements

10 bar aufgebaut wird, bis die Zellenberstscheibe öffnet. Zellen mit flexibler Hülle (Pouch-Zellen) öffnen bereits bei einem vergleichsweise geringen Überdruck von weniger als einem bar; die Druckanstiegsgeschwindigkeit im Batteriegehäuse ist daher moderat.

Die freigesetzten toxischen und brennbaren Gase werden zunächst in das Batteriegehäuse emittiert und können dort – je nach Totvolumen – zu einem raschen Druckanstieg von typischerweise mehr als 5 bar führen, was ein Bersten des Gehäuses zur Folge hätte. Sie können durch die oben genannten Druckausgleichselemente nicht schnell genug abgeführt werden. Dieses Gasvolumen muss daher verlässlich, schnell und sicher aus dem Batteriegehäuse entfernt werden, damit das Gehäuse nicht birst. Hierzu sind Überdruckventile mit Querschnittsflächen von typischerweise 5 bis 10 cm^2 gefordert. Die hier verwendeten Bauteile sind Berstscheiben aus polymeren bzw. metallischen Folien, elastomere Verschlussdeckel und magnetische Bauteile, die entweder selbstständig oder geschaltet öffnen.

Abbildung 10.5 zeigt beispielhaft ein Elastomer-Überdruckventil [5]. Es besteht aus einem Verschlussdeckel, der über ein Fangband mit einem Befestigungselement verbunden ist. Bei innen anstehendem kritischem Überdruck öffnet der Deckel zunächst an der dem Befestigungselement gegenüber liegenden Seite, sodass der Überdruck kontrolliert abgeführt werden kann. Das Befestigungselement stellt sicher, dass das Ventil immer mit dem Batteriegehäuse verbunden bleibt; herumfliegende Teile werden dadurch vermieden.

Fixierelemente/Rahmendichtungen für Pouch-Zellen Pouch-Zellen haben ein flexibles Aluminiumfoliengehäuse. Die Gehäusefolien sind sowohl innen als auch außen mit Polymeren isolierend beschichtet. Für einen Einsatz dieser Zellen in großformatigen Batterien sprechen neben der hohen Energiedichte vor allem deren leichte Skalierbarkeit und die im Vergleich zu anderen Zelltypen geringeren Herstellkosten. Besonders sinnvoll ist dieser Zelltyp demnach für Hochenergie-Batterien (EV-Batterien).

Wesentliche Bedenken gegen diesen Zelltyp resultieren zunächst aus dem flexiblen Gehäuse und der die Zelle umgebenden Siegelnaht. Für einen sicheren Betrieb

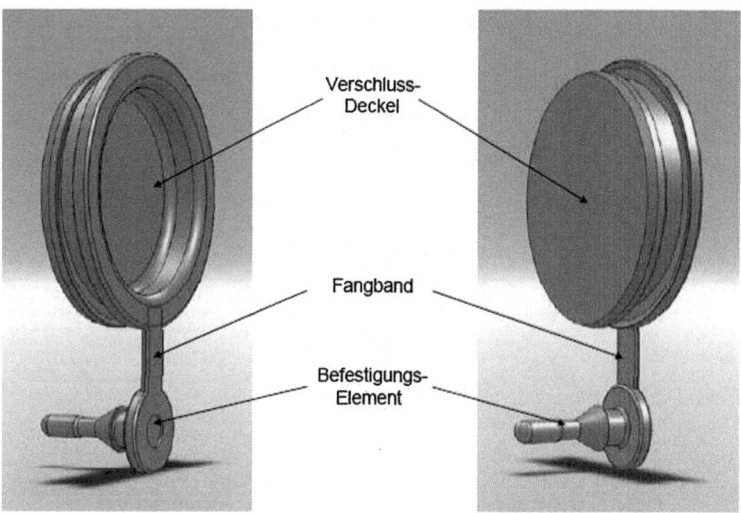

Abb. 10.5 Überdruckventil für ein Batteriegehäuse, bestehend aus Verschlussdeckel, Befestigungselement und einem die beiden Teile verbindenden Fangband

im Elektrofahrzeug muss gewährleistet sein, dass diese Siegelnaht über den gesamten Lebenszyklus der Batterie komplett dicht ist. Sie muss auch zyklische Beanspruchungen tolerieren, zum Beispiel die Änderung der Dicke der Zelle beim Zyklisieren oder bei von außen anstehenden Druckschwankungen. Besonders kritisch ist im Schadensfall, zum Beispiel bei einem inneren Kurzschluss der Zelle, das Abblasen des brennbaren Gases. Kommt dieses Gas in Kontakt mit den stromführenden Teilen, sind Brände nicht auszuschließen.

Um Pouch-Zellen in einem Batteriegehäuse zu fixieren, werden diese in der Regel fest in einem metallischen Rahmen verspannt. Dies erlaubt zwar eine effektive Kühlung der Zellen, führt aber zu mechanischen Belastungen der Siegelnaht, die sich langfristig als problematisch erweisen können. Neuere Ansätze beschreiben daher eine „weiche Einbettung" dieser Zellen in eine Zellenrahmendichtung, bei der eine elastische Dichtungskomponente den Stoffschluss zwischen Fixierrahmen und Zelle bildet (Abb. 10.6) [6].

Die Zellen werden sowohl redundant abgedichtet als auch flexibel und elastisch fixiert („Pouch-Couch-Concept"). Diese Fixierung verbessert die Montierbarkeit der Batterie (Toleranzausgleich), verlängert die Lebensdauer (geringere mechanische Belastung; verlässlichere elektrische Kontaktierung) und erhöht die Sicherheit (Pufferung mechanischer Schläge). Weitere Verbesserungen sind möglich, wenn zwischen benachbarte Zellen komprimierbare Flächengebilde, zum Beispiel Vliesstoffe, eingebracht werden.

Befindet sich zudem an einer Stelle der umlaufenden Dichtung eine an das Zellinnere angepasste Aussparung, an der kein Anpressdruck auf die Siegelnaht erfolgt, kann zusätzlich eine „Sollbruchstelle" der Zelle realisiert werden, durch die die Zelle im Schadensfall kontrolliert öffnen kann. Bei einem Stack-Aufbau können die Aussparungen

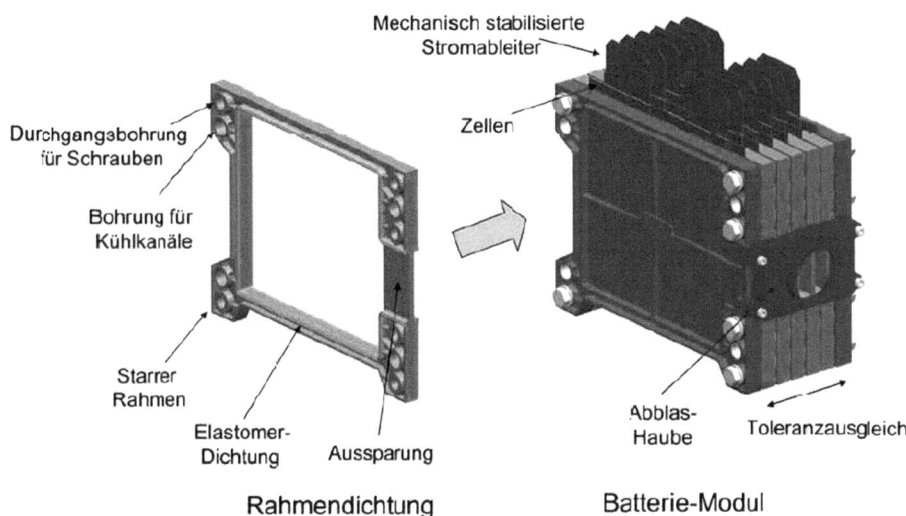

Abb. 10.6 Zellenrahmendichtung für Pouch-Zellen mit den Funktionen Siegelnahtabdichtung und Aussparung (integrierte Sollbruchstelle). Das daraus hergestellte Modul eröffnet zusätzlich die Möglichkeit, Temperierelemente zu integrieren

benachbarter Zellen von einer gemeinsamen „Abblashaube" abgedeckt werden, durch die eventuell entstehende Schadgase nach außen abgeführt werden können.

Ein wesentlicher Zusatznutzen der Zellenrahmendichtung besteht in der Möglichkeit, Elemente des Thermomanagements zu integrieren. In den Rahmen können Temperierkanäle eingebracht werden, die die Zellen über die Siegelnaht thermisch kontaktieren und so eine Kühlung/Heizung der Zellen erlauben. Bei einer zusätzlichen Integration von thermisch leitenden, komprimierbaren Vliesstoffen in den jeweiligen Zellenzwischenraum lassen sich außerdem die Zellflächen thermisch anbinden. Darüber hinaus ist es möglich, in die Zellenzwischenräume flexible Heizelemente in Form von Heizfolien zu platzieren, die eine sanfte Zellheizung beziehungsweise eine verlangsamte Zellauskühlung ermöglichen.

Lagerungssysteme für Batteriegehäuse beziehungsweise Zellmodule Derzeit werden zwei Konzepte zur Befestigung des Batteriegehäuses am Fahrgestell eines Autos verfolgt:

- Eine feste Anbindung des Gehäuses ermöglicht eine zusätzliche Versteifung; das Batteriegehäuse trägt so zur Stabilität der Karosserie bei.
- Eine flexibel gelagerte Anbindung, zum Beispiel durch elastomere Lagersysteme, schützt die Zellen sowie deren elektrische Anschlüsse vor Vibrationen und Stößen. Eine wesentlich verbesserte Langzeitstabilität und -sicherheit ist die Folge. Schließlich sind die Zellkomponenten, wie zum Beispiel der Separator, Alterungsprozessen ausgesetzt. Typischerweise sind solche Lagersysteme so ausgelegt, dass sie Vibrationen von Frequenzen <50 Hz puffern.

Derzeit werden feste Anbindungen besonders bei EV-Batterien eingesetzt; Hybrid-Batterien für LKW werden hingegen meist elastisch gelagert.

Literatur

1. Kritzer P, Pütt G, Schönberg F (2011) Modulare Dichtung für Gehäuse von großformatigen Batteriesystemen. Konstruktion 9:88–90
2. Kritzer P, Raida H-J (2011) Verfahren zur Kühlung eines Energiespeichers; Europäisches. Patent EP 2 045 852 B1, 27. Juli 2011
3. Kritzer P, Clemens M, Heldmann R (2011) Innovative seals: a robust and reliable seal design can provide efficient battery cooling cycles for electric vehicles and hybrid electric vehicles. Engine Technology International, Juni 2011, S 64
4. Kritzer P, Rheinhardt H, Nahrwold O, Ewig T, Schreiner M (2011) Druckmanagement und Vermeidung von Flüssigkeiten in Lithium-Batteriesystemen. Mobility 2.0(3), S 42–47
5. Kritzer P, Stephan I, Nahrwold O (2011) Überdruckventil für großformatige Lithium-Batterien. Automobil-Konstruktion 11:36–37
6. Kritzer P, Nahrwold O (2011) Dichtungs- und Fixierungselemente für flexible Zellen in großformatigen Lithium-Batterien. ATZ 113:474–477

Sensorik/Messtechnik

Jan Marien und Harald Stäb

11.1 Einleitung

Lithium-Ionen-Batterien als Energiespeicher in Elektrofahrzeugen stellen nicht nur eine der zentralen technologischen Komponente dar, sie sind auch der größte Kostenfaktor. Die Bestimmung der Zustandsgrößen [State of Charge (SOC), State of Health (SOH), State of Function (SOF)] erfüllt somit mehrere Aufgaben: So sind sicherheitsrelevante Funktionen sicherzustellen, etwa der Schutz gegen Überladung oder einen Tiefentladeschutz; daneben ist aber auch die möglichst optimale Ausnutzung der Batteriekapazität von großer wirtschaftlicher Bedeutung.

Anders als bei Blei-Säure-Batterien zeigt die Gesamtzellspannung bei der Lithium-Ionen-Batterie eine nur sehr geringe Abhängigkeit vom Ladezustand. Deshalb kommt der Strommessung eine zentrale Rolle zu, um die Zustandsdiagnostik und das Batteriemanagement zu realisieren. Die Gesamtstrommessung wird eingesetzt, um den gesamten Ladungsfluss in die Batterie oder aus der Batterie zu saldieren. Hierfür eingesetzte Stromsensoren müssen daher eine Reihe von Anforderungen gleichzeitig erfüllen. Sie müssen einen sehr großen Strombereich abbilden können, Spitzenströme können Werte größer 2000 A annehmen. Anderseits müssen sie bei sehr kleinen Strömen – im Ruhezustand sind es häufig nur wenige Milliampere – ebenfalls hochgenau messen können. Zudem sollte ein Stromsensor offsetfrei sein, da jeder Offset durch die Akkumulation der Messwerte über die Zeit die Ladungsbilanz deutlich beeinflussen würde. Weiterhin

J. Marien (✉)
Isabellenhütte Heusler GmbH & Co. KG, Postfach 1453, 35664 Dillenburg, Deutschland
e-mail: jan.marien@isabellenhuette.de

H. Stäb
Seuffer GmbH & Co. KG, Bärental 26, 75365 Calw, Deutschland
e-mail: harald.staeb@seuffer.de

R. Korthauer (Hrsg.), *Handbuch Lithium-Ionen-Batterien*,
DOI: 10.1007/978-3-642-30653-2_11, © Springer-Verlag Berlin Heidelberg 2013

müssen die Stromsensoren den allgemeinen automobilen Anforderungen gerecht werden. Hier sind beispielsweise die elektromagnetische Störfestigkeit oder die Genauigkeit der Messung zu nennen, da aufgrund der steilen Schaltflanken der Leistungshalbleiter in der Antriebselektronik große Spannungs- und/oder Stromänderungen auf die Batterie zurückwirken.

Technologisch kommen zwei Messprinzipien für diese Anwendungen in Betracht: Zum einen die Shunt-basierte Strommessung und zum anderen die magnetische Messung der Ströme. Die Shunt-basierte Messung hat in Europa weite Verbreitung zur Messung der Ströme an Batteriesensoren für 12 V Bleiakkumulatoren gefunden. Bei der Messung der Ströme an Lithium-Ionen-Batterien werden neben den etablierten Lösungen auch neue Ansätze vorgestellt. In den beiden folgenden Kapiteln wird deshalb zum einen auf Shunt-basierende Sensoren speziell für Lithium-Ionen-Batterien eingegangen. Zum anderen wird ein magnetischer Sensor vorgestellt, der auf flussführende Magnetmaterialien verzichtet und deshalb anders als konventionelle magnetische Stromsensoren keine Genauigkeitseinbußen durch Hystereseeffekte aufweist.

11.2 Galvanisch getrennte Stromsensorik in Batteriemanagementsystemen

Die optimale Erfassung des Batteriezustandes bildet die Basis für entsprechende Maßnahmen, diesen Energiespeicher optimal zu Nutzen. Aus den gewonnenen Messdaten lassen sich Ladestrategien, Vorschau über mögliche Belastungsprofile und Optimierung der Lebenszeit der Batterie ableiten. Für Aussagen darüber ist eine solide Basis von Messdaten notwendig. Somit ist „Current Sensing" mehr als eine Messung, sondern im Resultat ein Qualitätskriterium ähnlich wie die Qualität der Batterie selbst. Im folgendem wird eine Stromsensorik auf Basis von Hallelementen beschrieben, welche für automotive Anwendungen optimiert ist [1].

11.2.1 Batteriesensor auf Basis des Hall-Effekts

Zur Gewährleistung der Betriebssicherheit der Batterie und der Stromversorgung im Kraftfahrzeug ist die Erfassung der zugehörigen Messdaten der erste Schritt. Ziel ist es, diese Messdaten möglichst genau und auch in extremen Situationen zuverlässig zu generieren. Um den Zustand der Batterie verlässlich beurteilen zu können, sind in der Regel drei Messgrößen notwendig. Dies sind der Strom, die Spannung und die Zelltemperatur.

Speziell für das Erfassen des Stroms ist eine extrem niederohmige Messung notwendig. Hier bietet sich systembedingt eine Technologie an, die in den primären Stromkreis nicht eingreift. Dies ist mit Hall-Sensorik, die das Magnetfeld des Stromes misst und daraus den Strom selbst berechnet, möglich [4].

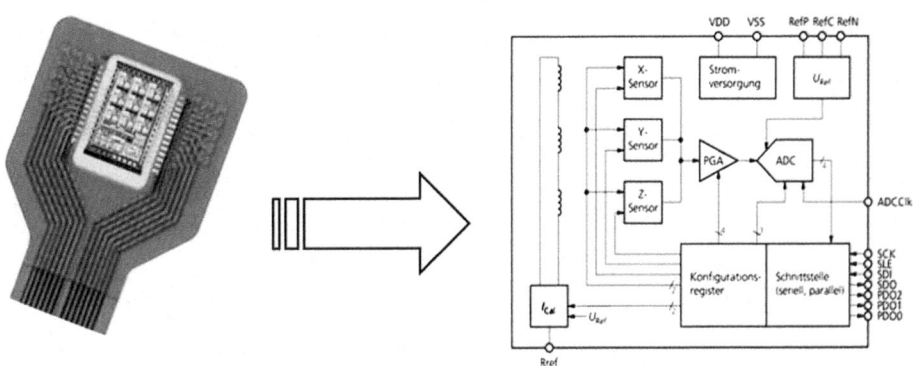

Abb. 11.1 Prototyp und Schaltbild eines ASIC zur Stromerfassung

Funktionsprinzip Das Funktionsprinzip eines Sensors auf Basis des Hall-Effekts soll am Beispiel eines konventionell erhältlichen Bausteins erläutert werden. Der Ansatz besteht in der potentialgetrennten Messung des Stromes über das von dem stromdurchflossenen Leiter erzeugte Magnetfeld. Somit erfolgt die Messung des Stromes niederohmig, vom Primärkreis vollkommen entkoppelt und rückwirkungsfrei. Kernstück der Sonde ist ein eigens dafür entwickelter kundenspezifischer Schaltkreis, ein sogenanntes ASIC. Das Blockschaltbild der ersten Generation zeigt Abb. 11.1. Im ASIC integriert ist gleichzeitig die Möglichkeit der Spannungs- und Temperaturmessung [2]. Dies wiederum ermöglicht die Generierung der einzelnen Werte des Datensatzes zum exakt selben Zeitpunkt. Somit wird zusätzlich zur reinen Messwerterfassung des Stromes die Implementierung eines kompletten Batteriemanagementsystems möglich.

Das System ist auf Grund des vollkommenen Verzichts auf magnetische Materialien absolut hysteresefrei und unempfindlich gegen Überlast. Die Messdaten werden auch in Extremsituationen ohne jede Beeinträchtigung über den Bus weitergeleitet. Jedem der drei On-Chip-Hallsensoren ist eine Referenzspule zugeordnet, die die Hallzelle mit einem definiertem Magnetfeld beaufschlagt (Abb. 11.1) [3]. Durch dieses spezielle Feature kann zu jedem Zeitpunkt die Funktionstüchtigkeit des Systems kontrolliert werden.

Abbildung 11.2 zeigt die Sensoreinheit integriert in die Batterieklemme. Die besonderen Eigenschaften des Hall-Element-basierenden Sensors erschließen Applikationen, die nun wesentlich leichter zu realisieren sind bzw. bisher nur mit erheblichem Aufwand umzusetzen waren. Selbst der klassische Fall der Strommessung an der Batterie wird deutlich vereinfacht. Die Messung mit einem Messwiderstand (Shunt) wird üblicherweise im Massekabel der Batterie vorgenommen: Die Messgröße ist der Spannungsabfall über diesem Widerstand. Bei kleinen und mittleren Strömen ist diese analoge Messgröße sehr klein und damit auch potentiell störanfällig. Bei großen Strömen ergibt sich systembedingt ein Spannungsabfall und eine starke Erwärmung der ganzen Anordnung. Beim

Abb. 11.2 In Batterieklemme
integrierte Sensoreinheit zur
Strommessung

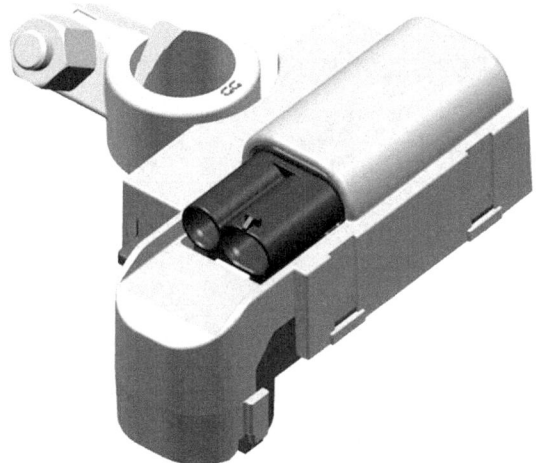

Einsatz des Sensors wird kein Spannungsabfall und damit auch keine Erwärmung erzeugt. Somit bekommt der elektrische Verbraucher auch die maximal mögliche Leistung aus der Batterie zur Verfügung gestellt. Die Implementierung auf dem Potential des Pluspoles ist problemlos umsetzbar. Die geringe Eigenerwärmung erhöht die Sicherheit der Messdaten. Diese zwei Faktoren erleichtern beispielsweise die Realisierung eines Start-Stopp-Betriebes, da die Vorhersagen bezüglich des Batteriezustandes erheblich verbessert werden.

Durch den Einbau in der Plusleitung verbessern sich die Möglichkeiten, einzelne Verbraucher separat zu überwachen. Auch die Messung an Strompfaden, die ein schwimmendes Potential aufweisen, ist äußerst leicht zu implementieren und zu realisieren. Ein Anwendungsfall ist der Einsatz zwischen einzelnen Batteriezellen oder zwischen Batterien, die in Reihe geschaltet sind. Ähnliches gilt bei den neuen Bordnetzen mit Spannungen von 48 V oder bei HV-Anwendungen.

Der Sensor ist in der Lage, Strom, Temperatur und Spannung zu messen und eine zuverlässige Datenbasis für die nachfolgenden Module Stromverteiler und Kontaktoren zu liefern. Mit diesen Daten lässt sich optional auch ein Batteriemanagementsystem bedienen, mit dem Vorhersagen über die Startfähigkeit der Batterie berechnet werden können.

Eine Sonde auf Basis Hall-Sensoren nimmt dabei keinen Einfluss auf die Performance der Batterie, der Innenwiderstand bleibt erhalten und die Batterie steht mit ihrer vollen Leistungsfähigkeit zur Verfügung. Zusammen mit einem Batteriemanagementsystem wird direkt an der Batterie eine laufende Bewertung durchgeführt. Das Ergebnis ist ein intelligentes und zuverlässiges Batteriesystem, das seinen Status selbst analysiert, absichert und anzeigt.

Galvanische Trennung Eine zentrale Eigenschaft des Sensors ist die galvanische Trennung der Strommessung. Dies erleichtert den Einsatz in der Gesamtapplikation wesentlich und erhöht zusätzlich die erzielbaren Genauigkeiten unter Berücksichtigung der

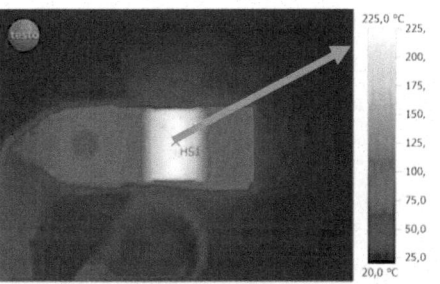 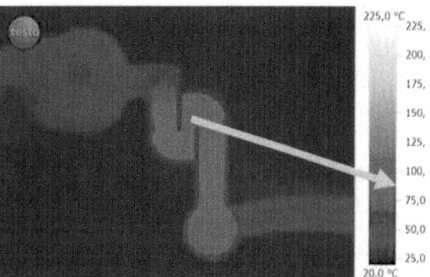

Abb. 11.3 Erwärmung eines Shunt nach 30 s bei 600 A auf bis zu 225 °C (*links*), Erwärmung des Stromsensors nach 30 s bei 600 A auf bis zu 80 °C (*rechts*)

Umwelteinflüsse wie Temperatur oder Überströme außerhalb des Messbereichs. Ebenso wird der Innenwiderstand der Batterie, speziell beim Startvorgang, nicht beeinflusst. Ein Ausfall der Messsonde ist ohne Auswirkung auf den primären Stromkreis.

Beim Startvorgang eines PKW fließen über einen gewissen Zeitraum einige 100 bis zu 1000 A über die Messsonde. Durch den Stromfluss über den Shunt wird eine Erwärmung stattfinden und ein Spannungsabfall messbar sein. Die Abb. 11.3 links zeigt eine Thermografie eines Shunt-Systems bei 600 A. Hier erreicht man Temperaturen von über 200 °C. In Abb. 11.3 rechts ist die Erwärmung des Hallsensor-Messsystems unter den gleichen Bedingungen aufgezeigt. Die Temperatur dieser Anordnung beträgt bei gleichem Stromfluss nach 30 Sekunden lediglich 80 °C.

Dadurch erhöht sich die Genauigkeit bei häufiger und starker Bestromung z. B. im Start-Stopp-Betrieb. Die vergleichsweise geringe Erwärmung reduziert die thermische Belastung des Messsystems erheblich. Dies hat wiederum Auswirkungen auf die Langzeitstabilität.

Ein weiterer Vorteil der galvanischen Trennung wird beim Einsatz in HV-Applikationen deutlich. Im Bereich Elektromobilität gibt es Forderungen nach entsprechender Durchschlagsfestigkeit. Die Materialien hierfür sind auf dem Markt verfügbar. Eine Trennung der Spannungspotenziale über Maßnahmen wie Trenntrafo, DC/DC-Wandler, Optokoppler o. ä. ist nicht notwendig. Die technische Performance (Datenrate, Verluste) wird verbessert und die Wirtschaftlichkeit steigt durch den Wegfall dieser speziellen Bauelemente.

Ein intelligentes Design der Leitungsgeometrie im Primärkreise optimiert die Präzision des Systems. Zusammen mit entsprechenden Maßnahmen auf dem ASIC wird der Einfluss von Fremdeinflüssen auf das notwendige Minimum beschränkt.

11.2.2 Batteriesensor auf Basis Shunt-Messung

Ein Stromsensor zur Messung des Batteriegesamtstromes basiert auf einem niederohmigen Präzisionswiderstand und einem hochgenauen Messsystem. Typische Dauerstromlasten liegen bei heutigen Batterien im Bereich von 200–300 A, Spitzenströme erreichen Werte von

Abb. 11.4 Ein galvanisch isolierter IVT-Sensor zur Gesamtstrommessung mit CAN-Schnittstelle, Überstromerkennung, Triggereingang sowie einem Spannungsmesskanal (*links*), IVT-F-Sensor, der im KER-System der Formel 1 eingesetzt wird (*rechts*)

bis zu 2000 A: Hierfür sind Messwiderstände im Bereich von 50–100 μΩ ideal. Das Messsystem sollte offsetfrei, hochlinear und mit geringem Rauschen arbeiten. Außerdem muss der Sensor die sichere galvanische Trennung vom HV-System zum Bordnetz realisieren. In vielen Fällen werden zusätzlich zur Gesamtstrommessung noch weitere Größen wie die Temperatur oder die Gesamtzellspannung erfasst. Die Kommunikation mit dem übergeordneten Batteriemanagementsystem erfolgt mittels standardisierter digitaler Schnittstellen.

Funktionsprinzip Abbildung 11.4 links zeigt beispielhaft einen solchen Batteriesensor. Dieser Sensor basiert auf einem 100 μΩ Präzisionswiderstand, der aus dem Widerstandsmaterial Manganin® gefertigt ist, das einen sehr kleinen Temperaturkoeffizienten des Widerstandes aufweist (<50 ppm) und zudem ideal an Kupfer – bei Thermospannungen von 0,3 μV/K – angepasst ist. Außerdem ist es extrem langzeitstabil, so dass sich auch unter hohen Temperaturbelastungen (>125 °C) und sehr langen Betriebszeiten (>2000 h unter Last) nur Widerstandsänderungen deutlich kleiner 0,1 % ergeben. Der Wärmewiderstand eines solchen Widerstands liegt bei etwa 2 K/W, so dass sich im Normalbetrieb bei 300 A Laststrom eine maximale Eigenerwärmung von 20 °C ergibt.

Des Weiteren wird ein hochgenaues Messsystem benötigt, das idealerweise über ein ASIC realisiert wird und dessen Blockdiagramm in Abb. 11.5 gezeigt wird. Es handelt sich hierbei um ein mehrkanaliges Messwerterfassungssystem, das mit 16-bit Auflösung arbeitet und sich durch eine sehr große Linearität (besser 0,01 %), ein sehr geringes Rauschen (die Rauschdichte liegt bei 35 nV/√Hz, dank des Chopping-Betriebes tritt kein 1/f Rauschen auf) sowie einen sehr geringen Offset (besser als 0,25 μV im gesamten Temperaturbereich) auszeichnet. Da das ASIC zudem einen programmierbaren Vorverstärker besitzt, lassen sich damit Eingangsspannungen von 7 bis 800 mV präzise erfassen.

Die so erfassten Messwerte werden von einem Mikrocontroller aus dem ASIC ausgelesen und nach Durchführung von Kalibrationsrechnungen über eine digitale Schnittstelle

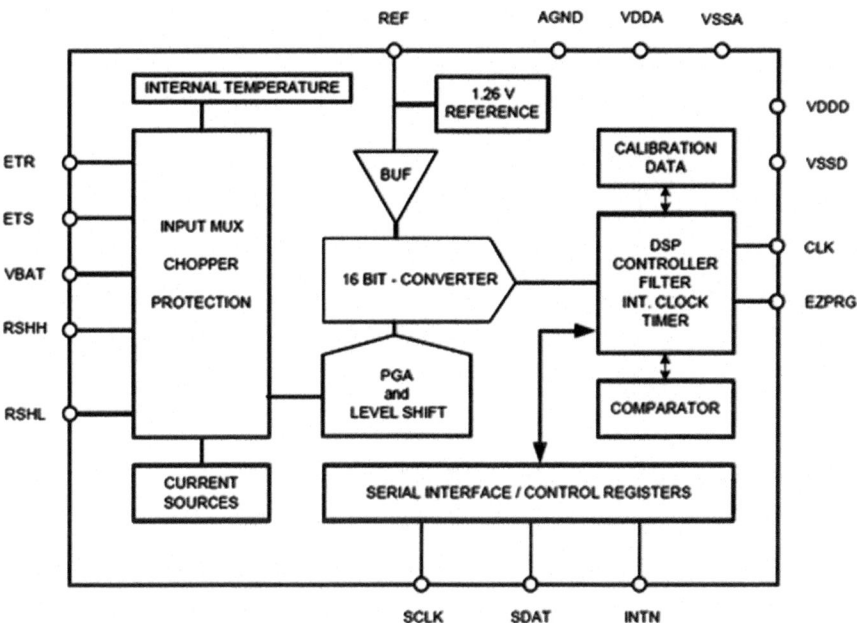

Abb. 11.5 Blockschaltbild des ISA-ASIC's

ausgegeben. Es gibt Realisierungen mit RS 485- und SPI-Schnittstelle, vor allem aber zeichnet sich ein Trend zum Einsatz des CAN-Busses ab. Da sehr kleine Spannungen erfasst werden, sollten die analogen Signalführungen kurz gehalten werden. Es verbietet sich eine analoge Übertragung des Messwertes.

Die digitale Übertragung ermöglicht zudem eine lokale Vorverarbeitung der Daten. So werden heute nicht mehr Rohdaten übermittelt, sondern die Daten können je nach Anforderung der Applikation bereits plausibilisiert, gemittelt, summiert oder anderweitig vorverarbeitet werden.

Die Sensoren sind galvanisch zwischen Messwerterfassungssystem und digitaler Schnittstelle isoliert. Hierfür stehen heute optische, induktive und kapazitive Übertrager zur Verfügung. Diese lassen sich platzsparend und kosteneffektiv in den Sensor integrieren.

Außerdem hat es sich in vielen Applikationen als vorteilhaft erwiesen, eine oder mehrere Spannungen mit dem gleichen Sensor zu erfassen. So können etwa die Gesamtzellspannung oder die Spannung am Vorschaltrelais gemessen werden und über die gleiche Schnittstelle übermittelt werden.

Da ein sicherer Betrieb der Batterie zu jedem Zeitpunkt gewährleistet sein muss, ist eine unabhängige Überstromüberwachung in den Sensor integriert. Hierbei kann der Anwender zwei Schaltschwellen für positive und negative Ströme parametrieren. Völlig unabhängig von der eigentlichen Messwerterfassung überwacht ein separater Schaltkreis auf dem ASIC den Strom und löst innerhalb weniger Mikrosekunden ein Überstromsignal aus.

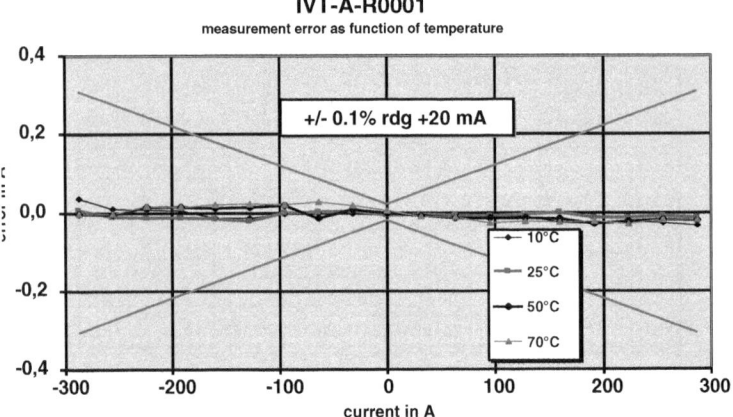

Abb. 11.6 Messung der Gesamtgenauigkeit an einem IVT-Sensor

Schließlich ist es häufig erforderlich, dass die Strommessung mit anderen Messungen im System synchronisiert wird. Deshalb kann die Messung über eine separate Signalleitung unabhängig von der digitalen Schnittstelle getriggert werden, um so die Synchronizität der Messwerte im System sicherzustellen.

Anwendung in der Praxis Shunt-basierte Sensoren werden bereits heute in Applikationen zur Bestimmung des Batteriegesamtstromes von Lithium-Ionen-Batterien eingesetzt. Herausragend dabei sind die im Praxiseinsatz erreichten Genauigkeiten. So konnte gezeigt werden, dass für einen Sensor mit einem 100 $\mu\Omega$ Widerstand und einer Dauerstromlast von 300 A eine Gesamtgenauigkeit von 0,4 % über den gesamten spezifizierten Temperatur- und Lebensdauerbereich garantiert werden kann. Der Offset eines solchen Systems liegt unter 20 mA, das RMS Rauschen im Bereich von 5 mA. Eine Messung der Gesamtgenauigkeit an einem IVT-Sensor ist in Abb. 11.6 dargestellt.

Die Federation Internationale de l'Automobile (FIA) hat sich entschieden, Shunt basierte Sensoren zur Überwachung des Reglements des elektrischen KER-Systems in den Fahrzeugen der Formel 1 zu nutzen. Beim KER-System wird die kinetische Energie des Rennwagens beim Bremsen teilweise in elektrische Energie umgewandelt und in einer Lithium-Ionen-Batterie gespeichert. Pro Runde darf der Fahrer maximal 400 kJ Energie für maximal 6,6 s abrufen und als zusätzlichen Schub zum Beschleunigen, etwa beim Überholen, einsetzen. Die Sensoren erfassen permanent den Gesamtstrom sowie die Gesamtspannung und errechnen daraus die aktuelle Leistung sowie die kumulierte Leistung. Diese Informationen werden über den CAN-Bus sowohl den Steuergeräten im Rennwagen als auch über Funkdiagnostik den Rennkommissaren während des Rennens zur Verfügung gestellt. Abbildung 11.4 rechts zeigt einen IVT-F-Sensor, der in der Formel 1 eingesetzt wird. Da die unterschiedlichen Teams mit jeweils unterschiedlichen Spannungen und Strömen arbeiten und zudem die mechanischen Adaptionen teamspezifisch sind, ist ein besonders flexibler Sensor erforderlich.

11.3 Ausblick

Da der Gesamtstromsensor ein zentrales Element der Batteriediagnostik ist, wird es in der Zukunft zwei Haupttrends geben. Zum einen werden Anstrengungen unternommen, um die Genauigkeit der Sensoren weiter in Richtung des technisch Erreichbaren zu treiben. Hierzu gehört die Implementierung von ausgefeilten Korrekturalgorithmen in immer leistungsfähigeren Mikrocontrollern. Zum anderen ist der Sensor Bestandteil eines Sicherheitskonzeptes der Gesamtbatterie. Eigenschaften wie Diagnosefähigkeit, Eigenüberwachung oder redundante Strommessung werden immer größere Bedeutung erlangen. In einem zukünftigen Sensor könnte ein magnetisches und ein widerstandsbasiertes Messverfahren kombiniert werden, um die notwendige hohe Ausfallsicherheit und Plausibilität der Messdaten sicherzustellen.

Literatur

1. Tille Th (2011) Sensoren im Automobil IV, expert Verlag Renningen. ISBN 978-3-8169-3066-2
2. Köhler U, Lorenz Th, Hohe H (2006) Neuartige dreidimensionale Magnetsensorik für Kraftfahrzeuganwendungen, Sensoren und Messsysteme 2006, Informationstechnische Gesellschaft im VDE
3. Hohe H (2005) Magnetfeldsensoren messen dreidimensional. Mechtronik 7
4. Popovic RS (1991) Hall effect devices. IOP Publishing, Bristol

Relais, Kontaktoren, Kabel und Steckverbinder

12

Hans-Joachim Faul, Simon Ramer und Markus Eckel

12.1 Einleitung

Das zuverlässige Schalten elektrischer Lasten in Automobilen wird seit jeher hauptsächlich durch elektromechanische Relais realisiert. Während die besonderen Betriebsbedingungen im Umfeld eines Fahrzeugs mit Verbrennungsmotor bereits zu einem speziellen Anforderungsprofil für solche Relais führen, kommen beim Einsatz im elektrifizierten Antriebsstrang vollkommen neue Anforderungen auf diese Komponenten zu. Dabei spielt die in der Regel erheblich höhere Spannungslage eine entscheidende Rolle. Während sich in Fahrzeugen mit Verbrennungsmotor für die Systemspannung seit vielen Jahrzehnten ein Standard von 12 V bzw. 24 V etabliert hat, liegt diese bei Hybrid- und Elektrofahrzeugen in der Regel bei einigen Hundert Volt. Im Nutzfahrzeugbereich werden sogar Spannungen bis an die Tausend Volt eingesetzt.

Gleichzeitig müssen die Hauptkontaktoren im Elektrofahrzeug in der Lage sein, bedeutend höhere Ströme dauerhaft zu führen und sicher zu schalten als dies bisher im klassischen Automobil der Fall war. Hinzu kommt eine erheblich höhere Anforderung an die elektrische Sicherheit, sollen doch gerade die Hauptkontaktoren im Fehlerfall eine sichere Trennung der Fahrzeugbatterie vom Fahrzeugnetz sicherstellen. Während für

H.-J. Faul (✉)
Tyco Electronics AMP GmbH, Tempelhofer Weg 62, 12347 Berlin, Deutschland
e-mail: joachim.faul@te.com

S. Ramer
LEONI Silitherm S.r.l., S.S 10 - Via Breda, 29010 Monticelli d'Ongina (PC), Italien
e-mail: simon.ramer@leoni.com

M. Eckel
Tyco Electronics AMP GmbH, Ampèrestraße 12-14, 64625 Bensheim, Deutschland
e-mail: meckel@te.com

R. Korthauer (Hrsg.), *Handbuch Lithium-Ionen-Batterien*,
DOI: 10.1007/978-3-642-30653-2_12, © Springer-Verlag Berlin Heidelberg 2013

das Schalten hoher Spannungen seit langer Zeit bewährte Technologien zur Verfügung stehen, ergeben sich im Umfeld des Automobils jedoch vollkommen neue Fragestellungen, die es erforderlich machen, entsprechend angepasste Lösungsansätze zu entwickeln.

12.2 Hauptfunktionen von Relais und Kontaktoren im elektrischen Antriebsstrang

Die unterschiedlichen Fahrzeugkonzepte mit elektrifiziertem Antriebsstrang – ob als Plug-in Hybrid, reines Elektro- oder auch Brennstoffzellenfahrzeug – haben gemeinsam, dass die Hochvoltbatterie durch Hauptkontaktoren dem Antriebsstrang zugeschaltet oder von diesem getrennt werden muss. Dabei werden in der Regel zwei Hauptkontaktoren eingesetzt, mit denen sowohl der positive Lastpfad als auch der negative Lastpfad geschaltet wird (Abb. 12.1). Durch das getrennte Schalten beider Lastpfade wird eine homogene Redundanz erreicht, die die Erfüllung der Sicherheits-Anforderungen gemäß ASIL sicherstellt [1].

Im Ausnahmefall sind bereits Fahrzeuge mit Hochvoltbatterien realisiert worden bzw. geplant, in denen lediglich ein Hauptkontaktor – in der Regel dann im positiven Zweig – zur Anwendung kommt. In Europa hat sich der zweifache Hauptkontaktor aber als Standard etabliert, nicht zuletzt auch durch die Forderungen in der durch die großen deutschen Fahrzeughersteller erstellten Liefervorschrift LV 123 [2].

Eine weitere Schaltfunktion, die letztlich in jedem Fahrzeug mit elektrifiziertem Antriebsstrang zu finden ist, ist das Vorladerelais. Da die Leistungsinverter für den Betrieb der Elektro-Motoren auf der Eingangsseite große Filterkapazitäten aufweisen, können die Kontaktoren nicht ohne weiteres den Hauptstromkreis schließen. Durch die anfangs ungeladenen Filterkapazitäten würden extrem hohe Einschaltstromspitzen entstehen, die die Schaltkontakte des Hauptkontaktors unzulässig hoch belasten würden und zu Kontaktverschweißungen führen könnten. Man verwendet deshalb ein Vorladerelais, mit dem die Filterkapazitäten über einen Vorladewiderstand bis zu einem Spannungsniveau von etwa 80–98 % der Batteriespannung vorgeladen werden (Abb. 12.1). Dieser Vorladevorgang benötigt nur wenige Zehntelsekunden, stellt aber sicher, dass die verbleibende Einschaltstromspitze für den Hauptkontaktor nur noch wenige hundert Ampere beträgt (Abb. 12.2). Das Vorladerelais schaltet dabei in der Regel eine durch den Vorladewiderstand auf etwa 10–20 A begrenzte Stromspitze ein, beim Öffnen ist der Strom jedoch durch die dann geschlossenen Hauptkontaktoren bereits auf Null abgesunken. Die sich ergebende Schaltsequenz und der Stromfluss sind in Abb. 12.3 dargestellt.

HV-Relais und -Kontaktoren werden in einer ganzen Reihe weiterer Anwendungsfälle in Hybrid- und Elektrofahrzeugen eingesetzt. Bei Fahrzeugen mit Ladeanschluss, also reinem Elektrofahrzeug oder Plug-in-Hybrid, ist der Ladeanschluss üblicherweise durch HV-Kontaktoren zu- bzw. abschaltbar. Des Weiteren werden HV-Relais in bestimmten Fällen in Entladestufen eingesetzt, mit denen – analog zum oben

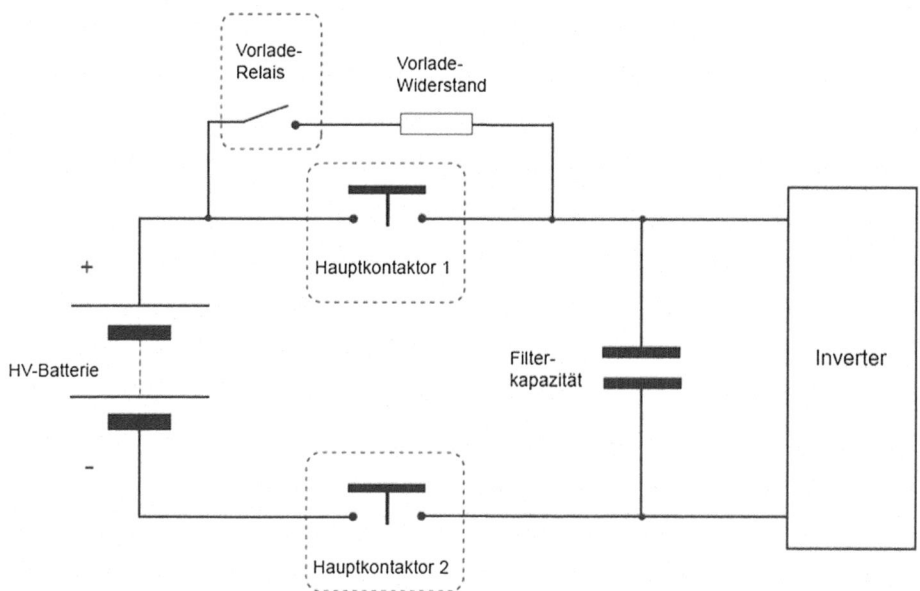

Abb. 12.1 Prinzipschaltbild eines HV-Bordnetz

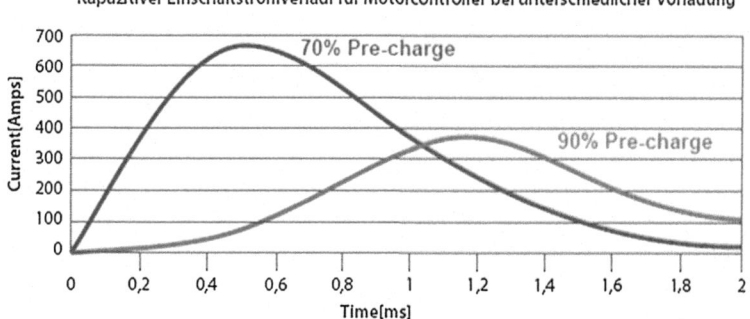

Abb. 12.2 Einschaltstromspitzen nach Vorladung

beschriebenen Vorladekreis – eine kontrollierte Entladung der Filterkapazitäten beim Abschalten des HV-Bordnetzes sichergestellt wird. Hier gilt es, die Restspannung unter eine Schwelle von 60 V innerhalb von maximal 5 s abzusenken. Ein ähnlicher Anwendungsfall kommt in Brennstoffzellen- Fahrzeugen vor, bei denen eine sichere Entladung brennstoffzellenseitig realisiert werden muss.

Zur Überwachung der Fahrzeugbatterie wird in der Regel die Klemmenspannung über Messleitungen der Battery Monitoring Unit (BMU) zugeführt. Diese Messleitungen

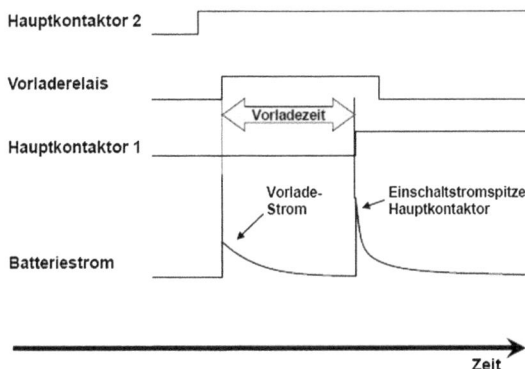

Abb. 12.3 Zeitverlauf der Vorladung

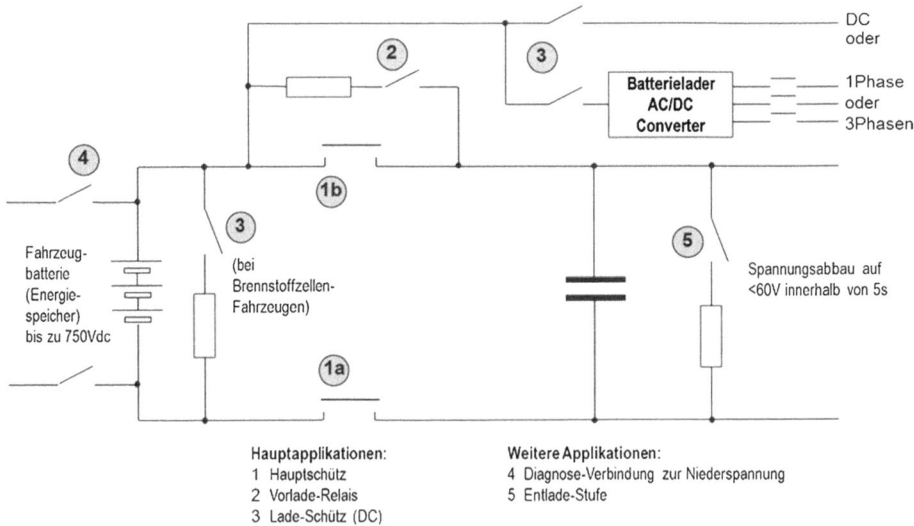

Abb. 12.4 Übersicht Relais- und Kontaktoren in HV-Bordnetzen

müssen jedoch über HV-fähige Relais geschaltet werden können, da sie eine Kopplung zwischen dem Hochvolt-Kreis und dem Niedervolt-Kreis im Fahrzeug darstellen. Diese Relais müssen zwar hohe Spannungen, aber keine bzw. nur sehr geringe Ströme schalten können.

Schlussendlich werden eine ganze Reihe von Nebenaggregaten, wie z. B. elektrische Heizungen, die durch das HV-Netz gespeist werden, von HV-Relais geschaltet. Die hier geforderten Schaltleistungen liegen zwar niedriger als bei den Hauptkontaktoren, können aber trotzdem bis in den Kilowatt-Bereich gehen.

Abbildung 12.4 zeigt eine Übersicht über die beschriebenen Anwendungsfälle.

12.3 Anwendungen in der Praxis

Von den vielfältigen Anforderungen, die an einen HV-Kontaktor in einem elektrifizierten Fahrzeug gestellt werden, spielen die Anforderungen an seine elektrische Leistungsfähigkeit eine zentrale Rolle und sollen hier detaillierter betrachtet werden. Auf die darüber hinaus gehenden Anforderungen hinsichtlich mechanischer Eigenschaften und Umgebungs- und Betriebsbedingungen soll in diesem Zusammenhang nicht näher eingegangen werden.

Unter regulären Betriebsbedingungen muss ein Hauptkontaktor den Betriebsstrom des Fahrmotors in jeder Situation sicher führen können, ohne überlastet zu werden. Die dabei auftretenden Spitzenströme ergeben sich aus der Systemspannung und der Maximalleistung des Fahrmotors. Dabei streut die Nennleistung der heutigen Fahrzeugkonzepte zwischen Klein- und Kleinstwagen im Bereich von lediglich 10–20 kW bis hin zu hochmotorisierten Sportfahrzeugen mit bis zu 400 kW naturgemäß sehr stark. In einem mittleren Leistungsbereich kann man jedoch von etwa 30–80 kW und einer Systemspannung von etwa 200–400 V ausgehen, was zu Spitzenfahrströmen im niedrigen dreistelligen Bereich (bis ca. 200 A) führt.

Dieser maximale Fahrstrom tritt dabei aber nur selten auf, üblicherweise in extremen Fahrsituationen, in denen zum Beispiel die maximale Fahrzeugbeschleunigung angefordert wird, hohe Anhängelasten zum Einsatz kommen oder extreme Steigungen bezwungen werden müssen. Die tatsächlich im Verlauf einer Fahrt auftretenden Fahrströme liegen in der Regel deutlich niedriger und unterliegen starken, kurzzeitigen Schwankungen, die von der jeweiligen Fahrsituation abhängig sind.

Das Führen dieser Lastströme stellt für einen Kontaktor zunächst lediglich eine entsprechende Wärmebelastung dar, die durch die am Durchgangswiderstand abfallende Leistung entsteht. Eine Abnutzung der Schaltkontakte und damit eine Begrenzung der erzielbaren Schaltspielzahl gehen damit nicht einher. Neben dem Durchgangswiderstand, der bei HV-Kontaktoren üblicherweise bei wenigen hundert Mikroohm liegt, ist der Querschnitt der angeschlossenen Lastkabel für die erzielbaren maximalen Dauerströme von entscheidender Bedeutung, da hierüber ein erheblicher Teil der Wärmeabfuhr aus dem Kontaktor stattfindet.

Da ein Kontaktor eine erhebliche thermische Trägheit aufweist, stellen kurzzeitige Stromspitzen bis zu einem Vielfachen des Dauerstromlimits auch über einen Zeitraum von etlichen Sekunden kein Problem dar. Entscheidend ist vielmehr der Mittelwert des Laststromes und die hierdurch erzeugte durchschnittliche Erwärmung. Die Grenze des zulässigen mittleren Laststromes ist dann erreicht, wenn die entstehenden Temperaturen – ausgehend von der Umgebungstemperatur des Kontaktors – das zulässige Limit erreichen. Dabei ist die Temperatur der Lastanschlüsse oft als schwächstes Glied anzusehen, diese sollte in der Regel Werte von etwa 140–160 °C nicht überschreiten. Gerade hier spielt die Wärmeabfuhr über die angeschlossenen Lastkabel bzw. Stromschienen eine entscheidende Rolle.

Während allgemein im Automobil je nach Einbauort Umgebungstemperaturen von bis zu 125 °C berücksichtigt werden müssen, sind die Hauptkontaktoren in Hybrid- und Elektrofahrzeugen jedoch meist nahe an der Hauptbatterie angeordnet, an der die für den Betrieb von

Lithium-Ionen-Batterien erforderlichen kontrollierten Temperaturbedingungen herrschen. Man kann deshalb in der Regel von maximalen Umgebungstemperaturen im Bereich von 60–70 °C ausgehen; das ist für die Dimensionierung der Kontaktoren von großem Vorteil.

Die erzielbare Schaltspielzahl eines Kontaktors bzw. eines Relais wird dahingegen durch die zu schaltende elektrische Last bestimmt, wobei neben der Höhe des Stroms und der Spannung insbesondere auch die induktiven und die kapazitiven Lastanteile berücksichtigt werden müssen. Der Hauptkontaktor im negativen Zweig wird – wie oben ausgeführt – in der Regel noch vor dem Vorladerelais, also vollkommen lastlos, geschlossen. Einschaltstromspitzen können hier jedoch auftreten, wenn batterie- bzw. inverterseitig eingesetzte Y-Kapazitäten sich über die Masseverbindung entladen. Je nach Einsatzbedingungen können diese Stromspitzen die Schaltkontakte soweit schädigen, dass eine erhebliche Lebensdauer-Reduzierung entsteht. Der Hauptkontaktor im positiven Zweig muss dahingegen die nach der Vorladung noch verbleibende Einschaltstromspitze der Filterkapazitäten einschalten. Beim regulären Abschalten des HV-Bordnetzes mit den Hauptkontaktoren ist der Inverter normalerweise bereits herabgeregelt, sodass die Kontaktoren auch hier keine nennenswerte elektrische Last abschalten müssen. In Summe liegen die Schaltlasten für die Hauptkontaktoren vergleichsweise niedrig und können durch die eingesetzten Bauformen problemlos abgedeckt werden. Die unter diesen Bedingungen erzielbaren Schaltspielzahlen sind wesentlich höher, als die aus der Gesamtlebensdauer des Fahrzeugs sich ergebenden Mindestanforderungen.

Demgegenüber ergibt sich jedoch eine teilweise sehr erhebliche Schaltbelastung, wenn die verschiedenen denkbaren Fehlerfälle betrachtet werden. Je nach der zugrunde liegenden Sicherheitsphilosophie sind beim Auftreten unerwarteter Überströme unterschiedliche Reaktionsmechanismen denkbar. In vielen Fällen werden durch die Überwachungselektronik nach einer gewissen Wartezeit beide Hauptkontaktoren geöffnet, um das HV-System spannungsfrei zu schalten. Die dabei zu schaltenden Ströme können weit über 1.000 A liegen. Sollte es sich bei der Ursache für den Überstrom um einen „harten" Kurzschluss im HV-System handeln, sind die heutigen Lithium-Ionen-Batterien in der Lage, innerhalb einer Zeitspanne im Bereich weniger Millisekunden Ströme von 6.000 A und mehr aufzubauen. Im Falle eines solchen harten Kurzschlusses ist allerdings davon auszugehen, dass die HV-Hauptsicherung den Kurzschluss trennt, lange bevor die Überwachungselektronik die Hauptkontaktoren öffnet. Die Hauptkontaktoren schalten dann nur noch lastfrei. Diese müssen jedoch den Kurzschlussstrom bis zum Durchschmelzen der HV-Sicherung führen, ohne Schaden zu nehmen. Insbesondere ein spontanes Verschweißen der geschlossenen Kontakte durch die extreme Strombelastung gilt es zu vermeiden.

Hinzu kommt die Gefahr der sogenannten Levitation, ein Effekt, der durch die elektromagnetische Wirkung des Laststroms eine Kraft erzeugt, die die geschlossenen Kontakte voneinander zu trennen versucht [3, 4]. Da diese Levitationskraft im Wesentlichen durch den elementaren physikalischen Effekt der Lorentzkraft bestimmt wird, lässt sie sich durch konstruktive Maßnahmen nur sehr bedingt beeinflussen. Bei der Auslegung eines HV-Kontaktors müssen die Kontaktkräfte so hoch dimensioniert werden, dass sie von der zu erwartenden Levitationskraft nicht kompensiert werden können. Während

Abb. 12.5 Levitationskraft in
Abhängigkeit des Stroms

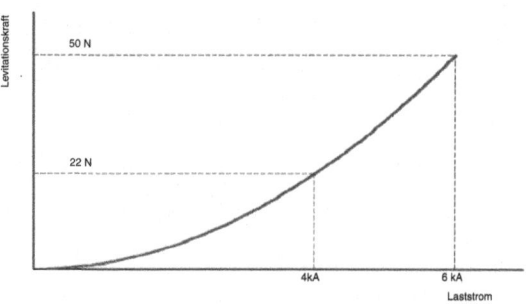

Abb. 12.6 Kennlinie von
Sicherung und Kontaktor

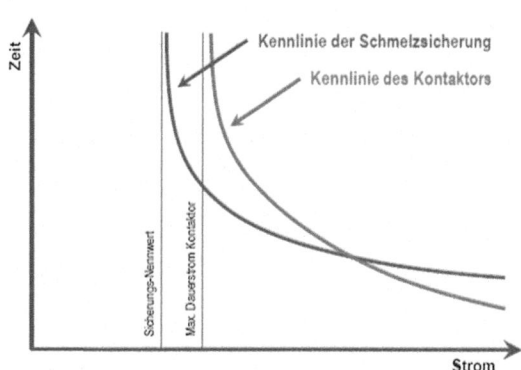

im Bereich der Normalbetriebsströme bei bis zu 300 A diese Levitationskraft nur sehr gering ist und bei der Auslegung komplett vernachlässigt werden kann, spielt sie wegen ihrer quadratischen Abhängigkeit vom Laststrom im kA-Bereich eine erhebliche Rolle und steigt bei 6 kA in eine Größenordnung von bis zu 50 N (Abb. 12.5). Die konstruktiv zu realisierende Kontaktkraft muss nicht nur diese Levitationskraft kompensieren, sondern auch noch genügend Reserve zur Sicherstellung der erforderlichen Schwing- und Schockfestigkeit des Kontaktors abdecken.

Darüber hinaus ist jedoch auch der Fall zu betrachten, dass ein „schleichender" Kurzschluss vorliegt, d. h. der Kurzschlussstrom steigt zwar gegenüber dem regulären Betriebsstrom stark an, wird aber in seiner Höhe durch verbleibende Impedanzen im Kurzschlusskreis begrenzt. Dies führt zu stark verlängerten Reaktionszeiten der Schmelzsicherung, die – je nach Höhe des Kurzschlussstroms – bis in den Minutenbereich gehen können. In der Folge müssen die Hauptkontaktoren, wenn sie durch die Überwachungselektronik nach der oben beschriebenen Wartezeit abgeschaltet werden, den vorliegenden Kurzschlussstrom trennen. Die dabei geforderte Schaltfähigkeit kann je nach System weit über 1.000 A liegen.

Die eingesetzten Kontaktoren müssen deshalb nicht nur diese maximal zu erwartenden Überströme schalten können, es muss darüber hinaus auch sichergestellt sein, dass ihre Stromtragfähigkeit die zu erwartenden Auslösezeiten der Sicherung abdeckt. Abbildung 12.6 zeigt exemplarisch die zu erwartenden Reaktionszeiten einer Schmelzsicherung in Abhängigkeit des Überstroms (durchgezogene blaue Linie), sowie die maximal zulässige

Zeit, während der ein Überstrom vom Kontaktor geführt werden kann (gestrichelte rote Linie). Kommt es – wie in Abb. 12.6 dargestellt – zu einer Überkreuzung der beiden Kennlinien, kann dies bei den entsprechenden Strömen zu verschweißten Kontakten führen.

12.4   Ausführungsbeispiele

Um die oben beschriebenen Anforderungen an die Hauptkontaktoren möglichst optimal erfüllen zu können, haben sich unterschiedliche Konstruktionsprinzipien bewährt. Für das Schaltvermögen ist dabei die Kontrolle des beim Schalten entstehenden Lichtbogens von entscheidender Bedeutung. In vielen realisierten Ausführungen werden deshalb hermetisch geschlossene Kontaktkammern eingesetzt, die mit einem Schutzgas befüllt werden. Die am häufigsten verwendeten Schutzgase sind dabei Stickstoff, Wasserstoff oder SF_6. Neben einer kühlenden Wirkung und, im Fall einer Druckbefüllung, einer gewissen Einschnürung des Lichtbogens sorgt die Schutzgasfüllung auch für einen wirkungsvollen Schutz der Kontaktmaterialien vor Korrosion, wodurch auf den Einsatz von Edelmetallen wie Silber in der Regel verzichtet werden kann und Kontaktstücke aus reinem Kupfer eingesetzt werden können. Abbildung 12.7 zeigt beispielhaft den grundsätzlichen Aufbau eines stickstoffgefüllten Kontaktors für Dauerströme bis zu 135 A.

Alternativ zu gasbefüllten Kontaktkammern gibt es auch Bauformen, die ohne eine Gasfüllung auskommen. Zur zuverlässigen Löschung des Schaltlichtbogens kommen dort meist höhere Kontaktabstände zum Einsatz. Da solche Kontaktkammern in der Regel nicht hermetisch geschlossen sind, herrscht in ihnen der atmosphärische Druck der Umgebungsluft; dies erfordert die Sicherstellung der zuverlässigen Schaltfunktion auch in den zu erwartenden Einsatzhöhen über Meeresspiegelniveau.

Als zusätzliche Maßnahme werden sowohl bei gasgefüllten als auch bei nicht gasgefüllten Kontaktkammern Blasmagnete eingesetzt, deren Magnetfeld das Lichtbogenplasma derart ablenkt, dass eine Verlängerung des Lichtbogens und auch eine Einschnürung erreicht wird. Dies führt wiederum zu einem schnelleren Verlöschen. Die Blasmagnete werden dabei so angeordnet, dass deren Magnetfeldvektor senkrecht zur Lichtbogenrichtung steht. Bei den eingesetzten Brückenkontakten mit zwei ortsfesten Festkontakten und einer beweglichen, beide Festkontakte miteinander verbindenden Kontaktbrücke, ergeben sich dabei zwei Lichtbögen, auf die jeweils ein Magnetpaar ausgerichtet ist. Bei entsprechender Polaritätswahl werden die Lichtbögen dann durch die Kraft F voneinander weg zu den Seiten der Kontaktkammer hin abgelenkt (Abb. 12.8).

Die Ablenkungsrichtung ist dabei von der Richtung des Laststromes abhängig: Bei entgegen gesetzter Stromrichtung erfolgt die Ablenkung der Lichtbögen nicht nach außen, sondern zur Mitte hin. Dies birgt die Gefahr, dass es zu einer Verbindung der beiden Lichtbögen kommt und als Folge zu einem Kurzschluss zwischen den beiden Festkontakten über den Lichtbogen. Bei Kontaktoren dieser Bauart ist deshalb stets die

Abb. 12.7 Beispiel für einen
stickstoffgefüllten Kontaktor

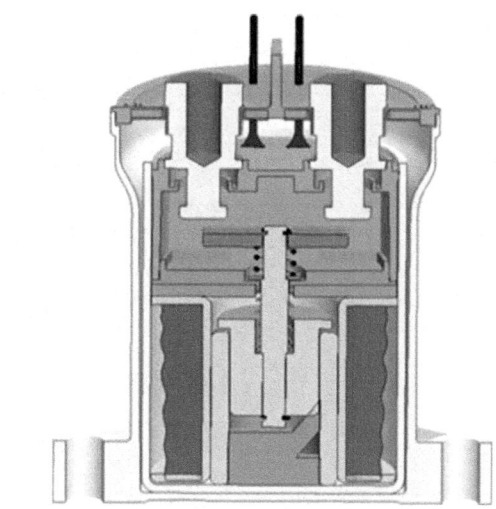

Abb. 12.8 Wirkung von
Blasmagneten bei einem
Brückenkontakt

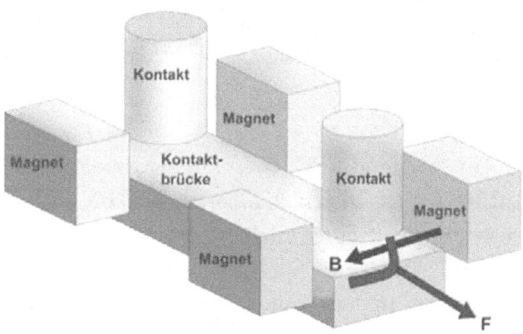

Vorzugsrichtung des Laststroms zu beachten bzw. dafür Sorge zu tragen, dass der zulässige Schaltstrom in Rückwärtsrichtung niemals überschritten wird.

Bei reinen Elektro- und Hybridfahrzeugen ist dies insbesondere dann zu berücksichtigen, wenn Systeme zur Bremsenergie-Rückgewinnung (Rekuperation) zum Einsatz kommen und nicht ausgeschlossen werden kann, dass während einer Rekuperationsphase der Kontaktor geschaltet werden muss.

Da die Kontaktsysteme von HV-Kontaktoren aufgrund der hohen Anforderungen an das Schalt- und das Stromführungsvermögen mit erheblichen Kontaktkräften und vergleichsweise großen Kontaktabständen dimensioniert werden müssen, erfordert die Betätigung der Kontaktsysteme entsprechend starke Ansteuerspulen mit einer hohen Leistungsaufnahme. Diese lässt sich nur durch Auslegung von sehr großvolumigen Spulen reduzieren, die jedoch erhebliche Nachteile bei Baugröße, Gewicht und Kosten mit sich bringen.

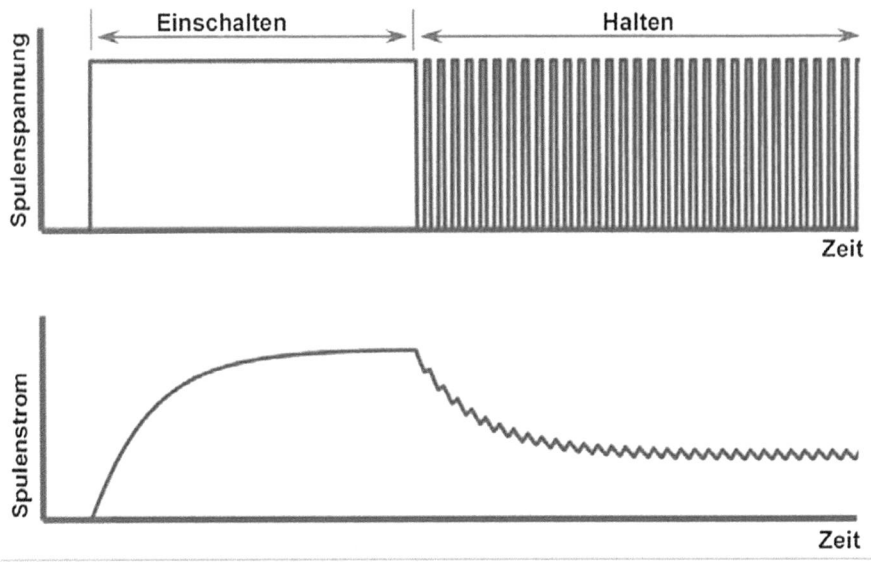

Abb. 12.9 Spulenstromabsenkung durch Spannungstaktung

Um während des Betriebs des Kontaktors diese Leistung trotzdem nicht dauerhaft zur Verfügung stellen zu müssen, wird oft nach erfolgtem Einschalten eine Spulenstromabsenkung auf einen Haltewert eingesetzt. Diese Absenkung geschieht normalerweise durch Taktung der Spulenspannung mit einer Frequenz in der Größenordnung von 15–20 kHz. In der Austastlücke fliest dabei der Spulenstrom infolge der Selbstinduktion über einen Freilaufkreis mit einer zur Spule parallel geschalteten Diode, sodass sich ein leicht pulsierender Spulenstrom einstellt, der nur noch einen Bruchteil des zum Schließen des Kontaktors erforderlichen Stromes darstellt (Abb. 12.9).

Die Taktfrequenz darf nicht zu niedrig gewählt werden, da es sonst zu Brummgeräuschen kommen kann und eventuell damit einhergehende Mikrobewegungen der Schaltkontakte zu Schäden am Kontaktor führen können.

Der durch die Taktung sich einstellende mittlere Strom ist vom Widerstand der Spulenwicklung und damit von der Temperatur abhängig, die den Spulenwiderstand stark beeinflusst. Der zum sicheren Halten des geschlossenen Kontaktes erforderliche Spulenstrom ist jedoch von der Temperatur nahezu unabhängig. Eine ideale Stromabsenkung sollte daher einen immer gleichen mittleren Spulenstrom erzeugen, in dem das Puls-Pausenverhältnis der Taktung durch Pulsweitenmodulation (PWM) an den jeweils vorliegenden „Heißwiderstand" der Spule angepasst wird. Oft wird eine entsprechende PWM- Steuerung durch eine kleine Elektronik-Baugruppe direkt im Kontaktorgehäuse, einem sogenannten „Economizer", realisiert. Es werden aber auch externe PWM-Steuerungen eingesetzt, die dann Teil des Steuergeräts im Fahrzeug sind.

Abb. 12.10 Freilaufbeschaltung

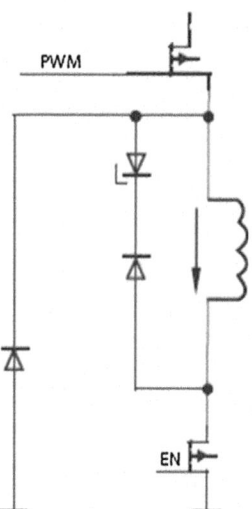

Ein weiterer Aspekt, den es bei der Auslegung der Spulenansteuerung zu beachten gilt, ist die Form der sogenannten Abmagnetisierung. Die im Magnetfeld der Kontaktorspule gespeicherte Energie muss beim Abschalten des Kontaktors möglichst schnell abgebaut werden, denn nur so ist eine optimale Öffnungsgeschwindigkeit der Kontakte, d. h. eine möglichst kurze Brenndauer des Lichtbogens sichergestellt. Die oben beschriebene Freilaufdiode würde jedoch einen vergleichsweise langsam abklingenden Freilaufstrom trotz „harten" Abschaltens der Spule erlauben. Um dies zu verhindern, wird zur Abmagnetisierung eine Zener-Diode eingesetzt, die in einem separaten Freilaufkreis mit einer Normaldiode antiparallel geschaltet wird (Abb. 12.10). Durch die an der Zenerdiode abfallende Zenerspannung wird ein entsprechend schneller Abbau der im Magnetfeld gespeicherten Energie sichergestellt.

Alternativ zu der dargestellten Ansteuerung mit getakteter Spulenspannung werden auch Spulensysteme mit zwei Wicklungen eingesetzt. Hierbei dient die erste, leistungsstärkere Wicklung zum Einschalten des Kontaktors und die zweite, leistungsschwächere Wicklung zum Halten. Es können aber auch zum Einschalten beide Wicklungen zusammengeschaltet werden, und zum Halten dann eine der beiden Wicklungen abgeschaltet werden. Die entsprechende Umschaltung wird ebenfalls meist durch eine kleine Elektronik-Baugruppe direkt im Kontaktorgehäuse realisiert.

Vor-/Nachteile der unterschiedlichen Bauformen Während sich gasgefüllte Kontaktkammern in der Vergangenheit bei den meisten industriellen Anwendungen von Kontaktoren bewährt haben, rücken bei den neuen Anwendungsfeldern in der Automobilindustrie die damit verbundenen Kosten immer weiter in den Vordergrund. Die Fahrzeughersteller unternehmen große Anstrengungen, die Kosten der alternativen Antriebssysteme zu minimieren. Demzufolge bieten atmosphärische Kontaktkammern hier einen entscheidenden Vorteil, da der sehr aufwendige Prozess der Gasfüllung und der hermetischen Versiegelung der Kontaktkammer wegfällt.

Darüber hinaus stellt die Gasfüllung der Kontaktkammer insofern ein zusätzliches Risiko für die Sicherheit und Zuverlässigkeit des Systems dar, da ein Entweichen der Gasfüllung während der Lebensdauer – beispielsweise in Folge einer Vorschädigung – nicht vollkommen ausgeschlossen werden kann. Die damit einhergehende Reduzierung der Schaltfähigkeit des Kontaktors kann zum kompletten Systemausfall führen.

Auf der Ansteuerseite bieten Kontaktoren mit integriertem Economizer bzw. mit einem Zweispulensystem und integrierter Umschaltung den Vorteil, dass der Anwender keinerlei Vorkehrungen zur Reduzierung der Spulenleistung, wie beispielsweise eine PWM-Ansteuerung, vornehmen muss. Andererseits bietet die in den Steuergeräten verbaute Elektronik und der dort eingesetzte Mikroprozessore in Verbindung mit den vorhandenen Relaistreibern oftmals bereits die Möglichkeit, eine PWM-Ansteuerung durch die Implementierung entsprechender Software-Routinen zu verwirklichen. In solchen Fällen ist es kostenmäßig vorteilhaft, auf die Realisierung einer PWM-Ansteuerung im Steuergerät zurückzugreifen und die Zusatzkosten einer Kontaktor-internen Leistungsreduzierung zu vermeiden.

12.5   Zukünftige Entwicklungen bei den Kontaktoren

Die weitere Entwicklung im Bereich der Hochvoltkontaktoren für Hybrid- und Elektrofahrzeuge wird wesentlich geprägt werden durch Fragen, die zukünftige Anforderungen an Kontaktoren betreffen. So muss grundsätzlich damit gerechnet werden, dass zukünftige Batteriesysteme auf Lithium-Ionen-Basis noch geringere Innenwiderstände haben werden als heute. In Konsequenz führt dies zu noch höheren Kurzschlussströmen der Batterien. Gleichzeitig führt aber auch der Einsatz kleinerer Batteriesysteme mit geringerer Leistung und reduziertem Energieinhalt in Hybridfahrzeugen und in Elektrofahrzeugen der Kompaktklasse zur Reduzierung der Kurzschlussstrom-Anforderungen.

Im Gegensatz zu reinen Hybrid- bzw. Elektrofahrzeugen ist bei Brennstoffzellen-Fahrzeugen damit zu rechnen, dass die Motorleistungen auf deutlich höherem Niveau liegen werden. Hier ist demzufolge nicht nur mit höheren Anforderungen an den Dauerstrom an die Kontaktoren zu rechnen, sondern auch mit entsprechend höheren an den Kurzschlussstrom.

Einen nicht zu unterschätzenden Einfluss auf den Einsatz von HV-Kontaktoren und die von ihnen geforderten Eigenschaften geht von der Sicherheitsphilosophie für das HV-Bordnetz aus [5]. Nach derzeitigem Stand der Normung muss mit Hilfe der Hauptkontaktoren das HV-Bordnetz allpolig unter allen Betriebsbedingungen sicher abgeschaltet werden können. Je nach der Höhe der zu erwartenden Kurzschlussströme sind dazu nur Kontaktoren in der Lage, deren Kontaktsystem entsprechend leistungsfähig dimensioniert wurden ist. Eine detaillierte Analyse aller denkbaren Betriebszustände und der damit einhergehenden Systemparameter ist dabei von größter Wichtigkeit, um die spezifischen

Anforderungen an alle Systemkomponenten für einen jederzeit sicheren Zustand des Gesamtsystems definieren zu können. Eine solche Bewertung ist demzufolge nur auf der Ebene des Gesamtsystems durchführbar. Damit wird eine enge Zusammenarbeit zwischen den Herstellern von Batteriesystemen, Kontaktoren, Sicherungen und Leitungssystemen für eine optimale Abstimmung dieser Systemkomponenten untereinander und mit dem Gesamtsystem in Zukunft von immer größerer Wichtigkeit sein.

12.6   Verkabelung von Lithium-Ionen-Batterien

Lithium-Ionen-Batterien, wie sie für Hybrid- und rein elektrisch betriebene Fahrzeuge konzipiert werden, sind komplexe Systeme die aus zahlreichen einzelnen Speicherzellen bestehen. Um das für alternative Antriebstechnologien benötigte Spannungsniveau von mehreren hundert Volt zu erreichen, werden die einzelnen Zellen zu Speichermodulen zusammengefasst, die wiederum zu einem Gesamtspeicher verbunden werden. Um eine dauerhafte Zuverlässigkeit bei unterschiedlichen Ladezuständen zu gewährleisten, ist eine sorgfältige Überwachung der auftretenden Spannungen und Temperaturen zwingend erforderlich. Nur so kann eine frühzeitige Problemerkennung und verlässliche Warnfunktion sichergestellt werden. Des Weiteren müssen innerhalb der Zellen als auch zwischen den einzelnen Modulen hohe Stromstärken übertragen werden. Die durch die Batterie bereit gestellte Leistung wird letztendlich in den HV-Komponenten des Gesamtsystems verbraucht.

Zur Erfüllung all dieser Aufgaben werden im Wesentlichen drei Arten von Verbindungsleitungen erforderlich: Leitungen mit großem Leiterquerschnitt zum Führen hoher Ströme mit hohen Spannungen, Leitungen im kleineren Leiterquerschnittsbereich zur Übertragung von Hochvolt-Signalen oder aber zur Übertragung von kleinen Spannungen. Die Anforderungen an diese verschiedenen Verbindungsleitungen gestalten sich sehr unterschiedlich.

12.7   Anforderungen an die Leitungen

Die Verkabelung der Lithium-Ionen-Batterie umfasst typischerweise einen Niedervolt-Kabelsatz, der die Sensorik mit dem Steuergerät verbindet sowie eine Hochvolt-Verkabelung für die Modulverbindung und die elektrische Versorgung des Fahrzeugs. Da die Signal-Verkabelung einem konventionellen Bordnetz sehr ähnlich ist, kommen hier viele Niedervolt-Leitungen zum Einsatz, die den gängigen Standards, wie zum Beispiel der deutschen Liefervorschrift LV 112 [6], sowie der internationalen ISO 6722 [7] entsprechen. Es handelt sich hierbei um Standardprodukte, die in großen Mengen im Serieneinsatz sind und sich am Markt etabliert haben. Mit rund 90 % Anteil stellen die Niedervolt-Leitungen den größten Teil der innerhalb der Hochvolt-Batterie verbauten Kabel. Bei der Konzeption der Batterie ist sicherzustellen, dass der Niedervolt-Kabelsatz nicht in Berührung mit Hochvoltpotentialen oder Hochvoltleitungen kommt. Die HV-Verkabelung besteht aus speziellen Leitungen in orangener Signalfarbe, an die erhöhte Anforderungen gestellt werden:

- Auslegung für Spannungen bis max. 600 V
- Eignung der HV-Leitungen für die Übertragung von hohen Stromstärken
- Übertragung von kurzzeitigen Stromspitzen unter Vermeidung von Überhitzung
- Hohe Flexibilität der Leitung
- Eignung für enge Biegeradien.

Die Notwendigkeit von hochflexiblen HV-Leitungen bei gleichzeitigem Einsatz sehr enger Biegeradien ist auf die beengten Platzverhältnisse innerhalb der Batterie zurück zu führen. Hier sind insbesondere sehr kurze Verbindungslängen kritisch. Je nach Konzept werden die Leitungen während der Konfektion geschweißt, was kurzzeitig sehr hohe Temperaturen von über 200 °C erfordert. Dies muss bei der Auslegung von Leitungsmaterialien entsprechend berücksichtigt werden. Für die Hochvolt-Leitungen, welche innerhalb der Lithium-Ionen-Batterie zum Einsatz kommen, ist aufgrund des umschließenden Metallgehäuses keine gesonderte Schirmung notwendig. Anders verhält es sich bei den Verbindungen von der HV-Batterie zu den Aggregaten innerhalb des Fahrzeugs, welche mit einem zusätzlichen Schirm zum Schutz vor elektromagnetischer Abstrahlung versehen werden.

Bei den eingesetzten HV-Leitungen handelt es sich im Vergleich zu den etablierten Standardleitungen zum großen Teil um neue bzw. kundenspezifische Produkte. Aktuell laufen Aktivitäten, um Geometrie und Anforderungen für diese Komponenten zu standardisieren.

12.8   Leitungen für die Verkabelung

Die klassischen Niedervolt-Kabel mit typischen Querschnitten von 0,35 bis 0,5 mm² verbinden das Batteriesteuergerät (BCU), die Sensorelektronik (CSE) sowie externe Sensoren für die Temperaturüberwachung. Zum Einsatz kommen hier insbesondere PVC isolierte Leitungen mit dünnen Wandstärken, die für einen Einsatz bis zu einer DC-Spannung von 60 V ausgelegt sind. Die Leitungen werden auf die benötigte Länge gebracht, mit Steckverbindern oder Kabelschuhen versehen und zu einem Leitungssatz, wie in Abb. 12.11 dargestellt zusammen geführt. Solch ein Kabelsatz hat je nach Anwendungsfall eine Gesamtleitungslänge von 30 bis 50 Metern.

HV-Leitungen innerhalb einer Batterie können in den beiden Einsatzgebieten sensorische und stromübertragende Verbindung unterschieden werden. Es werden spezielle Hochvoltrelais eingesetzt, um die Batterie im Ruhezustand oder im Fehlerfall sicher vom Bordnetz zu trennen. Die Relais werden mittels einer ungeschirmten HV-Leitung mit einem Querschnitt von 0,5 mm² angebunden. Aufgrund der vorherrschenden Spannungslage von mehreren hundert Volt wird die Leitung mit dickeren Wandstärken für den Einsatzbereich bis max. 600 V ausgelegt. Da diese Verbindung keine Leistung

Abb. 12.11 Niedervolt-Leitungssatz einer Lithium-Ionen-Batterie. *Quelle* LEONI

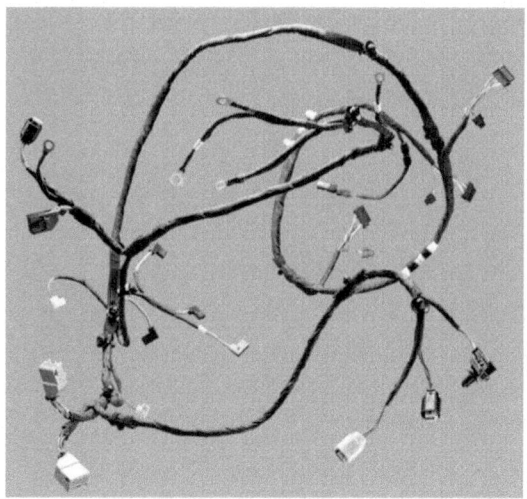

Abb. 12.12 Einzelnes Modul einer Lithium-Ionen-Batterie mit HV-Leitung als Modulverbinder

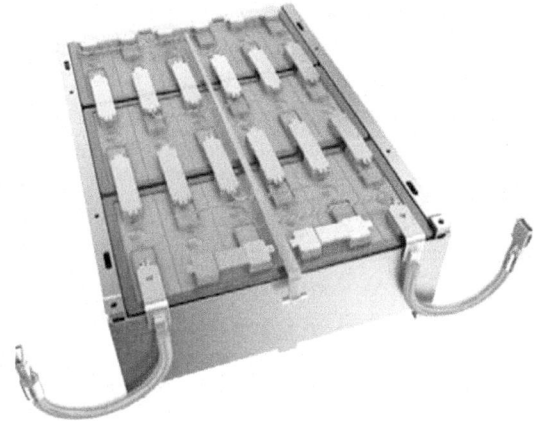

sondern lediglich HV-Signale zu übertragen hat, ist ein solch kleiner Querschnitt ausreichend. Vergleichbare Leitungen kommen auch zur Versorgung der Temperatursensoren zum Einsatz. Dies ist aufgrund des anliegenden Spannungspotentials notwendig. Im Bereich der stromführenden HV-Leitungen sind je nach zu übertragender Leistung weitaus höhere Leiterquerschnitte in Anwendung.

So werden für die Verbindung mehrere Module untereinander ungeschirmte Leitungen des Querschnittsbereichs 10 mm² und größer verwendet (wie in Abb. 12.12). Auch hier ist eine Auslegung der Isolation auf 600 V notwendig. Aufgrund des sehr begrenzten Bauraumes werden zum Teil besonders weiche Isolationsmaterialien sowie spezielle hochflexible Leiteraufbauten gewählt. Platz kann auch durch die Wahl kleinerer Querschnitte und somit verringerte Kabeldurchmesser eingespart werden. Dies führt durch die

Tab. 12.1 Übersicht Isolationsmaterialien für HV Leitungen [LEONI]

Dauergebrauchstemperatur	105 °C	125 °C	150 °C	175 °C	180 °C/200 °C
Isolationswerkstoff	PVC PP	Vernetztes PE TPE-S TPE-O	Vernetztes PE TPE-E	ETFE	FEP Silikon

Abb. 12.13 Aufbau einer geschirmten HV-Leitung [*Bild* LEONI]

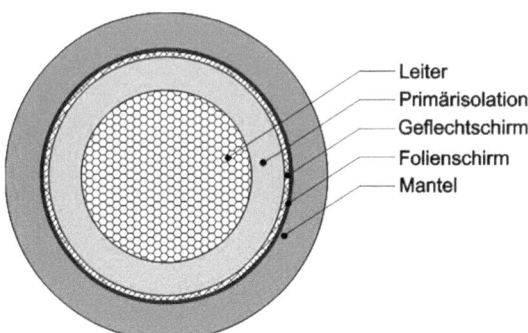

Leiter
Primärisolation
Geflechtschirm
Folienschirm
Mantel

Verlustleistung jedoch zu einer erhöhten Eigenerwärmung der Leitung, die bei der Auslegung der eingesetzten Werkstoffe als auch des Thermomanagements der Batterie mit zu berücksichtigen ist. Eine Übersicht über eine Auswahl typischer Isolationsmaterialien bei Hochvolt-Leitungen unterschiedlicher Dauergebrauchstemperaturen gibt Tab. 12.1.

Nach aktuellem Stand der Technik hat sich bei der Anbindung der einzelnen Zellen innerhalb eines Moduls der Einsatz von metallischen Stanzgittern bewährt. Diese haben gegenüber einer Verbindung mittels hochflexibler Kupfergeflechte Vorteile hinsichtlich eines geringeren Verbrauchs an Bauraum wie geringerer Kosten. Zudem können durch die Schweißbarkeit niedrigste Widerstände sichergestellt werden.

Von der Lithium-Ionen-Batterie ausgehend beginnt das über das gesamte Fahrzeug verteilte HV-Bordnetz außerhalb der Batterie. In der 2-phasigen Anbindung werden in der Regel einzeln geschirmte Leitungen, wie in Abb. 12.13 dargestellt, verbaut. Je nach Leistung der Batterie variieren die Querschnitte der Leitungen von 16 bis zu 50 mm², in besonderen Fällen auch darüber hinaus. Insbesondere bei Hybridantrieben ist auch hier eine hohe thermische Beständigkeit der Leitungen notwendig, da diese oftmals parallel zum Abgasstrang verlegt werden und sie somit zusätzlich zur Eigenerwärmung durch Verlustleistung noch hohen Temperaturen von außen ausgesetzt sind.

12.9 Zukünftige Entwicklungen bei den Leitungen

Zur Einbindung der Lithium-Ionen-Batterie in das HV-System eines Fahrzeugs sind unterschiedliche Kabelsätze notwendig. Innerhalb der Batterie werden insbesondere Komponenten für die Überwachung des Systems mittels eines Niedervolt-Leitungssatzes verbunden.

Aufgrund der Funktion sowie der Topologie der Lithium-Ionen-Batterie werden zusätzlich noch HV-Leitungen benötigt, die hierbei sowohl Aufgaben im Bereich der Sensorik-Anbindung als auch der Leistungsübertragung übernehmen. An diese Leitungen werden spezielle Anforderungen gestellt, die einen besonderen Aufbau zur Folge haben. Zusätzlich ist hierbei die Schnittstelle zu den Steckverbinderkomponenten zu beachten und gesondert abzustimmen.

Für zukünftige Lithium-Ionen-Batterien ist vorstellbar, die Querschnitte der Hochvolt-Leitungen basierend auf zunehmender Erfahrung aus dem Serieneinsatz weiter zu reduzieren und Gewicht und Bauraum zu sparen. Auch die Substitution der in den stromführenden Verbindungen eingesetzten Kupferleiter mit hohen Querschnitten durch entsprechende Aluminiumleiter kann in nachfolgenden Generationen zu weiterer Gewichtsoptimierung beitragen.

12.10 Steckverbinder und Terminals

Die Anforderung an die Übertragung von elektrischen Leistungen in Hybrid-, Brennstoffzellen- und Batteriefahrzeugen führte zu einer neuen Generation von automobilen HV-Steckverbindern. Innerhalb des Fahrzeugbordnetzes wird das Hochvoltsystem separat vom 14 V Bordnetz aufgebaut. Die zu kontaktierenden HV-Komponenten und deren Einbaubedingungen geben die Anforderungen an die HV-Steckverbinder vor. Ein Systemüberblick des Hochspannungsbordnetzes (Abb. 12.14) zeigt folgende Kernkomponenten die mit HV-Steckverbindern zu verbinden sind:

- Energiespeicher (Batterie, Ultrakondensatoren, Brennstoffzelle etc.)
- Hochspannungsschalt- und Verteilereinheit mit HV-Komponenten (Relais, Leistungs widerstände,Sicherungen)
- Spannungswandler HV-DC/LV-DC, zur Versorgung des 14 V Bordnetzes
- Spannungswandler HV-DC/HV-DC, zur Versorgung des Elektroantriebes
- Elektromotor
- Ladeschnittstelle zum Netz.

Der Pfad der Ladesteckdose bei Plug-in Fahrzeugen stellt eine Besonderheit bezüglich der normativen Auslegung dar. Die Trennung des fahrzeuginternen HV-Kreises vom Versorgungsnetz findet meist im internen Ladegerät statt. In diesem Bereich müssen automotive Normen wie auch energietechnische Normen berücksichtigt werden.

12.11 Produktanforderung

Ohne eine Bündelung der verschiedenen Produktanforderung würde es zu einer unüberschaubaren Produktvielfalt von HV-Steckverbindern innerhalb des HV-Bordnetzes kommen. Daher wurden diese Anforderungen im Rahmen eines Arbeitskreises der

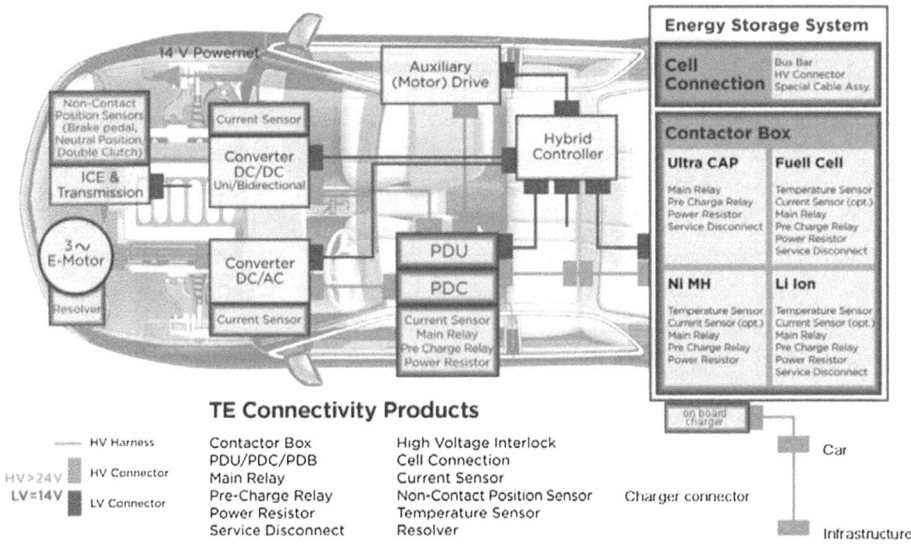

Abb. 12.14 Systemüberblick HV – Bordnetz

deutschen Automobilhersteller in der LV 215-1 [8] definiert. Dieser Ansatz führt zu einer Standardisierung und Verwendbarkeit der HV-Steckverbinder an verschiedenen Komponenten. Um die Nutzung unter den vielen möglichen Einsatzbedingungen zu gewährleisten, wurde ein mehr als 50 Punkte umfassender Katalog an Forderungen festgelegt.

Die wichtigsten Produktmerkmale sind:

- Maximale DC-Betriebsspannung 850 V DC
- Umgebungstemperatur im Einsatz −40 °C bis 140 °C
- Berührgeschützt nach IP2XB (VDE-Finger) [9] im ungesteckten Zustand
- Steckverbinder ist in orange auszuführen oder mit Aufkleber zu kennzeichnen
- Verpolsichere, vertauschsichere Verbindung
- Voreilender Signalkontakt (Interlock) zum Abschalten des Leistungspfades
- Einzig geschirmte Steckverbinder sind zulässig
- Schirmung mittels eines Übergangswiderstandes von kleiner 10 mΩ über Gesamtlebensdauer
- Stromtragfähigkeit des Schirms von 10 A Dauer und 60 s 25 A Fehlerstrom
- Primär und Sekundärverriegelung der Leistungskontakte
- Eindeutige Kodierung und ausreichende Gehäusevorführung
- Maximale Steckkraft von 100 N
- Vibrationsbelastung bis Schärfegrad 3 nach LV 214-1 [10]
- Dichtheit im gesteckten Zustand entsprechend IP6K9K, IPX7 [9]
- Ein- und mehradrige geschirmte Leitungen sind zulässig

Abb. 12.15 Stiftleiste mit
VDE-Finger

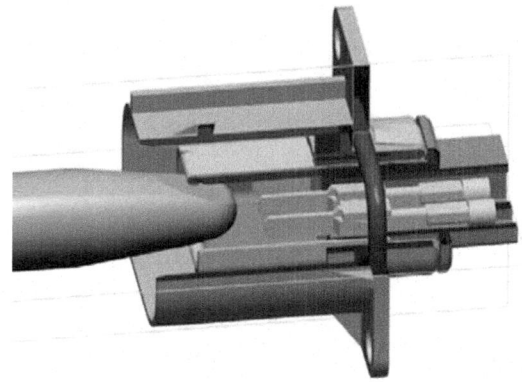

- Luft- und Kriechstrecken gemäß IEC 60664-1 [11]
- Spannungs- und Isolationsfestigkeit nach ISO 6469-3 [12]
- Geschraubte Terminals mit der Leistungsübertragung über ein Kabelschuh
- Einteilung der HV-Steckverbinder und Terminals in verschiedene Klassen über Leitungsquerschnitt und Stromtragfähigkeit.

Viele dieser Produktmerkmale haben auf die konstruktive Auslegung der HV-Steckverbinder einen großen Einfluss und wurden bisher in dieser Kombination noch nicht gefordert. Maximale DC-Betriebsspannungen bis 850 V erfordern im Vergleich zum 14 V Steckverbinder viel größere Luft- und Kriechstrecken. Um den benötigten Steckerbauraum klein zu halten, werden optimierte Isolationsgeometrien benötigt. Umgebungstemperaturen von bis zu 140 °C sind sicher nur bei einzelnen Anwendungen zu erwarten. Um eine universelle Einsetzbarkeit zu gewährleisten, wurde die Forderung aber als Standard festgelegt.

Der Berührschutz IP2XB [9] im ungesteckten Zustand erfordert im Steckverbinder wie auch in der gegenüberliegenden Stiftleiste zusätzliche konstruktive Maßnahmen, wie z. B. Wände (Abb. 12.15), die ein Eindringen verhindern. Ab einem Leitungsquerschnitt von ca. 25 mm² wird das Berühren der stromführenden Kontakte durch die Verwendung eines Rundkontaktes mit Fingerschutzkappe am sichersten verhindert.

Voreilende Signalkontakte, auch als HV-Interlock (HVIL) bezeichnet, werden beim Abziehen des Steckverbinders von der Stiftleiste vor der Leistungskontaktierung unterbrochen. Die Auswertung des Interlocksignals und die anschließende Abschaltung des Leistungspfades muss die Auswerteelektronik vornehmen. Bei Gleichspannung an den Leistungskontakten könnte sonst ein Lichtbogen entstehen, der zu einer Zerstörung der Leistungskontakte und zur Gefährdung des Handhabenden führen würde.

Die Verpolsicherheit und die Kodierbarkeit mit ausreichender Gehäusevorführung stellen Forderungen dar, die aus Spezifikationen des LV 215-1 [8] übernommen werden. Nur gedichtete und geschirmte Steckverbinder sind dort spezifiziert.

Die benötigte Schirmung wird nicht nur über ihre EMV-Dämpfungseigenschaften spezifiziert, sondern auch über den Gleichstrom-Durchgangswiderstand von kleiner

10 mΩ über die gesamte Lebensdauer. Außerdem müssen ein Dauerstrom von 10 A und ein Fehlerstrom von 25 A über 60 s geführt werden können. Solche Anforderung bedingen hoch leitfähige Kupferlegierungen mit sehr guten Kontaktierungseigenschaften. Die Verbindung der Leitungsschirmung auf die Steckerschirmung, der Steckerschirmung auf die Stiftleiste sowie der Stiftleiste auf das Aggregat müssen bei der Einhaltung der 10 xxOhm berücksichtigt werden. Bei der Leitungsschirmung wird zwischen Einzelschirmung und mehreren Adern in einem Schirm unterschieden. Der Steckverbinder wird für einen der genannten Leitungsschirmkonzepte ausgelegt.

Die maximale Steckkraft von 100 N kann bei verwendeten Leitungsquerschnitten wie z. B. 50 mm² nur über Steck- und Ziehhilfen erreicht werden. Als Steck- und Ziehhilfe wird meist ein Hebel eingesetzt.

Die Vibrationsanforderung nach LV 214-1 Schärfegrad 3 (Anbau nahe am Verbrennungsmotor) stellt für HV-Steckverbinder eine der größten Herausforderungen dar. Aufgrund der großen Masse der Leitung und des Steckverbinders ist die resultierende Eigenfrequenz des Komplettsystems gegenüber den leichteren 14 V Steckverbinder stark herabgesetzt. Das aufgebrachte Vibrationsprofil kann deshalb ohne aufwendige Maßnahmen zu einem starken Verschleiß der Kontaktpunkte führen. Einfache Gegenmaßnahmen sind das effektive Abbinden und die Verringerung des Leitungsgewichtes über einen Aluminiumleiter. Geschraubte Terminals bieten aufgrund ihres konstruktiven Aufbaus das beste Vibrationsverhalten und sollten bei hohen Vibrationsbelastungen eingesetzt werden.

Die Einteilung der HV-Steckverbinder sowie der geschraubten Terminals erfolgt über den Leitungsquerschnitt sowie die Stromtragfähigkeit. Nach der LV 215-1 [15] konstruierte Steck- und Terminalsysteme werden nachfolgend aufgezeigt.

12.12 HV-Steckverbinder und geschraubte Terminals

Die Einteilung der HV-Stecksysteme sowie der Terminals erfolgt in fünf Klassen (Tab. 12.1):

Klasse 1 (25 A): Leitung von 2,5 bis einschließlich 4 mm   (Stecksystem)
Klasse 2 (40 A): Leitung von 4 bis einschließlich 6 mm²   (Stecksystem)
Klasse 3 (80 A): Leitung von 6 bis einschließlich 16 mm²   (Stecksystem)
Klasse 4 (200 A): Leitung von 16 bis einschließlich 50 mm²   (Stecksystem und Terminal)
Klasse 5 (400 A): Leitung von 70 bis einschließlich 120 mm²   (Terminal)

Alle dargestellten Steckverbinder und Terminals können geschirmte HV-Leitungen nach der LV 216-2 [13] aufnehmen. Dieser HV-Leitungsstandard definiert die geometrischen Abmessungen und die Freigabeprüfungen von geschirmten Kupfer- und Aluminiumleitungen (Abb. 12.16).

Je nach Anwendungsfall sind 2- oder 3- polige HV-Steckverbinder in 90 oder 180 Leitungsabgangsrichtung sinnvoll; bevorzugt werden letztere eingesetzt.

Abb. 12.16 Steckverbinder
und Terminals der Klassen 1, 2,
4 und 3 Phasenstecker

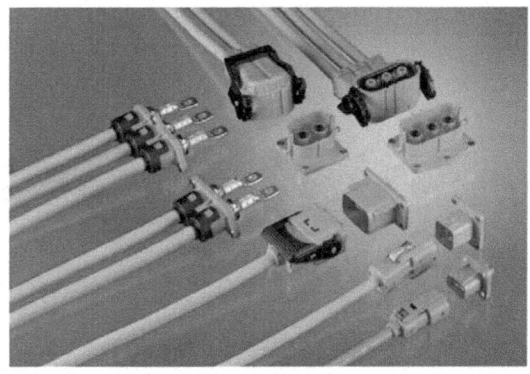

12.13 Ladesteckdose

Die standardisierten Ladesteckdosen nach IEC 62196-1/-2 [14, 15] unterscheiden drei
Typklassen. Alle Typen werden mit 10.000 Steckzyklen unter Verschmutzungsbedingun-
gen getestet. Die maximale Umgebungstemperatur beim Ladevorgang ist mit 50 °C spezifiziert. Die Glühdrahtbeständigkeit der Kunststoffgehäuse benötigt besondere Zusätze,
die die Verarbeitbarkeit und die mechanischen Materialeigenschaften verschlechtern.
Steckverbinder im HV-System im Fahrzeug haben diese Anforderung nicht.

Bei der Ladesteckdose Typ 2 [Abb. 12.17 (links)] beträgt die maximale Spannung
500 V. Der dargestellte Aufbau ermöglicht die Übertragung von 70 A einphasig oder
63 A dreiphasig. Der 3- Phasenstecker [Abb. 12.17 (rechts)] verbindet die Typ 2 Ladesteckdose mit dem internen Ladegerät und somit das HV-Bordnetz mit dem Energiever-
sorgungsnetz (Abb. 12.14).

12.14 Zukünftige Entwicklungen bei den Steckverbindern und
Terminals

Die elektrische Leistungsübertragung spielt für das Gesamtsystem in Hybrid-, Brenn-
stoffzellen- und Batteriefahrzeugen eine wichtige Rolle. Abhängig vom Systemaufbau
werden an HV-Steckverbinder und Terminals unterschiedlichste Anforderungen gestellt.
Über ein modular aufgebautes 5 Klassen Baukastensystem können die Variantenvielfalt
reduziert und gleichzeitig fast alle Anwendungsbereiche abgedeckt werden.

Um zukünftige HV-Steckverbinder und Terminals weiter für die Anforderungen des
HV-Bordnetzes zu optimieren, muss ein ganzheitlicher Systemansatz gewählt werden.
Dieser Ansatz betrachtet den Steckverbinder nicht mehr alleine als verbindendes Glied
zwischen den Komponenten, sondern bezieht ihn in die Auslegung des Gesamtsystems
mit ein. Heutige Derating-Kurven nach LV214-1 [10] stellen Laborwerte zur Verfügung,

Abb. 12.17 TYP 2 Ladesteckdose (*links*), 3-Phasen-Stecker (*rechts*)

die nur eine Indikation der Stromtragfähigkeit unter realen Fahrzeugbedingungen geben. Weiterführende Systembetrachtungen erlauben z. B. geringere Leitungsquerschnitte und somit Gewichts- und Kosteneinsparungen im Gesamtsystem.

Literatur

1. ISO 26262 „Road vehicles – Functional safety"
2. OEM-Grundlagenpapier „Elektrische Eigenschaften und elektrische Sicherheit von Hochvolt-Komponenten in Kraftfahrzeugen – Anforderungen und Prüfungen" (Ausgabe 2009 – 05)
3. Kroeker M, Faul J LV 123 Besondere Anforderungen an HV-Schütze in Hybrid- und Elektrofahrzeugen, TE Connectivity
4. Kroeker M (2011) Untersuchungen der Stromtragfähigkeit und des Schaltvermögens von Kontaktanordnungenin nicht hermetisch gedichteten Schaltkammern bei 400 V, 21. Albert Keil Kontaktseminar Karlsruhe, VDE Fachbericht 67
5. ISO 6469 Electrically propelled road vehicles – Safety specifications
6. LV 112 (2006) Elektrische Leitungen für Kraftfahrzeuge einadrig, ungeschirmt, November 2006
7. International Standard ISO 6722-1 (2011) Road vehicles – 60 V and 600 V single core cables – Part 1, Dimensions, test methods and requirements for copper conductor cables, 4. Aufl. 15 Okt 2011
8. LV 215-1 (2011) Elektrik/Elektronik Anforderung an HV-Kontaktierungen
9. IEC 60529 (1991) (DIN 40050-9) Schutzarten durch Gehäuse (IP-Code)
10. LV 214-1 (2010) KFZ Steckverbinder – Prüfvorschrift
11. IEC 60664-1 (2008) Isolationskoordinaten für elektrische Betriebsmittel in Niederspannungsanlagen
12. ISO 6469-3 (2010) Electrically propelled road vehicles – Safety specification – Part 3: Protection of persons against electric shock

13. LV 216-2 (2011) Hochvolt – Mantelleitungen geschirmt für Kraftfahrzeuge und deren elektrische Antriebe

14. IEC 62196-1 (2011) Stecker, Steckdosen, Fahrzeugsteckvorrichtungen und Fahrzeugstecker – Konduktives Laden von Elektrofahrzeugen Teil 1: Generelle Anforderungen

15. IEC 62196-2 (2010) Stecker, Steckdosen, Fahrzeugsteckvorrichtungen und Fahrzeugstecker – Konduktives Laden von Elektrofahrzeugen Teil 2: Anforderung an und Hauptmaße für die Austauschbarkeit von Stift und Buchsenvorrichtungen

Thermisches Management der Batterie

13

Michael Günther Zeyen und Achim Wiebelt

13.1 Einleitung

Eine Lithium-Ionen-Batterie für mobile Anwendungen benötigt ein leistungsfähiges Thermomanagement, um die geforderte Lebensdauer von mehr als 10 Jahren sowie die volle Leistungsentfaltung und Verfügbarkeit unter allen Betriebs- und Umgebungsbedingungen zu gewährleisten. Das Thermomanagement umfasst dabei sowohl Kühlungs- als auch Heizungsaufgaben. Da sich hinter dem Begriff Lithium-Ionen-Batterie eine Vielzahl von Varianten verbergen, die sich in ihrer Zellchemie und ihrem Zellaufbau erheblich unterscheiden, muss das Thermomanagement stets den individuellen Ansprüchen der konkreten Variante angepasst sein. Ähnlich verhält es sich mit der Vielzahl von unterschiedlichsten Fahrzeugapplikationen, die vom kleinen Stadtwagen bis zum Sportwagen und von einem Fahrzeug mit einer milden Hybridisierung bis zum reinen Elektrofahrzeug reichen. Auch hier ergeben sich grundsätzlich unterschiedliche Anforderungen an das Thermomanagement der Antriebsbatterie. Eine wesentliche Rolle spielt ferner die Integration in die fahrzeugseitigen Thermokreisläufe. Die Fahrzeughersteller verfolgen hier teilweise völlig unterschiedliche Strategien.

Im Folgenden wird die Notwendigkeit eines leistungsfähigen Thermomanagements im Detail erläutert und anschließend werden konkrete Lösungen aufgezeigt und diskutiert.

M. G. Zeyen (✉)
vancom GmbH & Co. KG, Marie-Curie-Straße 5, 76829 Landau, Deutschland
e-mail: m.zeyen@vancom.de

A. Wiebelt
Behr GmbH & Co. KG , Heilbronner Str. 393, 70469 Stuttgart, Deutschland
e-mail: achim.wiebelt@behrgroup.com

R. Korthauer (Hrsg.), *Handbuch Lithium-Ionen-Batterien*,
DOI: 10.1007/978-3-642-30653-2_13, © Springer-Verlag Berlin Heidelberg 2013

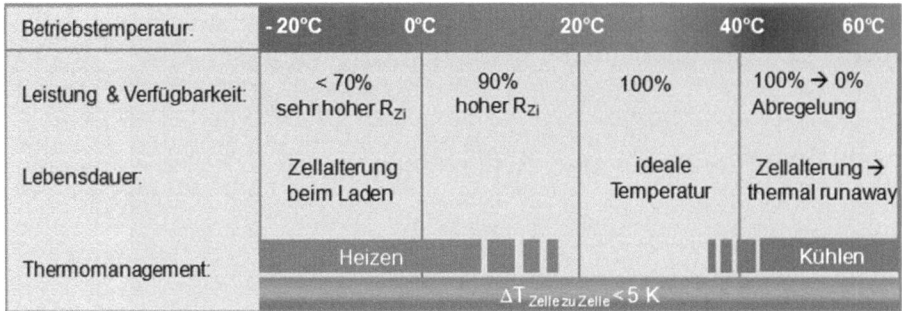

Abb. 13.1 Zusammenhang Betriebstemperatur, Thermomanagement und Lebensdauer

13.2   Anforderungen

Die optimale Betriebstemperatur einer Lithium-Ionen-Batterie liegt etwa im Bereich zwischen 20 °C und 40 °C (Abb. 13.1). In diesem Temperaturbereich besitzt die Lithium-Ionen-Batterie die höchste Leistungsfähigkeit bei gleichzeitig noch tolerierbarem Alterungsverhalten. Bei höheren Lebensdaueranforderungen sollte sich die Auslegung der Kühlung eher an der unteren Temperaturgrenze orientieren, da die Zellalterung mit der Temperatur zunimmt.

Bei Betriebstemperaturen unter 20 °C steigen die Innenwiderstände der Zellen überproportional mit sinkender Temperatur an, wodurch die Leistungsfähigkeit der Batterie und somit die dem Antrieb zur Verfügung gestellte Leistung entsprechend abnimmt. Im Bereich unter 0 °C kann dieses Leistungsdefizit bis zu 30 % betragen, unter −20 °C sogar deutlich mehr. Bei Minustemperaturen treten zudem spezielle Alterungsmechanismen auf, die zu einer irreversiblen Schädigung der Zellen führen können. Der wichtigste dieser Art ist das sogenannte Lithium-Plating. Hierbei kommt es beim Ladevorgang der Zelle zum Abscheiden von reinem Lithium an der Anode. Dies führt zu einer Reduktion der Zellkapazität, im schlimmsten Fall kann es zu einem inneren Kurzschluss kommen, wenn das abgeschiedene Lithium Dendrite bildet, die sich von der Anode bis zur Kathode erstrecken. Da Lithium-Plating nur beim Laden der Zelle auftritt, lässt sich diese Art der Alterung natürlich vermeiden, indem die Betriebsstrategie bei negativen Batterietemperaturen die Energieaufnahme ausschließt. Das hieße aber, dass dann keine Rekuperation von Bremsenergie erfolgen könnte, was die Gesamteffizienz bei Hybridfahrzeugen und die Reichweite bei Elektrofahrzeugen inakzeptabel reduzieren würde. Um die volle Verfügbarkeit und die volle Leistungsfähigkeit der Batterie gewährleisten zu können, ergibt sich daraus für das Thermomanagement die Notwendigkeit, die Zellen durch Heizen möglichst schnell und effizient auf positive Temperaturen zu bringen.

Auch bei Betriebstemperaturen jenseits der 40 °C altern Lithium-Ionen-Zellen überproportional schnell. Hier sind es Alterungsmechanismen, denen die Arrhenius-Gleichung zugrunde liegt. Als Faustregel gilt, dass sich die Lebensdauer halbiert, wenn die

Betriebstemperatur um 10 K angehoben wird. Wäre demnach mit einer dauerhaften Betriebstemperatur von 40 °C eine Lebensdauer von 10 Jahren zu erwarten, würde dieser Wert auf 5 Jahre sinken, wenn die Betriebstemperatur permanent bei 50 °C liegen würde. Bei noch höheren Temperaturen kann es zur thermischen Zersetzung des Elektrolyten kommen und als Folge daraus zur Entflammung der Zelle. Um einem solchen Vorfall sicher zu begegnen, muss die Kühlung so leistungsfähig ausgelegt werden, dass unter allen Umgebungs- und Betriebsbedingungen die maximal erlaubte Temperatur eingehalten werden kann. Überschreiten die Zelltemperaturen dennoch diese Temperaturgrenze, muss das Batteriemanagementsystem die Leistungsabgabe der Batterie abregeln.

Mit der Gewährleistung, dass die Batterie die vorgegebene Maximaltemperatur nicht überschreitet, ist die Aufgabe des Thermomanagements jedoch noch nicht erfüllt. Ebenso wichtig ist es, die Batterie möglichst homogen zu temperieren. So sollen die Temperaturen der Zellen untereinander, jeweils gemessen an derselben Stelle an der Zelle, weniger als 5K Unterschied haben. Gerade bei großen Batterien, bei denen die am weitesten voneinander entfernten Zellen durchaus mehr als einen Meter Distanz haben können, stellt diese Anforderung an die Temperaturhomogenität eine höchst anspruchsvolle Herausforderung dar. Werden die Zellen nicht homogen temperiert, altern die Zellen unterschiedlich und der Balancing-Aufwand, mit dem die Zellen stets auf gleichem Ladeniveau gehalten werden, steigt an. Dadurch verringert sich der nutzbare Energieinhalt der Batterie.

13.3   Zelltypen und Methoden zur Zelltemperierung

Ein effektives Kühlkonzept auf Zellebene ist die notwendige Basis für ein leistungsfähiges Thermomanagement. Wie dieses gestaltet werden muss, hängt vom Typ der Zelle, ihren äußeren Abmaßen, ihrem inneren Aufbau sowie der Höhe des abzuführenden Wärmestromes ab. In Abb. 9.4 sind die derzeit am Markt befindlichen Zelltypen gezeigt. Bei der Rundzelle und der prismatischen Hardcase-Zelle ist das Aktivmaterial, bestehend aus Elektroden und Separatoren, in der Regel zu einem Wickel aufgerollt und in ein stabiles Gehäuse aus Aluminium eingefügt. Bei der Pouch-Zelle werden die einzelnen Lagen des Aktivmaterials gestapelt oder gefaltet und in einer flexiblen Aluminiumverbundfolie verpackt. Aus Kühlungssicht hat die Rundzelle gegenüber der prismatischen und der Pouch-Zelle geometrische Nachteile. Das relativ geringe Verhältnis Oberfläche zu Volumen beeinträchtigt den Wärmeabtransport aus dem Zellinnern an die Oberfläche, so dass sich im Zellinnern größere radiale Temperaturgradienten ausbilden. Zudem erschwert die gewölbte Außenfläche ein thermisch optimales Kontaktieren von Wärmeleitelementen, mit denen die Abwärme der Zelle zu einer Wärmesenke abgeführt werden kann. Da jedoch nicht nur Kühlungsaspekte bei der Auswahl eines geeigneten Zelltyps eine Rolle spielen, sondern auch Kriterien wie Verfügbarkeit, Serienreife, Sicherheit, Lebensdauer und nicht zuletzt Kosten, kommt die Rundzelle derzeit relativ häufig zum Einsatz.

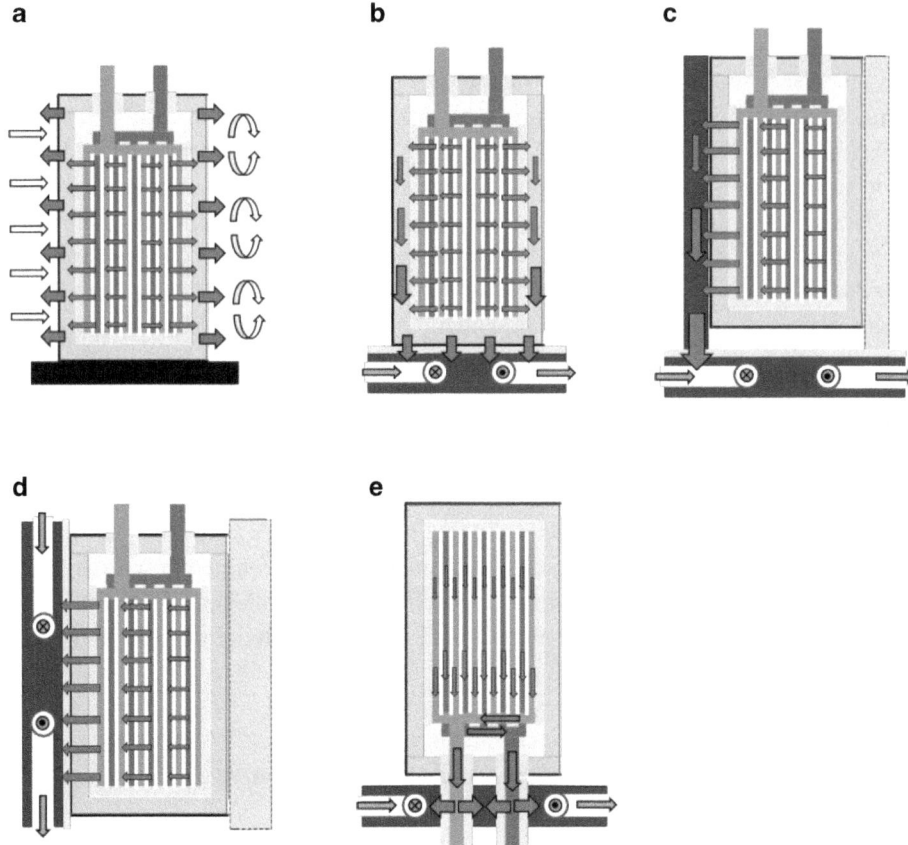

Abb. 13.2 Prinzipielle Methoden der Zellkühlung: **a** Luftkühlung, **b** Bodenkühlung, **c** Seitenkühlung (passiv), **d** Seitenkühlung (aktiv), **e** Ableiterkühlung

Allen drei Zelltypen ist gemeinsam, dass die Wärmeleitung λ_{II} entlang der Elektroden sehr gut ist (20 W/m/K < λ_{II} < 50 W/m/K). Dies ergibt sich aus dem physikalischen Umstand, dass eine gute elektrische Leitfähigkeit auch eine gute Wärmeleitfähigkeit bedingt. Senkrecht zu den Lagen ist die Wärmeleitung $\lambda_{\perp}$ dagegen um bis zu zwei Größenordnungen schlechter (0,5 W/m/K < $\lambda_{\perp}$ < 2 W/mK). Die Bandbreite der angegebenen Wärmeleitfähigkeiten ergibt sich zum einen durch die verschiedenartigen Aktivmaterialien, die unterschiedliche Zellhersteller verwenden. Zum anderen spielt die elektrische Leistungsanforderung an die Zelle eine Rolle. So haben Zellen für Elektrofahrzeuge einen etwas anderen inneren Aufbau und somit auch andere thermische Eigenschaften als Zellen für Hybridanwendungen.

In Abb. 13.2 sind prinzipielle Kühlkonzepte für die Zelle schematisch dargestellt.

Bei der Luftkühlung (Abb. 13.2a) umströmt Kühlluft die Zelle und kühlt dabei die frei zugänglichen Oberflächen. Da diese Art der Kühlung keine direkte thermische Kontaktierung der Zelle erfordert, gestaltet sich die Schnittstelle zum Kühlsystem relativ einfach und ist daher aus pragmatischen Gründen oftmals erste Wahl. Allerdings ist der Bauraumbedarf für die Kühlluftkanäle zwischen den Zellen erheblich. Die Kühlungseffektivität, insbesondere die Homogenität der Zellkühlung, ist häufig nicht zufriedenstellend.

Dagegen sind Kühlungsarten, die die Zelle thermisch kontaktieren und die Wärme über Wärmeleitung abführen, in Punkto Bauraumbedarf und Kühlungseffektivität der Luftkühlung deutlich überlegen. Es ergeben sich aber neue Herausforderungen bei der Gestaltung der thermischen Kontaktierung. Die Schnittstelle zum Kühlsystem ist komplexer, da sich der Kühlapparat in direktem Kontakt mit den elektrischen Komponenten der Batterie befindet. Bei Zellen mit geringer Höhe und genügend dicken Zellwänden reicht es aus, lediglich den Zellboden mit einer Kühlplatte zu kontaktieren (Abb. 13.2b). Ist dies nicht hinreichend, müssen zusätzlich Wärmeleitelemente zwischen den Zellen (Abb. 13.2c) vorgesehen werden, die den Wärmetransport zur Kühlplatte unterstützen. Diese machen jedoch die Kühlung schwerer und teurer.

Die thermodynamisch beste Lösung stellen fluidführende Kühlbleche (Abb. 13.2d) zwischen den Zellen dar, da der Wärmeleitpfad vom Zellinnern bis zum Kühlfluid sehr kurz und somit die Temperaturhomogenität in der Zelle sehr hoch ist. Allerdings ist diese Lösung auch die schwerste und teuerste.

Eine besonders effiziente Art der Kühlung stellt die Ableiterkühlung dar (Abb. 13.2e). Hierbei wird direkt über die Elektroden das Zellinnere gekühlt. Besonders Pouch-Zellen sind für diese Art der Kühlung geeignet, da sie über flache und somit relativ gut kontaktierbare Ableiter verfügen. In allen Fällen wird die Abwärme der Zellen in eine Kühlplatte geleitet. Dort nimmt entweder Kühlwasser oder ein verdampfendes Kältemittel die Wärme auf und führt sie über das Kühl- oder Kältesystem des Fahrzeugs an die Umgebung ab.

13.3.1 Batteriekühlung

Umgebungsluft ist für die Kühlung der Lithium-Ionen-Batterie gerade im Sommer nicht geeignet. Der Temperaturunterschied zwischen Umgebungstemperatur und der maximal zulässigen Batterietemperatur ist zu gering, um die Abwärme der Batterie mit vertretbarem Aufwand abzuführen. Will man auch bei sommerlichen Umgebungsbedingungen die volle Verfügbarkeit der Batterie sicherstellen, verbleibt somit als einzige im Fahrzeug zur Verfügung stehende und aktiv zu beeinflussende Methode zur Wärmeabfuhr der Kältekreislauf der Klimaanlage. Die Batterieabwärme kann dabei über konditionierte Luft, direkt über Kältemittel aus dem Kältekreislauf der Klimaanlage oder einem eigenen Kühlmittelkreislauf abgeführt werden (Abb. 13.3). Die Methode, die zum Einsatz kommt, hängt vom Einsatzprofil des jeweiligen Fahrzeugtyps ab. Jede Kühlungsmethode hat ihre spezifischen Vor- und Nachteile, alle werden zurzeit in Serienapplikationen eingesetzt und sollen im Folgenden vorgestellt werden.

Kühlungsmethode mit Luft Bei der Kühlungsmethode mit Luft wird die Kühlluft durch große Kanäle zur Batterie geführt. Nachdem die Luft sich beim Durchgang durch die

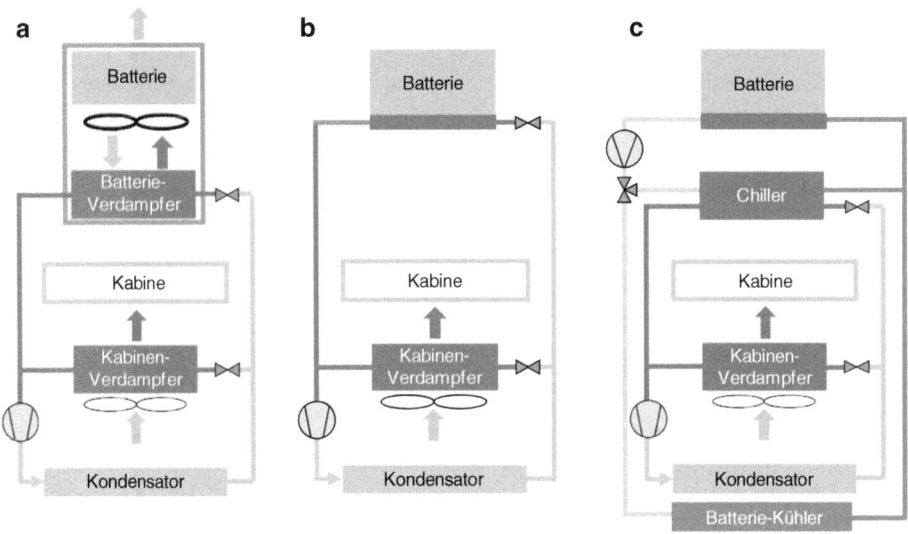

Abb. 13.3 Batteriekühlkonzepte: **a** mit Luft, **b** mit Kältemittel direkt, **c** mit Kühlmittel (Sekundärkreislauf)

Batterie und entlang der Zellen erwärmt hat, wird sie oft direkt an die Umgebung abgegeben. Diese sehr einfache Kühlmethode hat mehrere prinzipbedingte Nachteile. Dazu gehören die großen Luftführungskanäle von und zur Batterie, das Gewicht des Gebläses und gegebenenfalls diese störenden Geräusche im Innenraum sowie auch Sicherheitsaspekte bei der Nutzung von Kabinenluft, wenn eine direkte Verbindung zwischen Kabine und der Batterie besteht. Zur Vermeidung von inneren Verschmutzungen der Batterie, die im Zusammenhang mit Feuchtigkeit Kriechströme verursachen können oder den Wärmeübergang beeinträchtigen, muss die Luft gefiltert werden.

Wenn zur Kühlung Kabinenluft verwendet wird, kann die Batterie nicht unabhängig von der Kabine gekühlt werden. In manchen Betriebspunkten ergibt sich dann ein Zielkonflikt zwischen Kabinenkomfort und Batteriekühlung. Diesen Nachteil vermeidet man mit einem separaten Kleinklimagerät für die Batterie ähnlich einem Heckklimagerät in einem Oberklassefahrzeug, welches parallel zum Kabinenklimagerät geschaltet ist. Diese Methode ist als Teilbild a in Abb. 13.3 dargestellt. Der Batterieverdampfer kühlt die Batterie über den Luftstrom eines Ventilators. Nachteilig an dieser Methode sind das Zusatzgewicht und der zusätzlich erforderliche Bauraum, wodurch sich die systemische Energiedichte weiter verringert. Vorteil ist jedoch, dass die Batteriekühlung im reinen Umluftbetrieb gefahren werden kann und die Filterung entfällt. Die Luftkühlung der Batterie wird vorwiegend in Fahrzeugen mit ausreichend Bauraum eingesetzt, zum Beispiel in Geländefahrzeugen (SUV).

Kühlungsmethode mit Kältemittel direkt Die Kühlungsmethode mit Kältemittel direkt ist die kompakteste Methode der Batteriekühlung. Ein als Batteriekühlplatte ausgestalteter kompakter Verdampfer befindet sich im Innern der Batterie und steht in wärmeleitendem Kontakt zu den Lithium-Ionen-Zellen, (Teilbild b in Abb. 13.3). Die bei der Verdampfung des Kältemittels notwendige Wärme wird dabei den Batteriezellen entzogen, wodurch diese sehr effektiv gekühlt werden. Auslegung und Verlauf der Kühlkanäle müssen sicherstellen, dass an jedem Ort und zu jeder Zeit verdampfendes Kältemittel vorhanden ist, um die geforderte Temperaturhomogenität zu erzielen. Zum Anschluss der Batteriekühlplatte an den Kältekreislauf sind nur zwei zusätzliche Kältemittelleitungen notwendig: einerseits die Druckleitung zur Batterie, andererseits die Saugleitung von der Batterie zurück zum Kompressor. Der Batterieverdampfer wird dabei parallel zum Hauptverdampfer geschaltet.

Die systemische Energiedichte der Lithium-Ionen-Batterie wird durch die Kühlung nur sehr wenig verringert, weil der apparative Aufwand außerhalb der Batterie gering ist. Sowohl die Kabine als auch die Batterie haben unterschiedliche Kühlanforderungen. Dies erfordert eine spezielle Abstimmung des Gesamtkreislaufs. Der Einsatz eines drehzahlvariablen, elektrischen Klimakompressors macht diesen Abstimmungsprozess einfacher im Vergleich mit den konventionellen riemengetriebenen Antrieben.

Die Batteriekühlung erfordert immer den Einsatz des Kältemittelkompressors. Der zusätzliche Leistungsverbrauch ist verglichen zu dem des Kabinenklimasystems jedoch gering. Kältemittelgekühlte Batteriesysteme werden meistens in den Fahrzeugen eingesetzt, die eine kompakte Batteriekühlung verlangen und bei denen sich durch den Einsatz der zusätzlichen Kompressorleistung kein Nachteil in der Gesamteffizienz ergibt. Da der Kältekreislauf nur bis circa $-7\,°C$ arbeiten kann, ist das Kühlen der Batterie bei tieferen Umgebungstemperaturen limitiert, kann aber häufig in praktischen Anwendungen toleriert werden.

Kühlungsmethode mit Kühlmittel Die Kühlungsmethode mit Kühlmittel ist die flexibelste Methode der Batteriekühlung. Bei der Verwendung eines zusätzlichen Batteriekühlmittelkühlers ist sie gleichzeitig auch sehr energieeffizient, Teilbild c in Abb. 13.3. Die Batterie ist dabei auch mit einer Kühlplatte ausgestattet, die aber nun von Kühlmittel (Wasser-Glysantin-Mischung in einem eigenen sogenannten Sekundärkreislauf) durchflossen wird. Eine sorgfältig ausgelegte Kanalführung stellt dabei eine möglichst gute Temperaturhomogenität über die Platte sicher und kompensiert die Erwärmung des Kühlmittels. Die Temperaturen des Sekundärkreislaufs hängen von der Betriebsstrategie und den Eigenschaften der Batteriezellen ab, liegen aber typisch zwischen $+15$ und $+30\,°C$. Zur Rückkühlung wird ein sogenannter Chiller verwendet, der den Kältekreis und den Sekundärkreis verbindet. In diesem Chiller wird das Kältemittel verdampft und die dazu notwendige Wärme wird dem Kühlmittel im Sekundärkreislauf entzogen. Auch wenn die mittlerweile verfügbaren Chiller über eine hohe Leistungsdichte verfügen, verbleibt trotzdem der Nachteil des hohen Platzbedarfs außerhalb der Batterie in Anspruch nimmt, weil neben dem Chiller auch eine Pumpe, Leitungen und eventuell zum bivalenten Betrieb ein weiterer Kühler und ein Ventil benötigt werden.

Bei Elektroautos, aber auch bei Plug-in-Hybridfahrzeugen mit hohen elektrischen Fahranteilen spielt die Energieeffizienz der Batteriekühlung eine wesentliche Rolle. Damit die

Reichweite nicht durch unnötigen Betrieb des Elektrokompressors verringert wird, bietet sich bei einem Sekundärkreis ein zusätzlicher Niedertemperaturkühler im Kühlmodul an. Über ein Umschaltventil kann dabei zwischen dem Chiller-Betrieb im Sommer und dem Niedertemperaturkühler-Betrieb bei kühleren Außentemperaturen gewählt werden.

13.3.2 Batteriebeheizung

Die Möglichkeiten zur Batteriebeheizung zeigen in technischer Hinsicht eine Reihe von Analogien zur Batteriekühlung auf. Teilweise gibt es aber auch völlig eigenständige Lösungen. In der Regel sind beide Aspekte bei der Batteriekonstruktion und der Auslegung des Batterie-Management-Systems zu berücksichtigen.

Generell muss man die Batteriebeheizung zunächst als Mittel zum Zweck betrachten. Eine durch die Eigenschaften der Zellen begründete technische Notwendigkeit, von deren Auslegung jedoch der Einsatzbereich und damit die Marktakzeptanz des elektrischen Antriebs beeinflusst werden. Die Beheizung soll sicher, schnell, leicht und kostengünstig sein und die Reichweite des Elektro-Fahrzeugs nicht unnötig verringern. Letztere Anforderung führt vor allem bei den elektrischen Heizsystemen zu Einschränkungen.

Eine Batterietemperatur von $+5\,°C$ ist bei gängigen Zellentypen die Mindestvoraussetzung für eine moderate Stromabgabe. Diese untere Betriebstemperatur, die je nach Zelltypen schwanken kann, gilt es einerseits sicherzustellen, andererseits durch geeignete Betriebsstrategien und Einrichtungen in den „Wohlfühlbereich" von mindestens $20\,°C$ zu verschieben.

Bevor im Weiteren ein Überblick zu den Ausführungsformen der Batteriebeheizung gegeben wird, stellt sich zunächst die Frage nach der Energiequelle. Wärme erhält man in Elektro-Fahrzeugen, anders als in verbrennungskraftgetriebenen Fahrzeugen, nicht zum Nulltarif. Die im Betrieb auftretenden Verlustleistungen der elektrischen Aggregate fallen je nach Fahrzustand sehr unterschiedlich aus (im Mittel unter 1 kW) und stehen bei Fahrtbeginn noch gar nicht zur Verfügung.

Die Reichweite von reinen Elektro-Fahrzeugen kann sich im Winter um bis zu 50 % reduzieren. Hauptursache ist, neben der reduzierten Batteriekapazität, der Strombedarf der elektrischen Innenraumheizung, soweit diese vorhanden ist. Ein besonderes Augenmerk ist auf den Energieträger und dessen effizienten Einsatz zu legen.

In der Regel dient Strom als Energiequelle zur Batteriebeheizung. Es gibt jedoch auch Fahrzeuge, die mit fossilen Heizgeräten ausgestattet sind. Diese lassen sich mit herkömmlichen Treibstoffen, teilweise auch mit Ethanol, betreiben und verbrauchen sehr wenig Strom, so dass die elektrische Reichweite der Fahrzeuge kaum beeinträchtigt wird. Ihre marktseitige Akzeptanz hängt jedoch von etlichen Faktoren und Zulassungsvorschriften ab, so dass die meisten Batterieheizungen in reinen EVs direkt (elektrische Heizung) oder indirekt (Wärmepumpe) mit Strom betrieben werden.

Die direkte Erwärmung mit Luft wirkt ähnlich wie die Kühlung mit Luft auf die Zellen, nur dass der Wärmetransfer in die andere Richtung erfolgt. Entsprechend verhalten sich auch die systembedingten Vor- und Nachteile, die bereits im vorangegangenen Absatz beschrieben wurden. Als Heizquelle kommt die Kabinenbeheizung in Betracht, die bei Elektrofahrzeugen häufig in Form einer elektrischen Luftheizung in der zentralen „Heating, Ventilation and Air Conditioning" (HVAC) zu finden ist. Diese Art der Batteriebeheizung kann bei Bedarf durch dezentrale, elektrische Luftheizelemente direkt im Ansauerluftstrom der Batterie ergänzt werden oder sogar in einem geschlossen Umluftbetrieb erfolgen, was den Aufwand jedoch weiter erhöht. Hochvoltheizungen sind, wenn sie mit Gleichspannungen größer 60 Volt betrieben werden, aufgrund der hohen Sicherheitsanforderungen deutlich kostenintensiver als Niedervoltheizungen.

Eine weitere Möglichkeit stellt – wie bereits erwähnt – die Luterwärmung mittels fossilen Luftheizgeräten dar, die als Doppelnutzen sowohl die Kabinen(vor)wärmung wie auch die Batteriekonditionierung übernehmen können. Dies stellt vor allem bei Hybrid- (inkl. Range-Extender-) und Nutzfahrzeugen in Bezug auf die elektrische Reichweite eine interessante Variante dar. Eine besonders einfache und kostenkünstige Lösung ist die Zuleitung der zentral vorgewärmten Kabinenluft zu den Batteriezellen, bei vollständigem Verzicht auf eine separate Batteriebeheizung.

Die Batterieerwärmung mit Kühlmittel ist in Bezug auf das Gesamtthermomanagement des Fahrzeugs eine besonders interessante Variante. Sie verwendet batterieseitig dieselben Wärmeübertragungselemente wie die Kühlmittelkühlung und erlaubt ähnlich wie diese eine äußerst flexible Integration in komplexere Thermokreisläufe.

Die zur Erwärmung des Kühlmittelkreislaufs notwenige Energie kann durch einen Hochvolt-Flüssigkeitsheizer in den Kreislauf eingebracht werden, der ohnehin zur Kabinenbeheizung in vielen Elektro-Fahrzeugen zu finden ist. Dies erlaubt die genaue Dosierung der eingebrachten Energiemenge und ermöglicht außerdem eine Vorkonditionierung der Batterie vor Fahrtantritt. Geschieht dies bereits an der Stromladeeinrichtung (bei Plug-in-Fahrzeugen), so geht die Batterievorwärmung nicht zu Lasten der Reichweite.

In höher entwickelten Thermokreisläufen finden sich zunehmend Wärmepumpen und Verlustwärmenutzung wieder. Die dabei gewonnene Wärmeenergie kann, neben der Kabinenerwärmung, auch zur Aufheizung der Batterie genutzt werden. Umgekehrt ist es möglich, je nach Betriebspunkt, die Verlustwärme der Batterie in den Flüssigkeitskreislauf einzuspeisen.

Direkte Zellenerwärmung mittels inerter Flüssigkeit Die direkte Zellenerwärmung mittels inerter Flüssigkeit kommt heute nur in wenigen Fällen zum Einsatz, obwohl sie durchaus interessante Ansätze bietet. Während die meisten anderen Verfahren in Bezug auf den Wärmetransfer eine ganze Reihe von Materialübergängen, teilweise mit Lufteinschlüssen, hinnehmen müssen, bietet die direkte Flüssigkeitskühlung einen sehr guten Wärmetransfer und bei richtiger Auslegung eine sehr homogene Temperaturverteilung innerhalb des Batteriepackages. Dass diese Variante dennoch nur eine Nische darstellt, liegt nicht zuletzt an den hohen Anforderungen, die an die wärmeübertragende Flüssigkeit zu stellen sind. Diese sollte mindestens eine spezifische Wärmekapazität in der

Größenordnung eines Wasser-Glykol-Gemisches aufweisen und zudem völlig inert und unter allen Umständen ungiftig sein. Im Falle eines thermischen Ereignisses in der Zelle dürfen keine zusätzlichen Gefahren von dem Medium ausgehen.

Hinzu kommt, dass der systemische Aufwand verhältnismäßig groß ist und der großflächige Einsatz einer solchen Flüssigkeit im Servicefall neue Fragen aufwirft. Es bleibt abzuwarten, inwieweit es hier zu Weiterentwicklungen kommt.

Direkte Zellenbeheizung mittels elektrischen Heizelementen Die direkte Zellenbeheizung mittels elektrischen Heizelementen ist eine gängige Methode, um die Batteriezellen schnell und effektiv zu erwärmen. In Zellennähe, ggf. auch flächig zwischen den Zellen, werden bei dieser Variante großflächig Thermofolien in das Zellpack eingebracht, die über eine Widerstandsheizung verfügen. Bei entsprechender elektrischer Ansteuerung erwärmen sich diese Folien sehr schnell und können so gezielt die Zellentemperatur erhöhen. Sofern die Heizfolien keinen eigenen, temperaturbegrenzenden PTC-Effekt aufweisen, sind an die Ansteuerung und die lokale Temperaturüberwachung sehr hohe funktionale Sicherheitsanforderungen zu stellen.

Indirekte Zellenbeheizung mittels elektrischer Heizelemente Die indirekte Zellenbeheizung mittels elektrischer Heizelemente stellt eine weitere Variante dar. Hierbei werden, ähnlich wie bei der Seiten- und Bodenkühlung, die angrenzenden Flächen elektrisch aufgeheizt. Der Wärmetransfer findet indirekt über die Flächen statt, ist daher weniger effektiv als die zellennahe Beheizung mittels Folien.

Generell müssen alle beschriebenen Varianten der Batteriebeheizung in Verbindung mit der thermischen Isolation des Batteriegehäuses gesehen werden. Je nach Auslegung kann beispielsweise die Restwärmenutzung des vorangegangenen Fahrzyklus die Batterietemperatur über einen bestimmten Zeitraum in einem verträglichen Bereich halten.

13.3.3 Zusammenfassung und Ausblick

Dem richtigen Thermomanagement der Antriebsbatterien kommt eine zentrale Bedeutung in Fragen der Lebensdauer, Verfügbarkeit und Sicherheit zu. In der Praxis finden sich eine ganze Reihe von Lösungsansätzen für die Kühlungs- und Heizungsfunktion wieder, die oft auch miteinander kombiniert werden.

Je nach Leistungs- und Fahrzeuganforderung ist die Batteriekühlung durch Kältemittel durch Kühlmittel, oder mittels Luft darstellbar. Bei sehr hohen spezifischen Belastungen sowie höheren Umgebungstemperaturen kann bei der Kühlmittel- und bei der Luftkühlung eine Unterstützung durch den Kältemittelkreislauf notwendig sein. Hinsichtlich Kosten und Gewicht hat die Luftkühlung Vorteile. In Hinblick auf Effizienz bietet hingegen die Kühlmittelkühlung deutliche Vorzüge, da sie mit ein und demselben Medium je nach Anforderung eine Kühlung und Beheizung der Batterie ermöglicht und sich gut in komplexere Thermokreisläufe integrieren lässt.

Ähnlich verhält es sich mit der Batterieheizung. Je nach Anforderungsprofil kommen Heizmethoden in Frage, die die Zellen mit zellnahen Heizelementen direkt aufheizen oder indirekt über ein Fluid, das oftmals identisch mit dem Kühlfluid ist, also Kühlmittel oder Luft, und somit vergleichbare Vor- und Nachteile wie im Kühlungsfall aufweist.

Insgesamt zeichnet sich ab, dass kleine Batterien, wie sie bei Hybridanwendungen zum Einsatz kommen, lediglich einer Kühlung bedürfen. Kalte Batterien wärmen sich im Betrieb durch die eigene Abwärme sehr schnell auf. Mittelgroße Batterien, die in Plug-in-Hybriden als Speicher dienen, benötigen dagegen sowohl eine Kühlungs- als auch eine Heizungsfunktion. Bei reinen Elektrofahrzeugen ist die Batterie in der Regel so groß, dass ihre thermische Masse ausreicht, um die im Betrieb anfallenden Abwärmen zu puffern, ohne dass aktiv gekühlt werden muss. Ist die Möglichkeit für eine Schnellladung der Batterie vorgesehen, kann das aktive Kühlen allerdings wieder notwendig sein. Umso relevanter ist es bei Elektrofahrzeugen, eine im Winter ausgekühlte Batterie durch effizientes Heizen auf ein akzeptables Temperaturniveau zu erwärmen.

Der künftige Thermomanagementaufwand für die Antriebsbatterie hängt von der Entwicklung der Zellchemie ab. Eine Verringerung der Innenwiderstände und eine Erhöhung der erlaubten Zell-Maximaltemperaturen werden eine Reduzierung der Kühlanforderung bewirken. Durch die gleichzeitig angestrebte Erhöhung der Leistungs- und Energiedichte könnte in Summe der Kühlaufwand jedoch gleich bleiben oder sogar steigen. Ähnlich verhält es sich mit dem Heizungsaufwand: eine Reduzierung der Innenwiderstände bei tiefen Temperaturen sowie eine Erhöhung der Unempfindlichkeit der Zellchemie bei Minustemperaturen werden die Notwendigkeit einer Heizung verringern. Höhere Effizienz- und Lebensdaueranforderungen an die Batterie und somit die Forderung, die Batterie sicher und jederzeit im idealen Temperaturfenster zu halten, sprechen dagegen auch künftig für eine effiziente und leistungsstarke Heizfunktion.

Lag der Entwicklungsfokus bei der ersten Fahrzeuggeneration mit (teil-)elektrifiziertem Antrieb oft noch auf der Komponentenebene, so steht in den nächsten Jahren die Optimierung des gesamten Thermomanagements und das Zusammenspiel der einzelnen Komponenten im Vordergrund. Entwicklungen wie der Einsatz von Wärmepumpen eröffnen neue Möglichkeiten und tragen zur Verlängerung der Effizienz bzw. der Reichweite bei. Ähnlich wie bei den Fahrzeugen selbst wird es somit je nach Marktanforderungen und spezifischem Einsatzprofil weiterhin sehr unterschiedliche Lösungen zur Batteriekühlung und -beheizung geben. Es gilt, im Gesamtsystem einen optimalen Kompromiss zwischen Kosten, Bauraum, Gewicht, Sicherheit und Effizienz zu finden.

Batteriemanagementsystem

14

Roland Dorn, Reiner Schwartz und Bjoern Steurich

14.1 Einleitung

Die primäre Aufgabe des Batteriemanagementsystems (BMS) ist es, die Einzelzellen einer Antriebsbatterie zu schützen und die Lebenszeit sowie die Zyklenanzahl zu erhöhen. Dies ist besonders wichtig für die Lithium-Ionen-Technologie, weil hier die Batterien vor Überladung und Übertemperatur zu schützen sind (Abb. 14.1), um eine Zerstörung der Zelle zu vermeiden.

14.2 Aufgaben eines Batteriemanagementsystems

Als Kontrollparameter werden im BMS die Zellspannung, die Temperatur sowie der Batteriestrom gemessen. Eine typische Batteriezelle liefert eine Nominalspannung von 3,6 V bei einer maximalen Ladeschlussspannung von 4,2 V und einer minimalen Entladeschlussspannung von 2,5 V. Starke Entladung (<2,5 V) führt zu irreversiblen Schäden wie Kapazitätsverlust und erhöhter Selbstentladung, während Überspannung (>4,2 V) zu spontaner Selbstzündung führen kann und daher ein Sicherheitsrisiko darstellt. Der Kapazitätsverlust wird dabei hauptsächlich durch zu hohe Temperaturen und zu hohe

R. Dorn (✉)
Texas Instruments Deutschland GmbH, Haggertystr. 1, 85356 Freising, Deutschland
e-mail: Roland.Dorn@ti.com

R. Schwartz
STMicroelectronics Application GmbH, Bahnhofstr. 18, 85609 Aschheim-Dornach, Deutschland
e-mail: reiner.schwartz@st.com

B. Steurich
Infineon Technologies AG, Am Campeon 1-12, 85579 Neubiberg, Deutschland
e-mail: bjoern.steurich@infineon.com

R. Korthauer (Hrsg.), *Handbuch Lithium-Ionen-Batterien*,
DOI: 10.1007/978-3-642-30653-2_14, © Springer-Verlag Berlin Heidelberg 2013

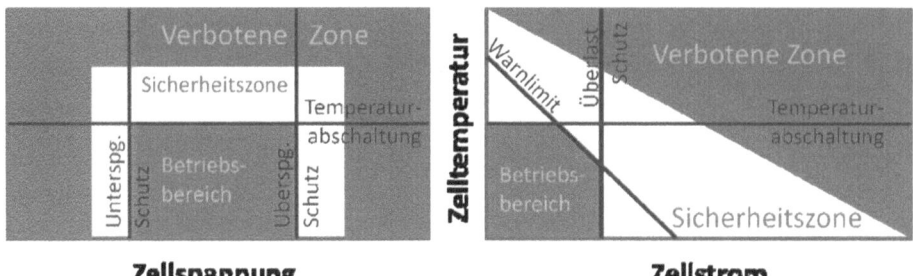

Abb. 14.1 Funktionsbereich der Lithium-Ionen-Batteriezellen

Abb. 14.2 Zusammenhang zwischen SOC, SOH und SOF

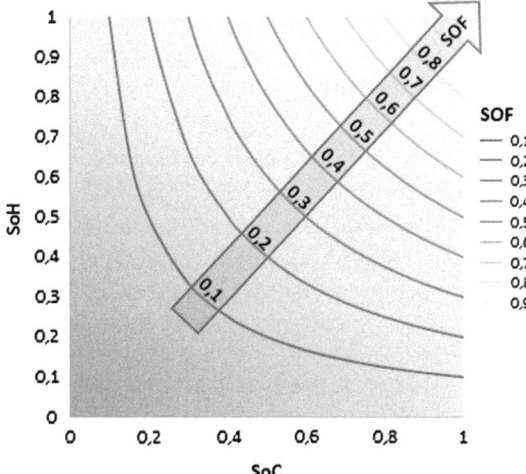

Spannungen während des Ladevorgangs verursacht. Bei ordnungsgemäßer Nutzung liefert eine durchschnittliche Batterie ungefähr 500 bis 1000 Zyklen, bevor sie rund 20 % ihrer anfänglichen Kapazität verliert.

Mit der Zellspannungs-, Strom- und Temperaturüberwachung ist es möglich, den Ladezustand SOC (State of Charge) sowie die Alterung SOH (State of Health) der Batterie zu berechnen. Der SOC beschreibt den momentanen Ladezustand im Vergleich zur maximalen Kapazität der Batterie; der SOH beschreibt den aktuellen Zustand der Batterie im Vergleich zu einer neuen.

SOC und SOH sind wichtig, um die Funktionalität des Fahrzeugs SOF (State of Function) sicherzustellen (Abb. 14.2). Letztendlich ist dies die entscheidende Information für den Fahrer, ob er noch ans Ziel kommen wird oder ob er vorher die Batterie nachladen muss. Für die Berechnung gibt es drei grundlegende Verfahren.

- Elektrisches Modell
  Hierbei wird die Batterie durch ein elektrisches Ersatzmodell nachgebildet; die Parameter der einzelnen Komponenten werden den Materialeigenschaften bezüglich

kapazitiven, induktiven sowie rein ohmschen Verhalten angepasst, alterungsbedingte Veränderungen werden mit berücksichtigt.

- Elektro-Chemisches Modell
  Dieses Modell geht von den chemischen Eigenschaften der Batteriezellen aus, um das elektrische Verhalten zu modellieren.
- Kalman Filter Methode
  Diese Methode passt die Filterparameter, die das Verhalten der Batterie widerspiegeln sollen, ständig den aktuellen Gegebenheiten an.

14.3 Komponenten des Batteriemanagementsystems

Eine Antriebsbatterie besteht im Allgemeinen aus fünf Komponenten, welche in Abb. 14.3 dargestellt sind:

- Die Batteriemodule bestehen üblicherweise aus mehreren übereinander gestapelten Zellen. Die Zellspannung sowie die Zelltemperatur werden in diesen Modulen überwacht und an die Kontrolleinheit weitergeleitet. Ein Ladungsausgleich zwischen den einzelnen Zellen wird ebenfalls in den Modulen vorgenommen, um den Verdrahtungsaufwand in der Batterie zu minimieren. Der Ladungsausgleich sowie die Zellüberwachung werden meist von einem ASIC, dem Cell Supervising Circuit (CSC) kontrolliert. Eine Antriebsbatterie besteht üblicherweise aus mehreren in Serie geschalteten Modulen und kann eine Ausgangsspannung von mehreren hundert Volt liefern.
- Die Kontrolleinheit übernimmt die Berechnung von SOC und SOH sowie die Steuerung des Ladungsausgleichs. Eine Kommunikation mit dem Fahrzeug, um den SOF zu ermitteln, erfolgt über KFZ-übliche Schnittstellen wie den CAN-Bus oder die FlexRay-Bus. Die Schnittstelle übernimmt auch die Kontrolle der Ladung der Batterie über das Stromnetz. Die Kontrolleinheit muss deshalb auch das Leistungsmanagement innerhalb der Batterie übernehmen und soll im Ruhezustand die Eigenstromaufnahme auf ein Minimum reduzieren.
- Der HS-Kontaktor trennt die Batteriezellen im Ruhezustand vom Fahrzeug, um unnötige Verluste oder Gefahrenpotentiale zu vermeiden. Der Kontaktor bietet auch die Möglichkeit, in einem extremen Fehlerfall, wie Kurzschluss, Übertemperatur oder bei einem Unfall, eine Freischaltung zu erwirken. Für den Kurzschlussfall ist die Batterie auch noch mit einer Schmelzsicherung ausgestattet.
- Die Strommessung wird im Allgemeinen mit einem speziellen Sensor direkt an der Batterie durchgeführt. Aus Sicherheitsgründen werden häufig zwei unabhängige Systeme verwendet. Heutige Systeme verwenden entweder einen Messwiderstand als Sensor oder nutzen das vorhandene elektromagnetische Feld.
- Das Thermomanagement stellt sicher, dass die Antriebsbatterie bei einer optimalen Temperatur betrieben wird. Dies ist besonders wichtig, um eine gleichmäßige Alterung der Zellen zu gewährleisten. Lebensdauer, Verfügbarkeit und Sicherheit hängen entscheidend davon ab.

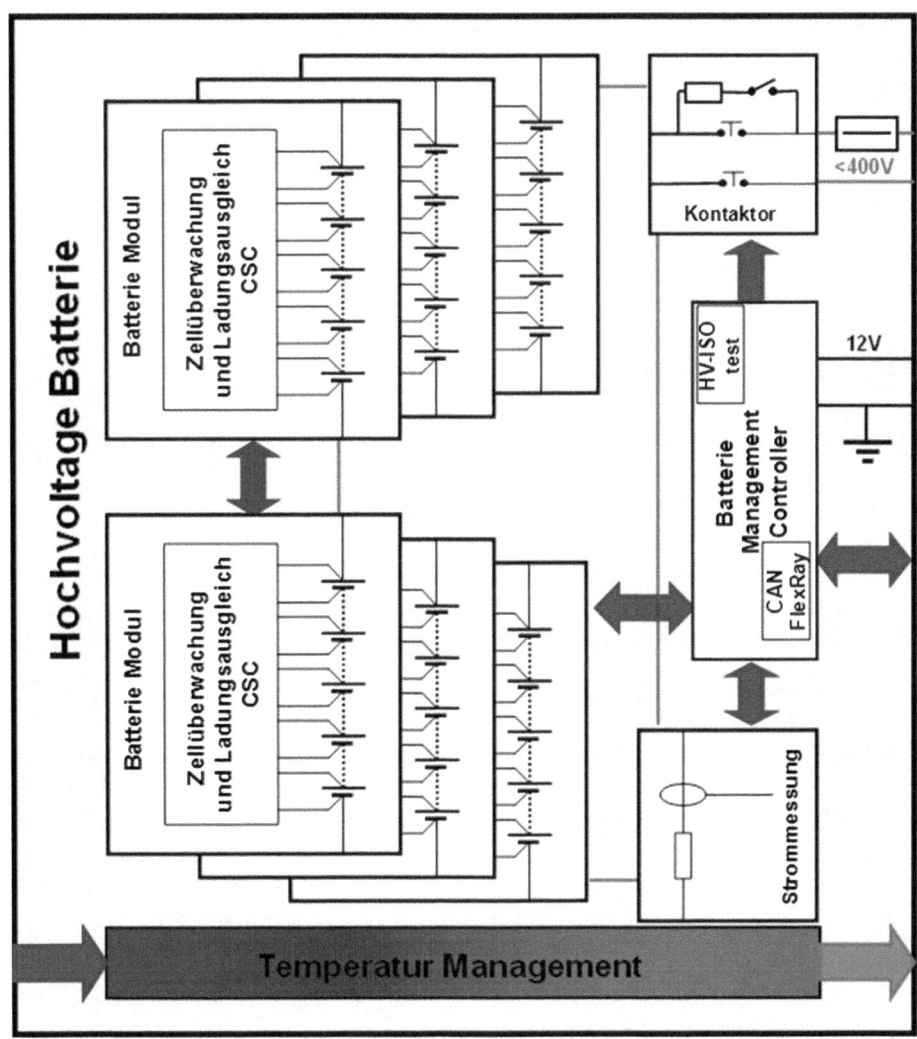

Abb. 14.3 Blockschaltbild der Komponenten eines BMS

14.4   Zellüberwachung und Ladungsausgleich

Das Laden einer großen Anzahl von Zellen ist immer eine Herausforderung: es gilt, das Risiko einer Überladung einer einzelner Zellen zu vermeiden. Die einzelnen Zellen weisen eine prinzipbedingte Streuung auf und können unterschiedlich viel Restladung enthalten. Das kann dazu führen, dass einzelne Zellen während des Ladevorganges die maximale Spannung früher erreichen als andere (Abb. 14.4). An bestimmten Zellen kommt es zu einer Überspannung oder zu einem frühen Abbruch des Ladevorgangs.

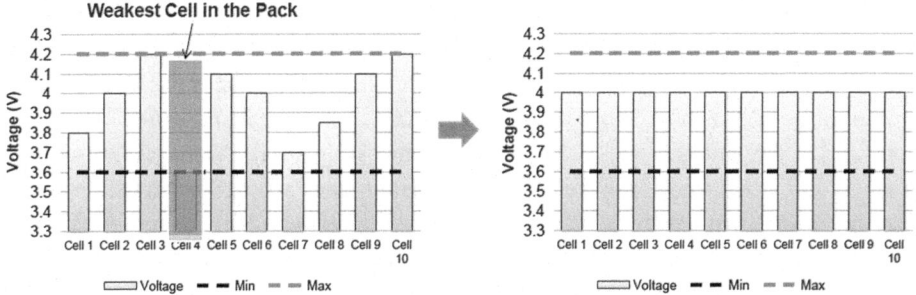

Abb. 14.4 Spannungsunterschiede im Zellpack während des Ladens bzw. Entladens

Abb. 14.5 Unterschiedliche Konvertertopologien: SAR-Wandlertopologien (*oben, Mitte*), Sigma-Delta-Wandler (*unten*)

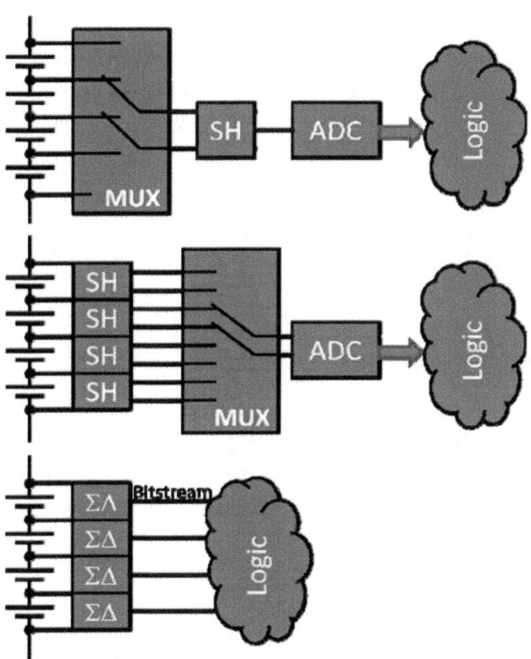

Resultat ist ein Kapazitätsverlust, bedingt durch das nicht vollständige Laden aller Zellen. Die schwächste Zelle bestimmt das Verhalten des gesamten Batteriesystems.

Die Spannung jeder Batteriezelle wird mit besonders hoher Präzision gemessen. Der CSC mit seiner Genauigkeit von 2 mV spielt dabei eine entscheidende Rolle für die Bestimmung der SOC- und SOH-Abschätzung. Für die Zellspannungsüberwachung haben sich bei heutigen BMS unterschiedliche Konzepte durchgesetzt. Die verschiedenen Schaltungsvarianten haben Vor- und Nachteile; üblicherweise wird die Zellspannung mit einem Analog-Digital-Converter (ADC) gemessen. Dieser wird direkt oder über einen Multiplexer (MUX) an die Zellen eines Batteriepacks angeschlossen.

Als Konvertertopologien haben sich drei Varianten am Markt etabliert (Abb. 14.5). Erlaubt es das Konzept, die Zellen sequenziell zu messen, so wird ein Successive Approximation Register (SAR) Wandler eingesetzt. Soll die Zellspannung kontinuierlich überwacht werden, verwendet man im Allgemeinen einen Sigma-Delta-Wandler. Bei der SAR-Wandlung werden die Abtastwerte in einem Sample-and-Hold (SH) Schaltkreis zwischengespeichert. Es besteht die Möglichkeit, dezidierte SH für jede Zelle zu verwenden und deren Ausgänge über einen analogen Spannungsmultiplexer mit dem ADC zu verknüpfen oder über einen Multiplexer direkt die Zellspannung an den SH des ADC weiterzuleiten.

Die Wahl der Topologie hängt davon ab, ob die Messwerte von allen Zellen synchron gemessen werden sollen oder ob eine sequenzielle Messung akzeptabel ist. Der SH hat einen großen Einfluss auf die Messgenauigkeit und die Performance. Beide Größen haben direkten Einfluss auf die Chipfläche und die Kosten der Überwachungsschaltung. Lösungen mit nur einem SH können für die Fehlerbetrachtung von Vorteil sein, stellen aber höhere Anforderungen an die Abtastrate sowie die Eingangssignalfilterung. Üblicherweise werden in dieser Konstellation Eingangsfilter höherer Ordnung verwendet als im Vergleich zu Schaltungskonzepten mit Sigma-Delta-Convertern. Bei diesen Convertern reicht meistens ein Filter 1. Ordnung aus. Der Spannungsversatz, der sich durch die Stapelung der Batteriezellen ergibt, kann durch einen digitalen Signalumsetzer an die Logik angepasst werden. Hierfür wird ein kaskadiertes Referenzkonzept für die einzelnen Eingangskomparatoren verwendet.

14.5   Ladungsausgleich

Da sich die Länge des Lade- und Endladevorgangs in der Regel immer nach der schwächsten Zelle in der Serienschaltung richtet, lädt und entlädt ein BMS die Batterie nur teilweise (z. B. von 30 % auf 80 % statt von 0 % auf 100 %). Somit verringert sich die nutzbare Energiedichte und wertvolle Ressourcen bleiben ungenutzt. Um alle Zellen möglichst gleichmäßig aufladen zu können, wurde eine Methode entwickelt, den „überschüssigen" Strom abzuleiten. Dieser passive Ladungsausgleich (Abb. 14.6) vermeidet ein Überladen der Zellen, indem die überschüssige Energie an Widerständen in Wärme umgewandelt wird. Die anfallende Wärme setzt dabei der Höhe des Stroms eine Obergrenze. Im Umkehrfall, dem Entladen, kann die zur Verfügung stehende Energie nicht genutzt werden, um ein zu tiefes Entladen der schwächeren Zellen zu vermeiden. In den stärkeren Zellen bleibt eine Restenergie erhalten. Die Abb. 14.4 zeigt, dass zwei Zellen während eines Lade- und Entlade-Zyklus die Ober- und Untergrenze zu unterschiedlichen Zeitpunkten erreichen.

Die passive Ausgleichsmethode bringt bei der Entladung keine Verbesserung. Über die Zeit wird sich die Kapazitätsdiskrepanz der Zellen weiter verschlechtern und somit die maximale Kapazitätsausnutzung noch verringern.

Eine Alternative zu diesem heute üblichen passiven Verfahren des Ladungsausgleichs stellen die aktiven Verfahren dar. Mit Hilfe von DC/DC-Wandlern werden Ladungen

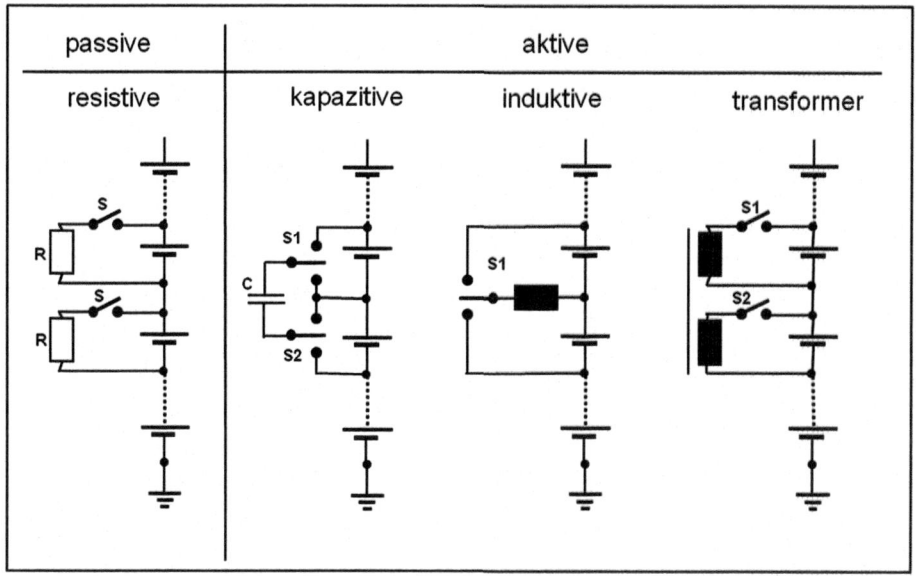

Abb. 14.6 Passive und aktive Schaltungstechnologien zum Ladungsausgleich

zwischen den Zellen transferiert. Dies kann sowohl während des Ladens und des Entladens, aber auch im Ruhezustand erfolgen. Der effektivere Ladungstransfer lässt hierbei größere Ausgleichsströme zu; es können größere Zellen mit höherer Kapazität verwendet werden und die Zellen werden schneller ausgeglichen.

Bei den kapazitiven bzw. induktiven Verfahren wird die Ladung einer Zelle in ein Speicherelement geladen und von dort in eine unzureichend geladene Zelle transferiert. Über eine Schaltmatrix aus Transistoren ist das Speicherelement mit mehreren Zellen verbunden. Damit der Wirkungsgrad hoch bleibt, wird diese Methode meist nur bei kleinen Zellanzahlen verwendet. Beim kapazitiven „Shuffling"- Verfahren geht die Effizienz zurück, wenn sich die Zellspannungen nur wenig unterscheiden. Abhilfe schafft hier ein Transformator-isolierter Ladungstransfer. Bei diesem Konzept werden die Batteriezellen mit den Windungen eines Transformators über Schalter verbunden, über den die Energie zwischen den Batteriezellen verschoben werden kann.

Der bidirektionale Transformator (Abb. 14.7) ermöglicht zwei verschiedene Ausgleichsmethoden. Die erste Methode ist das „Bottom Balancing" (während des Entladens). Dabei wird zunächst die schwächste Batteriezelle eines Batterieblocks bestimmt. Anschließend erfolgt eine Ladungsumverteilung aus dem gesamten Batterieblock. Die zweite Methode während des Ladens ist das „Top Balancing". Dabei wird der Energieüberschuss der stärksten Zelle gleichmäßig auf den gesamten Batterieblock verteilt. Die Ausgleichsverluste für einen Batterieblock liegen im Bereich von 1.5 W und somit deutlich unter dem typischen Leistungsverlust von 18 W eines vergleichbaren passiven Systems.

Abb. 14.7 Bidirektionaler
Transformator

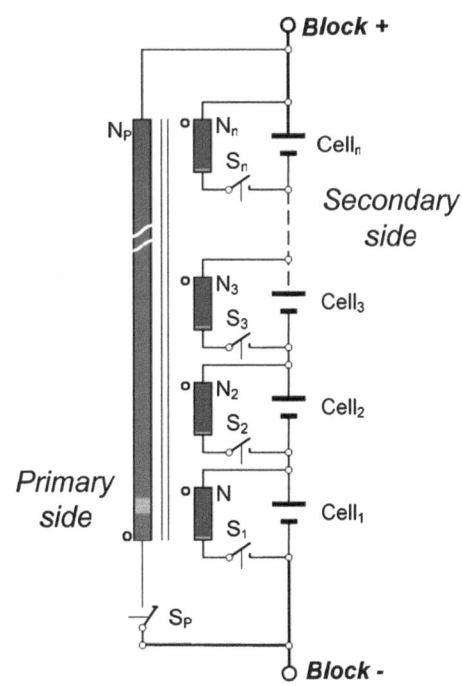

Abb. 14.8 Blockdiagramm
eines bidirektionalen DC/DC-
Wandlers

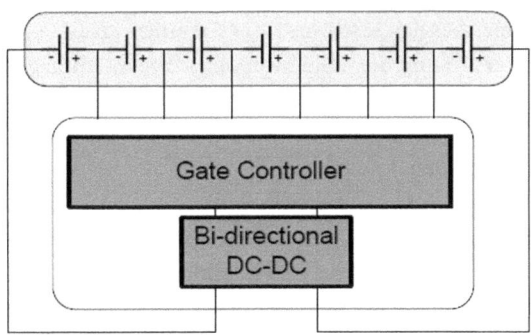

Eine Abwandlung des transformatorischen Konzeptes mit Hilfe einer bidirektionalen Schaltmatrix und eines DC/DC-Wandlers (Abb. 14.8) ermöglicht eine Reduktion
der induktiven Komponenten. Durch den Einsatz der Schaltmatrix zwischen Zellen und
Wandler lässt sich jeder beliebigen Zelle direkt aufladen bzw. entladen. Die Ladung wird
dabei zwischen einer einzelnen Zelle und der Zellgruppe transferiert.

Alle aktiven Verfahren erschließen zusätzliches Potenzial zur Reduktion der Kosten für die Kühlung. Die bidirektionalen transformatorischen Konzepte unterstützen üblicherweise Batteriemodule von mit bis zu 12 Batteriezellen. Die Steuerung des

Ladungsausgleichs übernimmt meistens ein ASIC. Das beschriebene Verfahren kann problemlos auf den Ladungsausgleich zwischen verschiedenen Batterieblöcken erweitert werden. Hierbei wird über einen weiteren Transformator Energie selektiv in das 12 V-Bordnetz eingespeist.

14.6 Kommunikationsbus innerhalb der Batterie

Die Messungen im gesamten Zellsatz werden synchronisiert und jegliche Fehler, wie etwa zu hohe Zellspannung, Störung der Kommunikation, unterbrochene Abtastleitungen wie auch zu hohe Zelltemperaturen, erkannt und dem Haupt-Controller gemeldet. Heutige Antriebsbatterien verwenden im Wesentlichen zwei Verfahren des Datenaustauschs zwischen den Einzelmodulen und der zentralen Kontrolleinheit.

Bei der Sternverdrahtung (Abb. 14.9 links) wird jedes Modul mit einem galvanisch isolierten Datenübertrager ausgestattet. Viele Systeme verwenden hierzu den CAN-Bus. Der Hauptvorteil dieses Systems liegt darin, dass der Kommunikationsbus potentialmäßig von den Batteriezellen entkoppelt ist. Ein Kurzschluss zwischen der Kommunikationsleitung und den Speicherzellen führt nicht zwingend zur Zerstörung einzelner elektrischen Komponenten. Ferner kann durch eine Aufteilung in parallele Bussysteme die Datenrate reduziert werden. Diese Vorteile werden aber durch kostenintensive galvanische Signaltrennungen in jedem Modul aufgezehrt.

Eine Alternative zur großen Anzahl Cell Supervision Circuits (CSC) ist eine vertikale Kommunikationsschnittstelle (Abb. 14.9 rechts). Die Hauptaufgabe besteht darin, die zu übertragenden Informationen – Spannung und Temperatur – der übereinander gestapelten Module an das unterste weiterzuleiten. Das unterste Modul wiederum kommuniziert über eine galvanische Trennung mit der Kontrolleinheit. In umgekehrter Richtung werden Kommandos für den Zellspannungsausgleich übertragen. Die Datenrate ist bei einem solchen System nicht zu vernachlässigen. Das Datenprotokoll, bestehend aus der Adressierung, den Messwerten einer jeden Zelle aller Module, einem Cyclic Redundancy Check (CRC) für die serielle Datenübertragung sowie der Modulprogrammierung.

Für die Datenübertragung muss eine gewisse Redundanz garantiert werden, um eine Notlauffunktion des batteriebetriebenen Fahrzeugs sicherzustellen. Dies kann mit Hilfe eines differenziellen Signals garantiert werden. Im Fehlerfall sollte dieses in der Lage sein, einseitig weiter zu kommunizieren. Ein weiterer Vorteil einer differenziellen Datenübertragung ist das reduzierte Abstrahlspektrum. Im Allgemeinen reichen einfache verdrillte Leitungen (Twisted Pair) ohne Abschirmung für die Busverdrahtung aus. Bei einer vertikalen Schnittstelle muss ebenfalls, wie bei der Sternverdrahtung, ein Kurzschluss zur Hochvoltspannung bei der Fehlerbetrachtung berücksichtigt werden. Hierbei darf es nicht zur Fehlmessung oder zur Zerstörung des CSC kommen. Aus diesem Grunde werden die Kommunikationsleitungen oftmals kapazitiv oder mit induktiven

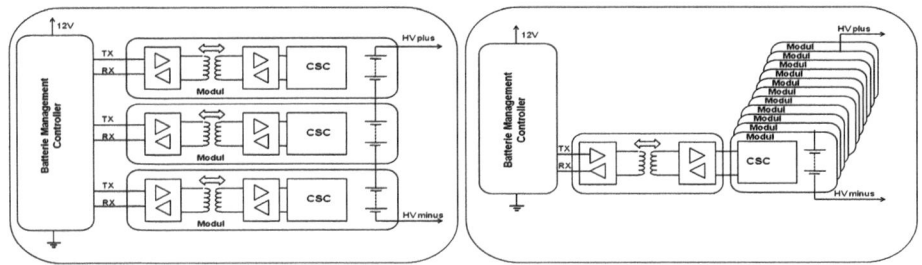

Abb. 14.9 Kommunikationsbus innerhalb des Batteriesystems, Sternverdrahtung (*links*) und vertikale Kommunikationsschnittstelle (*rechts*)

Transformatoren angekoppelt. Solche Maßnahmen lassen die Kostenvorteile einer vertikalen Kommunikation schwinden.

Als weitere Möglichkeit des Datenaustausches innerhalb des Batteriepacks auch eine Funkübertragung verwendet werden. Diese drahtlosen Systeme werden momentan in Forschungsprojekten untersucht.

14.7 Batteriekontrolleinheit

Die Batteriekontrolleinheit (Abb. 14.10) wertet alle Messdaten aus und tauscht die batteriespezifischen Informationen mit einem im Fahrzeug übergeordneten Steuergerät oder einer Batterieladeeinheit aus. Die Kommunikation findet bei heutigen Serienbatterien über einen CAN-Bus oder die FlexRay-Schnittstelle statt. Versorgt wird die Kontrolleinheit über die 12 V-Spannungsversorgung. Hierbei ist zu beachten, dass im Ruhezustand eine möglichst niedrige Stromaufnahme gewährleistet ist, um einer Entladung der Niederspannungs-Batterie vorzubeugen. Im Gegenzug ist aber eine Zellüberwachung sowie ein Ladungsausgleich der Batteriezellen im Ruhezustand durchaus erwünscht. Aus diesem Grund kommen hier sogenannte Powermanagementsystem-Schaltkreise zum Einsatz, die die Batterieelektronik zu gegebener Zeit „aufwecken". Spannungsversorgung und Kommunikationsschnittstelle sind meist auf einem System-Schaltkreis gemeinsam mit weiteren Funktionen der Kontrolleinheit implementiert. Der Schaltkreis übernimmt als weitere sicherheitsrelevante Funktion eine Überwachung des Hauptrechners. Dieser sogenannte Watchdog überprüft die ordnungsgemäße Funktion des Rechners und leitet im Fehlerfall entsprechende Maßnahmen ein, die ein sicheres Abschalten der Batterie ermöglichen.

Besonders entscheidend wird die Sicherheitsbetrachtung natürlich bei dem zentralen Hauptrechner, der das Komplettsystem absichern muss. Hier bieten sich moderne Mikrocontroller-Architekturen, die mit zwei Rechnerkernen ausgestattet sind und sich gegenseitig im sogenannten Lockstep-Mode überwachen, mit Fehlerkorrektur der Speicher und umfangreichen BIST (Build-in-Self-Test) an. Diese Systeme haben sich bereits in sicherheitskritischen Automobilanwendungen, wie Bremse, Lenkung oder Airbag bewährt. Der

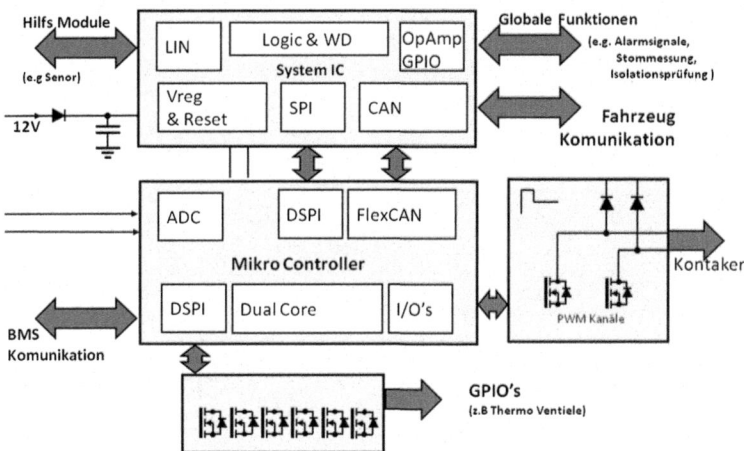

Abb. 14.10 Blockschaltbild der Batteriekontrolleinheit

Hauptrechner berechnet auch das Batteriemodell zur SOC- und SOH- Ermittlung. Hierzu werden Spannungs-, Strom- und Temperaturdaten der Batteriezellen ausgewertet. Der verwendete Rechner sollte eine Flieskommafunktion besitzen, um den Anforderungen der Überwachunsschaltung gerecht zu werden. Der Zentralrechner steuert auch den Ladungsausgleich der Zellen und regelt ein möglichst homogenes Temperaturprofil innerhalb der Batterie, sofern diese über ein steuerbares Thermomanagment verfügt.

Software

15

Timo Schuff

15.1 Einleitung

Durch den Einsatz einer immer größeren Anzahl an Steuergeräten und deren zunehmende Vernetzung steigt die Komplexität der Elektronik in Kraftfahrzeugen kontinuierlich an. Gleichzeitig stehen die Hersteller vor der Herausforderung, Entwicklungszeiten zu verkürzen und Kosten zu senken. Eine zeit- und kosteneffiziente Software-Entwicklungsmethodik wird dadurch unabdingbar. Im speziellen Fall der Lithium-Ionen-Batterie befindet sich die Software auf verteilten Systemen und enthält zusätzlich sicherheitskritische Elemente, wodurch zusätzliche Prämissen entstehen.

Dieses Kapitel erläutert, wie eine Funktion effizient in eine Softwarekomponente umgesetzt, wie sie in das Gesamtsystem integriert und wie die fehlerfreie Funktion der Software sichergestellt wird.

15.2 Herausforderungen an die Softwareentwicklung

Beim Einsatz einer Lithium-Ionen-Batterie im Fahrzeug müssen mehrere Geräte, wie Thermomanagement-Komponenten, ein oder mehrere Steuergeräte, Generatoren sowie Gleich- oder Wechselspannungswandler mit der Batterie in Interaktion treten. Zum sicheren Betrieb einer Lithium-Ionen-Batterie sind durch Software realisierte Applikationen notwendig (Abb. 15.1), deren Anzahl und Umfang von der Komplexität des Gesamtsystems abhängen. Diese wird von der Spannungslage der Batterie sowie der Art der Beanspruchung und von der Batteriegröße bestimmt. Die Anforderungen an

T. Schuff (✉)
ITK Engineering AG, Im Speyerer Tal 6, 76761 Rülzheim, Deutschland
e-mail: timo.schuff@itk-engineering.de

R. Korthauer (Hrsg.), *Handbuch Lithium-Ionen-Batterien*,
DOI: 10.1007/978-3-642-30653-2_15, © Springer-Verlag Berlin Heidelberg 2013

Abb. 15.1 Typische Applikationen im Kontext einer Lithium-Ionen-Batterie

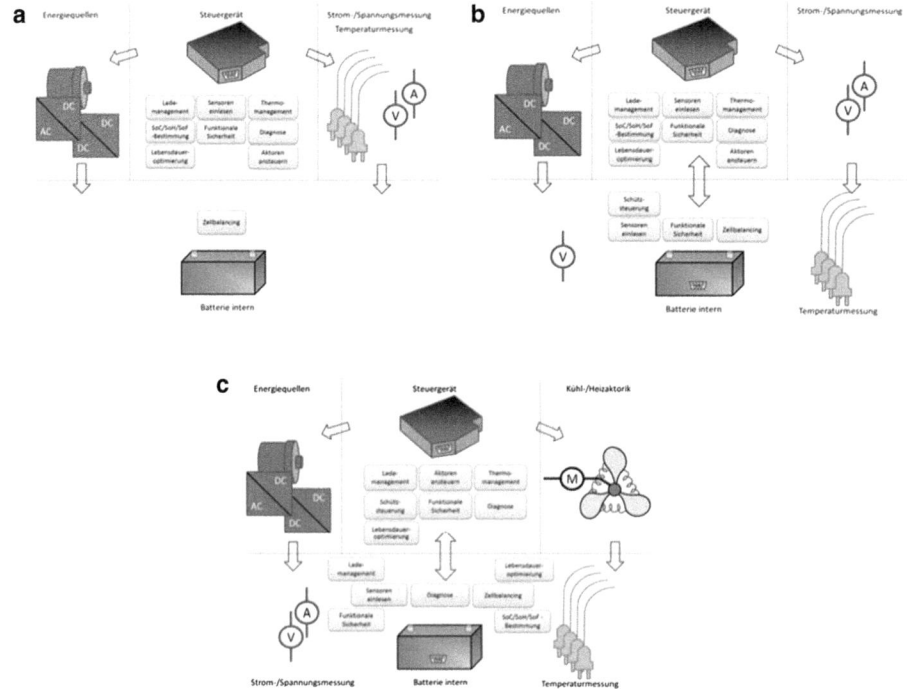

Abb. 15.2 Softwaremodule in Systemen **a** niedriger Komplexität, **b** mittlerer Komplexität, **c** hoher Komplexität

eine Traktionsbatterie, die ständig beansprucht wird und in hohen Spannungsbereichen arbeitet, sind deutlich höher als an eine 12 V-Starterbatterie.

Bei geringer Systemkomplexität sind bestimmte Applikationen, wie beispielsweise Steuerung der Kontaktoren und eigene Diagnosefunktionen, nicht notwendig oder können von den Peripheriegeräten übernommen werden (Abb. 15.2a). Auf diese Weise kann batterieinterne Messtechnik nach extern verlagert werden. Des Weiteren kann auf die aufwendige Kommunikation zwischen Batterie und Steuergerät verzichtet werden. Allerdings muss das Steuergerät durch Lademanagement und externe Sensorik den sicheren Betrieb der Batterie gewährleisten.

Auch bei einem System mittlerer Komplexität, wie zum Beispiel der Starterbatterie, ist aufgrund der geringen Batteriegröße eine aktive Heizung und Kühlung der Batterie nicht erforderlich (Abb. 15.2b). Die Applikationen Lade- und Thermomanagement verschmelzen miteinander, da die Wärmeenergie, abgesehen von der Abwärme des Triebstrangs, ausschließlich über elektrische Verluste bei Ladung und Entladung eingebracht wird. Während die Batterie ihre interne Temperatur und die Zellspannungen misst und kommuniziert, werden Ladestrom und Packspannungen von externer Sensorik gemessen.

Ein System hoher Komplexität hingegen stellt sich wie in Abb. 15.2c dar. Die Batterie, die im Beispiel aktiv gekühlt bzw. beheizt wird, verfügt über interne Messstellen für Temperatur und Spannungen sowie ggf. weitere Größen. Die Ladung erfolgt über einen Generator, über die Elektromaschine im generatorischen Betrieb oder Spannungswandler und wird von einem batterieexternen Steuergerät gesteuert. Dieses ist gemeinsam mit der Batterie für den sicheren Betrieb des Gesamtsystems verantwortlich.

Die Beispiele zeigen, dass mit steigender Systemkomplexität sowohl die Anzahl der insgesamt notwendigen Applikationen als auch die der batterieinternen Applikationen zunimmt. Da die Applikationen in der Regel von unterschiedlichen Zulieferern entwickelt werden, ist es wichtig, frühzeitig die Schnittstellen zu definieren. Mit dem Ziel der Effizienzsteigerung empfiehlt es sich, durch die Berücksichtigung des AUTOSAR Standards eine gewisse Austauschbarkeit und Plattformunabhängigkeit der einzelnen Softwaremodule sicherzustellen.

15.3 AUTOSAR als standardisierte Schnittstelle

Die Automotive Open System Architecture (AUTOSAR) wurde von mehreren Herstellern und Zulieferern ausgearbeitet und eingeführt. Ziel dieses erweiterten Betriebssystems für Steuergeräte ist es, Applikationen plattformunabhängig entwickeln zu können, um damit Austausch, Wiederverwendung, Skalierung und Integration funktionaler Software auf Steuergeräten im Automobil deutlich zu erleichtern. Der Standard eignet sich insbesondere für große Systeme mit zahlreichen Teilnehmern sowie für Systeme, bei denen die Verlagerung von Applikationen von einem Steuergerät auf ein anderes sehr wahrscheinlich ist.

Neben mehreren standardisierten Schnittstellen erlaubt der Virtual Functional Bus auch ohne Kenntnis des Signalträgers, wie z. B. interne Signale oder Busse, eine Kommunikation zu anderen Applikationen. Gemeinsam mit der Applikation wird eine Schnittstellenbeschreibung erzeugt (z. B. als XML-Dokument), mit deren Hilfe das Interface zur Applikation automatisch erstellt werden kann. Signale, die intern über BUS-Systeme wie CAN, LIN, FlexRay etc. übertragen werden müssen, werden automatisch angelegt (Abb. 15.3 links und rechts).

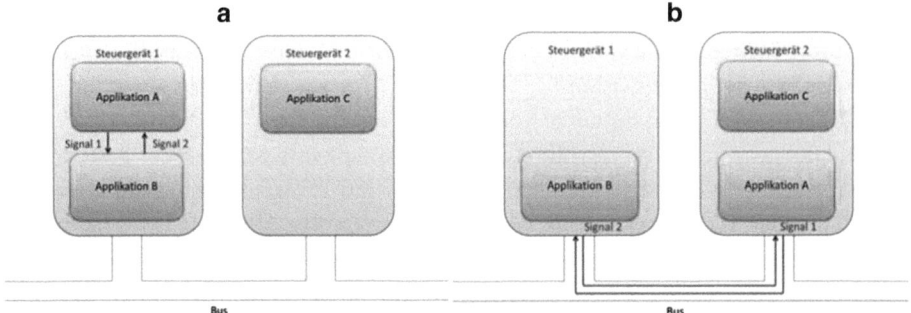

Abb. 15.3 **a** Applikationen vor dem Umzug (*links*), **b** Applikationen nach dem Umzug (*rechts*)

Das Beispiel zeigt Applikation A, die von Steuergerät 1 nach Steuergerät 2 transportiert wird. Im Ursprungssteuergerät kommunizierte Applikation A über interne Signale mit Applikation B. Nach dem Umzug ist keine direkte Kommunikation mehr möglich und die Signale 1 und 2 werden zu Bussignalen.

Dort, wo interne Signale aufgrund des neuen Funktionsträgers auf Bussignale abgebildet werden, kann es zu Ausfällen kommen: Busleitungen können getrennt werden, sie können Kurzschlüsse aufweisen oder es werden aus verschiedenen Gründen fehlerhafte Signale übertragen. Daher muss die korrekte Kommunikation der Applikationen sichergestellt und zusätzlich eine Rückfallebene etabliert sein, die im Fehlerfall den sicheren Betrieb gewährleistet. Möglichkeiten hierfür sind die hardwarenahe Ausfallerkennung der Bustreiber, Cyclic-Redundancy-Checks (CRC) der wichtigen Bus-Botschaften oder sogenannte „Alive"-Signale, wie Botschaftszähler oder andere zyklisch alternierende Signale, anhand derer der Signalempfänger feststellen kann, ob der Sender noch aktiv ist und reguläre Werte überträgt.

Mit AUTOSAR wird ein Run-Time Environment (RTE) auf dem Steuergerät etabliert. Eine Basissoftware, Standardbustreiber und ein Betriebssystem in verschiedenen Abstraktionsebenen stellen die Verbindung zur Trägerhardware (z. B. Prozessor) her. Aus diesem Grund muss der Prozessor eine gewisse Anzahl an Schnittstellen und eine bestimmte Leistungsfähigkeit aufweisen, um sich für die AUTOSAR-konforme Entwicklung zu eignen.

15.4 Zeit- und Kosteneffizienz durch modellbasierte Entwicklung

Um Entwicklungszeiten eingebetteter Systeme zu verkürzen und gleichzeitig die Software-Funktionalität zu optimieren, empfiehlt es sich, die AUTOSAR-konforme Entwicklung mit der modellbasierten Entwicklung zu kombinieren. Das Ziel besteht darin, die korrekte Implementierung und die Robustheit der Algorithmen sicherzustellen, ohne dabei die Entwicklungsdauer zu strapazieren. Die modellbasierte Methode, verbunden mit der automatischen Codegenerierung, hat sich mittlerweile nicht nur in der Automobilindustrie, sondern auch in anderen Branchen etabliert. Mithilfe unterschiedlicher Tools wird eine graphisch programmierbare Abstraktionsebene geschaffen, aus der automatisiert C-Code generiert werden kann.

Die Vorteile dieser Entwicklungsmethode gegenüber der klassischen manuellen Codierung sind zahlreich. Aufgrund der interdisziplinär verständlichen Darstellung wird allen an einem Projekt Beteiligten der Umgang mit dem Modell erleichtert. Durch Modularisierung und Hierarchisierung werden komplexe Systeme übersichtlich, und einzelne, projektunabhängige Module können ggf. mehrfach verwendet werden.

Durch kontinuierliche Detaillierung wird das Modell bis zur automatischen Generierung von ausführbarem Quelltext weiter entwickelt. Das bedeutet, sowohl die Architektur als auch der Feinentwurf werden im gleichen Modell vorgenommen. Die in der jeweiligen Entwicklungsphase verifizierten Modelle können bis zur Implementierung verwendet werden. Während zu Beginn der Entwicklung noch ein hohes Abstraktionsniveau des Modells vorliegt, steigt dessen Detaillierungsgrad mit fortschreitender Entwicklung. Der Entwicklungsprozess orientiert sich am V-Modell. Dieses sieht vor, in jeder Entwicklungsphase die Ergebnisse zu validieren und verifizieren. Für die Tests in den jeweiligen Phasen (Modul-, Integrations- und Systemtest) stehen verschiedene Analyse- und Testmethoden wie statische Codeanalyse mit Codereview, Model-in-the-Loop (MiL), Software-in-the-Loop (SiL), Hardware-in-the-Loop (HiL) und letztlich der Test im Fahrzeug zur Verfügung.

Die erstellten Modelle können sofort in MiL-Simulationsumgebungen eingebunden und sehr schnell auf Funktionalität überprüft werden. Das Implementieren der Applikation auf die Zielhardware ist dabei überflüssig, wodurch bereits während der frühen Entwicklungsphasen automatisiertes Testen ermöglicht und die benötigte Hardware auf ein Minimum reduziert wird. Zum automatisierten Testen stellen die Toolketten verschiedener Anbieter in der Regel umfangreiche Möglichkeiten zur Verfügung. Die Testfälle, die in Skripten beschrieben werden, beinhalten Vorbedingungen, Testschritte und zu erwartende Ergebnisse. Der generierte Autocode kann ebenfalls in die Testumgebungen eingebunden werden. Durch diese sogenannten Software-in-the-Loop (SiL)-Tests, bei denen unter Verwendung der korrekten Datentypen die Berechnungen in Festkomma erfolgen, können Skalierungsfehler, Schnittstellenfehler und Überläufe aufgedeckt werden.

Darüber hinaus bietet die modellbasierte Entwicklung die Möglichkeit, Simulationen durchzuführen. Die Funktionsfähigkeit von Steuerungs- und Regelungsalgorithmen kann zu einem Zeitpunkt überprüft werden, zu dem noch kein Prototyp des realen Systems existiert. Durch dieses Rapid Prototyping können z. B. Zustandsautomaten bereits während der Designphase getestet werden. Man erhält frühzeitig Ergebnisse zur Richtigkeit des verwendeten Lösungsalgorithmus und steigert kontinuierlich die Funktionalität und Qualität des Modells. Benötigt wird eine flexible Echtzeithardware mit entsprechenden Schnittstellen, auf die im besten Fall die entwickelten Modelle direkt implementiert werden können. Die internen Modellgrößen werden von einem Entwicklungsrechner überwacht, wobei das Echtzeitsystem

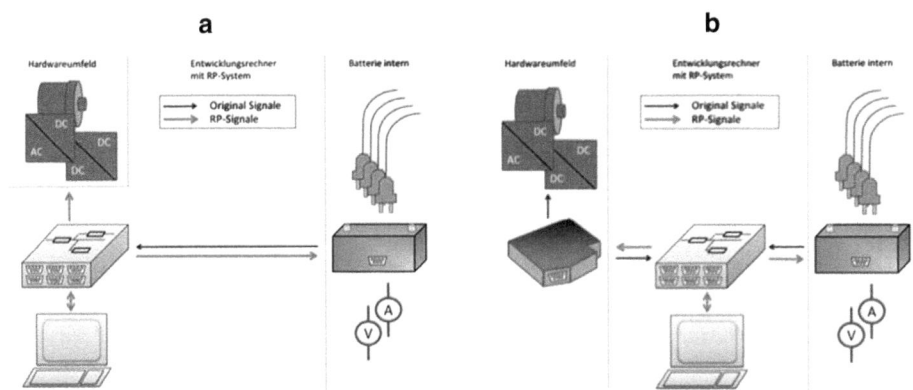

Abb. 15.4 a RP-Rechner im Ersatzbetrieb (*links*), **b** RP-Rechner im Gatewaybetrieb (*rechts*)

das Steuergerät ersetzt oder der Fahrzeugvernetzung hinzugefügt wird. In der Regel haben diese Rapid Prototyping-Systeme ausreichend Schnittstellen, um sie als Gateway betreiben zu können (Abb. 15.4 links und rechts). Dabei besteht die Möglichkeit, Signale abzufangen, zu verändern oder hinzuzufügen. Der Markt liefert hier verschiedene Systeme, die mit mehreren Buscontrollern oder I/O-Modulen ausgestattet werden können.

Mittels Rapid Prototyping können von Grund auf neue Funktionen entwickelt und durch Anwendung bereits erprobter Ansätze direkt getestet werden. Der Zugriff auf angeschlossene Bussysteme, digitale und analoge Ein-und Ausgänge gestaltet sich in der Regel unproblematisch. Leistungsfähige Prozessoren und ausreichend Arbeitsspeicher sorgen dafür, dass die Modelle in Fließkomma gerechnet werden können und der Entwickler keine Rücksicht auf Skalierungen oder Speicherbedarf nehmen muss. Nicht nur Neuentwicklungen, sondern auch Erweiterungen bestehender Funktionen können auf diese Weise bereits vorab getestet werden.

Die Möglichkeit, Modelle und Autocode frühzeitig testen zu können, führt zu einer verbesserten Qualität der Entwürfe, da Abweichungen von der Spezifikation früher und leichter festgestellt werden können sowie zu dauerhaft tragfähigen und soliden Entwürfen. Eine vollständige Umstellung von Handcodierung auf modellbasierte Entwicklung ist nicht zwingend notwendig, da der Handcode integriert werden kann. Die Auswahl spezieller Targets (Simulationstargets, DLLs, Microcontroller etc.) erzeugt einen für die Anwendung optimierten Code. Handelt es sich beim Zielgerät z. B. um einen Microcontroller, kann prozessoroptimierter Code generiert werden.

Die Toolkette für die modellbasierte Entwicklung aufzubauen, stellt einen gewissen zeitlichen und finanziellen Aufwand dar. Durch die Komplexität empfiehlt es sich, bei der Umstellung von Handcodierung auf modellbasierte Entwicklung auf die Erfahrung von Experten zurückzugreifen. Des Weiteren müssen bei der Umsetzung komplexer Funktionen gewisse Modellierungsrichtlinien und Guidelines strikt eingehalten werden, um die Übersichtlichkeit zu wahren. Darüber hinaus ist die Lesbarkeit des automatisch generierten Codes nicht immer oder teilweise nur in beschränktem Maße gegeben. Mittelfristig betrachtet überwiegen jedoch die Einsparungen bei den Entwicklungszeiten aus oben genannten Gründen. Durch den organisationsweiten Einsatz der modellbasierten Methode lassen sich weitere Vorteile erzielen, die sich z. B. in der Zusammenarbeit verschiedener Abteilungen widerspiegeln.

15.5 Requirements Engineering

Bei verteilten Systemen, wie z. B. einer Lithium-Ionen-Batterie mit Peripheriegeräten, sorgt das Requirements Engineering für die notwendige Nachverfolgbarkeit von Anforderungen, deren Umsetzung und deren Testbarkeit. Basierend auf einem Lastenheft werden alle Anforderungen an das zu entwickelnde System definiert. Hierbei ist es wichtig, die Anforderungen zielführend und vollständig zu beschreiben, da die detaillierte Spezifikation die Grundlage für effizientes Testen darstellt. Alle Applikationen, die meist von unterschiedlichen Partnern entwickelt werden, müssen bei Integration in das Gesamtsystem gemäß Spezifikation funktionieren. Über ein Änderungsmanagement werden alle Anpassungen der Anforderungen, wie z. B. geänderte oder zusätzliche Anforderungen, dokumentiert.

Jede einzelne Anforderung, Requirement genannt, bekommt eine eindeutige Identifikationsnummer. Anhand dieser können alle am Softwareentwicklungsprozess Beteiligte zu jeder Zeit den Status der Anforderung und damit den Reifegrad der Funktion überprüfen (z. B. „implementiert", „im Review", „getestet" etc.). So kann z. B. die implementierende Instanz nach Umsetzung eines Requirements den Status entsprechend setzen, woraufhin die testende Instanz einen oder mehrere Testfälle für die implementierten Anforderungen erstellen oder bereits erstellte Testfälle dem Requirement zuordnen wird. Die personelle Trennung von Implementierung und Test gewährleistet einen bestimmten, z. T. sogar vorgeschriebenen Kontrollmechanismus.

In der Regel sind jedem Requirement ein oder mehrere Testfälle zugewiesen, wobei dies in frühen Stadien der Entwicklung oftmals nicht gewährleistet werden kann. Das Verhältnis zwischen den Requirements, die bereits mit Testfällen abgesichert sind, und der Gesamtanzahl an Requirements nennt man Testabdeckung. Um eine qualifizierte Aussage über den Reifegrad der Funktion zu erhalten, sollte schnellstmöglich eine Testabdeckung von 100 % realisiert werden. Mit dem Erstellen der Testfälle kann bereits vor oder während der Implementierungsphase begonnen werden. Ein einmal erstellter und automatisierter Testfall kann für alle kommenden Softwarestände verwendet werden. Ändern sich die Anforderungen, muss der dazu gehörige Testfall ebenfalls angepasst werden. Im Idealfall wird ein neuer Softwarestand automatisiert auf MiL-, SiL-, oder HiL-Prüfständen mit den erstellten Testfällen überprüft. Wurden alle Testfälle erfolgreich durchlaufen, gilt die Anforderung als erfolgreich getestet und die Freigabe kann erfolgen.

ID	Requirement	umgesetzt	Review	Test	Testergebnis
A1	Sinkt eine Zellspannung unter 2,6 V und zeigt der Botschaftszähler keinen Fehler, sende für 1s das Signal „Unterspannung"	ja	i.O.	ja	i.O.
A2	Verändert sich das Signal „Unterspannung" von 1 auf 0, fordere „Ladung" beim DC/DC-Wandler an.	ja	i.O.	ja	n.i.O.
A3	Ist der DC/DC-Wandler inaktiv, oder fließt 5s nach Anforderung der Ladung kein Ladestrom (I > 0,2 A), sende „Schütz_öffnen = 1"	ja	n.i.O.	ja	n.i.O.
A4	Prüfe 1s nach „Schütz_öffnen", ob das Schütz geöffnet hat, wenn nicht, lege den Fehler „Schütz öffnet nicht" im Fehlerspeicher ab.	nein		ja	n.i.O.

Abb. 15.5 Bespielanforderungen für „Verhalten bei Unterspannung"

Zum Erstellen von Testfällen gehört auch die Angabe der geeigneten Testplattform. Diese hängt davon ab, ob es sich um reine Software- oder Algorithmentests handelt oder um Tests, bei denen die Applikation mit anderen Applikationen oder Hardware interagieren muss.

15.6   Requirements Engineering an einem Beispiel

Im Beispiel soll die Funktion „Verhalten bei Unterspannung" entwickelt werden. Der Softwareentwickler hat die ID A1 bis A3 umgesetzt, während ID A4 noch aussteht (Abb. 15.5). Der Code oder das Modell werden in einem Review auf korrekte Implementierung geprüft. ID A3 wurde bei dieser Prüfung als unzureichend eingestuft, weshalb die Implementierung angepasst werden muss. Für alle Requirements existieren bereits Testfälle, am Testergebnis kann der sogenannte Reifegrad der Funktion abgelesen werden. In diesem Fall ist erst eine von vier Anforderungen korrekt implementiert und geprüft.

Dieselben Anforderungen aus ID A1 bis A4 könnte man auch mit dem Text „ID B1: Die Batterie muss sich selbst gegen Unterspannung schützen können" erreichen.

Prinzipiell könnte ID B1 dasselbe Funktionsverhalten beschreiben wie die ID1 bis A4. Allerdings ist der Softwareentwickler sehr frei in der Umsetzung. Der Name der Signale, die Schwelle für Spannung und Strom und auch die Entscheidung, ob die Batterie durch Schütz und/oder Ladung gegen Unterspannung geschützt werden soll, liegen im Ermessen der implementierenden Instanz. Mit einer derartigen Beschreibung ist nicht gewährleistet, dass das Verhalten der Funktion im Sinne des Anforderers umgesetzt wird. Automatisiertes Testen auf Grundlage nicht-eindeutiger Requirements wird erheblich erschwert bzw. unmöglich.

Da es sich bei ID A1 und A2 im Beispiel ausschließlich um den Test interner Signale und Algorithmen handelt, lassen sich diese Requirements in der MiL-Umgebung testen. Ein erfolgreicher Test der IDs A3 und A4 hingegen ist nur gegeben, wenn externe Hardware (DC/DC-Wandler und Schütz) mit dem System interagieren kann. Somit bietet sich hier ein Prüfstand an, an dem die reale Hardware angeschlossen oder auf dem eine Simulation derselben vorhanden ist (Hardware-in-the-Loop).

15.7 Ausblick

Die immer weiter steigende Komplexität von Elektronik in Kraftfahrzeugen, insbesondere auch durch den Einsatz von Lithium-Ionen-Batterien bedingt, stellt hohe Anforderungen an die Softwareentwicklung. Nur durch die Einhaltung definierter Entwicklungsprozesse und -methoden können die an die Software geforderte Funktionalität, Robustheit und Sicherheit gewährleistet werden. Um diesen Anforderungen gerecht zu werden, eignet sich die AUTOSAR-konforme Entwicklung, gepaart mit der modellbasierten Entwicklung und automatischen Codegenerierung – eine zugleich zeit- und kosteneffiziente Entwicklungsmethode. Im Automotivesektor hat sich dies bereits als Standardverfahren etabliert. Zukünftig ist zu erwarten, dass die modellbasierte Entwicklungsmethode auch immer häufiger in weiteren Domänen Anwendung findet, von industriellen Anlagen über Land- und Baumaschinen bis hin zu Haushaltsgeräten.

Zukunftstechnologien

16

Jürgen Janek und Philipp Adelhelm

16.1 Einleitung

Seit der kommerziellen Einführung durch Sony im Jahr 1991 wurden wiederaufladbare Lithium-Ionen-Batterien kontinuierlich weiterentwickelt. So konnte die Energiedichte als einer der Schlüsselparameter durch Optimierung der Batteriebestandteile wie Elektrodenmaterialien oder Elektrolyt, sowie durch technische Verbesserungen im Zellbau, stetig verbessert werden. Der Fortschritt der letzten Jahre auf Zellebene ist in Abb. 16.1 dargestellt. Sowohl die gravimetrische (spezifische) als auch die volumetrische Energiedichte konnten mehr als verdoppelt werden.

Offensichtlich ist aber auch, dass eine ähnliche Entwicklung in den kommenden Jahren nicht mehr zur erwarten ist, da die Technologie zunehmend an ihre natürlichen Grenzen stößt. Limitierender Faktor sind letztendlich die eingesetzten Elektrodenmaterialien. Derzeit werden als Anodenmaterial Kohlenstoffmaterialien (meist Graphit) und im Kathodenbereich oxidische Übergangsmetallverbindungen wie Lithiumkobaltoxid ($LiCoO_2$), Li-NMC ($Li(Ni_{1-x-y}Mn_xCo_y)O_2$), Lithiumeisenphosphat ($LiFePO_4$) oder Lithiummanganoxid ($LiMn_2O_4$) eingesetzt, deren Lithiumgehalt elektrochemisch variiert werden kann. Die theoretischen spezifischen Energiedichten[1] für diese Zelltypen liegen meist zwischen 350 und 400 Wh/kg. Die Berücksichtigung der weiteren Bestandteile

---

[1] Die theoretische spezifische (bzw. gravimetrische) Energiedichte ist die gespeicherte chemische Energie bezogen allein auf die Masse der reinen Elektrodenmaterialien.

J. Janek (✉) · P. Adelhelm
Justus-Liebig-Universitat Giessen, Heinrich-Buff-Ring 58,
35392 Gießen, Deutschland
e-mail: juergen.janek@phys.chemie.uni-giessen.de

P. Adelhelm
e-mail: philipp.adelhelm@uni-giessen.de

R. Korthauer (Hrsg.), *Handbuch Lithium-Ionen-Batterien*,
DOI: 10.1007/978-3-642-30653-2_16, © Springer-Verlag Berlin Heidelberg 2013

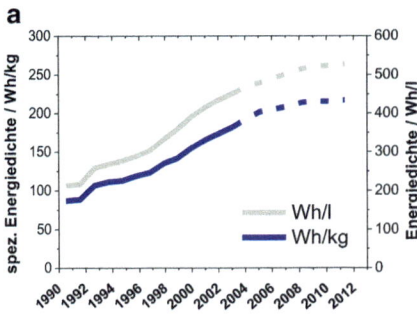 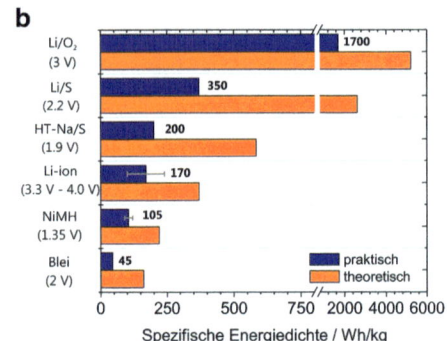

Abb. 16.1 a Zeitliche Entwicklung der mittleren praktischen Energiedichten von Lithium-Ionen-Zellen (high energy design). Abbildung nach Broussely et al. [1]. **b** Theoretische und (prognostizierte) praktische Energiedichten für verschiedene wiederaufladbare Zellsysteme (Sekundärelemente). Die Werte für die praktischen Energiedichten sind Richtwerte und variieren stark mit dem jeweiligen Zelldesign (Größe, Geometrie, high energy, high power): Blei – Bleibatterie (Autobatterie, 12 V), NiMH – Nickel-Metallhydrid (Zellebene, AA), Li-ion – Mittelwert über verschiedene Typen (Zellebene), HT-Na/S – Hochtemperatur Natrium/Schwefel (Zellebene), Li/S – Angabe Sion Power (Zellebene, Pouch), Li/O$_2$ – Angabe Polyplus (Zellebene, Primärelement)

der Zelle wie Elektrolyt, Separator, Stromableiter, Additive, Gehäuse führen typischerweise zu einer Verringerung der Energiedichte um mehr als die Hälfte. Weitere Verluste ergeben sich durch den Übergang von der Einzelzelle zur eigentlichen Batterie,[2] womit dann heute in Elektrofahrzeugen Werte von 80 bis 120 Wh/kg erreicht werden. Mit Blick auf die derzeit in kommerziellen Zellen erreichten Werte kann daher davon ausgegangen werden, dass eine weitere, signifikante Verbesserung der Energiedichte mit den konventionellen Technologien nicht mehr zu erreichen ist (Abb. 16.1a und Tab. 16.1).

Zwei oft diskutierte Alternativen stellen die als Zukunftstechnologien betrachteten Systeme „Lithium/Schwefel" und „Lithium/Luft" dar, die eine von den klassischen Lithium-Ionen-Batterien grundsätzlich verschiedene Zellchemie aufweisen. Sollten diese Batterietypen bis hin zu kommerziell einsetzbaren Systemen entwickelt werden können, würde dies bezüglich der spezifischen Energiedichte einen Sprung gegenüber der aktuellen Lithium-Ionen-Technologie bedeuten. Theoretische und vorläufige praktische

---

[2] Ursprünglich wurde zwischen den Begriffen „Zelle" und „Batterie" strikt unterschieden. So ist eine elektrochemische Zelle die kleinstmöglichste Einheit einer Batterie, bestehend aus Anode, Kathode, Elektrolyt, Separator, Stromableiter und Zellgehäuse. Eine Batterie besteht dagegen aus mindestens zwei parallel oder seriell verbundenen Zellen. So besteht eine Bleibatterie (12 V) aus 6 Zellen á 2 V. Inzwischen wird jedoch auch eine Zelle häufig als Batterie bezeichnet. Da die elektrochemischen Vorgänge in Zelle und Batterie identisch sind, wird auch im vorliegenden Text nicht strikt zwischen beiden Begriffen unterschieden. Bei Angabe der praktischen Energiedichten ist eine Differenzierung jedoch durchaus wichtig. In diesem Kapitel beziehen sich alle Angaben zu praktischen Energiedichten (mit Ausnahme der Bleibatterie) auf eine Zelle.

Tab. 16.1 Praktische Energiedichten einer Auswahl von Lithium-Ionen-Zellen im Vergleich mit Li/S- und Li/O$_2$-Systemen (Angaben der Hersteller, Zellebene). Für Zellen mit identischer Zellchemie ergibt sich je nach Größe, Zellgeometrie und Einsatzzweck (high power oder high energy) eine gewisse Bandbreite in den Energiedichten

Zelltyp	Typ/Hersteller	E° V	praktische spez. Energiedichte Wh/kg	praktische Energiedichte Wh/l
C/LiCoO$_2$	Zylindrisch; VL 34570 – SAFT	3.7	160	380
C/LiCoO$_2$	Prismatisch; MP 144350 – SAFT	3.75	143	344
C/LiCoO$_2$	Prismatisch; MP 174565 – SAFT	3.75	175	423
C/LiCoO$_2$-basiert	Zylindrisch; ICR18650-26F – Samsung	3.7	209	581
C/LiCoO$_2$-basiert	Prismatisch; ICP103450 – Samsung	3.7	185	415
C/LiFePO$_4$	Zylindrisch; VL 45 E Fe – SAFT (high energy)	3.3	156	292
C/LiFePO$_4$	Zylindrisch; VL 10 V Fe – SAFT (high power)	3.3	55	122
C/LiFePO$_4$	Zylindrisch; IFR18650-11P – Samsung	3.2	82	213
C/LiFePO$_4$	Zylindrisch; ANR 26650 – A123 Systems	3.3	109	239
Li/S$_8$[a]	Prismatisch; – Sion Power Corp.	2.15	350	320
Li/S$_8$[a]	k.A. – Oxis Energy Ldt.	–	300	–
Li/O$_2$[a]	k.A.; Primärelement – Polyplus	–	>700	–

[a] (Angaben der Hersteller, Zellebene).

Energiedichten beider Technologien sind in Abb. 16.1b und in Tab. 16.2 im Vergleich mit konventionellen Systemen dargestellt. Eine Lithium/Luft- Zelle weist dabei eine theoretische Energiedichte von mehreren tausend Wh/kg auf, was die Faszination für dieses Zellsystem erklärt.

Die wichtigsten Gründe für die hohe Energiedichte beider Zellkonzepte sind, dass

(1) auf die vergleichsweise schweren Übergangsmetallverbindungen auf Kathodenseite zugunsten der leichten Elemente Schwefel bzw. Sauerstoff verzichtet wird,
(2) pro Formeleinheit mehr Lithium gespeichert wird. Die Funktion konventioneller Kathodenmaterialien beruht auf der Änderung der Oxidationsstufe des Übergangsmetalls bei Ein- oder Ausbau von Lithium. Mit den Redoxpaaren Co^{4+}/Co^{3+}, Fe^{3+}/Fe^{2+} bzw. Mn^{4+}/Mn^{3+} lässt sich daher maximal ein Lithiumion pro Formeleinheit speichern. In der Praxis können im Falle des $LiMn_2O_4$ nur 0,8, bei $LiCoO_2$ sogar nur 0,5 Lithium-Ionen pro Formeleinheit genutzt werden. Schwefel bzw. Sauerstoff könnten dagegen bei vollständiger Reaktion zu Li_2S bzw. Li_2O jeweils 2 Lithium-Ionen pro Formeleinheit aufnehmen.
(3) zusätzlich geplant ist, die Graphitanode durch metallisches Lithium zu ersetzen. Dies setzt allerdings voraus, dass die durch den Einsatz einer reinen Metallanode bisher bekannten Herausforderungen gelöst werden. Hier sei insbesondere das sicherheitsrelevante Problem der Dendritenbildung genannt.

Des Weiteren besteht die begründete Hoffnung, dass durch die Verwendung von Schwefel bzw. Sauerstoff anstelle der vergleichsweise teuren Übergangsmetallverbindungen besonders kostengünstige Batterien hergestellt werden können.

Inhalt dieses Kapitels ist es, die Zellchemie der beiden Zukunftstechnologien Li/S und Li/O_2 näher zu beschreiben, Vor- und Nachteile zu diskutieren und Lösungsansätze für die aktuellen Herausforderungen aufzuzeigen.

16.2 Die Lithium/Schwefel-Batterie

16.2.1 Grundprinzip

Die Chemie der Lithium/Schwefel-Zelle wird bereits seit mehreren Jahrzenten untersucht [2–4]. Grund dafür ist neben der hohen Energiedichte auch die nahezu unbegrenzte Verfügbarkeit und toxikologische Unbedenklichkeit von Schwefel als Aktivmaterial. Erhebliche Fortschritte in der Entwicklung wurden dabei insbesondere in den letzten 10 bis 15 Jahren erzielt, jedoch steht die Technologie auch heute noch vor großen Herausforderungen. Auf den ersten Blick basiert die Lithium/Schwefel-Zelle auf der reversiblen Umsetzung von Lithium mit Schwefel nach folgendem Prinzip.

$$\text{Anodenreaktion:} 16\,Li \rightarrow 16\,Li^+ + 16\ e^-$$
$$\text{Kathodenreaktion: } S_8 + 16\ e^- \rightarrow 8\,S^{2-}$$
$$\overline{\text{Gesamtreaktion:} 16\,Li +\ S_8 \rightarrow 8\,Li_2\,S\ (E^\circ = 2{,}24\ V)}$$

Tab. 16.2 Theoretische gravimetrische (Wh/kg) und volumetrische (Wh/l) Energiedichten w_{th} für verschiedene Zellreaktionen.

Zelltyp und Reaktion (Lithium-Anode)	$E^°$ V	w_{th} Wh/kg	w_{th} Wh/l	Zelltyp und Reaktion (Graphit-Anode)	$E^°$ V	w_{th} Wh/kg	w_{th} Wh/l
$\frac{1}{2}\,Li + Li_{0.5}CoO_2 \underset{Laden}{\overset{Entladen}{\rightleftharpoons}} LiCoO_2$	3.9	534	2723	$\frac{1}{2}\,LiC_6 + Li_{0.5}CoO_2 \underset{Laden}{\overset{Entladen}{\rightleftharpoons}} 3\,C + LiCoO_2$	3.75	375	1432
$Li + FePO_4 \underset{Laden}{\overset{Entladen}{\rightleftharpoons}} LiFePO_4$	3.45	586	2110	$LiC_6 + FePO_4 \underset{Laden}{\overset{Entladen}{\rightleftharpoons}} 6\,C + LiFePO_4$	3.3	385	1169
$0.8\,Li + Li_{0.2}Mn_2O_4 \underset{Laden}{\overset{Entladen}{\rightleftharpoons}} LiMn_2O_4$	4.00	474	2044	$0.8\,LiC_6 + Li_{0.2}Mn_2O_4 \underset{Laden}{\overset{Entladen}{\rightleftharpoons}} 4.8\,C + LiMn_2O_4$	3.85	346	1225
$2\,Li + \frac{1}{8}\,S_8 \underset{Laden}{\overset{Entladen}{\rightleftharpoons}} Li_2S$	2.24	2613	4286	$2\,LiC_6 + \frac{1}{8}\,S_8 \underset{Laden}{\overset{Entladen}{\rightleftharpoons}} 12\,C + Li_2S$	2.09	589	1222
$2\,Li + \frac{1}{2}\,O_2 \underset{Laden}{\overset{Entladen}{\rightleftharpoons}} Li_2O$	2.91	5220	10508	$2\,LiC_6 + \frac{1}{2}\,O_2 \underset{Laden}{\overset{Entladen}{\rightleftharpoons}} 12\,C + Li_2O$	2.76	850	1885
$2\,Li + O_2 \underset{Laden}{\overset{Entladen}{\rightleftharpoons}} Li_2O_2$	2.96	3458	7989	$2\,LiC_6 + O_2 \underset{Laden}{\overset{Entladen}{\rightleftharpoons}} 12\,C + Li_2O_2$	2.81	793	1804

Konventionelle Lithium-Ionen-Zellen basieren auf einer Graphitanode, die mit Lithium eine Interkalationsverbindung LiC_6 bildet. In Zellen auf der Basis von Li/S und Li/O_2 soll vorzugsweise metallisches Lithium als Anodenmaterial eingesetzt werden. Um eine bessere Vergleichbarkeit der Energiedichten zu erlauben, sind die Energiedichten sowohl unter Verwendung einer Graphit-, als auch einer Lithium-Anode berechnet. Bei Verwendung von Graphit verringert sich die Zellspannung gegenüber metallischem Lithium um ca. 0.15 V. Die volumetrischen Energiedichten sind für Zellen im entladenen Zustand berechnet, d. h. Dichten und Gewichtsanteil der Entladeprodukte gehen in die Berechnung ein.

Aus der freien Reaktionsenthalpie dieser Reaktion ($\Delta_r G^\circ_{25\,°C} = -432.57$ kJ/mol (Li$_2$S)) errechnet sich die theoretische Zellspannung zu $E^\circ = 2{,}24$ V. Zusammen mit der theoretischen Kapazität von 1167 mAh/g (Li$_2$S) ergibt sich daraus eine theoretische Energiedichte von 2613 Wh/kg (Li$_2$S), d. h. ein gegenüber den konventionellen Systemen mehrfach höherer Wert. Da in der Literatur oftmals die Kathodenreaktion allein genauer beschrieben wird, findet man dort i. d. R. eine auf den Schwefel bezogene Kapazität. Diese liegt bei 1672 mAh/g (S).

Der schematische Aufbau der Zelle ist in Abb. 16.2a skizziert. Da sowohl Schwefel als auch das Entladeprodukt Li$_2$S elektrisch nicht leitend sind, muss eine geeignete Kathodenstruktur generiert werden. Meist werden hier poröse Kohlenstoffpartikel hoher Oberfläche als Trägermaterial eingesetzt, die einerseits für eine elektronische Kontaktierung sorgen, andererseits ausreichende Zugänglichkeit des Elektrolyten gewährleisten. Ein wesentliches Merkmal der Zellreaktion ist die vergleichsweise starke Volumenänderung während der Zellreaktion. Aufgrund der geringeren Dichte von Li$_2$S ($\rho = 1.66$ g/cm^3, $V_m = 28.0$ ml/mol) im Vergleich zu Schwefel ($\rho = 2.07$ g/cm^3, $V_m = 15.5$ ml/mol) muss die Kathode genügend Raum bieten, um die Volumenänderung von rund 80 % zu kompensieren. Typischerweise enthält eine Schwefelkathode zwischen 50 bis 70 Gew-% Schwefel, der Rest entfällt auf das Kohlenstoffträgermaterial und zu geringem Anteil auf den Binder. Auch bei klassischen Kathodenmaterialien ist die Zugabe von Kohlenstoff als Leitadditiv nötig, jedoch sind die Gehalte dort wesentlich geringer. Der hohe Kohlenstoffanteil und die nötige hohe Porosität sind ein wesentlicher Grund dafür, dass die praktisch erreichbaren Energiedichten der Lithium/Schwefel-Zelle wesentlich unterhalb der theoretischen Energiedichte liegen.

Der Elektrolyt besteht aus einem Gemisch organischer Lösungsmittel mit entsprechendem Leitsalz. Im Gegensatz zu den sonst üblichen Carbonat-basierten Lösungsmitteln wie Ethylencarbonat (EC)/Dimethylcarbonat (DMC) mit Leitsalz LiPF$_6$ wird in der Li/S$_8$-Zelle meist eine Mischung aus Dimethoxyethan (DME, C$_4$H$_{10}$O$_2$), 1,3-Dioxolan (DOL, C$_3$H$_6$O$_2$) und Lithium bis(trifluoromethylsulfonyl)imid (LiN(SO$_2$CF$_3$)$_2$, LiTFSI) eingesetzt, da diese mit der metallischen Lithium-Anode bisher am verträglichsten scheint.

Trotz der auf den ersten Blick scheinbar einfachen Zellreaktion ergibt sich bei näherer Betrachtung ein sehr komplexes Bild. Grund hierfür ist, dass die Reduktion des Schwefels zum Sulfidion (S^{2-}) über mehrere Zwischenschritte (Polysulfidbildung) abläuft:

S$_8$ ⇢ Li$_2$S$_8$ ⇢ Li$_2$S$_6$ ⇢ Li$_2$S$_4$ ⇢ Li$_2$S$_3$ ⇢ Li$_2$S$_2$ ⇢ **Li$_2$S**

unlöslich	löslich	unlöslich
208.96 mAh.g(S)$^{-1}$	626.89 mAh.g(S)$^{-1}$	835.85 mAh.g(S)$^{-1}$

Die meisten Polysulfide sind im Elektrolyt sehr gut löslich, was zu einem grundsätzlich anderen Reaktionsmechanismus im Vergleich zu konventionellen Lithium-Ionen-Batterien führt (dort laufen reine Festkörperreaktionen ab). Die Löslichkeit der Polysulfide im Elektrolyten ist in Abb. 16.3 anhand eines Demonstrationsexperiments gezeigt. Direkt nach Beginn der Entladereaktion färbt sich der Elektrolyt aufgrund gelöster Spezies. Welche Spezies genau auftreten, wie schnell die einzelnen Teilreaktionen

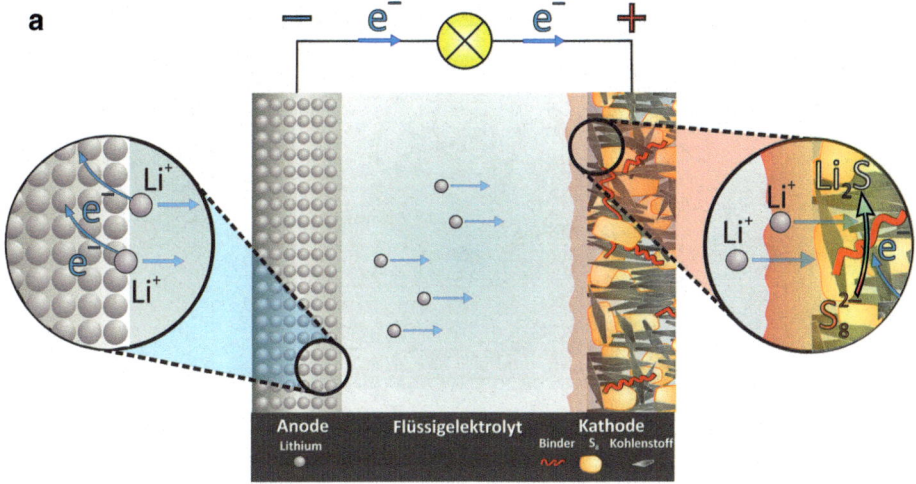

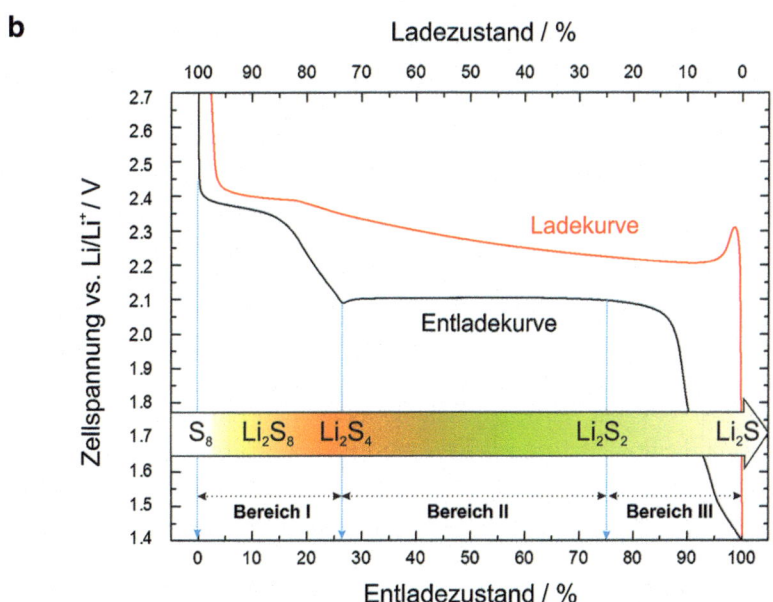

Abb. 16.2 a Schematischer Aufbau einer Lithium/Schwefel-Zelle. Metallisches Lithium wird als Anodenmaterial eingesetzt. Die Kathode besteht aus einem Gemisch aus Schwefel- und Kohlenstoffpartikeln, die mit einem Binder mechanisch stabilisiert werden. **b** Typisches Spannungsprofil (Entlade-/Ladekurve) einer Lithium/Schwefel-Zelle

ablaufen und wie hoch die jeweiligen Konzentrationen zu einem bestimmten Zeitpunkt sind, ist bisher nur unzureichend aufgeklärt. Der Einfluss der Polysulfidbildung auf die Zellreaktion lässt sich aber direkt anhand der Entladekurve der Zelle nachverfolgen (Abb. 16.2b). Insgesamt lässt sich der Entladeprozess in drei Bereiche unterteilen.

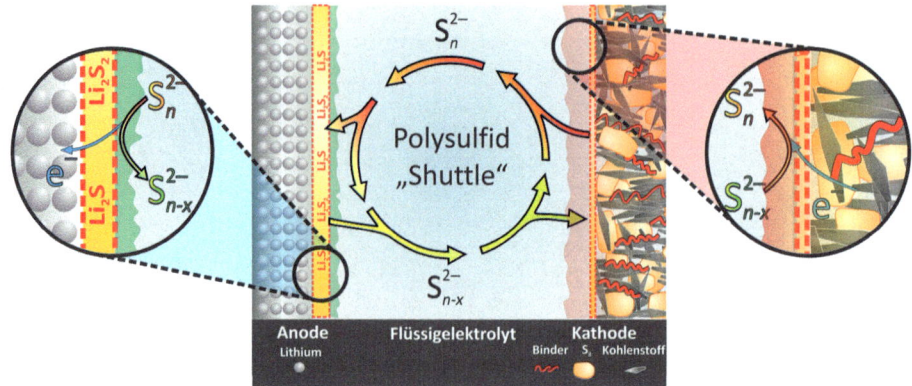

Abb. 16.3 Erste Entladung einer Lithium/Schwefel-Zelle in einer Glaszelle. Mit Beginn der Reaktion bilden sich an der Kathode aus Schwefel und Lithium lösliche Polysulfide, die bis zur Lithium-Anode diffundieren; siehe Abschn. (16.3) Shuttle-Mechanismus

Zu Beginn (Bereich 1) startet die Entladereaktion mit der Reduktion des elementaren Schwefels S_8. Die dabei entstehenden höheren Polysulfide wie Li_2S_8 und Li_2S_6 gehen im Elektrolyten in Lösung, die Entladespannung nimmt kontinuierlich ab. Der Übergang zum Bereich 2 ist durch ein Minimum gekennzeichnet. Grund dafür ist die beginnende Entstehung der festen Li_2S (Li_2S_2)-Phase. Die dazu nötige freie Keimbildungsenthalpie führt zu einer zusätzlichen Überspannung und damit zu einem Minimum in der Entladekurve. Im Bereich 2 schreitet die Reduktion des Schwefels weiter fort. Hier liegen neben den festen Phasen noch lösliche Polysulfide niedriger Ordnung vor (Li_2S_4, Li_2S_3) vor. Zum Ende der Entladung kommt es idealerweise zur vollständigen Umsetzung von Li_2S_2 zu Li_2S. Diese wird in realen Zellen jedoch kaum erreicht; in der Regel erreicht man 2/3 bis 3/4 der theoretischen Kapazität. Gründe hierfür können z. B. die zu langsame Festkörperdiffusion beim Übergang von Li_2S_2 zu Li_2S, die schlechte elektronische Leitfähigkeit von Li_2S_2 und Li_2S, das Blockieren der porösen Elektrode durch die wachsenden Li_2S-Partikel oder auch der Shuttle-Mechanismus (Abschn. 16.3) sein. Aufgrund der komplexen Zellreaktion mit zwei Plateaus liegt das durchschnittlich beobachtete Zellpotential mit ca. 2,15 V unterhalb des für die direkte Umsetzung von Lithium mit Schwefel zu Li_2S berechneten thermodynamischen Wertes von 2,24 V.

Über die Mechanismen des Ladeprozesses ist weniger bekannt. Dieser findet bei kontinuierlich ansteigendem Potential statt und scheint einfacher, über multiplen Elektronentransfer, zu verlaufen. So beobachteten Peled et al. [5] mittels Zyklo-Voltammetrie während der Entladung wie erwartet eine stufenweise Reduktion, d. h. das Voltamogramm weist mehrere Maxima auf. Für den Ladeprozess (Oxidation) wurde jedoch nur ein einzelnes Maximum gefunden, welches mit der Entstehung von S_8^{2-} korreliert wurde. Die Oxidation zu S_8 gegen Ende des Ladeprozesses verläuft offenbar nur unvollständig [6, 7]. In welchem Maße die festen Phasen (S_8, Li_2S_2, Li_2S) letztendlich während der Zellzyklisierung vorliegen und wie groß der Anteil der jeweiligen Polysulfide ist, ist nach wie vor nicht vollständig geklärt. Weitere Aufschlüsse hinsichtlich der Zellchemie liefern hier erst allmählich aufwendige in situ Experimente [8, 9].

16.3 Shuttle-Mechanismus

Die hohe Löslichkeit der Polysulfide im Elektrolyten führt zu einer weiteren Eigenheit der Lithium/Schwefel-Zelle, die allgemein als „Shuttle-Mechanismus" bekannt ist (Abb. 16.4). Die an der Kathode entstehenden und gelösten Polysulfide S_n^{2-} diffundieren bis zur Lithium-Anode und reagieren dort unter Reduktion bis zu Li_2S_2 und Li_2S [3] Nachfolgende Polysulfid-Spezies höherer Ordnung reagieren mit diesen Verbindungen und bilden Polysulfide niedrigerer Ordnung $S_{(n-x)}^{2-}$. Anstelle der gewünschten elektrochemischen Reaktion des Schwefels an der Kathode findet damit ein Teil der Reaktion auch an der Anode unkontrolliert statt (chemische und/oder elektrochemische Reaktionen sind dabei denkbar), was das Zellverhalten negativ beeinflusst.

Die Anreicherung niedriger Polysulfidspezies in Nähe der Anode hat deren Rückdiffusion zur Kathode zur Folge. Wird die Zelle entladen, so werden rückdiffundierte Spezies dort weiter bis zu Li_2S_2 bzw. Li_2S reduziert. Für den Entladeprozess bedeutet dies vereinfacht, dass ein Teil der Kathodenreaktion unerwünscht an der Anode abläuft bzw. die Zelle sich selbst entlädt. Dies hat direkt eine Verringerung der Kapazität zur Folge. Befindet man sich hingegen im Ladeprozess, so findet nach der Rückdiffusion zur Kathode eine Reoxidation der Polysulfidspezies von niedriger zu höherer Ordnung statt. Diese Polysulfide diffundieren anschließend wieder zur Anode; es bildet sich einen Kreislauf, der allgemein als Shuttle-Mechanismus bezeichnet wird. Ist der Shuttle-Effekt sehr ausgeprägt, kann dies sogar dazu führen, dass die Zelle beliebig viel Ladung aufnehmen kann; sie ist „chemisch kurzgeschlossen". Eine mathematische Beschreibung der Entlade-/Ladereaktion bzw. des Shuttle-Effekts wurde von Kumaresan et al. vorgenommen [10].

Allgemein führt der Shuttle-Mechanismus aufgrund der unkontrollierten Abscheidung von Li_2S_2 und Li_2S außerhalb des Kathodenraums zu einem parasitären Verlust an Schwefelaktivmasse, was letztendlich die Zyklisierbarkeit bzw. Lebensdauer der Zelle stark einschränkt. Als weitere Alterungsmechanismen können die inhomogene Abscheidung von Li_2S_2 bzw. Li_2S auf der Kathode bzw. der mechanische Zerfall der Kathodenstruktur aufgrund der während der Zellreaktion auftretenden Volumenänderungen eine Rolle spielen.

---

[3] Die während der Entladung an der Kathode entstehenden Polysulfidspezies S_n^{2-} gehen dort im Elektrolyten in Lösung. Gegenüber der Anodenseite entsteht dadurch ein Konzentrationsgradient, der Triebkraft für die Diffusion der Polysulfide in Richtung der Anodenseite ist. Nach und nach verteilen sich die Polysulfide im gesamten Elektrolyten.

Abb. 16.4 Shuttle-Mechanismus während des Ladevorgang einer Li/S-Zelle. Aufgrund der Löslichkeit der Polysulfide im Elektrolyten kommt es in der Kathode zu einem Verlust an Schwefel, was zu einer Abnahme der Kapazität („Fading") und damit letztendlich zu einer begrenzten Lebensdauer der Zelle führt. Im Laufe der Zellzyklisierung entstehen Ablagerungen von Li_2S/Li_2S_2 an der Oberfläche von Anode und Kathode.

16.4   Konzepte zur Langzeitstabilisierung

Zurzeit werden verschiedene Konzepte verfolgt, um die Zyklisierungseigenschaften von Li/S-Zellen zu verbessern. Diese betreffen sowohl die Kathode (Kohlenstoff/Schwefel), den Elektrolyten, als auch die Anode (Lithiummetall). Insbesondere gilt es, den Verlust von Aktivmasse zu begrenzen, den Shuttle-Mechanismus zu unterdrücken, und die Kathodenstruktur über längere Zeit mechanisch stabil zu halten. So werden auf der Kathodenseite spezielle Kohlenstoffmaterialien mit definierter Porosität eingesetzt, die einerseits eine ausreichende elektrische Kontaktierung des Schwefels gewährleisten, andererseits die Polysulfidspezies immobilisieren, um deren Verlust im Elektrolyten zu begrenzen. In den letzten Jahren wurde hierzu eine große Anzahl an wissenschaftlichen Arbeiten publiziert. So wurde beispielsweise in einer viel beachteten Arbeit von Nazar et al. [11] ein Spezialkohlenstoff (CMK-3) mit definierter Porengröße von d = 3 nm mit Schwefel bei 155 °C schmelzinfiltriert (Abb. 16.5). Im Vergleich zu nicht infiltrierten Proben zeigte dieses Material aufgrund der besonderen Nanostruktur einen wesentlich geringer ausgeprägten Shuttle-Effekt und ein vergleichsweise stabiles Zyklisierungsverhalten bei hohen Kapazitäten.

Eine zusätzliche Verbesserung wurde mittels Modifikation der Kohlenstoffoberfläche mit Polyethylenglykol (PEG) erreicht. Auch der Einsatz von anderen Kohlenstoffmaterialien wie Aktivkohle, Carbon Black, Graphen oder auch Kohlenstoffnanoröhrchen wird derzeit intensiv untersucht.

Neben dem eingesetzten Kohlenstoffmaterial hängen die Eigenschaften der Kathode aber auch stark von der Elektrodenpräparation ab. Hier spielen unter anderem der Schwefelgehalt, die Schichtdicke, und der Bindergehalt bzw. -typ eine wichtige Rolle [12, 13]. So wird eine Verbesserung des Zyklisierungsverhaltens auch durch Verringerung der Elektrodenschichtdicke und/oder Verringerung des Schwefelgehalts erreicht, jedoch stehen diese Maßnahmen dem Erreichen einer möglichst hohen Energiedichte entgegen. Weiterhin wird versucht, durch Zugabe von Kathodenadditiven wie Al_2O_3 oder SiO_2 als Polysulfidfänger den Verlust von Polysulfiden zu verringern.

In einem anderen Ansatz werden Fest- bzw. (Gel)polymerelektrolyte als Barriere eingesetzt, um die Diffusion von Polysulfidspezies in Richtung der Anode zu unterbinden [14]. Nachteil ist hier die gegenüber Flüssigelektrolyten geringere Leitfähigkeit und

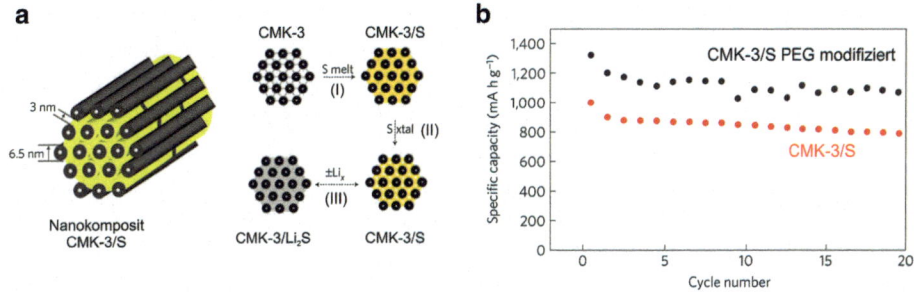

Abb. 16.5 a Herstellung einer nanostrukturierten Kathode aus mesoporösem Kohlenstoff (CMK-3) und Schwefel. (I) Schmelzinfiltration des Kohlenstoffs mit flüssigem Schwefel, (II) Abkühlung und Kristallisation des Schwefels (30 wt% CMK-3/70 wt% S). (III) Der Kohlenstoff stellt genügend freies Volumen zur Verfügung, um die bei der Entstehung von Li$_2$S entstehende Volumenausdehnung zu kompensieren. **b** Zyklenstabilität des Nanokomposits CMK-3/S bzw. eines mit PEG modifizierten Materials. Reproduziert und modifiziert mit Erlaubnis von Macmillan Publishers Ltd: Nature Materials [11], copyright (2009)

Kontaktierung, die zu höheren Überspannungen und damit zu einer geringeren Energieeffizienz der Zelle führt. In einem anderen Konzept von Aurbach et al. [15] wird durch Zusatz von LiNO$_3$ als Elektrolytadditiv eine Passivierung der Lithium-Anode erreicht. Da die entstehende Schutzschicht für Lithium-Ionen durchlässig ist, bleibt die Zellreaktion unverändert. Die Elektronenleitfähigkeit der Schicht ist jedoch vernachlässigbar gering, was die parasitäre Reduktion von Polysulfiden höherer Ordnung an der Lithium-Anode wirkungsvoll verringert. Nicht unerwähnt sollte bleiben, dass neben dem hier beschriebenen Zellkonzept inzwischen auch andere Wege beschritten bzw. wiederenddeckt werden, um einen auf Lithium und Schwefelverbindungen basierenden elektrochemischen Speicher zu realisieren. So scheint Schwefel auch in neuartigen, Li$^+$-leitenden Verbindungen wie Lithiumpolysulfidophosphaten reversibel umsetzbar zu sein. [16] In einem anderen Konzept wird anstelle der festen C/S-Kathode ein flüssiger Katholyt eingesetzt werden – eine Idee, die konzeptionelle Ähnlichkeit mit Redox-Flow-Batterien aufweist [17].

16.5 Aktueller Stand

Trotz einer Vielzahl von Maßnahmen konnte die Li/S-Zelle bisher noch nicht ausreichend verbessert werden, um ein – bezüglich aller für eine Anwendung wichtigen Parameter – zufriedenstellendes Zyklisierungsverhalten zu erreichen. So können Li/S-Zellen in der Regel bisher nicht unter Erhalt einer ausreichend hohen Kapazität zyklisiert werden. Auch die Geschwindigkeit (Kinetik) der Zellreaktion ist aufgrund der Beteiligung nichtleitender Spezies S$_8$, Li$_2$S$_2$ und Li$_2$S bisher noch ungenügend im Vergleich zu Lithium-Ionen-Batterien. Vermehrte Anstrengungen in Forschung und Entwicklung sind daher nötig, um die Lithium/Schwefel-Zelle bis hin zur Marktreife zu entwickeln.

Sion Power Corp. (Tucson, USA) [18] und Oxis Energy Limited (Oxfordshire, UK) [19] gehören zu den wenigen Firmen, die Li/S-Zellen bisher zu einer gewissen Marktreife entwickelt haben. Im freien Verkauf sind die Zellen jedoch bisher nicht erhältlich. Die angegebenen gravimetrischen Energiedichten von 350 Wh/kg (bei 320 Wh/l) liegen dabei deutlich über denen konventioneller Lithiumionenbatterien. Laut Sion Power Corp. sollten in den nächsten Jahren bis zu 600 Wh/kg (bei 600 Wh/l) erreichbar sein. Schwierigkeiten bereiten jedoch noch Zyklenfestigkeit und erhöhte Einsatztemperaturen. Beide Probleme lassen sich mit dem oben beschriebenen Shuttle-Effekt in Verbindung bringen.

16.6   Die Lithium/Luft-Batterie

16.6.1   Grundprinzip

Die Funktion einer Lithium/Luft-Batterie (bzw. genauer einer Lithium/O_2-Batterie) unter Verwendung eines nicht-wässrigen Elektrolyten wurde 1996 von Abraham et al. erstmals beschrieben [20]. Grundlegender Unterschied zu gewöhnlichen Batterien ist hierbei, dass es sich bei diesem Zelltyp um ein offenes System handelt, da — ähnlich wie in einer Brennstoffzelle — atmosphärischer Sauerstoff an der Kathode umgesetzt wird (Abb. 16.6). In Analogie zur Brennstoffzelle, in der H_2O aus Wasserstoff und Sauerstoff entsteht, würde man in einer Li/O_2-Zelle zunächst Li_2O als Entladeprodukt vermuten. Aus thermodynamischen Gründen wird jedoch meist Lithiumperoxid (Li_2O_2) als Entladeprodukt vorgefunden, und es ist mittlerweile aus Untersuchungen bekannt, dass eventuell gebildetes Li_2O sich nur schlecht wieder oxidieren lässt. Metastabiles Lithiumsuperoxid (LiO_2) tritt vermutlich als Zwischenprodukt auf.

Anodenreaktion: $2\,Li \rightarrow 2\,Li^+ + 2\,e^-$	Anodenreaktion: $2\,Li \rightarrow 2\,Li^+ + 2\,e^-$
Kathodenreaktion: $0.5\,O_2 + 2\,e^- \rightarrow O^{2-}$	Kathodenreaktion: $O_2 + 2\,e^- \rightarrow O_2^{2-}$
————————————————	————————————————
Gesamtreaktion: $2\,Li + 0.5\,O_2 \rightarrow Li_2O$ ($E° = 2.91\,V$)	Gesamtreaktion: $2\,Li + O_2 \rightarrow Li_2O_2$ ($E° = 2.96\,V$)

Da Sauerstoff beim Entladevorgang von außen zugeführt wird, steigt die Masse der Batterie mit dem Entladezustand an. Dies erklärt die oft sehr unterschiedlichen Angaben zur theoretischen Energiedichte dieses Systems. Wird die Masse des Sauerstoffs mitgerechnet, so ergibt sich aus der freien Reaktionsenthalpie $\Delta_r G°_{25\,°C} = -439{,}08\,kJ/mol$ (Li_2O) und der Kapazität von 1793,88 mAh/g (Li_2O) eine theoretische Energiedichte von 5220,16 Wh/kg (Li_2O) (bzw. 1168,33 mAh/g und 3458,26 Wh/kg für Li_2O_2 als Entladeprodukt). Ohne die Masse des Sauerstoffs liegt die Energiedichte für beide Reaktionsprodukte bei über 11.000 Wh/kg, also im Bereich der theoretischen Energiedichten von

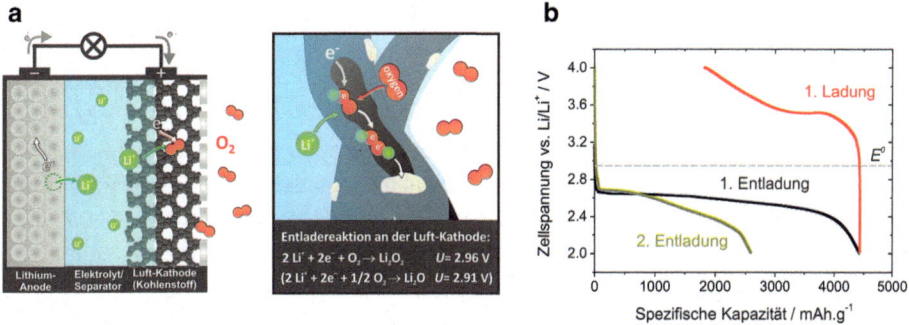

Abb. 16.6 a Schematischer Aufbau der Lithium/Luft-Zelle und Elektrodenreaktion für die Entstehung von Li_2O_2 als Entladeprodukt (oxygen reduction reaction, ORR). **b** Typische Entlade-/Ladekurve. Die angegebene Kapazität bezieht sich auf die Masse des eingesetzten Kohlenstoffmaterials. Die thermodynamisch berechnete Spannung liegt bei $E° = 2{,}96$ V

konventionellen Kraftstoffen (auch bei diesen geht das Gewicht des Sauerstoffs nicht in die Energiedichteberechnung ein).

Abbildung 16.6 zeigt, dass eine geeignete Kathodenstruktur (leitfähige Kohlenstoffmatrix, gegebenenfalls mit Katalysatorpartikeln bedeckt) nötig ist, die die Zellreaktion ermöglicht und genügend freies Volumen für die festen Reaktionsprodukte bereitstellt. Aufgrund der schlechten Leitfähigkeit der Reaktionsprodukte werden daher meist Kohlenstoffmaterialien mit großer Oberfläche (>50 m^2/g) eingesetzt, um eine homogene Verteilung möglichst kleiner Produktpartikel zu ermöglichen. Da eine theoretische Kapazität der Kathode nur schlecht angegeben werden kann, werden gemessene Kapazitäten in der Literatur entweder absolut angegeben (mAh) oder beziehen sich auf das Gewicht des Kohlenstoffträgermaterials (mAh/g(C)).

Soll ein Betrieb der Lithium/Sauerstoff-Zelle mit Luft gelingen, müssen zahlreiche unerwünschte Nebenreaktionen mit den Luftbestandteilen durch den Einsatz geeigneter Membranen verhindert werden. Hier sei der unerwünschte Zutritt von N_2 (Nitridbildung, Li_3N), H_2O (Hydroxidbildung, LiOH) und CO_2 (Karbonatbildung, Li_2CO_3) genannt. Da hierzu im Moment noch keine einfachen Lösungsansätze bestehen, wird in der Forschung die Zellchemie nicht mit Luft, sondern mit reinem Sauerstoff untersucht. Im Betrieb muss gleichzeitig das Austrocknen der Zelle, d. h. ein Verdunsten des Elektrolyten aus der zur Atmosphäre hin offenen Kathode verhindert werden. Weiterhin muss eine Korrosion der Lithium-Anode durch den im Elektrolyten gelösten Sauerstoff vermieden werden. Auch hier wird in einem praktischen System eine zusätzliche Schutzschicht nötig sein. Aufgrund der zusätzlich nötigen Komponenten wird die praktisch erreichbare Energiedichte daher deutlich unter den theoretischen Werten liegen. Die u.a. von IBM und Polyplus erwarteten Werte für praktische Energiedichten liegen mit 1700 Wh/kg bzw. >700 Wh/kg aber immer noch um ein Vielfaches über den Werten derzeit eingesetzter Batterien [21, 22].

16.6.2 Elektrolytstabilität, Effizienz und Reversibilität

Die typische Entlade-/Ladekurve einer Li/O_2-Zelle ist in Abb. 16.6b dargestellt. Charakteristisch ist der große Unterschied zwischen der beobachteten Entladespannung ($\sim$2,6 V) und der Ladespannung (>3,5 V), der sich in Form einer ausgeprägten Hysterese äußert. Grund dafür sind hohe Überspannungen der Zellreaktion, insbesondere beim Ladevorgang (Sauerstoffoxidation). Die Größe der Hysterese ist ein direktes Maß für die energetische Ineffizienz der Zellreaktion. Die Effizienz der Zellreaktion liegt bei den bisher bekannten aprotischen Li/O_2-Zellen daher nur bei nur ca. 60–70 %. Resultat dieser Beobachtung war, dass in den letzten Jahren verstärkt Katalysatoren (MnO_2, Pt, Au…) und verbesserte Kathodenmaterialien (Aktivkohle, Carbon Black, Graphen, Nanotubes…) eingesetzt wurden, um die Kinetik des Systems zu verbessern und damit eine Zellreaktion bei möglichst geringen Überspannungen zu ermöglichen. Insbesondere erhoffte man sich hierdurch auch eine Verbesserung in der Reversibilität der Reaktion. Diese lag, bei starkem Kapazitätsverlust, in der Regel dennoch unter 20 Zyklen. Vereinzelt wurden jedoch auch Zyklenzahlen >100 berichtet [23].

Obwohl schon recht früh einige Forschungsergebnisse auf eine sehr komplexe Zellreaktion hindeuteten [24–26], wurde erst vor kurzem nachgewiesen, dass die zuvor meist verwendeten Carbonat-basierten Elektrolyte (z. B. 1 M $LiPF_6$ in Propylencarbonat) während der Zellreaktion irreversibel zersetzt werden [23, 27]. Anstelle des gewünschten Produkts (Li_2O_2) wurde eine Vielzahl von Zersetzungsprodukten (Li_2CO_3, CO_2, H_2O, $C_3H_6(OCO_2Li)_2$,…) nachgewiesen, die teilweise beim Ladeprozess weiter zersetzt wurden. Grund dafür ist die chemische Reaktivität des bei der Reduktion von Sauerstoffs entstehenden Superoxidradikals (O_2^-). Die experimentell bestimmten Werte für die erreichten Kapazitäten basierten daher nicht allein auf der reversiblen Bildung und Auflösung von Li_2O_2, sondern waren auch ein Resultat der irreversiblen Zersetzung des Elektrolyten. Dabei beschleunigten die untersuchten Katalysatoren diesen Zersetzungsprozess nur noch zusätzlich [28].

Seit diesen Ergebnissen hat sich der Fokus der Forschung weitgehend verschoben und liegt derzeit insbesondere auf der Suche nach Elektrolyten mit ausreichender Stabilität. Obwohl hier bisher kein wirklich geeignetes System identifiziert werden konnte, lässt sich die Zellreaktion – nach wie vor begleitet von ungewollten Nebenreaktionen – in Ethern oder DMSO inzwischen zumindest besser untersuchen. So bildet sich das Entladeprodukt Li_2O_2 meist in Form von nanoskopischen Partikeln in Form eines Torus aus (Abb. 16.7). Auch der Einsatz von Gold anstelle von Kohlenstoff als Elektrodenmaterial scheint die Zellreaktion zumindest für wissenschaftliche Untersuchungen besser zugänglich zu machen [29].

16.6.3 Aktueller Stand

Der aktuelle Entwicklungsstand der Li/O_2-Zelle ist ohne Zweifel mittelfristig weiter auf der Ebene der Grundlagenforschung anzusetzen. Derzeit existiert kein Zellkonzept für aprotische Elektrolyte, mittels dem eine reversible Entstehung und Zersetzung von Li_2O_2 (oder Li_2O) über mehrere Zyklen ohne gleichzeitige Elektrolytzersetzung unter praxisnahen Bedingungen nachgewiesen werden konnte. Die neueren Erkenntnisse zeigen klar,

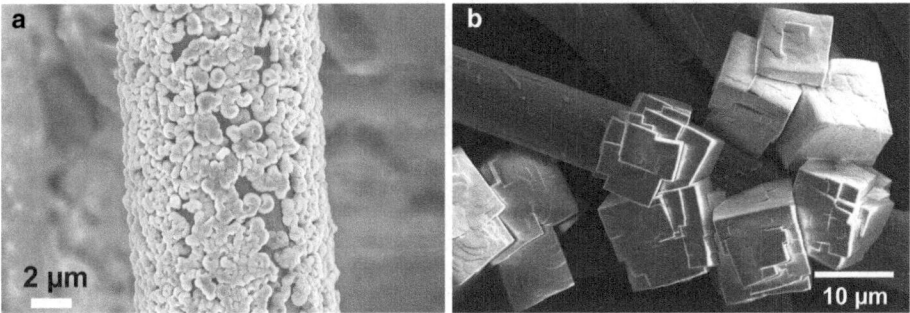

Abb. 16.7 REM Aufnahmen der Kathode einer Li/O$_2$-Zelle (*links*) und einer Na/O$_2$-Zelle (*rechts*) nach der Entladung. In beiden Fällen dienten Kohlenstofffasern als leitfähiges Trägermaterial. Deutlich zu erkennen ist, dass Li$_2$O$_2$ in Form von Nanopartikeln vorliegt, während NaO$_2$ sich in Form kubischer Kristallite im μm-Bereich bildet

dass die Suche nach geeigneten, chemisch stabilen Elektrolyten und Elektrodenmaterialien die derzeit größten Herausforderungen der Li/O$_2$-Zelle darstellen. Bezüglich des Elektrolyten ist ferner zu beachten, dass dieser neben der chemischen Stabilität auch eine ausreichende Lithiumionenleitfähigkeit, Sauerstofflöslichkeit und –diffusivität, sowie eine gute Benetzung der Elektrode aufweisen muss. Verschiedenste Analysemethoden werden daher inzwischen eingesetzt, um die vielen, verschiedenen Nebenreaktionen besser zu bestimmen und zu verstehen. So geben zum Beispiel massenspektrometrische Untersuchungen oder Druckmessungen während des Zellbetriebs eindeutige Hinweise auf unerwünschte Nebenreaktionen. Überraschenderweise konnte vor kurzem auch nachgewiesen werden, dass die Zellreaktion erheblich reversibler abläuft, wenn Lithium durch Natrium ersetzt wird. Als Entladeprodukte bilden sich hier jedoch nicht nanoskopische Na$_2$O$_2$-Partikel, sondern Natriumsuperoxid (NaO$_2$) in Form großer Kristallite (Abb. 16.7) [30]. Ferner sind die Überspannungen nur sehr gering, wodurch auf den Einsatz eines Katalysators evtl. verzichtet werden kann. Die Energiedichte fällt im Vergleich zur Li/O$_2$-Zelle jedoch niedriger aus (2643 Wh/kg(Na) bzw. 1105 Wh/kg(NaO$_2$)).

Die Entwicklung von Li/O$_2$-Zellen wird neben akademischen Einrichtungen auch von Firmen [27, 31] vorangetrieben. Eine Alternative zur hier aufgezeigten nicht-wässrigen Li/O$_2$-Batterie stellt die Li/O$_2$-Batterie mit wässrigem Elektrolyten dar [32]. Dabei reagiert Luftsauerstoff mit Lithium und Wasser zu Lithiumhydroxid (LiOH). Auch dieses Zellkonzept lässt sehr hohe Energiedichten erwarten. Ein effektiver Schutz der Lithium-Anode gegenüber dem wässrigen Elektrolyten ist hier jedoch Voraussetzung.

16.7 Herausforderungen bei Nutzung von metallischem Lithium als Anode

Aus Gründen der Energiedichtemaximierung ist der Einsatz von metallischem Lithium als Anodenmaterial gegenüber Interkalationsmaterialien wie Graphit zu bevorzugen. In Primärelementen wird metallisches Lithium daher schon länger erfolgreich eingesetzt. Die für wiederaufladbare Batterien nötige reversible Auflösung und Wiederabscheidung von Lithium ist jedoch mit technologischen Schwierigkeiten verbunden, aufgrund derer metallisches Lithium aus Sicherheitsgründen bisher nicht eingesetzt wird. Problematisch sind insbesondere die chemische Reaktivität von metallischem Lithium mit dem Elektrolyten, als auch die Abscheidung von Lithium in Form nadelförmiger Dendriten während des Ladevorgangs.

Grundsätzlich reagiert metallisches Lithium aus thermodynamischen Gründen mit allen bekannten Elektrolyten. Ob ein Elektrolyt für den Einsatz in einer Zelle mit Lithium-Metallelektrode geeignet ist, hängt daher primär mit der Frage zusammen, ob sich eine passivierende Schicht ausbildet, die selbst-inhibierend abläuft und weitere parasitäre Reaktionen an der Metallanode verhindert. Die Schicht muss dazu für Lithium-Ionen leitend und für Elektronen blockierend wirken. Hier sei darauf hingewiesen, dass auch alle Lithium-Ionen-Batterien mit Graphitanode außerhalb des Stabilitätsfensters des Elektrolyten betrieben werden. Hier bildet sich durch Reaktion mit dem Carbonat-basierten Elektrolyten (z. B. $LiPF_6$ in EC/DMC und Additiven) eine wenige Nanometer dicke, sehr stabile SEI aus. Bei metallischen Lithium-Anoden sind hingegen Ether-basierte Lösungsmittel wie Dioxolan oder Glyme vorzuziehen [33].

Eine größere Herausforderung ist die für Metallanoden typische Dendritenbildung, die bei der Metallabscheidung ein oft beobachtetes kinetisches Phänomen darstellt. Je höher der Ladestrom, desto ausgeprägter diese Erscheinung. Ein Wachstum der Dendriten bis hin zur Kathode würde einen Kurzschluss der Zelle erzeugen, was ein thermisches Durchgehen der Zelle zur Folge haben kann. Dendriten können sich während der Zyklisierung vollständig von der Anode lösen und stehen somit für die Elektrodenreaktion nicht mehr zur Verfügung („dead lithium"). Die Kapazität der Zelle nimmt dadurch kontinuierlich ab. Die Kompensation der Verluste an metallischem Lithium durch irreversible Reaktionen kann durch zusätzliches Lithium ausgeglichen werden, jedoch geschieht dies auf Kosten der Energiedichte. Wie viel zusätzliches Lithium eingesetzt werden muss, wird stark vom jeweilig betrachteten System und dem Grad der Zelloptimierung abhängen. Als grobe Orientierung können hier zumindest frühe Arbeiten mit Lithium-Anoden (MoS_2-Kathode) dienen; eine Lebensdauer von 300 Zyklen wurde hier mit einem dreifachen Überschuss an Lithium erreicht [34].

Um also metallisches Lithium in wiederaufladbaren Zellen einsetzen zu können, muss das Ausmaß der parasitären Reaktion so gering wie möglich gehalten und eine möglichst planare Lithiumabscheidung ermöglicht werden, d. h. die Dendritenbildung ist zu vermeiden. Dies könnte durch eine geeignete Elektrolytzusammensetzung erreicht werden, die beim Kontakt mit Lithium das Wachstum einer geeigneten SEI fördert. Alternativ zu diesen in situ entstehenden Schutzschichten könnten in der Zelle auch separat hergestellte Schichten/Membranen aus Lithium-Ionen-leitenden Festelektrolyten eingesetzt werden. Diese könnten entweder direkt auf die Anode bzw. Kathode aufgebracht werden, oder – ähnlich einem Separator – als freistehende Membran zwischen beide Elektroden eingebracht werden. In einem anderen Konzept wird das Wachstum von Dendriten dadurch verhindert, dass die Zelle unter einen mechanischen Druck oberhalb der Fließgrenze von Lithium gesetzt wird [35].

Sollte der Einsatz von metallischem Lithium nicht gelingen, bietet sich auch der Einsatz von konventionellen Anodenmaterialien wie Graphit an. Die theoretisch erreichbare Energiedichte reduziert sich dadurch jedoch erheblich (Tab. 16.2). Ein anderes Konzept sieht daher den Einsatz von Silizium als Anodenmaterial in Li/S-Zellen vor [36, 37]. Unter der Annahme, dass die Zellspannung aufgrund der veränderten Anodenreaktion (Bildung von $Li_{4.4}Si$) gegenüber einer metallischen Lithium- Anode um 0.2 V abfällt, ergibt sich eine Zellspannung von $E° = 2{,}04$ V und damit eine theoretische Energiedichte von 1862,45 Wh/kg bzw. 3299,25 Wh/l. Auch Zinn wird als Alternative diskutiert ($E° = 1.72$ V, 922,84 Wh/kg bzw. 2628,14 Wh/l) [14].

16.8 Zusammenfassung und Ausblick

Lithium/Schwefel- und Lithium/Luft-Batterien sind zwei der wenigen Systeme, mit denen eine signifikante Erhöhung der spezifischen Energiedichte gegenüber Lithium-Ionen-Batterien erreichbar ist. Der Gewinn an volumetrischer Energiedichte fällt hingegen geringer aus. Durch Verwendung von Schwefel bzw. Sauerstoff anstelle von Übergangsmetallverbindungen besteht zusätzlich die Hoffnung auf vergleichsweise kostengünstige Batterien, wenn nicht durch die Notwendigkeit zur Nutzung spezieller Kohlenstoffe (bzw. alternativer Elektrodenmaterialien) oder Katalysatoren wieder erhöhte Kosten anfallen.

Technologisch stehen beide Systeme jedoch noch vor großen Herausforderungen. Dies gilt insbesondere für das System Lithium/Luft, für das bisher kein geeigneter aprotischer Elektrolyt identifiziert werden konnte. Beiden Systemen ist zum einen gemein, dass die Lithiummetallanode vor parasitären Nebenreaktionen geschützt werden muss. So gilt es, mittels spezieller Elektrolyte oder Schutzschichten, im Li/S-System den Shuttle-Mechanismus und in Li/O_2-Zellen die Sauerstoffkorrosion der Anode zu unterbinden. Ebenso muss die Bildung von Dendriten unterbunden werden. Zum anderen treten in beiden Zelltypen während der Zyklisierung isolierende, feste Reaktionsprodukte auf (S, Li_2S_2, Li_2S bzw. Li_2O_2, Li_2O), die die Elektrode blockieren und die Kinetik der Zellreaktion stark verschlechtern können. Kathodenstrukturen mit geeigneter Porosität sind daher vermutlich nötig, um die Reaktionsprodukte möglichst feinverteilt im Nanometerbereich entstehen zu lassen. Für die Lithium/Luft-Zelle muss zusätzlich eine effektive und kostengünstige Membran entwickelt werden, die spezifisch den Transport von Sauerstoff in die und aus der Zelle ermöglicht. Innovative Lösungsansätze auf Material- und Zellebene sind daher gefragt, um diese Herausforderungen zu meistern.

Ob und – wenn möglich – wann die hier vorgestellten Zukunftstechnologien in Form von Sekundärelementen praktisch zum Einsatz kommen, ist aufgrund des derzeitigen Entwicklungsstandes und den stark unterschiedlichen Anforderungen in verschiedenen Einsatzgebieten nur schwer vorherzusagen. In einer Studie des Fraunhofer-Instituts für System- und Innovationsforschung wird die Marktreife der Li/S_8-Zelle um das Jahr

2020 erwartet. Für Lithium/Luft wird ein bedeutend längerer Zeitrahmen (Ende 2030) aufgeführt. Als Primärelement könnten Lithium/Luft oder artverwandte Systeme jedoch sicher auch schon früher die Kommerzialisierung erreichen.

Danksagung   Die Autoren danken den Mitarbeitern der Arbeitsgruppe Janek für die Unterstützung bei der Erstellung der Abbildungen und Dr. H Sommer und Dr. H. Buschmann für die Durchsicht des Manuskripts.

Literatur

1. Broussely M, Archdale G (2004) Li-ion batteries and portable power source prospects for the next 5–10 years. J Power Sources 136(2):386–394
2. Herbert D, Ulam J (1962) Inventors; electric dry cells and storage batteries
3. Nole DA, Moss V, Cordova R (1970) Inventors; battery employing lithium-sulphur electrodes with non- aqueous electrolyte
4. Abraham KM (1981) Status of rechargeable positive electrodes for ambient- temperature lithium batteries. J Power Sources 7(1):1−43
5. Yamin H, Penciner J, Gorenshtain A, Elam M, Peled E (1985) The electrochemical-behavior of polysulfides in tetrahydrofuran. J Power Sources 14(1−3):129−134
6. Akridge JR, Mikhaylik YV, White N (2004) Li/S fundamental chemistry and application to high- performance rechargeable batteries. Solid State Ionics 175(1–4):243–245
7. Mikhaylik YV, Akridge JR (2004) Polysulfide shuttle study in the Li/S battery system. J Electrochem Soc 151(11):A76−A1969
8. Nelson J, Misra S, Yang Y, Jackson A, Liu Y, Wang H et al (2012) In operando x-ray diffraction and transmission x-ray microscopy of lithium sulfur batteries. J Am Chem Soc 134(14):6337–6343
9. Dominko R, Demir-Cakan R, Morcrette M, Tarascon J-M (2011) Analytical detection of soluble polysulphides in a modified Swagelok cell. Electrochem Commun 13(2):117–120
10. Kumaresan K, Mikhaylik Y, White RE (.2008) A mathematical model for a lithium-sulfur cell. J Electrochem Soc 155(8):A576−A582
11. Ji X, Lee KT, Nazar LF (2009) A highly ordered nanostructured carbon-sulphur cathode for lithium- sulphur batteries. Nat Mater 8(6):500–506
12. Schneider H, Garsuch A, Panchenko A, Gronwald O, Janssen N, Novak P (2012) Influence of different electrode compositions and binder materials on the performance of lithium-sulfur batteries. J Power Sources 205:420–425
13. Cheon SE, Ko KS, Cho JH, Kim SW, Chin EY, Kim HT (2003) Rechargeable lithium sulfur battery – II. Rate capability and cycle characteristics. J Electrochem Soc 150(6):A800–A805
14. Hassoun J, Scrosati B (2010) A high-performance polymer tin sulfur lithium ion battery. Angewandte Chemie Int Edition 49(13):2371–2374
15. Aurbach D, Pollak E, Elazari R, Salitra G, Kelley CS, Affinito J (2009) On the surface chemical aspects of very high energy density, rechargeable li–sulfur batteries. J Electrochem Soc 156(8):A694–A702
16. Lin Z, Liu Z, Fu W, Dudney NJ, Liang C (2013) Lithium Polysulfidophosphates: A Family of Lithium-Conducting Sulfur-Rich Compounds for Lithium-Sulfur Batteries. Angewandte Chemie. 125(29):7608–11
17. Yang Y, Zheng G, Cui Y (2013) A membrane-free lithium/polysulfide semi-liquid battery for large-scale energy storage. Energy & Environmental Science 6(5):1552–8

18. www.sionpower.com

19. http://www.oxisenergy.com/

20. Abraham KM, Jiang Z (1996) A polymer electrolyte-based rechargeable lithium/oxygen battery. J Electrochem Soc 143(1):1–5

21. Girishkumar G, McCloskey B, Luntz AC, Swanson S, Wilcke W (2010) Lithium–Air Battery: Promise and Challenges. The Journal of Physical Chemistry Letters. 1(14):2193–203

22. http://www.polyplus.com

23. Mizuno F, Nakanishi S, Kotani Y, Yokoishi S, Iba H (2010) Rechargeable Li-air batteries with carbonate-based liquid electrolytes. Electrochem 78(5):403–405

24. Read J (2002) Characterization of the lithium/oxygen organic electrolyte battery. J Electrochem Soc 149(9):A1190–A1195

25. Sawyer DT, Valentine JS (1981) How super is superoxide. Acc Chem Res 14(12):393–400

26. Aurbach D, Daroux M, Faguy P, Yeager E (1991) The electrochemistry of noble-metal electrodes in aprotic organic-solvents containing lithium-salts. J Electroanal Chem 297(1):225–244

27. Freunberger SA, Chen Y, Peng Z, Griffin JM, Hardwick LJ, Barde F et al (2011) Reactions in the rechargeable Li-O$_2$ battery with alkyl carbonate electrolytes. J Am Chem Soc 133(20):8040–8047

28. McCloskey BD, Scheffler R, Speidel A, Bethune DS, Shelby RM, Luntz AC (2011) On the efficacy of electrocatalysis in nonaqueous Li-O$_2$ batteries. J Am Chem Soc 133(45):18038–18041

29. Peng ZQ, Freunberger SA, Chen YH, Bruce PG (2012) A Reversible and Higher-Rate Li-O$_2$ Battery. Science. 337(6094):563–6.

30. Hartmann P, Bender CL, Vracar M, Dürr AK, Garsuch A, Janek J, Adelhelm P (2013) A rechargeable room-temperature sodium superoxide (NaO$_2$) battery. Nat Mater 12: 228–232

31. http://www.ibm.com/smarterplanet/us/en/smart_grid/article/battery500.html

32. de Jonghe LC et al (2007) inventors; protected active metal electrode and battery cell structures with non-aqueous interlayer architecture

33. Aurbach D et al (2009) On the surface chemical aspects of very high energy density, rechargeable Li-sulfur batteries. J Electrochem Soc 156(8):A694–A702

34. Brandt K (1994) Historical development of secondary lithium batteries. Solid State Ionics. 69(3–4):173–183

35. Monroe C, Newman J (2005) The impact of elastic deformation on deposition kinetics at lithium/polymer interfaces. J Electrochem Soc 152(2):A396–A404

36. Yang Y, McDowell MT, Jackson A, Cha JJ, Hong SS, Cui Y (2010) New nanostructured Li$_2$S/Silicon rechargeable battery with high specific energy. Nano Lett 10(4):1486–1491

37. Elazari R, Salitra G, Gershinsky G, Garsuch A, Panchenko A, Aurbach D (2012) Rechargeable lithiated silicon–sulfur (SLS) battery prototypes. Electrochem Commun 14(1):21–24

Teil III

Batterieproduktion

Fertigungsprozesse von Lithium-Ionen-Zellen

17

Karl-Heinz Pettinger

17.1 Einleitung

Für den Aufbau einer Zellproduktion ist das Zelldesign oberstes Kriterium. Prinzipiell sind vier Anforderungen in jedem Falle, unabhängig vom Design, zu erfüllen:

1. Jedem Stück Kathode muss in homogenem Abstand direkt ein Stück Anode mit mindestens gleicher Kapazität gegenüberliegen.
2. Kathoden und Anoden müssen dauerhaft elektrisch voneinander getrennt sein.
3. Die elektronische Leitfähigkeit muss in jedem Teil der Zelle bestmöglich realisiert sein. Gute Kontakte von Ableitern untereinander und von Aktivmassen zu den Ableitern müssen in jedem Teil des Systems vollständig vorhanden sein.
4. Die ionische Leitung muss durch homogene Elektrolytdurchtränkung in allen Teilen des Zellkörpers sichergestellt sein.

Diese Grundregeln müssen von der Konstruktion bis zur Fertigung der einzelnen Zelle realisiert werden. Ausnahmen hiervon sind nicht zugelassen und führen zu funktionellen Mängeln. In besonderem Maße müssen diese bei der Definition und Überprüfung von Fertigungstoleranzen beachtet werden; dies gilt auch für Beschichtungsfehler.

Dieser Beitrag ist Hans-Walther Praas gewidmet. Er wollte als Autor zum Gelingen dieses Buches beitragen. Leider wurde ihm dies durch seinen frühen und überraschenden Tod während der redaktionellen Arbeiten verwehrt. Wir haben mit ihm einen außergewöhnlichen Kollegen und Diskussionspartner verloren, den wir gerne in Erinnerung behalten. Karl-Heinz Pettinger.

K.-H. Pettinger (✉)
Technologiezentrum Energie, Hochschule Landshut, Am Lurzenhof 1,
84036 Landshut, Deutschland
e-mail: karl-heinz.pettinger@fh-landshut.de

R. Korthauer (Hrsg.), *Handbuch Lithium-Ionen-Batterien*,
DOI: 10.1007/978-3-642-30653-2_17, © Springer-Verlag Berlin Heidelberg 2013

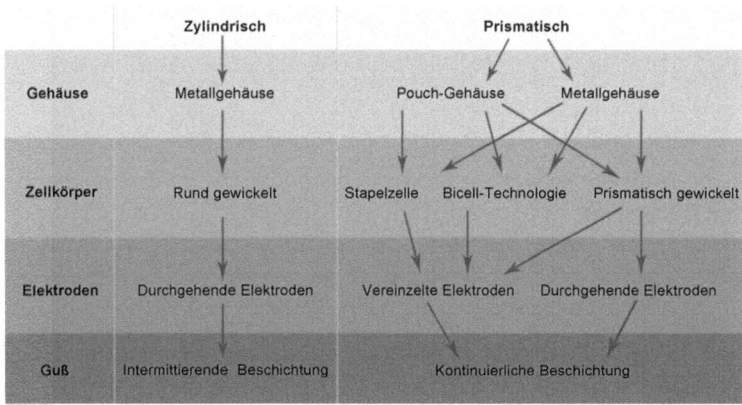

Abb. 17.1 Ausführungsmöglichkeiten für Lithium-Ionen-Zellen

Unter Beachtung dieser Regeln können Zellen in verschiedenen Designs (Abb. 17.1) gefertigt werden. Das Design der jeweiligen Zelle muss bei der Prozessplanung definiert sein, da sich die Verkettung der Prozessschritte darauf stützt. Dies betrifft nicht nur die Einzelmaschinen im Prozess, sondern auch Handlings- und Transporthilfsmittel. Problematisch bei der Prozessplanung ist, dass die vollständige Zelle bereits 2 bis 3 Jahre vor Inbetriebnahme der Produktion bereits definiert sein muss. Leichte Veränderungen am Zelldesign sind noch während des Prozessaufbaus möglich. Variantenvielfalt und Designänderungen verteuern die Produktionsanlagen überproportional. Normung von Zellen erscheint notwendig und würde die Investitionssicherheit in die Anlagen erhöhen. Starke Abweichungen im Design können für den Prozeßaufbau entscheidende Folgen haben und zu erheblichen Mehrkosten und Zeitverzögerungen führen.

17.2 Fertigungsprozesse

17.2.1 Elektrodenherstellung

Es sind keine Elektroden auf dem Markt frei käuflich zu erwerben. Zur Herstellung der Elektroden benutzt jeder Zellhersteller eigene Rezepturen und Prozesse. Separatoren hingegen sind auf dem Markt frei in ausreichender Menge und Güte erhältlich. Gründe für die Eigenfertigung der Elektroden durch die Zellhersteller sind in der Tatsache zu suchen, dass ein Großteil der späteren Zelleigenschaften (Klemmenspannung, Kapazität, C-Ratenfestigkeit, Zyklisierungsverhalten, Alterung, Impedanz u.s.w.) durch die Elektroden geprägt werden. Know-how und Intellectual Property der Zellherstellung sind weitgehend in den Elektroden angesiedelt.

Bei der Elektrodenherstellung werden die Aktivmaterialien mit Bindern und Leitadditiven vermischt und auf metallische Ableitfolien aufgebracht. Die Leitadditive stellen die elektronische Leitung zwischen den meistens nur mittelmäßig oder schlecht leitenden

Aktivmaterialkörnern her. Sogar beim Einsatz von Graphit als Speichermaterial, der eigentlich ein guter Leiter ist, kann auf den Zusatz von Leitadditiven in den Anoden nicht verzichtet werden. Die Leitfähigkeit muss in den dreidimensionalen Strukturen der Elektrodenschicht homogen und insbesondere zum Kollektor hin ausgeprägt sein. Hierzu werden die Aktivmaterialien mit elektronisch leitenden Brücken versehen. Isolierte Bereiche besitzen keine Elektrodenfunktionalität und sind tote Massen. Als Leitadditive werden Graphite, Ruße [1–3] sowie Vapor Grown Carbon Fibres (VGCF) [4] in industriellen Prozessen eingesetzt. Carbon Nanotubes [5] und Graphene [6] sind aufgrund ihres hohen Preises überwiegend in Laboranwendungen zu finden.

Die Binder sind elektrochemisch inaktive Materialien. Ihre Aufgabe besteht darin, das Gemisch an Aktivmaterialien und Leitadditiven zu stabilisieren und mit dem Kollektor zu kontaktieren. Man strebt eine größtmögliche Gleichverteilung der Binder an, um mit möglichst geringer Einsatzmenge gute Haftung der Elektrodenschicht in sich und zum Kollektor dauerhaft sicherzustellen. Bis vor einiger Zeit dominierten Binder, die in organischen Lösemitteln angesetzt werden. Dies sind Polyvinylidenfluorid (PVDF)-basierte Homo- und Copolymere. In jüngster Zeit kommen vermehrt wasserbasierte Binder zum Einsatz, vor allem bei der Anodenherstellung [7–12]. Entsprechende wasserbasierte Rezepturen zur Kathodenherstellung werden noch erforscht [13]. Wasserbasierte Binder haben den Vorteil, dass bei der Elektrodenbeschichtung die Problematik des Explosionsschutzes in den Anlagen entfällt. Des Weiteren kann auf Lösemittelrückgewinnung oder Nachverbrennung der Gießmaschinen-Abluft verzichtet werden.

Die Prozess-Schritte bei der Elektrodenherstellung sind:

- Mischen der Ausgangsstoffe
- Dispergieren der Slurry (Paste)
- Beschichtung auf den Kollektor
- Trocknung der Schicht
- Schneiden
- Kalandrieren.

Die Ausgangsstoffe werden gemäß den Rezepturen gemischt und homogenisiert. Im folgenden Schritt der Dispergierung erfolgt eine Gleichverteilung von Aktivteilchen, Bindern und Leitadditiven. Bei der Dispergierung wird Energie in die Slurry eingebracht. Dies erfolgt durch Dispergiergeräte, Perlmühlen oder mittels Ultraschall. Jedes der Homogenisierungsverfahren hat seine Charakteristik bezüglich des Energieeintrages und der Homogenisierungswirkung für die jeweilige Slurry. Bei der Hochskalierung des Prozesses ist der spezifische Energieeintrag je Volumenanteil die entscheidende Größe.

Nach der Dispergierung erhält man, vom Verfahren abhängig, eine Slurry oder hochviskose Paste. Slurrys mittlerer Viskosität werden mittels Gießanlagen aufgetragen, Pasten hoher Viskosität werden durch Schlitzdüsen extrudiert.

Für zylindrische Wickelzellen (Typ 18650) sind intermittierende Beschichtungen der Elektrodenmassen auf die Kollektoren notwendig (Abb. 17.2, links). Die Einzelelektroden entstehen durch Ablängen des Bandes nach den beschichteten Stellen. Bei diesem

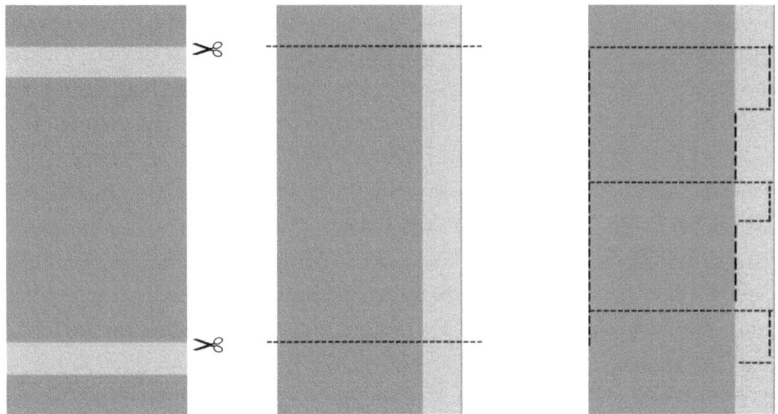

Bearbeitungsmuster für gewickelte Elektroden   Bearbeitungsmuster für vereinzelte Elektroden

Abb. 17.2 Gießmuster für zylindrische Wickelzellen (*links*) und Stapelzellen (*rechts*)

Abb. 17.3 Beschichtungsanlage mit mehrspurigem Beschichtungsmuster und Schwebetrockner. *Quelle* Megtec

Verfahren muss der Gießkopf zum Band hin- und vom Band wegbewegt werden. Gerne treten hierbei „Nasen" und „Ränder" an diesen Stellen auf.

Für Stapel- und prismatische Wickelzellen werden die Elektrodenschichten ohne Unterbrechungen auf die Kollektoren gegossen. Die Konfektionierung der Einzelelektroden erfolgt durch Ausklinken aus dem Band (Abb. 17.2, rechts).

In allen Bauarten muss mindestens eine Elektrode beidseitig beschichtet werden. Ein zusätzlicher Maschinendurchlauf belastet bereits fertige Schichten und erhöht die Fehlerwahrscheinlichkeit. Aus diesen Gründen werden solche Elektrodenbänder mit doppelseitigen Gießköpfen beschichtet und in Schwebetrocknern (Abb. 17.3) getrocknet. In diesen Anlagen ist sichergestellt, dass die aufgetragene feuchte Aktivmasse zwischen Gießkopf und Trockenpunkt keine Walze berührt.

Die Bandbreite in den Beschichtungsmaschinen beträgt heute bis zu 1,30 m. Hierbei werden die Elektroden in Mehrfachmustern aufgetragen. Die mehrspurig beschichteten Bänder werden anschließend mit Rollmessern in einzelne Wickel getrennt. Je größer die Beschichtungsbreite, desto höher sind die Anforderungen an die Präzision des

Gießwerkes und die Verarbeitbarkeit der Slurry zu homogenen Schichten. Geringe Toleranzen der Schichtdicke und der Oberflächenbeschaffenheit sind Voraussetzung für das Gelingen der Zellfertigung.

Die Elektrodenmassen der getrennten Bänder werden in Kalandern komprimiert. Unter dem Druck von Walzen werden vorhandene Hohlräume verdichtet. Es ist zu beachten, dass Beschichtungsfehler, wie Fehlstellen oder Ungleichverteilung, durch Kalandrierung zwar etwas gemildert, aber nicht beseitigt werden können. Die Aktivmaterialien bestehen aus relativ harten Teilchen. Diese können nur bis zu maximalen Schüttdichte komprimiert werden. Laterales Beiseitedrücken der Elektrodenmasse oder das Plätten von Erhebungen („Pickeln") werden nur selten beobachtet.

17.2.2 Zellkörperherstellung

Der Zellkörper besteht aus gegenüberliegenden Paaren von Anoden und Kathoden, getrennt durch Separatoren. Diese Anordnung kann durch unterschiedliche Technologien erzielt werden. Wichtig ist, dass die elektrochemische Grundeinheit, bestehend aus Anode, Kathode und Separator, stets in direktem mechanischen Kontakt steht und dies auch bleibt. Dies kann durch äußere Krafteinwirkung, wie Zugkräfte, Luftdruck oder Presskräfte, erreicht werden. Ein anderes Verfahren, die Lamination, führt zu einem dauerhaften Verbund. Bei der Lamination werden Elektroden und Separatoren mit einem Polymer zusammengeschmolzen. Die Lamination hat den Vorteil, dass die Elektroden verrutschsicher positioniert sind und diese Fehlerquelle in den weiteren Prozess-Schritten beseitigt ist.

Die Vereinzelung der Elektroden erfolgt durch Stanzen oder Laserschneiden. Die Stanztechnologie ist ein bewährtes Verfahren. Zum Erzielen guter Schnittkanten ohne Grate sind hochpräzise Stanzwerkzeuge mit sehr kleinen Schnittspalten erforderlich. Die Stanzraten sind mit bis zu 10 Teilen pro Sekunde sehr hoch [14]. Entscheidend für die Verfahrenskosten sind die Standzeiten der Werkzeuge. Laserschneiden hingegen bietet Flexibilität im Schnittmuster. Die Vereinzelungsgeschwindigkeit ist derzeit noch geringer als jene, die man bei der Stanzung erzielen kann. Von enormer Wichtigkeit ist, neben der Qualität der Schnittkanten, die Möglichkeit der Absaugung des beim Schneidvorgang abgetragenen Materials. Das vom Laserstrahl verdampfte Material kann auf die Elektroden oder den Schnittkanten sublimieren und sich dort in Form von Graten abscheiden. Als besonders gefährlich sind Ablagerungen auf den Elektrodenflächen (vor allem Metallspots aus dem verdampften Kollektormaterial) anzusehen. Im Fehlerfall der Zelle sind dieser bevorzugte Keime für die unerwünschte Lithium-Metallabscheidung.

Die fertigen Zellkörper werden nach der Assemblage mit Klebeband fixiert. Die Ecken werden entweder mit Klebeband oder durch Umwickeln mit mehreren Lagen Separator gegen Beschädigung geschützt.

Stapeltechnologie Für die Stapeltechnologien werden die Elektroden aus den Bändern vereinzelt. Es können Single Cells, Bicells und beidseitig beschichtete Elektroden zu Zellkörpern gestapelt werden. Die Stapelung doppelseitig mit Aktivmasse beschichteter

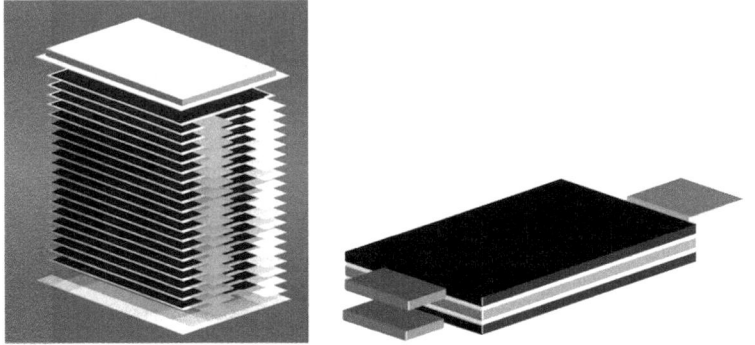

Abb. 17.4 *Links* Zellkörper mit gestapelten Elektroden, Ableiter stirnseitig; *Rechts* einzelne Bicell mit gegenüberliegenden Ableiter. *Quelle* Kemet Arcotronics Technologies [14]

Anoden und Kathoden führt zu etwas erhöhter Energiedichte verglichen mit der Stapelung von Bicells. Die Herstellung des Zellkörpers aus Bicells (Abb. 17.4, rechts) hat den Vorteil, dass jede einzelne Bicell vor dem Zusammenbau des Stapels auf korrekte Position der Elektroden und elektrischen Kurzschluss geprüft und ggf. aussortiert werden kann. Bei der Stapelung beidseitiger Elektroden hingegen kann erst der fertige Elektrodenstapel geprüft und ggf. muß der ganze Stapel verworfen werden. Dies führt bei Verwendung des gleichen Elektrodenmaterials naturgemäß zu höherer Ausschußrate als bei der Bicell-Technologie. Automaten zur Assemblage in Bicell-Technologie arbeiten mit einem Durchsatz von 4 Bicells/Sekunde, sogar in großen Elektrodenformaten [14].

Wickeltechnologie Bei der Wickeltechnologie sind 2 Ausprägungsformen zu unterscheiden:

• das Zusammenwickeln von Elektrodenbändern mit Separatoren (Abb. 17.5).
• die Platzierung von Elektroden auf dem Separatorband mit anschließendem Wickeln (Abb. 17.6).

Beim einfachen Zusammenwickeln von Elektrodenbändern und Separatoren kann der Elektrodenverbund nicht laminiert werden. Elektroden und Separatoren werden durch entsprechenden Zug beim Wickeln aneinandergepresst und der Wickel wird abschließend mit Klebeband fixiert. Hierbei ist es gleichgültig, ob zylindrische oder prismatische Zellkörper gewickelt werden.

Besonders beim prismatischen Wickeln (Abb. 17.5, rechts) ist zu beachten, dass der Elektrodenverbund an den engen Wickelradien nach Herausziehen des Wickelkerns an Zugspannung verliert und sich der Zellverbund hierdurch lockert. Diese Stellen können die Gesamtlebensdauer der Zelle durch die daraus resultierende lokale Fehlbalanzierung der Elektroden deutlich verringern.

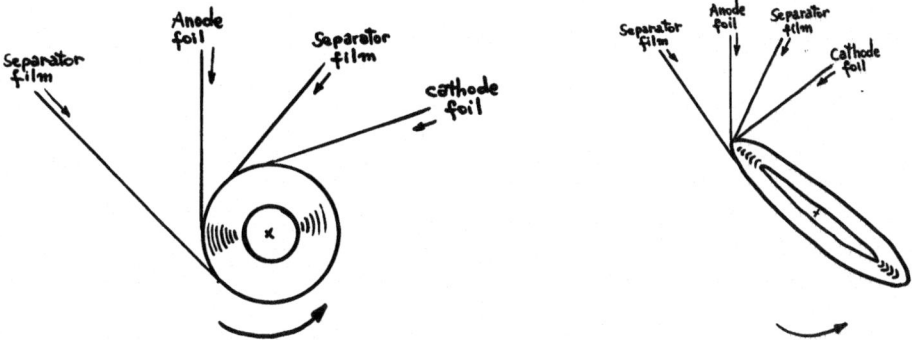

Abb. 17.5 Rundwickeln (*links*), Prismatisches Wickeln (*rechts*). *Quelle* Kemet Arcotronics Technologies [14]

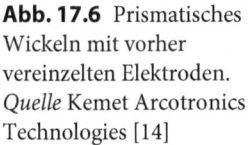

Abb. 17.6 Prismatisches Wickeln mit vorher vereinzelten Elektroden. *Quelle* Kemet Arcotronics Technologies [14]

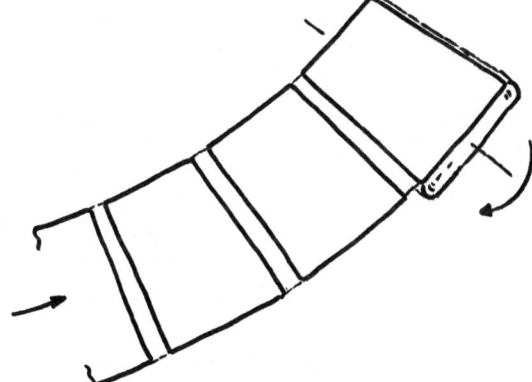

Dieser Effekt ist ausgeschlossen, wenn die Elektroden vorkonfektioniert werden. Die vereinzelten Elektroden werden entlang des Separatorbandes unter Berücksichtigung der späteren Wickelradien positioniert und auf dem Separator durch Lamination fixiert. Das Band wird dann um einen Wickelkern zum prismatischen Zellverbund gewickelt. Separatorüberstand schützt die Kanten und Ecken des Zellstapels (Abb. 17.6).

Der Maschinendurchsatz ist mit dem Wickeln von bis zu 6 Zellen/Minute ebenfalls hoch. Limitierend für die Taktrate ist nicht der Maschinenbau, sondern sind die Qualität und die mechanischen Eigenschaften des Separators.

An die Zellkörper werden Ableitfahnen für die beiden Zellpole angeschweißt. Dies geschieht bevorzugt durch Ultraschallverschweißung. Das Verfahren ist ein Reibeschweißvorgang, mit dem sogar verschiedene Metalle dauerhaft mit sehr geringem Übergangswiderstand verbunden werden. Die Laserverschweißung befindet sich noch in der Entwicklung; es wird zunehmend in der Literatur davon berichtet [15]. Beim Schweißvorgang wird Energie in den Zellkörper eingebracht, die keine Schäden anrichten darf. Es muss darauf geachtet werden, dass der Elektrodenstapel nicht beschädigt oder seine Funktionalität durch von ihm losgeschüttelte Teilchen beeinträchtigt wird.

17.2.3 Gehäusetechnologie

Die Lithiumzelle muss gegen das Eindringen von Wasser geschützt werden. Diese Funktionalität erfüllen Metallbarrieren. Hierbei werden das leicht bearbeitbare Aluminium oder Stahl bevorzugt. Die Ausführung der Gehäuse erfolgt in flexiblen Pouch-Folien oder starren Metallgehäusen.

Pouch-Gehäuse In der Pouch-Technologie wird als Gehäusematerial ein mehrlagiger Folienverbund mit einem Aluminiumkern eingesetzt. Auf der Innenseite des Gehäuses befindet sich eine Thermoplastschicht mit niedrigem Schmelzpunkt (bevorzugt Polypropylen). Mehrere Haft- und Anti-Korrosionsschichten verbinden die korrosionsstabile Siegelmasse mit dem Metallkern. Auf der Außenseite sind robuste Materialien mit wesentlich höherem Schmelzpunkt (z. B. Polyamid oder Polyethylenterephthalat) auflaminiert. Zum Verschluss des Gehäuses werden die Siegelmassen der beiden Gehäusehälften durch Heißsiegeln miteinander verschmolzen. Die Konstruktion des Gehäuses wird normalerweise als zwei tiefgezogene Hälften mit angeschlossener Gaspouch ausgeführt. Dieser Folienüberstand hilft bei der Elektrolytbefüllung und nimmt eventuell bei Formierung und Reifung gebildete Gase auf. Er wird am Ende des Prozesses bei der Endabsaugung abgeschnitten.

Die Form des Zellkörpers kann leicht in die Folien gestempelt oder tiefgezogen werden. Hierbei wird der Aluminiumkern gereckt. Bei der Konstruktion des Gehäuses müssen Ziehtiefe, Radien und Winkel so gestaltet werden, dass keine Mikrorisse im Metallkern auftreten und somit seine Wasserdampfbarrierefunktion erhalten bleibt. Die Tiefziehgeschwindigkeit muss der Reckbarkeit des Metalls angepasst werden. Verletzungen der inneren Thermolastschicht zeigen sich kurz nach dem Befüllen der Zelle mit Elektrolyt in Form von Lochfraßkorrosion und/oder Blähung der Zelle.

Die Stromdurchführung ist bei allen elektrochemischen Zellen, nicht nur bei Lithium-Ionen Zellen, eine besonders kritische Stelle. Diese ist besonders anfällig für Mikroleckagen oder Kapillaren. Bei der Pouch-Technologie werden Metallfolien (Vernickeltes Kupfer für den negativen Pol und Aluminium für den positiven Pol) von bis zu 0,5 mm Dicke als Ableiter eingesetzt. Diese sind vorkonfektioniert erhältlich und werden bei der Gehäuseherstellung in die Siegelmasse zwischen den beiden Pouch-Hälften eingedichtet. Diese Dichtungen sind Folienmultilayer, modifizierte Thermoplaste, die die Metalloberfläche des Ableiters mit der Thermoplastschicht der Siegelmasse dauerhaft dichten. In der Regel sind diese an den Ableittabs bereits vorkonfektioniert. Die Abdichtung mit separat eingelegten Siegelhilfsbändern verliert an Bedeutung. Bei sachgerechter Ausgestaltung der Siegelnähte und Eindichtung der Ableiter haben sich die Gehäuse als praktisch wasserdampfdicht bewährt. Pouchgehäuse besitzen keine Überdruckventile.

Bei Gasentwicklung im Inneren der Zelle gibt das Gehäuse nach. Die Pouchfolie wird gereckt und somit wird kein wesentlicher Überdruck aufgebaut.

Starre Metallgehäuse Metallgehäuse werden aus Aluminium oder Edelstahlblechen tiefgezogen. Die Konstruktion wird üblicherweise als Becher mit einem Deckel ausgeführt. Die Stromdurchführungen befinden sich in der Regel im Deckel. Dies sind isolierte Pins, die mit Glasmassen vorkonfektioniert eingedichtet sind. Auf der Innenseite wird der Zellkörper an die Pins angeschweißt. Nach Einlegen des Zellkörpers in den Becher wird der Deckel angebracht. Die Verschweißung von Deckel und Becher erfolgt durch Laser- oder Ultraschallschweißung. Bei dieser metallischen Schweißnaht ist ebenfalls auf größte Dichtigkeit zu achten. Die Öffnungen zur Elektrolytbefüllung werden später durch Einpressen von Verschlusskugeln oder durch Laserschweißen verschlossen.

Metallgehäuse besitzen mindestens eine Sollbruchstelle im Gehäuse oder ein Überdruckventil, um im Fehlerfall ein explosionsartiges Bersten der Zelle zu verhindern. Diese Sicherung wird bei mittleren Drücken, etwa 10 bis 15 bar, aktiv.

17.2.4 Befüllung

Die Befüllung mit Elektrolyt ist technologisch anspruchsvoll und ein entscheidender Schritt für die Funktionalität der Zelle. Das Porenvolumen des Zellkörpers muss gleichmäßig mit Elektrolyt durchtränkt werden. Homogene Elektrolytverteilung ist ein wichtiger Faktor für die Langlebigkeit und auch die Sicherheit der Zelle. Praktisch gilt es dünne Spalte ($200\ldots300\ \mu m$) zwischen jeweils zwei großen Metallflächen (Kollektorfolien), wie in Abb. 17.7 skizziert, zu befüllen. Diese Spalte sind allerdings nicht leere Kapillaren, sondern mit Elektrodenmassen und Separator gefüllt.

Der Befüllvorgang wird dadurch erschwert, dass die zu befüllende Kavität im Zellgehäuse bereits mit dem Zellkörper besetzt ist. Der Elektrolyt muss somit langsam oder in mehreren Portionen zudosiert werden. Zuvor in den Poren vorhandene Gase müssen entfernt werden, um die Benetzung der Poren in Aktivmassen und Separator zu ermöglichen.

Die Elektrolytbefüllung ist neben der Formierung einer der zeitkritischen und somit durchsatzlimitierenden Schritte im Zellherstellungsprozess. Die Befülltechnologie hängt sehr stark vom Baumuster der Zelle und den physikalisch-chemischen Eigenschaften der Materialien und des Elektrolyten ab.

Die in der Lithium-Ionen-Technologie eingesetzten Elektrolyte sind hochkonzentrierte Lösungen von Lithium-Salzen in polaren organischen Lösemitteln. Diese Lösungen sind hochgradig hygroskopisch und als Folge hiervon korrosiv. Gute Elektrolyte zeichnen sich durch extreme Benetzungs- und Kriecheigenschaften aus. Diese Eigenschaften sind der Benetzung der Elektrodenstruktur förderlich, stellen aber Herausforderungen an den Maschinenbau dar. Erschwerend kommt das Siedeverhalten der Lösemittelbestandteile hinzu, deren Siedepunkte sich bei Druckabsenkung verringern. Praktisch bedeutet dies, dass jeder Elektrolyt bei Reduktion des Druckes bis zum Vakuum hin sogar bei Raumtemperatur zu sieden beginnt. Dies äußert sich im unerwünschten Aufschäumen des Elektrolyten.

Abb. 17.7 Problematik
der gleichmäßigen
Elektrolytdurchtränkung:
inhomogene
Elektrolytverteilung zur Mitte
hin schematisiert dargestellt

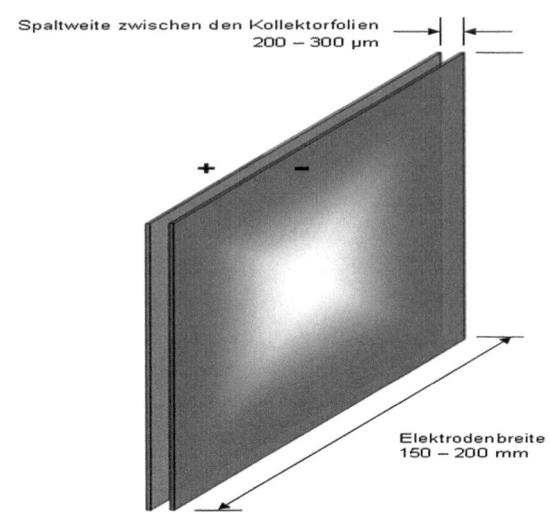

Aus den o.g. Gründen muss der Befüllprozess für jedes gewählte elektrochemische System und Baumuster entwickelt und verifiziert werden.

17.2.5 Formierung

Batterien aus Lithium-Ionen-Zellen gehören zu den Technologien sekundärer Energiespeicher, bei denen die Zelle nach der Elektrolytbefüllung ungeladen ist. Der Formiervorgang, oft fälschlicherweise als Formation bezeichnet, ist nicht nur die Erstladung der Zelle, sondern auch ein Produktionsschritt, bei dem essentielle Deckschichten aufgebaut (SEI-Layer) und gleichzeitig ein Qualitätskontrollschritt. Hierbei wird erstmals das funktionelle Zusammenspiel von Anode, Kathode, Separator und Elektrolyt sichtbar. Apparativ besteht die Formierung aus Lade/Entlademaschinen mit je einem individuell geregelten Kanal pro Zelle.

Der Formiervorgang wird von der Zellherstellern in unterschiedlichen Ausprägungen vorgenommen. Die langsamste, aber sehr sichere Methode umfasst 2 vollständige Lade-/Entladezyklen. Bei dieser Methode wird an den Formierzyklus ein voller Lade/Entlade-Zyklus als Qualitätskontrollschritt angeschlossen. Dies ist eine sichere 100 %-Prüfung aller Zellen. Bei der schnellsten, aber unvollständigen Methode wird die Zelle lediglich bis zu einer Spannung, bei der die SEI-Schicht ausgebildet ist, angeladen und nicht fertig formiert. Ein anschließender Qualitätskontrollschritt durch einen Ladezyklus findet nicht statt. Diese Methode wird bei Consumer-Zellen angewandt und erfordert hohe Sicherheit im Gesamtprozeß, da die individuelle Qualitätskontrolle entfällt.

Die Durchlaufzeit in der Formierung kann bis zu 2 Tage betragen. Jeder Produzent ist bemüht, diesen Flaschenhals im Produktionsprozess möglichst zu beschleunigen. Die bei der Formierung benutzten Energiemengen sind in relevanten Dimensionen. Ihre Rekuperation als elektrische Energie oder Prozesswärme ist in Hinblick auf Prozesskosten und „Green Production" anzuraten.

17.3   Vor- und Nachteile der unterschiedlichen Zelldesigns

In diesem Kapitel werden drei Grundfragen in Hinblick auf die Zellfertigung diskutiert:

- Zylindrisches oder Prismatisches Zelldesign?
- Foliengehäuse oder starres Metallgehäuse?
- Aufbau des Zellkörpers in Bicell-Technologie oder mit beidseitig beschichteten Elektroden?

Zylindrisches oder Prismatisches Zelldesign? Zylindrische Zellen werden in Rundwickeltechnik gefertigt. Die Wickeltechnologie für dünne Folien wurde in der Fertigung von Kondensatoren entwickelt und erprobt. Die Wickelgeschwindigkeiten sind hoch. Das Zusammenpressen der Elektroden wird über die Zugkraft beim Wickeln geregelt. Nachteilig beim Design von Consumer-Zellen des Formats 18650 ist, dass eine intermittierende Beschichtung der Elektrodenbänder erforderlich ist. Vorteil bei der Fertigung ist der hohe Durchsatz beim Zellkörperwickeln. Die verbesserte Ausführung in Hinblick auf die Ableitung hoher Ströme sind seitliche Ableiter, die sich entlang der gesamten Wickelung erstrecken. Mit diesem Design können bei hoher Energiedichte hohe Ströme abgeleitet werden.

Zur Herstellung von prismatischen Zellkörpern werden mehr Fertigungsschritte als bei zylindrischen benötigt. Diese werden von Fertigungsautomaten ebenfalls mit hohem Durchsatz erledigt.

Prismatisches und zylindrisches Zelldesign unterscheidet sich im Wesentlichen in der Wärmeabfuhr. Bei gleicher Zellchemie und gleichem Energieinhalt der Zelle erfolgt aufgrund der größeren äußeren Oberfläche die Wärmeabfuhr aus prismatischen Zellen leichter als aus der zylindrischen Bauart. Prismatische Zellen sind im Vergleich besser kühlbar, somit ist die Gefahr der Überhitzung geringer als bei zylindrischen Zellen. Die Erkennung von Hotspots dauert bei zylindrischen Zellen länger. Dies ist bedingt durch die größere Dicke und die mäßige Wärmeleitfähigkeit des Zellkörpers.

Die Fertigungstechnologie für beide Zellkörperarten ist ähnlich und weist annähernd die gleiche Anzahl kritischer Schritte auf. Die Herstellung des Zellkörpers ist nur ein Teil des Gesamtprozesses. Es gibt keine bevorzugte Zellchemie für Anode bzw. Kathode, die von sich aus eines der beiden Designs speziell erfordert. Allerdings beeinflusst die Wahl des Designs die Auslegung des Fertigungsprozesses, beginnend von Fertigungshilfen wie Werkstückträgern über Maschinen hin bis zur Position der Kontaktierungen bei der Formierung. Ein einmal für den Fertigungsprozess definiertes Design kann nur unter großem Aufwand verändert werden.

Aufbau des Zellkörpers in Bicell-Technologie oder mit beidseitig beschichteten Elektroden? Mit derselben Ausführung der Elektrodenschichten lassen sich die drei Versionen von Zellkörpern aufbauen. Sie unterscheiden sich in der erzielbaren Energiedichte und in den Prozessausbeuten.

In der Weiterentwicklung der elektrochemischen Grundzelle (Single Cell) über die Stufe der Bicell (Abb. 17.8, Schritt A) zur Zelle mit beidseitig beschichteten Elektroden (Abb. 17.8, Schritt B) ist eine Steigerung der Energiedichte erzielbar.

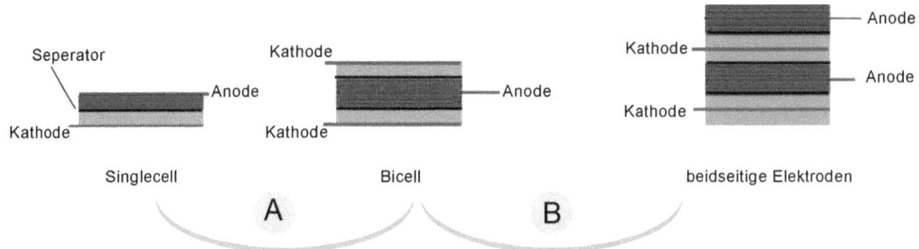

Abb. 17.8 Steigerung der Energiedichte durch Mehrfachverwendung der Kollektoren

In der Bicell befinden sich 50 % weniger Anodenableiter als in der Single Cell. In der Zelle mit beidseitig beschichteten Elektrodenpaaren sind gegenüber der Bicell nochmals 50 % weniger Kathodenableiter zu finden. Allerdings wird die größte Steigerung der gravimetrischen Energiedichte im Schritt von der Single Cell zur Bicell erzielt, da die Anodenableiter aus Kupfer gefertigt sind. Die Kathodenkollektoren bestehen aus Aluminium, das nur ca. 1/3 der Dichte von Kupfer aufweist. Aus diesem Grund ist der Gewinn an Energiedichte bei Einsatz beidseitig beschichteter Elektroden im Schritt B weniger stark ausgeprägt als bei Schritt A.

Ein wesentlicher Unterschied besteht in der Prüfbarkeit der Zwischenprodukte. Die Fehlerwahrscheinlichkeit in einem Zellkörper steigt proportional zur eingesetzten Elektrodenfläche. Stapel beidseitig beschichteter Elektroden können erst nach der Assemblage des Zellkörpers auf Kurzschluss geprüft werden. Bicells hingegen werden einzeln vor der Stapelung auf Position der Elektroden und Kurzschluss geprüft und ggf. aussortiert. Angesichts der Tatsache, dass nur ein einzelner Fehler zur Unbrauchbarkeit des gesamten Zellkörpers führt, sind mit Batteriekörpern in Bicell-Technologie höhere Gesamtausbeuten durch das Aussortieren fehlerhafter Teile erzielbar.

Foliengehäuse oder starres Metallgehäuse? Die Pouch-Technologie hat den Vorteil, dass die Gehäuseteile mit einfachen Tiefzieh- oder Stempelwerkzeugen aus Folien hergestellt werden können. Die Bearbeitung des Gehäusematerials ist vergleichsweise einfach mit Scheren oder Stanzen möglich. Die Verschlußwerkzeuge sind Heißsiegelwerkezuge, die in der Verpackungsindustrie vielfach erprobt sind. Bei sachgerechter Herstellung der Siegelnähte (Einhaltung der Mindestbreite, schonende Siegelung durch sanftes Verdrängen der Siegelmasse) haben sich die Pouches vielfach als dichte Gehäuse bewährt.

Unabdingbare Aufgabe des Zellgehäuses ist der dauerhafte Schutz der Zelle vor dem Austreten von Bestandteilen und gegen das Eindringen von Spuren an Feuchtigkeit. Beide Technologien erfüllen diese Aufgabe. Als Test eignen sich Temperaturwechseltests, die in kondensierender Atmosphäre ausgeführt werden (steile Temperaturgradienten in gesättigter Wasserdampfatmosphäre). Bei dieser Temperaturwechselbelastung werden kleinste Undichtigkeiten detektiert. Als Folge hiervon blähen die Zellen innerhalb weniger Tage.

Hazard Level		Classification Criteria, Effect
0	No effect	No effect, no loss of functionality
1	Passive Protection activated	No defect, no leakage, no venting, no fire or flame, no rupture, no explosion, no exothermic reaction or thermal runaway, cell reversibly damaged, repair of protection device needed
2	Defect Damage	No leakage, no venting, no fire or flame, no rupture, no explosion, no exothermic reaction or thermal runaway, cell irreversibly damaged, repair needed
3	Leakage > 50%	No venting, no fire or flame, no rupture, no explosion, weight loss ≤ 50 % of the electrolyte weight electrolyte = solvent + salt
4	Venting > 50%	No fire or flame, no rupture, no explosion, weight loss ≥ 50 % of the electrolyte weight
5	Fire or Flame	No rupture, no explosion, i.e. no flying parts
6	Rupture	No explosion, but flying parts, ejection of parts of the active mass
7	Explosion	Explosion, i.e. disintegration of the cell

Abb. 17.9 Gefahrenstufen bei Batteriefehlern nach EUCAR [16]

Die Pouch-Technologie ist preisgünstig, auch bei kleinen Stückzahlen, und ermöglicht Flexibilität bei leichten Formatkorrekturen im Prozess. Bei sachgerechter Ausführung der Siegelnähte hat sich diese ebenfalls als langzeitdicht bewährt.

Die Herstellung von Metallgehäusen erfordert aufwändige, mehrstufige Tiefzieh- und Schnittwerkzeuge. Der Tiefziehprozeß lohnt bei großen Stückzahlen. Zum Verschluss des Gehäuses sind komplexe Technologien wie Laserschweißen oder Ultraschallschweißen erforderlich. Die Komplexität und der finanzielle Aufwand für einen Satz Tiefziehwerkzeuge machen Formatänderungen oder die Auflage von Kleinserien schwierig.

Hinsichtlich der Dichtigkeit sind beide Technologien als sehr gute Wasserdampfbarrieren einzustufen. Erstaunlich hoch sind in beiden Fällen die Kosten für die Stromdurchführungen. In diesen wird viel Knowhow der Hersteller eingebracht. Sie sind nur zu hohen Preisen auf dem Markt erhältlich und sind in einigen Fällen die teuersten Bestandteile der Zelle. Hierin unterscheiden sich beide Technologien kaum. Erst bei mittleren bis hohen Stückzahlen können Preisreduktionen erzielt werden.

Im Fehlerfall können sowohl Pouch-Zellen, wie auch Zellen mit Metallgehäuse Feuer entwickeln. Die Fehlerfälle sind in Hazard-Levels eingestuft (vgl. Abb. 17.9). Eine relevante Grenze der Heftigkeit eines Fehlers liegt beim Übergang von Hazard-Level 4 (Abblasen der Zelle) zur Hazard-Level 5 (Abblasen mit Feuerentwicklung).

Das Gehäuse der Pouchzellen gibt im Fehlerfall nach und ermöglicht auf Grund der Reckfähigkeit des Materials freies Abblasen von Gasen. Dies geschieht bei nur einigen mbar Überdruck. Beim starren Metallgehäuse hingegen baut sich Druck bis zum Ansprechen des Überdruckventils oder bis zum Bersten der Sollbruchstelle auf. Hierdurch wird oftmals Hazard-Level 4 übersprungen und Hazard-Level 5 tritt sogleich ein. Im Fehlerfalle fällt bei identischer Zellchemie und Speicherkapazität die Reaktion von Zellen im Metallgehäuse heftiger und häufiger mit Feuererscheinung als bei Pouchzellen aus.

Bezüglich Montierbarkeit und automatisierter Handhabung ist das starre Metallgehäuse von Vorteil. Pouchzellen sind als nicht-formstabile Teile aufwändiger zu greifen, zu positionieren und zu Batterien weiterzuverarbeiten. Das im Vergleich zum Foliengehäuse dickere Metallgehäuse ist robuster und unterliegt nur geringen Toleranzen. Bei der Batterieassemblage werden starre Metallgehäuse von den Konstrukteuren, Anlagenplanern und ausführenden Ingenieuren bevorzugt.

17.4   Ausblick

Die Kosten einer Zelle setzen sich aus den Stückkosten der Zelle und den Investitionen in die Anlagen zusammen. Angesichts der Notwendigkeit preiswerter Energiespeicher steht die Herstellung unter enormem Preisdruck. In hohen Stückzahlen werden die Kosten für eine Zelle zum größten Teil von den Materialkosten und den Ausschussraten im Prozess geprägt. Hochautomatisierte Prozesse mit sehr guten Ausbeuten sind Voraussetzung zur Kostenreduktion. Hohe Anlagendurchsätze senken den Anteil der Investitionskosten pro Zelle. Die Entwicklung solcher Prozesse sichert die Zukunftsfähigkeit der Technologie.

Auch beim Zellfertigungsprozess ist das Ganze mehr als die Summe seiner Bestandteile. Abstimmung und Zusammenspiel der Produktionsschritte sind für gut laufende Prozesse mit hohen Ausbeuten notwendig. Entsprechende Software-Tools und Fabrikplanungsmethoden müssen hierzu beitragen; sie sind aber nur Werkzeuge zum Erreichen des Ziels. Die elektrochemische Zelle ist ein komplexes aktives Bauteil mit nicht-linearen Eigenschaften. Für alle an der Planung Beteiligten und Verantwortlichen ist das Verständnis für die zu fertigende Zelle und deren Funktionalität unabdingbare Voraussetzung zum Gelingen des Projektes und zum erfolgreichen Betrieb der Fertigungslinien.

Literatur

1. Spahr M, Goers D, Leone A, Grivei E (2011) Development of carbon conductive additives for advanced lithium ion batteries. J Power Sources 196(7):3404–3413
2. Sanchez-Gonzalez J, Macias-Garcia A, Alexandre-Franco MF, Gomez-Serrano V (2005) Electrical conductivity of carbon blacks under compression. Carbon 43:741–747
3. Sides CR, Croce F, Young VY, Martin CR, Scrosati B (2005) A high-rate, nanocomposite LiFePO4/Carbon cathode. Electrochem Solid-State Lett 8(9):A484–A487
4. Wu M-S, Lee J-T, Chiang P-CJ, Lin J-C (2007) Carbon-nanofiber composite electrodes for thin and flexible lithium-ion batteries. J Mater Sci 42:259–265
5. Chen J, Wang JZ, Minett AI, Liu Y, Lynam C, Liu H, Wallace GG (2009) Carbon nanotube network modified carbon fibre paper for Li-ion batteries. Energy Environ Sci 2:393–396
6. Zhamu A, Shi J, Chen G, Fang Q, Jang BZ (2012) Graphene-enhanced anode particulates for lithium ion batteries. US 2012/0064409 A1
7. Buqa H, Holzapfel M, Krummeich F, Veit C, Novak P (2006) Study of styrene butadiene rubber and sodium methyl cellulose as binder for negative electrodes in lithium-ion batteries. J Power Sources 161:617–622

8. Lee J-H, Paik U, Hackley VA, Choi Y-M (2005) Effect of carboxymethyl cellulose on aqueous processing of natural graphite negative electrodes and their electrochemical performance for lithium batteries. J Electrochem Soc 152(9):A1763–A1769

9. Sano A, Kurihara M, Ogawa K, Iijima T, Maruyama S (2009) Decreasing the initial irreversible capacity loss of graphite negative electrode by alkali-addition. J Power Sources 192:703–707

10. Lee JH, Lee S, Paik U, Choi Y-M (2005) Aqueous processing of natural graphite particulates for lithium-ion battery anodes and their electrochemical performance. J Power Sources 147:249–255

11. Zaidi W, Oumellal Y, Bonnet J-P, Zhang J, Cuevas F, Latroche M, Bobet JL, Aymard L (2011) Carboxymethylcellulose and carboxymethycellulose-formate as binders in MgH2-carbon composites for lithium-ion batteries. J Power sources 196:2854–2857

12. Ouatani LE, Dedryvère R, Ledeuil J-B, Biensan P, Desbrieres J, Gonbeau D (2009) Surface film formation on carbonaceous electrode: influence of the binder chemistry. J Power Sources 189:72–80

13. Lee J-H, Kim H-H, Wee SB, Paik U (2009) Effect of additives on the dispersion properties of aqueous based C/LiFePO4 paste and its impact on lithium ion battery high power properties. Hosaka powder technology foundation, KONA powder and particle. Journal 27

14. Lanciotti C (2009) Lithium battery cell manufacturing process. Joint European commission/EPoSS/ERTRAC workshop 2009, Brussels, Kemet Arcotronics Technologies, Sasso Marconi, Italy

15. Schelisch J (2011) Forschung für die Produktion von Morgen, Portraits der ausgewählten Projekte im BMBF-Programm Forschung für die Produktion von morgen. Projektträger Karlsruhe (PTKA-PFT), Bundesministerium für Bildung und Forschung

16. Freedom CAR: Electrical energy storage system abuse test manuel for electric and hybrid vehicle applications; Sandia Report, SAND 2005-3123

Fertigungsverfahren von Lithium-Ionen-Zellen und -Batterien

Achim Kampker, Claus-Rupert Hohenthanner, Christoph Deutskens, Heiner Hans Heimes und Christian Sesterheim

18.1 Einleitung

Lithium-Ionen-Batterien für die elektromobile Anwendung setzen sich aus Batteriemodulen, die aus einer Vielzahl einzelner Batteriezellen bestehen, zusammen (Abb. 18.1). Der jeweilige Verwendungszweck bestimmt die Zahl der Batteriemodule, die gemeinsam mit einem Batterie-Management-System, einem Kühlsystem, dem Thermomanagement und der Leistungselektronik in einer Lithium-Ionen-Batterie installiert sind. In Batteriemodulen können verschiedene Zelltypen, wie die Rundzelle, die prismatische Hardcase-Zelle oder die Flachzelle (Coffeebag- oder Pouch-Zelle) verbaut sein (vgl. Kap. 9).

Im Folgenden werden daher sowohl die Fertigungsprozesse der Batteriezelle als auch der Montageprozess des Batteriemoduls und -packs beschrieben.

A. Kampker (✉) · C. Deutskens · H. Heimes · C. Sesterheim
Werkzeugmaschinenlabor WZL der RWTH Aachen, Steinbachstraße 19,
52056 Aachen, Deutschland
e-mail: A.Kampker@wzl.rwth-aachen.de

C. Deutskens
e-mail: c.deutskens@wzl.rwth-aachen.de

H. Heimes
e-mail: H.Heimes@wzl.rwth-aachen.de

C. Sesterheim
e-mail: c.sesterheim@wzl.rwth-aachen.de

C.-R. Hohenthanner
Li-Tec Battery GmbH, Am Wiesengrund 7, 01917 Kamenz, Deutschland
e-mail: claus-rupert.hohenthanner@li-tec.de

R. Korthauer (Hrsg.), *Handbuch Lithium-Ionen-Batterien*,
DOI: 10.1007/978-3-642-30653-2_18, © Springer-Verlag Berlin Heidelberg 2013

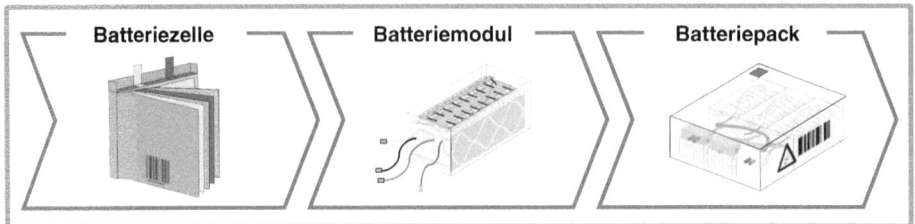

Abb. 18.1 Von der Batteriezelle zum fertigen Batteriepack

18.2   Fertigungsprozesse der Batteriezelle

Die Fertigung der Lithium-Ionen-Zelle lässt sich in drei Hauptprozessschritte unterteilen:

- Fertigung der Elektroden
- Zellmontage
- Formierung, Aging und Prüfung.

In der Elektrodenfertigung werden metallische Trägerfolien mit Anoden- und Kathodenaktivmaterial beschichtet, anschließend getrocknet und kalandriert. Anschließend werden die beschichteten Elektrodenfolien abwechselnd mit dem Separator zu einem Elektrodenstapel (Stack) verarbeitet, der wiederum in einem Gehäuse unter Zugabe von flüssigem Elektrolyt verpackt wird. Diese Teilprozesse werden unter Zusammenbau der Zelle zusammengefasst. Im Bereich der Formierung und Prüfung werden die Zellen das erste Mal bei niedriger Stromrate langsam geladen und anschließend zyklisch bei höherer Stromrate mehrmals ent- und geladen, um ihre volle Leistungsfähigkeit zu generieren sowie die exakt definierten Eigenschaften der Zelle zu dokumentieren.

18.3   Fertigung der Elektroden

Den ersten Schritt in der Lithium-Ionen-Zellfertigung stellt das Mischen der Aktivmaterialien dar. Der Mischprozess dient dem Zusammenführen unterschiedlicher Bestandteile zu einer Beschichtungsmasse, die als Slurry bezeichnet wird [1]. Neben den Aktivmaterialien werden die folgenden weiteren Komponenten zur Beschichtungsmasse vermischt: elektrische Leiter (z. B. Leitruß), Bindemittel (z. B. PVDF) und Additive [2]. Diese Komponenten werden vorbehandelt und zunächst trocken vermischt. Das Trockenmischen kann durch eine Niedrig- oder eine Hochenergiebehandlung erfolgen. Ziel des Trockenmischens ist die gute Umhüllung der Aktivmaterialien mit dem Leitruß. Es folgt der Nassmischvorgang bei dem das vorbehandelte Pulver, gemeinsam mit dem Lösemittel für den Binder und teilweise auch für die Additive, in eine Mischanlage gelangt und zu dem Slurry dispergiert wird. Das Lösemittel alleine reicht dabei nicht aus, um aus den einzelnen Komponenten eine homogene Masse zu erzeugen. Die Beschichtungsmasse ist zunächst noch stark agglomeriert. Durch die Einbringung mechanischer Energie über Mischwerkzeuge kann eine homogene Masse erzeugt werden. Je nach Anwendungsfall und den Anforderungen an die Qualität kommen unterschiedliche Mischmaschinen zum Einsatz, die sich hinsichtlich des Mischprinzips, der Temperierung, der Mischatmosphäre und der Chargierung unterscheiden können. Fehler, die während des Mischens eingebracht werden, sind irreversibel und können nicht in den anschließenden Prozessen kompensiert werden. Der Mischprozess legt in entscheidendem Maße die Qualität einer Batteriezelle fest, daher sind die Anforderungen an das Mischgut extrem hoch. Die einzelnen Komponenten müssen höchste Reinheit sowie geringe Restwassermengen aufweisen und mit hoher Genauigkeit dosiert werden. Damit der nachfolgende Beschichtungsprozess sicher und kontinuierlich ablaufen kann, muss die Beschichtungsmasse gewisse Paramater hinsichtlich der Homogenität und der Viskosität exakt einhalten. Zeitliche Veränderungen des Slurrys hinsichtlich Viskosität und Homogenität sind zu berücksichtigen und fordern seine schnelle Verarbeitung.

Beim Beschichten wird der durch den Mischvorgang erzeugte Slurry auf dünne Metallträgerfolien aufgebracht. Für die Anode wird dabei eine Kupferfolie – typische Dicke: 6 bis 15 μm – und für die Kathode eine Aluminiumfolie – typische Dicke 15 bis 25 μm – verwendet. Die Metallfolien bilden dabei die Elektrodengrundlage und den Stromsammler und sind wie die anderen Rohstoffe der Beschichtung von höchster Reinheit (>99,8 %).

Den Additiven innerhalb des aufzutragenden Slurrys kommt die Aufgabe zu, die Leitfähigkeit zu erhöhen. Binder sind für den Zusammenhalt der Elektrodenstruktur und die Adhäsion der Beschichtungsmasse an der Folie zuständig. Beim Mischprozess werden diese Komponenten gemeinsam mit einem Lösemittel zu einer homogenen Paste zubereitet. Das Lösemittel löst nur den Binder und einige Additve und beeinflusst die rheologischen Eigenschaften dahingehend, dass ein Auftrag der Beschichtungsmasse auf die Trägerfolie ermöglicht wird [2–4]. Die Schichtdicke der Aktivmaterialien auf den Metallfolien legt die Kapazität einer Flachzelle maßgeblich fest. In Hochenergiezellen kann man von einer Elektrodendicke in der Größenordnung von bis zu 200 μm ausgehen [3].

Um die pastenartige oder fast flüssige Beschichtungsmasse auf die Trägerfolie zu applizieren, können verschiedene Auftragsverfahren verwendet werden: das Rakel-, das Schlitzdüsen- oder das Rasterwalzenverfahren. Das Auftragen der Beschichtungsmassen auf den dünnen Metallfolien kann entweder kontinuierlich oder intermittierend, in zwei Durchgängen oder in einem Durchgang – gleichzeitige Beschichtung beider Seiten – erfolgen. Das Aufbringen der Beschichtungsmasse muss hier ebenfalls mit hoher Präzision bezüglich der Schichtdicke und des Flächengewichtes erfolgen. Anlagen mit höchster Präzision an den Bahnlauf und die Bahnspannung sind eine Grundvoraussetzung für gute Ergebnisse. Nachdem die Folien beschichtet wurden, müssen sie getrocknet werden. Das Trocknen erfolgt über Luftstrahlen und kann in verschiedenen Trocknern (Schwebebahntrockner, Saugstrahltrockner, Rollenbahntrockner) durchgeführt werden. Das im Trockner eingestellte Temperaturprofil ist entscheidend für die spätere Haftfestigkeit der Schicht auf den Metallfolien als auch für die Binderverteilung über der Schichtdicke.

Das beim Trocknen ausgetriebene Lösemittel wird aus der Trocknerabluft mittels Kondensation abgeschieden und kann anschließend nach einer Reinigung dem Mischprozess wieder zugeführt werden.

Im Anschluss an die Beschichtung und das Trocknen wird die Folie dem Kalander (franz.: calandre = Rolle) zugeführt. Über mehrere Ober- und Unterwalzen wird sukzessive die Dicke reduziert. Die Hintereinanderschaltung mehrerer Rollen bietet dabei eine höhere Kontrolle bei der Verdichtung und hat neben der Dickenreduzierung das Ziel, die Haftung des Aktivmaterials an der Folie zu erhöhen [5]. Das Kalandrieren ist ein kontinuierlicher Prozess, bei dem Geschwindigkeiten von 20 m/min und mehr eingestellt werden können. Die Liniendrücke können 40 bis 60 t betragen, dabei können die Spalte zwischen den Rollen motorisch im Mikrometerbereich eingestellt werden [6]. Beim Kalandrieren besteht die Gefahr von Folienrissen und der Versprödung des Materials durch zu hoch eingestellte Drücke. Liniendrücke sollten während des Prozesses unbedingt konstant gehalten werden. Die Beschichtung der Kalanderwalzen stellt einen weiteren qualitätskritischen Faktor dar.

18.4   Zellmontage

Unabhängig vom Zelltyp, werden die Kathoden- und die Anoden-Coils zunächst auf Breite zugeschnitten. Dieser Prozess wird als Slitting bezeichnet. Die Mutterrollen haben typischerweise eine Breite von ca. 600 mm und werden während des Slittings zu mehreren Tochterrollen zugeschnitten und anschließend wieder aufgerollt, um in Vakuumboxen zum nächsten Prozess transportiert werden zu können. Das Slitting ist wie das Beschichten und das Kalandrieren ein kontinuierlicher Prozess. Slittingmaschinen arbeiten entweder mit Messer- oder Laserschnitt. Es werden Geschwindigkeiten von bis zu 100 m/min und mehr erreicht. Die Messer unterliegen beim Slitting einem hohen mechanischen Verschleiß, der sich wiederum auf die Qualität der Schnittkante auswirkt. Bei der Verwendung von Lasern hingegen ist die Wärmeeinflusszone zu beachten. Schneidreste müssen akribisch entfernt werden.

Die weitere Zellmontage erfolgt in einem Trockenraum bei einer Taupunkttemperatur von bis zu −55 °C und weniger. Bevor die Elektrodenrollen in den Trockenraum eingeschleust werden, müssen diese bis auf geringe Restwassermengen ein weiteres Mal getrocknet werden. Dies kann sowohl als Coil in einem Vakuumtrockenschrank oder im Durchlauf als Bahnware erfolgen. Der Trockner stellt dabei die Schleuse für die Elektroden zum Trockenraum dar.

Bei der Produktion einer Flachzelle folgen die Prozesse „Vereinzeln" und „Stapeln". Beim Vereinzeln entstehen durch Rollenmesser, Bandstahlschnitt, Stanzwerkzeug oder Laserschnitt die einzelnen Kathoden- und Anodenblätter. Die Stanzwerkzeuge können sowohl flach als auch rotativ ausgebildet sein. Das Vereinzeln kann entweder in einer integrierten Assemblierungslinie oder durch Zwischenspeicherung mehrerer Blätter in Magazinen erfolgen. Bei den mechanischen Schneidverfahren wie Stanzen besteht die

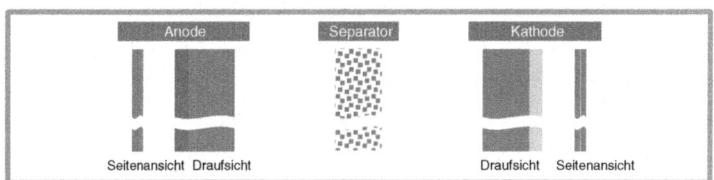

Abb. 18.2 Input Materialien für die Zellmontage

Gefahr unsauberer und in eine Richtung gebogener Schnittkanten durch ungenau eingestellte Werkzeuge und/oder Werkzeugverschleiß und die Gefahr des Verschmierens des Aktivmaterials über die Schnittkanten. Beim Laserschneiden ist die Wärmeeinflusszone zu beachten, in der der Binder aufschäumen kann und eine Randerhöhung ausbildet. In einem nachfolgenden Reinigungsprozess werden die beim Vereinzelungsprozess entstandenen, abgeplatzten Partikel an den Rändern der Elektrodenblätter und Partikel auf den Elektrodenblättern entfernt. Diese können zu einer Beschädigung des Separators und, soweit sie elektrisch leitfähig sind, zu einem Kurzschluss führen.

Die einzelnen Kathoden- und Anodenblätter sowie die Separatorfolie (Abb. 18.2) sind die Eingangsstoffe für den Stapelprozess. Zum Stapeln kann entweder das Z-Folding oder das Single-Sheet-Stacking verwendet werden. Beim Z-Folding-Verfahren werden die einzelnen Anoden- und Kathodenblätter seitlich in die Z-förmig gefaltete Separatorbahn eingelegt. Im Gegensatz zum Z-Folding ist beim Single-Sheet-Stacking auch der Separator in separate Blätter vereinzelt und wird gemeinsam mit den Kathoden- und Anodenblättern in abwechselnder Reihenfolge (Anode, Separator, Kathode, Separator,…) gestapelt. Eine besondere Herausforderung im Stapelprozess stellt das Handling, die Positionserkennung und Positionsausrichtung der unterschiedlich großen Separator-, Anoden- und Kathodenblätter mit einem Vakuumgreifer dar. Der entstandene Elektrodenstapel (Stack) wird mittels Klebestreifen gegen Verrutschen der Einzelblätter fixiert.

Bei einer prismatischen oder einer runden Zelle folgen im Anschluss an das Slitting nicht das Vereinzeln und das Stapeln, sondern der Wickelprozess (Abb. 18.3). Beim Wickeln werden die verschiedenen Bahnen um einen prismatischen Körper (Separator) gewickelt. Analog zum Stapeln ist die Bahnenreihenfolge Kathoden-, Separator-, Anoden-, Separatorbahn. Die Bahnen werden so gewickelt, dass der Separator über die beschichteten Bereiche der Anoden und Kathoden hinaus geht, um Kurzschlüsse zwischen den Elektroden zu vermeiden. Die beschichtete Anodenbahn ist wiederum breiter als die Kathodenbahn und deckt immer die Kathodenbeschichtung ab. Das gewickelte Erzeugnis wird als Jelly-Roll bezeichnet und über einen Klebestreifen fixiert.

Die Produktionsparameter Bahnspannung, Bahnführung und Wickelgeschwindigkeit der zu wickelnden Einzelstreifen und die Geometrie bzw. der Radius der Wickelungen stellen wichtige, qualitätsbeeinflussende Größen dar. Anschließend wird eine Isolatorfolie zu einer Tasche gefaltet und mit einem Klebestreifen fixiert. Die gefaltete Tasche wird

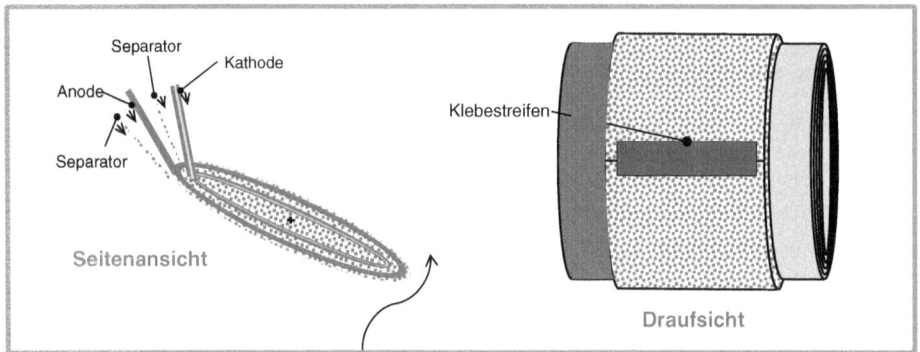

Abb. 18.3 Wickelvorgang einer prismatischen Zelle

über die Jelly-Roll gestülpt, so dass eine Isolation der Jelly-Roll zum Inneren des metallischen Zellgehäuses gegeben ist. Anschließend erfolgt das Verschweißen der unbeschichteten Kontaktfahnen der Elektroden mit den Ableitern.

Bei den gestapelten Zellen werden bei diesem Prozessschritt gleichzeitig die einzelnen und elektrisch isolierten Anoden- bzw. Kathodenblätter jeweils parallel geschaltet. Die Wahl des richtigen Schweißverfahrens spielt aufgrund der dünnen, mechanisch- und temperaturempfindlichen Teile eine bedeutende Rolle. Nicht jedes Schweißverfahren arbeitet genau und sensibel genug oder hat eine zu große Wärmeeinbringung, um in der Zellassemblierung eingesetzt zu werden. Das Widerstands-, das Plasma-, das Ultraschall- oder das Laserstrahlschweißen sind mögliche Verfahren, um die unbeschichteten Elektrodenfähnchen mit den Ableitern zu verschweißen. In der industriellen Fertigung werden meist das Ultraschallschweißen und neuerdings teilweise auch das Laserstrahlschweißen eingesetzt.

Der Elektrodenstapel mit den angeschweißten Ableitern wird nun in das Gehäuse eingebracht. Bei den gestapelten Flachzellen besteht das Gehäuse aus einer tiefgezogenen Kunststoff/Aluminium/Kunstoffverbundfolie. Die Aluminiumschicht dient als Wasserdampfdiffusionssperre. Die innere Kunststofffolie hat im Vergleich zur äußeren Kunststofffolie einen niedrigeren Schmelzpunkt, wodurch die Ränder durch Siegeln stoffschlüssig verbunden werden können. Bei den prismatischen Zellen oder den Rundzellen besteht das Gehäuse aus einem tiefgezogenen oder fließgepressten Aluminiumgehäuse (Hardcase).

Die nun folgende Elektrolytbefüllung bezeichnet die Hinzugabe eines flüssigen Elektrolyten in die zusammengebaute Batteriezelle sowie das Eindringen des Elektrolyten in die porösen Separator- und Elektrodenschichten. Zur Befüllung dringt eine Nadel (auch Olive genannt) in die Zelle ein, so dass der Elektrolyt durch das Innere der Nadel zugegeben werden kann. Der Befüllungsvorgang kann sowohl unter Vakuum als auch unter Atmosphärenbedingungen erfolgen. Die Befüllung unter Atmosphäre benötigt eine längere

Prozesszeit, da die Luft innerhalb der Zelle und in den porösen Strukturen des Separators und der Elektrodenschichten durch den nachfließenden Elektrolyten nur langsam entweichen kann. Eine vollständige Benetzung sämtlicher Bereiche innerhalb der Zelle ist somit unter Vakuumbedingungen wahrscheinlicher. Sofern beim Elektrolytbefüllen nicht sämtliche Bereiche der Zelle mit Elektrolyt vollständig und gut benetzt und durchdrungen wurden, besteht bei der Formation und dem späteren Gebrauch der Zelle die Gefahr der Dendritenbildung, die langfristig zu einem internen Kurzschluss und damit zu einer erhöhten Selbstentladung der Zelle führen kann. Der Elektrolytbefüllvorgang wird durch das Verschließen der Zellen unter Vakuum abgeschlossen.

18.5 Formation und Aging

Die Montage der Lithium-Ionenzelle erfolgt im ungeladenen Zustand. Die Formierung (Abb. 18.4) stellt für die Batteriezellen den ersten Ladevorgang mit sukzessiver Steigerung der Stromstärke mit jedem Ladezyklus dar. Aus zwei Gründen kommt ihr innerhalb des Entstehungsprozesses der Batterie eine besondere Bedeutung zu. Zunächst entsteht durch die ersten Ladezyklen die Solid-Electrolyte-Interface-Schicht (SEI-Schicht). Diese bildet sich auf den Anodenfolien und schützt diese vor einer spontanen Reaktion mit dem Elektrolyt während des normalen Betriebes. Weiter hat die SEI-Schicht die Eigenschaft, die Anodenfolien wie eine Hülle zu stabilisieren. Der zweite Grund ist der verbesserte Kontakt zwischen Elektrolyt und Aktivmaterial, der durch die Formierung zustande kommt. Im ersten Ladezyklus wird noch eine geringe Stromstärke gewählt, so dass sich die SEI-Schicht nach und nach auf der Grafitbeschichtung der Anoden formen kann. Nach weiteren Entlade- und Ladezyklen hat sich die SEI-Schicht vollständig ausgebildet. Die Anzahl der Lade-/Entladezyklen, in denen die Stromstärke kontinuierlich gesteigert wird, ist von Hersteller zu Hersteller unterschiedlich [5]. Eine Unterbrechung der Formierung insbesondere beim ersten Ladeschritt z. B. aufgrund von Stromausfällen ist zu vermeiden und technisch abzusichern. Ebenfalls ist es wirtschaftlich sinnvoll, die beim Entladen freiwerdende Energie im Fabrikverbund wieder einzusetzen.

Beim anschließenden Aging-Vorgang werden die auf einem Förderband angelieferten Batteriezellen zwischen 8 und 36 Tagen in temperierten Räumlichkeiten bei ca. 30 °C gelagert. Vor und nach dem Aging-Vorgang erfolgt bei den Zellen die Messung der Leerlaufspannung (Open Ciruit Voltage, OCV), aus der dann die Selbstentladungsrate berechnet werden kann. Anschließend werden die gelagerten Zellen einigen Prüfungen hinsichtlich unterschiedlicher Leistungsparameter (Kapazität, Innenwiderstand, Selbstentladung) unterzogen. Basierend auf den Messergebnissen und vorher festgelegten Grenzwerten können die Zellen im Anschluss an das Aging in mehrere Güteklassen eingeordnet werden. Besondere Herausforderungen, die der Aging-Prozess mit sich bringt, sind der erhöhte Platzbedarf, der durch die lange Lagerzeit bedingt ist und hohe Kosten

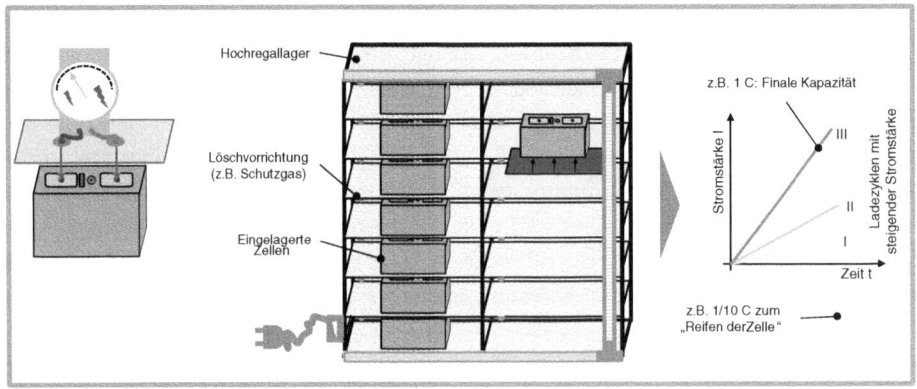

Abb. 18.4 Formierung einer Batteriezelle

verursacht, und die hohe Anzahl der benötigten Warenträger, der ebenfalls eine enorme Kostenwirkung zukommt.

18.6   Montageprozess des Batteriepacks

Nachdem die fertigen Flachzellen hinsichtlich ihrer Leistungsfähigkeit klassifiziert wurden, werden sie zu einem Modul zusammengefasst. Dabei ist elementar wichtig, dass die in einem Modul verwendeten Zellen die gleichen Leistungswerte aufweisen. Wählt man Zellen mit unterschiedlichen Leistungsdaten, so hat dies negative Auswirkungen auf das gesamte Modul. Denn bedingt durch die Art der Verschaltung der Zellen orientiert sich das Modulverhalten an der schwächsten Zelle im System (Abb. 18.5).

In einem Rahmen werden die Zellen vormontiert und deren Ableiter in einer Parallel- oder Reihenschaltung miteinander verbunden. Die Zellableiter können entweder an die Stromleiterschiene geschweißt oder geschraubt werden. Vorteile der Schraubverbindung sind das gute Handling bei der Montage sowie die einfache Austauschbarkeit der Zellen. Als nachteilig hat sich die geringe Vibrationsbeständigkeit der Schraubverbindung sowie der hohe Montageaufwand herausgestellt. Hier verhält sich eine dauerhafte stoffschlüssige Schweißverbindung besser. Auch im Hinblick auf den Stromfluss und die Übergangswiderstände schneidet die stoffschlüssige, geschweißte Verbindung besser ab. Als Schweißverfahren für die Ableiter können das Ultraschallschweißen, das Laserstrahlschweißen sowie das Widerstandsschweißen zum Einsatz kommen.

Im nächsten Schritt wird die Cell Supervision Circuit (CSC)-Platine gemeinsam mit Kühlplatten auf das vormontierte Modul angebracht. Die CSC-Platine ist für die Überwachung von Zellen und eine optimale Zusammenarbeit zwischen den einzelnen Zellen zuständig. Daneben kann die CSC-Platine die Ladezustände von einzelnen Zellen

Abb. 18.5 Montagevorgang eines Batteriemoduls

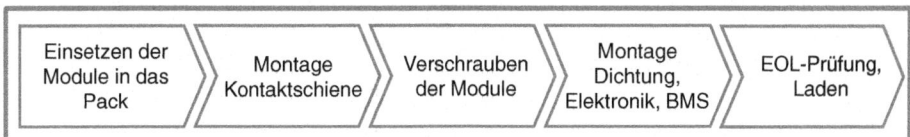

Abb. 18.6 Montagevorgang eines Batteriepacks

einander angleichen (Balancing). Nachdem der komplettierte Rahmen im Gehäuse eingebracht wurde, wird das Batteriemodul einer Endkontrolle unterzogen.

Die geprüften Batteriemodule werden im letzten Schritt der Batteriefertigung zusammen mit den peripheren elektronischen Komponenten zum Batteriepack zusammengesetzt. Dabei werden die Module in einem Gehäuse installiert. Danach wird eine Kontaktschiene, die die einzelnen Module des Batteriepacks verbindet, montiert. Nun können die Batteriemodule fest mit dem Gehäuse verschraubt werden. Neben den Batteriemodulen werden das Batteriemanagementsystem (BMS) und die Leistungselektronik im Gehäuse montiert. Das BMS misst und regelt die Temperatur, den Ladezustand und die Spannung der einzelnen Zellen. Die Hauptaufgabe des BMS ist es, eine Verbindung zwischen Batterie und den anderen Komponenten herzustellen. Nachdem das Batteriepack mit einem Hochvolt-Anschluss versehen wurde, wird eine End-of-Line (EOL)-Prüfung durchgeführt (Abb. 18.6). Nach einer erfolgreichen Prüfung kann das Batteriepack abgedichtet und geladen werden.

18.7 Technologische Herausforderungen im Produktionsprozess

Der Produktionsprozess von Lithium-Ionen-Batteriezellen ist durch heterogene Produktionstechnologien gekennzeichnet, die durch eine Vielzahl unterschiedlicher Maschinen- und Anlagenbauer bedient werden und die sich in der Regel auf Teilprozessschritte (z. B. Mischen, Beschichten, Trocknen, Kalandrieren, Slitten etc.) spezialisiert haben. Zugleich wird jeder Teilprozessschritt durch mehrere konkurrierende Maschinenbauer abgedeckt, die auf Basis ihrer Kompetenzen den Teilprozessschritt mit sehr unterschiedlichen technologischen Ansätzen (z. B. Einzelblatt-Stacking oder Z-Folding, Schwebebahntrockner oder Rollentrockner, Slot-Injector oder Doctor-Blade etc.) adressieren.

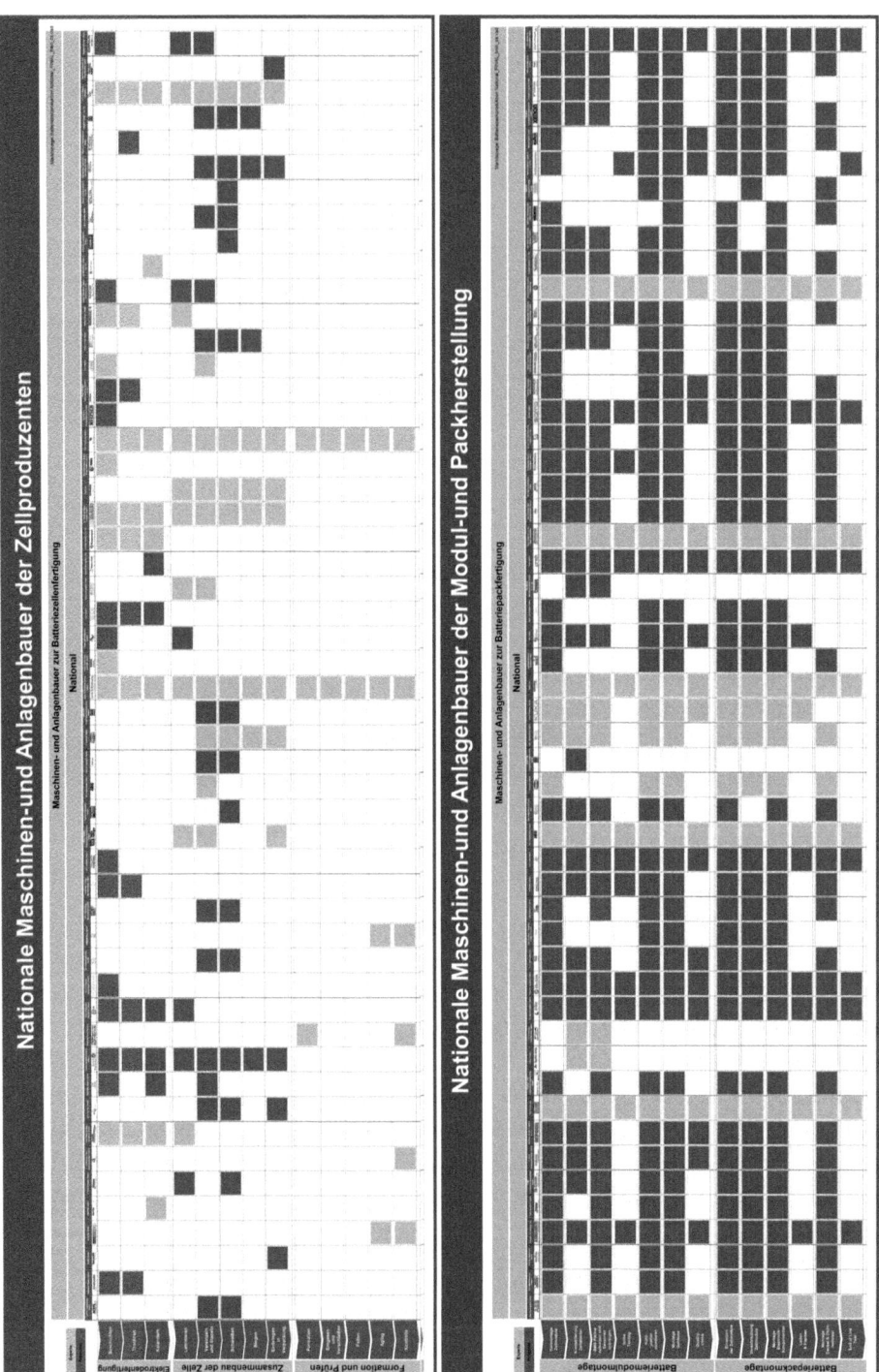

Abb. 18.7 Vergleich von Maschinen- und Anlagenbauern

Ein ganzheitliches, technologisch abgestimmtes Produktionskonzept zu etablieren, welches durch zahlreiche Schnittstellen sowie eine hohe Technologieheterogenität bedingt ist, bildet eine Kernherausforderung für die Zellhersteller. Die Konzeption einer ganzheitlichen Produktionsstruktur sowie aufeinander abgestimmter Produktionstechnologien innerhalb der Zellfertigung bedarf folglich eines systematischen Vorgehens, das die Technologieauswahl in unternehmensübergreifenden Wertschöpfungsketten unterstützt. Im Gegensatz zur Modul- und Packmontage ist die Fertigung der Lithium-Ionen-Batteriezelle durch diverse Produktionstechnologien und heterogene Kompetenzfelder gekennzeichnet. Aus diesem Grund werden die Maschinen und Anlagen zur Zellfertigung von unterschiedlichen Unternehmen angeboten. Es gibt nur wenige Maschinen- und Anlagenbauer, die große Teile der gesamten Produktionskette der Zellfertigung mit eigenen Anlagen abdecken (Abb. 18.7). Vielmehr wird die Wertschöpfungskette der Zellfertigung durch eine Vielzahl von Spezialisten bedient, die ihre bestehenden Kompetenzen in einem Teilprozessschritt im Rahmen der Batterieproduktion erweitert haben.

Innerhalb der Teilprozessschritte der Batteriezellherstellung existiert somit eine Vielzahl von Unternehmen, die Expertise für einen spezifischen Produktionsschritt aufweisen und diesen durch diverse Produktionstechnologien abdecken. In den vor- oder nachgelagerten Produktionsschritten weisen diese Unternehmen jedoch nur geringe Kompetenzen auf. Der Betreiber einer Fertigung für Lithium-Ionen-Zellen steht somit vor der Herausforderung, geeignete Maschinen- und Anlagenbauer für jeden Prozessschritt zu identifizieren. Er muss diese anweisen, welche Produktionstechnologie verwendet werden soll, und die jeweiligen Maschinen und Anlagen zu einem wirtschaftlichen Gesamtprozess verbinden. Zudem wird es Zellenherstellern erschwert, die Fertigung von Lithium-Ionen-Zellen in eine Großserienproduktion zu überführen, da keine durchgehende Automatisierungstechnik zur Verfügung steht. Die bestehenden Strukturen tragen insgesamt zu einer großen qualitativen Streuweite des Produktionsergebnisses bei. Die Produktionsprozesse der Zellfertigung sind – bedingt durch die stark zergliederte Wertschöpfungskette – weder hinsichtlich produktionssystematischer noch hinsichtlich -technologischer Gestaltungskriterien wirtschaftlich ausgelegt und besitzen daher großes Verbesserungspotential.

Literatur

1. Haselrieder (2013) Efficient electrode production for lithium-ion batteries
2. Bauer W, Nötzel D (2011) Rheological properties of electrode pastes for lithium iron phosphate and NMC batteries
3. Flynn J-C, Marsh C (2012) Development of continuous coating technology for lithium-ion electrodes
4. Haselrieder (2011) Auslegung und Scale-up des Trocknungsprozesses zur Fertigung von leistungsfähigen Elekroden mit optimierter Struktur und Haftung
5. Zheng Y, Tian L (2012) Calendering effects on the physical and electrochemical properties of Li[Ni1/3Mn1/3Co1/3]O2 cathode
6. Scrosati B (2002) Advances in lithium-ion batteries

Aufbau einer Fabrik zur Zellfertigung

19

Rudolf Simon

19.1 Einleitung

In diesem Kapitel wird der Gesamtaufbau einer Batteriefabrik beschrieben. Ausgehend vom Fertigungsprozess und den Fertigungsanlagen wird die erforderliche Fertigungsumgebung (Reinraum, Trockenraum), die Versorgung und Entsorgung der notwendigen Medien und das Gebäude entwickelt. Es folgt eine Übersicht der Fertigungslogistik und der Flächenbelegung mit den erforderlichen Sicherheits- und Zugangsbereichen. Abschließend wird ein Ausblick über Entwicklungspotenziale und zukünftige Herausforderungen skizziert.

19.2 Fertigungsaufbau und Anforderungen

Die Fertigung einer Lithium-Ionen-Zelle lässt sich in drei Hauptbereiche unterteilen: Elektrodenfertigung, Zellenmontage und Elektrische Formierung. In Abb. 19.1 ist ein Produktionsflächenkonzept für eine Pilotfertigung dargestellt. Hier werden die wichtigsten Fertigungsbereiche in ihrer Abfolge in einer Linie gezeigt und deren räumliche Trennung angedeutet.

Bei der Auslegung einer Batteriefabrik geht es nicht nur um Kostensenkungen, sondern auch um höchste Anforderungen an die Sicherheit sowie die Fertigungsqualität als Voraussetzung für eine entsprechende Lebensdauer des Produktes. Aus diesen Gründen wird der Gebäudetechnik, welche als ein wichtiger Teil der Fabrik betrachtet werden kann, eine große Bedeutung zugeschrieben.

Beim Herstellen der Elektroden-Beschichtungsmasse (Slurry) sind das Vermeiden oder Absaugen von feinen Pulverstäuben, der Umgang mit Lösungsmitteln sowie der

R. Simon (✉)
M+W Group GmbH, Lotterbergstraße 30, 70499 Stuttgart, Detuschland
e-mail: rudolf.simon@mwgroup.net

R. Korthauer (Hrsg.), *Handbuch Lithium-Ionen-Batterien*,
DOI: 10.1007/978-3-642-30653-2_19, © Springer-Verlag Berlin Heidelberg 2013

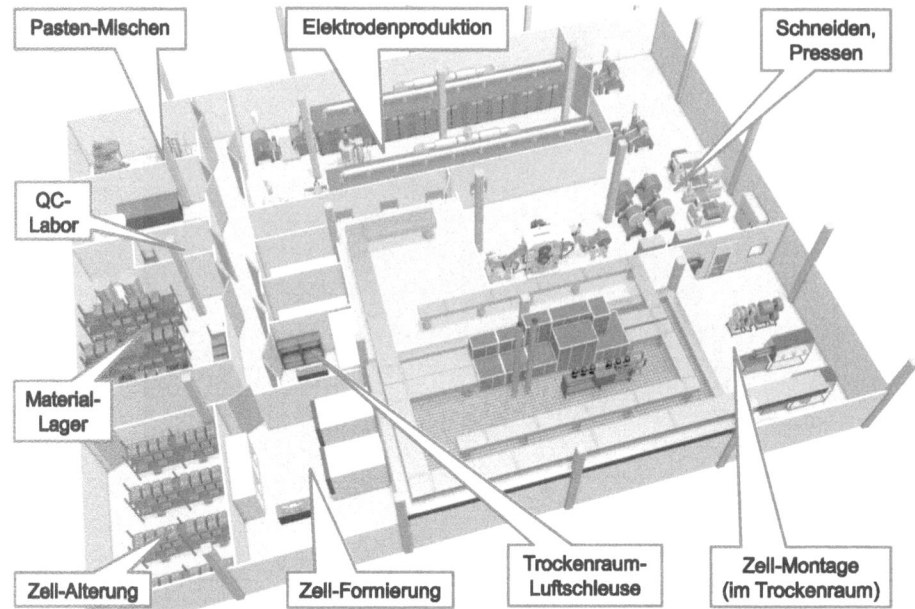

Abb. 19.1 Produktionsflächenkonzept für eine Pilotfertigung von Lithium-Ionen-Batterien

Querkontaminationsschutz besonders wichtig. In der anschließenden Phase der Katho-
den- und Anodenbeschichtung mit verschiedenen Trocknungs- und Pressschritten sind
ein Schutz vor Querkontaminationen, Lösemittelabsaugung und -rückgewinnung sowie
die Kontrolle der Luftfeuchtigkeit zu gewährleisten. Die Zell-Montage erfolgt in speziellen
Rein- und Trockenräumen mit weniger als 1% relativer Luftfeuchtigkeit. In Trockenräumen
sind alle Flächen leitfähig zu gestalten, um elektrostatische Aufladungen zu vermeiden, da
keine Ableitung über die Luftleitfähigkeit möglich ist. Die elektrische Formierung erstreckt
sich über bis zu mehreren Tagen und bedingt hohen Strombedarf, besonderes Energiemanagement, die Absaugung von Prozessgasen sowie Brand- und Explosionsschutz.

19.3 Klimazonen in der Fertigung

Kennzeichnend für die Produktion von Lithium-Ionen-Zellen sind die zahlreichen spe-
zifischen Anforderungen, insbesondere strikte Klimakontrolle und Reinraumzonen.
Die Beherrschung dieser Faktoren hat entscheidenden Einfluss auf Qualität, Sicherheit,
Leistung und Lebensdauer der Zellen. Die empfohlenen Umgebungsbedingungen für
Temperatur und Feuchte für die einzelnen Fertigungsprozesse sind in Gruppen mit ähn-
lichen Anforderungen zusammengefasst in der Tab. 19.1 dargestellt.

Aus Gründen der Wirtschaftlichkeit wird bei der Planung einer Fabrik auf eine möglichst geringe Anzahl von Bereichen mit unterschiedlichen klimatischen Bedingungen geachtet. Für die Bereiche der Elektrodenherstellung und Zell-Montage werden

Tab. 19.1 Umgebungsbedingungen in der Produktion

Produktionsschritt	rel. Feuchte (%)	Taupunkt (°C)	Temperatur	Fertigungsumgebung
Herstellen der Elektrodenpaste Anode	45 ± 15		22 °C ± 2 K	kontrollierte Umgebung
Herstellen der Elektrodenpaste Kathode	45 ± 15		22 °C ± 2 K	kontrollierte Umgebung
Beschichten Anode	<15	−8	22 °C ± 2 K	ISO7
Beschichten Kathode	<15	−8	22 °C ± 2 K	ISO7
Pressen der Elektrodenbahnen Anode	<15	−8	22 °C ± 2 K	ISO7
Pressen der Elektrodenbahnen Kathode	<15	−8	22 °C ± 2 K	ISO7
Zell-Montage	<1	−40	22 °C ± 2 K	ISO7
Befüllen mit Elektrolyt[a]	<1	−40	22 °C ± 2 K	ISO7
Zell-Formierung	45 ± 15		22 °C ± 5 K	kontrollierte Umgebung
Zell-Alterung	45 ± 15		22 °C ± 5 K	kontrollierte Umgebung
Testen und Klassifizierung	45 ± 15		22 °C ± 2 K	kontrollierte Umgebung
Batteriepack-Montage	45 ± 15		22 °C ± 2 K	kontrollierte Umgebung

[a] Gekapselter Maschinenteil

Reinräume mit Klasse ISO 7 empfohlen. Projiziert auf die Fertigungsfläche kann die Einteilung in Klimazonen wie in Abb. 19.2 dargestellt aussehen.

Die Prozesse der Beschichtung und Trocknung der Anoden und Kathoden erfordern das Einhalten kontrollierter Luftreinheit sowie maximal zulässiger relativer Luftfeuchte unter 15 %. Die im Fertigungsprozess abnehmende relative Feuchte wird stufenweise bis auf Werte unter 1 % im Bereich der Elektrolytbefüllung gesenkt.

19.4 Trockenraumtechnik

Eine Herausforderung bei der Herstellung von Lithium-Ionen Batterien sind die sehr hohen Feuchteanforderungen an die Umgebung während der Elektrodenproduktion, der Zellmontage und speziell während des Befüllens der Zelle mit Elektrolyt. Je nach Qualitätsanforderungen sind hierbei Taupunkte von bis zu −60 °C gefordert, was einer relativen Feuchte von weit unter 1 % im Temperaturbereich von 22 °C ± 2 K entspricht.

Die Anforderung der minimalen Feuchte resultiert aus den chemischen Abläufen in der Zelle. Ein erhöhter Wassergehalt während der Lithium-Ionen-Zellenfertigung führt unweigerlich zu unerwünschten Nebenreaktionen, bei denen sich Gase bilden, durch die die Sicherheit der Zelle herabgesetzt wird. Des Weiteren wird durch die Einlagerung von

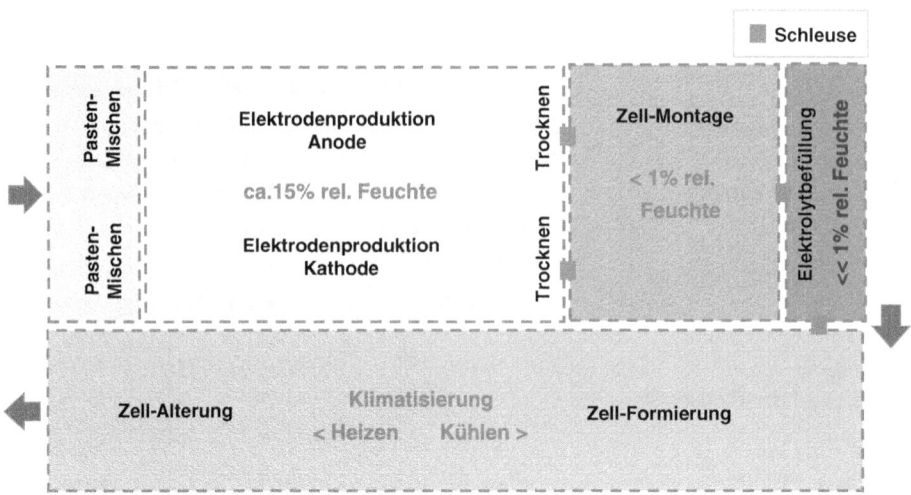

Abb. 19.2 Klimazonen einer Lithium-Ionen-Batteriefertigung

Wasser in die Graphitschicht der Anode der Zugang für Lithium-Ionen in die Schicht blockiert und somit die Kapazität der Zelle verringert [1, 2].

Mit konventionellen Klimageräten sind diese niedrigen Werte nicht mehr zu realisieren. Aus diesem Grund kommt hier nach vorgeschalteter Kondensationsentfeuchtung die sogenannte Adsorptionstrocknung zum Einsatz. Um die Betriebskosten möglichst gering zu halten, müssen Wände, Böden, Decken, Verrohrungen und deren Nahtstellen im Bereich des Trockenraums und des gesamten Umluftsystems Wasserdampf-diffusionsdicht ausgeführt werden. Dadurch muss sowohl das Eindringen von feuchter Außenluft als auch das Entweichen von teuer aufbereiteter trockener Luft minimiert werden. Dies ist einer der signifikanten Unterschiede zu herkömmlichen Reinräumen aus der Elektronikfertigung, die „luftdurchlässig" ausgeführt werden. Auf diese Weise kann durch Überdruck das Eindringen von Partikeln vermieden werden. Zum wirtschaftlichen Betrieb und einer hohen Fertigungsqualität ist der Feuchteeintrag in den Trockenraum zu minimieren. Daher sollten möglichst wenige Personen sich möglichst kurze Zeit im Trockenraum aufhalten. Eine Person gibt im Trockenraum bei körperlicher Tätigkeit ca. 150 g Wasser pro Stunde ab. Außerdem haben Materialeinbringung und Materialausbringung durch Schleusen zu erfolgen und alle Teile sollten möglichst trocken sein.

Ein typisches Trockenraumsystem ist in Abb. 19.3 dargestellt. Es besteht aus einem Luftentfeuchter, dem dichten Trockenraum, diffusionsdichten Kanälen, angepassten Personal- und Materialschleusen und Filter-Fan-Units zur Erzielung von Reinraumqualität durch Umluft im Trockenraum.

Die Aufbereitung der sehr trockenen Zuluft erfolgt in mehreren aufwändigen Prozessschritten. Nach einer Filterung der Außenluft wird diese über Kühlregister geleitet. Hierbei wird der Taupunkt unterschritten und es fällt Kondensat aus. Gefilterte Abluft

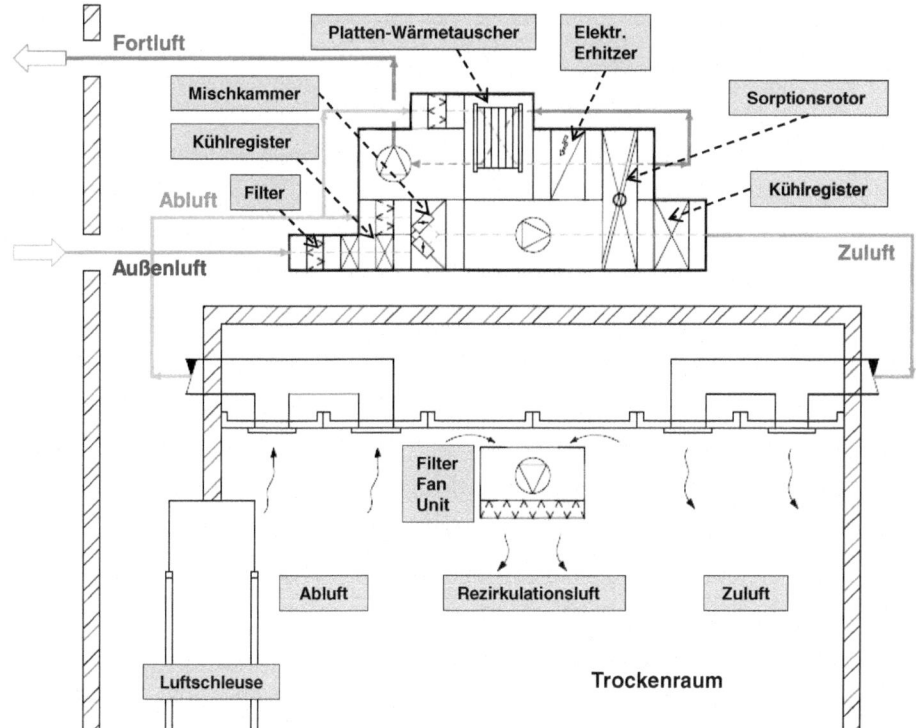

Abb. 19.3 Schema eines Trockenraums

Abb. 19.4 Trockenraum für die Serienproduktion von Lithium-Ionen-Zellen (*Quelle* M+W Group)

des Trockenraums wird der aufbereiten Außenluft beigemischt, bevor diese den Sorptionsrotor passiert und durch Adsorption auf die benötigte Zuluftfeuchte entfeuchtet wird. Falls nötig wird die Zuluft anschließend gekühlt.

Das Herzstück der Entfeuchtungsanlage bildet der Sorptionsrotor, welcher nach der Trocknung der Zuluft regeneriert werden muss. Für diesen Vorgang wird ein Teil der Abluft verwendet. Die Regeneration des Sorptionsrotors, auch Desorption genannt, findet bei Temperaturen um 150 °C statt. Die benötigte Wärmeenergie für die Erhitzung der Abluft auf dieses Temperaturniveau wird hier durch eine Kombination aus Plattenwärmetauscher und elektrischem Erhitzer realisiert. Auch Prozesswärme, Dampf oder Gas kann hierfür verwendet werden. Ein reales Beispiel eines Trockenraums in einer Serienproduktion von Lithium-Ionen-Zellen veranschaulicht die Abb. 19.4.

19.5 Medienversorgung und Energiemanagement

Die Medienversorgung (Abb. 19.5) einer Batteriefabrik lässt sich in zwei Bereiche unterteilen. Zum einen gibt es die Prozessmedien, die direkt für den Fertigungsprozess benötigt werden. Hierzu gehören unter anderem deionisiertes Wasser für die Herstellung der Beschichtungsmassen, Prozessabluft, Kühlwasser und Druckluft. Zum anderen gibt es die gebäudetechnischen Anlagen, um die geforderte Fertigungsumgebung und die dazugehörigen Medien zu produzieren. Hierzu zählen unter anderem Kühltürme, Lüftungsgeräte, Entfeuchtungsgeräte, Wärme- und Kälteerzeugung.

Um dem immer wichtiger werdenden Thema der Ressourceneinsparung Rechnung tragen zu können, sind intelligente Energiemanagement-Systeme nötig. Im Folgenden sind zwei Beispiele aufgeführt, welche die weitreichenden Möglichkeiten der intelligenten Energienutzung andeuten sollen, die durch eine fachgerechte Planung an einem Produktionsstandort eingesetzt werden können.

Im Bereich des Beschichtens ist von einem Luftstrom mit hoher Abwärme aus dem Trocknungsprozess der beschichteten Elektrodenbahnen auszugehen. Die Temperatur der Abluft beträgt je nach Fertigungstechnologie bis zu 160 °C. Nach dem Abscheiden des Lösemittels bzw. Wassers ist eine Rückführung der warmen Luft in die Trockenstrecke eine Option, um Energie zum Aufheizen zu sparen. Ein weiteres Beispiel für intelligentes Energiemanagement ist bei der Formierung die Nutzung der elektrischen Energie aus den Entladevorgängen zum Aufladen der nächsten Zellencharge. Einige Anlagenbauer bieten solche Funktionen schon mit ihrem Prozessequipment an.

19.6 Flächenplan und Gebäudelogistik

Zur Betrieb einer Batteriefabrik wird eine Reihe von Flächen für weitere Funktionen zusätzlich zur Fertigungsfläche benötigt. Diese ergeben sich zum Teil aus den Anforderungen an die Fertigung, zum Teil auch aus äußeren Bedingungen wie Klima, Materialversorgung und auch aus den Sicherheits- und Personalanforderungen (Abb. 19.6).

Fertigungsnahe Bereiche Alle Funktionen, welche die Fertigung in irgendeiner Weise direkt unterstützen. Dazu gehören unter anderem Material- und Personenschleusen, Elektrolytdosiereinheiten, Qualitätssicherung usw.

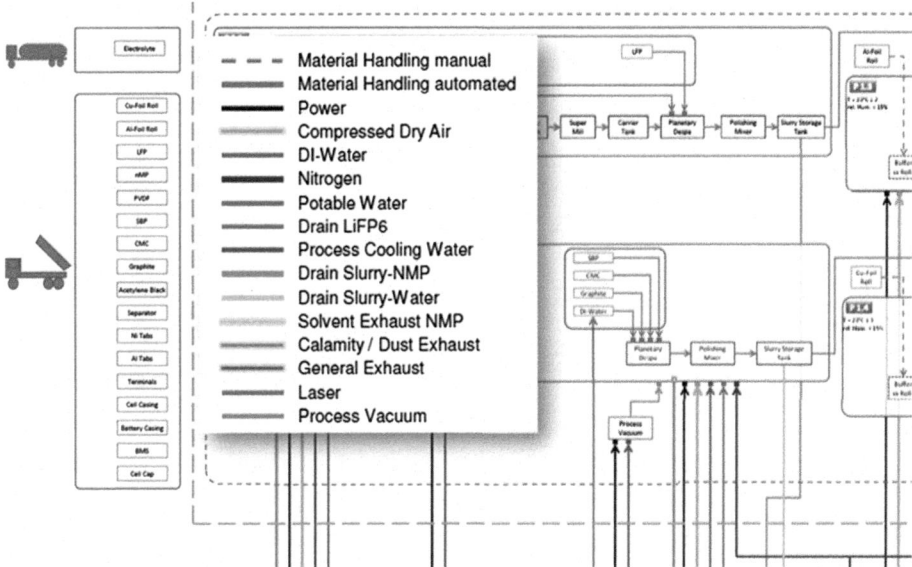

Abb. 19.5 Medienversorgung und -entsorgung

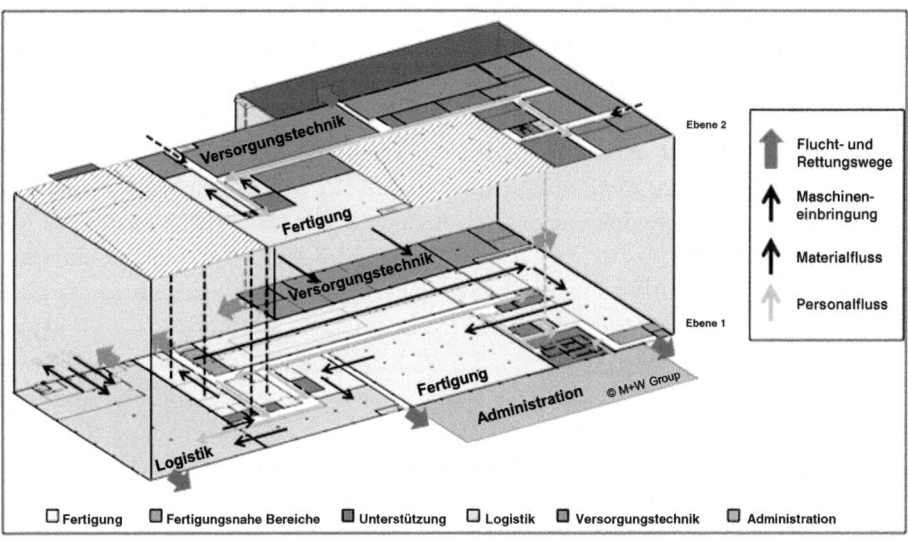

Abb. 19.6 Fabriklayout und Gebäudelogistik

Unterstützung Zusätzlich zu den fertigungsnahen Bereiche werden weitere Bereiche unterstützende Funktionen benötigt, welche aber nicht direkt an die Fertigung angeschlossen sind. Dazu zählen unter anderem Wartungsbereiche für Maschinen, Umkleiden für das Personal usw.

Logistik Für den Materialeingang und -ausgang sowie die Lagerung von Rohmaterial und Fertigprodukt werden Lagerplätze benötigt. Diese fallen je nach Betreiberkonzept unterschiedlich groß aus. Gegebenenfalls entstehen große Lagerflächen für das Fertigprodukt, wenn eine lange Reifezeit der Zellen erforderlich ist.

Versorgungstechnische Anlagen Alle Maschinen zur Erzeugung der Prozessmedien und der Gebäudetechnik sowie deren Verteilung werden nach Möglichkeit zusammengefasst und zentralisiert aufgestellt.

Administration Des Weiteren werden noch zentrale Administrationsbereiche benötigt. Hierzu zählen unter anderem Verwaltungseinheiten wie Management, Einkauf, Fertigungssteuerung aber auch Cafeteria und Sozialräume.

Folgende Funktionen sind im Flächenplan und in der Gebäudetechnik vorzusehen.

Personalfluss Personal betritt die Fabrik über die Personalzugänge und verteilt sich dann auf die verschiedenen Arbeitsbereiche. Produktionspersonal gelangt zum jeweiligen Arbeitsplatz über die Umkleideräume. Je nach Einsatzort ist diese Prozedur aufwändiger (Trockenraum) oder weniger aufwändig (Lager).

Materialfluss Die Rohmaterialien bzw. die Halbzeuge werden an der Logistik der Fabrik angeliefert. Nach dem Kommissionieren werden die Teile (manuell) in die einzelnen Bereiche transportiert. Um die unterschiedlichen Taktzeiten der einzelnen Prozessschritte zu kompensieren werden vor einigen In-Line Puffer benötigt, deren Größe möglichst gering zu halten ist. Innerhalb der Elektrodenproduktion erfolgt der Materialtransport größtenteils manuell. In der Zellenmontage (im Trockenraum) ist der Automatisierungsgrad deutlich höher. Die Elektrodenrollen und später die Batteriezelle werden zu Losen zusammengefasst und in Werkstückträgern auf Förderbändern transportiert bevor sie als Fertigprodukte wieder in der Logistik der Fabrik landen. Dort werden die Batterien zu Chargen zusammengefasst und zum Transport verpackt.

Maschineneinbringung Des Weiteren muss die Einbringung von neuen Anlagen, als auch der Austausch von Prozessequipment im Betrieb gewährleistet sein. Neue Maschinen kommen in der Logistik einer Fabrik an und werden von dort, wenn es sich um kleinere Geräte handelt, direkt über Korridore, eventuell Aufzüge, an ihren Einsatzort gebracht. Zur Einbringung von größeren Maschinen, die die Maße der Korridore bzw. Aufzüge überschreiten, müssen „Einbringungsplattformen" an der Fassade vorgesehen werden. Im Extremfall müssen die Maschinen mittels eines Schwerlastkarns auf die erforderliche Höhe gebracht werden.

Flucht- und Rettungswege Ein weiterer wichtiger Punkt ist das Rettungswege- und Notausgangskonzept. Dies ist länderabhängig in der Planung zu berücksichtigen, damit für alle im Gebäude befindlichen Personen ein Notausgang in der vorgegeben Maximaldistanz zu erreichen ist. Entscheidend für die maximale Entfernung zu einen Ausgang ins Freie, in einen notwendigen Treppenraum oder ein anderer Brandabschnitt ist die Gebäudegestaltung (Länge, Breite, lichte Höhe, Anzahl Stockwerke).

19.7 Ausblick

In den kommenden Jahren wird ein großer Markt für Hochleistungs-Lithium-Zellen entstehen, wobei vom Anwendermarkt wesentliche Fortschritte in Qualität, Sicherheit, Energie- und Leistungsdichte, Lebensdauer und Kosten gefordert werden. Diese Ziele erfordern überdurchschnittliche Qualitätsstandards, einen hohen Grad an Automation, erstklassige Logistik und Fertigungsleittechnik sowie ein Maximum an Ressourceneffizienz. Da der Mensch als wesentliche Feuchtequelle im Trockenraum einen erheblichen Einfluss auf die Investitions- und Betriebskosten der Trockenräume hat, birgt die Reduzierung des Personals durch Automatisierung oder die Kapselung von Prozessschritten ein erhebliches Einsparpotential.

Rapide Senkung der Produktionskosten und das Erreichen einer positiven Umweltbilanz der gesamten Herstellungskette sind bereits jetzt die Voraussetzungen für einen erfolgreichen Einstieg in die Elektromobilität. Bei der Fabrikplanung spielt wegen der dynamischen Entwicklung der Batterie- und Fertigungstechnologie die Wandlungsfähigkeit der Fabriken eine große Rolle. Wandlungsfähigkeit der Fabriken bedeutet die Fähigkeit, sich an die Turbulenzen äußerer und innerer Einflüsse anzupassen und flexibel zu reagieren.

Im gleichen Kontext wird zur Anpassung an Technologiesprünge ein modularer Aufbau der Fabrik empfohlen (austauschbare Fertigungsmodule) und zur Erzielung hoher Verfügbarkeit und Redundanz werden parallele Fertigungslinien bei der Großserie vorgesehen. Bei den bis 2013 verfügbaren Fertigungskonzepten ist ein wirtschaftlicher Betrieb einer Pouchzellenfertigung erst oberhalb einer Kapazität von 400 MWh pro Jahr erkennbar. Die Hightech-Strategie der deutschen Bundesregierung mit dem Zukunftsprojekt „Industrie 4.0" kann zur Entwicklung einer global wettbewerbsfähigen Batteriefabrik einen signifikanten Beitrag leisten [3].Um diese Ziele erreichen zu können, werden die Batteriehersteller auch verstärkte Kompetenz in der Gebäudetechnik, Fabrikplanung und Automation benötigen.

Literatur

1. Wu YP et al (2002) J Power Sources 112:255
2. Profatilova I et al (2009) Electrochem Acta 54:4445
3. Industrie 4.0: http://www.hightech-strategie.de/de/59.php

Prüfverfahren in der Fertigung

20

Karl-Heinz Pettinger

20.1 Einleitung

Die Prozesse zur Herstellung von Lithium-Zellen weisen trotz Weiterentwicklungen in der Produktionstechnologie stets eine hohe Fertigungstiefe auf [1–3]. In Tab. 20.1 ist der Herstellprozess exemplarisch anhand eines Prozesses in Bicell-Technologie (vgl. Kap. 17, Abb. 17.4 und 17.8) aufgezeigt. Er gliedert sich in 15 Fertigungsstufen, von der Pastenbereitung bis zur Endversiegelung. Dieser Prozess ist für hohe Durchsatzraten ausgelegt. Jede dieser Stufen baut auf den Produkten der vorherigen Fertigungsstufe auf.

Die Aufeinanderfolge von 15 Fertigungsschritten stellt große Anforderungen an die Qualität der Produkte des vorhergehenden Fertigungsschrittes. Die Einzelausbeuten der jeweiligen Schritte addieren sich nicht zur Gesamtausbeute, sondern multiplizieren sich. Ausbeuten von 100 % sind in der Realität nur sehr selten anzufinden. Bei bereits etwas geringeren Ausbeuten von 95 bis 99 % pro Einzelschritt bedeutet dies für die Gesamtausbeute:

- Ausbeute pro Schritt 99 % : Gesamtausbeute $= (0{,}99)^{15} = 0{,}86 = 86\,\%$
- Ausbeute pro Schritt 98 % : Gesamtausbeute $= (0{,}98)^{15} = 0{,}74 = 74\,\%$
- Ausbeute pro Schritt 97 % : Gesamtausbeute $= (0{,}97)^{15} = 0{,}63 = 63\,\%$
- Ausbeute pro Schritt 96 % : Gesamtausbeute $= (0{,}96)^{15} = 0{,}54 = 54\,\%$
- Ausbeute pro Schritt 95 % : Gesamtausbeute $= (0{,}95)^{15} = 0{,}46 = 46\,\%$

Anhand dieses Beispiels wird die Notwendigkeit von Prüf- und Sortierschritten im Herstellprozess klar. Bei Anlagen mit hohem Durchsatz dominieren die Materialkosten die Herstellkosten der Produkte. Die Optimierung der Ausbeuten ist eine extrem wichtige

K.-H. Pettinger (✉)
Technologiezentrum Energie, Hochschule Landshut, Am Lurzenhof 1,
84036 Landshut, Detuschland
e-mail: karl-heinz.pettinger@fh-landshut.de

R. Korthauer (Hrsg.), *Handbuch Lithium-Ionen-Batterien*,
DOI: 10.1007/978-3-642-30653-2_20, © Springer-Verlag Berlin Heidelberg 2013

Bearbeitungsstufe	Arbeitsschritt
1	Pastenbereitung
2	Folienguß
3	Fertigung Anodenband
4	Aufbringen Separatoren
5	Aufbringen Kathoden
6	Lamination Bicellen
7	Vereinzelung
8	Stapelung
9	Ableiter Anschweißen
10	Housing in Folien-Pouch
11	Trocknung
12	Elektrolyt Dosierung
13	Temperung
14	Formierung
15	Evakuierung u. Endsiegelung

Tab. 20.1 Fertigungsstufen eines Herstellungsprozesses von Lithium-Ionen-Zellen (Aufbau in Bicells, Pouch-Gehäuse, siehe Baumusterbeschreibung in Kap. 17)

Schlüsselkomponente für den profitablen Anlagenbetrieb. Dies gilt nicht nur für den oben genannten Prozess der Batterieherstellung mittels Bicells, sondern für alle Prozesse. Die Forderung nach geringen Ausfallraten während der Gewährleistung der Batterie stellt ebenfalls hohe Ansprüche an die Kontrollschritte. Feststellbare Fehler werden durch diese im Prozess erkannt. Langzeiteffekte werden im Prozeß nicht direkt erkannt. Dies kann exemplarisch z. B. erhöhte Selbstentladung sein. Es können statistisch dünne Stellen im Separator auftreten. Hierbei besteht die Möglichkeit, dass diese Fehlstellen mit direkten Prozesskontrollmaßnahmen nicht erkannt werden. Zur Detektion von Langzeiteffekten wird eine Rückstellmusterüberwachung durchgeführt.

Weltweit werden Ausfallraten von <1 ppm gewünscht. Dies bedeutet, dass nur jede 1 millionste Batterie ausfallen darf. Entsprechende Kontrollmaßnahmen überwachen und sichern den Prozess. Der Prozessdurchlauf für die Fertigung einer Lithium-Zelle kann bis zu zwei Wochen dauern. Im schlimmsten Falle wird ein Produktionsfehler erst am Ende der Prozesskette bei der Endkontrolle erkannt. Der Produktionsprozess läuft während dieser Zeit allerdings weiter. Die Produkte dieses Zeitraumes müssen dann gesperrt werden. Dies kann enorme Kosten bedeuten. Daher ist man bestrebt im Prozess möglichst weitgehende Kontrollschritte zu etablieren. Im Folgenden werden die wichtigsten dieser Prüfschritte beschrieben.

20.2 Prüfungen bei der Beschichtung

Die homogene Beschichtung der Elektrodenbänder ist absolute Grundvoraussetzung für gleichbleibend hohe Zellqualität. Die Aufgabe ist allerdings angesichts der Durchsatzraten sehr anspruchsvoll. Beispielsweise werden in einer kleinen Produktionslinie mit Durchsatz von 2 Millionen Zellen pro Jahr mit einer Kapazität von 20 Ah jeweils 26.000 km Anoden- und Kathodenband verarbeitet. Dies sind jeweils über 14.000 m²/Tag korrekt herzustellender Oberflächen.

Bei der Beschichtung werden die Schichtdicke und die Oberflächenqualität inline gemessen und kontrolliert. Die Beschichtungsmessung erfolgt zuverlässig über Meßsysteme mittels Absorption radioaktiver Strahlung oder auch mit guter Auflösung mittels Laser-Meßsystemen. Es ist zu beachten, daß die Lasermessung die Schichtdicke direkt misst. Die Absorptionsmessung durch Strahlung hingegen misst die Beladung mit Elektrodenmasse. Bei konstanter Rezeptur ist diese direkt proportional der Schichtdicke. Beide Methoden führen zu den gewünschten Kontrollwerten. Für die mechanischen Aspekte der Zelle ist die Schichtdicke, für die elektrochemische Balanzierung der Anoden zu den Kathoden die Flächenbeladung eintscheidend. Entscheidend sind auch die Dichte und Positionierung der Messstellen. Da eine vollständige Kontrolle des Querprofils nur schwer zu realisieren ist, werden entweder mehrere nebeneinander liegende Messpunkte kontrolliert oder traversierende Messköpfe eingesetzt. Bei den traversierenden Systemen ist zu beachten, dass die horizontale Fahrgeschwindigkeit zur Beschichtungsgeschwindigkeit, die bis zu 40 m/min betragen kann, passt. Bei ausreichender Prozessstabilisierung sind diese Kontrollen ausreichend. Die häufigsten Abweichungen sind keilförmige Verläufe der Beschichtungsdicke im Querprofil oder sog. Rattermarken (welliger Verlauf) in Längsrichtung. Die Kontrolle der Oberflächenqualität sollte zu 100 % mittels Kamerasystemen nach dem Trockner und vor dem Aufwickler erfolgen. Hierbei werden Fehlstellen, Verunreinigungen und Lunker detektiert.

Entscheidend ist der Umgang mit den erkannten Fehlstellen. Der Beschichtungsprozess ist ein kontinuierlicher Prozess, der am besten nicht gestoppt wird. Die Stabilisierung eines Coaters kann bis zu einer Stunde dauern; ein Stoppen der Maschine ist nicht praktikabel. Die detektierten Fehlstellen müssen markiert und später im Prozess aussortiert werden. Beispielsweise könne diese am nicht beschichteten Rand farblich markiert werden. Ein Aussortieren ist dann beim Vereinzeln der Elektroden vor der Zellkörperassemblage möglich. Dies erfordert eine komplexe Steuerung der Produktionsdaten mit Verknüpfung der einzelnen Fertigungsschritte.

20.3   Prüfungen bei der Zellassemblage

Fertigung des Elektrodenkörpers Der Elektrodenkörper kann in verschiedenen Technologien ausgeführt sein. Es seien an dieser Stelle Wickeltechnologien (rund oder prismatisch) und Stapeltechnologien (Bicell-Aufbau oder beidseitig beschichtete Elektroden) genannt (vgl. Kap. 17). Unabhängig von der Fertigungstechnologie ist stets darauf zu achten, daß Anoden und Kathoden stets in 100 % aller Fälle elektrisch getrennt sind und jeder Kathode eine Anode, nur getrennt durch den Separator, gegenüberliegt. Aus diesen Anforderungen ergibt sich die Notwendigkeit zur Kontrolle des fertigen Elektrodenstapels auf elektrische Trennung von Anoden und Kathoden inklusive der Ableiter sowie der korrekten Positionierung der Einzelelektroden.

Kontrolle des Zellkörpers auf Kurzschlüsse Mangelhafte elektrische Trennung der gesamten Anoden und Kathodenfläche führt in milden Fällen zu erhöhter Selbstentladung der Zelle oder in harten Fällen zum direkten Kurzschluss des Elektrodenkörpers. In letztem Falle lässt sich die Zelle nicht mehr formieren.

Spätestens am Ende der Montage muss der Zellkörper auf Kurzschlüsse geprüft werden. Diese können durch Defekte im Separator, unsaubere Schnittkanten der Elektroden, durch Abrieb der Produktionsmaschinen, falsches Handling oder durch Produktionsschritte, wie Ultraschallverschweißen der Ableiter, bedingt sein. Die Ultraschallverschweißung führt zwar zu sehr kleinen Übergangswiderständen der Verschweißungen, bringt aber mechanische Energie in den Elektrodenkörper ein. Hierdurch können Verletzungen des Separators eintreten oder leitfähige Elektrodenmasse vom Kollektor losgeschüttelt werden, die sich dann zwischen den Elektroden ablagert und zu Softshorts führt.

Die Prüfung ist eine Widerstandmessung, die entweder als Wechselstrom- oder Gleichstrommessung ausgeführt werden kann. Zur Wechselstrommessung des Widerstandes werden Standard-Widerstandsmessbrücken eingesetzt. Diese liefern jedoch zu Beginn der Messung keine konstanten Messwerte, da der Zellkörper einen hohen kapazitiven Anteil am Gesamtwiderstand aufweist. In der Regel steigen die Messwerte mit sich verlangsamender Geschwindigkeit kontinuierlich bis zu einem Grenzwert an. Fällt dieser Wert sehr hoch aus ($R > 1$ MΩ), so wird davon ausgegangen, dass der Zellkörper keine störenden Kurzschlüsse ausweist. Liegt der Messwert im Bereich <1 kΩ wird der Zellkörper bei der Formierung kaum mehr Ladung aufnehmen. Die Ladung wird über ohmsche Widerstände in Wärme umgewandelt und nicht gespeichert.

Ein weiterer Nachteil des Wechselstrom-Messverfahrens liegt in der Reproduzierbarkeit. Es stört der Feuchtegehalt des zu messenden Gutes. Wasser besitzt eine relativ hohe Dielektrizitätskonstante, die den kapazitiven Anteil am Gesamtwiderstand beeinflusst. So haben der Feuchtezustand der Elektroden und des Separators Einfluss auf den Absolutwert der Messung. Bei beispielsweise schwankender Luftfeuchte werden keine konstanten Messwerte erhalten. Die Wechselstrom-Messmethode ist eine einfache, sehr schnelle Messmethode, die die Erkennung harter Kurzschlüsse ermöglich. Bei deren Anwendung muss man sich im Klaren sein, dass der gemessene Gesamtwiderstand einen ohmschen und einen kapazitiven Anteil besitzt. Die Methode wird unter Berücksichtigung der genannten Bedingungen zur Prozesskontrolle eingesetzt.

Eine weitere Messmethode ist die Gleichstrom-Messmethode. Hierbei wird eine Gleichspannung an den zu kontrollierenden Prüfling angelegt und der fließende Strom gemessen. Wie bei der Wechselstrom-Methode muss der Kondensator, bestehend aus den durch den Separator getrennten Elektroden, zuerst aufgeladen werden. Der sich einstellende Grenzstrom ist unabhängig von der Kapazität; es ist beinahe nur der reine Leckage-Strom. Die Einstellung des Messwertes erfolgt rascher als bei der oben genannten Methode. Mit Kleinspannungen <20 V können direkte Kurzschlüsse erkannt werden. Zur Detektion von Softshorts werden größere Gleichspannungen bis zu 200 V angelegt. Diese führen zu einem „Durchbrennen" des Separators an vorgedünnten Stellen. Die Handhabung dieser Spannungen bedingt erhöhten apparativen Aufwand durch die Spannungshöhe.

Die Kurzschlussprüfungen müssen in ihrer Dauer zur Taktrate des Prozesses passen. Im Fall der Assemblage des Zellkörpers in Bicell-Technologie stehen für die Einzelmessung einer Bicell nur wenige hundert Millisekunden zur Verfügung. Die Ausführung des Zellkörpers in Bicells hat gegenüber anderen Designs den Vorteil, dass kleine Einheiten des Zellkörpers während der Assemblage auf ihre Funktionalität hin geprüft und ggf. aussortiert werden können. Durch die Prüfung und das Aussortieren kleiner Einzelteile wird die Gesamt-Ausschussrate des Prozesses gesenkt. Eine weitere Kurzschlussprüfung muss im Produktionsprozess zuletzt nach der Einbringung des Zellkörpers in das Gehäuse und der Kontaktierung der Ableiter stattfinden. Neben der Isolation der Elektroden voneinander wird auch der Kontakt zum Gehäuse geprüft. Auf diesen zweiten Prüfschritt kann nicht verzichtet werden, da bei der Montage des Zellkörpers in das Gehäuse nochmals Veränderungen am Elektrodenstapel und der Ableitern stattfinden können. Jedes Handling des Zellkörpers birgt die Gefahr der Verletzung dessen.

Kontrolle der Dicke des Zellkörpers Die Kontrolle der Dicke des Elektrodenkörpers ist aus zwei Gründen notwendig. Zum einen wird vor der Einbringung in das Gehäuse sichergestellt, dass der Elektrodenkörper mechanisch in das Gehäuse passt. Das beabsichtigte Endmaß für die Dicke der Zelle muss eingehalten werden und sie muss den im Datenblatt spezifizierten Toleranzen genügen. Zum anderen kann durch den Messwert nochmals der Flächenauftrag der Elektrodenmasse und damit die korrekte Balancierung der Zelle kontrolliert werden. Schwankungen bei der Beschichtungsdicke machen sich im Elektrodenkörper um ein Vielfaches verstärkt bemerkbar, da hier mehrere Lagen übereinanderliegen. Unregelmäßigkeiten bei der Beschichtung, wie z. B. keilförmiges Beschichtungsprofil, können am Zellkörper nochmals kontrolliert werden. Hierfür eignen sich mit hinreichender Auflösung mechanische Tastmethoden, optische Systeme oder Lasermessung.

Positionierung der Elektroden Eine Fehlpositionierung der Elektroden beeinflusst nicht nur die Funktionalität der Zelle, sondern stellt auch ein Sicherheitsrisiko dar. Generell gilt die Regel, dass jedem Stück Kathode ein korrekt gepaartes Stück Anode gegenüberliegen muss. Ungepaarte Kathodenstücke sind präferierte Quellen für Überschuss-Ionen zur Abscheidung von metallischem Lithium im Falle der Überladung.

Fertigungstoleranzen werden beim Zelldesign in der Regel so berücksichtigt, dass die Anode stets etwas größer als die Kathode ausgeführt wird. Da der Anodenüberstand aber bei Ladungsspeicherung inaktiv ist, liegt seine Größe im Spannungsfeld zwischen Optimierung der Energiedichte und Beherrschung der Toleranzen im Prozess.

Die Elektroden werden aus den beschichteten Bändern vorkonfektioniert oder ganz ausgestanzt. Die korrekte Lage des Elektrodenmusters aus dem ausgestanzten Band muss vor der Zellassemblage geprüft werden. Die Positionierung der Elektroden wird inline zu 100 % geprüft. Diese Prüfung erfolgt mit Kamerasystemen. Ein Kamerasystem zur Kontrolle der Lage der Stanzungen an einem Elektrodenband ist in Abb. 20.1 gezeigt. Kamera und Lichtquelle befinden sich zum Schutz gegen Fremdlichteinfall unter einer Schutzhaube. Der Vorschub des Elektrodenbandes beträgt bis zu 10 m/min. Mit solchen Systemen können über

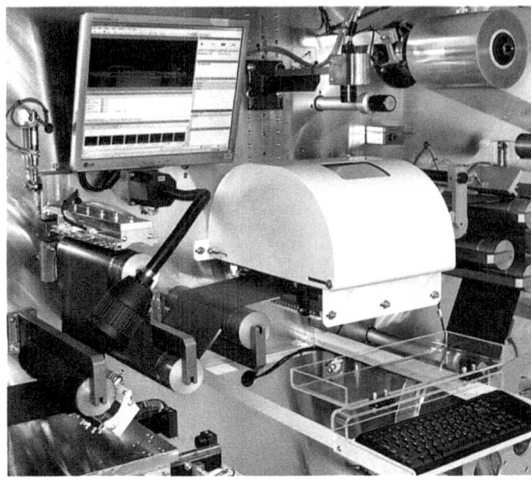

Abb. 20.1 Inline Vermessung der Elektrodengeometrie (Das zu kontrollierende Anodenband wird von *links* nach *rechts* geführt.). (Mit freundlicher Genehmigung der Fa. Kemet Arcotronics Technologies Italia S.r.l)

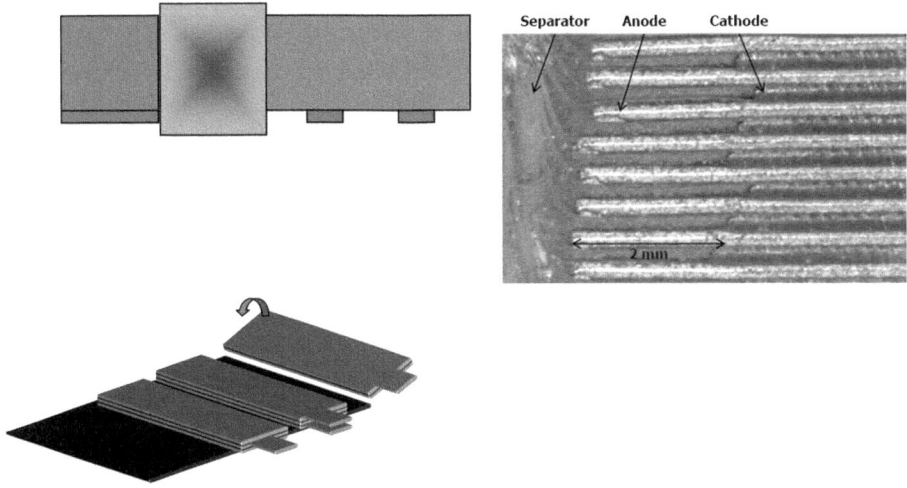

Abb. 20.2 *links* Theorie der Assemblage: Ausklinken der Ableiter aus dem Elektrodenband und Prismatisches Wickeln der Elektroden; *rechts* Praxis der Assemblage: Schnitt durch einen Zellkörper mit beidseitig beschichteten Elektroden. (Mit freundlicher Genehmigung der Fa. Kemet Arcotronics Technologies Italia S.r.l)

10 Elektroden pro Sekunde vermessen werden. Eine Analyse der Prozessdaten gibt Auskunft über die Stabilität des Prozesses und seine statistischen Schwankungen.

Die Positionierung der Elektroden ist daher von eminenter Wichtigkeit. Abbildung 20.2 rechts zeigt den Querschnitt durch einen Zellstapel. In diesem sind die Anoden

Abb. 20.3 Beispiele für Prüf-
maße für korrekte Positionierung der Elektroden. (Mit
freundlicher Genehmigung der
Fa. Kemet Arcotronics Technologies Italia S.r.l)

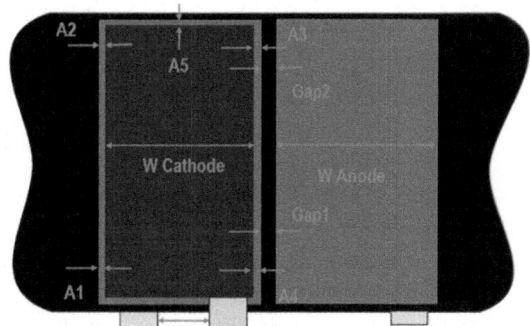

2 mm größer ausgeführt als die Kathoden. Man erkennt die Toleranzen in der Lage der
Elektrodenkanten. Diese können sowohl aus Positionierung der Elektroden und Lage der
Beschichtung auf dem Kollektor resultieren. Fehlpositionierte Elektroden müssen entweder sofort aussortiert oder zur späteren Aussortierung im Prozess markiert werden. Dies
kann z. B. durch die Anbringung von Farbmarkierungen an den Elektrodenableitern
erfolgen.

Kurzschlussmessung und optische Kontrolle der korrekten Positionierung der Elektroden (Abb. 20.3) sind unabdingbare Kontrollschritte im Zellfertigungsprozess. Die
Oberflächendetektion von Verunreinigungen kann derzeit für Partikel >30 μm durchgeführt. An der Verbesserung der optischen Auflösung kleinerer Partikel im Durchlaufbe-
trieb wird noch gearbeitet. Das Problem der Verunreinigungen auf den Elektroden und
Bändern wird durch deren Reinigung kontrolliert. Hierzu werden die Oberflächen mit
sehr weichen, rotierenden Borsten gereinigt.

20.4 Elektrolytdosierung

Bei der Aktivierung oder Elektrolytbefüllung muss die dosierte Elektrolytmenge kontrolliert werden. Eine Überdosierung von Elektrolyt ist ebenso unerwünscht wie eine Unterdosierung. Im Falle der Unterdosierung kann der Zelle nicht genügend Elektrolyt zum
Erreichen der spezifizierten Leistungseigenschaften zur Verfügung stehen. Von einer
rein volumetrischen Kontrolle der dosierten Elektrolytmenge Menge ist abzuraten, da
mitdosierte Gasblasen ebenfalls erfasst werden. Gravimetrische Kontrolle durch Rück-
wiegen der Zelle nach der Dosierung ist das bevorzugte Verfahren.

20.5 Formierung

Die Formierung, oftmals fälschlicherweise als Formation bezeichnet, ist neben der „elektrischen Geburt" der Zelle auch der erste umfassende elektrische Prüfschritt. In der
Formierung findet nicht nur die erste Ladung der Zelle statt, sondern es werden auch

die notwendigen Deckschichten, wie das Solid Electrolyte Interface, gebildet und unerwünschte Verunreinigungen elektrochemisch zersetzt.

Bei der ersten Ladung der Zelle wird ein erheblicher Teil der Ladung für Deckschichtbildung und einmalige Nebenreaktionen verbraucht. Beim ersten Ladungs-/Entladungszyklus wird wesentlich mehr Ladung in die Zelle eingebracht als entnommen werden kann. Diese Überkapazität baut sich rasch mit der Zahl der Ladungszyklen ab. Die Ladekapazität des 1. Zyklus ist größer als die des 2. Zyklus. Bei diesen Formierprozessen wird irreversibel Ladung verbraucht. Diese Ladung wird zur Ausbildung von Schutzschichten, zur stillen Verbrennung von Restwasser und zur Oxidation von Verschmutzungen verbraucht. Die Entladekapazitäten des 1. und 2. Zyklus ähneln sich hingegen.

Ein sehr sensitiver Parameter, der die Qualität des Prozesses und Akkumulators widerspiegelt ist der Ladefaktor, auch Zykeleffizienz genannt. Er ist das Verhältnis der entnommenen Ladungsmenge in Relation zur geladenen Ladungsmenge in jedem Zyklus: Ladefaktor [%] = Entladekapazität [mAh]/Ladekapazität [mAh].

Im Verlauf mehrerer Lade-/Entladezyklen nähert sich der Ladefaktor 100 % an. Ein guter Lithium-Polymerakkumulator zeigt Ladefaktoren um 99,5 % oder größer. Ein sich verändernder Ladefaktor ist auch Indikator für sich langsam im Prozess einschleichende Veränderungen. Kein anderer Messparameter gibt bessere Indikation für den Zustand des Gesamtprozesses. Er spiegelt als Summenparameter die Qualität der Dispergierung, der Beschichtung, der Montage des Zellkörpers, des Separators, der Elektrolytbefüllung, der Elektrolytverteilung und der Ausnutzung des Aktivmaterials wider.

Bei der Formierung findet eine 100% Prüfung für Entladekapazität, Ladewirkungsgrad und Innenwiderstand statt. Diese drei Parameter werden in einem Prüfschritt kontrolliert. Es ist nur ein einmaliges Handling und Anklemmen der Zelle notwendig. Für die Entladekapazität wird der Datenblattwert kontrolliert. Der Ladewirkungsgrad gibt Auskunft über den Zustand des elektrochemischen Systems der Einzelzelle (Benetzung, Reinheit, Prozesskonstanz etc.) und eventuelle Kurzschlüsse. Der Innenwiderstand wird sofort mitkontrolliert. Er wird über den Spannungsabfall während eines kurzen Entlade-Strompulses (<1 s) gemäß des Ohmschen Gesetzes bestimmt. Die Pulsdauer sollte so kurz gewählt werden, dass Diffusionseffekte die Messung noch nicht beeinflussen, sondern nur der reine Innenwiderstand gemessen wird.

20.6   Endkontrolle nach Reifung

An die Formierung schließt sich oft ein Reifeprozess, Prüflagerung genannt, an. In diesem werden die Akkumulatoren mehrere Tage in geladenem Zustand bei erhöhter Temperatur gereift. Hierbei findet eine letzte Feinverteilung des Elektrolyten sowie die Umsetzung restlicher Nebenprodukte und Verunreinigungen statt. Der Akkumulator stabilisiert sich, eventuelle Selbstentladung wird forciert.

Nach der Prüflagerung finden prozessbedingt Endabsaugung und Finalversiegelung statt. Dieses sind die letzten mechanischen Schritte in der Zellherstellung. Mittels einer

OCV-Messung (OCV = Open Circuit Voltage) wird nach der Prüflagerung kontrolliert, ob der Akkumulator Softshorts aufweist oder bei der Endversiegelung beschädigt wurde. Hierbei werden die OCV-Werte nach Messung und Abschluss der Formierung mit denen nach der Endversiegelung gemessenen verglichen. Der Innenwiderstand wird nochmals bestimmt und die mechanischen Endmaße werden kontrolliert.

Das Grading (Klassieren) der Zellen kann nun anhand der gesamten im Prozess gewonnene Messdaten stattfinden. Die Klassierung erfolgt nach kundenspezifischen Vorgaben. Beispielsweise können für Hersteller von Batterien Zellen mit möglichst gleichen Innenwiderständen einer Klasse zugeordnet werden.

20.7 Rückstellmusterüberwachung

Die Rückstellmusterüberwachung dient neben der Qualitätskontrolle der Gewinnung von Alterungsdaten und der Langzeit-Beobachtung der Serienqualität. Hierzu werden bei laufender Produktion in bestimmten Zeitabständen bzw. bei jedem Produktwechsel Batterien entnommen. Diese werden jeweils in halbgeladenem Ladezustand eingelagert und unterliegen einer Dauerüberwachung mit sich verlängernden Zeitabständen. Beispielsweise erfolgt die Prüfung bei Entnahme, nach 1 Monat, nach 3, 6, 9, 12 Monaten und danach 6-monatlich. Zur Prüfung werden pro Zelle zwei volle Entlade-/Ladezyklen in dieser Reihenfolge durchfahren: Entladung, volle Ladung, Entladung, volle Ladung und halbe Ladung.

Aus der vorhergehenden Rückstellmustermessung ist der Ladezustand jeder Zelle bei der Einlagerung bekannt. Die erste Entladung kontrolliert die noch gespeicherte Ladung und dient damit zur Bestimmung der Selbstentladerate. In der darauf folgenden vollständigen Ladung/Entladung der Zelle wird die altersbedingte Veränderung der Speicherkapazität geprüft. Die zweite Entladung spiegelt die irreversible Alterung wieder. Zum Abschluss des Prüfprogramms wird die Zelle wieder in einen definierten Zustand geladen und erneut eingelagert. Gleichzeitig wird der Innenwiderstand der Zelle gemessen und aufgenommen. Diese Rückstellmusterüberwachung gibt Echtzeit-Daten für Alterung und Selbstentladung. Die Anzahl der Rückstellmuster muss sinnvoll geplant sein, da das Rückstellmusterlager mit fortschreitender Produktion rasch an Größe zunimmt.

Literatur

1. Brodd R, Tagawa K (2002) Lithium ion cell production processes. In: Advances in lithium-ion batteries, S 267–288
2. Tagawa K, Brodd RJ (2009) Production processes for fabrication of lithium-ion batteries. In: Lithium-ion batteries, S 181–194
3. Väyrynen A, Salminen J (2012) Lithium ion battery production. J Chem Thermodyn 46:80–85

Teil IV

Querschnittsthemen

Randbereiche in Entwicklung, Fertigung und Recycling von Lithium-Ionen-Batterien

Reiner Korthauer

Die Herstellung einer Lithium-Ionen-Batterie ist ein komplexer technischer Prozess mit einer Vielzahl von Schritten, die optimal ineinandergreifen müssen. Eine perfekte Zelle kann, muss aber nicht zu der für den jeweiligen Anwendungsfall am besten geeigneten Batterie führen. Schon bei der Auslegung der Zelle ist der spezifische Anwendungsfall zu berücksichtigen. Alle Herstellungsschritte bedürfen eines hohen Maßes an Sorgfalt, die nur unter Anwendung modernster, sicherer Produktionsverfahren erreicht wird.

Arbeitssicherheit Die einzelnen Produktionsschritte der Lithium-Ionen-Batterie laufen heutzutage noch nicht alle vollautomatisch ab: Der Mensch muss immer wieder eingreifen. Da die Zellen teilweise schon nach wenigen Produktionsschritten hohe chemische Energiepotenziale aufweisen, ist besondere Vorsicht beim Handling erforderlich. Des Weiteren erfolgt ein Umgang mit chemischen Substanzen, die unterschiedliche Eigenschaften aufweisen und teilweise Gefahrstoffe sind. Hierbei sind die geltenden Regeln im Umgang mit solchen Stoffen einzuhalten. Entsprechend ausgerüstet müssen auch die Räumlichkeiten sein, in denen die Produktion stattfindet.

Chemische Sicherheit Im täglichen Einsatz sind die Lithium-Ionen-Batterien vielfältigen Umwelteinflüssen ausgesetzt: Die Bandbreite möglicher Ereignisse kann bis zur Zerstörung der Batterie führen; aber auch ohne direkten äußeren Einfluss kann es zu elektrischem, thermischem und mechanischem Fehlgebrauch kommen. Das Ergebnis ist in nahezu allen Fällen ein starker Anstieg der Zelltemperatur, der zu einer thermischen Zersetzung der Zelle führen kann. Somit kommt dem thermischen Verhalten der wichtigsten Komponenten eine zentrale Rolle zu.

R. Korthauer (✉)
ZVEI e. V., Lyoner Straße 9, 60528 Frankfurt am Main, Deutschland
e-mail: korthauer@zvei.org

R. Korthauer (Hrsg.), *Handbuch Lithium-Ionen-Batterien*,
DOI: 10.1007/978-3-642-30653-2_21, © Springer-Verlag Berlin Heidelberg 2013

Elektrische Sicherheit Fahrzeugbatterien für die Elektromobilität und Batterien in stationären Anwendungen im Rahmen der Energiewende werden bei hohen Spannung betrieben, die große Umsicht des Personals beim Betrieb oder der Wartung der Systeme erfordern. Der elektrischen Sicherheit ist eine – nicht zu unterschätzende – hohe Aufmerksamkeit zu widmen, um Unfälle mit Personen- oder Sachschäden zu vermeiden. Insofern werden aktuell und müssen auch in Zukunft alle nur möglichen Anstrengungen unternommen werden, um diesen Zustand zu erhalten.

Funktionale Sicherheit Die Anzahl elektrotechnischer/elektronischer Systeme im Fahrzeug hat in den letzten Jahren deutlich zugenommen. Sie bieten dem Fahrer viele Vorteile – solange sie spezifikationsgerecht arbeiten. Aber der Fehlerfall kann nicht nur zum Ausfall bzw. Wegfallen der übernommenen Funktion führen, sondern u. U. eine kritische Fahrsituation herbeiführen. Um solche Fehlfunktionen auf ein tolerierbares Maß zu reduzieren, wurde die Norm ISO 26262 geschaffen. Sie skizziert Anforderungen mit Blick auf sicherheitsgerichtete Entwicklungen elektrotechnischer/elektrischer Systeme.

Funktions- und Sicherheitstest Die Funktions- und Sicherheitstest umfassen alle Komponenten (von der Zelle bis zur Gesamtanordnung) in Entwicklung, Erprobung und Serienfertigung einer Lithium-Batterie. Eine umfangreiche Sicherheitstechnik ist für all die notwendigen Tests unabdingbar, da diese in der Mehrzahl an der geladenen Batterie bis hin zur höchsten Gefährdungsstufe der Klasse 7, der Explosion der Batterie, durchgeführt werden. Batterieprüfsysteme enthalten eine Vielzahl von Modulen: von der Temperaturkammer bis zum Datenlogger. Mittlerweile haben nicht nur die Batterieproduzenten solche Funktions- und Testsysteme, zunehmend findet man sie auch bei den Automobilproduzenten für die Tests im Bereich der Elektromobilität.

Transport Die fertige Lithium-Ionen-Batterie muss letztendlich zum Einsatzort bzw. Kunden transportiert werden. Dieser Transport kann über die Straße, über das Wasser oder durch die Luft erfolgen. Lithium-Ionen-Batterien sind Gefahrgut; dies bedeutet, die Einhaltung umfangreicher Vorschriften für alle drei skizzierten Arten des Transports. In den letzten Jahren ist hierfür ein umfangreicher Satz Vorgaben entstanden, an denen diverse staatliche Behörden und die für den Transport zuständigen Organisationen beteiligt waren.

Recycling Die Lithium-Ionen-Batterie hat – wie alle Wirtschaftsgüter – eine endliche Lebenszeit: dies ist stark abhängig von den Umgebungsbedingungen, denen die Batterie ausgesetzt ist, und vom Umgang mit der Batterie selbst. Der Recyclingprozess ist umso einfacher, umso mehr man über den Aufbau der Batterie und die in ihr verbauten Zellen weiß. Dies hat starken Einfluss auf die anzuwendenden chemischen Verfahrensschritte und die dabei zu extrahierenden Batteriematerialien. Geschlossene Produktionskreisläufe werden die Zukunft in vielen Anwendungen sein und auch für die Lithium-Ionen-Batterie muss dies das endgültige Ziel sein.

Aus- und Fortbildung Gut ausgebildete Mitarbeiter sind die Basis jedweder fehlerfreien Produktion. Gerade für das High-Tech-Produkt Lithium-Ionen-Batterie sind die Fähigkeiten der Mitarbeiter von extremer Bedeutung. Die Industrie hat diese Herausforderung mittlerweile erkannt und auf die Anforderungen reagiert, Arbeitskräfte frühzeitig mit den betrieblichen Abläufen vertraut zu machen. Betriebsspezifische, prozessintegrierte Fort- und Weiterbildung bieten heute alle Unternehmen der Batterieindustrie an. Die bisherigen Berufsbilder der Elektrotechnik decken auch das neue Feld der Elektromobilität in all seinen Facetten ab: vom Elektroniker über den Mechatroniker bis hin zum Produktionstechnologen ist die Bandbreite der Ausbildungsberufe gespannt.

Normung Auch bei einer neuen und modernen Technologie wie den Lithium-Ionen-Batterien bilden Normen mit ihren technischen Spezifikationen die Grundlage für Entwicklung und Produktion. Normen regeln die Prüfungen an den Batterien, sie bilden die Grundlage für den sicheren weltweiten Transport und sie geben dem Anwender Sicherheit beim Einsatz des Batteriesystems in nahezu allen Anwendungsfeldern. Normen leben, d. h. sie werden in regelmäßigen Abständen einer Revision unterzogen und den neuen Gegebenheiten angepasst. Normung ist essenziell auch für die Technologie der Lithium-Ionen-Batterie und ihre diversen Einsatzfelder.

Arbeitssicherheit bei Entwicklung und Anwendung von Lithium-Ionen-Batterien

Frank Edler

22.1 Einleitung

Dass der Einsatz von Lithium-Ionen-Batterien zu gefährlichen Überraschungen führen kann, ist mehrfach beschrieben worden, beispielsweise der Fahrzeugbatteriebrand nach Crashtests mehrere Wochen nach Testdurchführung [1]. Neben der Sicherheit für den Endanwender stellt der Einsatz der neuen Speichertechnologie auch neue Anforderungen bei der Arbeitssicherheit im Umgang mit großtechnischen Batterien.

Die folgenden Eigenheiten von elektrochemischen Energiespeichern müssen jedem bekannt sein, der mit diesen arbeitet oder hantiert, unabhängig davon, ob eine Batterie „voll" oder „leer" ist

- lässt sich die Spannung einzelner Batteriezellen nicht oder nur bedingt abschalten
- hat eine Batterie einen beträchtlichen Inhalt chemischer Energie
- sind die Inhaltsstoffe bzw. Reaktionsprodukte von Batteriezellen gesundheitsgefährlich.

Die Schutzziele aus arbeitsrechtlicher Sicht sind auf Ebene der Europäischen Union festgelegt und im deutschen Arbeitsschutzgesetz [2] verankert:

> Der Arbeitgeber ist verpflichtet, die erforderlichen Maßnahmen des Arbeitsschutzes [...] zu treffen, die Sicherheit und Gesundheit der Beschäftigten bei der Arbeit beeinflussen.
>
> Er hat die Maßnahmen auf ihre Wirksamkeit zu überprüfen und erforderlichenfalls sich ändernden Gegebenheiten anzupassen [...].

F. Edler (✉)
elbon GmbH, Freibadstraße 30, 81543 München, Deutschland
e-mail: frank.edler@elbon.de

R. Korthauer (Hrsg.), *Handbuch Lithium-Ionen-Batterien*,
DOI: 10.1007/978-3-642-30653-2_22, © Springer-Verlag Berlin Heidelberg 2013

Tab. 22.1 Batteriespezifische Schutzanforderungen und Schutzmaßnahmen

Schutzanforderungen für Batterien	Beispiele für Schutzmaßnahmen
1. Absicherung des elektrischen Potentials gegen unbeabsichtigte Ableitung	Galvanische Trennung, ausreichende Luft- und Kriechstrecken, Berührschutz, etc.
2. Sicherstellung, dass die elektrochemischen Prozesse kontrolliert ablaufen	Sicherheitsgeprüfte Zellen, elektronisches Batteriemanagement, Lagerung bei geeigneter Temperatur, Kühlung, etc.
3. Gewährleistung der mechanischen Integrität von Batteriezellen	Kapselung, geschützter Einbauort, stabile Transportverpackung, etc.

> Zur Planung und Durchführung der Maßnahmen [...] hat der Arbeitgeber unter Berücksichtigung der Art der Tätigkeiten [...]
> 1. für eine geeignete Organisation zu sorgen und die erforderlichen Mittel bereitzustellen sowie
> 2. Vorkehrungen zu treffen, dass die Maßnahmen erforderlichenfalls bei allen Tätigkeiten und eingebunden in die betrieblichen Führungsstrukturen beachtet werden und die Beschäftigten ihren Mitwirkungspflichten nachkommen können.

Aus diesen Gegebenheiten leiten sich die spezifischen Schutzanforderungen nach Tab. 22.1 ab.

Die dargelegten Anforderungen und Schutzmaßnahmen gelten für jede Art und Größe von Batterien. Bei Lithium-Ionen-Batterien in großtechnischer Anwendung gibt es jedoch die folgenden Besonderheiten:

- Der Einsatz von größeren Batterien als im Consumerbereich bedeutet größere chemische Energie, die im Störfall freigesetzt werden kann.
- Die Serienschaltung von bis zu hunderten von Einzelzellen führt zu höheren Spannungen, die bei Unfällen lebensgefährlich werden können.
- Die Einsatzbedingungen der Batterien können sich unter Umständen, z. B. in Straßenverkehrsfahrzeugen, in Abhängigkeit der Lastprofile ändern.

Hinzu kommt, dass die neuen Anwendungsfelder für die betreffenden Branchen teilweise Neuland darstellen. Der aufstrebende Markt zieht bei den Batterieherstellern Neu- und Quereinsteiger an. Es fehlen hier häufig Erfahrungswerte für den spezifischen Arbeitsschutz.

22.2 Arbeitssicherheit im Batterielebenszyklus

Die Abb. 22.1 illustriert den Lebensweg von Batterien in großtechnischen Anwendungen. Neben den Aktivitäten des Kern-Lebenszyklus (abwärts) sind übergreifende Aktivitäten (parallel) dargestellt, die in der Regel für jede der einzelnen Phasen zutreffen. Links dargestellt sind die logistischen Aktivitäten Lagerung und Transport, rechts die begleitenden Aktivitäten Entwicklung und Störfallbehandlung.

Lebenszyklusphasen von großtechnischen Batterien				
Lagerung	Transport	Zellherstellung	Verarbeitung der Materialien und Stoffe zu abgeschlossenen und funktionsfähigen Batteriezellen	Entwicklung / Tests	Störfallbehandlung
		Zellintegration in Batteriesysteme	Elektrische und mechanische Integration der Zellen. Integration von Elektronik und weiterer Schnittstellen (Kühlung, Gehäuse, etc.)		
		Batterieintegration in Applikationssystem	Einbindung der Batterie in ein Gesamtsystem (z.B. E-Antrieb) mit HV-Elektrik, elektronischer Steuerung, mechanische Befestigung, Kühlsystem, etc.		
		Bereitstellung Applikationssystem	Inbetriebnahme, Testen, ggf. Verkauf an Endanwender		
		Bestimmungsgemäßer Betrieb	Einsatz unter vorgesehenen Betriebsbedingungen (Fahrzeug, Industrieanwendung, etc.)		
		Wartung und Service	Periodische Prüfungen, Fehlerdiagnose, etc.		
		Reparatur	Ausbau und Austausch von Batterien		
		Außerbetriebnahme	Stilllegung des Applikationssystems, Außerbetriebnahme von Batterien		
		Demontage	Zerlegung von Batteriesystemen in Module, Zellen, sonstige Bauteile		
		Entsorgung / Recycling	Geeignete Verschrottung von Zellen, Rückgewinnung von Materialien		

Abb. 22.1 Batterielebenszyklus

Jede der Aktivitäten stellt spezifische Anforderungen an den Arbeitsschutz:

Zellherstellung Da bei der Zellherstellung die risikobehafteten chemischen Inhaltsstoffe der Zellen verarbeitet werden, können die Anforderungen an die Arbeitssicherheit als branchenüblich für die chemische Industrie betrachtet werden. Die korrekte Zellfertigung stellt auch eine wichtige Basis für die Arbeitssicherheit aller nachfolgenden Phasen dar, denn Fertigungsfehler, die später zu Zellbränden führen können, würden eine mögliche Gefahr in der weiteren Verarbeitung und bei der Nutzung darstellen.

Zellintegration in Batteriesysteme Bei Aufbau einer Hochvolt-Batterie nimmt mit jeder weiteren in Serie geschalteten Zelle die Gesamtspannung zu. Die Aspekte der Elektrischen Sicherheit müssen spätestens dann berücksichtigt werden, wenn ab 75 V Gleichspannung die Anwendbarkeit der Niederspannungsrichtlinie beginnt [3].
Die wichtigsten Maßnahmen für die Arbeitssicherheit bei der Zellintegration sind:

- Batterieaufbau nur durch qualifiziertes Personal (Elektrofachkräfte) mit Sicherheitseinweisung für Lithium-Ionen-Batterien durchführen lassen,
- geeignete Spezialwerkzeuge und Arbeitskleidung für das Arbeiten unter Spannung nutzen,

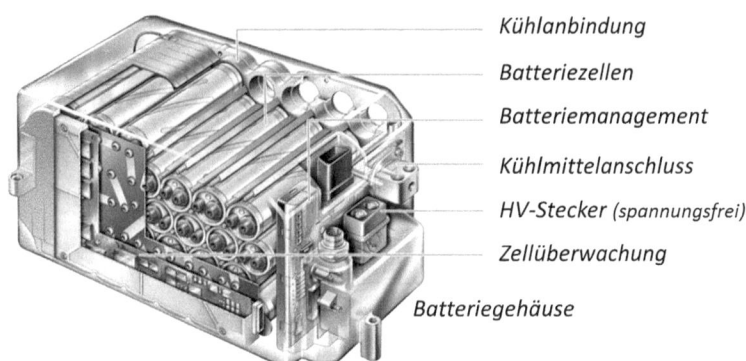

Kühlanbindung

Batteriezellen

Batteriemanagement

Kühlmittelanschluss

HV-Stecker (spannungsfrei)

Zellüberwachung

Batteriegehäuse

Abb. 22.2 Geschlossenes Batteriesystem

• Warnhinweise/Zugangsbeschränkungen für nicht qualifiziertes Personal aufstellen.

In der Regel resultiert mit dem Abschluss der Batteriemontage ein geschlossenes System, das neben den mechanisch und elektrisch verbundenen Zellen folgende Elemente integriert:

• Batterietrennschalter und Sicherung
• Elektrische Verbindungselemente (Stecker) für Hochvolt- und Niederspannung sowie Kommunikation
• Elektronik und Sensorik für das Batteriemanagement
• ggf. Anschlüsse für ein Kühlsystem
• Gehäuse.

Ein derart fertiggestelltes System (Abb. 22.2) stellt bei sachgerechter Behandlung unter den folgenden Voraussetzungen keine direkte Gefährdung mehr dar:

• das elektrische Potential an den Batteriepolen ist stromlos (!) freigeschaltet
• der Isolationswiderstand der HV-Elektrik zu berührbaren Teilen ist ausreichend hoch
• beim Batterieaufbau und Test sind keine Fehler aufgetreten, die zu einer Vorschädigung von Zellen geführt haben.

Wie bei der Zellfertigung bilden zugehörige qualitätssichernde Maßnahmen auch hier die Basis der Arbeitssicherheit im weiteren Batterielebenszyklus. Eine hohe Bedeutung kommt der Funktionalen Sicherheit zu, also der Wirksamkeit von elektronischen Schutzfunktionen des Batteriemanagements, die das Batteriesystem gegen gefährliche Überlastung im Betrieb schützen. Die Wirksamkeit solcher Schutzfunktionen ist für die Sicherheit bei Systemintegrationstests und im Betrieb von Bedeutung.

Batterieintegration in Applikationssysteme Ein sachgerechter Umgang (d. h. Vermeiden von mechanischer oder thermischer Überlastung) mit den in der Regel mechanisch gekapselten Batterien ist Bedingung. Unter diesen Voraussetzungen fokussieren sich die Arbeitsschutzmaßnahmen auf die Wahrung der elektrischen Sicherheit.

Qualifiziertes Personal (Elektrofachkraft mit Sensibilisierung für Batterierisiken), geeignete Spezialwerkzeuge für das Arbeiten unter Spannung, Warnhinweise/Zugangsbeschränkungen für nicht qualifiziertes Personal bilden die Basis der Arbeitssicherheit; dies gilt insbesondere bei Inbetriebnahme und Tests.

Bereitstellung Applikationssystem und bestimmungsgemäßer Betrieb Bei industrieller Nutzung eines Applikationssystems mit integrierter Batterie muss die Arbeitssicherheit des Bedienpersonals gewährleistet werden.

Davon ausgehend, dass das Batteriesystem im Normalbetrieb aufgrund seiner Auslegung gefahrlos zu bedienen ist, beruhen Maßnahmen zum Arbeitsschutz in der Regel auf Sicherheitsunterweisungen und Festlegung der organisatorischen Schritte:

- Einweisung in die Gefährdungskennzeichnungen (Elektroblitz, etc.)
- Einweisung hinsichtlich Einbaulage von Batterien
- Schutz der Batterien gegen unbefugte Manipulation (ggf. in abgesicherten Anlagenbereichen).

Wartung und Service Es wird zwischen Wartung und Service der Gesamtapplikation und Arbeiten am Batteriesystem unterschieden.

Im Sinne der Arbeitssicherheit muss in allererster Linie gewährleistet sein, dass

- durch Änderungen am Gesamtsystem keine gefährliche Beschädigung der Batterie erfolgen kann (z. B. durch erhöhten Wärmeeintrag),
- Batterien nicht unwissentlich geschädigt werden (z. B. durch Reparaturschweißen).

Weiterhin ist es erforderlich funktionsuntauglich gewordene Batterien zu identifizieren (z. B. über Interfaces für einen Batterie-Diagnosetest) und Batteriereparaturen nur von nachweislichen Spezialisten vornehmen zu lassen. Die letzten Punkte erfordern weitergehende organisatorische Maßnahmen, die in der Regel zwischen OEM und Batteriehersteller rechtzeitig geklärt werden müssen (z. B. in Form von Wartungsverträgen). Auch die Diagnose- und ggf. Warnfunktionen müssen so gestaltet sein, dass sicherheitsrelevante Informationen zielgerichtet ausgewertet und bearbeitet werden können.

Lagerung Die sachgerechte Lagerung von Zellen oder Batterien ist eine elementare Voraussetzung für das sichere Arbeiten mit diesen. Dies gilt für

- die Einhaltung der spezifizierten Lagertemperatur und der zulässigen klimatischen Verhältnisse. Insbesondere führen hohe Temperaturen zur Vorschädigung von Zellen – im Extremfall bis hin zum sog. Thermal Runaway.

- die Lagerung bei geeignetem Ladezustand. Insbesondere muss extreme Tiefentladung vermieden werden, da dies zu irreversiblen Zellschäden führen kann.
- der Schutz vor mechanischen Schädigungen (z. B. durch geeignete Verpackungen).

Daneben muss der Lagerort auch im Sinne des Brandschutz geeignet gestaltet sein, so dass

- Batterien von anderen Brandgefahren geschützt werden (z. B. in Containern der Brandschutzklasse F90)
- Batteriebrände möglichst nicht zu einer Ausweitung in anderen Lagerteilen führen (z. B. durch Lagerung in separaten Gebäuden).

Transport Neben den umfangreichen gesetzlichen Anforderungen zur Transportsicherheit auf öffentlichen Verkehrswegen [6] sollte bei jedem Transport darauf geachtet werden, dass

- keine mechanische Überlastung erfolgt (Vibration, Schock, etc.)
- die Temperaturgrenzen eingehalten werden
- sowie ggf. geeigneter Schutz vor Witterungseinflüssen erfolgt.

Auch beim Verpacken und Entpacken ist die notwendige Sorgfalt zu wahren. Vor allem Pouch-Zellen mit elastischer Oberfläche können durch scharfe oder spitze Gegenstände bedenklich vorgeschädigt werden. Es wird berichtet, dass es immer wieder zu Ausmusterungen von stark verkratzten Zellen kommt, deren Karton mit einem Messer aufgeschnitten wurde [4].

Im Sinne des Arbeitsschutzes sind es hier die qualitätssichernden Maßnahmen, die einen sicheren Umgang mit Zellen oder Batterien erst ermöglichen. Dies beinhaltet auch die geeignete Sicht- und ggf. Funktionsprüfung von Zellen, bevor diese in einem Batteriesystem verbaut werden.

Entwicklung/Tests Der anfangs dargestellte Batterie-Lebenszyklus stellt natürlich ein Idealbild dar, basierend auf abgestimmten Verfahren und ausgereifter Technologie. Im innovativen Umfeld der neuen Batterieapplikationen müssen jedoch sowohl die Produkte als auch die Prozesse noch entwickelt und optimiert werden. Es ist deshalb ratsam, den jeweiligen Entwicklungsgrad zu berücksichtigen und beim Arbeitsschutz ggf. ergänzende Maßnahmen in allen Bereichen zu ergreifen, insbesondere in folgenden Situationen:

- Erprobung von Zellen, die noch keine Sicherheitszertifizierung haben
- Erprobung von Systemen, deren Sicherheitsfunktionen noch nicht validiert wurden
- relevanten Änderungen an der Auslegung von Zellen, Batterie- und Applikationssystemen.

Die sicherheitsgerichtete Entwicklung von Zellen, Batterien und Systemen bleibt darüber hinaus eine wesentliche Grundvoraussetzung für die Arbeitssicherheit bei deren

Abb. 22.3 Elektrofahrzeug
nach Batteriebrand als
Folge eines Crashtests; der
nachgelagerte Brand griff auf
vier benachbarte Fahrzeuge
über [1]

Umgang und Handhabung. Design for Safety muss das Motto bei der Entwicklung von großtechnischen Batterieapplikationen sein. Die (Zell-)chemische, mechanische, elektrische und elektronische Auslegung erfordern große Sorgfalt.

Zur Bekämpfung elektrischer Gefährdungen sollte gehören, dass beim Aufbau von Modulen das Berühren gefährlicher Spannungen durch einfache Handhabungsfehler während der Montage unmöglich gemacht oder zumindest erschwert wird. Dies kann durch geeignete geometrische Konstruktionsmerkmale der elektrischen Verbindungelemente erreicht werden. Ebenso sollte die Gesamtintegration der Batterie für den Fall eines Batteriebrandes risikomindernde Elemente vorhalten: Potentielle Brandgase sollten in möglichst unzugängliche Bereiche vorzugsweise ins Freie abgeleitet werden.

Zerstörende Batterietests, oder solche Tests, bei denen ein erhöhtes Risiko von Zellschädigungen besteht, gehören in Speziallabore, die mit den gesundheitsgefährlichen und explosionsgefährlichen Reaktionsprodukten fachkundig umgehen können.

Dass die Eigenheiten von Batterierisiken selbst erfahrene Institutionen überraschen können zeigt der Vorfall eines um drei Wochen zeitversetzten Batteriebrandes nach Crashversuch an einem Fahrzeug, der auf weitere Elektroahrzeuge übergriff(Abb. 22.3).

Störfallbehandlung Solange Qualitätsmängel in der Integrations- und Lieferkette nicht mit ausreichender Gewissheit ausgeschlossen werden können, sollte jede beteiligte Organisation auch den Ernstfall eines Zell- oder Batteriebrandes in einem Notfall- bzw. Havariekonzept berücksichtigen. Mit zunehmender Zahl an betroffenen Zellen steigt im Brandfall der Austrag an

- Wärmeentwicklung,
- Freisetzung toxischer und stark ätzender Stoffe und
- mögliche Ansammlung explosiver Gemische.

Problematisch kann die Brandbekämpfung werden, da Brände von Lithium-Ionen-Batterien „selbstversorgend" sind, sodass ein Ersticken der Flammen sehr erschwert wird. Die für die mechanische Robustheit notwendige Kapselung von Batterien und die meist schwer zugänglichen und besonders geschützten Einbauorte (z. B. im Unterboden eines Fahrzeugs) erschweren möglicherweise die Löschversuche zusätzlich.

Wichtig ist es daher, das Ausbreiten eines Batteriebrandes zu verhindern und dafür zu sorgen, dass Personal oder umstehende Personen in Sicherheit gebracht werden. Geeignete Atemschutzgeräte, Feuerschutzkleidung und evtl. Schutzräume müssen für das im Notfall betroffene Personal bereit stehen.

Ein batteriespezifisches Notfallkonzept sollte mit der zuständigen (Betriebs-)Feuerwehr abgestimmt sein und die Notfalleinsätze sollte in wiederholten Abständen geprobt werden. Bei der Organisation von Notfallmaßnahmen für elektrische Unfälle ist zu bedenken, dass Gleichstrom zusätzliche physiologische Wirkungen auf den Organismus im Vergleich mit Wechselstrom im gleichen Spannungsbereich haben kann. Chemische Zersetzungen im Körper können stärker ausgeprägt sein und erfordern gegebenenfalls eine klinische Spezialbehandlung.

22.3   Unternehmensspezifischer Arbeitsschutz

Die Frage nach dem Umfang zusätzlicher Arbeitsschutzmaßnahmen für die Unternehmen, in dem Lithium-Ionen-Batterien entwickelt, getestet und verarbeitet werden bzw. zum Einsatz kommen kann nur durch eine sachkundige Soll-Ist-Analyse beantwortet werden. In der Praxis hat sich bewährt, diese Anforderungsanalyse zu strukturieren.

Orte und Räumlichkeiten, in denen Batterien oder Batteriezellen transportiert, gelagert verarbeitet, getestet oder eingesetzt werden, sollten systematisch erfasst werden (beispielhaft in Abb. 22.4 dargestellt). Die dort verrichteten Aktivitäten werden erfasst, die möglichen Gefährdungsquellen ermittelt und die Schutzmaßnahmen bestimmt. Ein vereinfachtes Beispiel zeigt Tab. 22.2. Die verfeinerte Ausarbeitung und Implementierung von Schutzmaßnahmen erfordert die Expertise mehrerer Fachgebiete (Technologie, Arbeitsschutz, Brandschutz, Organisation).

22.4   Schlussfolgerungen

Die Sensibilisierung für batteriespezifische Sicherheitsaspekte sollte einer Einführung oder Ausweitung von Unternehmensaktivitäten im Zusammenhang mit industriellen Lithium-Ionen-Batterien vorangehen; dies gilt auch für die Managementebene. Grundkenntnisse über die möglichen elektrischen und chemischen Gefährdungen müssen bei allen Beteiligten vorhanden sein, da bereits kleine Fehler im Produkt oder mögliche Unachtsamkeit im Prozess zu schwerwiegenden Folgen führen können. Mit einer systematischen Vorgehensweise gelingt es, batteriespezifische Arbeitsschutzmaßnahmen zielführend und unternehmensspezifisch umzusetzen. Aktuell sind standardisierte Vorgaben für den sicheren Umgang mit Batterien von offizieller Seite noch nicht verfügbar [5]. Deshalb empfiehlt es sich, in diese Aufgabe neben den externen und internen Arbeitsschutzexperten Spezialisten für Batteriesicherheit einzubeziehen.

Anlieferung: verpackte
Zellen; Batterierückläufer

WE-Prüfung: Entpacken,
Sichtprüfung

WE-Lager: Zellen geschützt
lagern

Labor 1: Elektrischer
Modulaufbau

Labor 2: Integration
Elektronik

Labor 3: Abschluss
Modulaufbau

Labor 4: Integration
Gesamtbatterie

Test 1: Funktionstest

Test 2: Dauerlauf

Test 3: Klimakammer

Ausgangslager: Geprüfte
Batterien

Abb. 22.4   Fiktiver Lageplan für die Herstellung von Batterieprototypen (Beispiel)

Tab. 22.2   Ermittlung spezifischer Schutzmaßnahmen (Beispiel)

Ort/Weg	Aktivitäten	Gefährdungs-Quellen	Schutzmaßnahmen
Anlieferung	Warenannahme Zellen; Annahme Rückläufer	Herabfallen/Stöße; Wasserkontakt; Wärmeeintrag; Vorgeschädigte Rückläufer	Ebene Wege; Überdachung; Sofortige Warenannahme Rückläufer in Sperrlager
...	...	...	...
Labor 1	Elektrischer Modulaufbau	Freiliegen spannungsführender Teile; Lichtbogen; Mechanische Zellschädigung	Isoliertes Werkzeug; Persönliche Schutzausrüstung; Konstruktive Auslegung Zellverbinder; ...
...	...	...	...

Bei den jeweilig verantwortlichen Unternehmen, beginnend bei der Zellherstellung und Batteriemontage bis zur Ausmusterung und zum Recycling, sind spezifische Aktivitäten notwendig, da sich sowohl Gefährdungspotentiale als auch der Kenntnisstand des ausführenden Personals bezüglich der technologischen Eigenheiten von Batterien und Batteriesystemen unterscheiden.

Der arbeitsschutzrechtliche Bedarf bei der Einführung oder Ausweitung von batterie-bezogenen Arbeiten wird immer unternehmensspezifisch ausfallen. Deswegen – sowie aufgrund der noch unvollständigen Erfahrungswerte mit Lithium-Ionen-Batterien in großtechnischer Applikation – sollte das Thema als interdisziplinäre Aufgabe angegangen werden, um zielführende, technologieangepasste Maßnahmen umzusetzen.

Literatur

1. Smith B (2012) Chevrolet volt battery incident report no DOT HS 811 573, NHTSA
2. Gesetz über die durchführung von Maßnahmen des Arbeitsschutzes zur Verbesserung der Sicherheit und des Gesundheitsschutzes der Beschäftigten bei der Arbeit (Arbeitsschutzgesetz – ArbSchG) Bundesgesetz, 07 Aug 1996
3. RICHTLINIE 2006/95/EG DES EUROPÄISCHEN PARLAMENTS UND DES RATES zur Angleichung der rechtsvorschriften der mitgliedstaaten betreffend elektrische betriebsmittel zur verwendung innerhalb bestimmter spannungsgrenzen, 12 Dez 2006
4. Spek E (2011) Safe handling of high voltage battery systems. SAE seminar, Birmingham, 21 Sept 2011
5. Edler F (2010) Elektromobilität – aber sicher! AUTOMOBIL-ELEKTRONIK 2010-06
6. UN Manual of tests and criteria, subsection 38.3

Chemische Sicherheit

Meike Fleischhammer und Harry Döring

23.1 Einleitung

Im Gegensatz zu den klassischen Batterien (Blei-Säure-, Nickel-Cadmium-, Nickel-Metall-hydrid-Batterien) sind per Definition für heute übliche Lithium-Batterien außer der Lade- und Entladereaktion keine Nebenreaktionen erlaubt. Nebenreaktionen in den klassischen Batterien erlauben z. B. eine Überladung in Form von Gasung (Elektrolytzersetzung), die in den geschlossenen Systemen in Form des Sauerstoffkreislaus zur Erwärmung aber nicht zur Zerstörung des Systems führen. In Lithium-Batterien führt die Überladung ebenfalls zur Elektrolytzersetzung; hier ist dieser Prozess aber unumkehrbar und wirkt zerstörerisch.

Die Schädigung einer Lithium-Ionen-Batterie kann von verschiedenen Ereignissen ausgelöst werden und zu einem Verlust an Performance und Kapazität führen, aber auch bis zur Zerstörung der Zelle/Batterie führen, ggf. mit einem „katastrophalem Versagen"; bei unkontrolliertem schnellem Reaktionsablauf der Komponenten kann es zum Aus-stoßen von Gasen und Materialien (Venting), zu starker Temperaturentwicklung bis hin zum Feuer kommen. Unter ungünstigen Bedingungen können die Gasgemische mit Luft eine explosionsfähige Atmosphäre bilden.

Abbildung 23.1 zeigt eine Übersicht verschiedener Auslöser und des Ablaufs der ther-mischen Zersetzung. Dabei kann es sich um externe Auslöser wie elektrischer, thermi-scher und mechanischer Fehlgebrauch (Abuse) handeln. Aber auch interne Auslöser wie metallische Verunreinigungen, schadhafte Separatoren und Lithiumabscheidung auf der Anode führen zur Zersetzung der Zelle. Unabhängig von der Art des Auslösers ist das

M. Fleischhammer (✉)
ZSW, Lise-Meitner-Str. 24, 89081 Ulm, Deutschland
e-mail: meike.fleischhammer@zsw-bw.de

H. Döring
ZSW, Helmholtzstraße 8, 89081 Ulm, Deutschland
e-mail: harry.doering@zsw-bw.de

R. Korthauer (Hrsg.), *Handbuch Lithium-Ionen-Batterien*,
DOI: 10.1007/978-3-642-30653-2_23, © Springer-Verlag Berlin Heidelberg 2013

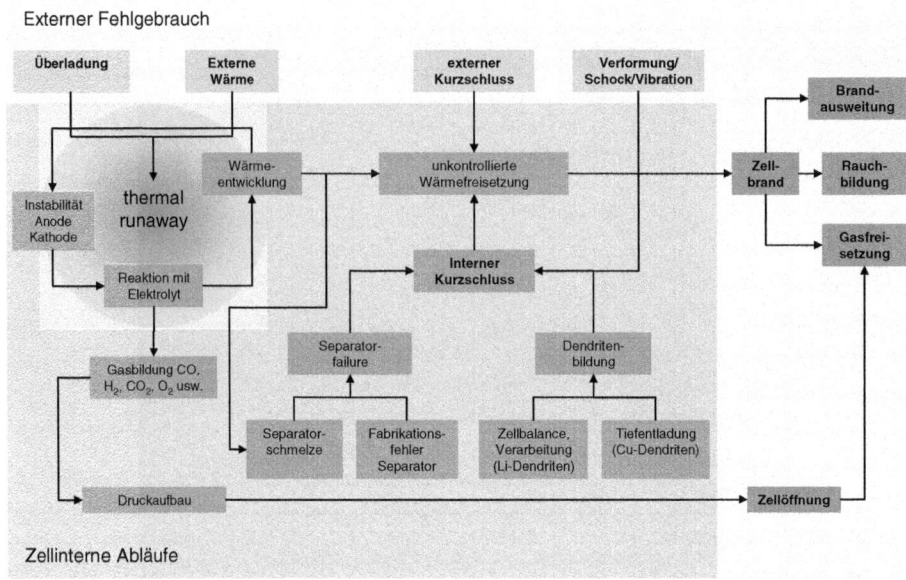

Abb. 23.1 Auslöser und Ablauf der thermischen Zersetzung einer Lithium-Ionen-Batterie. *Quelle* ZSW

Ergebnis überwiegend ein Anstieg der Zelltemperatur. Dies führt zur thermischen Zersetzung weiterer Zellkomponenten und zu zusätzlicher Wärmeentwicklung, die wiederum weitere Zersetzungsreaktionen auslösen kann. Diesen, sich selbst beschleunigenden Vorgang bezeichnet man als thermisches Durchgehen (Thermal Runaway). Die Folge ist häufig eine unkontrollierte Zellerhitzung bis hin zum Zellbrand.

Die chemische Sicherheit der Lithium-Ionen-Batterie basiert in erster Linie auf der thermischen Stabilität der Zellkomponenten und dem Gefährdungspotential der Zersetzungsprodukte. Typische Zersetzungsprodukte sind dabei brennbare Gase wie H_2, CO, CH_4, toxische Verbindungen wie CO, HF, PH_3, gesundheitsgefährdende Stoffe wie Aldehyde und kanzerogene Stäube der Kathoden-Oxide von Cobalt und Nickel. Der Elektrolyt ist die Hauptquelle der Gasentwicklung, die durch Reduktion an der Anode bzw. durch Oxidation an der Kathode entsteht. Entsprechend konzentrieren sich die folgenden Abschnitte auf das thermische Verhalten des Elektrolyts, der Kathoden und der Anoden.

23.2   Elektrolyt

Kommerzielle Elektrolyte basieren auf dem Leitsalz $LiPF_6$, gelöst in einer Mischung verschiedener organischer Carbonate wie Ethylencarbonat (EC), Dimethylcarbonat (DMC), Diethylencarbonat (DEC). Die thermische Zersetzung der typischen Elektrolytmischungen erfolgt bei etwa 250–300 °C. Die zum Teil niedrigen Siedepunkte (Tab. 23.1) und die hohe Brennbarkeit der Lösemittel stellen ein entsprechendes Gefahrenpotential von Lithium-Batterien dar.

Tab. 23.1 Physikalisch chemische Eigenschaften von Lösungsmittel für Lithium-Batterien im Vergleich zu Wasserstoff

Substanz	Abkürzung	Siedepunkt [°C]	Flammpunkt [°C]	Zündtemperatur [°C]	Explosionsgrenze [%]
Dimethylcarbonat	DMC	90	16	465	10–25
Ethylencarbonat	EC	250	150	465	3–16
Propylencarbonat	PC	240	135	510	>2
Wasserstoff	H_2	−253		560	4–75,6

Die thermischen Zersetzungsreaktionen zwischen $LiPF_6$ und den Lösemitteln liefern einen weiteren Anteil zum Sicherheitsrisiko der Gesamtzelle. Die ablaufenden Zersetzungsreaktionen hängen dabei von der genauen Elektrolytzusammensetzung ab, basieren aber in erster Linie auf der Zersetzung von $LiPF_6$ unter Bildung von PF_5 und weiteren Reaktionen zwischen PF_5 und den Lösemitteln. In Abb. 23.2 sind die wichtigsten Elektrolytzersetzungsreaktionen zusammengestellt.

Der Wassergehalt ist ein wichtiger Faktor in Bezug auf die thermische Stabilität des Elektrolyten. Zum einen können schon geringe Mengen an Wasser die Zersetzung zu niedrigeren Temperaturen verschieben [1, 2], zum anderen reagiert das Wasser direkt mit dem Salz unter Bildung von POF_3:

$$LiPF_6 + H_2O \rightarrow POF_3 + LiF + 2HF$$

Untersuchungen [2] zeigen, dass es bei 300 ppm Wasser zur Bildung von POF_3 und HF kommt. Allerdings konnten nur geringe Reaktionen zwischen POF_3 und den Lösemitteln EC, DMC und EMC nachgewiesen werden. Daraus folgt der Schluss, dass für die Reaktionen zwischen Salz und Lösungsmittel möglicherweise weitere Katalysatoren wie beispielsweise Alkohole oder das Kathodenaktivmaterial nötig sind.

Zusammenfassend bilden sich bei der thermischen Zersetzung des Elektrolyts folgende Zersetzungsprodukte: CO_2, H_2O, CH_3F, $(CH_3)CHF$, CH_3CH_2F, FCH_2CH_2Y (Y=OH, F,..), $CH_3CH=CH_2$, $(CH_3)_2CHOH$.

Allerdings kommt es neben den isolierten Reaktionen des Leitsalzes mit dem Elektrolyten zu weiteren Reaktionen zwischen Elektrolyt bzw. Elektrolytzersetzungsprodukten und der Anode bzw. der Kathode.

Trotz einer gewissen chemischen Variationsbreite der verschiedenen Elektrolyte, ist das Sicherheitsrisiko der Elektrolytmischungen ähnlich hoch. Es beruht hauptsächlich auf den niedrigen Flammpunkten der Lösemittel und den vielfältigen Reaktionsmöglichkeiten.

Die Erhöhung der Elektrolyt-Sicherheit ist aktuell ein wichtiger Forschungsbereich. Ein Weg, der verfolgt wird, ist die Zugabe von Additiven, die z. B. die Entflammbarkeit des Elektrolyten verringern oder thermische Stabilität erhöhen. Darüber hinaus bietet die Entwicklung neue Elektrolyte wie Solid Polymerelektrolyte oder Ionic Liquids eine weitere Möglichkeit die Elektrolyt-Sicherheit zu erhöhen.

LiPF$_6$-Zersetzung:

$$LiPF_6 \rightarrow LiF + PF_5$$
$$PF_5 + H_2O \rightarrow PF_3O + 2HF$$
$$PF_5 + HOR \rightarrow PF_3O + HF + RF$$
$$PF_3O + H_2O \rightarrow POF_2(OH) + HF$$

LiPF$_6$ + DMC:

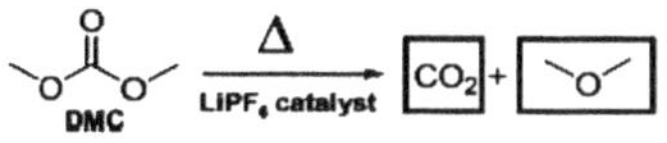

PF$_3$O + DMC:

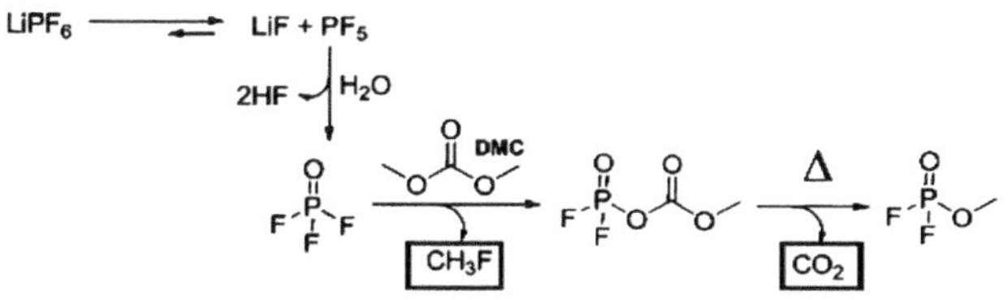

PF$_3$O + EC:

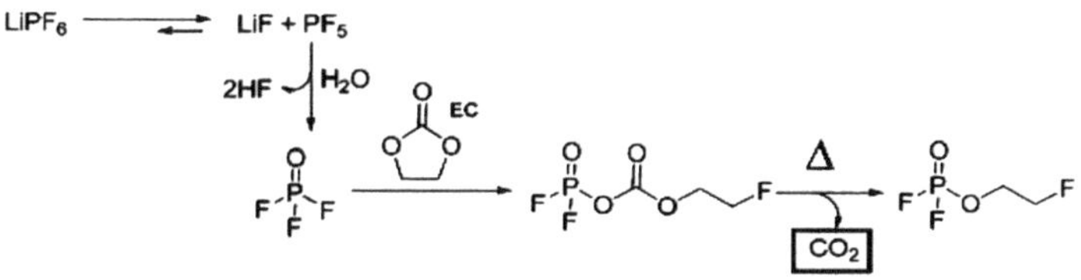

HF + EC:

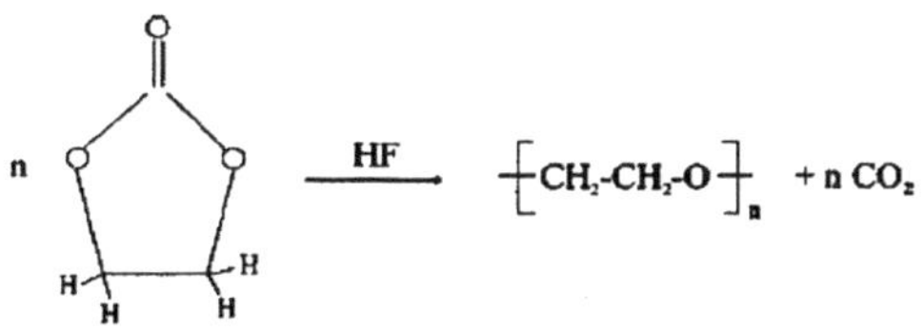

PF$_5$ + DEC:

$$(C_2H_5O)2CO + PF_5 \rightarrow C_2H_5OCOOPF_4 + HF + CH_2=CH_2$$
$$(C_2H_5O)_2CO + PF_5 \rightarrow C_2H_5OCOOPF_4 + C_2H_5F$$
$$C_2H_5OCOOPF_4 \rightarrow PF_3O + CO_2 + C_2H_4 + HF$$
$$C_2H_5OCOOPF_4 \rightarrow PF_3O + CO_2 + C_2H_5F$$
$$C_2H_5OCOOPF_4 + HF \rightarrow PF_3O + CO_2 + C_2H_5F$$

Abb. 23.2 Mögliche Zersetzungsreaktionen der LiPF$_6$-basierten Elektrolyte [1, 3–7]

23.3 Anode

Aktuell werden im Bereich der Anode hauptsächlich Graphite und Kohlenstoffe verwendet. Ein weiteres viel versprechendes Material ist das Titanat $Li_4Ti_5O_{12}$. Graphite und Kohlenstoffe besitzen an sich eine hohe thermische Stabilität. Diese nimmt allerdings bei Interkalation von Lithium in die Graphit- bzw. Kohlenstoffstruktur deutlich ab. In Tab. 23.2 sind die Untersuchungsergebnisse zur thermischen Stabilität von graphit-basierten Anoden im lithiierten Zustand verschiedener Arbeitsgruppen zusammengestellt. Zusammenfassend lassen sich folgende exotherme Reaktionen nachweisen:

A Zersetzung der primären SEI und Bildung der sekundären SEI
B Zersetzung der sekundären SEI und direkte Reaktion zwischen interkalierten Lithium und dem Elektrolyten
C Reaktion zwischen interkalirten Lithium und dem Binder
D Reaktionen zwischen Binder und Zersetzungsprodukten.

Bei der sogenannten primären SEI (solid electrolyte interphase) handelt es sich um eine Schutzschicht, die sich im ersten Ladezyklus auf der Anoden ausbildet. Sie ist das Resultat einer Elektrolytreduktion an der Anodenoberfläche und besteht aus verschiedenen anorganischen Bestandteilen wie LiF, Li_2CO_3, Li_2OH und metastabile organischen Bestandteilen wie $(CH_2OCO_2Li)_2$, $ROCO_2Li$ oder ROLi. Schon bei einem Anstieg der Zelltemperatur auf 80 °C kommt es bereits zu ersten Reaktionen der organischen Bestandteile unter Bildung der sekundären SEI. Nach der Zerstörung der SEI kommt es zur Elektrolytreduktion an der Anode unter Bildung von CO, CH_4, C_2H_4, C_3H_6 usw. (Tab. 23.3). Bei höheren Temperaturen (>250 °C) könne Reaktionen zwischen den verschiedenen Zersetzungsprodukten und dem PVDF-Binder ablaufen.

Zusammenfassend spielt die Stabilität der SEI eine entscheidende Rolle bei der Graphitanoden-Sicherheit. Sie kann zum einen über Materialeigenschaften wie Morphologie, Partikeloberfläche und -größe gesteuert werden, jedoch sind derartige Korrelationen nicht immer eindeutig. Andererseits kann die SEI Stabilität mittels Elektrolyt-Additiven (z. B. LiBOB) erhöht werden [13].

Ein weiteres kommerzielles Anodenmaterial ist das so genannte Lithiumtitanat $Li_4Ti_5O_{12}$. Zwar zeigt das Titanat auch exotherme Effekte (Reaktionen) im lithiierten Zustand, die Wärmeentwicklung ist dabei allerdings deutlich geringer als im Fall der Graphite [14, 15]. Entsprechend wird das Material als thermisch stabiler und damit als sicherer eingestuft.

Die Wärmeentwicklung an den Materialien der Anoden ist in der Regel geringer als an denen der Kathoden. Allerdings setzen die Reaktionen an der Anode schon bei relativ niedrige Temperaturen ein (SEI-Zersetzung ab > 80 °C) und können bei ungenügender Wärmeabfuhr unter Umständen Auslöser für weiter Zersetzungsreaktionen bis hin zum Thermal Runaway sein.

Tab. 23.2 Reaktionstemperaturen verschiedene Graphite im lithiieten Zustand [8–12]

			exotherme Reaktionen			
	Material		A T_{max} [°C]	B T_{max} [°C]	C T_{max} [°C]	D T_{max} [°C]
Yamaki et al.	natural Graphite	fully	140	280		
	1M LiPF$_6$ in EC/DMC (1:1)	charged				
	half coin cell					
Wang et al.	Graphite	fully	101	217	234	249
	1M LiPF$_6$ in EC/DEC (1:1)	charged				
	half coin cell					
Yang et al.	natural Graphite	fully	100	283	336.	
	1M LiPF$_6$ in EC/EMC (3:7)	charged				
	half coin cell					
Watanabe et al.	Graphite	fully	105	260		
	1M LiPF$_6$ in EC/DMC (1:1)	charged				
	half coin cell					
Shu et al.	hard carbon spherule	fully	104	213	274	292
	artificial graphite	charged	92	215		
	natural graphite					
	1M LiPF$_6$ in EC/DMC (1:1)		119	207		
	Swagelok, vs. Li					

23.4 Kathode

Das Kathodenaktivmaterial gibt während des Ladeprozesses Lithiumionen ab (Delithiierung), die beim Entladen wieder reversibel in die Kristallstruktur einbebaut werden (Lithiierung). Die Stabilität der delithierten Struktur ist dabei meist geringer als im Fall der lithiierten Struktur. Kathodenmaterialien wie LiCoO$_2$ und LiNi$_{0,8}$Co$_{0,15}$Al$_{0,05}$O$_2$ zeigen bei 240 °C bzw. 250 °C eine exotherme Zersetzung unter Freigabe von Sauerstoff [21–23]. Der Sauerstoff wiederum führt zu einer stark exothermen Oxidation des Elektrolyten, die bis zum Zell-Brand führen kann.

Das Sicherheitsrisiko der Kathode beruht also hauptsächlich auf der Instabilität der Wirtstruktur und der Sauerstoff-Freigabe. Nach der Einteilung von Ceder [24] steigt die Sicherheit der Kathodenmaterialien mit Abnahme ihres chemischen Sauerstoff-Potentials wie folgt:

Schichtoxide (LiMO$_2$, M=Al, Co, Mn, Ni,) < Li-Mn-Spinel (LiMn$_2$O$_4$) < Phospho-Olivine (LiMPO$_4$, M=Co, Fe, Mn) (Abb. 23.3).

Die Sauerstoffbildung an der Kathode ist ein entscheidender Prozess des Thermal Runaway und damit der Sicherheit von Lithium-Ionen-Zellen. Durch die Freisetzung des Sauerstoffs aus den Oxiden wird die Oxidation und damit die Energiefreisetzung gefördert bzw. erst ermöglicht. Weiterhin behindert die Sauerstofffreisetzung die Löschbarkeit

Tab. 23.3 Zersetzungsreaktionen an der Anode [10, 16–20]

Bildung der primären SEI	
EC	$2(CH_2O)_2CO + 2Li^+ + 2e^- \rightarrow (CH_2OCOOLi)_2\downarrow + C_2H_4\uparrow$
	$(CH_2O)_2CO + 2Li^+ + 2e^- \rightarrow Li_2CO_3 + C_2H_4\uparrow$
DEC	$(C_2H_5O)_2CO + Li^+ + e^- \rightarrow C_2H_5OCOOLi + C_2H^{\cdot}5$
DMC	$(CH_3O)_2CO + Li^+ + e^- \rightarrow CH_3OCOOLi\downarrow + CH^{\cdot}3$
$LiPF_6$	$LiPF_6 \rightarrow LiF + PF_5$
	$PF_5 + H_2O \rightarrow 2HF + PF_3O$
	$PF_5 + nLi^+ + ne^- \rightarrow LiF + Li_xPF_y$
	$PF_3O + nLi^+ + ne^- \rightarrow LiF + Li_xPOF_y$
	$H_2O + Li^+ + e^- \rightarrow LiOH\downarrow + 0,5H_2$
Zersetzung der primären SEI und Bildung der sekundären SEI	
	$(CH_2OCO_2Li)_2 \rightarrow Li_2CO_3 + C_2H_4 + CO_2 + 0,5O_2$
	$2Li + (CH_2OCO_2Li)_2 \rightarrow Li_2CO_3 + C_2H_4$
	$(CH_2O)_2CO + 2Li^+ + 2e^- \rightarrow Li_2CO_3 + CH_2{=}CH_2$
	$LiPF_6 + H_2O \rightarrow 2HF + LiF + POF_3$
	$2HF + Li_2CO_3 \rightarrow 2LiF + H_2CO_3$
	$PF_5^- + nLi^+ + ne^- \rightarrow LiF + Li_xPF_y$
	$PF_3O + nLi^+ + ne^- \rightarrow LiF + Li_xPOF_y$
	$PF_3O + Li^+ \rightarrow LiF + Li_xPOF_{3-x}$
Elektrolytreduktion an der Anode	
DMC	$(CH_3O)_2CO + 2Li^+ + 2e^- + H_2 \rightarrow Li_2CO_3\downarrow + 2CH_4\uparrow$
	$2(CH_3O)_2CO + 2Li^+ + 2e^- + H_2 \rightarrow 2CH_3OLi\downarrow + CH_4\uparrow$
	$(CH_3O)_2CO + 2Li^+ + 2e^- \rightarrow 2CH_3OLi\downarrow + CO\uparrow$
EC	$(CH_2O)_2CO + 2Li^+ + 2e^- \rightarrow 2CH_2OLi\downarrow + CO\uparrow$
	$2(CH_2O)_2CO + 2Li^+ + 2e^- \rightarrow (CH_2OCO_2Li)_2\downarrow + C_2H_4\uparrow$
	$2CH_3(CH_2O)_2CO + 2Li^+ + 2e^- \rightarrow CH_3(CH_2OCO_2Li)_2\downarrow + C_3H_6\uparrow$
PC	$2C_4H_6O_3 + 2Li^+ + 2e^- \rightarrow CH_2(CH_2OCO_2Li)_2\downarrow + C_3H_6\uparrow$
	$PC + 2e^- + 2Li^+ \rightarrow Li_2CO_3\downarrow + CH_3CH{=}CH_2\uparrow$
DEC	$(C_2H_5O)_2CO + 2Li^+ + 2e^- \rightarrow CH_3CH_2OLi\downarrow + CO\uparrow$
	$(C_2H_5O)_2CO + 2Li^+ + 2e^- + H_2 \rightarrow Li_2CO_3\downarrow + 2C_2H_6\uparrow$
	$(C_2H_5O)_2CO + 2Li^+ + 2e^- + H_2 \rightarrow CH_3CH_2CO_2OLi\downarrow + 2C_2H_6\uparrow$
	$H_2O + Li^+ + e^- \rightarrow LiOH + H_2$
Binderreaktionen	
	$(CH_2C_2F_2) + Li \rightarrow LiF + {-}CH{=}CF{-} + 0,5H_2$
	$(CH_2CF_2) + Li_2O \rightarrow 2LiF + H_2O + 2C$

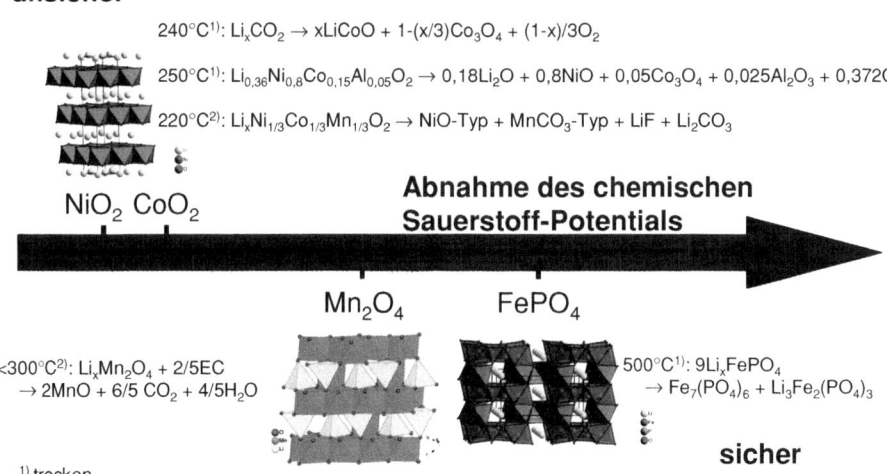

unsicher

240°C[1]: $Li_xCO_2 \to xLiCoO + 1\text{-}(x/3)Co_3O_4 + (1\text{-}x)/3O_2$

250°C[1]: $Li_{0,36}Ni_{0,8}Co_{0,15}Al_{0,05}O_2 \to 0,18Li_2O + 0,8NiO + 0,05Co_3O_4 + 0,025Al_2O_3 + 0,372O_2$

220°C[2]: $Li_xNi_{1/3}Co_{1/3}Mn_{1/3}O_2 \to NiO\text{-Typ} + MnCO_3\text{-Typ} + LiF + Li_2CO_3$

NiO_2 CoO_2

Abnahme des chemischen Sauerstoff-Potentials

Mn_2O_4 $FePO_4$

<300°C[2]: $Li_xMn_2O_4 + 2/5EC$
$\to 2MnO + 6/5\ CO_2 + 4/5H_2O$

500°C[1]: $9Li_xFePO_4$
$\to Fe_7(PO_4)_6 + Li_3Fe_2(PO_4)_3$

sicher

[1] trocken
[2] in Gegenwart des Elektrolyts

Abb. 23.3 Sicherheitseinstufung der Kathodenmaterialien nach ihrem chemischen Sauerstoff-Potential [21, 23–28]

von Batteriebränden, da durch einen einfachen Sauerstoffausschluss derartige Brände nicht gelöscht werden können.

Die Unterschiede in der Stabilität der verschiedenen Kathodenmaterialien belegen auch die dynamische Differenzkalorimentrie (Dynamic Scanning Calorimetry, DSC) Messungen (Abb. 23.4). Die Lage der Peaks geben an, bei welcher Temperatur die Energie freigesetzt wird und die Höhe der Peaks bzw. die Peakfläche korreliert zu der freiwerdenden Energiemenge.

Aktuelle Berechnungen [29] weisen allerdings darauf hin, dass Kathodenmaterialien, die in der Phospho-Olivin-Struktur $LiMPO_4$ (M = Co, Fe, Mn) kristallisieren nicht prinzipiell sicher sind. Interessant sind diese Materialien mit Co oder Mn als so genannte Hochvolt oder 5 Volt Materialien. Die thermische Stabilität nähmen in dieser Materialgruppe von Fe > Mn > Co ab. Die Berechnungen stimmen mit den experimentellen Untersuchungen [30] überein, die im Fall von $LiFePO_4$ eine hohe, für $LiCoPO_4$ dagegen eine niedrigere thermische Stabilität zeigen.

Die Gasentwicklung, die während der thermischen Zersetzung der Kathode entsteht, ist hauptsächlich Ergebnis einer Elektrolytoxidation unter Bildung von CO_2 (Tab. 23.4). Die Bildung von CO_2 hängt dabei weniger von der Kathode, sondern viel mehr von der Elektrolytzusammensetzung ab. Neben CO_2 kann es auch zur Bildung von C_2H_2 und C_2H_5F kommen [31].

Bei der schnellen Zersetzung des Kathodenmaterials können diese Materialien bzw. deren Zersetzungsprodukte aus der Zelle herausgeschleudert werden. Die feinteiligen Stäube oder ggf. auch nanopartikuläre Oxide wie NiO, MnO und Co_3O_4 sind wiederum gesundheitsschädlich (kanzerogen).

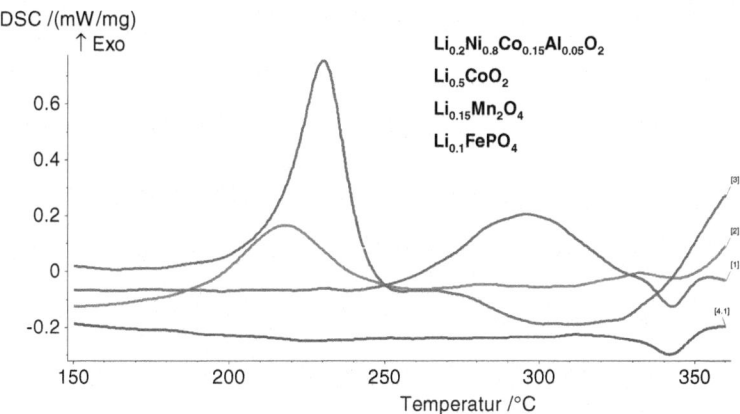

Abb. 23.4 DSC Messungen an unterschiedlichen Kathodenmaterialien. *Quelle* ZSW

Tab. 23.4 Elektrolytzersetzungsreaktionen an der Kathode [31]

CO_2-Bildung:	Oxidation des Elektrolyten
DMC:	$(CH_3O)_2CO + 3O_2 \rightarrow 3CO_2\uparrow + H_2O$
DEC:	$H_2O(C_2H_5O)_2CO + 6O_2 \rightarrow 5CO_2 + 5H_2O$
EC:	$(CH_2O)_2CO + 2{,}5O_2 \rightarrow 3CO_2\uparrow + 2H_2O$
C_2H_2-Bildung:	Oxidation von C_2H_4
	$C_2H_4 \rightarrow C_2H_2^{\cdot} + 2H+ + 2e^-$
	$C_2H_2 + 3O_2 + 2H^+ \rightarrow 2CO_2\uparrow + 2H_2O$
C_2H_5F-Bildung:	Oberflächenreaktion
	$C_2H_6 \rightarrow C_2H_5^+ + H^+ + 2e^-$
	$C_2H_5^+ + F^- \rightarrow C_2H_5F$

23.5 Weitere Komponenten

Neben Elektrolyt, Anoden- und Kathodenaktivmaterial besteht eine Zelle aus weiteren Komponenten wie Separator, Binder und Leitzusätze. Bei den Leitzusätzen handelt es sich hauptsächlich um Ruße, Kohlenstoffe und Graphite, die eine hohe thermische Stabilität besitzen und entsprechend vernachlässigt werden können. Im Bereich der Binder wird kommerziell hauptsächlich Polyvinylidenfluorid (PVDF) eingesetzte. PVDF ist thermisch stabil (>450 °C), es kann allerdings in der Anode bei 280–350 °C [20, 32] zu Reaktionen zwischen Binder und Zersetzungsprodukten kommen (Tab. 23.3).

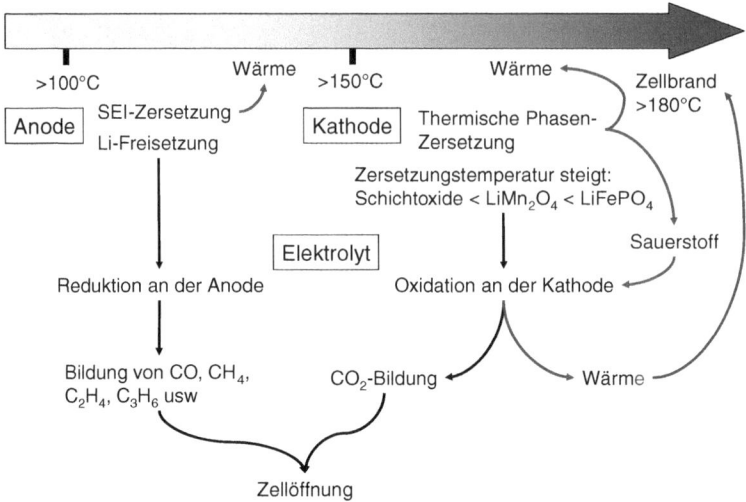

Abb. 23.5 Ablauf von Reaktionen der Degradation in Lithium-Batterien in Abhängigkeit der Temperatur. *Quelle* ZSW

Der Separator verhindert den direkten Kontakt zwischen Kathode und Anode. Kann er diese Aufgabe nicht mehr erfüllen, dann kommt es zu einem internen Kurzschluss, der in der Regel einen Thermal Runaway auslöst. Kommerzielle Shut-down Separatoren schmelzen bei 135/165 °C und verhindern den weiteren Stromfluss. Für die Stabilität bei höheren Temperaturen werden Separatoren mit keramischer Beschichtung hergestellt oder es erfolgt die Beschichtung der Anode durch eine so genannte HRL (heat resist layer). Die Abbildung (Abb. 23.5) fasst die verschiedenen Reaktionsmöglichkeiten der Zellkomponenten in Abhängigkeit von der Temperatur zusammen.

Das Gefährdungspotential einer Lithium-Ionen-Batterie basiert auf den beschriebenen thermischen Instabilitäten und Zersetzungsreaktionen der einzelnen Zellkomponenten; darüber hinaus müssen allerdings auch Reaktionen zwischen den Komponenten berücksichtigt werden (z. B Elektrolytoxidation an der Kathode). Dem entsprechend wichtig ist die Betrachtung der Gesamtzelle. Im Folgenden sollen das Verhalten von zwei Lithium-Zellen (Pouch-Typ, NMC) bei einer Überladung mit der 1C-Rate dargestellt werden. In einem Fall führt die Überladung zum Zersetzen des Elektrolyten und zur Öffnung der Zelle ohne Thermal Runaway, im anderen Fall kommt es in Folge der Überladung zum thermal runaway. Für die Erfassung der gebildeten Gasmengen und der Gaszusammensetzung wurden diese Untersuchungen in einem geschlossenen druckfesten Behälter (Autoklave) durchgeführt. Abbildung 23.6 zeigt den Verlauf der Überladung für eine Zelle ohne Thermal Runaway. Ab ca. 40 % Überladung ist ein stärkerer Temperaturanstieg zu beobachten und der Druck im Autoklaven steigt langsam durch die Bildung von Gasen in der Zelle und deren Aufblähen an. Nach etwa 53 Minuten

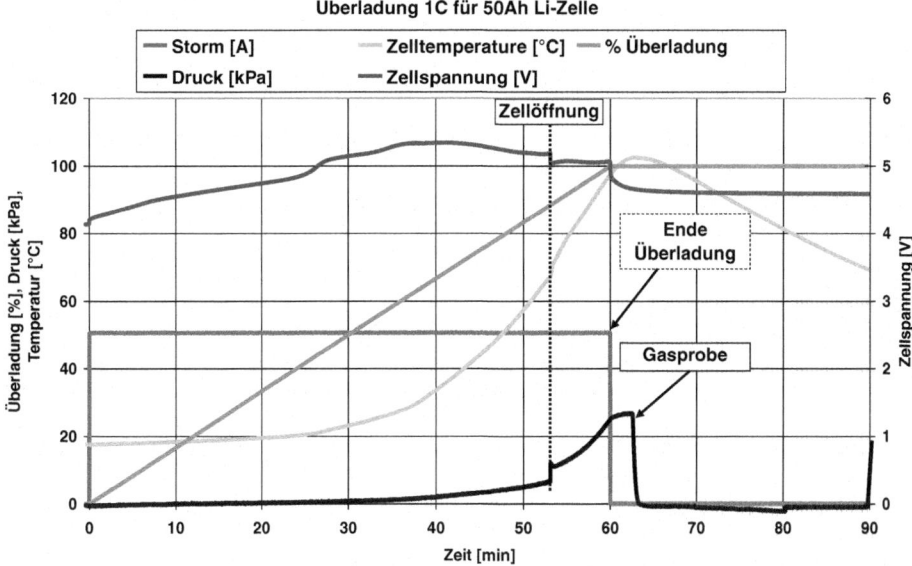

Abb. 23.6 Verlauf von Strom, Spannung, Temperatur und Druck während der Überladung einer Lithium-Zelle bis 200 % SOC ohne Thermal Runaway. *Quelle* ZSW

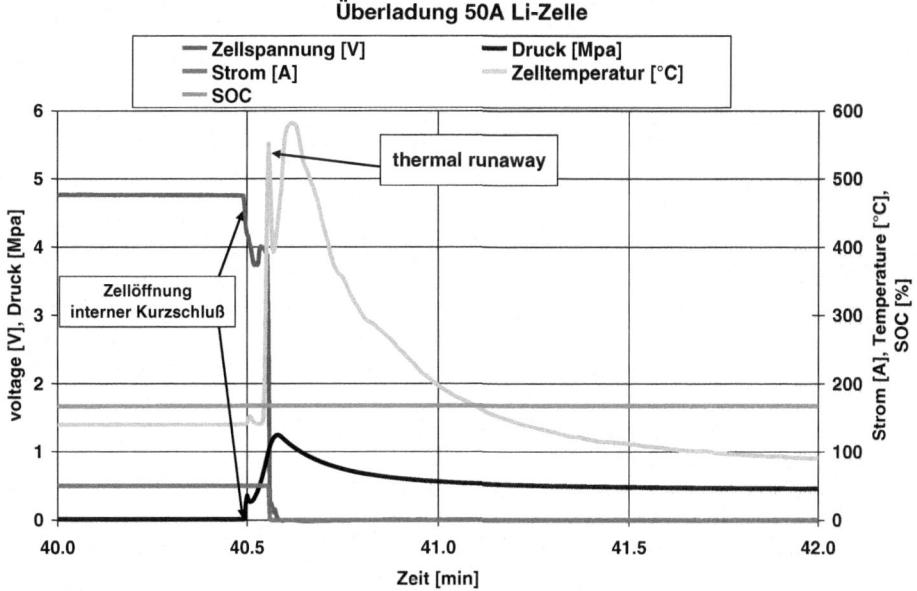

Abb. 23.7 Verlauf von Strom, Spannung, Temperatur und Druck während der Überladung einer Lithium-Zelle bis 200 % SOC ohne Thermal Runaway. *Quelle* ZSW

Tab. 23.5 Ergebnisse der Gasanalyse für Überladeuntersuchungen von Lithium-Zellen mit und ohne Thermal Runaway. *Quelle* ZSW

| | Einheit | Beispiel für die Gaszusammensetzung bzw. Stoffemission nach einem "Event" bei 1C Überladung für eine 50Ah Zelle | |
		Zelle öffnet bei ca. 100 °C ohne Thermal Runaway	Thermal Runaway ca. 600 °C
emittierte Gasmenge	lit	11	140
Fluorid angenommen aus HF	mg	10.1	500.6
O_2	lit	9.2	0.7
N_2	lit	36.0	28.9
H_2	lit	<0.05	52.4
CO_2	lit	3.28	51.5
CO	lit	<0.05	14.4
Phosphin	µg	1.3	530
Formaldehyd	µg	90	<20
Acetaldehyd	µg	2000	15000
Propionaldehyd	µg	170	6000
Butyraldehyd	µg	20	3800
Valeraldehyd	µg	<10	400
Methan	ml	230	2
Ethan	ml		1
Ethen	ml	150	8400
Propan	ml	10	1200
Propen	ml	<1	2700

Überladung ist am Sprung im Druck, in der Spannung und in der Temperatur erkennbar, dass die Zelle geöffnet hat. Mit Fortführung der Überladung steigt die Temperatur weiter an und es wird kontinuierlich weiter Gas freigesetzt. Bei Erreichen des Ladegrades von 200 % wurde gemäß der Testspezifikation die Überladung beendet. Der Enddruck von ca. 25 kPa entspricht einem Gasvolumen von rund 11 Litern.

Abbildung 23.7 zeigt den Zeitabschnitt der Überladung einer Zelle, bei dem der Thermal Runaway stattfindet. Bei einem SOC von ca. 167 % bricht die Spannung zusammen und es ist ein plötzlicher Druckanstieg zu beobachten. Im weiteren Verlauf steigt der Druck auf einen Maximalwert von 1,23 MPa an und die gemessene Zelltemperatur erreicht einen Wert von ca. 580 °C. In Folge der Reaktionen, der Abkühlung und der Kondensation von Reaktionsprodukten sinkt der Druck auf einen stationären Wert von ca. 0,41 MPa was einem Gasvolumen von etwa 140 Liter entspricht, welches beim Thermal Runaway entsteht.

In Tab. 23.5 sind die Ergebnisse der Gasanalyse zusammengefasst. Während für die die Zellöffnung ohne Thermal Runaway Produkte der elektrochemischen Oxidation gefunden werden, sind bei der Überladung mit Thermal Runaway sowohl Wasserstoff und Ethen als auch CO und CO_2 in großen Mengen zu finden. Der hohe Anteil an nicht oxidierten Produkten ist natürlich auch durch den limitierten Vorrat an Sauerstoff im Autoklaven zu erklären. Deutlich ist die Emission von Fluorid beim Thermal Runaway. Es ist davon auszugehen, dass dieses als HF intermediär im Gas vorhanden war. Ebenfalls wird in der sauerstoffarmen Atmosphäre im Autoklaven das toxische Phosphin (PH_3) nachgewiesen.

Literatur

1. Kawamura T, Kimura A, Egashira M, Okada S, Yamaki J-I (2002) J Power Sources 104:260–264
2. Yang H, Zhuang GV, Ross PN Jr (2006) J Power Sources 161:573–579
3. Li W, Lucht BL (2007) Electrochem Solid-State Lett 10:A115–A117
4. Kawamura T, Okada S (2006) J.-i. Yamaki. J Power Sources 156:547–554
5. Gachot Gg, Ribière P, Mathiron D, Grugeon S, Armand M, Leriche J-B, Pilard S, Laruelle Sp (2011) Analytical chemistry 83:478–485
6. Campion CL, Li Wentao LBL (2005) J Electrochem Soc 152:A2327–A2334
7. MacNeil DD, Dahn JR (2003) J Electrochem Soc 150:A21–A28
8. Yamaki J-i, Takatsuji H, Kawamura T, Egashira M (2002) Solid state ionics 148:241–245
9. Wang Q, Sun J, Yao X, Chen C (2006) J Electrochem Soc 153:A329–A333
10. Yang H, Bang H, Amine K, Prakash J (2005) J Electrochem Soc 152:A73–A79
11. Watanabe I, Yamaki J-i (2006) J Power Sources 153:402–404
12. Shu J, Shui M, Huang F, Xu D, Ren Y (2011) Ionics 17:183–188
13. Täubert C, Fleischhammer M, Wohlfahrt-Mehrens M, Wietelmann U, Buhrmester T (2010) J Electrochem Soc 157:A721–A728
14. Lu W, Belharouak I, Liu J, Amine K (2007) J Power Sources 174:673–677
15. Belharouak I, Sun Y-K, Lu W, Amine K (2007) J Electrochem Soc 154:A1083–A1087
16. Richard MN, Dahn JR (1999) J Electrochem Soc 146:2068–2077
17. Aurbach D (2000) J Power Sources 89:206–218
18. Andersson AM, Edstrom K (2001) J Electrochem Soc 148:A1100–A1109
19. Roth EP, Crafts CC, Doughty DH, James M advanced technology development program for Lithium-ion Batteries: thermal abuse performance of 18650 Li-ion cells; SAND2004-0584
20. Pasquier AD, Disma F, Bowmer T, Gozdz AS, Amatucci G, Tarascon JM (1998) J Electrochem Soc 145:472–477
21. MacNeil DD, Dahn JR (2001) J Electrochem Soc 148:A1205–A1210
22. Belharouak I, Vissers D, Amine K, Chemical E (2006) J Electrochem Soc 153:A2030–A2035
23. Bang HJ, Joachin H, Yang H, Amine K, Prakash J (2006) J Electrochem Soc 153:A731–A737
24. Ceder G (2010) Mater Res Bull 35:693–701
25. Belharouak I, Lu W, Liu J, Vissers D, Amine K (2007) J Power Sources 174:905–909
26. Delacourt C, Poizot P, Tarascon J-M, Masquelier C (2005) Nat Mater 4:254–260
27. MacNeil DD, Dahn JR (2001) J Electrochem Soc 148:A1211–A1215
28. Thackeray MM, Mansuetto MF, Bates JB (1997) J Power Sources 68:153–158

29. Hautier G, Jain A, Ong SP, Kang B, Moore C, Doe R, Ceder G (2011) Chem Mater 23:3495–3508
30. Theil S, Fleischhammer M, Axmann P, Wohlfahrt-Mehrens M (2012) J Power Sources
31. Kong W, Li H, Huang X, Chen L (2005) J Power Sources 142:285–291
32. Roth EP, Doughty DH, Franklin J (2004) J Power Sources 134:222–234

Elektrische Sicherheit

24

Heiko Sattler

24.1 Einleitung

Durch die fortschreitende Entwicklung in den unterschiedlichen Einsatzmärkten für Speicherbatterien, die auf der einen Seite durch den Wunsch nach einer erweiterten Energieversorgung aus erneuerbaren Energien getrieben wird und auf der anderen Seite aus der Notwendigkeit, von fossilen Brennstoffen für die Mobilität unabhängig zu werden, wird der Bedarf an Energiespeichern mit hoher Energiedichte immer größer.

Die schon im Bereich der Unterhaltungselektronik, der Kommunikationstechnik bzw. der IT-Technologie seit langem verwendeten Lithium-Ionen-Batterien werden auch bei Anwendungen im großtechnischen Bereich immer öfter eingesetzt. Um den Herausforderungen gerecht zu werden, muss neben einer hohen gespeicherten Energie auch die Spannung der Energiespeicher einen hohen Wert aufweisen, um wirtschaftlich sinnvoll einsetzbar zu sein.

Da die Spannung einzelner Zellen durch die chemischen Grundelemente sehr stark begrenzt ist, wird der seriellen Verschaltung von einzelnen Zellen zu Batterien mit dann insgesamt hohen Spannungen die Zukunft gehören (Abb. 24.1). Dies betrifft sowohl die stationären Batterien als auch die, die für den Einsatz in der Elektromobilität ausgewählt sind. Um eine höhere Kapazität bzw. einen höheren Energieinhalt zu bekommen, werden solche seriellen Zellgruppierungen, die auch als Zellen-String oder Zellen-Strang bezeichnet werden, parallel verschaltet (Abb. 24.2).

Im Bereich der Fahrzeugbatterien unterscheidet man dabei zwischen Hybridbatterien mit Spannung bis zu 180 V und einem Energieinhalt zwischen 0,6 und 2 kWh und Batterien für das reine elektrische Fahren. Letztere haben derzeit Spannung bis max.

H. Sattler (✉)
VDE-Prüf- und Zertifizierungsinstitut, Merianstr 28, 63069 Offenbach, Deutschland
e-mail: heiko.sattler@vde.com

R. Korthauer (Hrsg.), *Handbuch Lithium-Ionen-Batterien*,
DOI: 10.1007/978-3-642-30653-2_24, © Springer-Verlag Berlin Heidelberg 2013

Abb. 24.1 Serielle
Verschaltung von einzelnen
Zellen zu einer Batterie mit
hoher Gesamtspannung

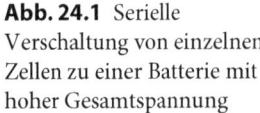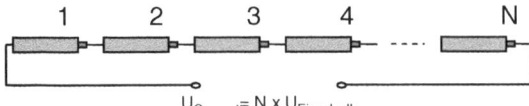

$$U_{Gesamt} = N \times U_{Einzelzelle}$$

Abb. 24.2 Parallele
Verschaltung von Zellen-
Strings zu einer Batterie mit
hoher Gesamtspannung und
hoher Kapazität bzw. hohem
Energieinhalt

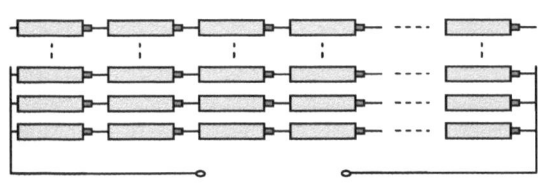

600 V. Der Energieinhalt beträgt dabei mehr als 15 kWh und wird maßgeblich durch das
Gewicht der Batterie begrenzt. Zwischen diesen beiden Energieklassen rangiert die Plug-
In-Hybrid-Batterie, deren Energieinhalt im Bereich von ca. 5 bis 15 kWh liegt; die Span-
nungen bewegen sich dort bis max. 400 V.

Bei stationären Batterien erfolgt die Einteilung über die zu speichernde Energie.
Während stationäre Speicher für private Photovoltaikanlagen zwischen 2,5 und 10 kWh
Energie speichern können, ist im Bereich der kommerziell zu nutzenden Stromspeicher
mit bis zu 1 MWh und mehr zu rechnen. Die Spannung bewegt sich im Bereich bis zu
500 V bei kleinen stationären Batterien für private Anwendung und reicht bei der kommerziellen Nutzung an die 1500 V heran.

24.2 Elektrische Sicherheit von Lithium-Ionen-Batterien

Die Anforderungen an die elektrische Sicherheit von Batterien für die Verwendung in
Elektrofahrzeugen hängen jeweils von dem Betriebszustand bzw. der Situation ab, der
die Sicherheitsbetrachtungen zu Grunde liegt. Es sind folgende Betriebszustände und
Situationen zu berücksichtigen:

- der normale Betrieb (Standby)
- der gestörte Betrieb (unter Betrachtung eines 1. Fehlers)
- der Betrieb während des Fahrens mit dem Elektrofahrzeug
- der Betrieb während des Ladens der Batterie im Elektrofahrzeug im Stand
- die Sicherheit während der Wartungsarbeiten in der Werkstatt
- die Sicherheit nach einem Unfall des Elektrofahrzeuges.

Die Anforderungen sind jeweils sehr unterschiedlich und zum Teil auch von den mit
dem Elektrofahrzeug verbundenen Systemen abhängig. Darüber hinaus sind auch unterschiedliche Personengruppen zu schützen. Im Allgemeinen gilt jedoch die Aussage, dass
grundsätzlich Personenschäden zu verhindern und Schäden an Gegenständen und der
Umwelt zu vermeiden sind.

Bei stationären Batterien, z. B. für die Zwischenspeicherung der mit Photovoltaikanlagen gewonnenen Energie, sind weniger Betriebszustände zu beachten, da diese Batterien nach der Installation, nicht mehr bewegt werden. Es müssen somit nur die folgenden Betriebszustände berücksichtigt werden:

- der normale Betrieb (Standby)
- der gestörte Betrieb (unter Betrachtung eines 1. Fehlers)
- der Betrieb während des Ladens der Batterie aus der Photovoltaikanlage oder dem Energienetz
- die Sicherheit während der Wartungsarbeiten an der Anlage.

Unabhängig von den unterschiedlichen Betriebszuständen, die betrachtet werden müssen, sind für beide Anwendungen gemeinsam folgende Gefährdungen zu verhindern:

- Elektrische Schläge
- Überhitzung durch Schädigung der Isolationen (im Gegensatz zu den Gefährdungen, die sich aus einer Überhitzung durch chemische Reaktionen ergeben können)
- Kurzschlüsse (zwischen den Polen der Batterie)
- Zu hohe Ströme bei Ladung und Entladung
- Überladung
- Überentladung
- Unbalancing einzelner Zellen einer Batterie.

24.2.1 Schutz gegen den elektrischen Schlag

Aufgrund der Spannungen solcher Batteriesysteme, die als gefährlich aktiv[1] gelten, also einen elektrischen Schlag hervorrufen können, ist auf eine ausreichende Isolierung der unter Spannung stehenden Teile zu achten. Dabei stehen unterschiedliche Möglichkeiten zur Verfügung.

In Fahrzeugen mit Elektroantrieb wird für die elektrische Installation des Leistungskreises (Hochvolt-Netz genannt) von der ISO 6469-3[2] eine elektrisch isolierte Installation im Fahrzeug vorgeschrieben, die mit einem sogenannten Isolationsüberwachungswächter (ISO-Wächter) auf eine ausreichende Isolation gegenüber dem Fahrzeugchassis überprüft (Abb. 24.3).

---

[1] DIN VDE 0411 Teil 1, EN 61010-1:2010: GEFÄHRLICH AKTIV: imstande, einen elektrischen Schlag oder elektrische Verbrennungen hervorzurufen

[2] ISO 6469-3:2011 Electric road vehicles – Safety specifications – Part 3: Protection of persons against electric hazards

Abb. 24.3 Prinzipieller Aufbau
eines Hochvolt-Bordnetzes
im Elektrofahrzeug mit
Isolationswächter

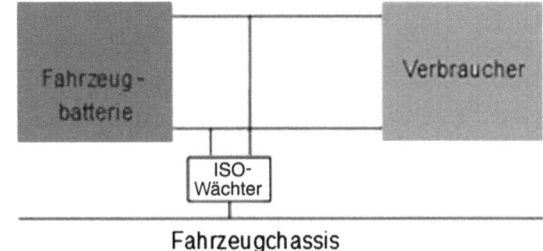

Fahrzeugchassis

Die Isolation selbst wird dabei zum einen durch feste Isolationen hergestellt, zum anderen sind Luft- und Kriechstrecken[3] einzuhalten, die auch bei einer Verschmutzung von Oberflächen verhindern, dass es zu einer elektrisch leitenden Verbindung zwischen den beiden Polen der Batterie kommt. Diese würde einen ungewollten und im schlimmsten Fall gefährlichen Stromfluss erzeugen.

Im Falle des vom Fahrzeugchassis isoliert aufgebauten Bordnetzes im Elektrofahrzeug ist bei der gesamten Verkabelung im Fahrzeug darauf zu achten, dass diese Isolation nicht durch – bezogen auf die Batteriespannung – zu geringe Luft- und Kriechstrecken bzw. durch ungeeignete feste Isolationen aufgehoben wird. Die Eignung von festen Isoliermaterialien bezieht sich dabei neben den reinen elektrischen Eigenschaften, wie der Spannungsfestigkeit, auch auf die mechanischen Eigenschaften, wie der Beständigkeit gegen hohe und tiefe Temperaturen, der Beständigkeit gegen im Fahrzeug übliche Flüssigkeiten (z. B. Öl, Bremsflüssigkeit), aber auch gegenüber Flüssigkeiten von außen (z. B. Salzwasser).

Innerhalb der Batterie sind hier insbesondere Bestandteile der Batteriezellen zu berücksichtigen, die ggf. aus der Zelle selbst zunächst gasförmig entweichen können und dann innerhalb des Gehäuses kondensieren. Am kritischsten ist hier der in nahezu allen Fällen aus organischen Flüssigkeiten bestehende Elektrolyt, der sich wegen der hermetischen Kapselung der Batterie gegen äußere Einflüsse dann über die Gesamtlebensdauer einer Elektrofahrzeugbatterie von über 10 Jahren innerhalb des Batteriegehäuses sammelt und die festen Isolierungen innerhalb der Batterie beeinträchtigen könnte.

Solange alle Schutzmaßnahmen gegen den elektrischen Schlag intakt sind, ist die Berührung eines Poles der Batteriespannung ungefährlich. Dennoch ist bei Wartungsarbeiten in der Werkstatt besondere Vorsicht walten zu lassen, da mit Werkzeugen hantiert wird und es unbeabsichtigt zu einem Kurzschluss kommen kann, der die Schutzmaßnahme „isolierter Aufbau" unwirksam macht. Deswegen wird von den Automobilherstellern in der Regel ein spezieller Wartungsmodus im Batteriesystem implementiert, der verhindert, dass im Wartungsfall die hohe Batteriespannung an den Anschlüssen der Batterie anliegt. Es ist somit die Unfallgefahr eines elektrischen Schlages weitgehend minimiert.

Im Falle eines Unfalles sieht dies dagegen anders aus. Hier kann es je nach Schwere des Unfalles passieren, dass durch in die Batterie selbst eindringende leitfähige

---

[3] Für die Bemessung der Kriech- und Luftstrecken ist die IEC 60664-1 eine grundlegende Sicherheitsbestimmung, an die sich alle Produktnormungsausschüsse halten müssen

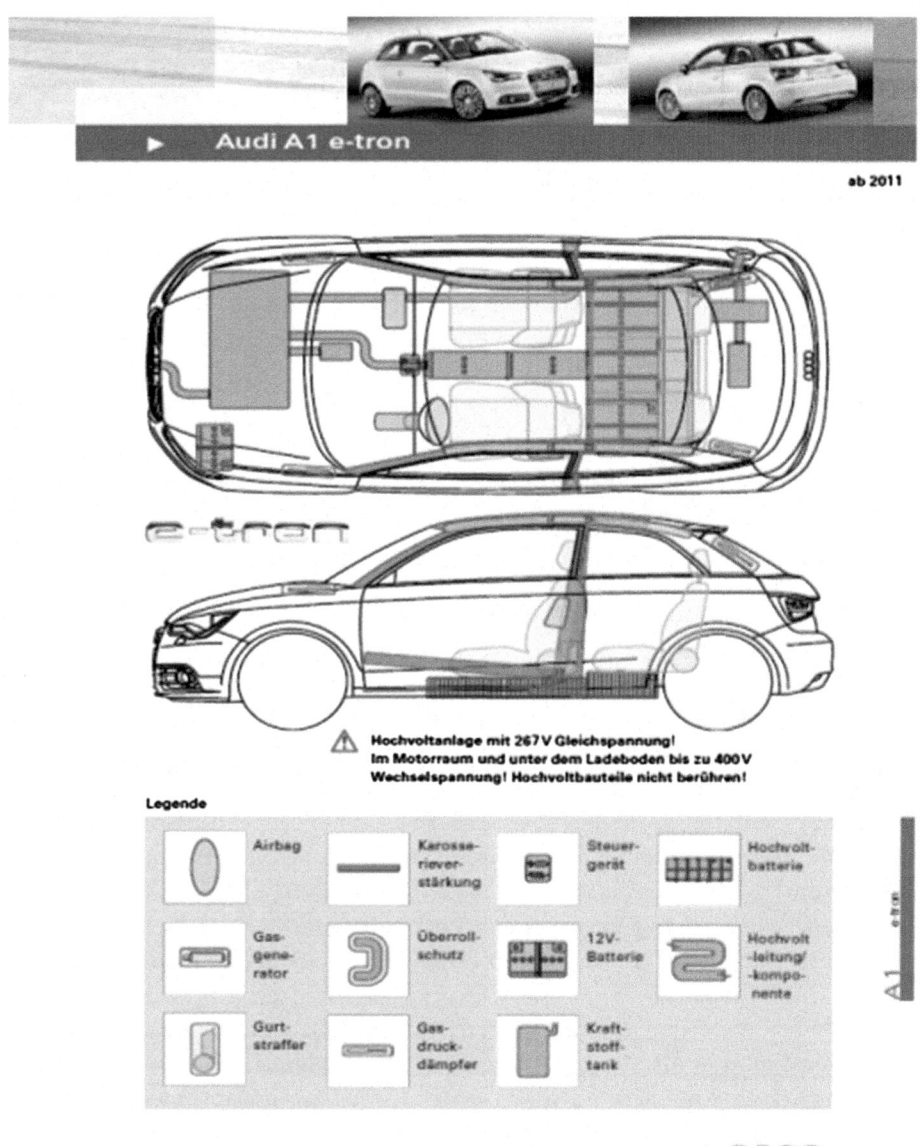

Abb. 24.4 Auszug aus den Rettungsdatenblättern der Audi AG (*Quelle* http://www.audi.de/de/brand/de/neuwagen/sonderfahrzeuge/einsatzfahrzeuge/leitfaden_fuer_rettungsdienste.html)

Gegenstände die Schutzmaßnahme „isolierter Aufbau" unwirksam gemacht wird und somit potentiell eine berührungsgefährliche Spannung im gesamten Hochvolt-Bordnetz entsteht. Da man bei einem Unfall auch nicht davon ausgehen kann, dass die Sicherheitsabschaltung der Batterie funktioniert, haben sich nahezu alle Hersteller darauf geeinigt, so genannte Rettungskarten (Abb. 24.4) zu erstellen, auf der die für

Abb. 24.5 Prinzipieller Aufbau
eines stationären Speichers
mit auf Schutzleiterpotenzial
bezogener Batteriespannung

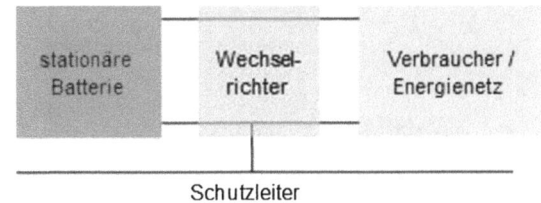

Rettungskräfte wichtigen Informationen über den Aufbau der Fahrzeuge zu finden sind. Neben dem Schutz der Rettungsmannschaften ist dabei auch der Autoinsasse im Focus des Interesses.

Die Rettungskarten enthalten neben den lebenswichtigen Informationen, an welcher Stelle die Hochvolt-Leitungen des Bordnetzes verlaufen, auch Informationen, an welchen Stellen die Karosserie am schnellsten aufgetrennt werden kann, um möglicherweise eingeklemmte Autoinsassen zu retten.

In dem stationären Bereich geht man dagegen meistens von einer auf Schutzleiterpotenzial bezogenen Spannung der Batterie aus (Abb. 24.5). Dies ist in den meisten Fällen durch die an die Batterie angeschlossenen Wechselrichter bedingt, welche die in der Batterie gespeicherte Energie zu einer Wechselspannung umformen, um diese entweder in das normale Stromverteilungsnetz zurückzuspeisen oder für den Eigenverbrauch zur Verfügung zu stellen.

Während bei der auf Schutzleiterpotenzial bezogenen Spannung der eine Pol auf einem Potenzial liegt, das für die Berührung ungefährlich ist, muss der andere Pol der Batteriespannung entweder über eine sogenannte Doppelte Isolierung[4] oder Verstärkte Isolierung[5] vor dem Berühren durch den Anwender oder dem Wartungspersonal geschützt sein. Bei nicht isolierten Teilen ist die Einhaltung von ausreichenden Luft- und Kriechstrecken zu den vom Anwender berührbaren Oberflächen einzuhalten. Diese müssen für die maximale Batteriespannung bemessen sein.

Die Verbindungsleitungen und andere mit der Batteriespannung verbundene Betriebsmittel müssen für die auftretenden Belastungen dimensioniert sein. Bei stationären Batterien sind das neben den reinen elektrischen Eigenschaften wie Spannungsfestigkeit und Strombelastbarkeit vorwiegend die Beständigkeit gegen Temperaturen, die beim Betrieb auftreten können. Besondere mechanische Belastungen treten hier, anders als beim Elektrofahrzeug, in der Regel nicht auf. Eine besondere chemische Beständigkeit der Isoliermaterialien ist wegen der nicht vorhandenen hermetischen Kapselung der Batterie nicht erforderlich.

---

[4] Isolierung, die aus der Basisisolierung und der zusätzlichen Isolierung besteht

[5] Isolierung von gefährlichen aktiven Teilen, die im gleichen Maße Schutz gegen elektrischen Schlag bietet wie die Doppelte Isolierung

24.2.2 Kurzschlüsse

Kurzschlüsse können bei großen Batterien für den industriellen Einsatz zu sehr großen Strömen bis weit über 1000 A führen. Diese hohen Ströme führen wiederum zu hohen Temperaturen der stromdurchflossenen Teile und können auch innerhalb der Batterie in den Zellen zu hohen Temperaturen führen. Hier kann es zu einem Versagen des Separator-Materials innerhalb der Zelle kommen, so dass es dann auch innerhalb der Zelle zu einem Kurzschluss zwischen der Anode und der Kathode kommt. Einige der zur Zeit verwendeten Materialkombinationen für Lithium-Ionen-Zellen neigen dann zu einem so genannten Thermal Runaway. Aus diesem Grund müssen in die Batterien entweder Überstromschutzeinrichtungen eingebaut werden oder der Einsatz solcher Elemente muss für die Integration der Batterie in ein System vorgeschrieben werden. Unabhängig davon sind die Anschlusspunkte der Batteriepole so auszuführen, dass es nicht zu einem Kurzschluss kommen kann, wenn ein flaches Metallstück (z. B. ein Schraubenschlüssel), beide Anschlusspunkte berühren könnte. Zu beachten ist bei der Auswahl des Überstromschutzelementes, dass es sowohl für die Spannung der Batterie als auch für den Einsatz in Gleichspannungsstromkreisen geeignet ist.

24.2.3 Batteriemanagementsysteme

Batteriemanagementsysteme (BMS) haben die Aufgabe, verschiedene für eine Lithium-Ionen-Batterie kritische Zustände zu verhindern. Zu den Zuständen, die verhindert werden müssen, gehören die Entladung bzw. Ladung mit zu hohen Strömen, die Überladung genauso wie die Überentladung. Diese Zustände fasst man unter dem Begriff der Fehlbehandlung von Batterien zusammen. In allen genannten Fällen kann die Batterie in einen kritischen Zustand gelangen, der zu einer Gefährdung der Umwelt und der Anwender führen könnte. Zum einen kann der weiter oben schon erwähnte Thermal Runaway bei bestimmten Materialkombinationen auftreten. Aber auch Materialkombinationen, die nicht zu dem Thermal Runaway neigen, sind deswegen nicht weniger gefährlich.

Auch diese Batterien und ihre Zellen können sich im Zuge der oben erwähnten Fehlbehandlungen erwärmen und somit in den Zellen so viel Druck aufbauen, dass die üblicherweise vorhandenen Überdruckventile abblasen. Die austretenden Stoffe, mindestens aber der Elektrolyt aus organischen Materialien, ist oftmals toxisch, brennbar und führt evtl. zu einer Gefährdung. Aus diesem Grunde sind alle Funktionen des BMS, die solche Situationen verhindern, als sicherheitsrelevant einzustufen. Bei einer hardwaremäßigen Ausführung von Schutzfunktionen durch diskrete oder auch hochintegrierte Schaltkreise sind diese erstfehlersicher auszuführen. Ein Fehler in dieser Hardwareschaltung darf nicht dazu führen, dass ein gefährlicher Zustand für die Batterie auftreten kann. Aufgrund der immer komplexer werdenden Algorithmen verlagert man solche sicherheitsrelevanten Funktionen in softwarebasierte Systeme. Dies erleichtert die Parametrierung für die unterschiedlichen Anforderungen der verfügbaren Batteriearten. Auf der anderen

Seite müssen dann die sicherheitsrelevanten Softwareroutinen nach einer für solche Funktionen vorgesehenen Methodik programmiert werden, so dass sichergestellt ist, dass die Software auch die entsprechenden Aufgaben zuverlässig erfüllen kann. Man spricht hierbei von funktionaler Sicherheit. Die Grundnorm für die funktionale Sicherheit ist die IEC-Publikation 61508.[6] Diese ist immer dann anzuwenden, wenn für einen bestimmten Anwendungsbereich keine spezielle Variante erarbeitet wurde, welche die Bedingungen im Anwendungsbereich besonders berücksichtigt. Für den Bereich der Fahrzeugtechnik ist seit kurzem die ISO 26262[7] verfügbar, die die grundlegenden Anforderungen der IEC 61508 auf die besonderen Bedingungen der Fahrzeugtechnik adaptiert. Somit sind für den Bereich der Fahrzeugtechnik in Zukunft immer die Prinzipien der ISO 26262 anzuwenden, sobald sicherheitsrelevante Funktionen in Software implementiert werden sollen bzw. müssen.

24.3   Ausblick auf zukünftige Entwicklungen

Im Rahmen derzeit laufender Forschungsprojekte werden sicherlich weitere innovative Energiespeicher mit höherer Energiedichte als die bisher verfügbaren Lithium-Ionen-Batterien entwickelt und zur Marktreife gebracht. Ein Entwicklungsschwerpunkt ist die Lithium-Luft-Batterie.

Andere neuartige Materialkombinationen werden möglicherweise demnächst verfügbar sein und haben dann ggf. auch neue Herausforderungen in Bezug auf die elektrische und chemische Sicherheit und bedürfen einer ständigen Anpassung der Sicherheitsanforderungen.

---

[6] IEC 61508 Funktionale Sicherheit sicherheitsbezogener elektrischer/elektronischer/programmierbarer elektronischer Systeme

[7] Die ISO 26262 („Road vehicles – Functional safety") ist eine aus 10 Teilen bestehende ISO-Norm für sicherheitsrelevante elektrische/elektronische Systeme in Kraftfahrzeugen. Die ISO 26262 definiert ein Vorgehensmodell zusammen mit geforderten Aktivitäten und Arbeitsprodukten sowie anzuwendenden Methoden in Entwicklung und Produktion. Die Norm besteht aus den folgenden Teilen:

1. Vokabular
2. Management der funktionalen Sicherheit
3. Konzeptphase
4. Produktentwicklung: Systemebene
5. Produktentwicklung: Hardwareebene
6. Produktentwicklung: Softwareebene
7. Produktion, Betrieb und Außerbetriebnahme
8. Unterstützende Prozesse
9. ASIL- und sicherheitsorientierte Analysen
10. Guideline (nur informativ)

Funktionale Sicherheit von Fahrzeugen

25

Michael Vogt

25.1 Einleitung

ISO 26262 – Funktionale Sicherheit für Straßenfahrzeuge Die Anzahl elektronischer Systeme im Fahrzeuge hat sich gerade in den letzten 10 Jahren extrem erhöht. Hatte ein Fahrzeug in den 80er Jahren meist noch nicht einmal einen Airbag, geschweige denn ein System zur Sicherstellung der Fahrstabilität (ESP), so bekommen heutzutage hochkomplexe elektronische Sicherheitssysteme eine immer größere Verbreitung. Gerade sicherheitsrelevante Systeme, wie ABS, ESP oder eine aktive Lenkung, haben zu einer nachweislichen Reduzierung von Verkehrstoten und -verletzten geführt. Bei allen Vorteilen dieser Systeme kann eine nicht spezifikationsgerechte Funktion nicht nur ihre unterstützende Wirkung verlieren, sondern gar eine kritische Fahrsituation hervorrufen. Die „Funktionale Sicherheit" dient als Instrument, um gerade diese kritischen Fehler zu identifizieren und zu verhindern.

Die Funktionale Sicherheit für automobile Anwendungen wird seit November 2011 durch die internationale Norm ISO 26262 beschrieben. Die Norm zielt darauf ab, Fehlfunktionen, die aus einem elektrischen/elektronischen System herrühren, auf ein tolerierbares Mindestmaß zu reduzieren. An der Entwicklung der Norm waren Sicherheitsexperten aus acht Ländern beteiligt. Die Leitung des Projektes unter dem Dach der ISO (International Organization for Standardization) lag in den Händen des Normenausschusses Automobiltechnik des VDA unter dem Dach des DIN.

Die ISO 26262 leitet sich aus der Grundnorm für sicherheitsgerichtete Entwicklung, der IEC 61508, ab und beschreibt Anforderungen im Hinblick auf die sicherheitsgerichtete Entwicklung von elektrischen/elektronischen Systemen (E/E Systeme). Ein E/E System besteht entsprechend der Definition im Teil 1 der ISO 26262 aus elektrischen/

M. Vogt (✉)
SGS-TÜV GmbH, Hofmannstraße 51, 81379 München, Deutschland
e-mail: michael.vogt@sgs.com

R. Korthauer (Hrsg.), *Handbuch Lithium-Ionen-Batterien*,
DOI: 10.1007/978-3-642-30653-2_25, © Springer-Verlag Berlin Heidelberg 2013

elektronischen Elementen (Hardware/Software) inklusive einer programmierbaren elektronischen Einheit. Somit ist die ISO 26262 das Normenwerk für die sicherheitsgerichtete Entwicklung in der Automotive-Welt.

25.2 Funktionale Sicherheit im Detail

Überblick über den Umfang der ISO 26262 Die ISO beschränkt sich aktuell auf E/E Systeme, die in Straßenfahrzeugen mit einem maximalen Gewicht von 3,5 t eingesetzt werden; explizit ausgenommen sind Behindertenfahrzeuge. Die Anwendbarkeit der Norm auf Nutzfahrzeuge und Motorräder ist nicht direkt ausgeschlossen und es ist zu beobachten, dass die Norm bereits auf die genannten Fahrzeuggruppen angewendet wird bzw. die Vorbereitungen dazu angestoßen sind. Dieser offene Anwendungsbereich wird voraussichtlich in der überarbeiteten Fassung der Norm geschlossen werden. Der Veröffentlichungstermin ist derzeit noch unbekannt.

Die Norm beinhaltet unter anderem Anforderungen an das Management der Funktionalen Sicherheit (FSM), beschrieben in Teil 2, sowie die hierfür notwendigen Unterstützungsprozesse (Teil 8) wie beispielsweise die Leistungsschnittstellenvereinbarung (Development Interface Agreement), Anforderung-, Änderungs- und Konfigurationsmanagement. Darüber hinaus wird eine methodische Vorgehensweise zur Erfassung von Gefahren und Risiken, die aufgrund einer Fehlfunktion eines E/E Systems auftreten können, beschrieben. Hierbei geht es nicht darum, die Ausfallwahrscheinlichkeit zu bewerten, sondern die Gefährdungen und Risiken bei einer auftretenden Fehlfunktion in Verbindung mit einer bestimmten Fahrsituation zu beleuchten.

Ein Beispiel soll zur Verdeutlichung dienen: Ein Fahrzeug befindet sich bei mittlerer Geschwindigkeit auf einer kurvigen Landstraße. Beim Durchfahren einer Kurve kommt es in einem für die Fahrdynamik relevanten E/E System zu einer Fehlfunktion. Diese führt dazu, dass das Fahrzeug in einen fahrdynamisch kritischen Zustand gerät und daraufhin die Fahrbahn verlässt. Auf Grundlage dieser Betrachtung leiten sich Sicherheitsziele und Anforderungen für das betreffende System.

Anforderungen aus der ISO 26262 Die in der Norm ISO 26262 beschriebenen Anforderungen und Methoden beschreiben mit Veröffentlichung der Norm dem aktuellen Stand der Technik in Bezug auf die Funktionale Sicherheit von Straßenfahrzeugen. Die Norm hilft somit ein E/E System im Sinne der Produkt- und Produzentenhaftung entsprechend dem Stand der Technik abzusichern. Weiterhin kann im Falle einer Produkthaftung aufgrund der entwicklungsbegleitenden Dokumentation eine Beweislastumkehr erreicht werden.

Die Gliederung der Norm, sowie die Anlehnung an das V-Modell [1], das große Verbreitung bei der Entwicklung von E/E Systemen in der Automobilindustrie hat, kann der (Abb. 25.1) entnommen werden. Hierbei ermöglicht das V-Modell einen strukturierten und iterativen Entwicklungsprozess in verschiedenen Detaillierungs-Ebenen.

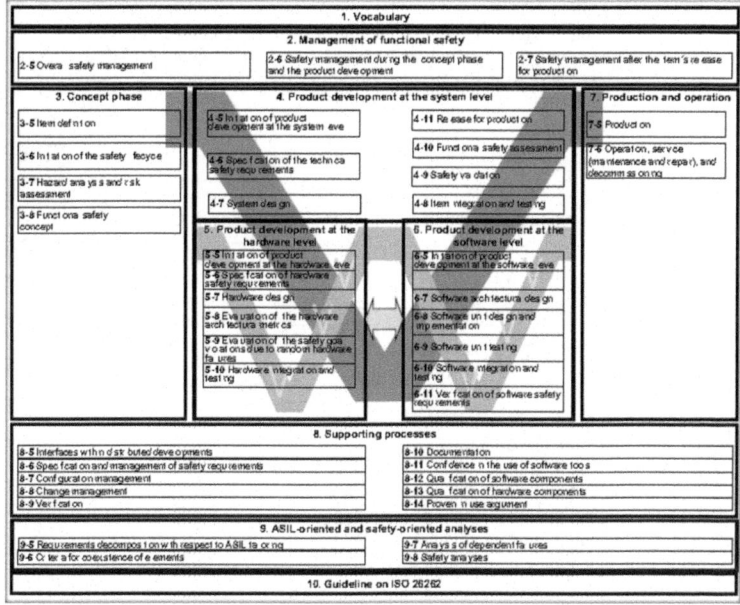

Abb. 25.1 Überblick über die ISO 26262

Die ISO 26262 umfasst 10 Teile. Die Teile 1 bis 9 sind normativ. Teil 10 der Norm, hat im Gegensatz zu den Teilen 1 bis 9, informativen Charakter.

25.3 Management der Funktionalen Sicherheit

Die in Teil 2 der Norm beschriebenen Anforderungen an das Management der Funktionalen Sicherheit, Functional Safety Management (FSM), nehmen Bezug auf einen übergeordneten generischen Ansatz, der durch Tailoring auf die projektspezifischen Gegebenheiten angepasst werden kann. Die erforderlichen Aktivitäten der sicherheitsgerichteten Entwicklung werden zu Beginn eines Projekts durch Festlegung der Entwicklungskategorie, Neu- oder Weiterentwicklung, mittels einer Auswirkungsanalyse definiert. Dies wird im Safety Plan festgehalten, der alle Aktivitäten über den gesamten Projektverlauf dokumentiert. Das generische FSM beinhaltet spezifische Anforderungen an die Unternehmensorganisation, Prozesse für die sicherheitsgerichtete Entwicklung, das Kompetenzmanagement der Mitarbeiter, die verschiedenen Rollen und das Vorgehen während des gesamten Sicherheitslebenszyklus. Der Sicherheitslebenszyklus reicht von der Entwicklung von Systemen, Hardware und Software, bis zur Produktion, dem Betrieb und der Außerbetriebnahme. Voraussetzung für die Integration eines FSM in die

Abb. 25.2 Risikograph ISO 26262

Severity S	Exposure E	Controllability C		
		C1	C2	C3
S1	E1	QM	QM	QM
	E2	QM	QM	QM
	E3	QM	QM	ASIL A
	E4	QM	ASIL A	ASIL B
S2	E1	QM	QM	QM
	E2	QM	QM	ASIL A
	E3	QM	ASIL A	ASIL B
	E4	ASIL A	ASIL B	ASIL C
S3	E1	QM	QM	ASIL A
	E2	QM	ASIL A	ASIL B
	E3	ASIL A	ASIL B	ASIL C
	E4	ASIL B	ASIL C	ASIL D

Unternehmensprozesse ist ein bereits implementiertes und funktionierendes Qualitätsmanagement (z. B. nach ISO TS 16949).

25.3.1 Sicherheitslebenszyklus

Die nachfolgenden Normteile (Teil 3 bis 7) beschreiben den Sicherheitslebenszyklus der
sicherheitsgerichteten Entwicklung. Aufgrund der Ausrichtung der Norm an der Automobilindustrie ist der Sicherheitslebenszyklus an den Produktentstehungsprozess (PEP)
der Automobilindustrie angelehnt.

Mit der Konzeptphase, Teil 3 der Norm, wird die Basis für die nachgelagerten Phasen
des Sicherheitslebenszyklus gelegt. Kernstück der Konzeptphase ist die Gefahrenanalyse
und Risikobewertung. Hier geht es im Wesentlichen darum, die von einem E/E System
ausgehenden Fehlfunktionen zu bewerten und diesen entsprechend ihrer Bewertung
einen Automotive Safety Integrity Level (ASIL) zuzuordnen. Dabei ist der ASIL ein
„Maß" für die Anforderungen und deren Umfang zur Gewährleistung einer ausreichenden Sicherheit. Die einzelnen Parameter, die zur Ableitung des ASIL herangezogen
werden sind S (Severity), E (Exposure) und C (Controllability). Der entsprechende Risikograph zur Ableitung des ASIL kann (Abb. 25.2) entnommen werden. Hierbei repräsentiert QM (Quality Management) die niedrigste Stufe der notwendigen Maßnahmen,
gefolgt von ASIL A bis zur höchsten Einstufung ASIL D.

Neben der Gefahrenanalyse und Risikobewertung und dem daraus entstehenden
Dokument, in der Norm als Work Product bezeichnet, folgen weitere vor- und nachgelagerte Aktivitäten bis zum Abschluss der Konzeptphase. Die Konzeptphase wird
in Abschn. 25.4.2 im Hinblick auf die Elektromobilität und den damit zusammenhän-
genden spezifischen Rahmenbedingungen detailliert behandelt. An die Konzeptphase
schließt sich die sicherheitsgerichtete Entwicklung auf System- (Teil 4), Hardware- (Teil
5) und Software-Ebene (Teil 6) an, gefolgt von Produktion und Betrieb (Teil 7).

25.3.2 Akzeptiertes Risiko

Die Grenzlinie zwischen der Entwicklung nach QM Methoden und der sicherheitsgerichteten Entwicklung (ASIL) wird durch das akzeptierte Risiko beschrieben. Die sich daraus

Abb. 25.3 Risikoakzeptanzgrenze

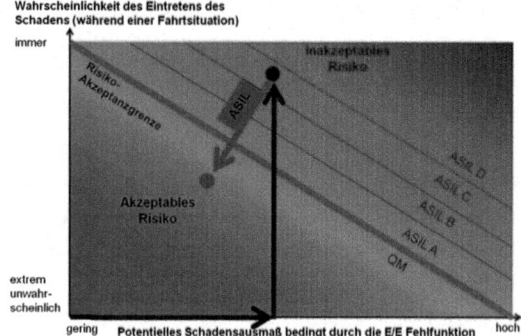

ergebende Risikoakzeptanzgrenze repräsentiert hierbei das gesellschaftlich akzeptierte Risiko und hängt von der Wahrscheinlichkeit des Eintretens und dem Ausmaß des Schadens ab. Diesen Zusammenhang verdeutlich die (Abb. 25.3).

25.3.3 Rechtlicher Hintergrund der ISO 26262

Grundsätzlich sind Normen keine Gesetze oder Richtlinien, haben aber die Vermutungswirkung, dass deren Einhaltung ein ausreichendes Maß an Sicherheit gewährt. Die ISO 26262 beruht auf der wissenschaftlichen Erkenntnis, dass es eine absolute Sicherheit nicht gibt. Die Anwendung der Norm soll dem Ziel und dem Nachweis dienen, dass ein sicherheitsgerichtetes E/E System frei von nicht hinnehmbaren Risiken ist.

Die Sicherheit von Fahrzeugen muss nach der europäischen Verordnung EG Nr. 661/2009 [2] gemäß des jeweils neuesten Standes von Wissenschaft und Technik ausgelegt sein. Da die Norm ein Rahmenwerk zur Erreichung von Funktionaler Sicherheit bei der Verwendung komplexer E/E Systeme in Fahrzeugen ist, gehört sie zum aktuell gültigen wissenschaftlichen und technischen Stand der Technik. Funktionale Sicherheit ist eine Eigenschaft dieser Systeme, die durch die Methoden der ISO 26262 erreicht werden kann. Die ISO 26262 gewinnt damit eine enorme rechtliche Relevanz für die vertragsrechtliche und die haftungsrechtliche Beziehung aller an der Wertschöpfungskette (Zulieferer, Hersteller) beteiligten Vertragspartner.

Sie zwingt beispielsweise mit der Forderung zum Abschluss einer Leistungsschnittstellenvereinbarung zu einer vertraglichen Festlegung der Verantwortlichkeiten zwischen den Fahrzeugherstellern (OEM) und Zulieferern (TIER). Dies wird durch entsprechende Definition und Dokumentation der Sicherheitsaktivitäten in der Konzeptphase, während der Entwicklung und in der Produktionsphase erreicht. Die Umsetzung der Anforderungen der Norm bestimmt damit auch wesentlich die zivilrechtliche und strafrechtliche Verantwortlichkeit der Hersteller sicherheitsrelevanter Systeme und insbesondere die der Fahrzeughersteller.

Zur Klarstellung der rechtlichen Relevanz der ISO 26262 sind die beiden Rechtskreise „Produkthaftung" sowie „Produzentenhaftung" zu betrachten. Produkthaftung – folgend dem nationalen und europäischen Produkthaftungsgesetz – stellt die außervertragliche, gesetzliche, verschuldensunabhängige Haftung (deliktische Produkthaftung) für fehlerhafte (Teil-)Produkte dar. Umfasst sind alle Fälle, in denen für fehlerhafte Produkte zu haften ist. Zu berücksichtigen ist, dass auch ein spezifikationsgerechtes Produkt „fehlerhaft" sein kann. „Die Ersatzpflicht des Herstellers ist nur dann ausgeschlossen, wenn der Fehler nach Stand der Wissenschaft und Technik zu dem Zeitpunkt, an dem der Hersteller das Produkt in den Verkehr brachte, nicht erkannt werden konnte." [3].

Produzentenhaftung – hier insbesondere in Bezug auf § 823 BGB – beschreibt die außervertragliche, verschuldensabhängige Haftung. Voraussetzung für deren Anwendung sind Pflichtverletzung nebst Rechtsgutverletzung, Schaden und Verschulden. Die Thematik soll an dieser Stelle nicht weiter vertieft betrachtet werden. Bei der rechtlichen Interpretation ist es dringend zu empfehlen, Juristen zu Rate zu ziehen.

25.4 Sicherheit in der Elektromobilität

Die ISO 26262 trägt der Tatsache Rechnung, dass in den vergangen Jahren der Anteil an E/E Systemen im Fahrzeug stetig gestiegen ist. Dieser Trend wird sich in den kommenden Jahren fortsetzten, insbesondere vor dem Hintergrund der Elektromobilität. Die Elektromobilität führt letztlich dazu, dass eine Vielzahl von Komponenten und Systemen durch E/E Systeme realisiert werden. Die in einem Elektrofahrzeug verwendeten Komponenten und Systeme sind in einem verbrennungsmotorisch betriebenen Fahrzeug entweder nicht vorhanden oder werden derzeit meist technologisch in Form mechanisch angetriebener Systeme realisiert. Das trifft insbesondere auf den Antriebsstrang, die Bremsen, die Lenkung sowie das Energiespeichersystem zu. Zusätzlich werden Systeme zur Energiewandlung, Klimatisierung und Beheizung des Innenraums benötigt, die eine andere technische Realisierung erfordern als bisher.

Ein anderer Aspekt der Elektromobilität, der Einsatz neuer und innovativer Technologien im Kontext Fahrzeug, führt zu neuen Wegen zur Gewährleistung der Sicherheit in der Elektromobilität. Gefahren und Risiken resultieren in der Elektromobilität aus unterschiedlichen technologischen Feldern. Energiespeichersysteme sind eine neue innovative Technologie, die in Elektrofahrzeugen eingesetzt wird. Die Gefahren und Risiken, die von einem Batteriesystem ausgehen, sind vor allem im verwendeten elektrochemischen System begründet. Das Batteriesystem muss vor äußeren Gefahren wie Erwärmung und Deformation geschützt werden. Heutige Batteriesysteme verfügen über ein metallisches Gehäuse oder ein Kunststoffgehäuse. Es dient zum einen dazu, Fahrzeuginsassen vor austretenden Gasen und Flüssigkeiten zu schützen und diese gezielt abzuleiten, und zum anderen, um die Batterie selbst vor äußeren Einwirkungen, z. B. bei einem Unfall, zu bewahren. Daneben gilt es, die Hochvolttechnik im Fahrzeug handhabbar zu machen. EMV-Einflüsse, die durch die Hochvolttechnik entstehen und auf verschiedenste E/E Systeme einwirken können, müssen minimiert werden.

Diese Tatsache macht ein methodisches Vorgehen erforderlich, das eine vollumfäng-liche integrale Betrachtung ermöglicht. Die Elektromobilität vereint verschiedene tech-nologische Felder miteinander und nur ein integrales, verzahntes Sicherheitskonzept macht es möglich, die aus den verschiedenen Technologien resultierenden Gefahren und Risiken auf ein Mindestmaß zu reduzieren. Es ist zwingend erforderlich einen integralen Sicherheitsansatz zu verfolgen, der es einerseits ermöglicht, alle Gefahren und Risiken zu identifizieren, und der andererseits in der Lage ist, eine wechselseitige Abstützung der verschieden Technologien zu erreichen. Hierbei hängt die Sicherheit des Gesamtfahr-zeugs von den identifizierten Sicherheitsmaßnahmen aus den unterschiedlichen techno-logischen Feldern und auch von der passiven und aktiven Sicherheit ab. Im Folgenden soll aufgezeigt werden, welchen Beitrag die Funktionale Sicherheit dazu leisten kann.

25.4.1 Energiesysteme für Elektrofahrzeuge

Die Integration einer Batterie zur Bereitstellung von Antriebsenergie ist eine Innovation im Fahrzeugbau und dementsprechend Neuland für die Automobil- und Elektroindustrie. Es handelt sich im überwiegenden Fall um Lithium-Ionen-Batterien, die in Elektrofahr-zeugen zum Einsatz kommen. Diese Technologie wird bisher hauptsächlich im Consu-mer-Bereich (Handy, Laptop, Elektrowerkzeuge) angewendet. Der Unterschied besteht aus sicherheitstechnischer Sicht in der Anzahl der verwendeten Zellen und dem daraus resultierenden installierten Energieinhalt. Ein weiterer Unterschied besteht darin, dass mit dem mobilen Einsatz einer Lithium-Ionen-Batterie neue Anforderungen im Hinblick auf die Sicherheit verbunden sind. Gefahren können z. B. durch einen internen bzw. externen Kurzschluss entstehen. Weiterhin ist vorstellbar, dass bei einer Verunfallung eines Fahr-zeuges spannungsführende aktive Teile freigelegt und somit berührt werden können. Die anliegenden DC-Spannungen liegen meist zwischen 400 V und 800 V; hieraus ergibt sich eine potentielle Gefährdung, sowohl für die Nutzer als auch für Helfer und Rettungskräfte.

Die aktuelle Entwicklung zeigt, dass hier eine Vielzahl an Entwicklungsaktivitäten aufgewendet wird, um die Batterie für die automotiven Einsatzbedingungen zu befähi-gen und sicherer zu machen. Dies kann auf mehreren Systemebenen erfolgen. Schon bei der Festlegung der Zellgeometrie, der Auswahl der eingesetzten Zellchemie, des Elek-trolyts sowie des Separators kann ein wesentlicher Beitrag zur Erhöhung der Sicherheit geleistet werden. Hier spricht man von intrinsischen Maßnahmen, welche die Eigensi-cherheit bereits auf Zellebene erhöhen. Darüber hinaus können der Einbauort und die intelligente Einbindung in die Gesamtfahrzeugarchitektur einen Beitrag zum Schutz der Batterie gegen äußere einwirkende Kräfte leisten. Und nicht zuletzt können Gefahren, welche weder durch intrinsische Maßnahmen noch durch den Einbauort gemindert wer-den, durch ein E/E System weiter reduziert werden.

Dies führt zu dem Schluss, dass die Sicherheit einer Batterie von verschieden Fakto-ren beeinflusst wird. Die von einem Batteriesystem ausgehenden Gefahren lassen sich demnach in vier Kategorien (Abb. 25.4) einteilen. Die Aufteilung besteht aus Gefahren

Abb. 25.4 Funktionale Sicherheit und andere Technologien

aufgrund des chemischen Verhaltens (Austritt von Elektrolyt, Ausgasung, Brand, Explosion), des elektrischen Verhaltens (Hochspannung), des mechanischen Verhaltens (Deformierung von Batteriezellen) und aus funktionalen Gefahren aufgrund von Fehlfunktionen des E/E Systems (z. B. des Batterie-Management-Systems, BMS).

Ein Batteriesystem besteht neben einem elektrochemischen System aus Sensoren und Aktuatoren sowie dem BMS. Das BMS übernimmt alle Funktionen zur Steuerung und Regelung der Batterie im Hinblick auf Performance, Lebensdauer, Verfügbarkeit und Sicherheit und ist gleichzeitig die Schnittstelle zum Gesamtfahrzeug. Dadurch werden Funktionen wie Fahren, Energierückgewinnung (Rekuperation), Energiemanagement, Spannungsversorgung ermöglicht. Daraus ergibt sich ein hoher Vernetzungsgrad zu anderen Systemen des Fahrzeugs.

Die chemische Sicherheit der Einzelzellen wird durch die eingesetzte Zellchemie (Kathode, Anode, Elektrolyt) bestimmt. Zellinterne, intrinsische Maßnahmen bestimmen die Eigensicherheit der Batteriezellen. Zu diesen Maßnahmen gehört z. B. der Einsatz von keramischen Separatoren, temperaturstabilen Kathodenmaterialien sowie Elektrolytzusätzen, die den Flammpunkt erhöhen. Das Batteriesystem wird zusätzlich durch das BMS im Hinblick auf Temperatur, Druck, Spannung, Strom, SOC (State Of Charge) und anderer Parameter überwacht. Kritische Zustände wie ein, durch äußere Umstände verursachter Thermal Runaway einzelner Zellen, können durch Maßnahmen wie Trennung der Batterie vom Ladesystemen oder Regelung der Kühlleistung durch das BMS verhindert werden.

Der Thermal Runaway wird durch eine zellinterne exotherme Reaktion ausgelöst. Dies kann bis zum Brand oder zur Explosion einer Zelle führen. Mögliche Einflussfaktoren sind in der (Abb. 25.5) dargestellt.

Die bei einer exothermen Reaktion freiwerdende Wärme führt zu einer drastischen Erhöhung der Reaktionsgeschwindigkeit: Dies führt wiederum zu einem Temperaturanstieg. In diesem Zusammenhang wird von einer Selbstbeschleunigung gesprochen. Kritisch ist, dass dieser Prozess bei überschreiten einer spezifischen Temperatur nicht mehr gestoppt werden und es zu heftigen Zersetzungsreaktionen innerhalb der Zelle kommen kann. Andere Zellen, die sich in direkter Nähe zur betroffenen Zelle befinden,

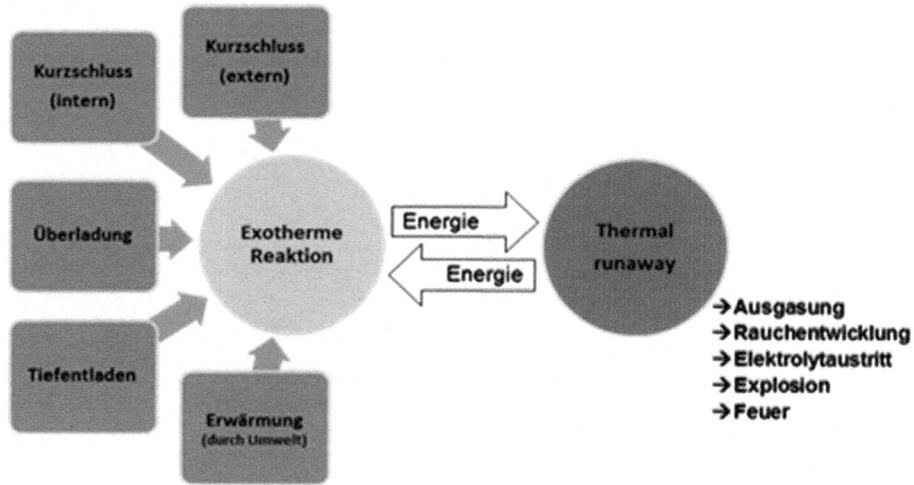

Abb. 25.5 Einflussfaktoren Thermal Runaway einer Lithium-Ionen-Zelle

können in Mitleidenschaft gezogen werden und im schlimmsten Fall den gleichen chemischen Prozess durchlaufen.

Die mechanische Sicherheit des Batteriesystems wird durch die Integration in das
Gesamtsystem Fahrzeug bestimmt. Mechanische Einflüsse sind Vibrationen oder die
Deformierung von Batteriezellen im Fall eines Unfalls. Hier kann die Auswahl des Ver-
bauortes oder die Konstruktion eines Batteriegehäuses einen Beitrag zur Sicherheit leis-
ten. Neueste Untersuchungen integrieren die Batterie in die Struktur des Fahrzeugs. Die
Batteriemodule werden so angeordnet, dass bei Einleitung einer Kraft im Crashfall sich
die Module flexibel verschieben bzw. verformbare Elemente des Moduls die eingeleitet
Kraft aufnehmen können [1].

Die elektrische Sicherheit spielt bei Spannungslagen größer 60 V DC bzw. 25 V AC
eine wichtige Rolle. Der Schutz von Personen vor aktiven, spannungsführenden Teilen,
steht im Vordergrund. Das wird durch Maßnahmen, welche ein direktes oder indirektes
Berühren verhindern, erreicht. Ein direktes Berühren kann durch Verwendung entsprechender Gehäuse, Abdeckungen, geschützter Stecker verhindert werden.

Die Maßnahmen, die einen indirekten Kontakt verhindern sind wesentlich weitreichen-
der. Ziel ist es, die durch einen Fehler auftretende Gefährdung, wie z. B. unter Spannung
stehende Gehäuseteile, zu verhindern. Hier ist es erforderlich die Isolation zwischen aktiven Hochvoltteilen und Gehäusen entsprechend einschlägigen Normen und Standards zu
dimensionieren und zu prüfen. Damit kann ein angemessener Schutz vor Isolationsfehlern
über die gesamte Lebensdauer erreicht werden. Die niederohmige Verbindung metallischer
Gehäuse ist Grundvoraussetzung für die Funktionsfähigkeit weiterer Schutzmaßnahmen
wie z. B. Sicherungen. Letztlich ist es notwendig, ein vollständiges Sicherheitskonzept zu
entwickeln, das diverse Aspekte wie die Entladedauer des Zwischenkreises, die Implementierung einer Isolationsüberwachung oder die Auslegung einer Interlockschleife berücksichtigt.

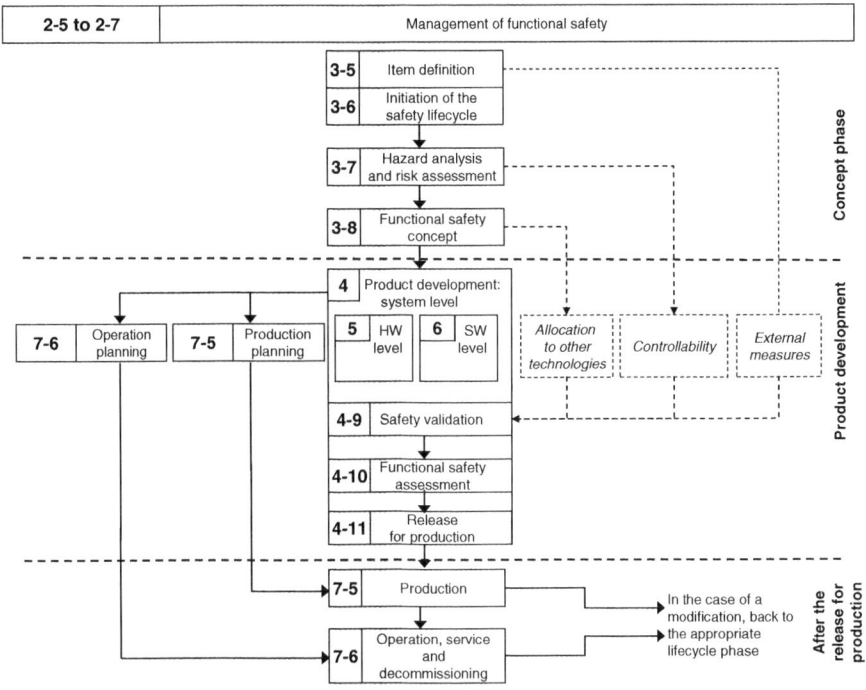

Abb. 25.6 Sicherheitslebenszyklus

25.4.2 Integrale Betrachtung der Sicherheit

Die integrale Betrachtung der Sicherheit (funktionale, elektrische, chemische und mechanische Sicherheit) kann auf Grundlage der Methoden, wie sie in der Norm ISO 26262 beschrieben sind, abgeleitet werden. Der Sicherheitslebenszyklus ist in (Abb. 25.6) zur Verdeutlichung nochmals dargestellt. Er beschreibt über alle Lebensphasen eines E/E Systems die notwendigen Aktivitäten, Anforderungen und Nachweismethoden bis hinter auf die Hardware- und Software-Ebene. Die Phasen des Sicherheitslebenszyklus lassen sich grob in die Konzept-, Produktenwicklungsphase sowie die Phase nach dem Produktionsstart, Start of Production (SOP), einteilen.

Die Konzeptphase wird in Teil 3 der Norm ISO 26262 in den Abschnitten 5 bis 8 beschrieben. Sie beinhaltet im Wesentlichen die Work Products „Item Definition", „Hazard Analysis and Risk Assessment" und „Functional Safety Concept" (Abb. 25.7). Die aus dem Abschnitt „Initialisation of the Safety Life Cycle" resultierenden Dokumente sollen an dieser Stelle nicht näher betrachtet werden. Es handelt sich hierbei um Dokumente, welche im Rahmen der sicherheitsgerichteten Entwicklung, jedoch nicht für das Verständnis der Konzeptphase, benötigt werden.

Die „Item Definition" (Beschreibung der Betrachtungseinheit) beinhaltet u. a. die Aspekte Funktionalität, Schnittstellen, Einsatz- und Umweltbedingungen, gesetzliche Anforderungen

Abb. 25.7 Work Products der
Konzeptphase

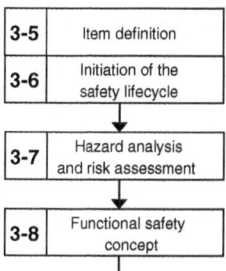

Abb. 25.8 Abgrenzung der
externen Maßnahmen (External
Measures)

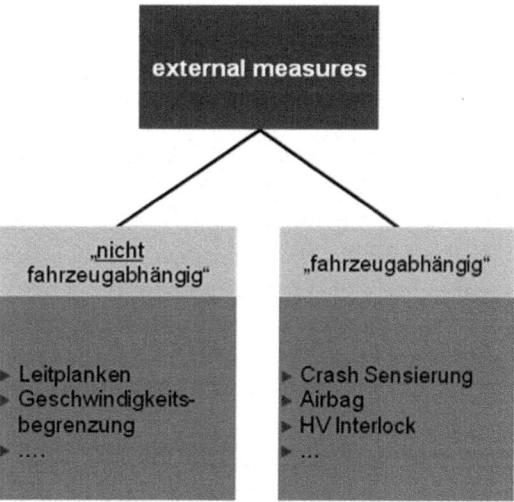

und Rahmenbedingungen sowie die bekannten vom System ausgehenden Gefahren. Diese Gefahren können durch verschiedene Maßnahmen gemindert werden. Dazu zählen andere Technologien (other Technologies) und die externen Maßnahmen (External Measures). Im Zusammenhang mit der Elektromobilität kann unter anderen Technologien die elektrische, chemische und mechanische Sicherheit verstanden werden. Externe Maßnahmen können fahrzeugabhängige, sowie fahrzeugunabhängige Maßnahmen sein (Abb. 25.8). Sie leisten einen Beitrag zur Sicherheit des Gesamtsystems.

Die Gefahrenanalyse und Risikobewertung (GuR) bewertet alle aus dem System resultierenden Gefahren und Risiken. Jeder identifizierten Gefährdung, hervorgerufen durch eine Fehlfunktion, wird auf Basis der GuR ein Sicherheitsziel zugewiesen, dass die Gefahr bzw. das Risiko mindert. Die Funktionale Sicherheit wird – wie bereits beschrieben – entsprechend der Schwere (S), Dauer bzw. Häufigkeit (E) und Kontrollierbarkeit (C) bewertet. Die Gewichtung der einzelnen Parameter (S, E und C) führt zur ASIL Einstufung der einzelnen Gefährdungen und Risiken. Systeme, die aus Sicht der Sicherheit unkritisch sind, werden als QM eingestuft. Alle sicherheitsrelevanten Umfänge werden zwischen ASIL A und ASIL D eingestuft.

Die Definition des funktionalen Sicherheitskonzepts (FSK) leitet Anforderungen an die Sicherheit aus der Gefahrenanalyse und Risikobewertung ab und beschreibt die Sicherheitsmaßnahmen sowie erste Mechanismen aus funktionaler Sicht. Das kann zum Beispiel der Umgang mit systematischen Fehlern oder das Verhalten des Systems bei Ausfällen der Hardware sein. Die nicht funktionalen Aspekte werden durch Zuweisung (Allokation) zu anderen Technologien betrachtet. Dieser Zusammenhang ist in (Abb. 25.4) dargestellt.

So ist es möglich, einen der methodischen Ansätze der ISO 26262 gewinnbringend für die Elektromobilität zu nutzen und die Gesamtsicherheit im Auge zu behalten. Außerdem ist ein schneller Vergleich verschiedenster sicherheitstechnischer Maßnahmen möglich und eine Auswahl kann unter den Gesichtspunkten der Wirksamkeit und der Kosten getroffen werden. Die Gewichtung des Parameters E (Dauer oder Häufigkeit einer Fahrsituation) ist aufgrund des Zeitpunkts der Entstehung der Norm ISO 26262 auf verbrennungsmotorische Antriebe zugeschnitten und neu zu bewerten. Hintergrund hierfür sind die zusätzlich mit der Elektromobilität verbundenen (Fahr-)Situationen. Außerdem wechselwirken teilweise die Situationen und Gefahrenpotentiale miteinander. Beispielsweise kann während der Betankung (Situation) eines Hybridfahrzeugs ein Isolationsfehler (Gefahr) im Hochvolt-Bordnetz auftreten; diese und andere Fragestellungen werden aktuell stark diskutiert.

In diesem Zusammenhang ist das Gefährdungspotential durch die Wechselwirkung einer Fehlfunktion und einer Situation zu betrachten. Die Norm gibt hierzu keine Anhaltspunkte; eine derartige Betrachtung ist aber dringend erforderlich, um eine einheitliche Vorgehensweise in der Entwicklung zu gewährleisten und Wettbewerbs- und Kostendruck zu minimieren.

25.5 Anwendung in der Praxis

Die Anwendung der Norm ISO 26262 und die Umsetzung ihrer Anforderungen in der Praxis zeigt, dass es aufgrund unterschiedlicher Interpretation der Norm gepaart mit der jeweiligen Entwicklungs-Philosophie in Bezug auf Prozesse und etablierten Vorgehensweisen zu abweichenden Ausprägungen kommen kann. Die Konzeptphase ist die Basis der sicherheitsgerichteten Entwicklung. Alle hier durchgeführten Aktivitäten und die daraus folgenden Festlegungen haben weitreichende Auswirkungen auf die nachgelagerten Entwicklungsphasen. Aus diesem Grund werden im Folgenden einige besonders hervorzuhebende Themenstellungen der Konzeptphase betrachtet.

25.5.1 Externer Maßnahmen vs. andere Technologien

Eine externe Maßnahme ist per Definition eine Maßnahme, welche nicht Bestandteil der Betrachtungseinheit (Item) ist, die jedoch das potenziell von einem Item ausgehende Risiko reduziert bzw. vermeidet. Eine Betrachtung während der Gefahrenanalyse und Risikobewertung erfolgt deshalb nicht. Eine Berücksichtigung erfolgt im Rahmen der Item Definition und später im funktionalen Sicherheitskonzept (FSK), das nachgelagert zur Gefahrenanalyse und Risikobewertung erstellt wird. Abhängig davon, ob es sich bei der externen Maßnahme um ein E/E System handelt, ist dieser ein ASIL zugewiesen.

Ebenfalls werden Maßnahmen aus anderen Technologien prinzipiell erst im FSK berücksichtigt. Die Zuweisung eines ASIL erfolgt nicht, da es sich hierbei nicht um ein E/E System im Sinne der Norm handelt, sondern vielmehr um Themen wie elektrische Sicherheit, konstruktive Maßnahmen (mechanische Sicherheit) etc. handelt.

Aber die Definition ermöglicht es, andere Technologie als externe Maßnahme zu interpretieren. Das ist nur logisch, macht es aber bei Systemen für die Elektromobilität oft schwierig, eine klare Abgrenzung zu finden. Die Frage, handelt es sich z. B. bei der elektrischen Sicherheit um eine externe Maßnahme oder um eine andere Technologie, ergibt sich je nach Item. Wird die elektrische Sicherheit bereits in der Item Definition als externe Maßnahme definiert, erweist sich dies bei nachfolgenden Projekten als nachteilig, da der sich ergebenden Änderungsaufwand in der Regel wesentlich höher ausfällt.

25.5.2 Gefahrenanalyse und Risikobewertung

Bei der Durchführung einer Gefahrenanalyse und Risikobewertung (GuR) zeigt sich eine andere Herausforderung. Grundsätzlich wird für die Durchführung ein Moderator und ein Expertenteam benötigt. Der Moderator sollte idealerweise Erfahrung bei der Durchführung von Risikoanalysen haben und zusätzlich die entsprechende Expertise im Hinblick auf das betrachtete System (Item) mitbringen. Das kann ein externer Moderator oder eine Person aus dem Unternehmensumfeld, z. B. der Manager für die Funktionale Sicherheit, sein. Die Besetzung des Expertenteams kann nur durch Personen aus dem Unternehmen oder daran beteiligten Unternehmen erfolgen. Nur dieser Personenkreis verfügt über die entsprechende fachliche und technische Expertise, um eine Beurteilung im Hinblick auf Gefahren und Risiken durchführen zu können bzw. eine Interpretation herzuleiten. Der Moderator hat die Aufgabe, das Expertenteam durch die GuR zu führen und bei Konflikten einen Konsens herbeizuführen. Das Ergebnis hängt damit vom Moderator und dem eingesetzten Expertenteam ab. Außerdem dient eine Gefahrenanalyse und Risikobewertung der Absicherung gegenüber Produkthaftungsansprüchen und sollte deshalb durch ein möglichst breites Expertenwissen abgesichert sein. Das ist bei neuen und innovativen Technologien, wie sie in der Elektromobilität Anwendung finden, ein nicht zu vernachlässigender Punkt.

Auch die Vorbereitung einer GuR erfordert Erfahrung und Sorgfalt. So ist es notwendig, dass entsprechende Betriebsarten, Situationen und Umgebungsbedingungen miteinander mit der Maßgabe, die Übersichtlichkeit zu wahren, kombiniert werden. Die Fehlfunktion eines E/E System wird mit den beschriebenen Kombinationen verknüpft und in der GuR bewertet. Das kann im Hinblick auf ein Batteriemanagementsystem die Überwachung der Zelltemperatur sein. Kommt es bei der Überwachung zu einem Ausfall, kann es zu unterschiedlichen Auswirkungen in Abhängigkeit von der aktuellen Betriebsart (Fahren, Parken), der Situationen (Landstraße, Autobahn) und den Umgebungsbedingungen (hohe Außentemperatur) kommen.

Die Beurteilung einer Gefahr in Bezug auf ihr Risiko ist in vielen Fällen nicht trivial und oftmals fehlen Erfahrungswerte aus vorangegangenen Entwicklungsprojekten, die als Basis für eine Bewertung herangezogen werden können. Bei der Bewertung ist es von äußerster Wichtigkeit, dass das System ohne Sicherheitsmaßnahmen beurteilt wird. Werden bereits bei der Analyse Sicherheitsmaßnahmen berücksichtig, ist eine durchgängige Argumentation im Sinne einer sicherheitsgerichteten Entwicklung schwer nachzuweisen. Vor dem Hintergrund der externen Maßnahmen vs. andere Technologie kann dies ein wichtiger Punkt sein. Je nach Argumentation muss die Berücksichtigung an unterschiedlichen Punkten im Sicherheitslebenszyklus erfolgen. Das führt letztlich zum nächsten Punkt, dem normativ geforderten Anforderungsmanagement. Auch wenn die Gefahrenanalyse und Risikobewertung erfolgreich durchgeführt wurde, ist die Anwendung eines Anforderungsmanagements existentiell. Denn nur so kann über den gesamten Entwicklungsablauf gewährleistet werden, dass alle Anforderungen und die daraus resultierenden Tests (Verifikation und Validierung) durchgeführt werden.

25.6   Ausblick

Die Elektromobilität ist aktuell geprägt von hoher Dynamik und sich verändernden Rahmenbedingungen. Die Akteure stammen aus der Automobilindustrie sowie aus Unternehmen der Elektroindustrie. Neben den Themen Kosten ist die Sicherheit von entscheidender Bedeutung für die Akzeptanz. Selbstverständlich schaut der Verbraucher heute auf die Reichweite eines Elektrofahrzeugs. Langfristig gesehen wird sich der Fokus auf die Thematik Sicherheit fokussieren. Das wird vermutlich dann der Fall sein, wenn Elektrofahrzeuge in nennenswerte Anzahl auf unseren Straßen unterwegs sein werden. Es gilt die Zeit bis dahin zu nutzen und einen Weg für die Gewährleistung sicherer Elektromobilität zu finden. Nicht zu Letzt wird die vollumfängliche Bewertung aller Risiken und ein Lernprozess auf allen Seiten dazu führen, die Elektromobilität sicher und bezahlbar zu machen. Hierfür ist es erforderlich, etablierte Methoden zu verfeinern und gleichzeitig deren Akzeptanz zu erhalten.

Das erfordert eine Intensivierung der Zusammenarbeit zwischen Herstellern (OEM) und Systemlieferanten (TIER). Das Thema Schnittstellen und das Management werden deshalb zunehmend an Wichtigkeit gewinnen. Letztlich geht es doch auch darum, den technologischen Wettlauf bei der Entwicklung von Elektrofahrzeugen und Batteriesystemen durch Differenzierung gegenüber der Konkurrenz zu meistern.

Literatur

1. http://www.v-modell-xt.de/
2. Verordnung (EG) Nr. 661/2009 des Europäischen Parlaments und des Rates vom 13 Juli 2009 über die Typgenehmigung von Kraftfahrzeugen, Kraftfahrzeuganhängern und von Systemen, Bauteilen und selbstständigen technischen Einheiten für diese Fahrzeuge hinsichtlich ihrer allgemeinen Sicherheit
3. Gesetz über die Haftung für fehlerhafte Produkte (Produkthaftungsgesetz- ProdHaftG) 1 Abs. 2, Ziffer 5

Funktions- und Sicherheitstests an Lithium-Ionen-Batterien

26

Frank Dallinger, Peter Schmid und Ralf Bindel

26.1 Einleitung

Funktions- und Sicherheitstest sind für Lithium-Ionen-Batterien in großtechnischen Anwendungen unabdingbar. Der Aufbau dieser Batterien ist in der Abb. 3.2 dargestellt. Die Batterie besteht aus den einzelnen Zellen, die zu Modulen verschaltet sind. In der Batterie selbst sind wiederum mehrere Module zusammen geschaltet. Des Weiteren existiert ein Kühlkreislauf. Ein Entlüftungssystem dient zur Gasabführung beim Ausgasen einer Zelle. Im Batteriegehäuse finden das Batterie-Management-System (BMS) und die Leistungstrennschalter ebenfalls Platz.

Im Lebens- und Fertigungszyklus der Batterie sind die verschiedenen Komponenten, Baugruppen und das Gesamtsystem Batterie bzgl. verschiedener Zielrichtungen zu testen. Zur Strukturierung der nötigen Tests werden gemäß Abb. 26.1 folgende Dimensionen betrachtet:

- Lebenszyklus der Batterie: Entwicklung – Validierung/Dauerlauf – Serienfertigung
- Device under Test (DUT): Zelle – Modul – Batterie – Gesamtanwendung
- Reifegrad der Batterie: Aufgrund der bei Batterien potenziellen Gefährdungen ist bei den Prüfungen in der Entwicklungs- und Validierungsphase der Reifegrad der Batterie zu berücksichtigen. Der Reifegrad bestimmt die für Tests nötigen Sicherheitsvorkehrungen.

F. Dallinger (✉) · P. Schmid · R. Bindel
Robert Bosch GmbH, Wernerstraße 51, 70469 Stuttgart, Deutschland
e-mail: Frank.Dallinger@de.bosch.com

P. Schmid
e-mail: PeterK.Schmid@de.bosch.com

R. Bindel
e-mail: ralf.bindel@de.bosch.com

R. Korthauer (Hrsg.), *Handbuch Lithium-Ionen-Batterien*,
DOI: 10.1007/978-3-642-30653-2_26, © Springer-Verlag Berlin Heidelberg 2013

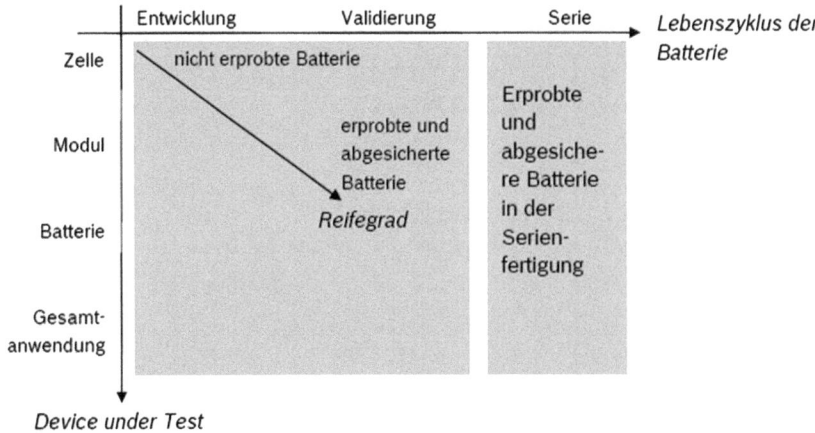

Abb. 26.1 Einflussfaktoren auf den Prüfumfang einer Batterie

In der Tab. 26.1 ist ein Überblick der resultierenden Prüfungen dargestellt. Aufgrund der noch jungen Technologie beansprucht diese Übersicht keine Vollständigkeit.

Mit Stand März 2009 stehen zwei Definitionen der Spezifikation von Reaktionen der Lithium-Ionen-Batterien zur Verfügung: die amerikanische FreedomCAR Spezifikation [1] und die europäische EUCAR Spezifikation [2]. In der Regel wird nach auch in den USA nach EUCAR spezifiziert (Tab. 26.2).

26.2 Anwendung EUCAR Hazard Levels für die Prüfeinrichtung

Der Betreiber legt die Gefährdungsklasse (Hazard Level) für die durchzuführenden Prüfungen bzw. für die Gefährlichkeit seiner Prüflinge fest. Das Prüfsystem wird dann in der entsprechenden Sicherheitsklasse ausgelegt. Für die aufgeführten Gefährdungen und Risiken werden entsprechende Sicherheitstechnologien realisiert und in einem Baukasten strukturiert. Durch Auswahl entsprechender Module der Sicherheitstechnik können die Prüfsysteme, wie in Tab. 26.3 dargestellt, für die Hazard-Levels 0 bis 7 ausgestattet werden (Abb. 26.2).

Für Prüfungen im Hazard-Level 0 bis 3 sind Meldeleuchten, eine Sicherheitstürverriegelung sowie eine Sicherheitstrenneinrichtung notwendig. Die Steuerung der sicherheitstechnischen Signale und Abläufe wird bereits für diese Hazard-Levels durch eine Sicherheitssteuerung übernommen. Ab dem Hazard-Level 4 sind Sicherheitselemente entsprechend gegen Abblasen, Feuer oder Flamme, Bersten und Explosion zu realisieren.

Tab. 26.1 Übersicht von Funktions- und Sicherheitstests von Lithium-Ionen-Batterien

	Entwicklung	Validierung, Erprobung	Serie
Zelle	Impedanzspektroskopie zur Optimierung der Zellchemie; Prüfung elektrischer Kenngrößen	Kalendarische und zyklische Alterungstests; Prüfung elektrischer Kenngrößen; Abuse Tests; Ggf. Schütteltests	Formierung; Messung OCV, Innenwiderstand; Prüfung Dichtheit der Zelle
Modul	Applikationstests mit unterschiedlichen Prüfinhalten	Kalendarische und zyklische Alterung; Prüfung elektrischer Kenngrößen	Prüfung Isolation, Widerstand; Prüfung Kontaktierungen
Batterie	Applikationstests mit unterschiedlichen Prüfinhalten	Kalendarische und zyklische Alterungstests; Prüfung elektrischer Kenngrößen; Abuse Tests; Umwelterprobungen	Prüfung elektrischer Kenngrößen; Prüfungen Kommunikation; Dichtheitsprüfung
Gesamtanwendung	Applikations- und Entwicklungstests bzgl. Optimierung der Gesamtanwendung und Wechselwirkung einzelner Komponenten		

Tab. 26.2 Gegenüberstellung der Testspezifikation EUCAR und FreedomCar

FreedomCAR Abuse Level	EUCAR Hazard Level	Gefährdung[a] durch das Versagen der Batterie
Level 1	0	kein Gefährdung
	1	reversible Batterieschädigung
Level 2	2	keine Gefährdung[b]
	3	irreversible Batterieschädigung ggf. Leckage ohne Gefährdung
Level 3	4	Gefährdung
	5	irreversible Batterieschädigung
	6	
	7	

[a]Durch das Versagen herbeigeführte Gefahren für Personen und Sachen, Voraussetzung ist die Verwendung von persönlichen Schutzeinrichtungen wie Schutzbrille und Handschuhe
[b]Gefährdung wird durch persönliche Schutzeinrichtung (Handschuhe, Kleidung, Gesichtsschutz (Schild)) vollständig eliminiert

Sollen mit dem Prüfsystem Batteriesysteme nach Hazard-Level 4 bis 7 geprüft werden, dann ist das Prüfsystem entsprechend erweitert aufgebaut. In diesen höheren Hazard-Levels genügen persönliche Schutzeinrichtungen (PSA) des Bedienpersonals nicht mehr

Tab. 26.3 Gefährdungsklassen

Gefährdungs-klasse	Beschreibung	Klassifizierungskriterien und Effekte	Zulässige Gefährdung
0	kein Effekt	kein Effekt, keine Funktionsbeeinträchtigung	
1	Passive Sicherungsvorrichtung löst aus	kein Defekt, kein Leck, kein Abblasen, kein Feuer, keine Flammen, kein Bersten, keine Explosion, keine exothermen Reaktionen, kein Thermal Runaway. Zelle noch einsetzbar, Sicherungsvorrichtungen müssen repariert werden	
2	Defekt, Beschädigung	wie Gefährdungsklasse 1 aber die Zelle ist irreversibel geschädigt und muss ausgetauscht werden	
3	Leck, Masseverlust< 50 %	kein Abblasen, kein Feuer, keine Flammen, kein Bersten, keine Explosion. <50 % Gewichtsverlust der Elektrolytlösung (Lösungsmittel + Leitsalz)	Beim Abblasen dürfen keine gesundheitsschäd-lichen oder giftigen Stoffe austreten.
4	Abblasen, Masseverlust >50 %	kein Feuer, keine Flammen, keine Explosion. >50 % Gewichtsverlust der Elektrolytlösung (Lösungsmittel + Leitsalz)	Beim Abblasen dürfen keine gesundheitsschäd-lichen oder giftigen Stoffe austreten.
5	Feuer oder Flammen	kein Bersten, keine Explosion (z. B. keine umherfliegende Teile)	Beim Abblasen und Verbrennen dürfen keine gesundheitsschäd-lichen oder giftigen Stoffe austreten oder entstehen.
6	Bersten	keine Explosion, aber umherfliegende Teile der aktiven Elektrodenmassen	Beim Abblasen, Ver-brennen und Bersten dürfen keine gesund-heitsschädlichen oder giftigen Stoffe austreten oder entstehen.
7	Explosion	Explosion (z. B. Zertrümmerung der Zelle)	Beim Abblasen, Ver-brennen, Bersten und Explodieren dürfen keine gesundheitsschäd-lichen oder giftigen Stoffe austreten oder entstehen.

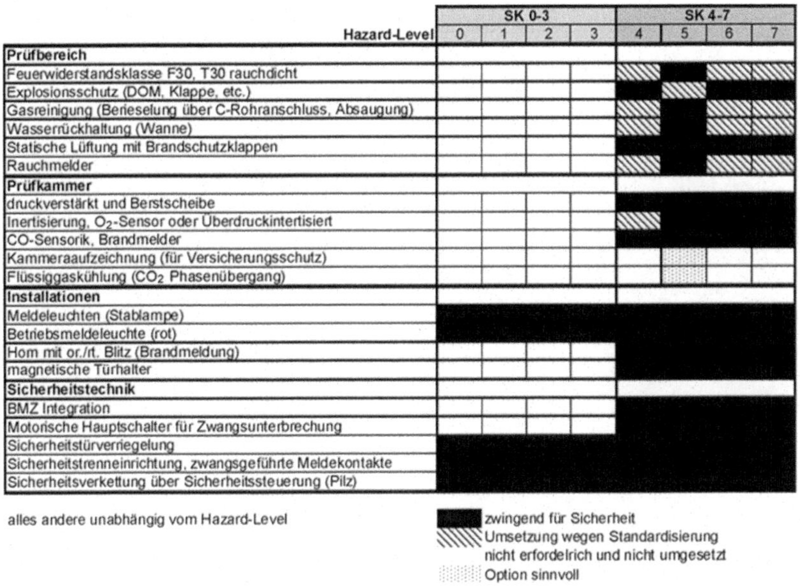

Prüfbereich	0	1	2	3	4	5	6	7
	SK 0-3				SK 4-7			
Feuerwiderstandsklasse F30, T30 rauchdicht					▨		▨	
Explosionsschutz (DOM, Klappe, etc.)					■		▨	
Gasreinigung (Berieselung über C-Rohranschluss, Absaugung)					▨	■	▨	▨
Wasserrückhaltung (Wanne)					▨	■	▨	▨
Statische Lüftung mit Brandschutzklappen					■	■	■	■
Rauchmelder					▨		▨	
Prüfkammer								
druckverstärkt und Berstscheibe					■	■	■	■
Inertisierung, O₂-Sensor oder Überdruckintertisiert					■		▨	
CO-Sensorik, Brandmelder					■	■	■	■
Kammeraufzeichnung (für Versicherungsschutz)							░	░
Flüssiggaskühlung (CO₂ Phasenübergang)								
Installationen								
Meldeleuchten (Stablampe)					■	■	■	■
Betriebsmeldeleuchte (rot)					■	■	■	■
Horn mit or./rt. Blitz (Brandmeldung)					■	■	■	■
magnetische Türhalter					■	■	■	■
Sicherheitstechnik								
BMZ Integration					■	■	■	■
Motorische Hauptschalter für Zwangsunterbrechung					■	■	■	■
Sicherheitstürverriegelung					■	■	■	■
Sicherheitstrenneinrichtung, zwangsgeführte Meldekontakte					■	■	■	■
Sicherheitsverkettung über Sicherheitssteuerung (Pilz)					■	■	■	■

Hazard-Level (Spaltenüberschrift)

alles andere unabhängig vom Hazard-Level

■ zwingend für Sicherheit
▨ Umsetzung wegen Standardisierung nicht erforderlich und nicht umgesetzt
░ Option sinnvoll

Abb. 26.2 Modulare Sicherheitstechnik für Batterietestsysteme

für einen Umgang mit den Prüflingen und es sind weitere Schutzeinrichtungen der Prüfeinrichtung für die Abwehr von chemischen Gefahren (erhebliches Ausgasen oder Ausgasen gesundheitsschädlicher Stoffe: Level 4) und physikalischen Gefahren (Brand, Bersten, Explosion: Level 5, 6, 7) notwendig.

Der Brandabschnitt ist durch einen Prüfraum (Safety-Box) der Feuerwiderstandsklasse nach DIN 4102, Teil 2 von 30 Minuten (F30/T30) für Deutschland ausgeführt. Im europäischen Ausland werden bis zu 120 Minuten und in den USA und Canada je nach Auslegung der örtlichen Behörden 240 Minuten gefordert.

In der Safety-Box sind Waschanlage mit C-Rohr-Anschluss, Rückhaltebecken und Ablauf, Türzuhaltung, Rauchmelder, Brandschutzklappen integriert. Im Prüfraum ist eine Temperaturkammer installiert. Die Temperaturkammer weist die für eine Batterieprüfung spezifischen Merkmale auf: Druckfestigkeit oberhalb der Auslöseschwelle einer Überdruckableitung in Form einer Berstscheibe mit Abluftrohr (Kamin), CO-Sensorik für Branddetektion sowie aufgrund der Querempfindlichkeit günstige Empfindlichkeit auf Kohlenwasserstoffe und damit geöffneten Zellen, Inertisierung, CO₂-Kühlung, Durchführungen und Anschlussadapter für elektrische und fluidische Medien. Gesteuert und überwacht wird die gesamte Anlage durch eine Sicherheitssteuerung. Die Sicherheitssteuerung überwacht den Zustand der Anlage auf Basis der Sicherheitssensoren und der Rückmeldungen von Prüfkammer und Tester und aktiviert bei auftretenden Gefährdungen die entsprechenden Sicherheitssysteme. Sie stellt weiterhin sicher, dass während des regulären und störungsfreien Betriebs des Prüfsystems keine für Personen gefährdenden Betriebszustände auftreten können. Die Anbindung an ein übergeordnetes Meldesystem wird auch von der Sicherheitssteuerung übernommen.

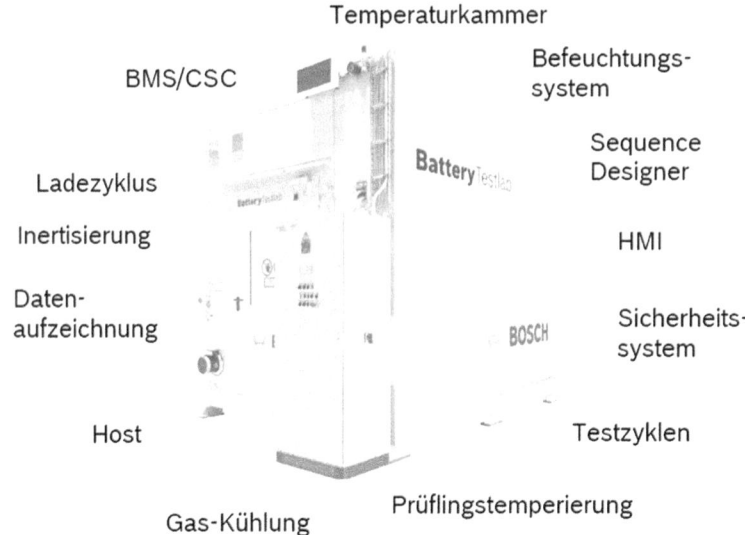

Abb. 26.3 Funktionen und Module in Batterieprüfsystemen. *Quelle* Bosch

26.3 Funktionen und Module bei der Prüfung von Batterien

Batterieprüfsysteme bestehen aus einer Vielzahl an Modulen (Abb. 26.3), die verschiedenen Funktionen der Batterieprüfung abdecken, um sichere und wiederholbare Prüfungen durchzuführen, den Bediener bei der Erstellung von Prüfabläufen zu unterstützen und Vorgabedaten und Ergebniswerte zu verwalten.

Laden und Entladen der Batterien Im regulären Betrieb werden Batterien einer kontinuierlichen Belastung durch Stromentnahme (Entladen) und Stromeinspeisung (Laden) ausgesetzt. In Prüfeinrichtungen wird diese Belastung mit Spannungsquellen, den sogenannten Batterietestern, simuliert. Hierzu kommen geeignete Gleichspannungsquellen zum Einsatz, die beim Laden als Quelle und beim Entladen als Senke arbeiten. Dem Rückspeisen der Energie, die beim Entladen der Batterie entnommen wird, kommt dabei eine hohe Bedeutung zu. Sie kann in den Gleichspannungs-Zwischenkreis, in das Prüfnetz- oder das öffentliche Netz rückgespeist werden. Die Investition in rückspeisefähige Spannungsquellen mit hohem Wirkungsgrad lohnt sich: zum einen werden Energiekosten eingespart, zum anderen entfällt die Investition in große Kühleinrichtungen. Der Spannungs- und Strombereich der Batterietester muss passend zur jeweiligen Batterie ausgewählt werden. Tabelle 26.4 zeigt typische Leistungsdaten.

Die in den Geräten verbaute Messtechnik wird nicht nur zur Regelung von Strom bzw. Spannung sondern auch zur Berechnung und Ausgabe von Messwerten verwendet. Deshalb muss ihre Genauigkeit zur gestellten Aufgabe passen. Für Entwicklungs- und

Tab. 26.4 Typische Leistungsdaten von Batterietestern

	Zellen	Module	Packs
Ausgangsspannung	0−6 V	0−60 V	50–600 V bzw. 900 V
Ausgangsstrom (max.)	±400 A	±300 bis 600 A	±600 A bis 900 A
Leistung	±2,4 kW	±18 kW	±120 bis 350 kW

Tab. 26.5 Typische Genauigkeitsanforderungen an Batterietester

	Zellen	Module	Packs
Slewrate	300 A/ms	600 A/ms	1200 A/ms
Stromwelligkeit	0,02 % FSeff	0,2 % FSeff	0,2 % FSeff
Messgenauigkeit Strom	±80 bis ±400 mA	±80 mA bis ±0,4 A	±120 mA bis ±0,6 A
Messgenauigkeit Spannung	±2 bis ±10 mV	±20 mV bis ±0,1 V	±200 mV bis ±1 V

Validierungsaufgaben ist eine hohe Genauigkeit und Dynamik notwendig, für End-of-line Tests reichen Qualitäten ähnlich den in Fahrzeugen verbauten Ladeeinrichtungen aus (Tab. 26.5).

Management der Umgebungstemperatur Die Umgebungstemperatur der Batterien im Fahrzeug bzw. in der jeweiligen Applikation wird in Prüfsystemen über temperierte Prüfkammern simuliert, in denen die Prüfungen erfolgen. Der Temperaturbereich liegt zwischen −40 °C und +85 °C. Für die junge Lithium-Ionen-Batterietechnik sind noch nicht in vollem Umfang passende Normen entwickelt. Deshalb werden derzeit für die Temperaturgradienten bei der Prüfung Normen aus der Elektronikprüfung herangezogen, z. B. ISO 12405-1, IEC 60068-2-38, ISO16750-4. Die Forderung nach steilen Gradienten bis zu 4 K/min ist für bei Lithium-Ionen-Batterien zu überdenken: der Wärmeübergang von der Luft in der Prüfkammer über das Batteriegehäuse und den darunter liegenden Raum in die einzelnen Batteriezellen ist hierzu viel zu träge.

Batterietemperierung Die Temperatur in den einzelnen Batteriezellen ist einerseits sicherheitsrelevant und hat andererseits großen Einfluss auf die maximale Leistungsabgabe und das Alterungsverhalten der Batterie (Abb. 26.4).

Bei niedrigen Batterietemperaturen steht nur ein Bruchteil der Nennleistung zur Verfügung. Die Leistungsentnahme beeinflusst außerdem die Lebensdauer; deshalb werden Batterien mit Temperiersystemen ausgestattet. Etabliert sind leistungsstärkere Flüssigtemperiersysteme und Lufttemperiersysteme. In Batterieprüfsystemen wird die Situation in der Endanwendung über Temperiersysteme nachgebildet. Die Ansteuerung dieser Temperiersysteme kann entweder statisch über die Vorgaben im Prüfprogramm oder dynamisch über die Kommunikation des Batterie-Management-Systems mit der Steuerung der Prüfeinrichtung erfolgen. Dabei sind Vorgaben für die Temperatur des

Abb. 26.4 Alterungsverhalten in Abhängigkeit der Temperatur. *Quelle* Pankiewitz, AABC 2012, Orlando

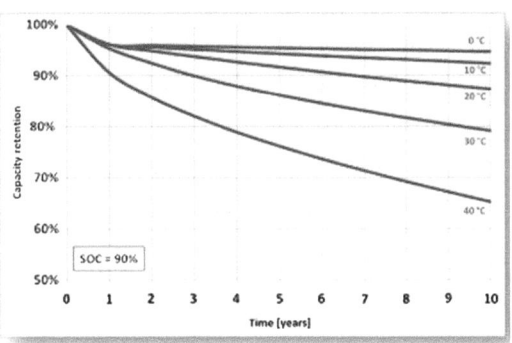

Temperiermediums, den Durchfluss oder die Kombination aus beiden etabliert. Zusätzlich steuern leistungsstarke Batterieprüfsysteme in Abhängigkeit der Temperatur in der Batterie dynamisch die Leistungsaufnahme und -abgabe.

Datenmanagement Das Datenmanagement hat innerhalb eines Batterieprüfsystems eine Vielzahl unterschiedlicher Aufgaben. Das Speichern von Prüfabläufen ist Voraussetzung für wiederholbare Prüfungen mit vergleichbaren Ergebnissen. Dies kann direkt in der Steuerung eines Batterieprüfsystems erfolgen. Allerdings stehen dann die Prüfabläufe nicht automatisch anderen Batterieprüfsystemen zur Verfügung. Deshalb hat sich die Verknüpfung der einzelnen Batterieprüfsysteme in einem Prüffeld mit einem übergeordneten Manufacturing Execution System (MES) als sinnvoll erwiesen. Das Speichern der Prüfabläufe im MES bringt zusätzlich die Möglichkeit, gültige und validierte Prüfabläufe dem jeweiligen Prüfling eindeutig zuzuweisen. Der Prüflingstyp wird beim Einbringen in das Batterieprüfsystem typischerweise mit einem Scanner identifiziert und die aktuelle Version des passenden Prüfablaufs wird automatisch vom MES geladen. Bedienerfehler sind dadurch ausgeschlossen. Auch das Speichern von Ergebnisdaten in einem übergeordneten MES bringt Vorteile. So lassen sich einfach Statistiken aus den gesammelten Daten erstellen, die z. B. Hinweise auf systematische Veränderungen in der Prozesskette der Batterieherstellung geben können. Auch die einfache Vergleichbarkeit unterschiedlicher Produktionswerke in einem Fertigungsverbund ist gegeben.

Sicherheitssteuerung Die Sicherheitssteuerung übernimmt eine wichtige Aufgabe im Batterieprüfsystem. Lithium-Ionen-Batterien speichern Energie in hoher Dichte. Sie bergen damit neben dem Gefahrenpotenzial hoher Spannungen und Ströme das Risiko eines ungeplanten und plötzlichen Freisetzens dieser Energie. Dies kann durch Herstellfehler in den Zellen, Montagefehler der Module und Packs, Fehler im Batteriemanagementsystem oder durch Handhabungsfehler des Bedieners verursacht sein.

Die Sicherheitssteuerung überwacht mittels geeigneter Sensorik die gesetzten Grenzwerte für Temperaturen, Spannungen und Ströme, stellt den Berührschutz spannungsführender Teile über die Verriegelung und Abfrage von Sicherheitseinrichtungen sicher und

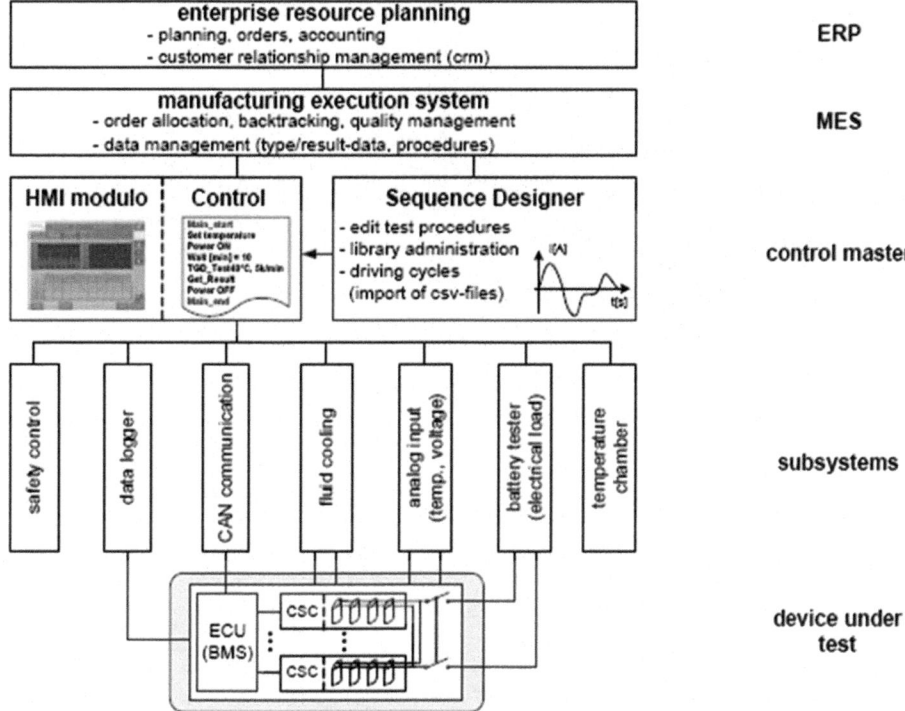

Abb. 26.5 Steuerungsstruktur der Prüfeinrichtung. *Quelle* Bosch

schützt den Bediener im Fehlerfalle durch das Unterbrechen der Prüfabläufe, das Einleiten von Schutzmaßnahmen und das Alarmieren von Hilfskräften.

Automatisierungssystem Das Automatisierungssystem hat die Aufgabe, die Kommunikation mit den einzelnen Komponenten eines Prüfsystems (Subsysteme) und mit dem Prüfling zu realisieren (Abb. 26.5). Die Kommunikationskanäle sind bidirektional ausgelegt, d. h. es werden jeweils Vorgabewerte gesendet und Ergebniswerte empfangen. Die Zusammenführung der Subsysteme in eine übergeordnete Steuerung ist notwendig für eine sichere und komfortable Bedienung eines Prüfsystems. Die Bedienung jedes einzelnen Subsystems an der jeweiligen Steuerung wäre komplex und fehleranfällig. Außerdem ist das Automatisierungssystem Voraussetzung für die Umsetzung automatischer und dynamischer Prüfabläufe. Dabei passt das Automatisierungssystem die Prüfabläufe dynamisch an die vom Prüfling und den Subsystemen übermittelten Werte an.

Zusätzlich stellt das Automatisierungssystem dem Bediener Werkzeuge zur Verfügung, mit denen systematisch komplexe Prüfabläufe entwickelt und auf Plausibilität geprüft werden können. Die Kommunikationsschnittstellen des Automatisierungssystems hängen direkt von der jeweiligen Prüfaufgabe ab: bei der Prüfung von Zellen sind bidirektionale Schnittstellen zu den Subsystemen des Prüfsystems notwendig; bei der Prüfung von

Abb. 26.6 Packtestsystem für Nutzkraftfahrzeuge, stationäre Anlagen und Chargentest Cobasys Entwicklungslabor Michigan USA. *Quelle* BOSCH

Modulen ist zusätzlich die Kommunikation mit den CSC notwendig, meist über CAN-Bussysteme. Batteriepacks benötigen zusätzlich die Kommunikation mit dem BMS über verschiedene CAN- und LIN-Bussysteme.

26.4 Beispiele für Batterieprüfsysteme

Testeinrichtungen finden in einem großen Bereich Anwendung: von der einzelnen Zelle und Zellbestandteilen für Forschung und Entwicklung über Modultestsysteme bis hin zu Gesamtsystemen für PKW, NKW und stationäre Anlagen. Liegt im Forschungsbereich noch der Fokus auf den – in kleinen Mengen eingesetzten – chemischen Materialien, so verlagert er sich bei den Batteriepacks zunehmend in die Elektronik und schließlich in das Thermomanagement. Demzufolge verliert die Stromquelle des Zyklisierers, der für die Ladung und Entladung der Zellen sorgt, bis zum Batteriepack zunehmend an Bedeutung. So ist Signalgüte, Signalanstiegsgeschwindigkeit und Stromrauschen auf Zellebene noch entscheidend, beim Batteriepack oft nur noch der Auslöser für die notwendige Erwärmung der Zelle bei der thermischen Auslegung. Temperiereinrichtungen für die Umgebung verlieren mit der Größe des Testobjekts zunehmend an Einfluss auf den Prüfling, da die Kühlwirkung nur noch eine begrenzte Auswirkung auf den im Verhältnis zum Volumen geringeren Oberflächenanteil hat. Dennoch sind diese beiden Komponenten der Testanlage somit die volumen- und preisbestimmenden Positionen. Entsprechend sind die sicherheitstechnischen Auslegungen für die Anlagentechnik. Wird in der Entwicklung ein früher Musterstand mit entsprechendem Gefährdungspotential toleriert, ist das Material in der Serienfertigung ausgereift und sicherheitstechnisch gut bekannt.

Die Abb. 26.6 zeigt eine Testeinrichtung für Batterien mit bis zu 8.000 m^3 Liter Volumen. Eine typische Beladung liegt dabei bei rund 2 t. Prüfinhalte sind dabei vor allem Lebensdaueruntersuchungen, thermische Auslegung und der Datenaustausch mit der Battery Control Unit (BCU) bzw. dem BMS, der steuerungstechnischer Kernbestanteil jeder

Abb. 26.7 Forschungslabortestanlagen für Zelltests. *Quelle* Bosch

Pack-Einheit ist. Der Prüfstrom erreicht bis zu 900 A. Der Mehrkammeraufbau ist notwendig, um den hohen Anforderungen des nordamerikanischen Marktes gerecht zu werden und die Zulassung für den Test von Entwicklungsmustern mit geringem Reifegrad zu erhalten. Bei geringeren feuertechnischen Auflagen wird ein Einkammersystem verwendet, bei dem die Außenwand hoch thermisch isoliert ausgeführt ist und damit die Funktion einer brandschutzzertifizierten Temperaturkammer übernimmt.

Die Beladung der Kammern erfordert dabei entsprechende Hilfsgeräte. Der Einsatz eines Staplers verbietet sich i.d.R. wegen der Gefahr der Beschädigung der Temperierkammerinnenflächen. Testsysteme werden meistens nicht als Einzelanlage betrieben: es werden mehrere, bis zu 50 Einheiten, in einer Fabrikationshalle betrieben, um dem hohen Testbedarf gerecht zu werden und die Infrastrukturkosten für Transformator, Stromschienen, Kühlwasserbedarf und weiterer Einrichtungen gering zu halten.

Die nachfolgende Abb. 26.7 zeigt eine Forschungstesteinrichtung. Deutlich sind die Entrauchungsrohre für den Havariefall am Dach und die roten Feuerschotts im Bodenbereich zu sehen. Die Reinigung über „Duschen" und das anschließende Ablassen des Reinigungsmittels erfolgt über Rohre im Bodenbereich.

In der Forschung werden in der Regel Einzeluntersuchungen von Zellen durchgeführt. Hierfür werden Einkammer-Kompakt-Systeme verwendet. Diese verfügen bereits über Messeinrichtungen zur Impedanzmessung und zur Halbzellenvermessung der Zellen. Ein besonders kompaktes Modul ist der in der nachfolgenden Abb. 26.8 (links) dargestellt.

Für den Massentest an Zellen in der Fertigung werden sogenannte Formiertester eingesetzt (Abb. 26.8 rechts). Diese beinhalten keine einzelnen Testkammern. Sie ist Bestandteil der Fertigungsanlage und bereits in einem Schutzbereich aufgebaut.

Abb. 26.8 *links* Lithium-Ionen-Batterien-Einzeltestanlage für bis zu 100 Ah Zellen, *rechts* Lithium-Ionen-Fabrikationstestanlage für die Zellherstellung. *Quelle* Bosch

Für Versuche mit kritischem Zellmaterial auf Forschungsebene und für Missbrauchs-versuche wird auf Außenanlagen (Abb. 26.9) mit Doppelkammersystem zurückgegriffen. Die Entrauchung hat hier zulassungskonform zwingend eine Gaswäsche bzw. Schadstoff-abtrennung, da die Havarie hier bereits ein Erzwungenes Ereignis darstellt.

26.5 Ausblick

Die Lithium-Ionen-Batterietechnik für automobile und großtechnische Anwendungen ist eine neue Technologie. Viele Einflussparameter, die Wirkzusammenhänge in der Batterie sind heute noch nicht vollständig verstanden. Es ist deshalb davon auszugehen, dass sich mit weiterem Fortschritt der Batterie- und dazugehörigen Fertigungstechnologie auch die Prüfstrategien und die Prüfstände anpassen und weiterentwickeln werden. Während heute universelle Batterietestsysteme im Einsatz sind, ist für die Zukunft zu erwarten, dass mit spezifischeren Prüfinhalten und steigenden Stückzahlen kosten- und einsatzop-timierte Tester benötigt werden. Bei den umfangreichen kalendarischen und zyklischen Alterungstests laufen heute schon Untersuchungen, diese Tests zeitlich zu straffen. Hier ist für die Zukunft davon auszugehen, dass Stresstestsysteme entstehen werden, mit denen eine Absicherung der Batterien in deutlich reduzierter Zeit möglich ist.

Abb. 26.9 Versuchseinrichtung für Zellversuche mit Entsorgungslager (moehwald/scienlab)

Aktuelle Langzeit-Lebensdaueruntersuchungen zeigen, dass die Lade- und Entladeraten großen Einfluss auf die Kapazitätseinbuße und damit auf die Lebensdauer der Batterien haben. Dies muss bei der Entwicklung von Stresstests für realistische Lebensdauervorhersagen berücksichtigt werden und könnte die Prüfdauer von Validierungstests und damit den Aufwand für eine praxisnahe Validierung erhöhen.

Literatur

1. FreedomCAR: Electrical energy storage system abuse test manuel for electric and hybrid vehicle applications; SAND 2005–3123
2. Josefowitz W et al (2005) Assesment and testing of advanced energy storage systems for populsion-european testing report. In: Proceedings of the 21 worldwide battery, hybrid and fuel cell electric vehicle symposium & exhibition, Monaco, 2–6. Apr 2005

Transport von Lithium- und Lithium-Ionen-Batterien

27

Ludger Michels

27.1 Einleitung

Seit der Markteinführung von Lithiumbatterien in den 70er Jahen, die in der Regel für spezielle Anwendungen in relativ geringen Stückzahlen benötigt wurden, werden mittlerweile jährlich Milliarden von wiederaufladbaren Gerätebatterien und Batterien die auf dem Lithiumsystem basieren transportiert.

Ausgehend von den grundsätzlichen Eigenschaften gelten Lithiumbatterien und Zellen und mit solchen für den Betrieb ausgerüstete Geräte als Gefahrgut. Immer wieder auftretende Vorfälle führen hierbei regelmäßig zu Diskussionen, in denen eine Verschärfung der Transportbedingungen erwogen wird. Im Luftverkehr werden die gewerbliche Beförderung und der private Transport und die Nutzung von Lithiumbatterien besonders kritisch gesehen, da durch obige Vorkommnisse eine besonders hohe Verunsicherung herrscht.

Die heute geltenden Regeln wurden in erster Linie für Gerätebatterien erstellt. Große Batterien, wie sie in teil- oder voll- elektrifizierten Fahrzeugen oder großen elektrischen Speichern eingesetzt werden, sind daher nur unzureichend berücksichtigt. Es laufen international abgestimmte Bemühungen, diesen Zustand zu korrigieren. Der kommerzielle Transport von Lithiumbatterien und Zellen unterliegt dem Gefahrgutrecht. Nationale und internationalen Gesetze und Reglungen für die unterschiedlichen Verkehrsträger sind anzuwenden und einzuhalten. Im Luftverkehr existieren zusätzlich Vorschriften, die den Individualgebrauch und den privaten Transport von Lithiumbatterien und Geräten, die von solchen Batterien versorgt werden, regeln und den Einsatz begrenzen. Auf Unterschiede zwischen aufgegebenem Gepäck und an Bord mitgeführtem Gepäck ist dringend zu achten.

Anmerkung des Autors: Zur Drucklegung gelten bereits die Regelwerke aus 2013 mit zum Teil erheblichen Änderungen bezüglich der in folgendem beschriebenen Lithiumbatterien.

L. Michels (✉)
fortu PowerCell GmbH, Chempark Geb. F29 Nord, 41538 Dormagen, Deutschland
e-mail: ludgermichels@aol.com

R. Korthauer (Hrsg.), *Handbuch Lithium-Ionen-Batterien*,
DOI: 10.1007/978-3-642-30653-2_27, © Springer-Verlag Berlin Heidelberg 2013

Das Regelwerk und die resultierende Gesetzgebung unterliegen ständigen Anpassungen. Daher können die später aufgeführten Details für den Transport und die Anforderungen bezüglich Lithiumbatterien und -zellen nur eine Momentaufnahme des redaktionellen Zeitpunktes sein. Revidierte Neufassungen gibt es typischerweise im jährlichen und zweijährlichen Rhythmus. Dieses Kapitel bietet einen allgemeinen Überblick über den Gefahrguttransport von Lithiumbatterien. Es kann in keiner Weise gesetzlich geforderte Schulungen und behördliche Prüfungen ersetzen.

27.1.1 Grundlagen des Gefahrgutrechts

Viele Güter unseres täglichen Lebens unterliegen dem Gefahrgutrecht. Das Gefahrgutrecht beschreibt die Voraussetzungen, die einen sicheren Transport von Gütern gewährleistet, von denen grundsätzlich eine Gefahr ausgehen kann. Güter in diesem Sinne sind Stoffe und Gegenstände, die in ihrer Natur und ihren Eigenschaften bzw. im Zusammenhang mit der Beförderung zu Gefahren für die Allgemeinheit, für wichtige Gemeingüter oder für Leben und Gesundheit von Menschen, Tieren und Umwelt führen können.

Die Gefahrgutbeförderung beinhaltet alle notwendigen Schritte: von der Planung bis zur operativen Abwicklung. Hierzu wird das zu transportierende Gut identifiziert und klassifiziert, die geeignete Verpackung ausgewählt und entsprechend verpackt. Die Packstücke werden markiert und gekennzeichnet und die Gefahrgutdokumente werden erstellt. Auch das Beladen, die eigentliche Beförderung und das Empfangen und Entladen sind im Gefahrgutbeförderungsgesetz geregelt. Der Begriff Gefahrgut ist nicht zu verwechseln mit dem Begriff Gefahrstoff. Das Regelwerk für Gefahrgut bezieht sich ausschließlich auf das zu transportierende Gut und den hieraus resultierenden Gefahren.

Die Verantwortlichkeit im Rahmen der Beförderung von Gefahrgütern liegt bei den Unternehmern oder Inhabern eines Betriebes, die gefährliche Güter verpacken, verladen, versenden, entladen, empfangen oder auspacken sowie den Herstellern von hierzu vorgesehenen Verpackungen, Containern oder Fahrzeugen.

27.1.2 Entstehung des UN Regelwerks

Die Grundlagen der Gefahrgutvorschriften werden in den sogenannten UN Model Regulations von einer internationalen Kommission – der United Nations Economic Commission for Europe (UNECE) – erarbeitet und festgelegt. Auf dieser Basis erfolgt die Umsetzung in spezifische Belange der Verkehrsträger und in nationales Recht.

Das der UN angegliederte Expertenkomitee für den Gefahrguttransport hat seinen Sitz in Genf. Das Komitee ist unterteilt in das Unterkomitee für Gefahrguttransport, welches die UN Model Regulations – das sogenannte Orange Book – und das UN Manual of Tests and Criteria erarbeitet. Das andere Unterkomitee beschäftigt sich mit einem global harmonisierten System zur Einstufung und Kennzeichnung von Chemikalien (GHS).

Tab. 27.1 Arbeitsgruppen die verkehrsträgerspezifische Regelwerke für den Transport erarbeiten

Verkehrsträger	Organisation/Übereinkommen	Regelwerk
Luftverkehr	International Civil Aviation Organistion (ICAO)	ICAO Technical Instructions (TI)
	International Air Transport Organisation (IATA)	IATA Dangerous Good Regulations (DGR) (Pendant der IATA zu ICAO TI)
Seeverkehr	International Maritime Organization (IMO)	International Maritime Dangerous Goods (IMDG)
Straßenverkehr	(UN Economic Commission for Europe (UNECE))	Accord européen relative au transport international des marchandises Dangereuses par Route (ADR)
Schienenverkehr	Intergovernmental Organization for International Carriage by Rail (OTIF)	Regulations concerning the International Carriage of Dangerous Goods by Rail (RID)
Binnenschifffahrt	(UNECE)	Accord européen relative au transport international des marchandises Dangereuses par voices de Navigation interieures (ADN)

Direkt an die UN angegliedert ist die ICAO, die Organisation für den internationalen zivilen Luftverkehr, und IMO, die Organisation für die internationale Seeschifffahrt.

An diese Organisationen sind Arbeitsgruppen angegliedert, die entsprechend den UNECE Arbeitsgruppen verkehrsträgerspezifische Regelwerke erarbeiten (Tab. 27.1).

27.1.3 Allgemeine Klassifizierung

Ein wichtiger Schritt im Umgang mit Gefahrgütern ist die korrekte Identifizierung und Klassifizierung. Hieraus leiten sich die spezifischen Folgeschritte ab. Gefahrgüter sind nach ihren Eigenschaften gruppiert und werden in neun Klassen eingeteilt (Tab. 27.2).

Lithiumbatterien und Zellen sowie mit solchen betriebene Geräte werden in der Klasse 9 geführt. Neben allgemeinen Vorschriften enthält der Eintrag unter der entsprechenden UN Nummer konkrete Informationen: den Namen und die Beschreibung, die Klasse, Nebenrisiken, Verpackungsgruppe, Gefahrzettel/Kennzeichnung, Sondervorschriften, begrenzte und freigestellte Mengen, Verpackungsvorschriften sowie diverse Details zum Transport.

27.1.4 Verkehrsträgerspezifische und nationale Umsetzung

Die UN Model Regulations bilden die Grundlage für die konkreten Vorschriften der verschiedenen Verkehrsträger. Selbstverständlich sind Gefahren, die durch den Transport

Tab. 27.2 Klassifizierung von Gefahrgütern

Klasse	Stoffgruppe
1	Explosive Stoffe
2	Gase
3	Entzündbare flüssige Stoffe
4	Entzündbare, selbst entzündbare und instabile feste Stoffe sowie solche, die mit Wasser entzündbare Stoffe bildenden
5	Oxidierend wirkende Stoffe und organische Peroxide
6	Giftige und infektiöse Stoffe
7	Radioaktive Stoffe
8	Ätzende Stoffe
9	Verschiedene gefährliche Stoffe und Gegenstände

von Stoffen oder Gegenständen ausgehen, je nach Verkehrsträger unterschiedlich zu gewichten. Daher gibt es in den Vorschriften für die unterschiedlichen Verkehrsträger auch inhaltliche und strukturelle Unterschiede.

Auch die nationale Umsetzungen sind nicht immer einheitlich. So sind zum Beispiel Inhalte und Struktur des ADR sehr ähnlich den UN Model Regulations, während der amerikanische Code of Federal Regulation, Title 49, Transportation (49 CFR) sowohl strukturell als auch in vielen Details deutlich von den UN Model Regulations abweicht. Neben länderspezifischen Regeln existieren multilaterale Vereinbarungen zu speziellen Themen. Auch behördenspezifische Auslegungen sind keine Ausnahme. Das UN Manual of Tests and Criteria beschreibt im Detail diverse Tests zur Klassifizierung von Stoffen und Gegenständen und die jeweils anzuwendenden Kriterien sowie Tests bezüglich des Transportequipments.

27.2 Transport von Lithium-Batterie und -Zellen

Der kommerzielle Transport von Lithiumbatterien unterliegt in jedem Fall dem Gefahrgutrecht; auch dies gilt dann, wenn gewisse Freistellungen vorliegen. Die Transportvorbereitungen und der Transport sind ausschließlich von entsprechend geschulten Personen durchzuführen bzw. der Prozess muss durch entsprechende Experten oder qualifizierte Firmen begleitet werden.

Bis auf wenige Ausnahmen ist für den Transport die erfolgreiche Absolvierung der Tests gemäß Abschn. 38.3 des UN Manual of Tests and Criteria erforderlich. Dies sollte bereits möglichst früh bei der Entwicklung von Zellen und Batterien, aber auch bei hiermit betriebenen Geräten berücksichtigt werden, sodass die Bauart von Anfang an den Anforderungen der Tests entspricht. Begrenzungen der Zellen- und Batteriekapazität bezüglich möglicher Freistellungen sollten im Vorfeld der Planung in Betracht gezogen werden. Die Gewichte der Zellen und Batterien können besonders im Luftverkehr einen

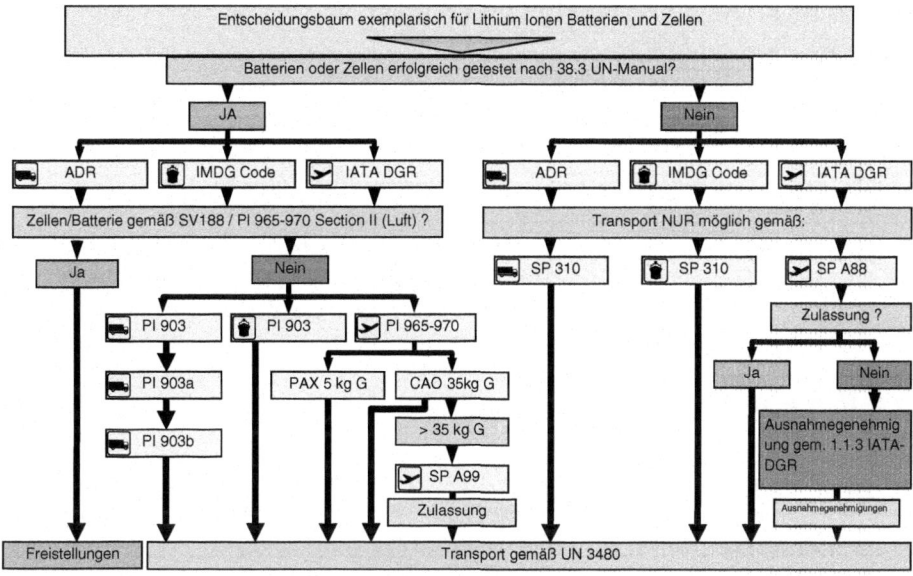

Abb. 27.1 Entscheidungsbaum (exemplarisch) für den Transport von Lithium-Ionen-Batterien oder -Zellen (nach Verkehrsträgern aufgeschlüsselt)

entscheidenden Einfluss auf die Transportmöglichkeiten und Packstückgrößen haben. Auch Testparameter werden hierdurch beeinflusst.

Leider unterliegen viele Parameter einer großen Dynamik. Bei Neufassung der Tests und auch der verkehrsträgerspezifischen Mengenschwellen und Grenzen werden diese Werte häufig geändert. Trotzdem sei auf die kreative Ausgestaltungsmöglichkeit hingewiesen. Schon Mengen von wenigen Gramm können hier entscheiden, ob ein Transport auf einem bestimmten Verkehrsträger überhaupt möglich ist. Schon relativ kleine Änderungen am System verpflichten zu einem neuen, vollständigen Durchlauf aller Tests. In der kommenden Ausgabe des UN Manual of Tests and Criteria wird dies neben Hardware-Änderungen auch Software-Änderungen (z. B. eingebautes Batteriemonitoring und Batterie-Management-Systeme) betreffen.

Die Auswirkungen der Gefahrgutvorschriften beginnen damit schon lange vor der Realisierung der Logistikkette. Der Gefahrguttransport und die hierzu notwendigen Voraussetzungen sind ein Muss-Thema für die Produktentwickler und Produktplaner. Hier entscheidet sich bereits, ob das entwickelte Produkt jemals in der gewünschten Form transportiert werden kann. Auch der Einfluss auf die nicht unerheblichen Prüfkosten kann hier maßgebend mitgestaltet werden. In der Abb. 27.1 ist exemplarisch ein Entscheidungsbaum für den Transport von Lithium Ionen Batterien und Zellen auf den unterschiedlichen Verkehrsträgern bei unterschiedlichen Voraussetzungen wiedergegeben. Die notwendigen Voraussetzungen werden auszugsweise in den folgenden Kapiteln reflektiert.

Tab. 27.3 UN Gefahrgutvorschriften für Lithiumbatterien

UN Gefahrgutvorschrift	Gefahrgut
UN 3090	LITHIUMMETALLBATTERIEN
UN 3091	LITHIUMMETALLBATTERIEN IN AUSRÜSTUNGEN oder LITHI-UMMETALLBATTERIEN MIT AUSRÜSTUNGEN VERPACKT
UN 3480	LITHIUM-IONEN-BATTERIEN (einschließlich Lithium-Ionen-Polymer-Batterien)
UN 3481	LITHIUM-IONEN-BATTERIEN IN AUSRÜSTUNGEN oder LITHIUM-IONEN-BATTERIEN, MIT AUSRÜSTUNGEN VERPACKT (einschließlich Lithium-Ionen-Polymer-Batterien)

27.2.1 Klassifizierung und Transportvorschriften

In diesem Abschnitt wird in kurzer Form auf die relevanten Einträge in den diversen Vorschriften hingewiesen. Die unter der Klasse 9 geführten Lithium-Batterie-Zellen und die damit betriebenen Geräte unterliegen den gültigen Fassungen der Gefahrgutvorschriften und deren Ausnahmen entsprechend (Tab. 27.3).

Auch wenn es nicht explizit beschrieben ist, sind hierbei mit Lithiummetallbatterien die nicht wiederaufladbaren Systeme gemeint. Die Einträge für Lithium-Ionen-Batterien beziehen sich auf die wiederaufladbaren Systeme.

Verkehrsträger Straße und Schiene Im Folgenden sind neben Besonderheiten die relevanten Sonder- und Verpackungsvorschriften aufgeführt. Unter den Referenznummern können im Regelwerk die Volltextversionen aufgefunden werden:

- ADR, RID
  Sondervorschriften: 188, 230, 310, 348, 636, 656
  Verpackungsvorschriften: P903, P903a, P903b
- Freistellungen gemäß ADR Unterabschnitt 1.1.3.6 und 1.1.3.7:
  Erleichterungen für den Transport für begrenzte Mengen pro Beförderungseinheit können gemäß den allgemeinen Freistellungen gemäß ADR Unterabschnitt 1.1.3.6 erfolgen. Gemäß ADR Unterabschnitt 1.1.3.7 sind Lithiumbatterien, die im Beförderungsmittel für den Antrieb oder Betrieb der Einrichtungen eingebaut sind oder Geräte versorgen, die während der Beförderung verwendet werden, freigestellt.
- Multilaterale Vereinbarungen M 228 und M 233:
  Die multilaterale Vereinbarung M 228 beschreibt Erleichterungen bezüglich der Zulassung von Verpackungen bei dem Transport von Prototypenbatterien größer 100 kg gemäß Sondervorschrift 310. Die multilaterale Vereinbarung M 233 beschreibt Verpackungen, die gemäß ADR Unterabschnitt 4.1.3.7 ansonsten nicht zulässig wären.

Verkehrsträger Luft Die Besonderheiten und die Sonder- und Verpackungsvorschriften im Luftverkehr sind im Folgenden dargestellt:

- ICAO T.I.:
  Sondervorschriften: A48, A88, A99, A154, A164, A181, A183
  Verpackungsvorschriften: P965, P966, P967, P968, P969, P970
  Besonderheiten: State Variation US 2 & US 3

Verkehrsträger See Folgende Sonder- und Verpackungsvorschriften gelten im Seeverkehr:

- IMDG Code:
  Sondervorschriften: 188, 230, 310, 348, 957
  Verpackungsvorschriften: P903

27.2.2 UN Handbuch Prüfungen und Kriterien

Im Kap. 26 wurde schon auf die große Relevanz der Tests für Produktentwickler und Produktplaner hingewiesen. Mit wenigen Ausnahmen muss gemäß den Gefahrgutvorschriften für Lithiumbatterien jeder neue Typ einer Zelle oder Batterie vor dem Transport alle Tests bestanden haben, die im UN Manual of Tests and Criteria aufgeführt sind. Dies gilt gerade dann, wenn mehrere Zellen oder Batterien zu neuen Batterien (Batteriepacks oder Batterieaggregaten) verschaltet werden. Vorgeschrieben werden auch konstruktive Maßnahmen und Sicherheitsmechanismen.

Die Tests umfassen heute im Wesentlichen: Höhensimulation, Temperaturwechsel, Vibration, Schock, äußeren Kurzschluss, Aufprall, Überladung und Tiefentladung. Getestet wird an einer Vielzahl von Zellen und Batterien in verschieden Ladezuständen und bei wiederaufladbaren Batterien nach Absolvierung der mehrfachen Ladung bzw. Entladung. Hierbei muss den Tests jede Batteriekomponente den Tests unterworfen werden. Zuerst müssen die Zellen die Tests bestehen. Soweit vorhanden müssen dann die Unterbaugruppen wie Module und letztendlich auch die Batterie getestet werden. Es gibt eine Ausnahme für Batterien, die aus sehr großen Modulen aufgebaut sind. Weitere Kriterien müssen erfüllt sein, um diese Freistellung zu nutzen. In der kommenden Ausgabe des Handbuchs werden weiterreichende Forderungen festgelegt. Neben einem deutlich enger gefassten Raster für Neuqualifikationen wird dann ein funktionierendes Qualitätsmanagement System mit geeigneten Qualitätssicherungsmaßnahmen gefordert.

27.2.3 Transport von nicht getesteten Lithiumbatterien und Zellen

Der Transport von nicht gemäß des UN Manual of Tests and Criteria getesteten Zellen und Batterien ist möglich. Im Vordergrund dieser Freistellung steht hierbei der Transport zur Durchführung externer Tests. Daher betrifft diese Ausnahme nur Kleinserien von höchstens 100 Zellen und Vorproduktionsprototypen. Je nach Verkehrsträger sind unterschiedliche Zusatzmaßnahmen gefordert, die eine adäquate Sicherheit während des Transports herstellen. Dieses können Verpackungen mit einem höheren Sicherheitsstandard, aber auch diverse andere Maßnahmen sein. Zum Teil sind Sondergenehmigungen oder sogar Ausnahmegenehmigungen der Behörden erforderlich. Maßgeblich ist für die UN Model Regulations und die ADR die Sondervorschrift 310 zu erwähnen. Hierbei sind Besonderheiten bezüglich geeignetem Schutz und erweiterten Verpackungsanforderungen zu beachten. In der multilateralen Vereinbarung M 228 gibt es eine anzuwendende Erleichterung bezüglich der Verpackung von nicht getesteten Batterien größer 100 kg.

Das Pendant der Sondervorschrift 310 ist in der Luftfahrt die Vorschrift A88. Diese setzt entsprechende Sondergenehmigungen der Behörden voraus. In Deutschland ist die zuständige Behörde das Luftfahrt Bundesamt (LBA). Im Vorfeld solch einer Genehmigung kann es notwendig werden, dass die Bundesanstalt für Materialforschung und -prüfung (BAM) ein Gutachten über die notwendigen Maßnahmen zur Erreichung einer gleichwertigen Sicherheit erstellt. Kann eine Sondergenehmigung nicht erteilt werden, ist aus wichtigen Gründen noch ein Transport gemäß ICAO T.I. Abschn. 1.1.2 möglich. Dieses erfordert jedoch die Ausnahmegenehmigungen aller beteiligten Länder. Für den Transport in die USA oder innerhalb der USA gemäß 49 CFR muss in nahezu allen Fällen für alle Verkehrsträger eine Sondergenehmigung der zuständigen Behörde vorliegen.

27.2.4 Transport von gebrauchten Lithiumbatterien und Zellen

Auch gebrauchte Batterien unterliegen den Gefahrgutvorschriften. Bei intakten und unbeschädigten gebrauchten Batterien können in der Regel die Vorschriften für Neubatterien angewendet werden. Defekte oder beschädigte Batterien unterliegen verschärften Regelungen, die bis zum vollständigen Transportverbot gehen. Das vollständige Transportverbot gilt für den Verkehrsträger Luft (ICAO T.I., IATA DGR: Sonderbestimmung A154).

Für den Transport von nicht beschädigten gebrauchten Batterien sei zusätzlich auf die entsprechenden Sondervorschriften 636 bzw. Verpackungsanweisungen P903a und P903b im ADR verwiesen. Abfallbatterien und Batterien, die zur Wiederverwertung oder Entsorgung versendet werden, sind im Luftverkehr gemäß IATA DGR Sonderbestimmung A183 verboten. Ausnahmen sind durch die zuständige nationale Behörde des Abgangsstaates und des Staates des Luftfahrtunternehmens zu genehmigen.

Derzeit bemüht sich eine internationale Arbeitsgruppe um eine grundlegende Basis für den Transport defekter Batterien auf UN ECE Ebene zu erwirken. Auch für den Transport von gebrauchten Lithiumgerätebatterien zwecks Entsorgung und Recycling wird eine UN Reglung in Anlehnung an ADR angestrebt. Mit einem anwendbaren Verfahren kann aber erst in einigen Jahren gerechnet werden.

27.2.5 UN Einträge bezogen auf Lithiumbatterien und -zellen

Insbesondere für den Straßentransport und auch bedingt für den Seeverkehr, können noch folgende UN Nummern interessant sein:

- UN 3166 VERBRENNUNGSFAHRZEUG BETRIEBEN MIT BRENNBAREM GAS ODER
  BRENNBARER FLÜSSIGKEIT ODER BRENNSTOFFZELLENFAHRZEUG
- UN 3171 BATTERIEBETRIEBENES FAHRZEUG ODER BATTERIEBETRIEBENES GERÄT

Hier gilt für den Straßenverkehr eine komplette Befreiung von den ADR Bedingungen.

Literatur

1. Recommendations on the transport of dangerous goods vol I/II, 2011, Rev. 17, ISBN 78-92-1-13914-1
2. ADR 2011, 2010, ISBN 978-3-609-69338-5
3. Technical instructions for the safe transport of dangerous goods by air, 2011–2012 Aufl, ISBN 978-92-9231-605-1
4. ADR: www.bmvbs.de/SharedDocs/DE/Artikel/UI/Gefahrgut/gefahrgut-recht-vorschriftenst-rasse.html
5. IATA Guidance Document über Lithiumbatterien: www.iata.org/whatwedo/cargo/dangerous_g oods/Pages/lithium_batteries.aspx
6. UN Manual of Tests and Criteria: www.unece.org/trans/danger/publi/manual/Rev5/ManRev5-files_e.html   www.unece.org/fileadmin/DAM/trans/doc/2011/dgac10/ST-SG-AC10-38a2e.pdf www.unece.org/trans/danger/publi/unrec/rev17/17files_e.html Deutsche Übersetzung der BAM: UN Handbuch Prüfungen und Kriterien www.bam.de/de/service/publikationen/ publikationen_medien/handbuch_befoerderung_gefaehrlicher_gueter.pdf
7. Multilaterale Vereinbarungen: www.unece.org/trans/danger/multi/multi.html

Lithium-Ionen-Batterie-Recycling

Frank Treffer

28.1 Einleitung und Übersicht

Mit Beginn der 80er Jahre des letzten Jahrhunderts wurden nach einer langen Pause Forschungsarbeiten an Elektrofahrzeugen mit Batterien als Energiespeicher erneut aufgegrif-
fen. Ein wesentlicher Schwerpunkt ist die Entwicklung von kostengünstigen Batterien mit
hoher Leistungs- und Energiedichte. Mit der Entwicklung der Lithium-Ionen-Batterien,
die derzeit auf dem Elektronikmarkt in vielen Anwendungsbereichen (z. B. Laptops)
dominieren, gibt es einen Batterietyp, der schon heute im Fahrzeugbereich eine akzep-
table Reichweite von bis zu 250 km mit einem „noch akzeptablen" Batteriegewicht von
rund 300 kg erreichen kann. Intensive Forschungsarbeiten zur weiteren Optimierung dieser Antriebstechnik werden von privater und öffentlicher Seite schon seit einigen Jahren
forciert.

Das Thema Elektromobilität hat dadurch in den letzten Jahren neue Aktualität gewonnen. Große Automobil- und Energieversorgungsunternehmen arbeiten zurzeit an der
Realisierung von Mobilitätskonzepten auf Basis von Elektro- und Hybridfahrzeugen.
Eine wesentliche Voraussetzung für die Verwirklichung dieser Mobilitätskonzepte ist die
Sicherstellung einer mittel- und langfristigen Ressourcenverfügbarkeit der in den Batterien eingesetzten Sondermetalle für den Masseneinsatz in der Automobilindustrie durch
umweltgerechtes und kostengünstiges Recycling der Batteriematerialien.

Für die Rückgewinnung von Sondermetallen aus Altfahrzeugen existieren schon eine
Reihe industrieller Verfahren. Ein gutes Beispiel ist das Recycling von Edelmetallen aus
Autoabgaskatalysatoren von Altfahrzeugen. Ein erster Batterierecyclingprozess im Rah-
men von Forschungsarbeiten wurde bereits 2003 etabliert. Dieser Prozess ermöglicht

F. Treffer (✉)
Umicore AG & Co. KG, Rodenbacher Chaussee 4, 63457 Hanau-Wolfgang, Deutschland
e-mail: frank.treffer@eu.umicore.com

R. Korthauer (Hrsg.), *Handbuch Lithium-Ionen-Batterien*,
DOI: 10.1007/978-3-642-30653-2_28, © Springer-Verlag Berlin Heidelberg 2013

insbesondere die Wiedergewinnung von Kobalt, Nickel sowie Kupfer aus gebrauchten Lithium-Ionen-, Lithium-Polymer- und Nickel-Metallhydrid-Batterien in einem umweltfreundlichen Verfahren. Das in den Batterien enthaltene Lithium gelangt aktuell in die Prozess-Schlacke und wird mit den restlichen Schlackenmineralien an die Industrie weitergegeben. Es stehen jedoch prozesstechnische Lösungen zur Verfügung, das Lithium aus den Schlacken wiederzugewinnen.

Eine der ersten kommerzielle Pilotanlage für den Batterierecyclingprozess entstand in Hofors (Schweden) und hatte eine Nominalkapazität von 2000 t Batterien pro Jahr. Der Fokus lag auf dem Recycling von gebrauchten Batterien aus Laptops, Handys, MP3 Playern, d. h. Kleingerätebatterien. Neue Anlagen mit einer Gesamtkapazität von 7000 t sind entstanden, die auch große Batteriesysteme aus Hybrid- und Elektrofahrzeugen die in speziellen Anlagen (weltweit vernetzte, operative Drop-off-Points) vor allem mechanisch vorbehandelt werden, recyceln (im Aufbau befindlich).

Das wirtschaftliche Potential für Recyclingkonzepte ist vielversprechend. Bei 10 Mio. Batterien allein aus den Elektrofahrzeugen mit einem Gewicht von mehreren 10 kg bis zu 100 kg bedeutet dies zukünftig einen Kapazitätsbedarf für Recyclinganlagen allein in Europa von mehreren 100 Tausend t pro Jahr. Berücksichtigt man den Recyclingbedarf auch aus anderen Anwendungsfeldern, so werden in 20 bis 30 Jahren Recyclingkapazitäten benötigt, die heute schon aufgebaut werden müssten.

Die aktuelle überwiegend in der Entwicklung befindlichen Hochleistungsbatterien für Hybrid- und Elektrofahrzeuge sind auf unterschiedlichste Art und Weise aufgebaut und stellen einen Verbund mit anderen Bauteilen bzw. Komponenten wie Elektroniksystemen, Gehäuse, Kühlsysteme dar. Wegen dieses sehr heterogenen Materialverbunds können hohe Ausbeuten an Wertmaterialien, gute Prozessstabilität und niedrige Kosten momentan nur mit entsprechenden ganzheitlichen Konzepten und modernen Technologien erreicht werden.

Die wichtigen Batteriematerialien Kobalt, Nickel und Lithium werden bislang vorwiegend aus Primärrohstoffen gewonnen. Im Falle von Kobalt und Nickel ist ein Recycling in Europa für Batterien aus portablen Anwendungen bereits gestartet; für Lithium gibt es erste Konzepte. Schon heute wird Li nahezu zu 100% an die Industrie (über die Schlacke) zurückgegeben.

Für den Masseneinsatz als Energiespeicher in Hybrid- und Elektrofahrzeugen werden große Mengen dieser strategischen Metalle benötigt; dies macht gleichzeitig („Economies of Scale") das Recycling von Kobalt, Nickel, Kupfer und auch Lithium sowie Mangan zukünftig im industriellen Maßstab notwendig. Deshalb muss die Sekundärgewinnung dieser Materialien als Gesamtprozesskette zur Rückgewinnung dieser für Europa strategisch wichtigen Materialien noch weiter ausgebaut werden. Die Entwicklung dieser Recyclingprozesskette stellt für die zukünftige Einführung der Elektromobilität in den Massenmarkt eine entscheidende Voraussetzung für eine mittel- und langfristig gesicherte Versorgung mit den genannten strategischen Metallen dar.

ACCUREC BATTERY RECYCLING GMBH	BATREC	umicore materials for a better life	TOXCO	ERLOS GmbH
Sitz: Mühlheim (Deutschland)	Sitz: Wimmis (Schweiz)	Sitz: Hoboken (Belgien)	Sitz: Trail (Kanada)	Sitz: Zwickau (Deutschland)
Kapazität: 2500 t/a	Kapazität: 5000t/a	Kapazität: 7000 t/a	Kapazität: 3500 t/a	Kapazität: k. Angaben
Bemerkungen: Geringer Energieverbrauch, quasi emissionsfrei, Rückgewinnungvon Eisen, Kupfer, Mangan und Kobalt	Bemerkungen: Rückgewinnung von Eisen, Kupfer, Mangan, Zink und Kobalt	Bemerkungen: Keine Vorbehandlung von Kleingerätebatterien, oder der Zellen nötig, kein Ausstoß gefährlicher Abfälle, Rückgewinnung von Eisen, Nickel, Kupfer und Kobalt	Bemerkungen: Weltgrößter Lithiumbatterierecycler (Primärbatterien), Rückgewinnung von Kobalt	Bemerkungen: Öffnung der Batterie und Weitergabe an Nickelhütte, Gewinnung von Kupfer, Nickel, Kobalt, Stahl
Verfahren: Vakuumthermisch	Verfahren: Materialtrennung	Verfahren: Pyrometallurgische und hydrometallurgische, Prozessschritte	Verfahren: Kryogen, Hydrometallurgisch	Verfahren: Pyrometallurgisch

Abb. 28.1 Marktsituation Lithium-Ionen-Batterie-Recycling (Stand 2009, [1])

28.2 Recycling von Lithium-Ionen-Batterien

28.2.1 Internationaler Stand der Technik

Für Kleingerätebatterien bestehen bereits seit Jahren entsprechende Recyclinganlagen. Grundsätzlich haben sich vor allem hydrometallurgische und/oder pyrometallurgische Verfahren durchgesetzt. Dabei ist es wichtig, zwischen dem eigentlichen Recycling und dem Refining zu unterscheiden. Nicht alle Recyclingunternehmen führen auch die Refiningschritte durch, aus denen letztlich die Wertmaterialien in aufbereiteter Form für die Industrieanwendungen zurückgewonnen werden.

Das pyrometallurgische Verfahren kann speziell auf eine hohe Rückgewinnungsquote für Nickel und Kobalt (Nebenprodukt Kupfer) ausgelegt werden. Es kann aber auch für das Recycling von anderen Ni-Co-haltigen Materialien, wie z. B. verbrauchte Katalysatoren, eingesetzt werden. Sollte es aufgrund der Marktsituation interessant werden, Lithium als Element, in oxidischer Form oder als Lithium-Carbonat zurückzugewinnen, so stehen bereits die benötigten Prozesskonzepte im Labor- und Pilotmaßstab zur Verfügung.

Die Gewinnung von Seltene Erden Elemente (z. B. aus gebrauchten NiMH-Batterien) befindet sich zurzeit in der Entwicklung bzw. Erprobung.

Abbildung 28.1 zeigt eine Übersicht über Unternehmen mit Aktivitäten auf dem Gebiet des Batterie-Recyclings. Die Darstellung beinhaltet nur die öffentlich zugänglichen Informationen.

Im Gegensatz zu Batterien aus portablen Anwendungen erfordern die erheblich größeren Batterien aus Fahrzeugen mit vollelektrischem Antrieb (EV) oder Hybridantrieb

(HEV) aus prozesstechnischen Gründen spezielle Vorbereitungsschritte. Neben der mechanischen Behandlung, die aufgrund der Abmessungen, des Gewichtes (50 bis 450 kg) und der Materialvielfalt notwendig ist, müssen wegen der in den Batterien gespeicherten (Rest-)Energien und in Verbindung mit dem jeweiligen mechanischen bzw. elektrochemischen Zustand der Batterien zusätzliche Maßnahmen erfolgen, um Gefährdungen bei der Lagerung, dem Transport und der Handhabung auszuschließen.

28.2.2 Technologien für das Recycling von Lithium-Ionen-Batterien

Im Folgenden wird ein Batterierecyclingverfahren vorgestellt. In einer der weltweit modernsten Recyclinganlagen in Hoboken bei Antwerpen (Abb. 28.2) wird ein breites Spektrum an Sekundärmaterialien verarbeitet. Jährlich werden hier mittels eines komplexen pyrometallurgischen Prozesses aus über 350 Tausend Tonnen Einsatzmaterial (Katalysatoren, Leiterplatten, Mobiltelefone, industrielle Zwischenprodukte und Rückstände, Schlacken, Flugstäube, etc.) wertvolle Metalle mit hohen Ausbeuten zurück gewonnen.

Die Prozessführung (Abb. 28.3) wurde auf die Edelmetalle optimiert, so dass kurze Durchlaufzeiten und hohe Edelmetallausbeuten erreicht werden. Durch die kombinierte Verarbeitung einer großen Bandbreite komplexer, edelmetallhaltiger Materialien lassen sich die Durchsatzquoten zusätzlich erhöhen. Gleichzeitig steigen die Flexibilität und die Unempfindlichkeit gegenüber Verunreinigungen.

Das in der Schmelze enthaltene Kupfer bindet die Edelmetalle und wird beim Abstich direkt granuliert und einem nachgeschalteten Elektrolyseprozess zugeführt. Die Edelmetalle werden dort vom Kupfer getrennt. Die Primärschlacke durchläuft dagegen einen weiteren Hochofenprozess, bei dem Blei und andere NE-Metalle abgetrennt und verbliebene, restliche Edelmetallanteile zurückgewonnen werden.

Hierbei tritt erneut Seitenstrommaterial auf, das ebenfalls wieder in den Prozesskreislauf eingesteuert wird und anschließend weiter verarbeitet werden kann. Somit können heute neben den Edelmetallen viele Sondermetalle hochwertig und effizient recycelt werden. Eine höchst wirksame Abgasbehandlungsanlage rundet den Prozess ab, wodurch die aktuellen Emissionsgrenzwerte zuverlässig eingehalten werden. Die so (vor-)angereicherten Konzentrate werden anschließend in spezifische, hydrometallurgische Prozesse eingeschleust, die die einzelnen Elemente in hochreiner Form darstellen. Die jahrelange Praxis zeigt, dass die Verknüpfung von Vorbehandlung der End-of-Life-Komponenten, Festlegung des Einsatzmaterials, Sampling-Prozess, Pyro- und Hydrometallurgie und deren ganzheitlichen Optimierung ein wesentlicher Erfolgsfaktor eines modernen Recyclingverfahrens darstellt. Die so zurück gewonnenen Metalle werden in chemische (Vor-) Produkte überführt und für die Herstellung neuer Anwendungsprodukte genutzt.

Im Rahmen der vorgestellten Prozesse wurde in den letzten Jahren sehr viel Erfahrung in den Bereichen Logistik, Metallmanagement (Wertmetallhandel), Analytik/Sampling (Beprobung und Analyse) und Metallrückgewinnung gewonnen. Dies stellt heute eine

Abb. 28.2 Integrierte Metallhütte der Umicore in Hoboken/Antwerpen (*Quelle* [1])

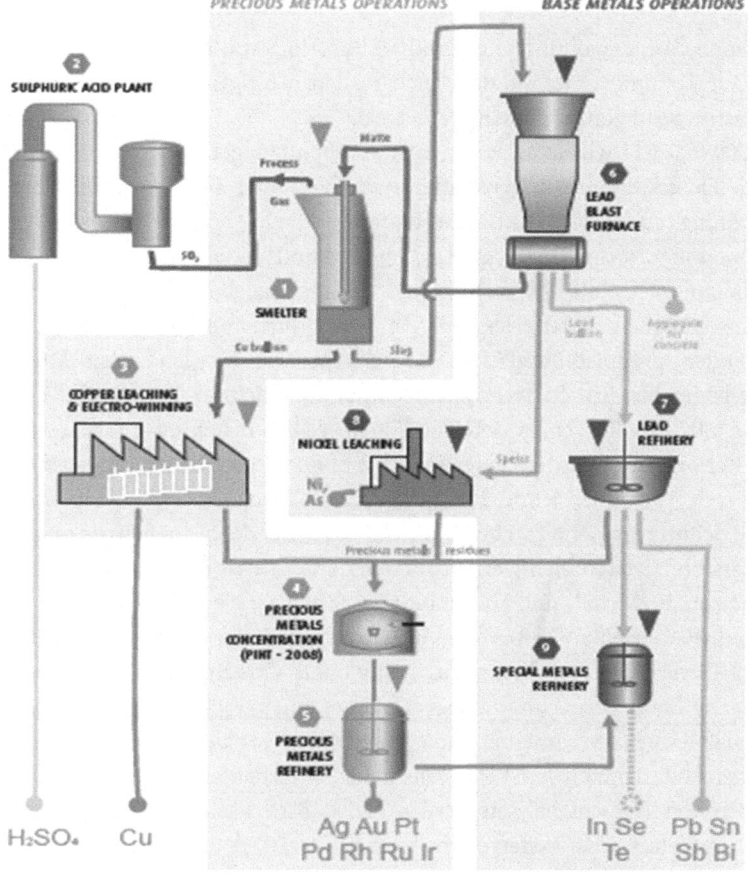

Abb. 28.3 Verfahrensfließbild der integrierten Edelmetallhütte (*Quelle* [1])

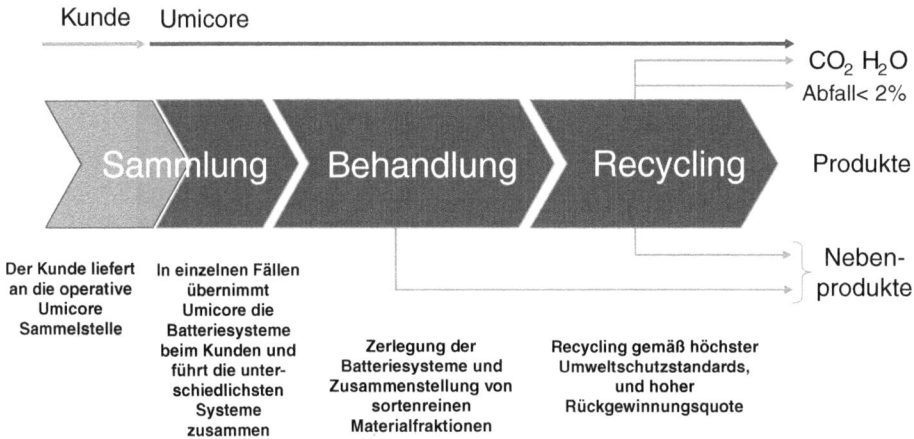

Abb. 28.4 Prozessmodell des Lithium-Ionen-Batterierecyclings mit integrierter Vorbehandlung

entscheidende Grundlage für das zukünftige Recycling von Post-Consumer Anwendungen aller Art dar und führte letztlich auch zu dem heutigen Batterierecyclingverfahren, welches nachfolgend genauer beschrieben wird.

Von 2009 bis 2011 wurde im Rahmen eines öffentlich geförderten Gemeinschaftsprojektes zum Thema Lithium-Ionen-Batterierecycling unter anderem eine Pilotanlage zur Vorbehandlung von großtechnischen Batteriesystemen entwickelt, installiert und in Betrieb genommen, siehe Prozessmodel Abb. 28.4 und Verfahrensfließbild Abb. 28.7.

Die Pilotanlage erfüllt alle technischen und gesetzlichen Anforderungen hinsichtlich der europäischen Batterierichtlinie. In Verbindung mit dem nachfolgend noch zu beschreibenden pyrometallurgischen Recyclingprozess können somit Lithium-Ionen und Nickel-Metallhydrid Batteriesysteme unterschiedlichster Bauart und Performance zuverlässig mit einer Recyclingquote deutlich über 50 % recycelt werden.

Die Batteriesysteme werden dabei zunächst in der (Vor-)Behandlungsstufe bis auf die Zellebene zerlegt (Abb. 28.5 und 28.6); die Zellen bleiben hierbei ungeöffnet. Die Zellen stellen die Schlüsselmaterialfraktion dar, die dann der Recyclinganlage zugeführt werden. Alle anderen Materialien werden als separierte, soweit möglich sortenreine Materialfraktionen an die Metall- und Hüttenindustrie weitergegeben (Abb. 28.5).

Kleingerätebatterien, insbesondere Lithium-Ionen-Batterien aus Mobiltelefonen, Laptops, MP3-Playern werden direkt, das heißt ohne Vorbehandlung der Recyclingstufe zugeführt. Der Batterierecyclingprozess erlaubt es, die unterschiedlichsten Batterien miteinander als Mixtur zu verarbeiten und erreicht daher vor allem nahe der Anlagenauslastung (derzeit 7000 Tonnen/Jahr) eine sehr hohe Wirtschaftlichkeit.

Auf Basis von Elementanalysen werden gezielt Batteriematerialien zu Schmelzchargen für die pyrometallurgische Weiterverarbeitung mit dem Ziel, die Recyclingquote von bevorzugten Elementen zu erhöhen, zusammengestellt. Der pyrometallurgische Prozess liefert insgesamt drei Ausgangsstoffströme: die Schlacke, die Schmelzlegierung und die Flugasche.

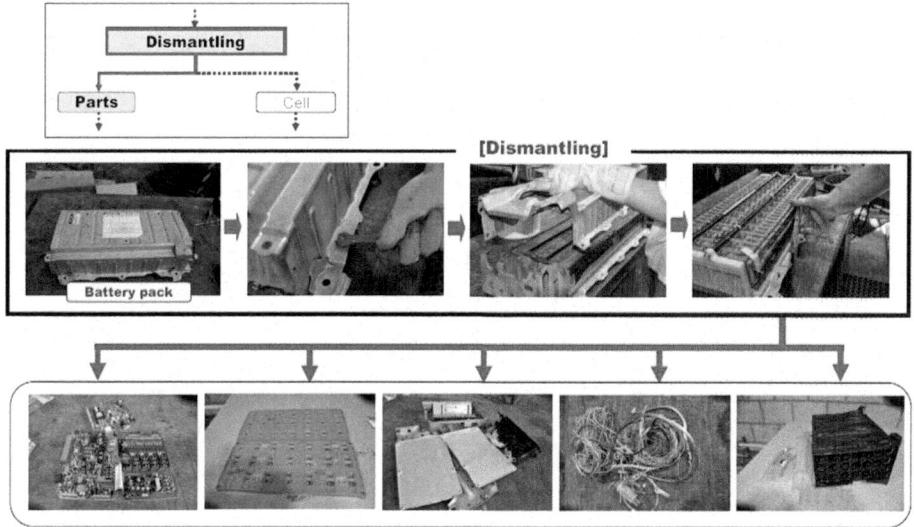

Abb. 28.5 Vorbehandlung/Zerlegung der Batteriesysteme in die einzelnen Materialfraktionen: Metalle, Kunststoffe, Elektronikkomponenten, Verbundwerkstoffe

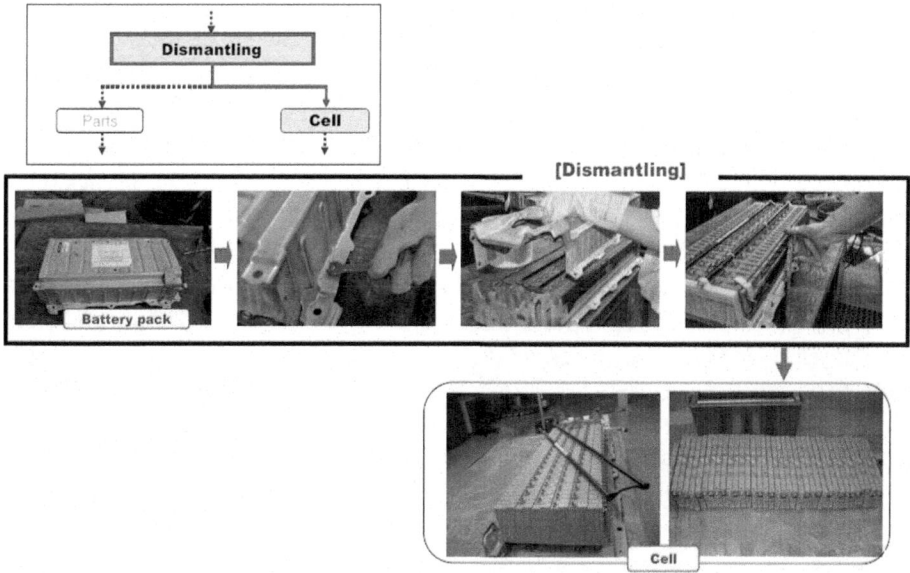

Abb. 28.6 Zerlegung der Batteriesysteme bis zur Zellebene

Zunächst wird mit Hilfe von metallurgischen Eigenschaften eine Aufkonzentration der Wertmaterialien in der Schlacke und vor allem auch in der Schmelzlegierung erreicht (Abb. 28.7).

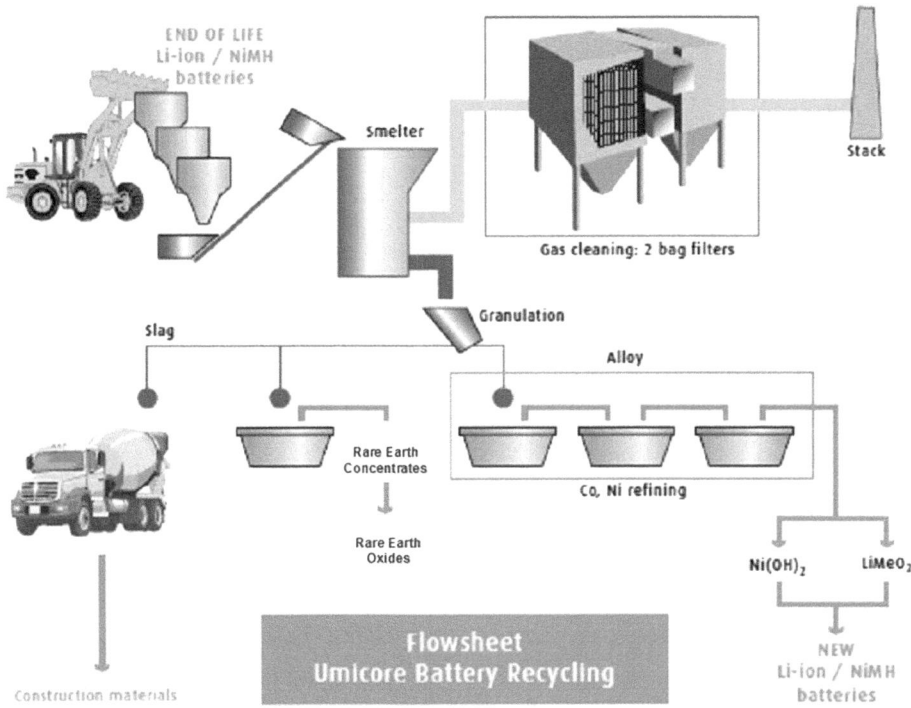

Abb. 28.7 Fließbild des Recyclingprozesses für wiederaufladbare End-of-Life-Batterien

Die gesamte Schlacke wird derzeit direkt als Einsatzstoff (mineralische Zuschlagstoff) in der Fertigbetonindustrie eingesetzt. Alternativ steht eine hydrometallurgische Aufarbeitungsanlage für diese Schlacke zur Verfügung, um die Metalle der Schlacke, z. B. Lithium, die in der Schlacke in oxidischer Form vorliegen, chemisch aufzukonzentrieren und somit letztlich als Element oder auch als Verbindungen zurückzugewinnen.

Die Schmelzlegierung wird nach dem Abstich granuliert und in Aufbereitungsanlagen (Refining Anlagen) über chemische Trennverfahren (Solvent Extraktion) mit dem Ziel, dort einzelne Elemente (insbesondere Co und Ni) aufzukonzentrieren und in reiner Form zurückzugewinnen, weiterverarbeitet. Der dritte Stoffstrom ist der Flugstaub aus der Abgasbehandlungsanlage, der noch sehr kleine Bestandteile an Wertmetallen enthält. Dieser gewonnene Flugstaub wird im Kreislauf geführt, also dem thermischen Prozess wieder zugeführt, wobei wiederum eine Aufkonzentration erreicht wird. Eine Aufkonzentration von fluorhaltigen Stoffgemischen, für die zurzeit eine Weiterverwendungsmöglichkeit entwickelt wird, um letztlich einen absolut rückstandsfreien Prozess zu erhalten.

Aktuell fällt dieses Stoffgemisch in einer Menge von bis zu maximal 2-3 % des Eingangsmaterials an. Alternativ könnte diese Flugasche durch ein spezielles hydrometallurgisches Verfahren, welches von der TU-Clausthal entwickelt worden ist, weiter aufbereitet werden.

Die so zurück gewonnenen Metalle, z. B. Kobalt und Nickel, werden in (Vor-)Produkte für Batteriematerialien (Pre-Cursoren) überführt, die dann für die Herstellung

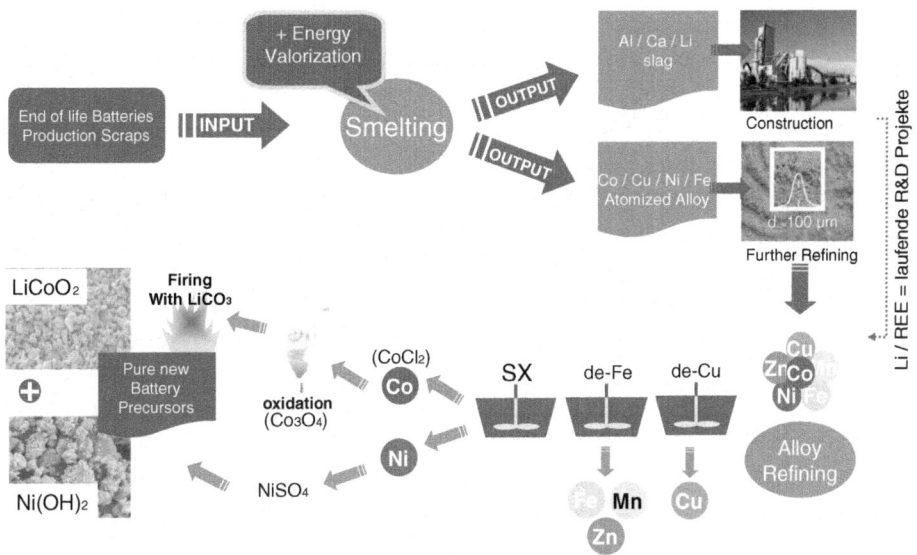

Abb. 28.8 Ganzheitlicher, geschlossener Materialfluss für wiederaufladbare Batterien bei Umicore

neuer Batterien in Form von Kathodenmaterialien verwendet werden. Dieser Material-
kreislauf ist im Detail in Abb. 28.8 dargestellt.

Über diese schon existierende Prozesskette hinaus muss es zukünftig gelingen, (durch
eine verbesserte Zusammenarbeit zwischen den beteiligten Industrien) bereits im frühen
Stadium von Produktentwicklungen das Thema Recycling einzubinden.

Mit diesem ganzheitlichen Verfahrensansatz können derzeit Recyclingquoten von
90 bis 95 %, bezogen auf einzelne Elemente, erzielt werden. Berücksichtigt man hierbei
zusätzlich die energetische Verwertung, so sind noch höhere Recyclingquoten möglich.
Somit trägt ein modernes Recycling von gebrauchten Produkten maßgeblich zur Entspan-
nung der Rohstoffverfügbarkeit bei, ohne die Umwelt zusätzlich zu belasten. Ökobilanzen
(LCA-Studien) bestätigen, dass die Bereitstellung von $LiCoO_2$ für Lithium-Ionen-Batterien aus modernen Recyclingverfahren bis zu 70 % an CO_2 und 70 % an Energie gegenüber der Gewinnung von $LiCoO_2$ aus natürlichen Ressourcen sparen können.

28.3 Zusammenfassung und Ausblick

Auf dem Gebiet des Batterierecyclings sind die prozesstechnischen Weiterentwicklungen
stark abhängig von der jeweiligen Recyclingtechnologie und der Zielsetzung, die von den
einzelnen Unternehmen verfolgt werden. Die bestehenden Recyclingtechnologien sind
grundsätzlich gut etabliert und validiert sowie technisch gut beherrscht. Unterschiede
der Verfahren bestehen bezüglich der Vorbehandlungsschritte (Aufkonzentrationen), der
Umwelteinflüsse, des Energiebedarfs und der Möglichkeiten der Energierückgewinnung.

Verfahrensspezifisches Optimierungspotenzial ist vorhanden. Weitere Forschungs-
aktivitäten befassen sich damit, die Recyclingquoten einzelner Elemente zu erhöhen.
Aber generell ist es bedeutend, die modernen Recyclingtechnologien auch auf andere
Post-Consumer Produkte auszudehnen, um letztlich das „Urban Mining" deutlich zu
erweitern.

Weitere Anstrengungen, insbesondere beim Batterierecycling betreffen die noch offenen logistischen bzw. sicherheitstechnischen Fragen. Die Suche nach effizienten Lösungen hinsichtlich geeigneter Sammelsysteme für gebrauchte Lithium-Ionen-Batterien ist
hierbei eingeschlossen.

Es ist davon auszugehen, dass in den nächsten Jahren das Instrument Life-Cycle-
Assessment (LCA) bei der Weiterentwicklung von Batterierecyclingprozessen und auch
Recyclingverfahren für andere Anwendungen verstärkt herangezogen wird, um Verbes-
serungspotential zu identifizieren und die Nachhaltigkeit der Prozessketten zu belegen.

So ergeben sich folgende Themenblöcke für weitere Entwicklungsarbeiten zum Batterierecycling [2]:

- Untersuchungen zum sicheren Transport von Altbatterien, insbesondere von beschä-
  digten Systemen.
- Entwicklung und Umsetzung einer Logistikkette für gebrauchte Batterien, sowie
  von Geschäftsmodellen unter Einbeziehung einer Wiederverwertung und möglichen
  Weiterverwendung.
- Forschungsarbeiten an gebrauchten Lithium-Ionen-Batterien (z. B. Erfassung der
  Lebenszyklen, Alterungsmechanismen) zwecks weiterer Optimierung von Batterien
  und Batteriesystemen.
- Entwicklung von lösbaren Zellverbindungen zur Realisierung eines recycling- und
  demontage-freundlichen Designs.
- Schnelle Diagnoseverfahren für gebrauchte Batterien (OEM-übergreifend).
- Automatisierung der Vorbehandlung der (H)EV Batteriesysteme zur weiteren Stei-
  gerung der Wirtschaftlichkeit und der Wettbewerbsfähigkeit von ökologischen
  Recyclingkonzepten.

In Zukunft wird es sicherlich verstärkt um die Frage nach zentralen oder dezentralen
Lösungen für das Batterierecycling gehen. Es kann hierbei zunächst festgehalten werden,
dass ein dezentrales Batterierecyclingkonzept zu den folgenden Auswirkungen führt:

- Erhöhung des Gesamtenergieverbrauchs,
- Erhöhung des prozessbezogenen CO_2-Ausstoßes,
- Reduzierung des Transportaufwandes und des damit verbundenen CO_2-Ausstoßes.

Literatur

1. Hagelücken C, Treffer F (2011) Beitrag des Recyclings zur Versorgungssicherheit – Technische
   Möglichkeiten, Herausforderungen und Grenzen, EuroForum-Konferenz in Stuttgart, Mai
2. Projektabschlussbericht Verbundprojekt „Entwicklung eines realisierbaren Recyclingkonzeptes
   für die Hochleistungsbatterien zukünftiger Elektrofahrzeuge" – Lithium- Ionen Batterierecycling Initiative – LiBRi

Aus- und Fortbildung von Fachkräften für die Herstellung von Batteriesystemen

Karlheinz Müller

29.1 Einleitung

Moderne Qualifizierungskonzepte ermöglichen es den Betrieben, in der großseriellen Batterieproduktion dynamisch auf technische Anforderungen zu reagieren und ihre Nachwuchskräfte frühzeitig mit den neuesten betrieblichen Abläufen vertraut zu machen. Auch können sie damit ihre bereits erfahrenen Fachkräfte potential- und interessenorientiert im Rahmen einer betriebsspezifischen, prozessintegrierten Fort- und Weiterbildung für die neuen Techniken, die veränderten Prozesse und Aufgaben fit machen.

Die konsequente Orientierung der Qualifizierung an der Wertschöpfungskette, ihren Abläufen und Vernetzungen ist sowohl wesentliches Merkmal der Ausbildung als auch der Fortbildung. So werden Kommunikation und Kooperation aller Beteiligten in der intelligenten Produktion durch ein übergreifendes gemeinsames Prozessverständnis unterstützt. Schon in der Ausbildung wird die Grundlage für eine permanente Weiterqualifizierung gelegt, so dass die Kompetenz der Fachkräfte gemeinsam mit Produkt- und Prozessinnovationen entwickelt werden kann [6].

29.2 Qualifizierte Mitarbeiter – wandlungsfähige Produktionssysteme

Elektromobilität ist Chance und Herausforderung, die Spitzenposition Deutschlands als Industrie-, Wirtschafts-, Wissenschafts- und Technologiestandort weiter auszubauen. Bei der gemeinsamen Zielsetzung von Bundesregierung und Wirtschaft: „Deutschland ist im

Kh. Müller (✉)
Berufsbildungsausschuss, ZVEI - Zentralverband Elektrotechnik- und Elektronikindustrie e.V.,
Im Lucken 9 a, 64673 Zwingenberg, Deutschland
e-mail: mueller.zwingenberg@t-online.de

R. Korthauer (Hrsg.), *Handbuch Lithium-Ionen-Batterien*,
DOI: 10.1007/978-3-642-30653-2_29, © Springer-Verlag Berlin Heidelberg 2013

Jahr 2020 Leitanbieter und Leitmarkt für Elektromobilität" geht es um nichts weniger als um einen der anspruchsvollsten technologischen Transformationsprozesse der vor uns liegenden Jahrzehnte. Im Rahmen dieser Entwicklung bildet sich eine branchenübergreifende Zusammenarbeit mit neuen Wertschöpfungsketten und veränderten Geschäfts-/ Arbeitsabläufen aus. Diese Veränderungen können nur bewältigt werden, wenn die Branchen über Mitarbeiter verfügen, die diesen Wandel tragen und gestalten [7].

Die Unternehmen müssen sich deshalb sehr grundsätzlich und vorausschauend fragen, ob die richtigen Experten zur rechten Zeit im Boot sind und das benötigte Knowhow einbringen. Doch genau hier liegt das Problem, denn während der Fachkräftebedarf und der qualifikatorische Anspruch der Branchen steigen, werden die Belegschaften älter und der Nachwuchs knapper. Fachkräftemangel und der demografisch bedingte stetige Rückgang des Erwerbspersonenpotentials werden sehr schnell zu einer existentiellen Herausforderung.

29.3 Innovative Nachwuchssicherung und Fachkräfteentwicklung in der Metall- und Elektroindustrie

Wenn sich das Umfeld verändert, braucht die berufliche Aus- und Fortbildung und damit die Personalentwicklung in den Unternehmen neue Strategien, um die Wettbewerbsfähigkeit auch für die Zukunft zu sichern. In der Metall- und Elektroindustrie sind dazu in den letzten Jahren moderne, zukunftsorientierte Berufsbilder entwickelt und umgesetzt worden, die den Qualifikationsanforderungen dieser dynamischen Branche gerecht werden. Markantes Merkmal der neuen Ausbildungsberufe sind breit angelegte Qualifikationsprofile. Ihnen liegt ein ganzheitliches Berufsverständnis zugrunde, das sich an den Geschäftsprozessen orientiert und an den Kundenbeziehungen ausrichtet. Diese prozessorientierte Berufsbilder bieten überall dort große Vorteile, wo – kennzeichnend für die Tätigkeitsfelder der Elektromobilität – dynamischer Wandel, vielfältige Innovationen oder komplexe Fragestellungen für Herausforderungen im Arbeitsalltag sorgen.

Die gestaltungsoffenen Festlegungen der Ausbildungsordnungen ermöglichen, dass Ausbildungsbetriebe jetzt sehr flexibel eine ihren Erfordernissen entsprechende Nachwuchssicherung umsetzen können. Die Ausbildung findet anhand realer Arbeitsaufgaben im aktuellen Betriebsgeschehen statt. Kern der Prüfung ist – anders als bisher üblich – die Durchführung eines betrieblichen Projektes oder einer komplexen Arbeitsaufgabe. So wird mit der Prüfung berufliche Handlungskompetenz durch die Bewältigung von Herausforderungen im spezifischen betrieblichen Kontext nachgewiesen [4].

Für die passgenaue Fachkräfteentwicklung besteht – direkt auf die Berufsausbildung aufbauend – ein prozessorientiertes Weiterbildungssystem: Absolventen der Ausbildungsberufe im Bereich der Elektrotechnik können sich in einem ersten Schritt zu Systemspezialisten, Fertigungsspezialisten, Montage- oder Servicespezialisten weiterbilden und anschließend den IHK Fortbildungsabschluss zum Geprüften Prozessmanager Elektrotechnik (Operativer Professional) erlangen (Abb. 29.1) [8].

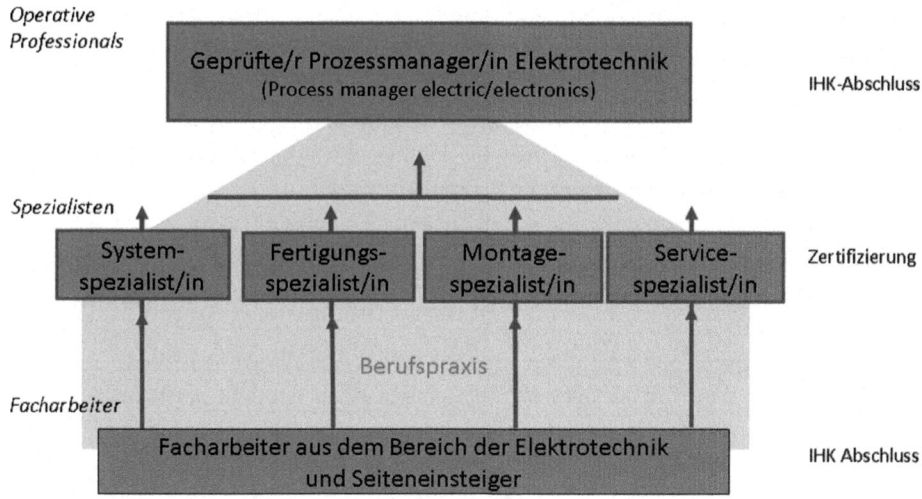

Abb. 29.1 Fort- und Weiterbildung in der Elektrotechnik

Diese Weiterbildung ermöglicht eine Fachkräfteentwicklung, die die Mitarbeiter in innovativen und dynamischen Technologiefeldern – wie dem der Elektromobilität – in die Lage versetzt, die technologischen und organisatorischen Herausforderungen zu meistern. Mit diesen Abschlüssen werden in den Betrieben auch Zugänge zu Fachebenen eröffnet, die bisher üblicherweise nur Technikern/innen und Ingenieuren/innen vorbehalten waren. Vergleichbare Aus-, Fort- und Weiterbildungsmöglichkeiten bestehen auch für den Bereich der Produktionstechnologie. Sie werden nachfolgend im Detail beschrieben [10].

29.3.1 Berufsbilder in der Elektromobilität

Die Qualifikationsanforderungen im Handlungsfeld „Fahrzeugtechnik (eCar)" der Elektromobilität, dem auch die Batteriesysteme zugerechnet wird, werden vor allem von den folgenden Ausbildungsberufen abgedeckt:

• Elektroniker/Elektronikerinnen für Geräte und Systeme zeichnen sich durch eine umfassende Systemkompetenz in der Elektronik aus. Sie verstehen im Detail die einzelnen Hard- und Softwarekomponenten eines Automotive-Systems sowohl in ihrem technischen Aufbau als auch in ihrer systemischen Funktionalität mit den damit verbundenen Sensoren und Aktoren.
• Elektroniker/Elektronikerinnen für Informations- und Systemtechnik zeichnen sich durch ihre elektrotechnischen und softwaretechnischen Kompetenzen aus. Ihr Fokus liegt auf der Verknüpfung von Hardware- und integrierten Software-Komponenten (sog. eingebettete Systeme – embedded systems). Dazu gehören das Erstellen

hardwarenaher Software, das Programmieren von Schnittstellen und die Integration in die jeweiligen Fahrzeugsysteme.

- Elektroniker/Elektronikerinnen für Maschinen und Antriebstechnik (Industrie und Handwerk) sind die Spezialisten für die Elektromotoren und die für ihre Steuerung und Regelung notwendigen Systeme. Sie kennen die unterschiedlichen Bauformen der Motoren, ihre Wickeldaten und das Betriebsverhalten.
- Mechatroniker/Mechatronikerinnen haben eine Systemkompetenz in der Verknüpfung der einzelnen mechanischen, elektrischen und elektronischen Systemkomponenten, deren Funktion sie im Einzelnen sowie im Zusammenwirken des Gesamtsystems verstehen.
- Produktionstechnologen/Produktionstechnologinnen zeichnen sich durch ihre Prozesskompetenz aus. Ihre Aufgabe ist die Sicherung der Stabilität des Workflows und der Qualität der Produkte sowie flexibler und effizienter Produktionsprozesse.
- Elektroniker/Elektronikerinnen für Automatisierungstechnik kommen bei der Neueinrichtung und dem Betrieb von automatisierten Fertigungsanlagen zum Einsatz.

Alle Berufe haben eine Ausbildungsdauer von 3 bzw. 3 ½ Jahren und werden an den Lernorten Betrieb und Berufsschule ausgebildet [2]. Die Berufe sind im Verständnis ihrer qualifikatorischen Ausrichtung für folgende Ausbildungsbetriebe und Einsatzbereiche prädestiniert:

- Elektroniker für Geräte und Systeme sowie Elektroniker für Informations- und Systemtechnik für die Entwicklungs- u. Versuchs-werkstätten der Systemlieferanten und der Automobilhersteller wie auch der Zulieferindustrie.
- Elektroniker für Maschinen- und Antriebstechnik für die Entwicklungs- und Versuchswerkstätten der Systemlieferanten und der Automobilhersteller und für Fertigungsanlagen für die Serienproduktion.
- Mechatroniker für die Entwicklungs- und Versuchswerkstätten der Automobilhersteller, der Systemlieferanten sowie auch der Zulieferindustrie.
- Produktionstechnologen sowohl für die Produktion der Automobilhersteller als auch der Systemlieferanten und der Zulieferindustrie.

29.3.2 Ausbildungsberufe für die Herstellung von Batteriesystemen

Im Folgenden werden die Arbeitsgebiete und relevanten beruflichen Qualifikationen der Ausbildungsberufe beschrieben, die mit der Produktion von Batterien in Verbindung stehen.

Produktionstechnologe/Produktionstechnologin Arbeitsgebiet: Produktionstechnologinnen und Produktionstechnologen bereiten Produktionsaufträge vor, produzieren Produktmuster und Prototypen, testen Produktionsanlagen und bedienen Prüfeinrichtungen.

Sie nehmen Maschinen in Betrieb und richten sie ein, nutzen Programme zur Simulation, Steuerung und Überwachung von Prozessen. Sie betreiben und überwachen die laufende Produktion, sichern sie ab und optimieren sie. Im Bereich Handlungsfeld „Fahrzeugtechnik (eCar)" sind Produktionstechnologen/innen in den neuen Produktionslinien für Fahrzeuge oder Fahrzeugkomponenten zum Beispiel von Elektromotoren oder Batterien gefragt.

Relevante berufliche Qualifikationen:

- Einrichten von Produktionsanlagen, anfahren von neuen Prozessen
- Organisieren von logistischen Prozessen
- Betreiben, optimieren und überwachen von Produktionsanlagen
- Sichern von Qualitätsstandards und Prozessabläufen.

Elektroniker/Elektronikerin für Geräte und Systeme Arbeitsgebiet: Elektroniker/innen für Geräte und Systeme stellen Komponenten her, bauen Geräte und Systeme. Sie nehmen Systeme und Geräte in Betrieb und halten sie instand. Im Bereich Handlungsfeld „Fahrzeugtechnik (eCar)" werden die Elektroniker/innen für Geräte und Systeme zum Beispiel Batteriesysteme, die Steuerungen für Elektromotoren, die Antriebsregelungen und die Inverter bauen.

Relevante berufliche Qualifikationen:

- Konzipieren von Schaltungen und Herstellen von Prototypen
- Integrieren von elektronischen Baugruppen und Komponenten
- Installieren und konfigurieren von Software-Programmen
- Analysieren und testen von technischen Funktionen
- Prüfen und instand setzen von Geräten und Systemen.

Systeminformatiker/Systeminformatikerin Arbeitsgebiet: Systeminformatikerinnen und Systeminformatiker entwickeln und implementieren industrielle informationstechnische Systeme und halten sie instand. Im Bereich Handlungsfeld „Systemdienstleistungen" implementieren Systeminformatiker/innen zum Beispiel Softwarekomponenten, konfigurieren Baugruppen und programmieren eingebettete Antriebssteuerungen, Batteriemanagement-, Sicherheits- und Diagnose- oder Fahrerassistenzsysteme

Relevante berufliche Qualifikationen:

- Implementieren und prüfen von informationstechnischen Komponenten
- Installieren und konfigurieren von Betriebssystemen und Netzwerken
- Erstellen von Softwarekomponenten, einbinden von Schnittstellen
- Integrieren und testen von Komponenten im System
- Support bei Störungen.

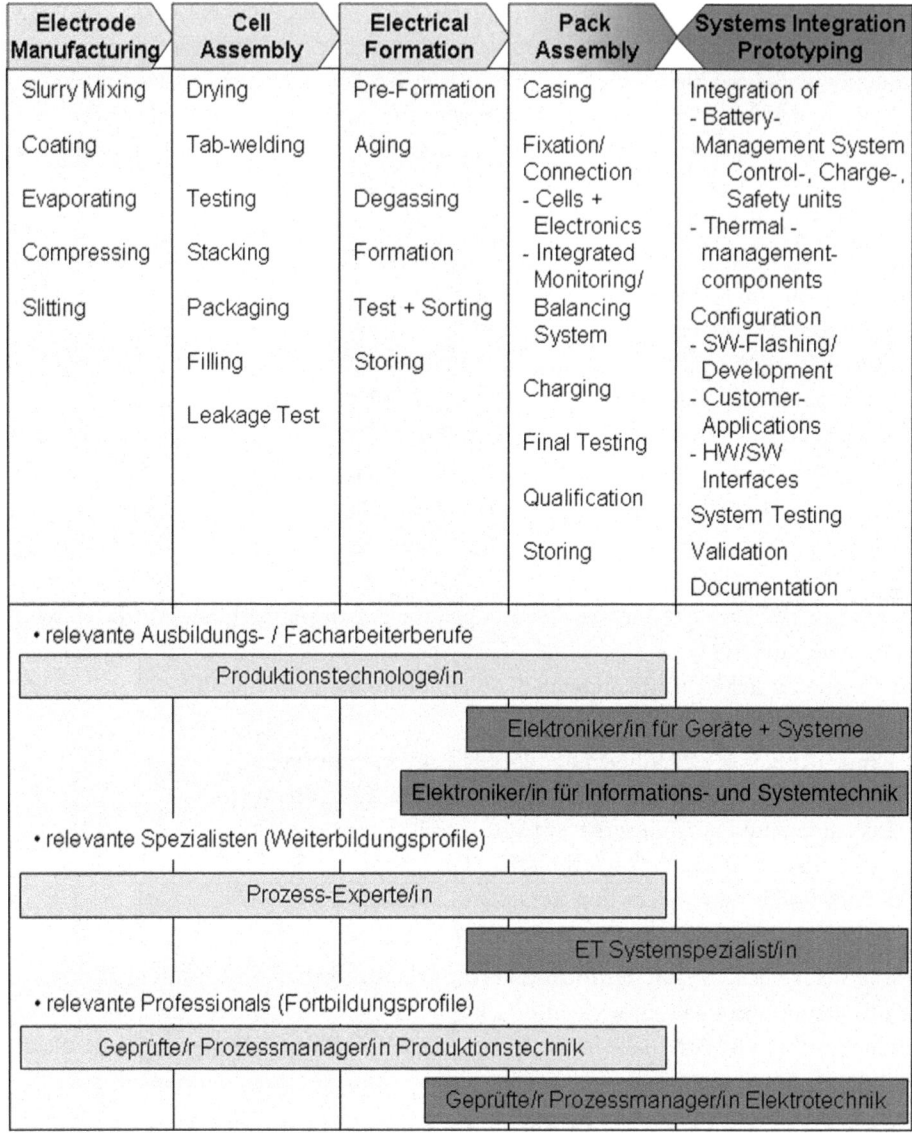

Abb. 29.2 Fachkräfte für die Herstellung von Batteriesystemen

29.3.3 Hightech-Qualifikationen für die Herstellung von Batteriesystemen

Die Qualifikationsanforderungen im Bereich der Elektrodenherstellung, Zellenmontage, Formation und Batteriemontage sind vorrangig produktionstechnologisch geprägt. Die Qualifikationsanforderungen bei der Integration von Batteriesystemen, im Musterbau und Versuch, liegen dem gegenüber in der Elektrotechnik, Elektronik und Informationstechnik. Bei der Formatierung und in der Batteriemontage sind in den Bereichen Prüfen und Testen sowie im Handling der Hochvolt-Komponenten auch elektrotechnische Qualifikationen gefordert (Abb. 29.2).

29.4 Ganzheitliches Qualifizierungskonzept für die Produktionstechnologie

Die Produktion ist der wichtigste Sektor der deutschen Wirtschaft. Mehr als zwei Drittel der Wirtschaftsleistungen sind direkt oder indirekt an das Geschehen im Produktionssektor gekoppelt. Schlagworte wie Flexibilität, Wandlungsfähigkeit, Modularität und Systemintegration sind nicht unbedingt neu, bekommen aber im Zusammenhang mit der Elektromobilität eine neue und deutlich größere Bedeutung. In der Produktionstechnik liegt der Fokus auf stückzahl- und technologieflexiblen Produktionsanlagen zur wirtschaftlichen Fertigung wesentlicher Komponenten und Systeme. In der Produktionsorganisation geht es um die Veränderungen der Wertschöpfungsketten, Geschäfts- und Arbeitsabläufe in der Zusammenarbeit von Automobil- und Zulieferindustrie. Beide Aspekte sind gerade für die Batterieproduktion von besonderer Relevanz [11].

Das Beispiel der Produktionstechnologie zeigt, wie in einem bislang sehr erfolgreichen Wirtschaftsbereich ein Innovationsdruck entsteht, der mit den bisherigen Berufen allein nicht mehr abgedeckt werden kann und nach Lösungen verlangt, die Aus- und Weiterbildung inhaltlich und systematisch miteinander koppeln. Dazu wurde in verzahnten Verfahren die neue Ausbildungsordnung „Produktionstechnologe/in" und dazu passgenau auch eine Fortbildungsordnung über die Prüfung zum anerkannten Abschluss „Geprüfter Prozessmanager/in – Produktionstechnologie" erarbeitet [3].

29.4.1 Ausbildung Produktionstechnologe/in

Der Produktionstechnologe ist ein neuer Facharbeitertypus mit einer umfassenden Handlungskompetenz im Bereich klassischer Fertigungsverfahren wie auch innovativer Produktionstechnologien. Sein Potential begründet sich auf eine besondere berufliche Prägung und betriebliche Sozialisation, die unmittelbar in den Arbeitsprozessen und den damit verbundenen Aufgaben erfolgt [1].

Arbeitsfeld und Einsatzbereich Produktionstechnologen/Produktionstechnologinnen arbeiten im Workflow zwischen Entwicklung und Produktion, in der Vor- oder Nullserie und im Produktionsanlauf. Sie sind kompetente Netzwerker und arbeiten mit Produkt- und Prozessentwickler, Zulieferer und Hersteller zusammen. In der Batterieproduktion betrifft dies insbesondere auch die Entwicklung von Fertigungsverfahren und der Produktionsanlagen selbst.

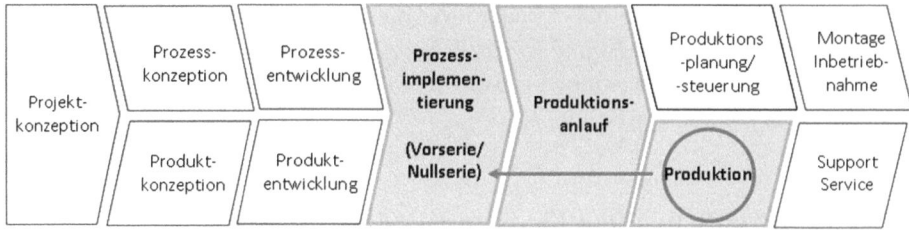

Abb. 29.3 Tätigkeitsfelder Produktionstechnologe

Erst das erfolgreiche Zusammenwirken von Mensch und Prozesstechnologie ermöglicht die Robustheit flexibler Produktionssysteme, d. h. eine geringe Anfälligkeit gegenüber Störgrößen. Hier werden hohe Anforderungen an die Kompetenz der Fachkräfte gestellt, die unmittelbar im Produktionsprozess mit den Maschinen kommunizieren und so die hohen Standards der Großserienfertigung sichern.

Anlaufphasen haben dabei eine besonders große Bedeutung: erstmalig fließen neu entwickelte oder geänderte Produkte und Produktionstechnologien in einem spezifischen Produktionssystem mit innerbetrieblichen und externen Logistikprozessen sowie IT-Werkzeugen zusammen und sollen reibungslos funktionieren. Es ist das besondere Arbeitsfeld der Produktionstechnologen, die Dinge zusammen zu bringen und zu optimieren. Für sie ist die Anlaufphase abgeschlossen, wenn der Produktionsprozess „stabil" ist, d. h. das Produkt in vorgesehener Stückzahl, Durchlaufzeit und Qualität und zu den geplanten Kosten produziert werden kann. Die Länge der Anlaufphase ist mit entscheidend, ob ein Produkt rechtzeitig am Markt erscheint und es wirtschaftlich ein Erfolg wird.

Qualifikation und Tätigkeit Die Inhalte des dreijährigen Ausbildungsberufs sind prozessorientiert, produktions- und informationstechnisch ausgerichtet.

Produktionstechnologen richten Produktionsmaschinen ein, testen Produktmuster und Prototypen, ermitteln Prozessparameter und programmieren Steuerungen. Sie verarbeiten moderne Werkstoffe und nutzen neuartige Fertigungsverfahren. Im Team mit Meistern, Technikern und Ingenieuren analysieren und simulieren sie die Prozesse, erproben und optimieren Produkte und Verfahren. Dabei arbeiten sie mit Lieferanten und Kunden zusammen. Sie bereiten Fertigung und Montage vor, richten den Materialfluss ein, erproben den Anlauf der Produktion, steuern und kontrollieren die Prozesse und überwachen die Qualität der Produkte (Abb. 29.3).

Während die Qualifikation von Mechatronikern durch ihre Systemkompetenz bestimmt ist, ist beim Produktionstechnologen die Qualifikation durch die Prozesskompetenz gekennzeichnet, die Produktionstechnik, Produktionsorganisation und den IT-Einsatz integrativ verbindet. Nicht in einer besonderen „Rolle", sondern als „Gleicher unter Gleichen" bringen sie die für die intelligente Produktion besonders wichtige Prozesskompetenz in die jeweiligen Fachkräfteteams ein. Damit erfahren die Teams insgesamt einen bedeutenden Kompetenzzuwachs und gewinnen an „Schlagkraft". Mit dem Produktionstechnologen steht Unternehmen ein attraktiver Ausbildungsberuf zur Verfügung, mit dem sie motivierte und leistungsstarke Jugendliche für eine Berufsausbildung gewinnen können.

29.4.2 Fort- und Weiterbildung Produktionstechnologie

Zur Unterstützung einer prozessintegrierten Fachkräfteentwicklung wurde aufbauend auf die Ausbildung ein zweistufiges Qualifizierungskonzept für die Fort- und Weiterbildung angelegt.

Auf der ersten Stufe der beruflichen Weiterbildung und Spezialisierung werden dazu die Profile „Prozessexperte/Prozessexpertin" und „Applikationsexperte/Applikationsexpertin" beschrieben. Auf der zweiten Stufe des Qualifizierungskonzepts wird die Fortbildungsprüfung zum/zur „Geprüften Prozessmanager/Prozessmanagerin – Produktionstechnologie" geregelt – ein hochwertiger Abschluss als „Operativer Professional", der qualifikatorisch auf Bachelor-Niveau einzuordnen ist.

Die Qualifizierungsangebote und -maßnahmen können dabei so gestaltet werden, dass Innovationsfähigkeit und Lernen jedes Einzelnen beschäftigungsbegleitend gefördert werden. Arbeitsprozessorientierte Qualifizierungsstrukturen, Flexibilität in der Durchführung und die Durchlässigkeit der beruflichen Entwicklungswege sind deshalb Kernpunkte dieses neuen, ganzheitlich angelegten Qualifizierungskonzeptes [9].

Weiterbildung Prozessexperte/Prozessexpertin und Applikationsexperte/Applikationsexpertin: Die auf der Weiterbildungsebene angesiedelten Spezialistenprofile bilden das Verbindungsglied zwischen der Ebene der beruflichen Ausbildung und der Ebene der in der beruflichen Fortbildung geregelten Operativen Professionals. Grundlage für diese Spezialistenqualifikation ist die Qualifizierung in den in der Verordnung beschriebenen Arbeitsprozessen. Diese verstehen sich als Referenz und setzen die Standards für die Ausgestaltung der Qualifizierung.

Prozessexperten/Prozessexpertinnen analysieren Prozessanforderungen, erarbeiten technische Lösungen, kalkulieren Kosten, Stückzahlausbringungen und schätzen Bearbeitungszeiten ab, erstellen Prozessbeschreibungen, wirken bei der Gestaltung von Produktionsanlagen und bei der Planung und Steuerung der Produktion mit, erarbeiten Lösungen zur Verbesserung der Anlagenverfügbarkeit, optimieren Prozesse (Abb. 29.4).

Applikationsexperten/Applikationsexpertinnen bearbeiten Kundenanfragen, klären technische Anforderungen, Kosten und Termine, arbeiten an der Entwicklung von Kundenlösungen mit, setzen Kundenaufträge in Konstruktions-, Produktions- oder Auslieferungsaufträge um, überwachen die Leistungserstellung und Termine, erstellen vereinbarte Referenzprodukte, bearbeiten Reklamationen, Änderungsanforderungen und Gewährleistungsfälle, betreuen Kunden (Abb. 29.5).

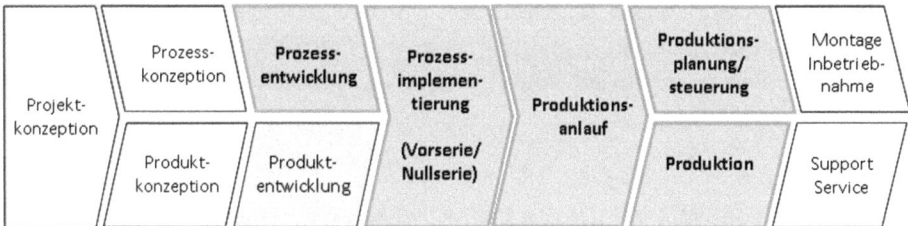

Abb. 29.4 Tätigkeitsfelder Prozessexperte

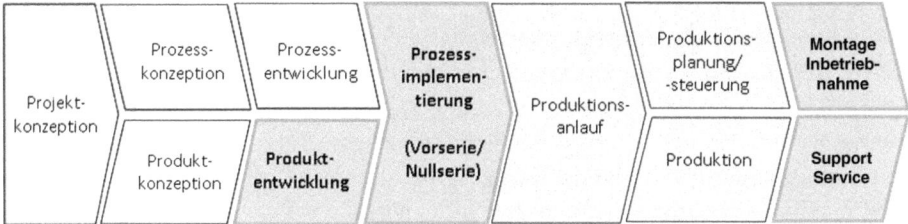

Abb. 29.5 Tätigkeitsfelder Applikationsexperte

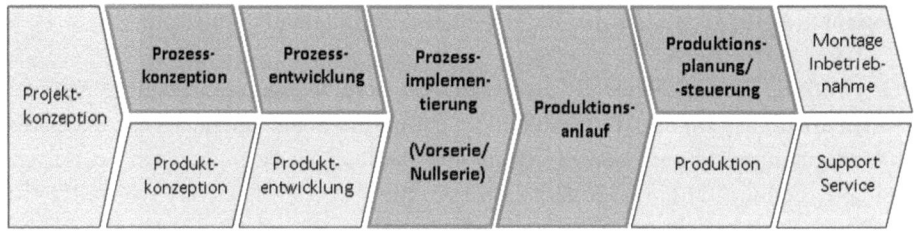

Abb. 29.6 Tätigkeitsfelder Prozessmanager – Produktionstechnologie

Fortbildung Prozessmanager/in – Produktionstechnologie (Operativer Professional):
Operative Professionals führen Organisationseinheiten und übernehmen ingenieurtechnische Aufgaben. Sie sind qualifiziert zur Lösung komplexer Problemstellungen in einem spezialisierten Arbeitsbereich, zur Übernahme von Entscheidungsverantwortung und zur beruflichen Entwicklung ihrer Teams.

Prozessmanager/innen – Produktionstechnologie führen das Prozessmanagement für die Produktion und die damit verbundenen Innovations- und Verbesserungsvorhaben durch. Auch das Projektmanagement von komplexen Projekten in der Produktion gehört dabei zu ihren Aufgaben. In diesen Zusammenhängen sind sie in der Produkt- und Prozesskonzeption, in der Prozessentwicklung und -implementierung, im Produktionsanlauf oder in der Produktionsplanung und -steuerung tätig (Abb. 29.6).

Für die Zulassung zur Prüfung werden spezifische Qualifikationen vorausgesetzt, die in der Ausbildung zum Produktionstechnologen und der darauf aufbauenden Spezialistenqualifizierung zum Prozessexperten oder Applikationsexperten oder durch eine einschlägige Berufserfahrung erworben werden. Die Prüfung selbst wird vor einem Prüfungsausschuss der Industrie- und Handelskammer abgelegt. Ziel der Fortbildungsprüfung ist der Nachweis, dass Prozessmanager/innen Produktionsprozesse planen, gestalten, implementieren, sichern und optimieren sowie Führungsaufgaben wahrnehmen können.

29.5 Prozessorientierte Qualifizierung

In modernen Prozessstrukturen werden Tätigkeiten integriert und verzahnt. Die Aufgaben werden anspruchsvoller und breiter, Einzelvorgänge werden zusammengefasst und vernetzt. Auch verantwortliche Entscheidungen werden auf Fachkräfteebene delegiert. Dafür erforderlich sind kompetente Mitarbeiter auf allen Beschäftigungsebenen, die ein übergreifendes gemeinsames Verständnis von den Prozessen haben.

Sowohl bei den Ausbildungsberufen wie auch bei den Fortbildungsprofilen wurden deshalb die Arbeits-/Geschäftsprozesse als gemeinsame Basis für die Entwicklung und Beschreibung der zu vermittelten Qualifikationen genutzt. So ist gewährleistet, dass in den Teams gemeinsame Begriffe, Beschreibungen, Definitionen, Diagramme, Zeichnungen etc. bestehen. Auf jeder Fachkräfteebene kann so die Kompetenz zur Gestaltung der jeweiligen Teilprozesse und das Verständnis für den Gesamtprozess erworben werden.

Alle Berufsprofile wurden so konzipiert, dass die Qualifizierung sowohl in der Ausbildung als auch in der Fort- und Weiterbildung in realen betrieblichen Abläufen und Projekten erfolgt und deren Inhalte sich an den spezifischen betrieblichen Anforderungen und Einsatzgebieten konkretisieren. Sie ist damit in hohem Maße transferorientiert und fördert eine umfassende berufliche Handlungskompetenz.

Dieses Lernen im Arbeitsprozess findet aber nicht im Selbstlauf statt. Im Arbeitsprozess Erfahrenes muss reflektiert werden, um die richtigen Schlüsse zu ziehen. Erst dieses Bewusstwerden des Gelernten ermöglicht es, zu abstrahieren und das neu gewonnene Know-how auf andere, neue Situationen zu übertragen. Gelingt dieses praktische Lernen, so wird mehr und nachhaltiger gelernt, als allein in einem Seminar je möglich ist. Dieses Lernen knüpft an die Erfahrungen der Fachkräfte an, es gibt Antworten auf anstehende Fragen; Lernmotivation und -transfer ergeben sich fast von selbst. Auch ältere Mitarbeiter lernen so erfolgreicher und bringen noch dazu ihr Know-how ein [5].

29.6 Lernen im betrieblichen Alltag

Gerade hochdynamische Transformationsprozesse wie die der Elektromobilität erfordern eine vorausschauende Qualifizierung der Fachkräfte. Um dazu die Effizienz und die Nachhaltigkeit in der Fort- und Weiterbildung sicher zu stellen, müssen Qualifizierungsprozesse definiert und so eng wie möglich mit den neuen Arbeitsprozessen gekoppelt werden. Mitarbeiter sollen für die Technik und auch für die veränderten Prozesse fit sein. Das ist eigentlich selbstverständlich, wird oft aber nicht zusammen gedacht.

Unternehmensleitungen und Führungskräfte müssen sich gerade im Kontext von technologischen und organisatorischen Veränderungen dem Thema der Qualifizierung ihrer Mitarbeiter stellen und dafür die notwendigen Rahmenbedingungen schaffen. Die Gestaltung von lernförderlichen Rahmenbedingungen verlangt dabei keine neuen „Zuständigkeiten". Die Führungskraft handelt in ihrem originären Aufgaben- und Zuständigkeitsbereich; sie selbst ist verantwortlicher Promotor der Qualifizierung. Diese ist von zentraler Bedeutung für die Handlungskompetenz der Mitarbeiter und damit auch in Summe für die Leistungsfähigkeit des eigenen Verantwortungsbereichs. So kann die Führungskraft auch unmittelbar die berufliche Entwicklung der Mitarbeiter anforderungsgerecht und aktuell fördern und dafür sorgen, dass das Lernen dauerhaft in die Arbeitsprozesse verankert wird und die Lernenden selbst ihre Qualifizierung mitgestalten.

Dieser neue Qualifizierungsansatz ermöglicht Unternehmen eine effektive Form der Mitarbeiterqualifizierung und ist ein hervorragendes Instrument für eine nachhaltige Personalentwicklung im Kontext des demografischen Wandels. Fachkräften und Quereinsteigern ermöglicht es eine Weiterentwicklung der eigenen Kompetenzen im Arbeitsprozess und eröffnet damit vielfältige Beschäftigungschancen in den innovativen Tätigkeitsfeldern der Elektromobilität [12].

Literatur

1. BiBB (Hrsg) (2008) Aus- und Fortbildung in der Produktionstechnologie. Bonn: BiBB– ARGE PT
2. BMBF (Hrsg) (2011) Ausbildungsberufe für die Elektromobilität. Broschüre/CD-Rom. Bundesministerium für Bildung und Forschung, Bonn
3. Borch H, Zinke G (2008) Aus- und Fortbildung aus einem Guss. Berufsbildung in der Produktionstechnologie. In: BiBB – BWP 4/2008, S 43–47
4. Diegner B (2010) Industrielle Elektroberufe: Einsatzgebiete für die Nachwuchssicherung und Fachkräfteentwicklung im Bereich der Elektromobilität. In: Korthauer (Hrsg) Handbuch Elektromobilität. EW Medien und Kongresse GmbH, Frankfurt/M
5. FhG – ISST (Hrsg) (2007) Weiterbildung mit System. Lernen im Prozess der Arbeit (APO IT). W. Bertelsmann Verlag, Bielefeld
6. GGEMO (Hrsg) (2010) Zwischenbericht der Nationalen Plattform Elektromobilität – AG 6 Ausbildung und Qualifizierung. BMWi, Berlin
7. GGEMO (Hrsg) (2011) Zweiter Bericht der Nationalen Plattform Elektromobilität. BMWi, Berlin
8. DIHK (Hrsg) (2011) Rahmenplan – Geprüfte Prozessmanager Elektrotechnik. DIHK Verlag, Meckenheim.
9. Müller K (2009) Enge Verzahnung von Aus- und Weiterbildung in der Produktionstechnologie. In: Loebe/Severing (Hrsg) Zukunftssicher durch flexible Ausbildungszeiten? Neue Metall- und Elektroberufe in der Diskussion. W. Bertelsmann Verlag, Bielefeld

10. Müller K, Schenk H (2011) Berufliche Karrieren mit System – Fort- und Weiterbildung in der Elektrotechnik. In: BIBB-BWP 1/2011, S 36–40
11. VDMA (Hrsg) (2007) Aus- und Weiterbildung: Produktionstechnologe/in. Fachkräfte für die intelligente Produktion. VDMA, Frankfurt am Main
12. ZVEI (Hrsg) (2009) Neue Weiterbildungsmöglichkeiten für die Elektroindustrie. In: ZVEI Mitteilungen 17/2009, S 14–15

Normung für die Sicherheit und Performance von Lithium-Ionen-Batterien

Hermann von Schönau und Matthias Baumann

30.1 Einleitung

Normen bilden heute die Basis nahezu aller Entwicklungen des technischen Lebens. Sie bilden die Grundlage für Unternehmen, in nationale und internationale Märkte vorzudringen und dabei rechtlich abgesichert zu sein. In unserer Gesellschaft stellen Normen Vertrauen und Sicherheit dar und bündeln die Ressourcen der Entwickler, um zielgerichtet sichere und handhabbare Produkte zu entwickeln.

Ausgelöst durch die angestrebte Energiewende und die rasante technische Entwicklung der Lithium-Ionen-Batterien sind Standards für den Betrieb in den unterschiedlichsten Einsatzbereichen dringend notwendig um dem Verbraucher das erforderliche Vertrauen und den Herstellern die benötigte Rechtssicherheit zu geben.

Batterien gehören zu den ältesten Elementen der Elektrotechnik und sind daher einem langen Prozess der Standardisierung unterworfen worden. Voraussichtlich wird die Lithium-Batterie einen ähnlichen Standardisierungsprozess wie die Bleibatterien durchlaufen: Duzende von Normen für die verschiedenen Anwendungsbereiche sind verfügbar. Im Wesentlichen unterscheidet man zwischen Maß- und Materialnormen sowie Performancenormen und Sicherheitsnormen.

Fast alle (elektro)technischen Entwicklungen sind auch von unliebsamen, unvorhersehbaren Erscheinungen wie Unfällen begleitet worden. Sicherheitsnormen wurden zwangsläufig notwendig. Die rasante Entwicklung der Lithiumtechnologie von der

H. von Schönau (✉)
Schönau-Consulting, Hauptstraße 1 a (Schlosshof), 79739 Schwörstadt, Deutschland
e-mail: Hermann.Schoenau@t-online.de

M. Baumann
TÜV Rheinland LGA Products GmbH, Tillystraße 2, 90431 Nürnberg, Deutschland
e-mail: matthias.baumann@de.tuv.com

R. Korthauer (Hrsg.), *Handbuch Lithium-Ionen-Batterien*,
DOI: 10.1007/978-3-642-30653-2_30, © Springer-Verlag Berlin Heidelberg 2013

Tab. 30.1 Überblick über die relevanten Organisationen

UN	UN Transport Regulations
DIN	Deutsche Industrie Norm
DKE	Deutsche Kommission für Elektrotechnik
CENELEC	European Committee for Electrotechnical Standardisation
IEC	International Electrotechnical Commission
ISO	International Standard Organisation
ANSI	American National Standard Institut
SAE	Standards of Automotive Engineering
JBA	Japan Battery Association
CSO	Chinese Standard Organisation

Armbanduhren-Knopfzelle bis zum Netz-Energiespeicher hat weltweit Normungsaktivitäten ausgelöst. Im Vergleich zu bisherigen weit verbreiteten Systemen auf Bleibasis konnte die volumenbezogene Energiedichte und besonders die massenbezogene Energiedichte stark gesteigert werden und vollkommen neue Anwendungsgebiete wurden erschlossen. Der Einsatz neuer Chemikalien und Materialien bei Anode, Kathode und Separatoren hat dies ermöglicht.

30.2   Normungsorganisationen

Grundsätzlich gilt es, zwischen nationalen, internationalen und globalen Normungsorganisationen zu unterscheiden. Neben den offiziellen Organisationen, die sich mit durch Industrie und Verbrauchern initiierte Mandate auch mit Mandaten aus der Politik beschäftigen, existieren weitere Organisationen, die sich aus verschiedenen Gründen mit der Erstellung von Industriestandards beschäftigen. Meist erarbeiten diese Organisationen Standards, deren Inhalt für sie selbst von wirtschaftlichem oder ideellem Interesse ist und von den offiziellen Normungsgremien nur eingeschränkt beachtet werden. Als Beispiel hierzu ist die Battery Safety Organisation (BATSO e.V.) zu nennen, die sich seit 2007 mit einer Sicherheitsnorm für Lithium-Ionen-Batterien in Light Electric Vehicles (LEV) beschäftigt.

Auch Verbände (UL, TÜV, ZVEI, et al.) und einzelne Wirtschaftszweige (z. B. Versicherungen) erstellen eigene Regelwerke. In der Industrie werden in zahlreichen Bereichen (Telekommunikation, Automotive, Luftfahrt, Bahn etc.) eigene Standards definiert, die entweder weit über das in veröffentlichten Normen geforderte Maß hinausgehen, oder auf die existierenden Normen verschiedenster Bereiche verweisen, um den beteiligten Unternehmen die an sie gestellten Anforderungen in einem Dokument zur Verfügung zu stellen (Tab. 30.1).

Die diversen Normungsorganisationen stehen oftmals zueinander in Konkurrenz. Sie sind in den einzelnen Ländern teilweise gesetzlich verankert und zum Teil während vieler Jahrzehnte entstanden und gewachsen. Jede Organisation versucht, die nationalen Ansichten möglichst auch international durchzusetzen. Das international als vorbildlich eingeschätztes deutsches Normungssystem (DIN) steht momentan unter Druck, weil teilweise Normungsorganisationen aus anderen Wirtschaftsregionen mit hohem Einsatz versuchen, wichtige Märkte mit ihren Normen zu belegen.

30.3 Anwendungsgebiete der Normen

Grundsätzlich unterscheidet man bei der Normung von Batterien zwischen Primär- und Sekundärbatterien. Betrachtet werden hier nur Sekundärbatterien, da das Wiederaufladen eine der Kerneigenschaften bei den neuen Anwendungsgebieten darstellt.

Alle Lithium-Batterien unterliegen den UN Transportvorschriften. Die dort im Abschnitt 38.3 beschriebenen Tests sind bis auf einige Ausnahmen ab Zellebene obligatorisch. Sie stellen sicher, dass die Batterien während des Transports keine Gefahr darstellen. Des Weiteren gilt in Deutschland das Batteriegesetz, welches die EU-Richtlinie 2006/66/EG in nationales Recht umsetzt. Da der Transport die Grundlage für die Weiterverarbeitung und den Verkauf der Batterien darstellt, liegen auch vielen Standards diese Vorschriften zugrunde.

Allerdings stellt die UN Transportvorschrift in ihrer momentanen Form die Industrie vor teilweise nahezu unlösbare Probleme, denn laut der Vorschrift ist z. B. der Transport beschädigter Lithium-Batterien verboten. Das heißt, dass die Batterie aus einem Unfallfahrzeug, die in der Fachwerkstatt getauscht wurde, nicht mehr transportiert werden kann und folglich in der Werkstatt verbleiben müsste. Nachdem die Zellen und die daraus assemblierten Batterien die Transportsicherheit bestanden haben, müssen sie für den vorgesehenen Einsatzzweck weitere Prüfungen bestehen.

30.3.1 Normung im Bereich Elektromobilität

Die Strategie der Bundesregierung ist es, bis 2020 eine Million Elektrofahrzeuge in Deutschland in den Verkehr zu bringen. Dies hat in den letzten Jahren zu einer rasanten Entwicklung der Lithium basierten Antriebsbatterien geführt. Allerdings konnten die benötigten Normen nicht in der gleichen Geschwindigkeit entwickelt werden; hierdurch sind große Lücken in der Normung entstanden.

Viele der bestehenden Normen – angefangen bei der Homologationsrichtlinie ECE R 100 bis hin zu Teststandards für Komponenten – nehmen keinen, oder erst seit kurzem Bezug zu den neuen Entwicklungen. Erschwerend kommt hinzu, dass es durchaus auch verschiedene Konzepte für die Infrastruktur der Elektromobilität gibt und hier Anfangs die durch die Normung gewünschte Bündelung der Entwicklungsressourcen nicht stattfand.

Ein großer Vorteil im Bereich der Antriebsbatterien liegt allerdings darin, dass die Automobilhersteller, die naturgemäß großes Interesse daran haben, sichere Produkte zu verkaufen, mit ihren bereits erwähnten eigenen Industriestandards große Bereiche der Sicherheitsanforderungen schon abdecken. Die Normungstätigkeit stößt hier jedoch an Ihre Grenzen, weil die technische Komplexität eines größeren Energiespeichers für Automobile außerordentlich hoch ist und unter dem Begriff „Batterie" die einzelne Zelle, ein Zellverbund, ein Modul oder aber auch ein ganzes Batteriesystem einschließlich thermischer und elektronischer Überwachung mittels komplexer Elektronik verstanden werden kann.

30.3.2 Normung im Bereich stationärer Energiespeicher

In stationären Bereichen werden Lithium-Ionen-Batterien voraussichtlich in Kürze größere Bedeutung erlangen. Nicht nur bei großen Anlagen als Zwischenspeicher, sondern insbesondere in privaten Haushalten als Speicher für die zahlreichen Photovoltaikanlagen wird die Technologie zukünftig eine bedeutende Rolle spielen. Gerade im privaten Umfeld ist die Betriebssicherheit die wichtigste Eigenschaft und muss dementsprechend standardisiert und überwacht werden.

Momentan beschäftigt sich eine neu gegründete Arbeitsgruppe der DKE mit genau diesem Thema. Die Herausforderung bei der Standardisierung besteht in diesem Falle darin, Grundanforderungen zu definieren, die sicherstellen, dass die Batterien auch im eventuellen Missbrauchsfall keine Gefahr für die Anwender darstellen können.

30.3.3 Normung in weiteren Anwendungsbereichen

In Zukunft werden die Lithium-Ionen-Batterien sicherlich noch in anderen, als den augezeigten Bereichen eingesetzt werden. Sowohl in Bahn- als auch in Luftfahrtanwendungen gibt es erste Entwicklungen. Im Luftfahrtbereich gibt es erste Ansätze, Batterien auf Lithiumbasis für Segelflugzeuge zu prüfen und zu zertifizieren. Im Bereich Bahnfahrzeuge gibt es erste Prototypen für Diesel-Hybrid-Lokomotiven. Auch hier müssen bis dahin Standards für die Zulassung entstehen.

Auch heute schon gibt es weit im Markt verbreitete Batterien, die in ihrer Anwendung keinerlei Standards unterliegen. Die bereits erwähnte Batterie für LEV sei hier noch einmal explizit genannt. Kaum ein momentan angebotenes Pedelec hat einen Akku, der auf die Anwendung hin geprüft ist. Als einziger Standard steht der BATSO Standard zur Verfügung; es gibt Bestrebungen, diesem Industriestandard in die internationale Normenwelt zu integrieren, allerdings wird das erst in ein bis zwei Jahren der Fall sein. Gerade bei Pedelecs, die im privaten Umfeld geladen, gelagert und bewegt werden, sollte die Sicherheit an höchster Stelle stehen. Das Problem an dieser Stelle wurde erkannt, ist aber nur ein Beispiel, bei dem die Technik der Normung weit voraus ist.

30.4 Normungsablauf

30.4.1 Ebenen der Normungsarbeit

Nationale Normung Die sogenannten „interessierten Kreise" (Unternehmen, Handel, Hochschulen, Verbraucher, Handwerk, Prüfinstitute, Behörden) senden ihre Experten in Arbeitsgruppen (Ausschüsse) einer nationalen Normungsorganisation (z. B. Deutsches Institut für Normung, DKE), in denen die Normungsarbeit organisiert und durchgeführt wird. Das Deutsche Institut für Normung (DIN) und die Deutsche Kommission Elektrotechnik Elektronik Informationstechnik (DKE) sind die wichtigsten offiziellen und gesetzlich anerkannten für die Normung zuständigen Institutionen in Deutschland. Sie sind für die entsprechenden Aufgaben das deutsche Mitglied in den europäischen und internationalen Normungsorganisationen.

Europäische Normung Die Europäische Normung wird im Rahmen der drei Organisationen CEN, CENELEC und ETSI durchgeführt. Die jeweiligen nationalen Mitgliedsorganisationen stimmen über die europäischen Normen ab und implementieren diese. Die Normungsorganisationen haben – ausgenommen ETSI – je Land nur ein Mitglied, das die gesamten Normungsinteressen dieses Landes zu vertreten hat. Deutsche Normungsinteressen werden auf europäischer Ebene durch das DIN und die DKE vertreten, deren Normenausschüsse über die Mitarbeit an einem europäischen Normungsvorhaben entscheiden. Die fachliche Betreuung wird einem sogenannten „Spiegelgremium" zugewiesen, das eine deutsche Meinungsbildung durchführt und sie im europäischen Gremium vertritt. Dies kann durch schriftliche Kommentare, Entsendung von Delegationen und/ oder Benennung von Experten geschehen. Ist der Schlussentwurf einer Europäischen Norm in einer formellen Abstimmung von der Mehrheit der abstimmenden Länder angenommen worden, muss er von den Mitgliedsorganisationen als nationale Norm übernommen werden. Das Ziel der europäischen Normung ist die Harmonisierung der nationalen Normen in den Mitgliedsländern durch einheitliche Einführung von Europäischen Normen.

Internationale Normung Die internationale Normung wird im Rahmen der drei Organisationen „Internationale Organisation für Normung" (ISO), „Internationale elektrotechnische Kommission" (IEC) und „Internationale Fernmeldeunion" (ITU) durchgeführt. ISO und IEC haben je Land ein Mitglied, das die gesamten Normungsinteressen dieses Landes vertritt. Für Deutschland ist wiederum das DIN Mitglied der ISO. Die Zusammenarbeit zwischen ISO und CEN regelt die Wiener Vereinbarung.

Ziel der Internationalen Standardisierung ist es, internationale Vereinbarungen als internationale Normen zu veröffentlichen. Ihre Aufgabe ist, die Normung und damit zusammenhängende Bereiche weltweit zu fördern, um den internationalen Waren- und Dienstleistungsverkehr zu vereinfachen und die Zusammenarbeit auf allen Gebieten

Abb. 30.1 Entstehungsverlauf
einer Norm

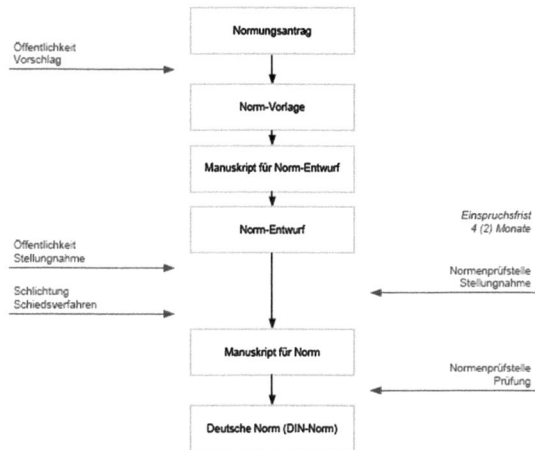

geistiger, wissenschaftlicher, technischer und wirtschaftlicher Tätigkeit auszubauen. Die
Mitarbeit in der internationalen Normung erfolgt nach vergleichbaren Prinzipien wie bei
der Europäischen Normung. Es besteht für die nationalen Mitglieder die Möglichkeit,
jedoch keine Verpflichtung, internationale Normen in das nationale Normenwerk zu
übernehmen. Soll eine internationale Norm als nationale Norm übernommen werden,
darf dies nur vollständig erfolgen.

30.4.2 Die Entstehung einer Norm

Der Bedarf etwas zu standardisieren kann diverse Ursachen haben: Es gibt eine wuchern-
der Vielfalt an Regeln oder jemand strebt eine Wegweiser-Rolle an. Jedermann kann
einen Antrag und einen Vorschlag für eine Norm in eine der Arbeitsgruppen in einem
der 73 technischen Komitees in einem der Arbeitsfelder der DKE einbringen.

Es folgt eine Entscheidung des übergeordneten Gremiums TK (Technisches Komitee),
ob eine WG (Working Group) gebildet wird. Es folgt von der DKE ein Aufruf an die
Industrie, Experten zu benennen, die sachkundig, freiwillig, langfristig sowie unbezahlt
mitwirken wollen und können. Wichtig dabei ist, dass alle betroffenen Kreise in den
Konsensfindungsprozess eingebunden sind. Dann das Thema (Scope) umrissen, abge-
grenzt und ein erster Vorschlag entworfen. Es folgen vielfache Iterationen auf nationaler Ebene in dem dafür eingerichteten Arbeitskreis. Eventuell erfolgt dann ein Antrag
bei CENELEC oder IEC zwecks möglicher Übernahme. Dazu bedarf es dann eines weltweiten Aufrufs von Experten (Call for Experts). Je überregionaler, internationaler oder
globaler eine Norm angestrebt wird, umso länger dauert es in der Regel bis zur deren
Veröffentlichung. Die Einreichung eines Vorschlages ist auch direkt bei IEC möglich; es
folgt danach der Aufruf der Experten. Alle nationalen offiziellen Normungsorganisationen müssen angehört werden. Die Norm ist später identisch zu übernehmen.

Die Stufen bei der Entwicklung einer Norm sind (in zeitlicher Reihenfolge): CD (Committee Draft), CDV (Committee Draft for Vote), FDIS (Final Draft International Standard), IS (International Standard)

Die durchschnittliche Dauer für die Entstehung einer internationalen Norm beträgt 2,5 Jahre. Alle Normen unterliegen auf allen Ebenen dem sogenannten Maintenance Cycle (MC) und werden regelmäßig überprüft, ob ein Updating notwendig und sinnvoll ist. Weiterhin gibt es die Möglichkeit, Revisionen zu beantragen, falls technische Neuerungen dies erfordern (REV) (Abb. 30.1).

30.5 Aktuelle Normungsvorhaben und Vorschläge für Lithium-Batterien

Aktuell sind die folgenden Bereiche in Bearbeitung (MC):

- Normen, die die Grundlage bilden für internationale Transportregulierungen.
- Maßnormen, Prüfnormen, Sicherheitsnormen für stationäre Anwendungen:
  - Mittelgroße Notstromversorgungssysteme (UPS) für Banken, Versicherungen, Telecom (100 bis 500 kWh)
  - Dezentrale Energiespeicherung (Solaranlagen) (>500 kWh)
  - Grosse Anlagen im zukünftigen Smart Grid (MWh-Bereich)
- Zusammenarbeit mit Prüflabors, Überführung der Prüf- und Sicherheitsnormen aus dem Bereich Luftfahrt, Anwendungsbezogene Prüf- und Sicherheitsnormen umschreiben bzw. ergänzen von Blei auf Lithium.
- Prüfnormen, Sicherheitsnormen für das Recycling (CENELEC).

30.6 Liste der Normen

Die folgende Tab. 30.2 erfasst die bestehenden und in Ausarbeitung befindlichen Normungsprojekte für Lithium-Batterien (Mehrfachnennungen entstehen durch die Bearbeitung der Normen auf verschiedenen nationalen/internationalen Niveaus).

30.7 Zusammenfassung

Die Normungsarbeit ist ein wichtiger Baustein für eine erfolgreiche Entwicklung im Batteriesektor. Nur wenn zuverlässige Standards auf internationaler Ebene zur Verfügung stehen, werden die neuen Anwendungen sicher und beherrschbar sein und sich durchsetzen. Zukünftig werden sich neben den momentan dominierenden Themen Elektromobilität und stationäre Anwendungen noch andere Anwendungsgebiete wie Bahn,

Tab. 30.2 Normen im Bereich Batterien

Norm	Scope
IEC	
IEC 62619; Ed 1	Secondary cells and batteries containing alkaline or other non-acid electrolytes – Safety requirements for large format secondary lithium cells and batteries for use industrial applications
IEC 62620 Ed 1	Secondary cells and batteries containing alkaline or other non-acid electrolytes - Large format secondary lithium cells and batteries for use in industrial applications
IEC 61960, Ed 2	Secondary cells and batteries containing alkaline or other non-acid electrolytes - Secondary lithium cells and batteries for portable applications
IEC 61982-4	Sekundärbatterien für den Antrieb von Elektrostraßenfahrzeugen - Teil 4: Prüfung des Leistungsverhaltens von Lithium-Ionen-Zellen
IEC 62281 Ed 2	Safety of primary and secondary lithium cells and batteries during transport
IEC 62660-1	Secondary lithium-ion cells for the propulsion of electric road vehicles - Part 1: Performance testing, Publication date: 2010-12-16. It specifies performance and life testing of secondary lithium-ion cells used for propulsion of electric vehicles including battery electric vehicles (BEV) and hybrid electric vehicles (HEV).
IEC 62660-2	Secondary lithium-ion cells for the propulsion of electric road vehicles - Part 2: Reliability and abuse testing. It specifies test procedures to observe the reliability and abuse behaviour of secondary lithium-ion cells used for propulsion of electric vehicles including battery electric vehicles (BEV) and hybrid electric vehicles (HEV).
IEC 61427-1	Secondary cells and batteries for Renewable Energy Storage - General Requirements and methods of test - Part 1: Photovoltaic Off grid application
ISO	
ISO 12405-1	Electrically propelled road vehicles – Test specification for lithium-ion traction battery packs and systems – Part 1: High power applications
ISO 12405-2	Electrically propelled road vehicles – Test specification for lithium-ion traction battery packs and systems – Part 2 High Energy applications.
ISO 12405-3	Electrically propelled road vehicles – Part 3: Safety performance requirements
ISO/IEC PAS 16898	Electric road vehicles –Battery system design – Requirements on dimensions for lithium-ion cells for vehicle propulsion
ISO 6469-1	Electrically propelled road vehicles- safety specifications – Part 1 On-board rechargeable energy storage systems. 2nd Ed.

(Fortsetzung)

Tab. 30.2 (Fortsetzung)

Norm	Scope
ISO/DIS 6469-3	Electrically propelled road vehicles- safety specifications – Part 3 Protection of persons against electric shock
CENELEC	
EN 62660-1:2011-03	Secondary lithium-ion cells for the propulsion of electric road vehicles – Part 1: Performance testing
EN 62660-2:2011-03	Secondary lithium-ion cells for the propulsion of electric road vehicles – Part 2: Reliability and abuse testing
FprEN 61960:2011-02	Akkumulatoren und Batterien mit alkalischen oder anderen nichtsäurehaltigen Elektrolyten - Lithium- Akkumulatoren und -batterien für tragbare Geräte
DKE	
E DIN EN 62620 (VDE 0510-35):2011-05	Akkumulatoren und Batterien mit alkalischen oder anderen nichtsäurehaltigen Elektrolyten - Große Lithium-Akkumulatoren und -batterien für industrielle Anwendungen
E DIN IEC 61960:2008-11	Akkumulatoren und Batterien mit alkalischen oder anderen nichtsäurehaltigen Elektrolyten - Lithium-Akkumulatoren und -batterien für tragbare Geräte
E DIN IEC 61982-4 (VDE 0510-33):2009-12	Sekundärbatterien für den Antrieb von Elektrostraßenfahrzeugen - Teil 4: Prüfung des Leistungsverhaltens von Lithium-Ionen-Zellen
E DIN IEC 61982-5 (VDE 0510-34):2009-12	Sekundärbatterien für den Antrieb von Elektrostraßenfahrzeugen - Teil 5: Zuverlässigkeits- und Missbrauchsprüfung von Lithium-Ionen-Zellen
E DIN IEC 62466 (VDE 0510-9):2007-04	Akkumulatoren und Batterien mit alkalischen oder anderen nichtsäurehaltigen Elektrolyten - Lithium-Sekundärbatterien für Uhren
SAE	
SAE J 2929 Feb 2011	Electric and Hybrid Vehicle Propulsion Battery System Safety Standard- Lithium-based Rechargeable Cells
SAE J 1766	Recommended Practice für Electric and Hybrid Electric Vehicles Battery System Crash Integrity Testing
SAE J 2380	Vibration Testing of Electric Vehicle Batteries
SAE J2464	Electric and Hybrid Electric Vehicle Rechargeable Energy Storage Systems (RESS) Safety and Abuse Testing

Schiff-, Luft- oder Raumfahrt etablieren. Für alle Fachgebiete braucht es Experten, die bereit sind unentgeltlich an Standards mitzuarbeiten, um einen möglichst vollständigen Normenkatalog zu erhalten und auch zu pflegen. Schon heute ist absehbar, dass es in Zukunft weitere Technologien im Bereich der Batterietechnik geben wird, die wiederum berücksichtigt werden müssen.

Noch eilt die Normenwelt der technischen Entwicklung hinterher. Es ist wünschenswert, dass die Wirtschaft verstärkt ihren Experten die Möglichkeit zur Mitarbeit in Normungsgremien gibt. Mitarbeit bietet die Chance Standards zu setzen. Bei der Regulierung von Schadensfällen und anderen rechtlichen Auseinandersetzungen ziehen Gerichte häufig Standards und Normen heran, weil sie in der Regel den letzten etablierten Stand der Technik widerspiegeln.

Teil V

Batterieanwendungen

Einsatzfelder für Lithium-Ionen-Batterien

31

Klaus Brandt

Die Abhängigkeit der Versorgung des stets wachsenden Energiebedarfs der Weltbevölkerung von fossilen Energieträgern wird zu einer Verknappung derselben führen und zu möglichen Veränderungen des Klimas beitragen. Es wird allgemein anerkannt, dass die Energieerzeugung immer stärker durch erneuerbare Quellen abgedeckt werden muss. Dieser Trend wird durch das rapide Wirtschaftswachstum der sogenannten Schwellenländer sowie den geplanten Ausstieg einiger Industriestaaten aus der Atomenergieerzeugung noch beschleunigt. Die verstärkte Nutzung erneuerbarer Energiequellen wie Solar- und Windenergie führt letztendlich zu der Notwendigkeit, die so erzeugte elektrische Energie zwischenzuspeichern, um die zeitliche Verschiebung zwischen Energieerzeugung und Bedarf auszugleichen. Batterien bis in den MWh-Bereich können einen Teil der benötigten Speicherkapazitäten schaffen. Andere Systeme wie Pumpspeicherkraftwerke oder Druckluftspeicher existieren bereits, können aber nur beschränkt ausgebaut werden, da sie an gewisse geographische Gegebenheiten gebunden sind. Im Bereich der stationären Batteriesysteme sind noch andere elektrochemische Speicher wie Hochtemperaturbatterien und Redox-Flow-Systeme in der Anwendung bzw. Entwicklung.

Ein signifikanter Teil der Ölförderung wird heute für die Mobilität gebraucht. Elektrisch angetriebene Fahrzeuge mit Batterien als Energiespeicher (BEV) existieren seit über 100 Jahren in Nischenanwendungen. Ihre Verbreitung ist im Wesentlichen dadurch begrenzt, dass die Energiemenge, die pro kg Speichergewicht mitgeführt werden kann, bei den klassischen Batterien um mehr als zwei Größenordnungen unter der der chemischen Energieträger Benzin und Diesel liegt (Blei-Säurebatterie ca. 40 Wh/kg, Benzin ca. 12.000 Wh/kg) und damit die Leistung und Reichweite von Elektrofahrzeugen erheblich eingeschränkt ist. Um die Elektromobilität allgemein voranzubringen, sind deshalb

K. Brandt (✉)
Clariant Produkte (Deutschland) GmbH, Lenbachplatz 6, 80333 München, Deutschland
e-mail: klaus.brandt@clariant.com

R. Korthauer (Hrsg.), *Handbuch Lithium-Ionen-Batterien*,
DOI: 10.1007/978-3-642-30653-2_31, © Springer-Verlag Berlin Heidelberg 2013

Batteriesysteme mit hohen Energiedichten und spezifischen Energien notwendig. Das sind nach heutigem Stand die Lithium-Batteriesysteme, wenn sie auch zu diesem Zeitpunkt noch weit von der Energiedichte der fossilen Brennstoffe entfernt sind. Als Übergangslösung dienen Hybridfahrzeuge (HEV), bei denen die Antriebsleistung je nach Fahrzustand entweder vom Verbrennungsmotor oder dem Elektromotor oder gemeinsam erbracht wird. Diese Fahrzeuge sparen Energie unter anderem dadurch, dass sie über den elektrischen Motor, der dann als Generator wirkt, Energie zurückgewinnen. Auch Brennstoffzellen mit Wasserstoff als Energieträger für Fahrzeugantriebe sind in der Entwicklung. Da jedoch schnelle Lastwechsel und Spitzenlasten zu niedrigen Wirkungsgraden führen, werden hier Brennstoffzellen mit Batterien kombiniert, d. h. es handelt sich ebenfalls um eine Hybridlösung.

Die stationären Energiespeichersysteme (ESS) sowie alle Arten elektrisch betriebener Fahrzeuge (xEV) sind aller Voraussicht nach die größten zukünftigen Anwendungen für Lithium-Batteriesysteme. Es gibt jedoch noch weitere Anwendungen z. B. im industriellen Bereich, die von der Möglichkeit der Energierückgewinnung oder dem Ersatz von fossilen Brennstoffen profitieren können. Hier sei nur der Hafenbetrieb erwähnt. Das Heben und Senken von Lasten, z. B. durch fahrbare Containerkräne, kann von der Energierückgewinnung profitieren, Hafenschlepper können durch Elektroantrieb umweltfreundlicher werden. Ähnliches gilt für den Flughafenbetrieb. Lithium-Batteriesysteme werden auch einen Teil des klassischen Marktes der stationären Blei-Säure-Batterien, die zumeist in der Notstromversorgung eingesetzt sind, erobern.

31.1 Stationäre Anwendungen

Die Anwendungsbereiche kann man nach drei Kriterien aufteilen. Zuerst wird unterschieden, ob die Batterien ein Teil des allgemeinen Stromnetzes sind oder eine Insellösung darstellen. Letzteres sind energieautarke Systeme, die zum Beispiel dazu dienen, in Gebieten mit keiner oder unzureichender Anbindung an das Netz die Stromversorgung sicherzustellen. Ein Beispiel hierfür sind Telekomanlagen in entlegenen Gebieten. Zwei weitere Kriterien sind die Länge der Zeit, in der gespeicherte Energie abgegeben werden muss (Entladerate), und die Größe des Speichers (Tab. 31.1).

Der Ausbau des Anteils erneuerbarer Energien an der Stromerzeugung führt zu immer größeren Schwankungen der Versorgung, die zu Instabilitäten im Netz führen. ESS basierend auf Lithium-Ionen-Batterien sind in der Lage, kurzfristig elektrische Leistung zur Verfügung zu stellen, mit der das Netz stabilisiert werden kann [1]. Eine Anzahl von Demonstrationsprojekten mit Leistungen von bis zu 32 MW existiert bereits [2, 3]. Auf lokaler Ebene sind es vor allem kritische Systeme wie Datenspeichersysteme und Telekomanlagen, die vor kurzzeitigen Unterbrechungen der Stromversorgung durch UPS geschützt werden. Längere Unterbrechungen werden meistens durch Dieselgeneratoren und zum Teil bereits von Brennstoffzellen abgedeckt. Lithium-Ionen-Batterien haben hier eine starke Konkurrenz durch die kostengünstigeren Blei-Säure-Batterien (Tab. 31.2).

Tab. 31.1 Klassifizierung der ESS Anwendungen nach Speicherzeit und Größe

	Lokale Speicher Batteriegröße ≤ 100 kWh	Zentrale Speicher Batterien ≥ 1 MWh
Kurze Speicherzeit (kleiner 1 Stunde)	Unterbrechungsfreie Stromversorgung (UPS)	Netzstabilisierung
Lange Speicherzeit (1 Stunde bis mehrere Tage)	PV Systeme am Haus Telekom Arbitrage im Haushalt	PV Anlagen Windparks Arbitrage am Netz

Tab. 31.2 Konkurrierende elektrochemische Speichersysteme für ESS Anwendungen

	Lokale Speicher Batteriegröße ≤ 100 kWh	Zentrale Speicher Batterien ≥ 1 MWh
Kurze Speicherzeit (kleiner 1 Stunde)	Blei-Säure-Batterie Lithium-Ionen-Batterie	Lithium-Ionen-Batterie
Lange Speicherzeit (1 Stunde bis mehrere Tage)	Lithium-Ionen-Batterie Brennstoffzelle Blei-Säure-Batterie	Lithium-Ionen-Batterie Hochtemperaturbatterien Redox-Flow Systeme

Photovoltaik (PV)-Anlagen werden sowohl als zentrale Anlagen zur Stromerzeugung als auch lokal genutzt. Das Maximum der Erzeugung liegt um die Mittagszeit, das Verbrauchsmaximum typischerweise am späten Nachmittag. Batterien können hier rund vier Stunden Zeitverschiebung ausgleichen. Bei der Verbindung mit der Energieversorgung eines einzelnen Gebäudes kann bei ausreichender Speicherkapazität und Sonnenscheindauer das Gebäude autark versorgt werden. Anlagen, die die Versorgung eines Hauses durch eine Kombination von Eigenerzeugung durch Photovoltaik, Speicherung durch Batterien und Anbindung an das Netz sicherstellen, werden in einigen Ländern, wie zum Beispiel Japan und Deutschland, bereits angeboten [4, 5]. Zusätzlich kann auch noch das Elektrofahrzeug mit einbezogen werden, was je nach Situation erlaubt, die Fahrbatterie mit Solarstrom zu laden oder die Fahrbatterie als zusätzlichen Speicher für die Versorgung des Haushalts einzusetzen. Schnellladung der Fahrbatterie mit der in der stationären Batterie gespeicherten Energie ist ebenfalls möglich [6]. Dieses Konzept wird als „Vehicle-to-Home" (V2H) bezeichnet.

Die Gleichmäßigkeit der Energieerzeugung von Windparks hängt stark von den geographischen Bedingungen und den Jahreszeiten ab. Die Größe der Parks mit Kapazitäten von über 100 GW erfordert große Speicherkapazitäten, vor allem wenn Schwankungen der Erzeugung über längere Zeiten ausgeglichen werden sollen. Lithium-Batterien können bei Großanlagen nur einen Teil der Speicherlösung darstellen.

Arbitrage bedeutet Energiespeicherung aus dem Netz, wenn die Energie im Überfluss erzeugt und daher billig ist, und Abgabe dieser Energie an das Netz, wenn der Bedarf hoch und Energie daher teuer ist. Ein Beispiel hierzu ist die Speicherung von Nachtstrom. Die Batterien hierzu können sowohl lokal installiert sein, als auch in größeren Einheiten mit dem

Netz verbunden sein. Eine Voraussetzung für die Nutzung lokaler Speicher ist das intelligente Netz (Smart Grid) [7–9], welches es erlaubt, Speicherung und Energieabgabe zu steuern und zu verrechnen. Das intelligente Netz erlaubt es auch, dass Kapazitäten von Batterien, die mit dem Netz primär zu anderen Zwecken verbunden sind, zur Arbitrage zu nutzen. Hierzu können Batterien von Elektromobilen zählen, die mit einer Ladestation verbunden sind. Dieses Konzept ist als „Vehicle-to-Grid" (V2G) bekannt [10].

31.2 Technische Anforderungen an stationäre Systeme

Die technischen Anforderungen an die ESS Batterien hängen stark von der Anwendung ab, vor allem von der zu speichernden Energiemenge und der Entladedauer (Tab. 31.2). Sicherheit steht an erster Stelle, vor allem dann, wenn diese Batterien innerhalb von Gebäuden platziert sind. Die Lebensdauererwartung für ESS Anlangen liegt bei 20 Jahren, was je nach Anwendung sehr hohe Zyklenzahlen bedeuten kann, zum Beispiel für PV-Anlagen mit je einem Zyklus pro Tag bei ca. 8.000 Zyklen. Die Energiedichte spielt bei den meisten Anwendungen keine große Rolle, allerdings ist die Leistungsdichte für Anwendungen mit kurzer Entladedauer von Bedeutung.

Große Batteriesysteme zur Unterstützung des Stromnetzes haben eine relativ lange Historie, angefangen mit Bleisäure Batterien und Hochtemperaturbatterien [2]. Lithium-Batterie-Systeme haben einige Merkmale, die sie von anderen Speichersystemen abheben. Sie haben eine sehr hohe Speichereffizienz, d. h. ein hoher Prozentsatz der gespeicherten Energie wird auch wieder abgegeben, je nach Lade- und Entladeraten über 95 %. Je nach Elektrodenchemie und Zelldesign sind sie in der Lage, die Energie über längere Zeiten ohne große Verluste zu speichern (niedrige Selbstentladung) und auch die gespeicherte Energie über einen sehr kurzen Zeitraum von einigen Minuten zur Verfügung zu stellen. Auf der negativen Seite sind die hohen Kosten im Vergleich zu Blei-Säure-Batterien hervorzuheben.

Die Kosten großer Lithium-Ionenspeicher werden den Marktanteil im Bereich ESS entscheidend mitbestimmen. Es wird daher unter anderem erkundet, ob sich Batterien von EVs nach Ende der nutzbaren Lebensdauer in dieser Anwendung nicht noch für ein zweites Leben als stationärer Speicher eignen [11]. Lithium-Ionen-Batterien altern mit kontinuierlichem Kapazitätsverlust. Batterien in EV-Anwendungen sind so ausgelegt, dass sie am Ende ihrer Lebensdauer noch 80 % der ursprünglichen Kapazität haben, was dann für eine Verwendung als ESS-Batterie ausreichen könnte. Allerdings wird die Verwendbarkeit der gealterten Batterien dadurch eingeschränkt, dass diese nicht nur an Kapazität, sondern auch an Hochstromfähigkeit (Leistung) verlieren [12].

Lithium-Batterien, wie auch andere Batterien, nutzen ein und dasselbe aktive Material zur chemischen Speicherung der Energie und zur Energieumwandlung zwischen elektrischer Energie und dem chemischen Speicher. Bei anderen Speichersystemen, wie zum Beispiel den Redox-Flow-Systemen [13, 14] und den Brennstoffzellen, sind die Energieumwandlung und die -speicherung getrennt. Bei den Redoxsystemen bedeutet eine Erhöhung der Speicherkapazität eine Vergrößerung des Tankinhaltes für die Reaktanzen, jedoch nicht eine Vergrößerung der Energieumwandlungseinheit, die für den größeren Teil der Kosten verantwortlich ist. Es ist daher anzunehmen, dass vor allem bei der Speicherung großer Energiemengen über längere Zeiten diese Systeme einen Kostenvorteil haben werden [14]. Natrium-Schwefel ist ein Hochtemperatursystem [15], das sich in Japan mit Systemen im MWh Bereich im Einsatz befindet [16] und auch von amerikanischen EVUs erprobt wird.

31.3 Automobile Anwendungen

Die Anwendung von Batterien im Automobil wird von zwei Zielen bestimmt. Zum einen von dem Ziel, die Energieeffizienz des Autos mit konventionellem Verbrennungskraftmaschinenantrieb zu steigern, zum andern, erneuerbare Energien über die Speicherung in Batterien für den Transport von Personen und Gütern zu nutzen.

Die Steigerung der Energieeffizienz des konventionell angetriebenen Automobils kann im Wesentlichen durch drei Maßnahmen erwirkt werden: Gewichtsreduktion, Rückgewinnung der Bremsenergie und Downsizing der Verbrennungskraftmaschine. Die Möglichkeiten der Gewichtsreduktion im klassischen Automobil durch Ersatz der Blei-Säure-Batterie mit einer Lithium-Batterie sind auf ca. 10 kg Gewichtsersparnis beschränkt [17]. Die Rückgewinnung der Bremsenergie über einen Generator (meistens identisch mit dem Startermotor bzw. dem Fahrmotor) und deren Speicherung in der Bordbatterie ermöglicht zusätzliche Einsparungen im Kraftstoffverbrauch. Im Microhybrid wird die so gewonnene Energie dann dazu genutzt, den Fahrzeugmotor im Stand (z. B. vor einer Ampel) abzuschalten und danach wieder zu starten [18]. Bei einem Hybridfahrzeug mit einem dualen Antriebsstrang mit sowohl einem Verbrennungs- als auch Elektromotor wird zusätzlich die elektrische Energie zur Unterstützung des Verbrennungsmotors beim Beschleunigen genutzt. Dies erlaubt ein Downsizing der Verbrennungskraftmaschine (Tab. 31.3).

Mit steigender Batteriegröße ist rein elektrisches Fahren möglich. Bei PKWs entspricht ein elektrischer Fahrradius von 5–10 km einem Batterieenergieinhalt von 1 kWh. Plug-in Hybride haben typischerweise eine Batterie mit 10 kWh nutzbarer Energie, die auch vom Stromnetz geladen werden kann und so Kurzstrecken von 50 km+ ohne den Einsatz der Verbrennungskraftmaschine ermöglichen. Reine Elektrofahrzeuge benötigen Batterien mit Speicherkapazitäten von 20 kWh bis 60 kWh, um alltagstaugliche Reichweiten zu garantieren. Mit den heute erreichbaren spezifischen Energien sind höhere Energieinhalte und damit Reichweiten von über 300 km nicht möglich, da das Batteriegewicht nicht unbegrenzt sein kann.

Die Ladekonzepte für Elektrofahrzeuge spielen eine große Rolle für die Alltagstauglichkeit. Die Steckdose in der Garage im Eigenheim stellt im Allgemeinen max. 3 kW Anschlussleistung zur Verfügung. Die Ladung der Batterie eines Elektrofahrzeuges erfolgt dann über Nacht. Schnellladung (<1 Stunde, >20 kW Ladeleistung) ist technisch anspruchsvoll und bedarf einer neuen Infrastruktur. Konzepte, die entladene Batterie in Batteriewechselstationen gegen eine geladene Batterie auszutauschen, werden erwogen,

Tab. 31.3 Charakterisierung der verschiedenen xEV (PKW)

	xEV	Batteriegröße	Verhältnis Leistung/ Energie (P/E)	Energieein- sparung	Primäre Energiequelle
Start-Stop		≤1 kWh	10	Leerlauf	Benzin/Diesel
Micro-Hybrid	HEV	≤1 kWh	20	Rekuperation	Benzin/Diesel
Hybrid	HEV	1–2 kWh	20	Rekuperation /Downsizing	Benzin/Diesel
Plug-in Hybrid	PHEV	5–15 kWh	5–15	Rekuperation /Downsizing /Stromnetz	Benzin /Stromnetz
Full EV	BEV	20–60 kWh	2–3	Rekuperation /Stromnetz	Stromnetz
EV mit Range Extender		20–40 kWh	2–3	Rekuperation /Stromnetz	Stromnetz/ Benzin/Diesel

bedürfen jedoch erheblicher Investitionen in eine Infrastruktur [19]. Eine Lösung des Reichweitenproblems ist der Range Extender: ein kleiner Verbrennungsmotor betriebe-ner Generator, der bei Bedarf die Fahrbatterie nachlädt.

Je größer der Anteil der zum Fahren gebrauchten Energie aus der Steckdose ist, desto größer die Möglichkeit, auf dem Umwege über das Stromnetz erneuerbare Energien für automobile Anwendungen zu nutzen. Allerdings steigen mit größerer Reichweite auch die Größe und Kosten der Batterie. Pro speicherbare Energieeinheit liegen die Kosten von Batterien für xEV deutlich über den Kosten für Batterien für tragbare Anwendun-gen. Größere Produktionseinheiten und Optimierung entlang der gesamten Wertschöp-fungskette sollten jedoch zu kontinuierlich fallenden Kosten führen [20, 21].

Eine andere Gruppe von Fahrzeugen, für die sich ein elektrischer Antrieb anbietet, sind Nutzfahrzeuge, vor allem Busse [22]. Größere Energieeinsparungen für HEV-Konzepte im Vergleich zum PKW ergeben sich z. B. für Stadtbusse und Müllfahrzeuge aus den häufigen Start/Stops. Für BEVs ist die festgelegte Streckenführung von Vorteil, da hier die Reich-weitenlimitierung entweder durch Ladestationen oder Batteriewechselstationen beseitigt werden kann. Die Batterien für diese Anwendung sind erheblich größer, bei BEV bis zu 400 kWh. In Ländern wie China gibt es bereits eine große Anzahl dieser Fahrzeuge [24].

31.4 Technische Anforderungen an automobile Anwendungen

Die Sicherheitsanforderungen sind bei automobilen Anwendungen noch höher als bei stationären, da hier auch die Möglichkeit der mechanischen Beschädigung beim Unfall betrachtet werden muss. Basierend auf dem Verhältnis von erforderlicher Leistung zur gespeicherten Energie kann man die Batterien in einen Hochleistungstyp (P/E $\geq$ 10) oder einen Hochenergietyp (P/E < 10) einteilen. Für diese Typen sind unterschiedliche Arten von Zellchemie sowie Zell- und Batterieauslegungen erforderlich.

Die wichtigste Eigenschaft des BEV ist die Reichweite und damit die spezifische Energie und die Energiedichte. Diese Forderung bestimmt im Wesentlichen die Wahl der Zellchemie bei Lithium-Ionen-Batterien, die hier ausschließlich zum Einsatz kommen. Die Forderung nach Reichweiten, die einer Tankfüllung Diesel oder Benzin gleichkommen, ist einer der wesentlichen Treiber hinter der Entwicklung neuer Systeme wie Lithium-Schwefel oder Lithium-Luft, die dann die heute vorherrschenden Lithium-Ionen-Batterien ablösen könnten [23].

Der Weg zur Lithium-Ionen-Batterie führte historisch gesehen über die Entwicklung der wiederaufladbaren Lithiummetall-Batterie [24, 25]. Der Anreiz dieses Systems liegt in der hohen spezifischen Kapazität der Metallanode im Vergleich zur Kohlenstoffanode. Diese Metallanode in Kombination mit flüssigen organischen Elektrolyten hat sich jedoch nicht durchsetzen können. Eine Variante dieser Technologie mit einem festen Polymerelektrolyt findet Anwendung in einem Großversuch mit einer Flotte von Elektrofahrzeugen in Paris [26].

Inwieweit BEVs wirtschaftlich sind, hängt von den Batteriekosten, den Kosten der fossilen Brennstoffe, sowie der Anwendung ab. Nach heutigem Stand sind die meisten BEV-Anwendungen ohne Subventionen nicht kostengünstig für den Verbraucher, daher ist eine erhebliche Kostensenkung der Batteriesysteme für eine breite Marktdurchdringung notwendig. Gegenwärtig wird der Kauf von xEV in vielen Ländern subventioniert, um den nötigen Anschub für diese Technologie zu gewährleisten [27].

Die meisten HEV-Anwendungen werden heute nach wie vor von NiMH-Batterien bestritten, die ein ausreichendes P/E Verhältnis vorwiesen können [20]. Bei PHEV-Anwendungen ist wiederum die elektrische Reichweite von Bedeutung, daher kommen hier Lithium-Ionen-Batterien zum Einsatz. Für Start-Stop-Betrieb sowie HEV kommen heute Blei-Säure Batterien zum Einsatz, die heute einen erheblichen Kostenvorteil haben. Der immer höher werdende Druck auf die Automobilindustrie, den CO_2-Ausstoß der Fahrzeuge zu senken, wird wahrscheinlich auch bei diesen Anwendungen mittelfristig die Gewichtsersparnis durch Lithium-Ionen-Batterien ausreichend attraktiv machen.

Wie in den Diskussionen über die Vor- und Nachteile der verschiedenen Fahrzeugkonzepte ersichtlich, stehen einer breiten Elektrifizierung der Mobilität im Wesentlichen zwei Probleme im Wege: Relativ niedrige Energiedichte im Vergleich zu den fossilen Kraftstoffen sowie hohe Kosten im Vergleich zu Antrieben mit Verbrennungskraftmaschinen. Technische Lösungen sind in Sicht; es ist ein politischer Schub notwendig, um eine kritische Masse an Fahrzeugen zu erreichen, die es erlaubt, über hohe Fertigungsvolumina Kosten zu senken und Forschung für neue Systeme zu finanzieren.

31.5 Weitere Anwendungsbereiche

ESS und xEV sind sicher die am häufigsten diskutierten Anwendungen. Andere Anwendungen für elektrochemische Speicher ergeben sich immer dann, wenn es erstens Möglichkeiten zu einer signifikanten Wiedergewinnung der bereits aufgewandten Energie gibt (Rekuperation), zweitens der Einsatz von Hybridantrieben den Kraftstoffverbrauch senken kann und drittens die höhere Leistungsfähigkeit von Li-Ionen-Batterien im

Vergleich zu Blei-Säure-Akkus den Einsatz von Elektroantrieben dort möglich macht, wo er bisher nicht anwendbar war.

Ein Beispiel für das Erstere ist das Heben und Senken von Lasten, zum Beispiel bei Hafenkränen, sofern sie nicht ortsgebunden sind und damit eine Rückspeisung ins Netz im Allgemeinen die einfachere Lösung darstellt. Ähnliches gilt für fahrende Anwendungen, die ein häufiges Beschleunigen und Abbremsen notwendig ist. Beispiele hierfür bietet der Schienenverkehr, insbesondere bei sehr kurzen Abständen zwischen Haltestellen. Allerdings gilt wiederum, dass bei einer bereits vorhandenen Elektrifizierung eine Rückspeisung der Bremsenergie ins Netz wahrscheinlich zu bevorzugen ist.

Diesel-Elektrische Antriebe finden vielfältige Anwendungen, z. B. bei Lokomotiven, Kränen, Schiffen. Der Dieselmotor muss auf die Maximallast ausgelegt sein. Kann diese Last über eine Batterie gepuffert werden, so erlaubt dies ein Downsizing des Motors und damit eine gleichmäßigere Auslastung und Kraftstoffersparnis [28].

Elektrische Bootsantriebe mit Blei-Säure-Batterien sind für einige Binnengewässer im kleinen Maßstab bereits im Einsatz um Lärm und Verschmutzung dieser Gewässer zu vermeiden. Auch die Stromversorgung von Schiffen während der Liegezeit im Hafen kann zur Reduzierung der Umweltbelastung durch den Einsatz von Batterien gewährleistet werden [29]. Die höhere Leistungsfähigkeit der Lithium-Ionen-Batterien wird andere Anwendungen ermöglichen, wie zum Beispiel Hafenschlepper oder Zugmaschinen auf Flughäfen [30].

Literatur

1. Kamath H (2011) Integrating batteries with the grid. In: 28th International battery seminar & exhibit, Fort Lauderdale, 14–17 März 2011
2. Doughty DH, Butler PC, Akhil AA, Clark NH, Boyes JD (2010) Batteries for large scale stationary energy storage. Electrochem Soc Interface 19(3):49–53
3. Advanced Energy Systems: AES energy storage projects. http://www.aesenergystorage.com/projects.html
4. VDI Nachrichten (2012) Lithium-Ionen-Speicher sollen Stromversorgung im Niederspannungssektor stabilisieren. http://www.vdi-nachrichten.com/artikel/Lithium-Ionen-Speicher-sollen-Stromversorgung-im-Niederspannungssektor-stabilisieren/56916/2
5. Kyocera news releases: Kyocera to start exclusive sales in Japan of new residential-use energy management system combining solar power with Li-ion battery storage unit. http://global.kyocera.com/news/2012/0102_qpaq.html
6. Denso Corporation news release: Denso develops vehicle-to-home power supply system for electric vehicles. http://www.globaldenso.com/en/newsreleases/120724-01.html. Zugegriffen: 24. Juli 2012
7. Harris C, Meyers JP (2010) Working smarter, not harder: an introduction to the „Smart Grid". Electrochem Soc Interface 19(3):45–48
8. Electric Power Research Institute (Hrsg) EPRI smart grid demonstration update, April 2012. http://smartgrid.epri.com/doc/EPRI_Advisory_Update_April_2012_Issue.pdf
9. Roberts BP, Sandberg C (2012) The role of energy storage in the development of smart grids. Altairnano White Paper. http://www.altairnano.com/wp-content/uploads/2012/02/EnergyStorageSmartGridsWP.pdf. Zugegriffen: 2. Feb 2012
10. Kempton W, Marra F, Anderson PB, Garcia-Valle R (2012) Business models and control and management architecture for EV electrical grid integration; Vorveröffentlichung, Kapitel 4.

In: Garcia-Valle R, Pecas Lopes JA (Hrsg) Electric vehicle integration into modern power networks, Springer. http://www.udel.edu/V2G/resources/Chapter-4_09-05-12_clean.pdf

11. Norman S (2012) Demand for large scale batteries and alternatives. AABC Europe, Mainz, Juni 18–22

12. Narula CK, Martinez R, Onar O, Starke MR, Andrews G (2011) Final report. Economic analysis of deploying used batteries in power systems, ORNL/TM-2011/151. http://www.ornl.gov/sci/phy sical_sciences_directorate/mst/Physical/pdf/Publication%2030540.pdf. Zugegriffen: Juni 2011

13. Nguyen T, Savinell RF (2010) Flow batteries. Electrochem Soc Interface 19(3):49–53

14. Gibbard HF (2011) Redox flow batteries for energy storage. In: 28th International battery seminar & exhibit, Fort Lauderdale, 14–17 März 2011

15. Sudworth J, Tilley AR (1985) The sodium sulfur battery, Springer

16. Bito A (2005) Overview of the sodium-sulfur (NAS) battery for the IEEE stationary battery committee.   http://www.ieee.org/portal/cms_docs_pes/pes/subpages/meetings-folder/2005_sanfran/ Non-Track/Overview_of_the_Sodum_-_NAS_IEEE_StaBatt_12-16Jun05_R.pdf. Zugegriffen: 15. Juni 2005

17. Eger U (2011) Dual-battery system with lithium battery for the 12-V powernet of a vehicle. AABC Europe, Mainz, Juni 6–10.

18. Kessen J (2012) Lithium-ion advances in micro-hybrid applications. AABC Europe, Mainz, Juni 18–22.

19. How electric cars swap batteries. MIT Technology Review. http://www.technologyreview.com/ demo/425889/how-electric-cars-swap-batteries/. Zugegriffen: 25. Oct 2011

20. Pillot C (2012) Battery and material market outlook. AABC Europe, Mainz, Juni 18–22

21. Nelson PA, Gallagher KG, Bloom I, Dees DW (2011) Modeling the performance and cost of lithium-ion batteries for electric-drive vehicles. Report ANL-11/32, Argonne National Laboratory, Sept 2011. http://www.ipd.anl.gov/anlpubs/2011/10/71302.pdf

22. Sauer DW (2012) Full electric busses for public transport – markets and technology options for energy supply by lithium-ion batteries. AABC Europe, Mainz, Juni 18–22

23. Thielmann A, Isenmann R, Wietschel M (2010) Technologie-Roadmap Lithium-Ionen-Batterien 2030. Fraunhofer-Institut für System- und Innovationsforschung ISI, Karlsruhe. http://www.forum-elektromobilitaet.de/assets/mime/c6ef10b72e9f2b1588821ed9baae7ba0/Lib _Road[1].pdf. Zugegriffen: Juni 2010

24. Brandt K (1986) A 65 Ah rechargeable lithium molybdenum disulfide battery. J Power Sources 18:117–125

25. Brandt K (1994) Historical development of secondary lithium batteries. Solid State Ionics 69:173–183

26. Marginedes D, Planchais E (2011) Lithium metal polymer: performance and design for Paris EV project Autolib. AABC Europe, Mainz, Juni 6–10

27. Crist P (2012) Electric vehicles revisited – costs, subsidies and prospects. Discussion Paper No. 2012-03, International Transport Forum at the OECD, Paris. http://www.internationaltranspo rtforum.org/jtrc/DiscussionPapers/DP201203.pdf

28. Hybrid electric locomotives will utilize 514 megawatt hours of battery capacity by 2020. Pike Research Newsroom, 9 Aug 2011. http://www.pikeresearch.com/newsroom/ hybrid-electric-locomotives-will-utilize-514-megawatt-hours-of-battery-capacity-by-2020

29. Emissionsfrei im Hafen; Schiff & Hafen. http://www.schiffundhafen.de/news/schiffbau/single-view/view/emissionsfrei-im-hafen.html. Zugegriffen: 10. Juli 2012

30. Driving change; Airport World. http://www.airport-world.com/home/item/1460-driving-change. Zugegriffen: 3. Apr 2012

Anforderungen an Batterien für die Elektromobilität

32

Peter Lamp

32.1 Einleitung

Die Mobilität der Zukunft verlangt neue Konzepte, die eine Balance zwischen den individuellen Bedürfnissen nach Mobilität und der nachhaltigen Nutzung von Ressourcen sowie Schonung der Umwelt herstellt (Abb. 32.1). Der Klimawandel und die Begrenztheit fossiler Energieträger erfordern in gleichem Maße eine Verstärkung der Anstrengungen, CO_2-Emissionen zu senken. Hier hat die gesamte Automobilindustrie durch Optimierung der Motorentechnik und Einführung von Motor-Start-Stopp sowie Bremsenergierückgewinnung bereits erhebliche Erfolge erzielt. Diese Anstrengungen im Bereich konventioneller Antriebstechnik werden kontinuierlich weitergeführt.

Darüber hinaus sind aber neue Antriebstechnologien notwendig, die langfristig den Übergang von fossilen Treibstoffen zu Treibstoffen auf Basis erneuerbarer Energien ermöglichen. Die Elektrifizierung des Antriebsstranges von Hybrid-Fahrzeugen über Plug-In-Hybrid-Fahrzeugen hin zu reinen Elektrofahrzeugen ist der aus heutiger Sicht technisch sinnvolle und in Gesellschaft, Politik und Industrie akzeptierte Weg dorthin.

Unabhängig vom Grad der Elektrifizierung kommt bei diesem Technologiewandel dem elektrischen Energiespeicher, d. h. der Batterie, eine Schlüsselrolle zu. Die Speicher- und Leistungsdichte definiert ganz wesentlich die Eigenschaften des Antriebsstranges bzw. des Fahrzeuges und damit sowohl das Potential der CO_2-Einsparung als auch ganz wesentlich die Kundenakzeptanz.

In der Vergangenheit ist die Umsetzung, d. h. Markteinführung von elektrifizierten Fahrzeugen, wiederholt an den zur Verfügung stehenden Batterietechnologien gescheitert. Die in den vergangenen Jahren erfolgte Weiterentwicklung,

P. Lamp (✉)
BMW AG, 80788 München, Deutschland
e-mail: peter.lamp@bmw.de

R. Korthauer (Hrsg.), *Handbuch Lithium-Ionen-Batterien*,
DOI: 10.1007/978-3-642-30653-2_32, © Springer-Verlag Berlin Heidelberg 2013

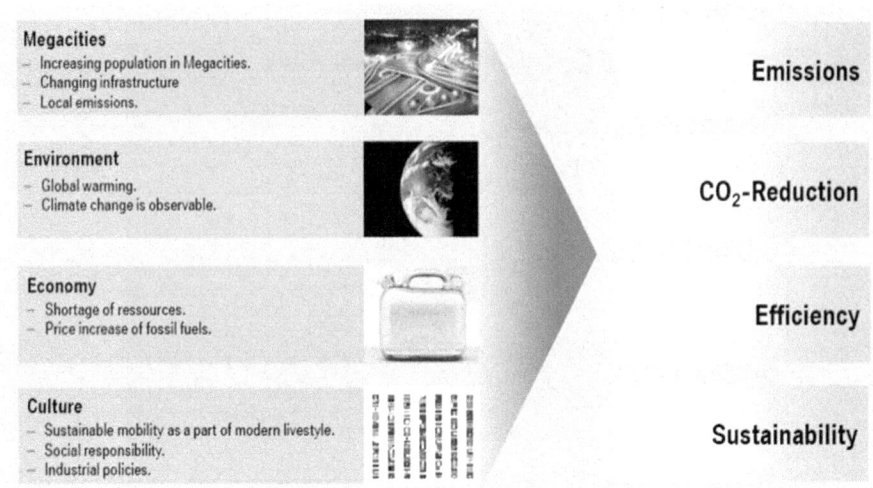

Abb. 32.1 Veränderte Rahmenbedingungen erfordern neue Mobilitätskonzepte

insbesondere der Lithium-Ionen-Technologie, hat hier zu einer Veränderung der Sichtweise und zu einer Offensive in der Entwicklung von elektrifizierten Fahrzeugen geführt. Die Anforderungen an die Batterie im Fahrzeugeinsatz sind hoch und heute noch nicht in allen Punkten durch die verfügbaren Batterietechnologien erfüllt. Der aktuelle Stand und notwendige zukünftige Entwicklungen werden in diesem Kapitel diskutiert.

32.2 Fahrzeug- und Antriebskonzepte als Anforderungsprämisse

Wenn von elektrifizierten Fahrzeugen und dem Einsatz von Batterien in Fahrzeugen gesprochen wird, muss zwischen verschiedenen prinzipiellen Fahrzeugkonzepten unterschieden werden. Dies sind im Wesentlichen die Konzepte Hybrid, Plug-in Hybrid oder Elektrofahrzeug. Allerdings existieren spezielle Ausprägungen innerhalb dieser Klassen, die von Hersteller zu Hersteller aber auch innerhalb eines Herstellers von Modell zu Modell variieren können.

Die grundlegenden Konzepte sind im Folgenden noch einmal kurz beschrieben. Allerdings ist darauf hinzuweisen, dass dies keine allgemeingültige Definition darstellt, sondern nur im Rahmen dieses Artikels die Konzepte unterscheiden helfen soll.

Micro-Hybrid: Motor-Start-Stopp und Bremsenergierückgewinnung durch ggf. modifizierten Starter-Generator und Batterie oder zusätzliche Batterie. Keine Unterstützung des Antriebs durch einen Elektromotor und keine elektrischen Fahranteile.

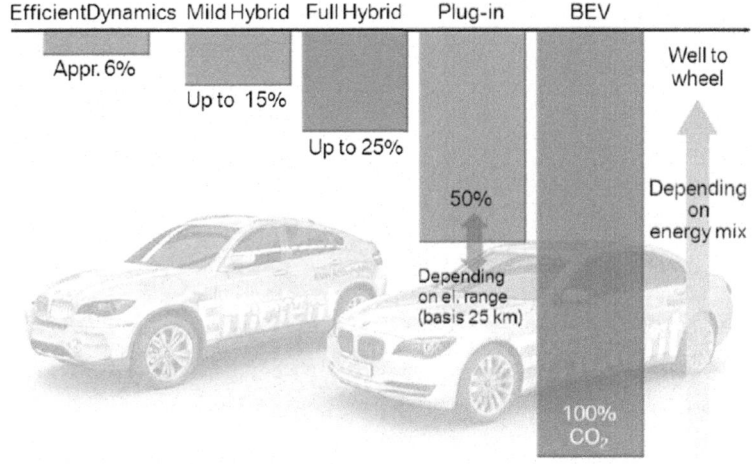

Abb. 32.2 CO_2-Einsparung in Abhängigkeit des Elektrifizierungskonzeptes bzw. -grades

Mild-Hybrid: zusätzlich zu den Funktionen unter Micro-Hybrid Integration eines Elektromotors im Antriebsstrang zur Unterstützung des Verbrennungsmotors in bestimmten Fahrsituationen. Keine elektrischen Fahranteile.

Full-Hybrid: zusätzlich zu den Funktionen unter Mild-Hybrid Nutzung des elektrischen Antriebsstrangs zur Realisierung rein elektrischer Fahranteile (typ. 1 bis 3 km).

Plug-In-Hybrid: zusätzlich zu den Funktionen unter Full-Hybrid Batterieladung nicht nur über Generator des Fahrzeuges sondern über externes Ladegerät, z. B. an einer Steckdose oder Ladesäule. Durch größere Batterie höhere elektrische Fahranteile möglich (typ. 20 bis 50 km).

Elektrofahrzeug: Antriebsstrang ist rein elektrisch. 100 % elektrischer Fahranteil. Reichweite durch Kapazität der Batterie gegeben.

Für jede der oben dargestellten Technologien gibt es unterschiedliche technische Lösungen, auf die hier nicht speziell eingegangen werden soll. Die Höhe der CO_2-Einsparung richtet sich im Wesentlichen nach dem Grad der Elektrifizierung, d. h. der Höhe des elektrischen Fahranteils. Dies ist in Abb. 32.2 dargestellt.

Deutsche Hersteller bieten bereits heute Fahrzeuge sowohl als Mild-Hybrid als auch als Full-Hybrid serienmäßig an. Ende 2013 folgen die ersten Plug-In-Hybrid-Fahrzeuge bzw. Elektrofahrzeuge.

Die Entwicklung der oben genannten Fahrzeuge bei BMW basiert auf einer jahrzehntelangen Erfahrung mit elektrifizierten Antrieben (siehe Abb. 32.3).

Diese Erfahrung ist notwendig, um für jeden Anwendungsfall die Konzepte und Technologien auszuwählen und die Anforderungen so zu stellen, dass ein hinsichtlich Technik und Kosten optimiertes Ergebnis mit größtmöglichem Kundennutzen entsteht.

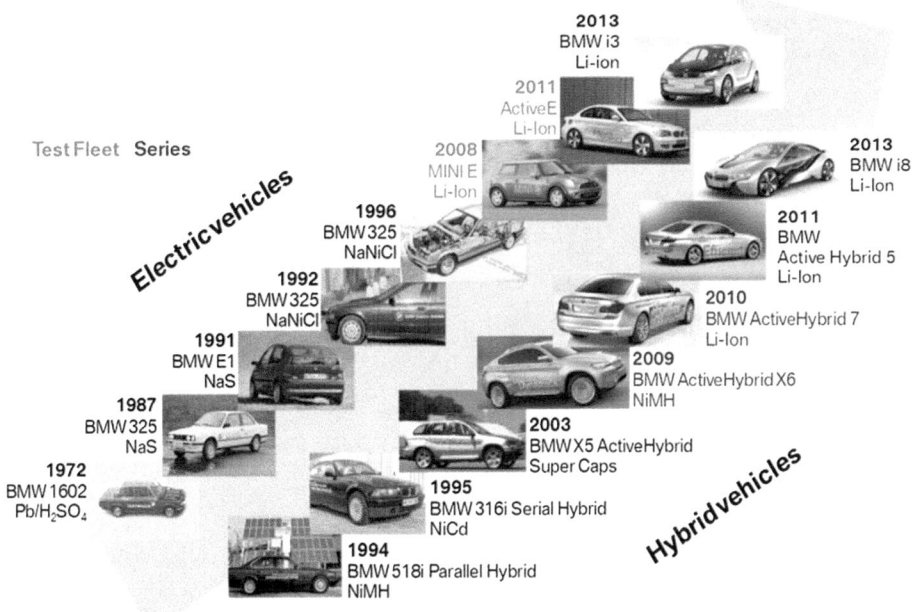

Abb. 32.3 Entwicklungshistorie von Hybrid-Fahrzeugen und Elektrofahrzeugen (hier am Beispiel der Firma BMW)

Die Auslegung eines elektrifizierten Antriebsstranges ist immer ein komplexer mehrstufiger Prozess und erst an dessen Ende liegen die Spezifikationen der Subkomponenten, wie z. B. der Batterie, final vor (Abb. 32.4).

Ausgehend von den Fahrzeugeigenschaften (v. a. Reichweite und Fahrleistungen) als technische Vorgabe müssen die Komponenten des Antriebsstranges und insbesondere deren Interaktion untereinander und deren Integration ins Fahrzeug solange in einem Iterationsprozess optimiert werden, bis am Ende nicht nur die Funktion sondern auch weitere Ziele wie z. B. Bauraum, Gewicht und Kosten erfüllt sind. Insbesondere gehören auch die Eigenschaften Sicherheit und Lebensdauer bzw. Qualität zu diesen Zielgrößen.

32.3 Anwendungsbeispiele für Fahrzeug- und Batteriekonzepte

Im Folgenden soll anhand der Fahrzeugflotte der Firma BMW der Einsatz moderner Lithium-Ionen-Batterien aufgezeigt werden.

Ein Anwendungsbeispiel aus der Klasse der Hybrid-Fahrzeuge ist der BMW Active Hybrid 5. Hier ergaben sich die Anforderungen an die Batterie aus dem Ziel, durch Integration eines elektrischen Antriebsstranges in einen 535i mit 6-Zylinder Twin-Turbo Motor,

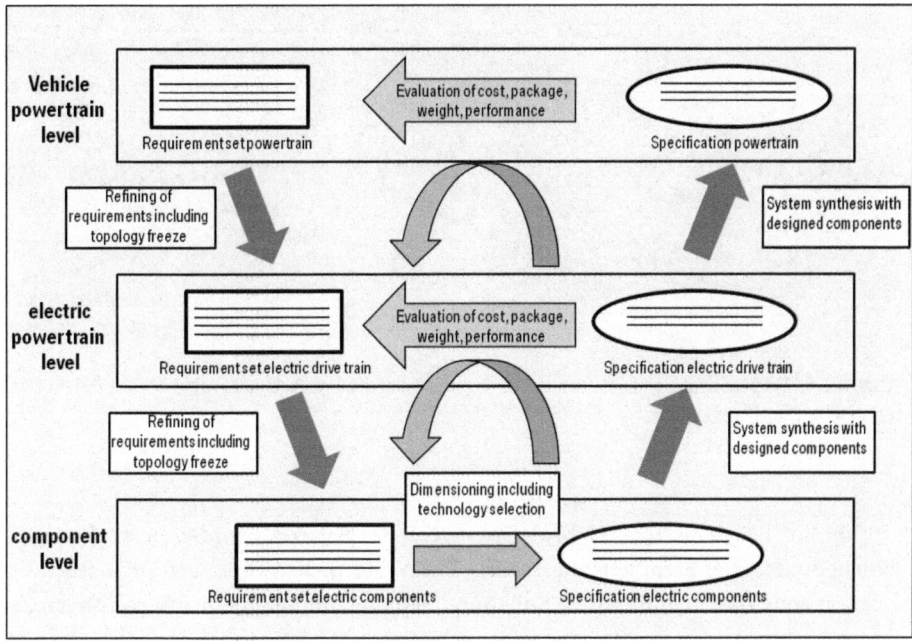

Abb. 32.4 Schematische Darstellung des iterativen Auslegungsprozesses eines elektr. Antriebsstranges

Technical Data	
Engine	6 Cyl. Otto
Displacement	2979 ccm
Max. Power Engine	225 kW
Max. Torque Engine	400 Nm
Max. Power E-Motor	40 kW
Max. Torque E-Motor	210 Nm
Acceleration (0-100 km/h)	5,9 s
Fuel Consumption NEDC	6,4 ltr./100km
Pure Electric Range	3 km

Abb. 32.5 Darstellung des BMW Active Hybrid 5 und dessen charakteristischen Leistungswerte als Basis der Batterieauslegung

die Fahrleistungen eines 540i mit 8-Zylinder bei gleichzeitig 15 % reduziertem Verbrauch gegenüber dem 535i mit ‚Efficient Dynamics' zu realisieren. Um dies zu erreichen, ist ein entsprechender Prozentsatz elektrischer Fahranteil im Referenzfahrzyklus notwendig. Hierdurch wird die geforderte Kapazität der Batterie festgelegt. Die Leistung der Batterie ergibt sich in diesem Beispiel aus der Leistungsdifferenz zwischen 8-Zylinder und 6-Zylinder, die durch den elektrischen Antrieb ausgeglichen wird. Die Eigenschaften des Fahrzeuges und die entsprechenden Daten des elektrischen Antriebsstranges sind in Abb. 32.5 dargestellt.

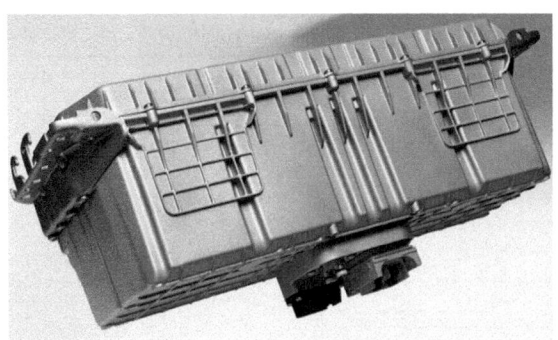

Technical Data	
Total number of cells	96 (1p, 96s)
Nominal Voltage	317 V
Voltage Range	200 – 385 V
Nominal Capacity	4 Ah
Nominal Energy Content	1,35 kWh
Usable Energy Content	0,6 kWh
Discharge Power (20s)	43 kW
Volume	40 l
Weight	46 kg
Cooling	Refrigerant

Abb. 32.6 Darstellung der Lithium-Ionen-Batterie des BMW Active Hybrid 5 und deren charakteristischen Leistungswerte

Die im BMW Active Hybrid 5 eingesetzte Batterie ist die erste Batterie im Serieneinsatz, die komplett im Hause BMW entwickelt und gefertigt wurde. Die Lithium-Ionen-Zelle und weitere Subkomponenten kommen hierbei von diversen Zulieferunternehmen. Eingesetzt wird eine zylindrische Zelle mit Lithium-Eisenphosphat als Kathodenmaterial. Abbildung 32.6 zeigt diese Batterie und ihre charakteristischen Eigenschaften.

Ein weiteres Anwendungsbeispiel aus der Kategorie Elektrofahrzeug ist der BMW Active E. Hier handelt es sich um ein sogenanntes ‚Conversion' Fahrzeug, d. h. eine Umrüstung eines konventionellen BMW 1-er Coupes in ein Elektrofahrzeug. Nach dem MINI E ist der BMW Active E das zweite Elektrofahrzeug, das in einer Kleinserie (ca. 1000 Stück) auf dem Markt ist. Wie bereits der MINI E dient der BMW Active E der Sammlung von Erfahrungen über das Kundenverhalten. Aber im Gegensatz zum MINI E ist der BMW Active E auch ein Technologieträger zur Erprobung der Komponenten, die für das erste Serienelektrofahrzeug, den BMW i3, geplant sind. Hier werden die Hauptkenndaten der Batterie wie Kapazität und Leistung durch die geforderte Reichweite und die Fahrleistungen festgelegt (siehe Abb. 32.7).

Die Integration der Batterie in ein bestehendes Fahrzeugkonzept ist eine besondere Herausforderung. Die entstehenden Lösungen sind in der Regel ein Kompromiss und stellen selten eine technisch und wirtschaftlich optimale Lösung dar (Abb. 32.8).

Im Fall BMW Active E als Technologieträger für einen erweiterten Feldtest ist dies akzeptabel. Der nächste Schritt ist der speziell als Elektrofahrzeug konzipierte und entwickelte BMW i3 (Abb. 32.9). Hier wurde die Integration einer kompakten Batterie in den Unterboden realisiert. Dies erlaubt einen kosteneffizienten modularen Aufbau aus standardisierten Zellmodulen. Zudem verfügt der BMW i3 mit einer Carbonfaser-Karosserie und anderen Technologien über wesentliche innovative Merkmale, die in der Zukunft für Elektrofahrzeuge wichtig sein werden.

Range (FTP72)	miles	150
Typ. customer range	miles	100
Seats	-	4
Trunk volume	litres	200
Acceleration	sec. (0-60 mph)	9.0
Speed	mph max.	90
Weight distribution	%	50:50
Wheel-drive	-	Rear
Maturity	-	Concept ready for series production

Abb. 32.7 Darstellung des BMW Active E und dessen charakteristischen Leistungswerte als Basis der Batterieauslegung

Technical Data	
Nominal voltage	355 V
Max. current	400 A
Energy content	32 kWh
Discharge Power cont. peak	78 kW 140 kW
Total number of cells	192 (2p, 96s)
Charging time (7.7 kW)	4-5 hours
Cooling and Heating	Water

Abb. 32.8 Darstellung der Lithium-Ionen-Batterie des BMW Active E und deren charakteristischen Leistungswerte

Abb. 32.9 Serienelektrofahrzeug BMW i3 und entsprechendes Batteriekonzept

Die angeführten Beispiele zeigen, dass bereits heute mit den verfügbaren Lithium-Ionen-Technologien kundenwerte Fahrzeuge entwickelt und angeboten werden können. Für eine nachhaltige und substantielle Durchdringung des Marktes mit elektrifizierten Fahrzeugen ist eine kontinuierliche Weiterentwicklung und Optimierung der Batterietechnologie notwendig. Der heutige Stand der Technik und die notwendigen Zielrichtungen der weiteren Entwicklung der Batterietechnologie aus Sicht der Anwendung im Fahrzeug werden im restlichen Teil dieses Kapitels behandelt.

32.4 Anforderungen an die Batterie

Im Rahmen der Nationalen Plattform Elektromobilität (NPE) hat die beteiligte Industrie bereits die geforderten Eigenschaften der Batterie für den Einsatz speziell in Plug-In-Hybrid-Fahrzeugen und Elektrofahrzeugen sowie deren zeitliche Entwicklung skizziert. In Abb. 32.10 sind diese Ziele in Form einer Zielespinne zusammenfassend dargestellt.

Diese generischen Zielgrößen bilden die Basis der Anforderungen an die Batterie für den Einsatz in elektrifizierten Fahrzeugen. Jedoch ist deren Detaillierung, d. h. die Ableitung konkreter Zahlenwerte, abhängig von den Randbedingungen der unterschiedlichen Automobilhersteller und der spezifischen Modellstrategie. Dennoch wird im weiteren Teil des Artikels versucht, hieraus allgemeine Anforderungen der Automobilindustrie an eine entsprechende Batterie abzuleiten und diese soweit möglich dem Stand der Technik gegenüberzustellen sowie hieraus Entwicklungsbedarfe für die Zukunft abzuleiten. Allerdings ist darauf hinzuweisen, dass hieraus keine Allgemeingültigkeit für die Automobilindustrie abgeleitet werden kann.

32.4.1 Allgemeines

Heute ist der Einsatz von Lithium-Ionen-Zellen in Geräten des Consumer-Marktes (Computer, Camcorder, Cellphones) oder in Akku-Werkzeugen Stand der Technik. Allerdings darf nicht vergessen werden, dass es zwischen dem Einsatz in diesen Märkten und dem Einsatz im Fahrzeug wesentliche Unterschiede gibt (Abb. 32.11), die zu neuen Anforderungen und damit auch zur Notwendigkeit neuer Lösungen führen.

Bei der Entwicklung von Lithium-Ionen-Zellen und -Batterien für den Einsatz im Automobil handelt es sich nicht nur um die Adaption einer bekannten Technik auf eine neue Anwendung, sondern um die Neuentwicklung eines spezifischen Produktes für den automobilen Einsatz, basierend auf dem allgemeinen Stand des Wissens zur Lithium-Ionen-Technologie.

In der Nomenklatur dieses Artikels wird von der Batterie als eine Komponente des elektrischen Antriebsstranges gesprochen. Hier ist zu präzisieren, dass sich dies ausschließlich auf eine Batterie im Sinn elektrischer Hochvoltenergiespeicher (typisch ca. 400 V) bezieht und hierbei auf das Gesamtsystem ,Batterie', das sich wiederum aus verschiedenen Komponenten aufbaut (Abb. 32.12).

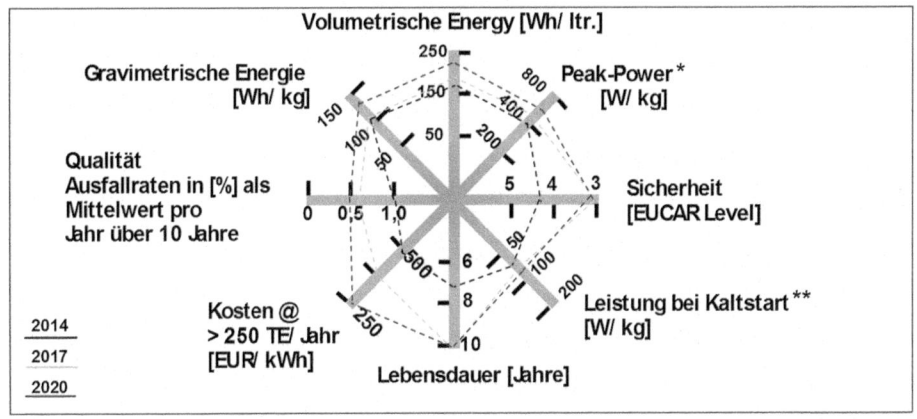

* 25°C, 50% SoC
** -25°C, 50% SoC

Abb. 32.10 Key-Performance Parameter für Batterien in Elektrofahrzeugen (Ziele 2014 bis 2020)

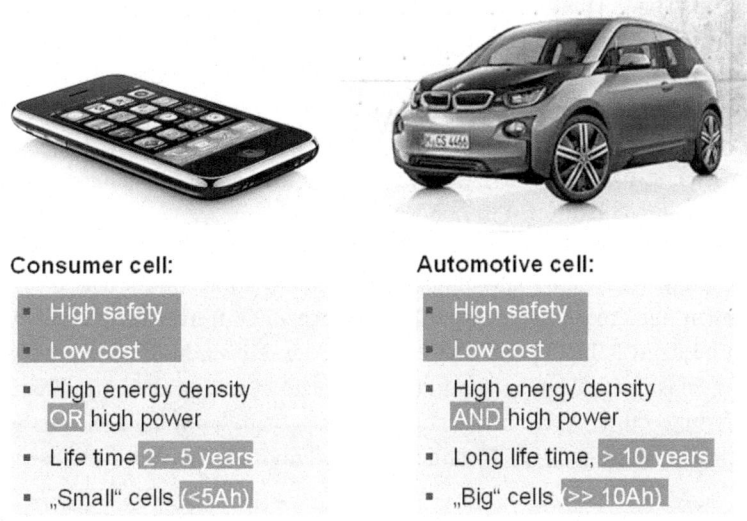

Abb. 32.11 Prinzipielle Unterschiede für den Einsatz der Lithium-Ionen-Technologie im Consumer-Markt und im Automobil

Als zugrunde liegende Technologie wird ausschließlich auf die Lithium-Ionen-Technologie Bezug genommen, da diese hinsichtlich Energie- und Leistungsdichte die einzige Technologie ist, die heute das Potential hat, die Anforderungen in allen Anwendungen im Automobil zu erfüllen.

Hierbei ist zu erwähnen, dass der Begriff Lithium-Ionen-Technologie lediglich ein Überbegriff ist, der verschiedene eingesetzte Aktivmaterialien und auch unterschiedliche

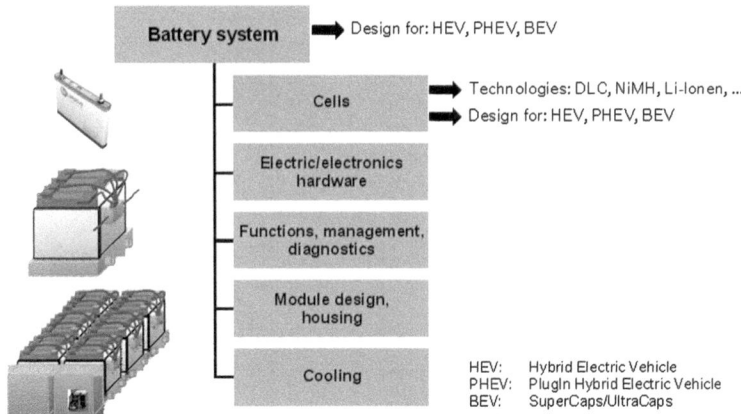

Abb. 32.12 Prinzipieller Aufbau einer Batterie für den Einsatz im Automobil als Gesamtsystem mehrerer Sub-Komponenten mit der Lithium-Ionen-Zelle als Hauptkomponente und Träger der Technologie

Zelldesigns und -bauformen umfasst. Diese möglichen Bauformen sind z. B. zylindrische oder prismatische Zellen mit festem Gehäuse aus Stahl oder Aluminium bzw. Zellen mit Aluminium-Polymer Verbundfolie als Gehäuse (sogenannte Pouch-Zellen). Während heute üblicherweise Kohlenstoffmodifikationen als Aktivmaterial der Anode eingesetzt werden, besteht beim Aktivmaterial der Kathode eine gewisse Vielfalt. Dies sind v. a. oxidkeramische Strukturen wie Lithium-Cobalt, Lithium-Nickel-Mangan-Cobalt oder Olivin-Strukturen wie Lithium-Eisenphospat.

Im Sinne der in Abb. 32.10 dargestellten Zielespinne stellen die heute entwickelten und verfügbaren Materialien allerdings immer einen Kompromiss dar, da keines dieser Materialien alle Anforderungen erfüllt sondern diese unterschiedliche Stärken und Schwächen besitzen (Abb. 32.13). Abhängig von der Anwendung und den spezifischen Anforderungen ist jeweils ein bestimmtes Material zu bevorzugen. Generell ist hier noch ein Optimierungs- und Weiterentwicklungsbedarf gegeben um die Ziele aus Abb. 32.10 zu erreichen. Die Lithium-Ionen-Technologie wird im Kap. 3 ausführlich beschrieben.

32.4.2 Sicherheit

In der Automobilindustrie gilt, dass die Gefährdungsvermeidung sowohl der Insassen als auch anderer Verkehrsteilnehmer, wie z. B. von Fußgängern, höchste Priorität besitzt. Die Entwicklung und die Produktion von Lithium-Ionen-Batterien für den automobilen Einsatz folgen diesem Grundsatz. Dazu erfolgen Analysen und die Ableitung entsprechender Maßnahmen. Die Prüfung der Systeme erfolgt unter Berücksichtigung der anerkannten Regeln der Technik und der entsprechenden normativen Anforderungen. Dazu zählen unter anderem die funktionale Sicherheit, die den sicheren Betrieb der

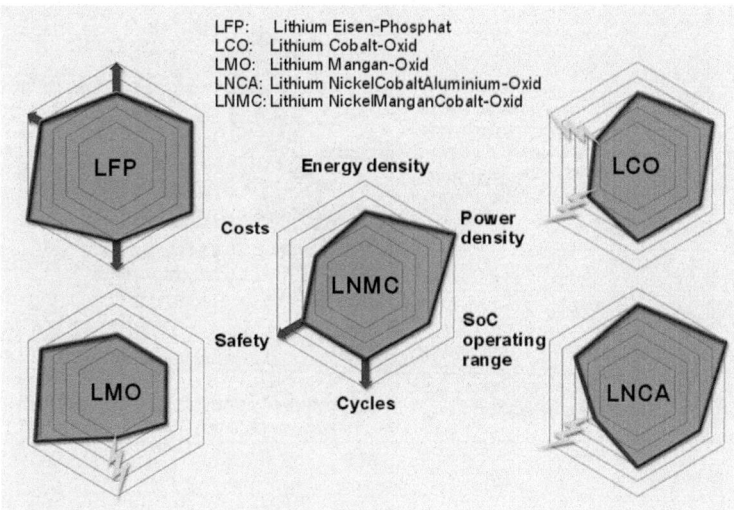

Abb. 32.13 Heute in Lithium-Ionen-Zellen eingesetzte Kathoden-Aktivmaterialien und deren Stärken und Schwächen bzgl. der Ziele für den Einsatz im Automobil

Batteriesysteme bei der Fahrzeugnutzung gewährleistet, und die gültigen Crashstandards. Bei schweren Unfällen (mit Auslösung von Airbags und/oder Gurtstraffern), bei denen das Risiko einer Batterieschädigung bestehen könnte, wird die Lithium-Ionen-Batterie automatisch vom Hochvolt-Bordnetz getrennt. Bei besonders schweren Unfällen, die außerhalb des Rahmens der gesetzlichen Vorschriften und Prüfungen liegen, lassen sich Brände von Lithium-Ionen-Batterien prinzipbedingt nicht völlig ausschließen. Dies entspricht dem Sicherheitsniveau bei konventionell angetriebenen Fahrzeugen.

Diese prinzipbedingte Möglichkeit einer Brandentstehung folgt aus der in der Lithium-Ionen-Zelle gespeicherten chemischen Energie. Die unkontrollierte Freisetzung dieser Energie, die letztlich zu einem Zellbrand führt, wird üblicherweise als Thermal Runaway bezeichnet. Hierbei handelt es sich um einen mehrstufigen Prozess (Abb. 32.14), der durch ein externes Ereignis (Überladung, Überhitzung, etc.) gestartet wird und sich durch exotherme Reaktionen des Elektrolyten mit dem Kohlenstoff der Anode über Zersetzungsreaktionen des Elektrolyten bis hin zu einer Zersetzung des Kathodenmaterials fortsetzt.

Abhängig von den eingesetzten Materialien ist die dabei stattfindende Energiefreisetzung unterschiedlich hoch. Dies ist am Beispiel des Kathodenmaterials in Abb. 32.15 dargestellt. Wie hieraus ersichtlich ist, haben hinsichtlich der intrinsischen Sicherheit der Kathodenmaterialien Lithium-Eisenphosphat und auch Mangan-Oxid einen Vorteil. Auf der anderen Seite ist das erste Material bezüglich Energiedichte und das zweite bzgl. Lebensdauer den anderen Materialien unterlegen (siehe auch Abb. 32.13). Die Anforderung hier ist, die Eigenschaften in Richtung hohe Energiedichte sowie hohe Lebensdauer und geringe oder erst bei hoher Temperatur stattfindende Energiefreisetzung zu verknüpfen. Eine mögliche Entwicklungsrichtung ist die Modifizierung des

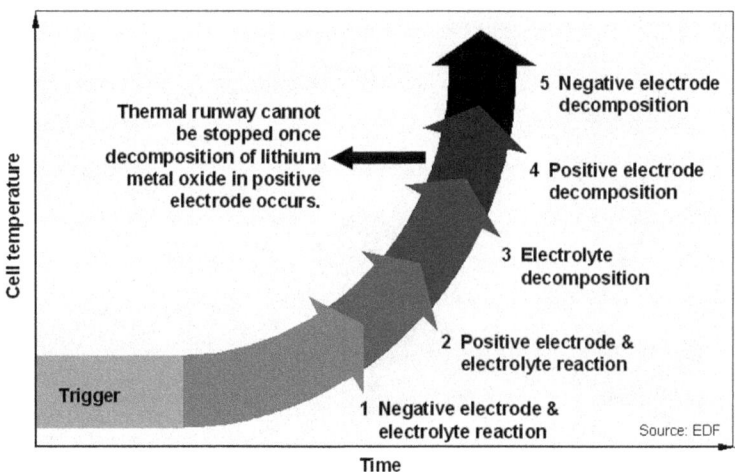

Abb. 32.14 Schematische Darstellung des mehrstufigen Prozesses der zu einem ‚Thermal Runaway' also dem Brand einer Lithium-Ionen-Zelle führt

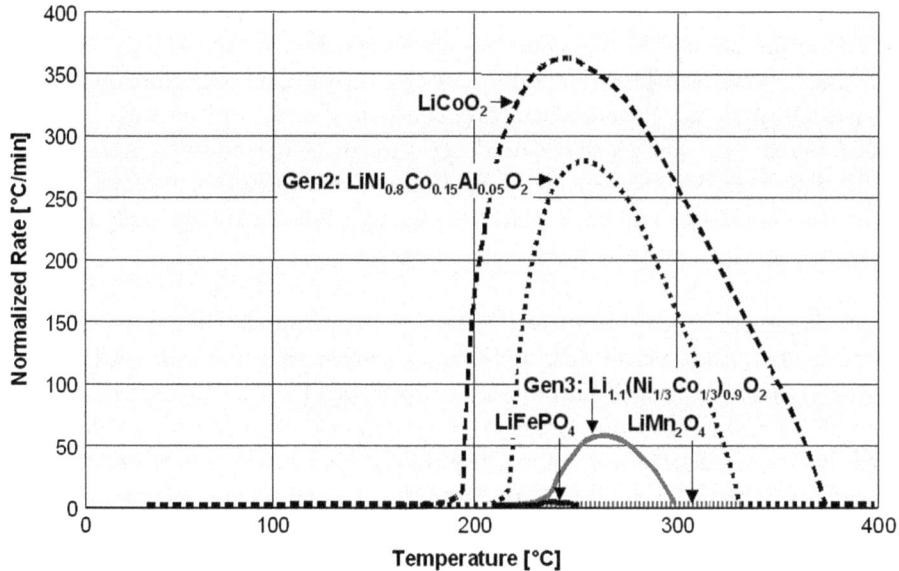

Abb. 32.15 Grad und Einsatzpunkt der Energiefreisetzung als Funktion der Temperatur für unterschiedliche Kathodenmaterialien

Lithium-Eisenphosphates durch Ersatz des Eisens durch Mangan, Cobalt oder Nickel. Diese Materialien besitzen weiterhin die Olivinstruktur des Eisenphosphates aber bei höheren Zellspannungen und damit Energiedichten.

Allerdings wäre es falsch, die intrinsische Sicherheit der Zelle allein auf das Kathodenmaterial zu beschränken. Auch in den vorgelagerten Schritten kann und sollte Einfluss genommen werden. Es ist sogar die zu bevorzugende Strategie, den Prozess so früh wie möglich zu stoppen. So gibt es sowohl an der Anode durch Modifikation des eingesetzten Graphites bzw. Einsatz anderer Kohlenstoffmodifikationen oder gänzlich anderer Anodenmaterialien (z. B. Lithiumtitanat) als auch beim Elektrolyten durch Einsatz modifizierter Lösemittel oder spezieller Additive, Möglichkeiten, den oben beschriebenen Prozess zu hemmen bzw. seine Auswirkungen zu reduzieren.

Für die Lithium-Ionen-Zelle kann die klare Anforderung formuliert werden, die intrinsische Sicherheit in Summe zu erhöhen, ohne die anderen Ziele, insbesondere die Energie- und Leistungsdichte sowie die Lebensdauer, negativ zu beeinflussen. Die Optimierung einer einzelnen Materialkomponente wird hierbei nicht zum Ziel führen sondern nur die Optimierung des Gesamtsystems Lithium-Ionen-Zelle. Zur Bewertung dieser intrinsischen Sicherheit der Lithium-Ionen-Zellen dienen derzeit allgemein akzeptierte Missbrauchs-Tests und entsprechend definierte Bestehens-Kriterien (z. B. ISO 12405-3). Hier gilt generell als Anforderung, dass es unter den Testbedingungen zu keiner Zeit zu einem Brand oder gar Explosion kommen darf.

Die intrinsische Sicherheit der Lithium-Ionen-Zelle ist auch nur der Startpunkt zur Erreichung der zu fordernden Produktsicherheit der Batterie als Gesamtsystem. Typische Maßnahmen auf Batterieebene sind z. B. Überwachung des Zellzustandes durch Spannungs- und Temperaturmessung, Begrenzung von Spannung und Ladeströmen sowie sicherer Verbau der Li-Ionen-Zellen im Batteriegehäuse wie auch im Fahrzeug (Abb. 32.16). Neben dem Verhalten im Fahrzeug unter Unfallbedingungen (Crashtest) werden eine große Anzahl weiterer sicherheitsrelevanter Aspekte auf Komponentenebene (Zelle, Modul, Batteriesystem) in den Verifizierungen bewertet (Abb. 32.16). Alle diese Belastungs- und Beanspruchungstests werden nach gängigen Normen und Standards (IEC, ISO, DIN, SAE, PVGAP, UN Transportation etc.) oder hausinternen Vorgaben durchgeführt.

Dies garantiert in jedem Fall, dass eine Gefährdung von Personen ausgeschlossen ist. Der Aufwand auf Batterie- und Fahrzeugebene reduziert sich jedoch mit steigender intrinsischer Sicherheit der Lithium-Ionen-Zelle. Ziel für die Zukunft muss sein, bei gleichbleibendem Sicherheitsniveau ein Funktions- und Kostenoptimum zwischen den Eigenschaften und Maßnahmen auf den verschiedenen Ebenen Lithium-Ionen-Zelle, Modul, Batterie und Fahrzeug zu erreichen.

32.4.3 Funktionale Eigenschaften

Die Renaissance der Elektromobilität ist ganz wesentlich der Industrialisierung der Lithium-Ionentechnologie im Consumer Markt und auch den funktionalen Eigenschaften dieser Technologie zu verdanken. Die Lithium-Ionen-Technologie verfügt im Vergleich zu allen anderen heute vorhandenen Batterietechnologien über die höchsten Energiedichten oder Leistungsdichten. Sie kann aber auch gezielt auf ein gewisses

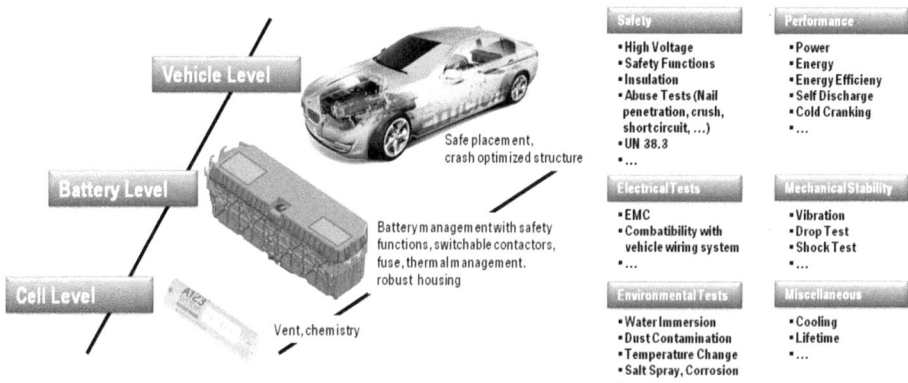

Abb. 32.16 Verschiedene Integrationsstufen zur Sicherstellung der Produktsicherheit Batterie und Übersicht entsprechender Absicherungstest

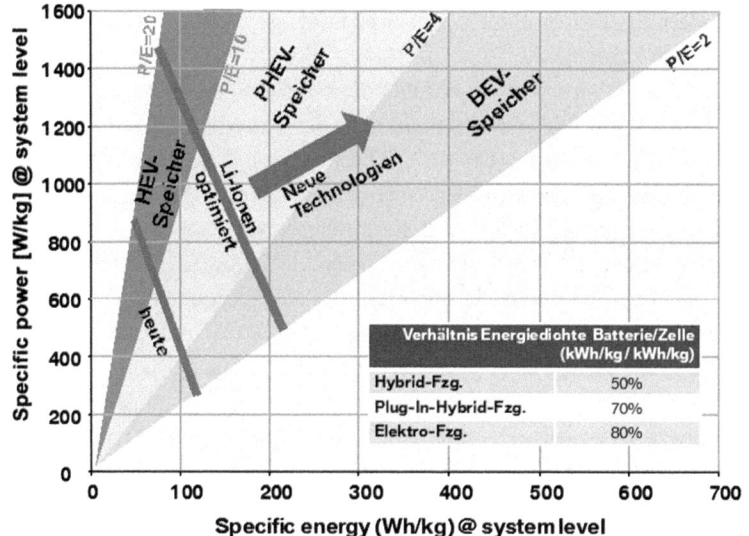

Abb. 32.17 Die aus den Anwendungen Hybrid-Fahrzeug, Plug-In-Hybrid-Fahrzeug und Elektrofahrzeug unterschiedlichen Anforderungen an die spezielle Auslegung der Batterie im Sinne Verhältnis Leistung zu Energieinhalt (die angegebenen Bereiche und Werte dienen nur der groben Orientierung)

Verhältnis von Leistung zu Energie (P/E-Verhältnis) hin ausgelegt werden. Dieses P/E-Verhältnis ist ein wichtiges Auslegungskriterium für das interne Zelldesign und ist beim Einsatz im Automobil vor allem bestimmt durch die unterschiedlichen Anforderungen in den Anwendungen Hybrid-Fahrzeuge, Plug-In Hybrid-Fahrzeuge und Elektrofahrzeuge sowie den speziellen Anforderungen des einzelnen Fahrzeugmodells (Abb. 32.17). Diese Flexibilität in der Lithium-Ionen-Technologie ermöglicht den

Einsatz in allen oben genannten Typen elektrifizierter Fahrzeuge. Dies ist ein erheblicher Vorteil, da hierdurch über diese Anwendungen hinweg Synergien in Entwicklung, Einkauf und Produktion möglich sind.

Ausgehend von dem heutigen Stand von ca. 100 Wh/kg auf Batterieebene (für Elektrofahrzeuge) kann mit der zugrundeliegenden Lithium-Ionen-Technologie in etwa eine Verdopplung der Energiedichte erreicht werden. Auch wenn in der Konstruktion von Zellmodulen und Batteriegehäusen sowie den Subkomponenten und deren Integration in die Batterie Potential zur Gewichts- und Volumenreduktion vorhanden ist, so wird die Steigerung des Energieinhalts vor allem durch Optimierung der Lithium-Ionen-Zelle und hier der eingesetzten Anoden- und Kathodenmaterialien (z. B. Si oder Si-C als Anodenmaterial, Kathodenmaterialien mit von 4 auf 5 V erhöhter Leerlaufspannung) zu erreichen sein.

Die beschriebene Steigerung der Energiedichte ist zwingend erforderlich, um die Marktanforderung hinsichtlich elektrischer Reichweite und damit eine nachhaltige Etablierung der Elektromobilität zu erreichen. Für eine weitere Marktdurchdringung ist eine darüberhinausgehende Erhöhung der Energiedichte und somit der elektrischen Reichweite notwendig. Hier ist auf die Entwicklung neuer Speichertechnologien zu setzen.

Die heute erreichbaren Leistungsdichten sind in einem Bereich, der vom Kunden akzeptierten Fahrleistungen in der Regel ermöglicht. Dies gilt insbesondere für die Anwendung in Hybrid-Fahrzeugen. Bei fortschreitender Elektrifizierung der Modellpalette in Richtung Plug-In-Fahrzeugen und Elektrofahrzeugen – besonders im gehobenen Fahrzeugsegment (BMW 7-er, Daimler S-Klasse, etc.) – ist auch eine weitere Leistungssteigerung wünschenswert. Die gleichzeitige Steigerung von Energie- und Leistungsdichte stellt hier eine große Herausforderung dar.

Neben der reinen Steigerung der Leistungsdichte im Auslegungspunkt besteht erheblicher Entwicklungsbedarf in der Optimierung der Abhängigkeit der Leistung von z. B. Temperatur und Ladezustand. Die bestimmende Größe für die mögliche Leistungsabgabe einer Lithium-Ionen-Zelle ist der Innenwiderstand. Dieser hängt von Temperatur und Ladezustand (State of Charge, SOC) ab. Mit abnehmendem SoC und abnehmender Temperatur steigt der Innenwiderstand an und die Leistung nimmt ab (Abb. 32.18). Diesem Verhalten muss in der Funktionsentwicklung, d. h. der Betriebsstrategie, Rechnung getragen werden. Allerdings ist eine vollständige Kompensation hierdurch nicht möglich und in der Regel ein gewisser Leistungsvorhalt, d. h. eine Überdimensionierung der Batterie, notwendig, um den Kunden ein weitgehend konstantes Fahrverhalten bieten zu können. Dies wiederum führt zu erhöhten Kosten.

Daher ist die Anforderung an die Lithium-Ionen-Zellentwicklung zu stellen, hier im Rahmen der physikalisch-chemischen Eigenschaften der Lithium-Ionen-Zellen die oben beschriebenen Abhängigkeiten des Innenwiderstandes so weit wie möglich zu reduzieren. Insbesondere die Abhängigkeit der Leistung von der Temperatur stellt ein großes Problem dar. Hier sind Fortschritte in der Entwicklung dringend notwendig.

Unabhängig von der Leistungsanforderung ist generell eine Minimierung des Innenwiderstandes von Vorteil. Je niedriger der Innenwiderstand desto höher der Wirkungsgrad der

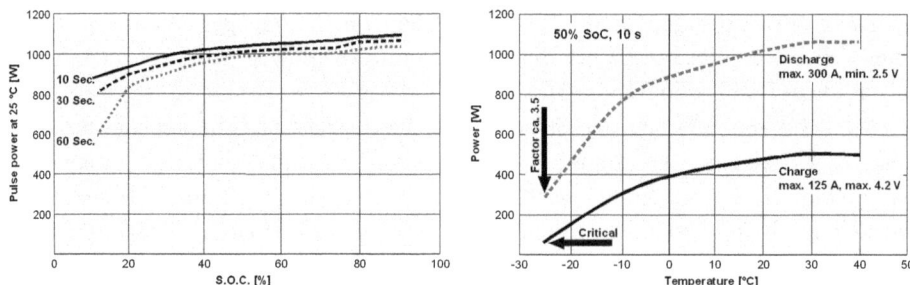

Abb. 32.18 Beispiele für die Abhängigkeit der Leistung einer Lithium-Ionen-Zelle als Funktion des SOC und der Temperatur. Entwicklungsziel ist eine Reduktion der Abhängigkeit

Batterie und desto geringer die Wärmeproduktion und damit der Aufwand für die Kühlung der Zellen. Dies kommt sowohl den Kosten als auch dem Gewicht und Volumen zu Gute.

Das Wärmemanagement der Batterie, vor allem die Temperierung der Lithium-Ionen-Zelle, ist ein wichtiger Bestandteil der Batterieauslegung und -entwicklung. Ein effektives Wärmemanagement garantiert zum einen die weitgehende Ausnutzung des Energie- und Leistungspotentials der Zelle über einen großen Betriebsbereich und zum anderen die Erreichung der geforderten Lebensdauer (die Alterung der Lithium-Ionen-Zelle hängt stark von deren Temperatur ab (Abb. 32.21). Entsprechend der Anforderung des konkreten Fahrzeugmodells kann sowohl Luft, Kühlmittel oder Kältemittel als Kühlmedium eingesetzt werden. Bei hoher Leistungsanforderung und damit Kühlbedarf ist der Einsatz des Letzteren die technisch anspruchsvollste aber hinsichtlich Gewicht, Bauraum und Kosten effizienteste Methode. Eine Vorbedingung für ein effizientes Wärmemanagement und damit Entwicklungsziel ist eine möglichst gute Wärmeableitung aus dem Zellkern der Lithium-Ionen-Zelle zur wie auch immer gearteten Kühlfläche sowie eine möglichst homogene Temperaturverteilung innerhalb der Zelle, eines Moduls bzw. der Batterie. Bereits bei der Festlegung der äußeren Abmessungen der Lithium-Ionen-Zelle sowie der eingesetzten Materialien und Wandstärken ist hierauf zu achten. Insbesondere die transversale Abmessung der Zelle d. h. die Zelldicke bestimmt ganz wesentlich die Temperaturgradienten in der Zelle (Abb. 32.19).

32.4.4 Qualität und Lebensdauer

Eine weitere große Herausforderung für die Lithium-Ionen-Technologie im automobilen Einsatz und zudem ein komplexes Thema sind die Anforderungen an Qualität und Lebensdauer. Beides sind zunächst unabhängige Anforderungen, die aber eng miteinander verknüpft sind. Die Qualität der eingesetzten Materialien und die Qualität der Fertigung der Lithium-Ionen-Zelle beeinflussen maßgeblich sowohl die Wahrscheinlichkeit spontaner Defekte als auch die Alterung bzw. Degradation über die Zeit.

Abb. 32.19 Beispiel für die Abhängigkeit des internen Temperaturgradienten von der Zellabmessung bei vorgegebener konstanter Leistung und damit Wärmeproduktion/-abfuhr

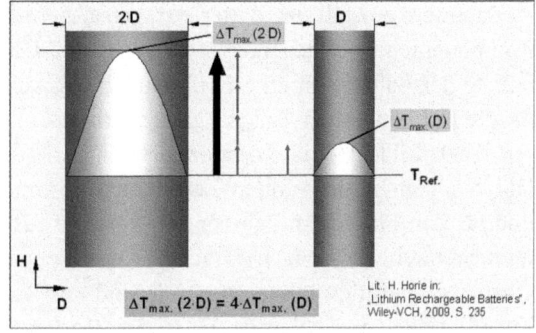

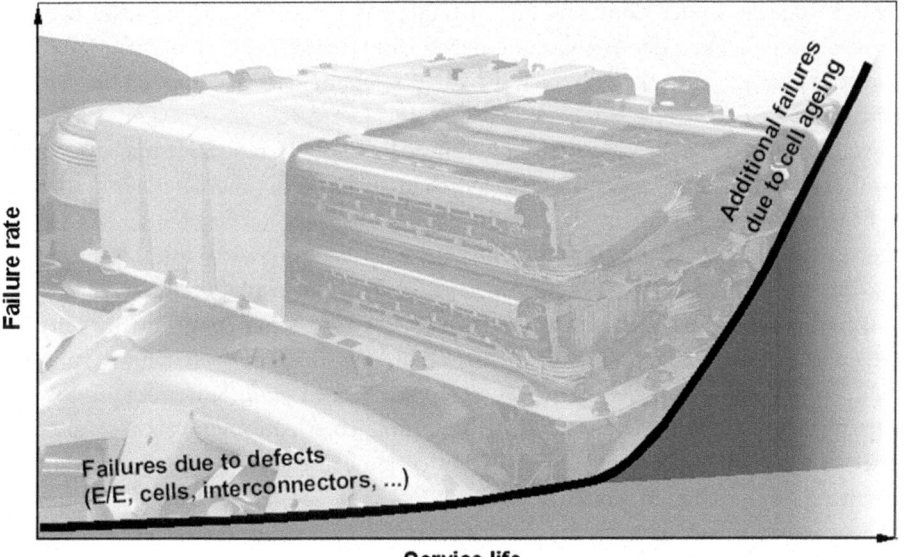

Abb. 32.20 Beispielhafte Darstellung des Verlaufes der Ausfallrate einer Batterie. Zum Lebensdauerende hin kann diese durch die Degradation der Eigenschaften der Lithium-Ionen-Zelle dominiert werden

Die Zuverlässigkeit der Batterie, d. h. eine geringe Zahl an Ausfällen aber auch die Konstanz der funktionalen Eigenschaften über die Zeit, sind entscheidend für die Kundenzufriedenheit und beeinflussen über die Gewährleistung auch die Kosten. Eine hohe Zuverlässigkeit ist eine Notwendigkeit für den Erfolg der Elektromobilität.

Qualität wird typischerweise durch die – über einen gewissen Zeitraum – kumulierte Zahl der Ausfälle gemessen. Unter Ausfall ist hier ein spontanes Versagen der Batterie durch Defekt einer oder mehrerer ihrer Komponenten zu verstehen. Diese Defekte sind meist über die Nutzungsdauer statistisch verteilt (mit erhöhten Werten zu Beginn durch z. B. Produktionsfehler die sich frühzeitig bemerkbar machen). Der Verschleiß bzw. die Alterung wirkt sich vor allem zum Lebensdauerende hin aus (Abb. 32.20).

Zu einem Ausfall der Batterie tragen neben den Lithium-Ionen-Zellen alle anderen Komponenten, wie Steuergerät, Sicherungen, Relais, Verbinder, Sensoren bei. Die Ausfallrate der Batterie ist eine Funktion der Ausfallraten ihrer Einzelkomponenten. Auch für die Lithium-Ionen-Zelle ist zu fordern, dass kein signifikanter Unterschied zu anderen Elektrik/Elektronik Komponenten in den Ausfallraten besteht. Obwohl über Ausfallraten von Lithium-Ionen-Zellen im Consumer-Markt kaum Daten verfügbar sind und für den Einsatz im Fahrzeug noch keine ausreichende Statistik vorliegt, deuten die momentanen Erfahrungen darauf hin, dass bei entsprechender Produktionsqualität und Qualitätssicherungsmaßnahmen während und nach der Produktion eine entsprechende Zuverlässigkeit erreichbar ist. Da in der Regel eine Batterie aus vielen Einzelzellen gruppiert in Modulen aufgebaut ist, kommt der Zuverlässigkeit der Verbindungstechnik eine wichtige Rolle zu. In der Konstruktion der Lithium-Ionen-Zelle und der Zellverbindungen ist die Möglichkeit der Verbindung durch Laser-Schweißen vorzusehen. Hierdurch ist sowohl die Zuverlässigkeit als auch die zur Erreichung der Kostenziele hohe Taktzeit erreichbar.

Die Qualität in der Produktion der Lithium-Ionen-Zelle bestimmt auch wesentlich die Alterung, d. h. Degradation der Eigenschaften der Zelle über die Zeit und damit die Lebensdauer. Zunächst ist der Begriff der Lebensdauer zu definieren. Die Lebensdauer ist definiert als Zeitspanne zwischen dem Auslieferungszeitpunkt (Begin-of-Life, BoL) der Batterie bzw. der Lithium-Ionen Zelle, im Neuzustand charakterisiert durch die typischerweise im Lastenheft hierfür definierten Eigenschaften, und dem Zeitpunkt (End-of-Life, EoL), zu dem diese Eigenschaften in Folge der eingetretenen Alterung bzw. Degradation einen zuvor definierten Wert unterschreiten (EoL-Kriterium). Zu diesem Zeitpunkt wird die Batterie als für ihren ursprünglichen Anwendungszweck als ungeeignet also defekt definiert. Diese EoL-Kriterien hängen stark von der Anwendung ab; allgemeingültige Kriterien sind nicht vorhanden. Nur als Beispiel zur Verdeutlichung könnte z. B. ein EoL-Kriterium für eine Batterie in einem Elektrofahrzeug die Abnahme der Kapazität unter einem Wert von 80 % der Kapazität zu BoL sein. Da die Degradation der funktionalen Eigenschaften der Batterie durch die Lithium-Ionen-Zelle dominiert ist, wird hier im Weiteren nur die Lebensdauer der Lithium-Ionen-Zelle diskutiert.

Selbst ohne Nutzung der Batterie erfolgt eine Alterung der Lithium-Ionen-Zellen durch die in der Zelle auch im unbelasteten Zustand ablaufenden chemischen Prozesse (kalendarische Alterung). Diese Prozesse laufen umso schneller ab, je höher die Temperatur ist (Abb. 32.21). Darüber hinaus erfolgt eine Degradation durch den Betrieb der Batterie, d. h. durch die Be- und Entladevorgänge (zyklische Alterung). Auch die zyklische Alterung ist temperaturabhängig, wird aber vor allem durch den Energiedurchsatz bestimmt (Abb. 32.21). Ein weiterer wichtiger Einflussfaktor ist z. B. die Stromstärke (d. h. letztlich die Geschwindigkeit der Be- und Entladung). Neben der gezielten Entwicklung und Optimierung der Aktivmaterialien zur Erreichung der geforderten Lebensdauerziele müssen auch in der Betriebsstrategie der Batterie entsprechende Betriebsgrenzen hinterlegt werden, um Zustände die zu beschleunigter Alterung führen zu vermeiden. Jede Art von Verunreinigungen, wie auch z. B. Spuren von Wasser oder

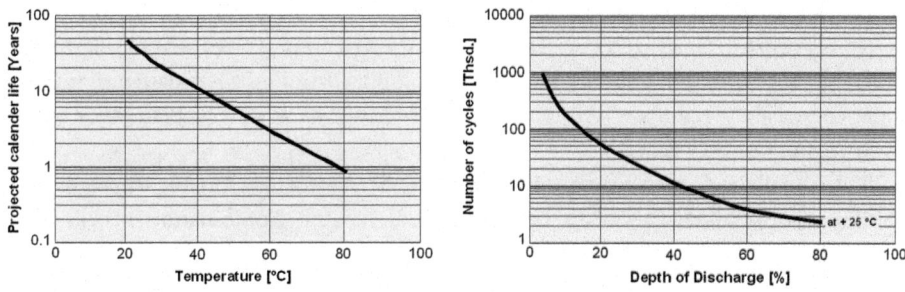

Abb. 32.21 Beispielhafte Darstellung für die kalendarische Lebensdauer in Jahren als Funktion der Temperatur bzw. der zyklischen Lebensdauer in Zahl der Zyklen als Funktion der Entladetiefe

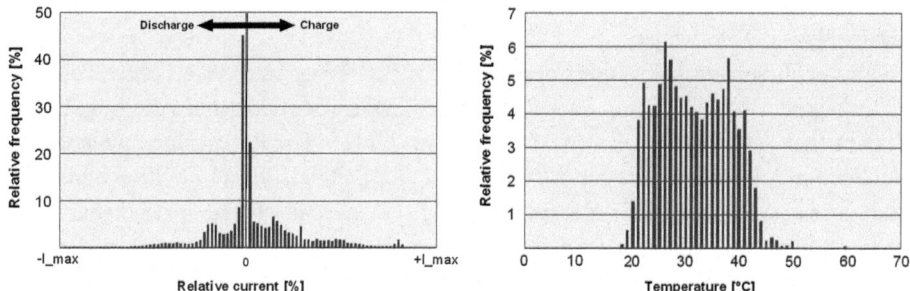

Abb. 32.22 Beispiel eines typischen Strom- bzw. Temperaturhistogramms als Basis der Lebensdauerauslegung bzw. -berechnung (Hybrid-Anwendung)

Wasserdampf, können die Degradation ebenfalls beschleunigen. Daher ist neben der oben bereits erwähnten Produktionsqualität auch bei der Wahl der Zelltechnologie darauf zu achten, dass das Gehäuse möglichst hermetisch dicht versiegelbar ist.

Bereits die Formulierung der Anforderung an die Lebensdauer ist nicht trivial. Das heute übliche Vorgehen ist, die Lebensdauerforderung und die beschriebenen EoL-Kriterien mit den für das spezifische Fahrzeugprojekt geltenden Randbedingungen zu verknüpfen. Die wesentlichen Randbedingungen sind hierbei das durch den geforderten Fahrzyklus vorgegebene Lastprofil und das entsprechende Temperaturhistogramm. Letzteres ist wieder ein Ergebnis der Klimabedingungen sowie der Eigenerwärmung der Lithium-Ionen-Zelle, bestimmt durch deren temperaturabhängigen Innenwiderstand und den Eigenschaften der eingesetzten Kühlung (Abb. 32.22). Gerade bei hohen Leistungsanforderungen an die Batterie und damit hoher interner Wärmeproduktion ergibt sich die Notwendigkeit einer aktiven Kühlung zur Begrenzung der Temperatur und damit der Alterung in den Betriebsphasen.

Die in der Automobilindustrie geforderten Lebensdauern sind mit typisch 15 Jahren sehr hoch. So werden in den bisherigen Anwendungen der Lithium-Ionen-Technologie in Produkten des Consumer Marktes nur 2–5 Jahre (bei zudem weniger stringenten EoL

Kriterien) gefordert. Über die im Automobil geforderten langen Zeiträume liegen derzeit nur begrenzt Erfahrungen vor. Aus diesem Grund und in Anbetracht des derzeitigen Standes der Technik der Lithium-Ionen-Technologie wird die Lebensdaueranforderung in manchen Fällen reduziert. Als Minimalanforderung kann eine Lebensdauer von 10 Jahren angenommen werden.

Die Lebensdauerforderung von 10 bzw. 15 Jahren beinhaltet natürlich sowohl die kalendarische als auch die zyklische Alterung, d. h. eine Kombination der Prozesse. Die Zyklenzahl, die hierbei während dieser Lebensdauer von der Lithium-Ionen-Zelle gefordert werden, ergibt sich dabei aus der geforderten Laufleistung über die Lebensdauer sowie dem Energieverbrauch im elektrischen Fahrbetrieb (abhängig von Fahrzeug, Fahrprofil, etc.). Bei Hybrid-Fahrzeugen spielt zusätzlich die Betriebsstrategie eine wichtige Rolle. Allgemeingültige Werte lassen sich daher kaum angeben. Grobe Anhaltswerte sind ca. 2000 Zyklen bei Elektrofahrzeugen und mehr als 4000 Zyklen bei Plug-In-Hybrid-Fahrzeugen.

Selbst bei beschleunigten Alterungstests, wie z. B. Auslagerung bei erhöhter Temperatur für kalendarische Alterung oder Raffung der Zyklen bei zyklischer Alterung, benötigen derartige Tests Laufzeiten von Monaten bzw. Jahren. Die Entwicklung zuverlässiger beschleunigter Alterungstests zur Verkürzung dieser Zeiten ist daher ein dringendes Entwicklungsziel und eine große Herausforderung. Für die Abschätzung der Lebensdauer in frühen Entwicklungsphasen sowie für Sensitivitätsuntersuchungen zu Einflussfaktoren bis hin zu Kundenverhalten gibt es nur die Möglichkeit der Nutzung von Lebensdauermodellen. Derzeit ist die Zuverlässigkeit dieser Modelle für sehr lange Zeiträume noch nicht hinreichend gesichert. Ziel muss sein, bestehende Lebensdauermodelle gezielt weiter zu entwickeln, zu optimieren und zu validieren, so dass diese alle am Ende in der Anwendung im Fahrzeug auftretenden Einflüsse auf die Lebensdauer korrekt berücksichtigen und verlässliche Lebensdauerprognosen zulassen.

32.4.5 Kosten

Als letzter aber wichtigster Punkt sind die Kosten zu nennen. Heute ist es möglich aber weiterhin schwierig für ein Modell eines elektrifizierten Fahrzeuges mit Lithium-Ionen-Batterien einen positiven Business Case zu erreichen. Die Kostenstruktur eines elektrifizierten Antriebsstranges zeigt, dass ein wesentlicher Kostenanteil der Batterie zukommt. Innerhalb der Batterie wiederum sind die Kosten der Zelle der entscheidende Faktor (Abb. 32.23).

Die Preisentwicklung der Lithium-Ionen-Zellen im Consumer-Markt zeigt deutlich, dass hier über die Jahre eine erhebliche Reduzierung durch Optimierung der Technologie und Fertigungsprozesse aber vor allem durch Steigerung der Stückzahlen erreicht wurde (Abb. 32.24). Dies betrifft insbesondere Lithium-Ionen-Zellen des Typs ‚18650‘, die in Laptops verwendet werden. Hier konnten durch Schaffung eines Geometriestandards für den Einsatz im Laptop Kostenreduktionspotentiale durch Economy-of-Scale voll ausgeschöpft werden. Allgemein wird eine weitere Reduktion der Kosten auch für

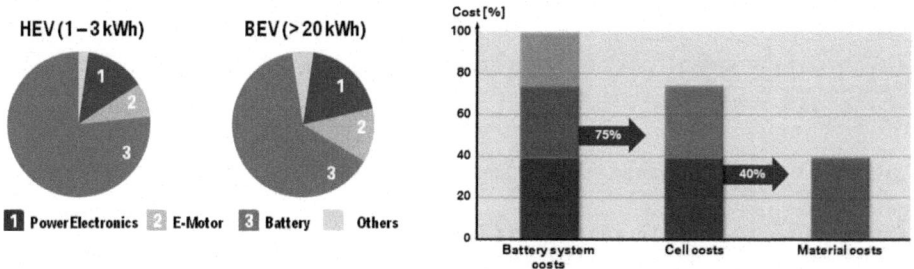

Abb. 32.23 Kostenaufteilung im elektrischen Antriebsstrang für HEV und BEV (*links*), Anteil von Material bzw. Lithium-Ionen-Zellkosten an der Gesamtbatterie am Beispiel Elektrofahrzeug (BEV) (*rechts*)

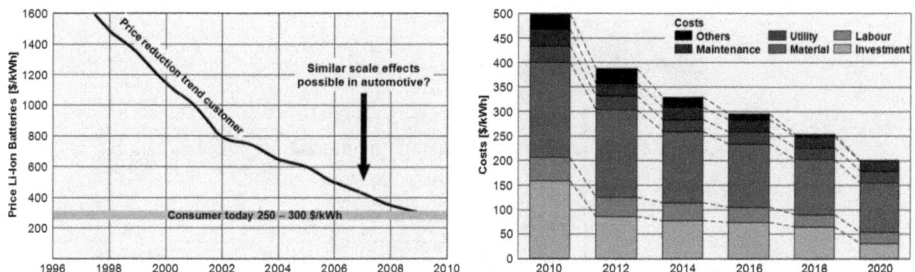

Abb. 32.24 Historie der Preisentwicklung der Lithium-Ionen-Zelle aus dem Consumer-Markt (*links*), Kostenprognose zu automotiven Lithium-Ionen-Zellen (*Quelle* Roland Berger) (*rechts*)

Lithium-Ionen-Zellen für automobile Anwendungen erwartet (Abb. 32.24). Aber wie stark diese ausfällt, wird ganz erheblich von der Entwicklung von Standards, dem Marktvolumen und des Wettbewerbs abhängen.

Die Umsetzung eines Standards für die Geometrie der Lithium-Ionen-Zellen für den Einsatz im Automobil ist ein Schlüssel zur kosteneffizienten und damit erfolgreichen Entwicklung und Einführung elektrifizierter Fahrzeuge. Die Entwicklungs- und insbesondere Absicherungsprozesse in der Automobilindustrie erlauben es nicht, in kurzen Zeitabständen Zellen, Zellmodule oder komplette Batterien neu zu entwickeln und in Fahrzeuge zu integrieren. Die Realisierung einer zeitlich gestaffelten, aber schnellen Markteinführung neuer elektrifizierter Fahrzeugmodelle, die gleichzeitig möglichst umgehend Optimierung und Weiterentwicklung in der Lithium-Ionen-Technologie nutzt, ist ohne eine Standardisierung von Zellgeometrien und daraus abgeleiteten standardisierten Zellmodulen nicht umsetzbar.

Vor diesem Hintergrund hat die deutsche Automobilindustrie die Initiative ergriffen und eine DIN Spezifikation (DIN SPEC 91252:2011-01 (D) Elektrische Straßenfahrzeuge – Batteriesysteme – Abmessungen für Lithium-Ionen-Zellen) erarbeitet, die seit Anfang 2011 herausgegeben ist (Abb. 32.25).

Typ	Dimension	HEV 5...6 Ah	PHEV-1 20...22 Ah	PHEV-2 24...26 Ah	BEV-1 40...50 Ah	BEV-2 60...70 Ah
Zylindrisch	D x h [mm²]	37,8 x 136	nicht definiert	nicht definiert	nicht definiert	nicht definiert
Prismatisch	W x h x T [mm³]	120 x 85 x 12,5	173 x 85 x 21	148 x 91 x 26,5	173 x 115 x 32	173 x 115 x45
Folienzelle Stapeldicke T variabel	W x h x T [mm³]	121 x 243 x T	165 x 227 x T	nicht definiert	330 x 162 x T	nicht definiert

Abb. 32.25 Übersicht über die Zellabmessungen in der deutschen DIN Spezifikation 9 1252. Die Nomenklatur HEV, PHEV und BEV sowie die ungefähren Kapazitäten sind keine festen Zuordnungen sondern dienen lediglich der Unterscheidung

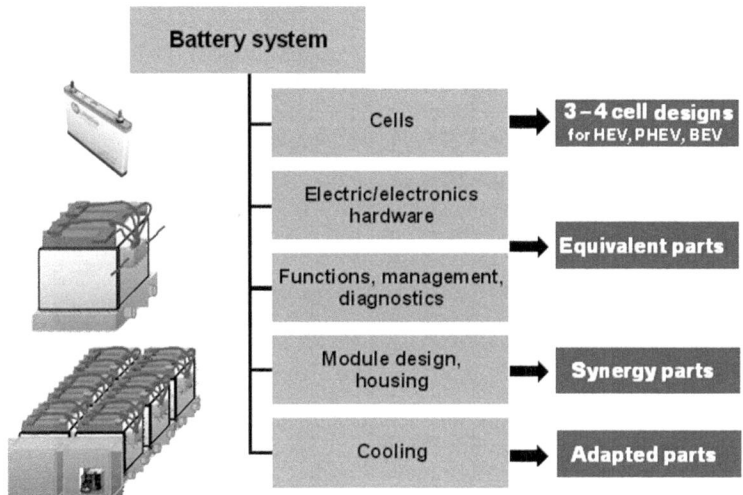

Abb. 32.26 Darstellung Aufbau und Subkomponenten einer Batterie (vgl. Abb. 32.12) mit Darstellung des Baukastenprinzips und der Gleich- bzw. Synergieteile

Derzeit arbeitet eine gemeinsame ISO/IEC Arbeitsgruppe an der Formulierung eines internationalen Standards zur Zellgeometrie (ISO/IEC PAS 16898: Electrically propelled road vehicles - Dimensions and designation of secondary lithium-ion cells). Auch wenn die Diskussion auf internationaler Ebene durch die unterschiedlichen Interessenslagen der Länder deutlich schwieriger ist als auf nationaler Ebene, so gibt es eine breite Übereinstimmung, dass eine Standardisierung der Zellgeometrie für den Einsatz in Fahrzeugen erforderlich ist.

Erst die Standardisierung der Zellgeometrie erlaubt den Aufbau standardisierter Zellmodule, die dann in unterschiedlichen Konfigurationen zu Batterien für die unterschiedlichen Fahrzeugmodelle und damit Bauräume konfiguriert werden können. Die maximale Synergie und Kosteneffizienz entsteht, wenn basierend auf einem einheitlichen

Zellmodul weitere Subkomponenten der Batterie wie Zell- und Modulkontaktierung, Zellüberwachungseinheit, Schaltbox und Batteriesteuergerät Gleichteile sind, die im besten Fall als Industriestandard über Hersteller hinweg eingesetzt werden (Abb. 32.26).

Der Zusammenbau des Zellmoduls und der oben genannten Subkomponenten zu einer gesamten Batterie muss weitgehend automatisierbar sein. Dies muss bereits im Design der Lithium-Ionen-Zelle aber auch aller anderen Komponenten berücksichtigt sein. Hierzu gehört auch, dass neben dem Zellmodul möglichst viele Einzelkomponenten bereits zu Subsystemen vorgefertigt für die finale Montage der Batterie angeliefert werden.

Diese Maßnahmen beinhalten neben den Kostenreduktionen in den Einzelkomponenten die notwendige Voraussetzung, um das Kostenziel für die gesamte Batterie von 250 €/kWh (laut NPE) oder darunter erreichen zu können.

32.5 Zusammenfassung

In der Bemühung, den Kraftstoffbedarf und damit die CO_2-Emmissionen zu senken und auch langfristig nachhaltige Mobilität anzubieten, widmet sich die gesamte Automobilindustrie neben der stetigen Optimierung der Fahrzeuge mit Verbrennungsmotor basierend auf fossilen Brennstoffen vor allem der Entwicklung der Elektromobilität in allen ihren Ausprägungen. Die Elektromobilität ist eine wesentliche Säule dieser strategischen Ausrichtung in deren Entwicklung trotz der bestehenden Marktrisiken erhebliche Mittel investiert werden.

Bereits heute werden Modelle als Hybrid-Fahrzeuge, Plug-In-Hybrid-Fahrzeuge und Elektrofahrzeuge angeboten. Dieser Trend wird in den nächsten Jahren weiter zunehmen. Diese Fahrzeuge werden einen hohen Beitrag zur CO_2-Reduktion bei zu konventionellen Fahrzeugen vergleichbarem Sicherheitsniveau und Kundennutzen erreichen. Die in diesen Fahrzeugen eingesetzten elektrischen Energiespeicher werden bis auf wenige Ausnahmen auf der heute verfügbaren Lithium-Ionen-Technologie basieren.

Zu einer nachhaltigen und steigenden Marktdurchdringung der Elektromobilität sind jedoch weitere Verbesserungen der Lithium-Ionen-Technologie notwendig. Diese Verbesserungen bedeuten eine Steigerung des sowohl auf Gewicht als auch auf Volumen bezogenen spezifischen Energieinhaltes der Batterie zur Erhöhung der Reichweite. Darüber hinaus sind durch Optimierung des Materialeinsatzes und fortschreitende Standardisierung der eingesetzten Komponenten sowie Ausschöpfung des Automatisierungspotentials und den damit verbundenen Economy-of-Scale Effekten die Kosten weiter zu reduzieren.

Zur Erreichung dieser Ziele sind gemeinsame Anstrengungen aller beteiligten Industriepartner entlang der gesamten Wertschöpfungskette notwendig.

Anforderungen an Batterien für den stationären Einsatz

33

Bernhard Riegel

33.1 Einleitung

Die Förderung und Erhöhung des Anteils erneuerbarer Energien an der Stromerzeugung und die Einführung bzw. Umsetzung von Klimaschutzinstrumenten sind mit maßgeblichen strukturellen Änderungen in der öffentlichen Stromversorgung verbunden. Zunehmend müssen dezentrale Energiewandlungsanlagen (z. B. Photovoltaik, Windkraft) in die bestehenden elektrischen Verteilungsnetze eingebunden werden. Darüber hinaus stellt die Wechselwirkung der bestehenden Anlagen mit den neu einzubindenden dezentralen Erzeuger- und Speichereinheiten eine große Herausforderung an die Planung und Betriebsführung der Verteilungsnetze dar. Da ein hoher Anteil an fluktuierenden dezentralen Energieerzeugern zu steuern ist, wird stationären Energiespeichern bzw. Energiespeichersystemen in den kommenden Jahren eine bedeutende Rolle beigemessen. Elektrochemische Speicher – aus Zellen bzw. Batterien bestehend – werden in diesem Rahmen eine wichtige Säule bilden.

Die an solche Systeme gestellten Anforderungsprofile sind dabei unterschiedlichen Zeitskalen zuzuordnen: zum einen sind kurzzeitige Fluktuationen im Stromnetz auszugleichen, zum anderen sind eine Pufferwirkung sowie Zwischenspeicherung im Bereich bis zu mehreren Stunden zu gewährleisten. Dementsprechend müssen geeignete Speicherkapazitäten geschaffen werden, die eine hohe kalendarische Lebensdauer und eine hohe Zyklenfestigkeit aufweisen. Relevant sind für die zukünftigen Anwendungen Betriebsweisen von netzgekoppelten und netzunabhängigen Speichern für PV-Strom sowie Konzepte von Großspeichern mit einer Leistung von bis zu 1 MW.

Zu den traditionellen Anwendungsgebieten für elektrochemische Energiespeicher im Industriebereich zählen die Energiebereitstellung und -absicherung, die Telekom-,

B. Riegel (✉)
HOPPECKE Batterien GmbH & Co. KG, Bontkirchener Straße 1, 59929 Brilon, Deutschland
e-mail: bernhard.riegel@hoppecke.com

R. Korthauer (Hrsg.), *Handbuch Lithium-Ionen-Batterien*,
DOI: 10.1007/978-3-642-30653-2_33, © Springer-Verlag Berlin Heidelberg 2013

Abb. 33.1 Batterieeigenschaften

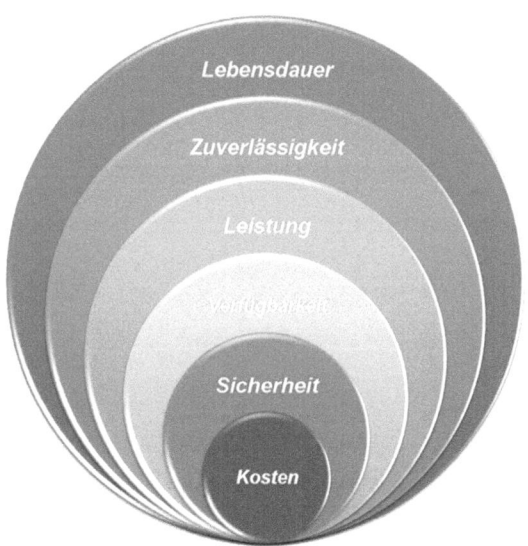

IT- und Bahntechnik, die Notfall- und Sicherheitstechnik, die Medizintechnik sowie der Logistikbereich [1]. Je nach Anwendungen müssen Industriebatterien unterschiedlichen Anforderungen bezüglich Energiedichte und Leistung, Ein- und Ausspeicherdynamik sowie Zuverlässigkeit und Wartung aber auch hinsichtlich der Kosten erfüllen.

Energiespeichersysteme für stationäre Anwendungen wie unterbrechungsfreie Stromversorgungen oder die Speicherung von Solarstrom, die auf der Blei-Säure-Technik basieren, sind bereits auf dem Markt verfügbar und auch speziell auf diese Anwendungen hin optimiert. Sie sind relativ preiswert, erfüllen jedoch nicht alle Anforderungen, die an solche zukünftigen Speicher gestellt werden.

Dabei ist einerseits auf eine geringe spezifische Energie und andererseits auf eine stark von der Betriebsweise abhängige Alterung der Bleibatterien zu verweisen. So führt z. B. ein ständiger Betrieb im Teilladezustand zur Sulfatierung und schnellen Kapazitätsverlust, was bei Lithiumionen-Zellen nicht der Fall ist. Den Lithium-Ionen-Zellen kommt aufgrund der günstigen Eigenschaften innerhalb der elektrochemischen Energiespeicher somit eine wesentliche Rolle zu.

Elektrochemische Energiespeicher sind eine Schlüsseltechnologie. Das gilt sowohl für die Elektromobilität als auch für die Integration der Erneuerbaren Energien. Ein beschleunigter Ausbau erneuerbarer Energien hat enorme Konsequenzen für die Versorgungsnetze. Wichtig ist es daher, die systemischen Zusammenhänge zwischen der dezentralen Stromerzeugung und den verfügbaren Netzkapazitäten zu kennen. Dabei kann die Kapazität ggf. durch den Einsatz dezentraler Batteriespeicher erhöht werden. Dies gilt allerdings nur, wenn Betriebsstrategien entwickelt werden, die nicht nur eine Optimierung aus Sicht des Anlagenbetreibers vorsehen, sondern wenn auch die Belange des Netzes entsprechend eingebunden werden. Als Batterietypen für netzgekoppelte PV-Batteriesysteme kommen aus heutiger Sicht Lithium-Ionen-Batterien, Blei-Säure-Batterien, aber auch

Hochtemperatur- oder Redox-Flow-Systeme in Frage. Bleibatterien werden aufgrund ihrer geringen Kosten im Vergleich zu anderen Technologien seit vielen Jahren in den verschiedensten Anwendungen eingesetzt, auch in vielen stationären und netzautarken Anwendungen. Lithium-Ionen-Batterien stellen aufgrund ihrer längeren Lebensdauer und besseren Zyklisierbarkeit eine interessante Alternative dar, werden zurzeit aber hauptsächlich für mobile Anwendungen betrachtet. Nachteilig sind die deutlich höheren Kosten.

33.2 Anforderungen an Energiespeichersystemen für industrielle Anwendungen

Unterschiedliche Eigenschaften beeinflussen die Wahl und die Eignung des Batteriesystems für eine bestimmte Anwendung. Insbesondere Lebensdauer, Zuverlässigkeit, Leistung, Verfügbarkeit, Sicherheit und Kosten stellen die Kriterien für die Auswahl des Energiespeichers dar (Abb. 33.1).

Der angestrebte weitere Ausbau der erneuerbaren Energien und die notwendige Verfügbarkeit von Netzkapazitäten ist eng mit der Schaffung von geeigneten Energiespeicherkapazitäten verknüpft, wobei im Bereich der elektrochemischen Energiespeicher Lithium-Ionen-Batterien zweifelsohne über ein hohes Potential verfügen. Kennzeichnend für solche Energiespeichersysteme ist die auf unterschiedlichen Zeitskalen stattfindende Beanspruchung: zum einen der Ausgleich kurzzeitiger Fluktuationen im Stromnetz und zum anderen eine Pufferwirkung sowie eine Zwischenspeicherung von Strom aus Photovoltaik oder Wind im Bereich bis zu mehreren Stunden. Für diese neuartigen Anforderungsprofile müssen eigens optimierte Lithium-Ionen-Zellen entwickelt werden, die heute am Markt nicht verfügbar sind.

Das Lithium-Batteriesystem besticht bereits heute durch seine hohe Energie- und Leistungsdichte. Diese kann durch die Vielfalt der möglichen Aktivmaterialien noch weiter gesteigert werden. Gleichzeitig zielen die Entwicklungen auf die Verbesserung der Sicherheit und der Kosten (Life Cycle Cost). Die Kombinationsbreite verschiedener geeigneter Materialien ist bei weitem noch nicht ausgeschöpft. Neue Materialien, Nanokomposite und neue Zellkonzepte bieten Entwicklungspotential für weitere Verbesserungen und neue Anwendungen. Die Anforderungsprofile in stationären Energiespeichern und Energiespeichersystemen sind direkt mit einem hohen Energiedurchsatz, einer langen kalendarischen Lebensdauer und einer hohen Zyklenfestigkeit verbunden.

33.3 Lithium-Ionen-Zellen für stationäre Speicheranwendungen

Entwicklungen auf dem Gebiet großer Zellen wurden in den letzten Jahren von verschiedenen Herstellern für Automotive-Anwendungen gemacht. So sind mittlerweile Zellen mit einer Kapazität im Bereich 10–400 Ah verfügbar. Aufgrund der gestiegenen Nachfrage

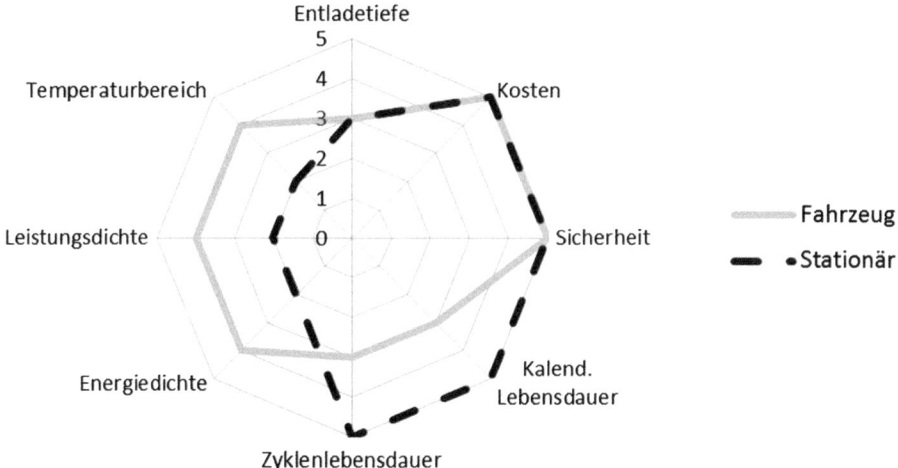

Abb. 33.2 Qualitativer Vergleich des Anforderungsprofils an Energiespeicher für Fahrzeuge bzw. stationäre Anwendungen (Zyklischer Betrieb). Zum Beispiel muss man zwischen verschiedenen Fahrzeugtypen (siehe Text) oder verschiedene Entladetiefen für stationäre Speicher (Kurze, weniger tiefe Zyklen zur Stabilisierung der Netze oder Stundenzyklen mit großer Tiefe bei PV-Strom Speicherung) unterscheiden

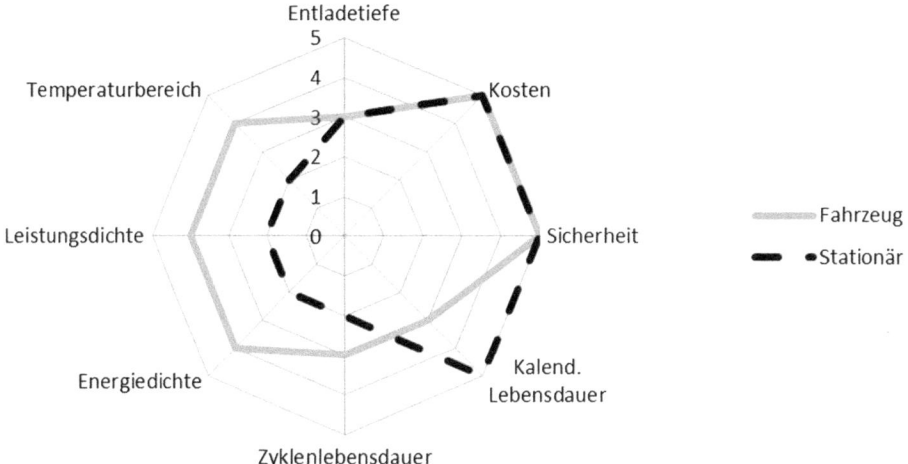

Abb. 33.3 Qualitativer Vergleich des Anforderungsprofils an Energiespeicher für Fahrzeuge bzw. stationäre Anwendungen (Ladeerhaltungsbetrieb, Bereitschaftsparallelbetrieb)

nach Batteriesystemen für die Elektromobilität wurden diese Zellen speziell auf die Anforderungen in diesem Bereich zugeschnitten. So wurden beispielsweise für Hybridfahrzeuge (HEV) Zellen mit hohen spezifischer Leistung („High-Power-Zellen") und für Batterieelektrische Fahrzeuge (BEV) Zellen mit hoher Energiedichte („High-Energy-Zellen") entwickelt.

Wie bereits erwähnt, wird bei diesen Zellen das Augenmerk vornehmlich auf Energie- oder Leistungsdichte gelegt. Dieser Unterschied wird in Abb. 33.2 nochmals verdeutlicht. Hier sind die verschiedenen Anforderungen, die an ein Energiespeichersystem gestellt werden, gewichtet dargestellt. Hingegen sind für das Anforderungsprofil von stationären Energiespeichern Zellen zu entwickeln, die entweder für kurze Zyklen mit geringer Entladetiefe (z. B. zur Stabilisierung der Netze) oder für mehrstündige Zyklen mit großer Entladetiefe (z. B. zur Speicherung von PV-Strom) optimiert sind. Darüber hinaus müssen sie für eine Lebensdauer von >10 (20) Jahre ausgelegt werden.

Im Bereich der klassischen Anwendungen für stationäre Batterien spielt im Gegensatz zur Zwischenspeicherung von regenerativen Energien die Zyklisierbarkeit eine untergeordnete Rolle. Zu diesen klassischen Anwendungen gehören die unterbrechungsfreie Stromversorgung (USV), insbesondere die Notstrombeleuchtung sowie der Dieselstart. Weitere Anwendungen sind die Telekommunikation, der IT-Sektor, die Kraftwerksabsicherung sowie die stationären Anwendungen für Bahnübergänge (Abb. 33.3).

33.4   Kathodenmaterialien für Lithium-Energiespeicher im Bereich stationärer Anwendungen

Stationäre Speicher erfordern hinsichtlich der Leistungskenndaten eine verstärkte Betrachtung von Faktoren, die in den anderen Anwendungsfeldern – dem Consumer-Markt und den mobilen Speichern – weniger im Vordergrund stehen. Als wichtigste Faktoren sind dabei neben der Sicherheit die zyklische sowie kalendarische Lebensdauer, der Preis und die Speichereffizienz zu nennen. So wird sich eine Wirtschaftlichkeit über die Lebensdauer im Bereich stationärer Lithium-Ionen-Batterien nur erreichen lassen, wenn mehrere tausend Zyklen und eine Lebensdauer von >10 (20) Jahren garantiert werden können. Es ist daher notwendig, eigens auf die Anforderungen zukünftiger stationärer Energiespeicher optimierte Zellen zu entwickeln und Kenntnisse für einen optimierten Betrieb aufzubauen.

33.5   Entwicklungstendenzen im Bereich Kathodenmaterialien

Die Zellperformance wird im Wesentlichen durch das Kathodenmaterial mit beeinflusst. Das in Consumer-Zellen nach wie vor eingesetzte positive Aktivmaterial ist Lithiumkobaltat $LiCoO_2$. Die maximal nutzbare spezifische Kapazität beträgt lediglich 130–150 Ah/kg. Außerdem zeigt $LiCoO_2$ im geladenen Zustand eine thermisch aktivierte Zersetzung (Thermal Runaway), die ohne geeignete Schutzmaßnahmen zur vollständigen Zerstörung einer Zelle führen kann. Ausgehend von Verbindungen mit Schichtstruktur, wie $LiCoO_2$, wird Kobalt beispielsweise durch andere Übergangsmetalle wie Nickel oder Mangan ersetzt. So kann mit der Verbindung $LiNi_{1/3}Mn_{1/3}Co_{1/3}O_2$ (NMC) eine reversible spezifische Kapazität von 200 Ah/kg erzielt werden. Durch die Substitution von Kobalt durch Mangan und Nickel wird außerdem die Temperatur erhöht, bei der die thermisch aktivierte Zersetzung einsetzt, wodurch die Sicherheit erhöht wird.

Dieses Material wird heutzutage häufig in großen Lithium-Ionen-Zellen für Automotive-Anwendungen eingesetzt. Mögliche alternative Verbindungen sind Phosphoolivine (LiMePO$_4$, Me=Fe, Ni, Mn, Co), deren auf kürzere Sicht erfolgversprechendster Vertreter zurzeit LiFePO$_4$ (LFP) ist. In letzter Zeit wird der Einsatz des Lithium-Eisen-Phosphats als die vielversprechendste Technologie gehandelt. Es wurde durch John Goodenough an der Universität von Texas bereits im Jahre 1996 als Kathodenmaterial für wieder aufladbare Lithium-Batterien entdeckt. LFP zeigt eine sehr hohe Stabilität, wodurch es bis zu Temperaturen von 300 °C zu keinen Zersetzungsreaktionen kommt. Das Potential liegt bei ca. 3,2 V (gegen Graphit), die erreichbare Kapazität bei 160 bis 170 Ah/kg. Im Gegensatz zu Kobalt ist Eisen außerdem in nahezu unerschöpflichen Mengen verfügbar. In Testzellen und kleineren Vollzellen wurde bereits die überlegene Zyklenfestigkeit von LFP gezeigt. Obwohl LiFePO$_4$ Zellen geringere Spannung und Energiedichte gegenüber LiCoO$_2$ Zellen aufweisen, wird dieser Nachteil durch einen geringeren Kapazitätsabfall über die Lebensdauer gegenüber anderen Lithium-Ionen-Batterien wie LiCoO$_2$ und LiMn2O$_4$ kompensiert.

33.6   Entwicklungstendenzen im Bereich Anodenmaterialien

Graphite mit speziellen Morphologien sind heutzutage die am häufigsten eingesetzten Anodenmaterialien in Lithium-Ionen-Zellen. Im Vergleich zu metallischem Lithium sind sie deutlich sicherer und weisen eine höhere Reversibilität der elektrochemischen Reaktion auf. Die theoretische spezifische Ladung beträgt bei Interkalation bis zur Zusammensetzung LiC$_6$ 372 Ah/kg. Andererseits besteht die Gefahr, dass sich besonders bei hohen Strömen dendritische Lithiumpartikel bilden, die zu einem internen Kurzschluss und im schlimmsten Fall zu einer thermischen Zersetzung der Zelle führen können.

Lithium-Titanat Li$_4$Ti$_5$O$_{12}$ stellt eine vielversprechende Alternative dar. Es wird auch als Zero Strain Material bezeichnet: es unterliegt sehr geringen Volumenänderungen zwischen geladenem und ungeladenem Zustand. Unter anderem durch diese Eigenschaft lassen sich extrem hohe Zyklenzahlen erreichen. Lithium-Titanat hat jedoch die Nachteile einer vergleichsweise geringen spezifischen Kapazität 175 Ah/kg und der relativ hohen Spannung der Interkalationsreaktion von ca. 1,55 V, die zu einer geringeren Zellspannung führt [2]. Für stationäre Anwendungen zur Pufferung von Stromnetzen oder sogenannten Off-Grid-Anwendungen, bei denen Parameter wie lange Zyklenlebensdauer sehr wichtig sind, könnte dieses Material aufgrund der guten Eigenschaften und der Verfügbarkeit der Rohstoffe interessant sein.

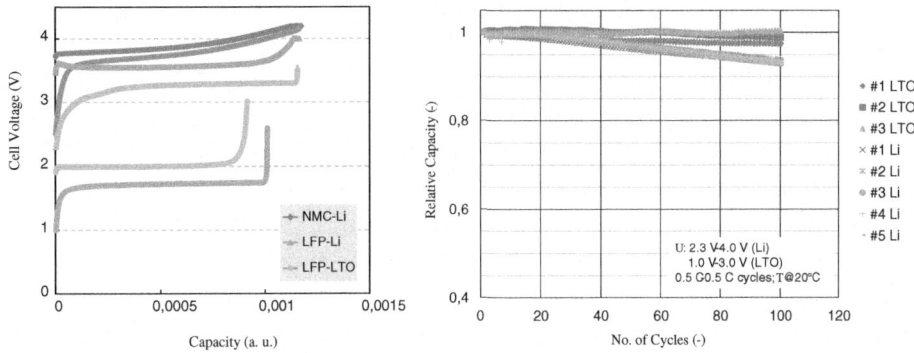

Abb. 33.4 a Vergleich der Lade-Entlade-Kurven für die folgenden Kathoden-Anoden-Kombinationen NMC-Li, LFP-Li und LFP-Titanat (LTO); **b** Kapazität (normiert) in Abhängigkeit der Zyklenzahl für LFP-Li und LFP-Titanat

33.7   Das Lithiumeisenphosphat (LFP)/Lithiumtitanat (LTO) System

Für Lithium-Ionen-Energiespeicher sind mehrere verschiedene Zellchemien verfügbar. Momentan ist nicht abzusehen, welche Materialien sich für die einzelnen Anwendungen durchsetzen werden. Exemplarische Ergebnisse zu den unterschiedlichen Materialien sind in Abb. 33.4 gezeigt. Lade-Entlade-Kurven für die folgenden Kathoden-Anoden-Kombinationen NMC-Li, LFP-Li und LFP-Titanat (LTO) sind in Abb. 33.4a aufgetragen. Eine Alternative als dezentraler Stromspeicher könnte eine neue Generation Lithium-Batterien sein, die Lithiumtitanat (LTO) für die Anode und das Lithiumeisenphosphat (LFP) für die Kathode nutzt.

Die eventuell für stationäre Energiespeicheranwendungen interessante LFP-Titanat-Kombination führt zwar zu einer geringeren Zellspannung, aber aufgrund der höheren Stabilität werden deutlich längere Lebensdauern erwartet. In Abb. 33.4b ist die Kapazität (normiert) in Abhängigkeit der Zyklenzahl für LFP-Li und LFP-Titanat dargestellt. Sie zeigt die geringe Degradation der Kapazität für LFP-Titanat [3].

Derzeit entwickeln Elektrochemiker und Elektroingenieure an der TU München im Rahmen des Projektes „Langlebiges Energiespeichersystem für erneuerbare Energiesysteme" eine solche LTO-LFP-Batterie, die über extrem viele Ladezyklen haltbar sein soll und sich daher als Stromspeicher von Erneuerbaren Energien eignen könnte. An Versuchszellen wurde bereits eine Lebensdauer von 20.000 Zyklen ohne eine nennenswerte Veränderung der Kapazität nachgewiesen; bisher gebräuchliche Lithium-Ionen-Batterien zum Beispiel erreichen lediglich bis zu 4.000 Zyklen.

33.8 Das Energiespeicher-Gesamtsystem

Die Leistungsfähigkeit des Speichers ist über die zur Verfügung stehenden Technologien der Lithium-Einzelzellen definiert. Durch Weiterentwicklungen im Bereich innovativer Materialien sind die Anforderungen auf Zellebene in Bezug auf höchste Zyklenlebensdauern für stationäre Batteriesysteme realistisch und stellen eine Schlüsselfunktion in der wirtschaftlichen Nutzung der Erneuerbaren dar.

Die elektrochemische Zelle stellt jedoch nur eine Komponente des Energiespeicher-Gesamtsystems dar. Es ist ein komplexes System aus Einzelkomponenten wie Batteriemanagement und Monitoring, Kühlung, Verbindungstechnologie sowie Gehäuse. Das Design des Gesamtspeichersystems hat eine zentrale Bedeutung, um die Performance der Batterietechnologien vollständig auszunutzen und die Verluste in Bezug auf Energie- und Leistungsdichte so gering wie möglich zu halten. Die Lebensdauer und Sicherheit des Gesamtsystems wird hierbei im Wesentlichen durch die Optimierung und Abstimmung der Einzelkomponenten aufeinander bestimmt.

Im Falle großer stationärer Lithiumspeicher wird bei den derzeitigen Konzepten ein modularer Aufbau aus parallel und seriell verschalteten Einzelzellen verfolgt, um die notwendigen Energie- und Leistungsanforderungen erfüllen zu können. Diese Module müssen hohen elektrischen wie thermischen Anforderungen genügen. Dies erfordert ein Batteriemonitoring auf Modulebene, sowie eine Betriebsführung auf Systemebene, die sich als verteilte Intelligenz (mit Redundanz) in dem großen Speicher einfügt. Durch die notwendigen hohen Spannungslagen für Großspeichersysteme von der Batterie zum Wechselrichter (DC-Spannungen von 1500 V) sind besondere konstruktive Maßnahmen auf Modul- und Systemebene für die Isolationssicherheit zu berücksichtigen. Die elektrisch hohe Leistung im MW- Bereich stellt an die Leistungsrangierung hohe Anforderungen, die ebenfalls im Design Berücksichtigung finden muss.

33.9 Beispiele für neue Anwendungsfelder

Eine interessante Anwendung stellen netzgekoppelte Photovoltaikanlagen im Kontext des Erneuerbaren Energie Gesetzes (EEG) für elektrochemische Energiespeicher dar. Dabei werden Batterien als Energiespeicher zur Förderung von Photovoltaik-Eigenverbrauch im Smart Grid der Zukunft genutzt. Zukünftige Herausforderung in Privathaushalten wird die Energieautonomie darstellen. Dies bedeutet die Erzeugung und Nutzung der eigen-produzierten Elektrizität. Die Aufgabe des Energiespeichers besteht nun darin, die überschüssige Photovoltaik-Energie solange zu speichern, bis sie benötigt wird. Die tagsüber mit einer Leistungsspitze am Mittag produzierte Photovoltaik-Energie muss jederzeit nach Bedarf zur Verfügung stehen (Abb. 33.5). Dadurch wird sowohl der lokale Verbrauch maximiert als auch die Effizienz der Photovoltaik-Anlage erhöht. Nur überschüssige Energie wird dann in das Netz eingespeist, die dem Besitzer der

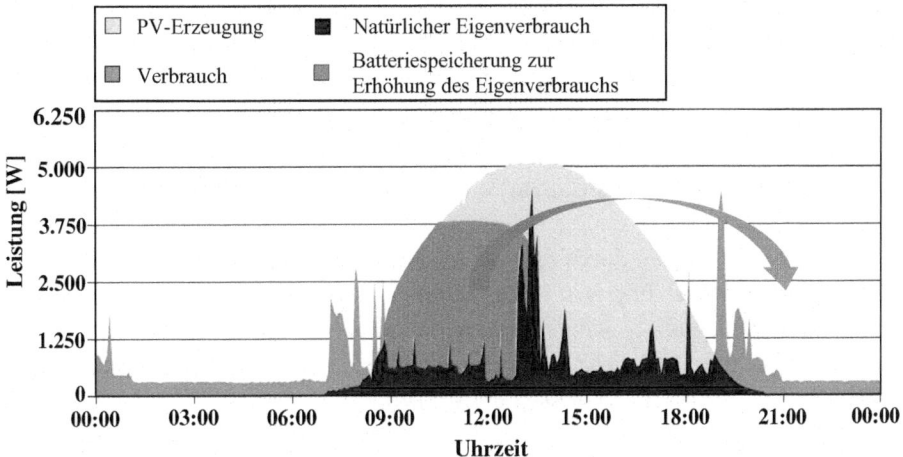

Abb. 33.5 Batteriespeicher zur Erhöhung des Eigenverbrauchs [4]

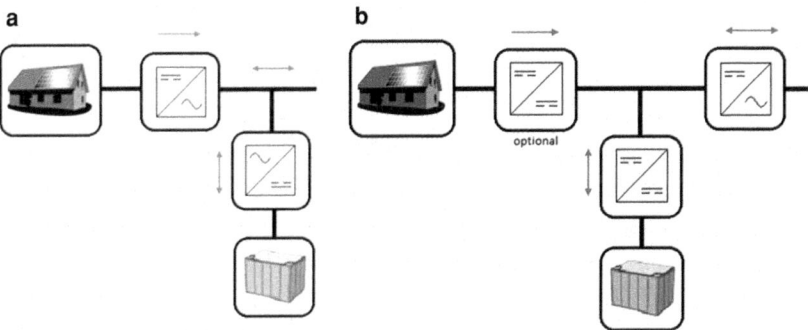

Abb. 33.6 **a** PV-Batteriesystem mit DC-Kopplung, **b** mit AC-Kopplung

Photovoltaik-Anlage unter Umständen während der Zeiträume mit Spitzenverbrauch mit einem höheren Tarif vergütet werden kann.

Es ist politisch erklärtes Ziel, die erneuerbaren Energien zur Stromerzeugung auszubauen. Schon heute kommt es im Niederspannungsnetz bei hoher Durchdringung mit PV-Anlagen teilweise zu Engpässen, die Netzverstärkungen oder zeitweise Abschaltungen der Erzeuger nach sich ziehen. Bei weiterem PV-Ausbau wird sich das Problem weiter verschärfen und sich auf das Übertragungsnetz ausweiten. Durch Speicher lassen sich eine große Anzahl PV-Anlagen sinnvoll in bestehende Netze einbinden und es reduziert sich die konventionelle Backup-Kraftwerksleistung (Abb. 33.6).

Dezentrale Speicher werden aufgrund der im Vergleich zu Zentralspeichern geringeren Investitionshürde und einem für den Endkunden hohen wirtschaftlichen Wert der gespeicherten Energie ein wesentlicher Baustein zur Lösung des Problems sein. Die Eigenverbrauchsförderung des EEG weist ebenfalls den Weg in Richtung Erhöhung des selbst genutzten Anteils aus PV-Anlagen.

33.10 Stationäre Großspeicher

Stationäre Speicher werden durch die von der Bundesregierung beschlossene Erhöhung des Anteils erneuerbarer Energien an der Stromversorgung in den kommenden Jahren zunehmend an Bedeutung gewinnen. Elektrochemische Speicher sind dadurch interessant, dass sie nicht an geografische Voraussetzungen geknüpft sind wie Druckluftspeicher und Pumpspeicherwerke und dass mit verhältnismäßig geringen Planungszeiten für die Errichtung zu rechnen ist. Elektrochemische Energiespeicher stellen dabei aufgrund ihrer Standortunabhängigkeit und guten Skalierbarkeit eine attraktive Option dar.

Interessante Anwendungen sind die Integration erneuerbarer Energien, z. B. Glättung der Einspeiseleistung von Windkraftanlagen, die dezentrale Bereitstellung von Primär-bzw. Sekundärregelleistung, gerade im Kontext hoher Anteile erneuerbarer Energien, sowie der Stromhandel, d. h. die Nutzung von Strompreisdifferenzen zur Erzielung eines Gewinns, und die Blindleistungskompensation und Eliminierung von Oberschwingungen.

33.11 Realisierte Großspeicherprojekte

Batteriespeicheranlagen auf Basis von Bleibatterien wurden und werden weltweit errichtet, um lokale Probleme in der Energieversorgung zu lösen. Dazu gehören sowohl Anlagen zur Stabilisierung von Netzausläufern als auch Anlagen zur Aufrechterhaltung von Frequenz- und Spannungsstabilität. Die größte bislang in Deutschland errichtete Anlage war die 17 MW-Anlage der BEWAG, die 1986 in Berlin zur Frequenz- und Spannungsstabilisierung des damals noch als Inselnetz betriebenen Westberliner Stromnetzes eingesetzt wurde. Die Speicherkapazität von 14 MWh wurde im Schnitt zweimal am Tag vollständig umgesetzt. Die Anlage erreichte mit insgesamt 7000 Nennladungsumsätzen eine für Bleibatterien ungewöhnlich lange Lebensdauer. Der geplante Zubau weiterer Anlagen gleicher Bauart in Berlin wurde durch die Wiedervereinigung und die damit verbundenen Anbindung von Westberlin an das Europäische Stromnetz überflüssig und daher nicht mehr realisiert.

Tabelle 33.1 zeigt eine Auswahl weiterer Batteriespeichersysteme mit maximalen Leistungen von 70 MW und Speicherkapazitäten bis zu 40 MWh [5]. Es ist anzumerken, dass die Spitzenleistung der Batteriespeichersysteme durch die installierte Leistungselektronik und nicht durch die Batterien selber beschränkt wird. Eine Bleibatterie kann kurzfristig sehr hohe Leistungen abgeben. Außerhalb von Europa sind derzeit drei riesige Bleibatteriespeicher aktiv, in Puerto Rico (20 MW/14 MWh), Hawaii (10 MW/15 MWh) und Kalifornien (10 MW/40 MWh).

Tab. 33.1 Liste realisierter Batteriespeichersysteme (BESS)

Unternehmen	Ort	Leistung (MW)	Energie (MWh)
BEWAG	Berlin, Deutschland	17	14
Kansal Electric Power Company	Tatsumi, Japan	1	4
Southern California Edison Company	Chino (Kalifornien), USA	10	40
Vall Reefs	Godmine, Südafrika	4	7,4
Hawaii Electric Light Company	Hawaii, USA	10	15
Puerto Rico Electric Power Authority	San Juan, Puerto Rico	20	14
Chugach Electric Assn	Anchorage (Alaska), USA	20	10
Golden Valley Electric Assn	Fairbanks (Alaska), USA	70	17

Nickel-Cadmium-Akkumulatoren sind weniger wartungsintensiv als Bleiakkumulatoren und weisen eine längere Lebensdauer auf. Das „Battery Energy Storage System" in Fairbanks, Alaska, kann rekordverdächtige 40 MW Leistung abgeben und besteht aus insgesamt 13.760 modularen Zellen.

Des Weiteren wurden für Großspeicher (BESS) Redox-Flow sowie Hochtemperaturbatterien wie Natrium-Schwefel Systeme erprobt und eingesetzt.

Inzwischen werden auch Großspeicher auf Lithium-Ionen-Basis errichtet. Der Laurel Mountain Windpark, realisiert von AES Corporation Arlington, wurde im Oktober 2011 in Betrieb genommen. Die Windfarm besteht aus 61 Windturbinen, verteilt über eine Strecke von 12 Meilen, mit je 1,6 MW Leistung (insgesamt 97,6 MW) sowie einem Energiespeicher mit einer Leistung von 32 MW für 15 Minuten. Die Windfarm ist in der Lage 260.000 MWh/Jahr emissionsfreie Energie zur Verfügung zu stellen. Die gesamte Batterie besteht aus mehreren Energiespeichercontainern mit insgesamt 1,3 Millionen Einzelzellen von A123 Systems.

Das neueste Projekt ist die Anlage der State Grid Corporation of China (SGCC) in Zhangbei, Heibei Provinz. Es handelt sich dabei um eine regenerative 140 MW Energieerzeugung bestehend aus 100 MW Wind, 40 MW Solar mit einem 36 MWh Lithiumspeicher mit einer Leistung von 20 MW für 1,45 Stunden.

33.12 Ausblick

Weltweit werden Erneuerbare Energien eine zunehmende Rolle in der Energieversorgung übernehmen. In Deutschland soll der Anteil Erneuerbarer Energien am Stromverbrauch von derzeit 20 % bis zum Jahr 2030 auf 50 % und bis 2050 auf 80 % steigen. Die Stromerzeugung aus Sonnen- und Windenergie unterliegt starken tageszeitlichen und saisonalen Schwankungen. Die Einspeisung erfolgt zunehmend dezentralisiert auf Mittel- und Niederspannungsebene.

Im Bereich der Integration der Erneuerbaren Energien in stationären Anwendungen stellt die Blei-Säure-Technologie aufgrund der Verfügbarkeit, Wirtschaftlichkeit und einem etablierten Recyclingkreislauf als elektrochemische Speicherform die derzeit präferierte Technologie dar.

Für die Elektromobilität ist aufgrund der benötigten Energie- und Leistungsdichten, ausschließlich die Lithium-Ionen-Technologie einsetzbar. Durch Skaleneffekte bei der Massenproduktion, die mit der Elektromobilität ein her gehen, können Kostenziele erreicht werden, die einen wirtschaftlichen Einsatz von Lithium-Ionen-Batterien in stationären Anwendungen sinnvoll und wettbewerbsfähig machen.

Des Weiteren können die beschriebenen neuen Entwicklungen von Lithium-Elektrodenmaterialien einen wesentlichen Beitrag zur Entwicklung kostenoptimierter Speicher für die neuen Anforderungen im stationären Einsatz leisten.

Literatur

1. Riegel B (2011) Elektrochemische Energiespeicher als Schlüsseltechnologie zur Erreichung der Klimaschutzziele. Solarzeitalter 1
2. Allen et al (2006) J Power Sources 159:1340–1345
3. Christensen et al (2006) J Electrochem Soc 153
4. Gewerblicher Eigenverbrauch von Solarstrom (2012) http://www.sma.de/de/produkte/knowledgebase/gewerblicher-eigenverbrauch-von-solarstrom.html. Zugegriffen: 6. Jan 2012
5. Sauer DU (2006) Optionen zur Speicherung elektrischer Energie in Energieversorgungssystemen mit regenerativer Stromerzeugung. Solarzeitalter 4

Sachverzeichnis

A

Abmagnetisierung, 151
Absorbent Glass Mat(AGM)-Akku, 5
Acheson-Ofen, 48
Additive, 71
Adsorptionstrocknung, 252
Aging, siehe auch Alterung, 243
Aktivmaterialien, 18
Alkali-Mangan-Zelle, 4
Alterung, kalendarische, 410
    zyklische, 410
Aluminium, 59
Aluminiumfolie, 6, 28, 239
Analog-Digital-Converter (ADC), 181
Anode, 21, 289
    Aktivmaterialien, 45
    Lithium, 4
    metallisches Lithium, 213
    Sicherheitsrisiko, 289
    Zink, 3
Anodenmaterialien, 45ff
    Entwicklungstendenzen, 422
    Lithiumtitanat, 55
Anodenoberfläche, 52
Anthrazit, 47
Antrieb
    Diesel-elektrischer, 390
    elektrischer, 390
Antriebsbatterie, 165, 177
Antriebselektronik, 132
Antriebsstrang, elektrischer, 142
    Hauptkontaktoren, 142
Applikationssystem, 278
Arbeitsschutz, unternehmensspezifischer, 282
Arbeitssicherheit, 271
    Batterielebenszyklus, 276

Zellherstellung, 277
Arbitrage, 385
ASIC, 133
Aufkonzentration, 353
Ausbildungsbetrieb, 358
Automatisierungssystem, 329
Automotive Open System Architecture
    (AUTOSAR), 191
Automotive Safety Integry Level
    (ASIL), 30

B

Balancing, 245
Batterieanwendungen, 381ff
Batteriebeheizung, 172
Batteriefabrik, 249
    Fertigungsaufbau, 249
    Flächenplan, 253
    Gebäudelogistik, 253
    Klimazonen, 250
    Medienversorgung, 253
    Trockenraumtechnik, 251
Batteriegehäuse, 102
    Druckanstiegsgeschwindigkeit, 126
    Lagerungssysteme, 128
    Überdruckventil, 125
Batteriegehäusedichtung, 122
Batterieintegration in
        Applikationssysteme, 278
Batteriekontrolleinheit, 186
Batteriekühlung, 169
    Kühlungsmethode
        mit Kältemittel, 170
        mit Kühlmittel, 171

R. Korthauer (Hrsg.), *Handbuch Lithium-Ionen-Batterien*,
DOI: 10.1007/978-3-642-30653-2, © Springer-Verlag Berlin Heidelberg 2013

Batterielebenszyklus
  Arbeitssicherheit, 276
Batteriemanagementsystem (BMS), 95, 101,
      177ff, 305
  Aufgaben, 177
  Komponenten, 179
  Ladeausgleichselektronik, 104
  Leistungsrelais, 103
  thermisches Managementsystem, 103
Batteriemonitoring, 339
Batteriepack, 244f
  Montageprozess, 244
Batterieproduktion, 220ff
  Aus- und Fortbildung von Fach-
      kräften, 357ff
  Ausbildungsberufe, 360
Batterieprüfsystem, 326, 330
  Automatisierungssystem, 329
  Datenmanagement, 328
  Sicherheitssteuerung, 328
Batterierecyclingprozess, 346, 350
Batteriesensor, 132
  Hall-Effekt, 132
  Shunt-Messung, 135
Batterieseparator, siehe Separator
Batteriespannung, 302
Batteriespeichersystem, 426
Batteriesystem
  Aufbau, 95
    modularer, 96
  automotives, 15
  Blockaufbau, 96
  Dichtungskomponenten, 120
  elektrische Energie, 16
  elektrische Steuerungsarchitektur, 103
  elektrisches Management, 98
  Elektrofahrzeug, 105
  Hightech-Qualifikationen für die Herstel-
      lung, 362
  Historie, 107
  Leistung, 16
  mechanische Integration, 98
  nominale Kapazität, 16
  Serien- und Parallelschaltungen, 96
  Sicherheit, 402
  Steuerungskomponenten, 101
  Systemarchitektur, 99
  thermisches Management, 98
  Unterstützung des Stromnetzes, 386
  Zellintegration, 277

Batterietemperierung, 166, 327
Batterietester, 326
Batterietransport, 335
Batterieüberwachungssystem, 99
Batterieverdampfer, 171
Batteriezelle, 14
    Fertigungsprozesse, 238
Befestigungssysteme, 102
Berührschutz, 159
Beschichtungsmessung, 261
Betriebstemperatur, 166
Bicells, 226, 231, 263
Bindemittel, 23
Blasmagnet, 148
Bleiakkumulator, 5
Bordnetz, 304
Boroxinat, 72
Borsäureester, 72
Bottom Balancing, 183
Branddetektion, 325
Build-in-Self-Test, 187

C
CAN-Bus, 138, 186
Capillar Flow Porosimeter, 80
Carbonat, 63
Carbonsäure, 63
Carboxymethylcellulose (CMC), 26
Cell Supervising Circuit (CSC), 179, 244
Chiller, 171
CO_2-Emission, 393
Coater, 261
Codeanalyse, statische, 193
Crash-Box, 16
Current Sensing, siehe Stromsensorik
Cyclic Redundancy Check (CRC), 185, 192

D
Deinterkalation, 22, 32
Delithiierung, 34, 290
Dendritenbildung, 45, 214
Design for Safety, 281
Development Interface Agreement, 308
Dichtungskomponente, 119ff
Diethylcarbonat (DEC), 64
Differenzkalorimentrie, dynamische, 292
Dimethylcarbonat (DMC), 64
Doppelschichtkondensator, 7

Druck-Kompensations-Element, 125
Druckausgleichselement, 124
Dynamic Scanning Calorimetry (DSC), 292

E

Economizer, 150, 152
Economy-of-Scale Effekt, 415
Efficient Dynamics, 397
Eisen-Mangan-Phosphat, 41
Eisenphosphat, 25
Eisensulfid, 4
Elastomer-Überdruckventil, 126
Elastomerkomponente
Elektrode, 14
    Positionierung, 263
Elektroden-Beschichtungsmasse, siehe Slurry
Elektrodenfertigung, 238
Elektrodenherstellung, 222
Elektrodenkörper
    Fertigung, 261
    Kontrolle der Dicke, 263
    Kurzschlüsse, 262
Elektrodenmaterialien, 199
    konventionelle, 21
        Alternativen, 24
        inaktive, 23
Elektrodenstapel (Stack), 238, 241
Elektrofahrzeug, 88, 387, 395, 406
    Batteriesystem, 105
    Energiesysteme, 313
    Hauptkontaktor, 141
Elektrolyt, 286
    Sicherheit, 287
Elektrolytbefüllung, 229, 242
Elektrolytdosierung, 265
Elektrolyte, 61ff
    Bestandteile, 62
    funktionale, 69
Elektrolytformulierung, 75
Elektrolytkupfer, 59
Elektrolytoxidation, 292
Elektrolytzersetzungsreaktion, 287
Elektromobilität, 14, 85, 345, 357, 383, 428
    Anforderungen an Batterien, 393
    Berufsbilder, 359
    Normung, 373
    Sicherheit, 312
End of Life (EoL)
    Kriterien, 410
    Prüfung, 245

Endkontrolle nach Reifung, 266
Energiedichte, 199, 407
Energien, erneuerbare, 418, 427
Energiespeicher-Gesamtsystem, 424
Energiespeicher, elektrochemischer, 417
Energiespeichersystem (ESS), 417, 423
    industrielle Anwendungen, 419
    stationäres, 384
Entfeuchtungsanlage, 253
Erneuerbare Energien, 418, 427
Erneuerbare-Energien-Gesetz, 424
Ethylacetat (EA), 64
Ethylencarbonat (EC), 64, 68, 76
Ethylmethylcarbonat (EMC), 64
EUCAR Hazard Level, 322

F

Fachkräfteentwicklung, 358
Fahrstrom, maximaler, 145
Fahrzeug, funktionale Sicherheit, 307
Fahrzeugkonzept, 394
Fahrzeugvernetzung, 194
Faraday'sches Gesetz, 59
Fermi-Level, 33
Fertigungsverfahren, 237ff
Festkörperdiffusion, 206
Filmbildung auf der positiven Elektrode, 72
Flachzelle, 244
FlexRay-Schnittstelle, 186
Fluor-Ethylencarbonat (FEC), 71
Fluorwasserstoff, 37, 111
Fluorwasserstoffsäure (HF), 27
Foliengehäuse, 232
Formation, siehe Formierung
Formiertester, 331
Formierung, 230, 243, 265
Forschungstesteinrichtung, 331
Freilaufstrom, 151
Freudenberg-Separator, 90
Full-Hybrid, 395
Functional Safety Management (FSM), 309
Funktions- und Sicherheitstest, 272, 321

G

Gasanalyse, 297
Gefahrenanalyse und Risikobewertung
    (GuR), 317, 319
Gefahrgutbeförderung, 336
Gefahrgutrecht, 336

Gefahrguttransport, 339
   Verkehrsträger
      Luft, 340
      See, 341
      Straße und Schiene, 340
Gehäusedichtung, 121
Gehäusetechnologie, 228
Gel-Polymer-Elektrolyte, 27, 74, 208
Gesamtstrommessung, 131
Gleichstrom-Messmethode, 262
Grading, 266
Graphit, 25, 46, 49, 223
Graphitanode, 41
Großspeicher
   realisierte Projekte, 426
   stationärer, 426
Gurley, 80

H
Hall-Sensorik, 132
Handcodierung, 194
Hard Carbon, 47
Hardware-in-the-Loop, 196
Hauptkontaktor, 142, 145
Hazard Analysis and Risk Assessment, 316
Hazard Level, 233, 322
Heating, Ventilation and Air Conditioning
     (HVAC), 173
Hexafluorophosphat, 66
High-Energy-Zelle, 420
High-Power-Zelle, 420
Hochvolt-Batterie, 153
Hochvolt-Bordnetz, 157
Hochvolt-Interlock (HVIL), 159
Hochvolt-Steckverbinder, 157
Hochvoltkontaktor, 152
Hochvoltleitung, 154
Hochvoltnetz, 301
Hochvoltrelais, 154
Hochvoltspinell, 38
Hybridfahrzeug, 8, 384, 387, 406

I
Industriebatterie, 418
Initialisation of the Safety Life Cycle, 316
Interkalation, 22, 108
Interkalations-Elektrode, 108
ISO 26262, 311, 318
Isolationsüberwachungswächter, 301

Isolierung
   doppelte, 304
   verstärkte, 304
Item Definition, 316

J
Jahn-Teller-Instabilität, 37
Jelly-Roll, 241

K
Kabel, 141ff
Kalander, 240
Kalandrieren, 240
Kältemittel, 171
Kältemittelkompressor, 171
Kathode, 4, 21, 290
   Sicherheitsrisiko, 290
Kathoden-Anoden-Kombination, 423
Kathodenmaterialien, 31, 40f
   Entwicklungstendenzen, 421
   für Lithium-Energiespeicher, 421
KER-System, 138
Kobaltoxid, 24
Kohlenstoff, 13
   amorpher, 47
   graphitischer, 22
Kommunikationsbus, 185
Kontaktkammer, 148, 152
Kontaktor, 141ff, 179
Kühlblech, 169
Kühlkreislaufdichtung, 123
Kühlmittel, 171
Kühlmittelpermeation, 124
Kupfer, 57
Kupferfolie, 52, 58, 239
   elektrolytisch hergestellte, 58
Kurzschluss, 146, 305
Kurzschlussmessung, 265
Kurzschlussprüfung, 263

L
Ladeausgleichselektronik, 104
Ladesteckdose, 160
Ladungsausgleich, 180, 182
Lagerung, sachgerecht, 279
Lamination, 225
Laserstrahlschweißen, 242
Laserverschweißung, 227

Laststrom, 145
Layered Oxide, 31
Leistungsdichte, 407
Leistungsrelais, 103
Leitsalze, 61, 64
Lernen im betrieblichen Alltag, 367
Levitation, 146
Lichtbogen, 148
Life Cycle Cost, 419
Life-Cycle-Assessment (LCA), 354
Lithiierung, 290
Lithium, 4, 8
    Deinterkalation, 54
    Einlagerung in Silizium, 54
    Einlagerung in Zinn, 54
    Fluoralkylphosphate, 67
    Interkalation, 49, 53
    Interkalationsmaterial, 46
    Metallelektrode, 214
    Plating, 98, 166
    Übergangsmetallphosphat, 40
Lithium Manganese Oxide (LMO)
    LMO-Spinell, 37
Lithium-Alkylcarbonate, 71
Lithium-bis(fluorsulfonyl)imid (LiFSI), 66
Lithium-bis(oxalato)borat (LiBOB), 68, 71
Lithium-bis(trifluormethyl)sulfonylimid
    (LiTFSI), 66
Lithium-Eisenphosphat, 398, 422
Lithium-Hexafluorophosphat (LiPF$_6$), 27, 64
Lithium-Ionen-Batterie
    Alterung, 410
    Alterungstests, 412
    Anforderungen, 400
    Anodenmaterialien, 45ff
    Anwendungsbeispiele, 396
    Arbeitssicherheit, 275ff
    Aufbau, 95
    automobile Anwendungen, 387
    Betriebstemperatur, 166
    chemische Sicherheit, 271
    Einsatzfelder, 383
    elektrische Sicherheit, 300
    Funktions- und Sicherheitstests, 321
    Funktionsweise, 14
    Kathodenmaterialien, 31
    Kosten, 412
    Kurzschlussrisiko, 86
    Ladeverfahren, 16
    Lebensdauer, 17, 408

    Normung, 371
    Qualität, 408
    Recycling, 272, 345, 348
    Reichweiten, 389
    Rohstoff-Roadmap, 56
    Sicherheit, 16, 72
    Software, 189ff
    stationärer Einsatz, 417
    thermisches Management, 165
    Transport, 272, 335
    Verkabelung, 153f
    Wärmemanagement, 408
Lithium-Ionen-Leitfähigkeit, 39
Lithium-Ionen-Separator, siehe Separator
Lithium-Ionen-Zelle, siehe auch Lithium-
    Ionen-Batterie, 107
    aktive Zellmaterialien, 109
    Anforderungen, 116
    Fertigung
    Herstellungsprozess, 115
    innerer Aufbau, 113
    passive Zellmaterialien, 111
Lithium-Kobaltoxid (LiCoO$_2$), 13, 21
Lithium-Nickel-Manganoxid, 34
Lithium-Polymer-Akku, 27
Lithium/Luft-Batterie, 210
    Effizienz, 211
    Elektrolytstabilität, 211
    Reversibilität, 211
Lithium/Schwefel-Batterie, 202
Lithiumdiffusion, 41
Lithiumdoping, 37
Lithiumeisenphosphat, 39, 423
Lithiumfluorid, 65
Lithiuminterkalationsverbindung, 32
Lithiumkobaltoxid, 32
Lithiumkoordinationspolyeder, oktaedrische, 38
Lithiumnickeloxid, 33
Lithiumoxid, 210
Lithiumsuperoxid, 210
Lithiumtitanat, 26, 55, 289, 422f
LMO-Spinell, 37
Lockstep-Mode, 187
Lösungsmittel, 62
Luftheizgerät, 173

M
Mangan, 35
Mangan-Spinell, 69

Manganoxid, 25
Manufacturing Execution System
        (MES), 328
Maßnahme, externe, 318
Mesophasenpech, 49
Messtechnik, siehe auch Sensorik, 131ff
Messwiderstand, 133
Metallanode, 214
Metallgehäuse, 229
Metylbutyrat (MB), 64
Micro-Hybrid, 387, 394
Mild-Hybrid, 395
Mix Penetration Strength, 81
Mobilfunk-Batterie, 85
Montageprozess des Batteriepacks, 243
Moosgummi, 122

N
Nano-LMO-Spinell, 38
Nanofaser-Vliesstoff-Separator, 88
Nationale Plattform Elektromobilität
        (NPE), 400
Natrium-Nickelchlorid-Batterie, 6
Natrium-Schwefel-Batterie, 6
Natriumsuperoxid, 213
Naturgraphit, 47
Nebenreaktionen, 285
Nickel Cobalt Aluminium (NCA), 25, 33
Nickel Manganese Cobalt (NMC), 25, 34
Nickel-Cadmium-Akkumulator, 5, 427
Nickel-Metallhydrid-Akkumulator, 5
Niederspannungsnetz, 425
Niedervolt-Kabelsatz, 153
Normentstehung, 376
Normung, 273, 371
        Anwendungsgebiete, 373
        Elektromobilität, 373
        europäische, 375
        internationale, 375
        nationale, 375
        stationäre Energiespeicher, 374
Normungsablauf, 375
Normungsorganisationen, 372
Nutzfahrzeug, 388

O
Off-Grid-Anwendung, 422
Ohmsches Gesetz, 266
On-Chip-Hallsensor, 133
Open Circuit Voltage (OCV), 243, 267

Orange Book, 336
Oxidation, 206
Oxygen Evolution Reaction (OER), 212

P
Parallelschaltung, 96
Perfluoralkylgruppe, 67
Petrolkoks, 47
Phosphate, 38
Phosphation, 38
Phosphoolivine, 422
Phosphorpentafluorid, 65
Photovoltaik-Energie, 385, 424
Plug-in-Hybrid-Fahrzeug, 8, 387, 395, 406
Poly-Ethylenoxid (PEO), 74
Polyesterfaser, 88
Polyethen, 28
Polyethylen, 82
Polyethylenglykol (PEG), 208
Polyfurfurylalkohol-Harz (PFA), 49
Polymerelektrolyte, 74, 389
Polyolefinmembran, 83, 88, 92
Polypropen, 28
Polypropylen, 82
Polysulfid, 204
Polyvinylidendifluorid (PVDF), 23
Polyvinylidenfluorid, 223, 293
Pouch-Couch-Concept, 127
Pouch-Gehäuse, 228, 232
Pouch-Zelle, 113, 126, 167, 402
Powermanagementsystem-Schaltkreis, 186
Precursor Film, 82
Primärbatterie, 13
Primern, 122
Produktentstehungsprozess, 310
Produkthaftung, 311
Produktionstechnologie
        Ausbildung, 363
        Fort- und Weiterbildung, 365
        ganzheitliches Qualifizierungskonzept, 363
Produktsicherheit, siehe Sicherheit
Produzentenhaftung, 311
Propylencarbonat (PC), 64
Prozesskontrollmaßnahmen, 260
Prüflagerung, 266
Prüfverfahren in der Fertigung, 259ff
        Beschichtung, 260
        Zellassemblage, 261
Pulsweitenmodulation (PWM), 150

Q

Qualifizierung, prozessorientierte, 367
Quecksilberporosimetrie, 80

R

Rapid Prototyping, 193
Reaktionsenthalpie, 210
Recycling, 272, 345
   internationaler Stand der Technik, 347
   Technologien, 348
Redox Shuttles, 73
Redox-Flow-System, 7, 209, 386, 427
Refining-Anlage, 352
Rekuperation, 149, 389
Relais, 141ff
Requirements Engineering, 195
Rettungskarten, 303
Risiko, akzeptierte, 310
Rocking-Chair-Prinzip, 108
Rückstellmusterüberwachung, 267
Run-Time Environment (RTE), 192

S

Safety reinforced separator (SRS), 87
Safety-Box, 325
Sauerstoff, 33
Schaltmatrix, 184
Schlag, elektrischen, 301
Schutzgas, 148
Schwefel, 204
Schwefelkathode, 204
Sekundärbatterie, 13
Seltene Erden, 347
Sensorik, siehe auch Messtechnik, 131ff
Separator, 24, 28, 74, 79ff, 225, 294
   alternative Konzepte, 86
   Anforderungsprofil durch die Elektromo-
     bilität, 85
   Eigenschaften, 79
   Mix Penetration Strength, 81
   Nassmembranen, 84
   Schrumpftest, 80
   Trockenmembranen, 82
Separatorfolie, 241
Serienschaltung, 96
Service Disconnect, 102
Shuffling-Verfahren, 183
Shunt-Messung, 135
Shut-down Separator, 83
Shut-down-Additiv, 73

Shuttle-Mechanismus, 207
Sicherheit, 402
   chemische, 271, 285
   elektrische, 272, 299
   funktionale, 272, 307ff
   in der Elektromobilität, 312
   integrale Betrachtung, 315
Sicherheitslebenszyklus, 309ff
Sigma-Delta-Wandler, 182
Silizium, 54
Single Cell, 232
Single-Sheet-Stacking, 241
Slurry, 58, 223, 238, 249
Smart Grid, 386
Soft Carbon, 47
Software, 189ff
Software-in-the-Loop (SiL)-Test, 193
Solid Electrolyte Interface (SEI), 17, 25, 37, 51,
   69, 243, 289
   Additiventwicklung, 71
Solvat-Komplex, 70
Solvent Extraktion, 352
Speicheranwendung, stationäre, 419
Speichersystem, 3
   primäres, 3
   sekundäres, 5
Spinell, 35
Spulenstrom, 150
Stanztechnologie, 225
Stapeltechnologie, 225
Steckerschirmung, 160
Steckverbinder, 141ff, 157
   geschraubte Terminals, 160
Sternverdrahtung, 185
Steuerungsarchitektur, elektrische, 103
Stickstoff, 148
Störfallbehandlung, 281
Stromableiter, 23
Stromerzeugung, 384, 427
   erneuerbare Energien, 425
Strommessung, 132
   galvanische Trennung, 134
   Shunt-basierte, 132
Stromsensorik, galvanisch getrennte, 132
Stromspitzen, 146
Styrol-Butadien-Kautschuk (SBR), 26
Successive-Approximation-Register(SAR)-
   Wandler, 182
Sulfidion, 204
Supercaps, 7

T

Terminal, 157

Thermal Runaway, 22, 73, 279, 286, 289, 294, 305, 314

Thermomanagement, 123, 128, 165

Thermospannung, 136

Tiefziehprozess, 233

Top Balancing, 183

Totmaterial, 111

Transport
    gebrauchte Lithiumbatterien, 342
    nicht getestete Lithiumbatterien, 341

Transportequipment, 338

Transportsicherheit, 280

Transportvorschriften, 340

Trockenraumsystem, 252

Trockenraumtechnik, 251

U

Überdruckventil, 125

Überladeschutz, 72

Überstrom, 147

Überstromüberwachung, 137

Überwachungselektronik, 146

Ultraschallschweißen, 242

Umgebungstemperatur, 327

UN Model Regulations, 336

V

Valve regulated lead acid batteries (VRLA), 5

Vanadium-Redox-Batterie (VRB), 7

Vapor Grown Carbon Fibres (VGCF), 223

Vehicle-to-Home, 385

Venting, 285

Verhalten bei Unterspannung, 196

Verpackungstypen, 111

Vinyl-Ethylencarbonat (VEC), 71

Vinylencarbonat, 71

Vliesstoff-Komposit-Separator, 88

Vorladerelais, 142

Vorladewiderstand, 142

W

Walzkupfer, 58f

Wärmeleitfähigkeit, 168

Wärmemanagement, 408

Wärmetauschersystem, 99

Wasserstoff, 148

Watchdog, 186

Wechselstrom-Messmethode, 262

Wickeltechnologie, 226

Wickelzellen, 223

Widerstandmessung, 262

Widerstandsmaterial, 136

Windfarm, 427

Z

ZEBRA-Batterie, siehe
            Natrium-Nickelchlorid-Batterie

Zellbrand, 286

Zellchemie, 314

Zelldesign
    Fertigungstoleranzen, 263
    prismatisches, 231
    zylindrisches, 231

Zellenerwärmung
    direkte
        mittels elektrischen Heizelementen, 174
        mittels inerter Flüssigkeit, 173
    indirekte, mittels elektrischer Heiz-
            elemente, 174

Zellerhitzung, 286

Zellfertigung
    Arbeitssicherheit, 277
    Aufbau einer Fabrik, 249

Zellgehäuse, 232

Zellgeometrie, 414

Zellkörperherstellung, 225

Zellkühlung, 169

Zellmontage, 240

Zellproduktion, 221

Zellspannungsüberwachung, 181

Zellstack, 7

Zelltemperierung, 167

Zellüberwachung, 180

Zellüberwachungselektronik, 100, 104

Zero Strain Material, 422

Zink, 3

Zink-Kohle-Zelle, 4

Zinn, 54

Zukunftstechnologie, 199

Zyklisierer, 330

Zyklisierungseffizienz, 46

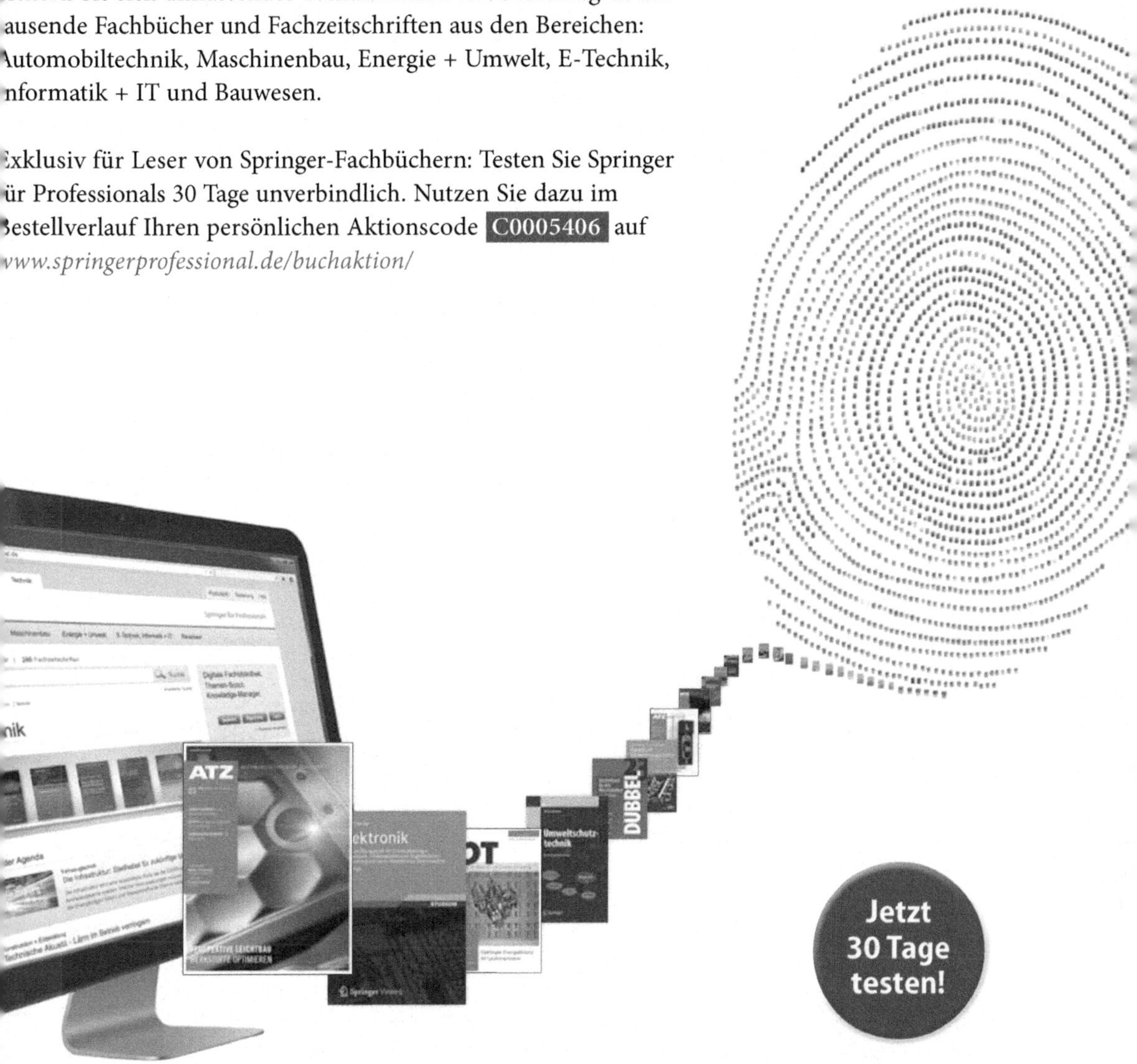

Printed by Printforce, the Netherlands